国际科学技术前沿报告 2013

张晓林 张志强 主编

科学出版社
北京

内 容 简 介

本书从基础科学、生命科学与生物技术、资源环境科学与技术、战略高技术等四大科学技术领域选择自旋电子器件、铅铋合金冷却系统、小麦锈病研究、生物信息技术、深水油气勘探开发科技、流域水资源管理研究、新型原子钟、药用植物资源科技、类人机器人研究、小型模块化反应堆技术、计算材料与工程等11个科技创新前沿领域、前沿学科、热点问题或技术领域，逐一对其进行国际研究发展态势的系统分析，全面剖析这些领域国际科技发展的整体进展状况、研究动态与发展趋势、国际竞争发展态势，并提出我国开展相关领域研究的对策建议，为我国这些领域的科技创新发展战略决策提供重要的决策依据，为有关科研机构开展这些科技领域的研究部署提供国际发展的参考背景。

本书所阐述的科技前沿领域或问题，选题新颖，具有前瞻性，分析数据准确，资料翔实，研发对策建议可操作性强，适合政府科技管理部门和科研机构的管理者、科技战略研究人员和相关学科领域的研究人员以及大学师生阅读。

图书在版编目(CIP)数据

国际科学技术前沿报告2013/张晓林，张志强主编.—北京：科学出版社，2013.8
ISBN 978-7-03-038160-6

Ⅰ.①国⋯ Ⅱ.①张⋯ ②张⋯ Ⅲ.①科技发展-研究报告-世界-2013 Ⅳ.①N11

中国版本图书馆 CIP 数据核字（2013）第 159580 号

责任编辑：郭勇斌　卜　新/责任校对：郭瑞芝　邹慧卿
责任印制：赵德静/封面设计：黄华斌
编辑部电话：010-64035853
E-mail：houjunlin@mail.sciencep.com

科学出版社 出版
北京东黄城根北街16号
邮政编码：100717
http://www.sciencep.com

中国科学院印刷厂 印刷
科学出版社发行　各地新华书店经销

*

2013年8月第 一 版　　开本：787×1092　1/16
2013年8月第一次印刷　印张：32　插页：12
字数：800 000

定价：158.00元
（如有印装质量问题，我社负责调换）

《国际科学技术前沿报告 2013》
研 究 组

组　长　　张晓林　　张志强
成　员　　张　薇　　冷伏海　　刘　清
　　　　　高　峰　　邓　勇　　曲建升
　　　　　房俊民　　张　军　　徐　萍
　　　　　赵亚娟　　杨　帆　　熊永兰
　　　　　王雪梅　　陈　方　　张　娴
　　　　　梁慧刚　　魏　凤　　张　静

前　言

中国科学院国家科学图书馆作为服务于国家基础科学、资源环境科学与技术、生命科学与生物技术、战略高技术以及重大产业与技术创新、边缘交叉科学发展的国家级科技信息与决策咨询知识服务机构，以服务科技决策一线和科技研究一线为己任，在全面建设支撑科技创新的信息资源与服务体系的同时，逐步建立起全方位、多层次、集成化和协同化支持科技规划和科技决策的战略情报研究服务体系，跟踪监测国际科技发展战略与政策，系统分析科技领域发展态势，深入调研重大科技进展和重要科技政策，全面评价国际科技竞争力，并逐步建立系统的世界科技态势监测分析知识服务与决策咨询机制。

中国科学院国家科学图书馆根据中国科学院科技创新的战略布局，发挥其系统整体化优势，按照"统筹规划、系统布局、整体集成、协同服务"的原则，构建"分工负责、长期积累、深度分析、支撑决策"的战略情报研究服务体系，面向国家和中国科学院科技创新的宏观战略决策、面向中国科学院科技领域和前沿方向的创新决策，开展深层次战略情报研究服务：总馆负责基础科学以及交叉和重大前沿、空间光电与大科学装置、现代农业科技等创新领域的战略情报研究，兰州分馆负责资源环境科学以及生态环境、资源海洋等科技创新领域的战略情报研究，成都分馆负责部分战略高技术以及信息科技、先进工业生物技术科技创新领域的战略情报研究，武汉分馆负责部分战略高技术以及先进能源、先进制造与新材料科技创新领域的战略情报研究，上海生命科学信息中心负责生命科学以及人口健康与医药科技创新领域的战略情报研究。服务体系建设、科技前沿聚焦、决策需求导向、专业战略分析、政策咨询研究的发展机制和措施，促进了学科领域科技战略情报研究与决策咨询知识服务中心的快速成长和发展。

中国科学院国家科学图书馆部署总馆、兰州分馆、成都分馆、武汉分馆以及上海生命科学信息中心等单位的战略情报研究团队，围绕各自分工关注的科技创新领域的发展态势，选择相应科技创新领域的前沿问题或热点方向，开展国际科技发展态势分析研究，2007年、2008年、2009年完成《国际科学技术前沿报告》各自年度研究报告，这些年度研究报告均呈交中国科学院有关部门、研究所和国家相关科技管理部门，以供参考。2010年、2011年、2012年分别完成的《国际科学技术前沿报告2010》、《国际科学技术前沿报告2011》、《国际科学技术前沿报告2012》在提交科技创新部门参考的同时，还公开出版，供科研人员和科技管理人员参考。

中国科学院国家科学图书馆2013年继续部署总馆、兰州分馆、成都分馆、武汉分馆和上海生命科学信息中心的科技战略情报研究团队，选择相应科技创新领域的前沿学科、热点问题或重点技术领域，开展国际发展态势分析研究，完成这些研究领域的分析研究报告11份。总馆完成《自旋电子器件国际发展态势分析》、《铅铋合金冷却系统国际发展态势分析》、《小麦锈病研究国际发展态势分析》、《新型原子钟国际发展态势分析》，兰州分馆完成《深水油气勘探开发科技国际发展态势分析》、《流域水资源管理研究国际发展态势分析》，成都分馆完成《药用植物资源科技国际发展态势分析》、《类人机器人研究国际发展态势分析》，武汉分馆完成《小型模块化反应堆技术国际发展态势分析》、《计算材料与工程国际发展态势分析》，上海生命科学信息中心完成《生物信息技术国际发展态势分析》。本书将这 11 份前沿学科、热点问题和技术领域的国际发展态势分析研究报告汇编为《国际科学技术前沿报告 2013》，正式出版，供科技创新决策部门和科研管理部门、相关领域的科研人员和科技战略研究人员参考。

围绕有效支撑和服务国家中长期科技发展规划和"十二五"科技创新发展以及中国科学院"创新 2020"规划和"十二五"规划的科技战略决策的新需求，适应数字信息环境和数据密集型科研新范式的新趋势，中国科学院国家科学图书馆的科技战略研究咨询工作将进一步面向前沿、面向需求、面向决策，着力推动建设科技战略情报研究的新型业务发展模式，着力推动开展专业型、计算型、战略型、政策型和方法型战略情报分析和科技战略决策咨询研究，进一步强化科技战略研究服务的针对性，深化科技战略分析研究的层次，提升科技战略分析研究的决策咨询水平。

中国科学院国家科学图书馆的战略情报研究服务工作一直得到中国科学院领导和院有关部门的指导和支持，得到院属有关研究所科技战略专家的指导和帮助，得到科技部、国家自然科学基金委员会等部门领导和专家的大力支持和指导，得到相关领域专家学者的指导和参与，在此特别表示感谢。衷心希望我们的工作能够继续得到中国科学院和国家有关部门领导和战略研究专家的大力指导、支持和帮助。

国际科学技术前沿报告研究组
2013 年 2 月 25 日

目 录

前言

1 自旋电子器件国际发展态势分析 ……………………………………………… (1)
  1.1 引言 ……………………………………………………………………………… (1)
  1.2 自旋电子器件领域国际发展态势 …………………………………………… (3)
  1.3 半导体技术的产业化路径及全球竞争格局 ………………………………… (19)

2 铅铋合金冷却系统国际发展态势分析 ………………………………………… (35)
  2.1 引言 ……………………………………………………………………………… (35)
  2.2 铅铋合金冷却系统研究现状 ………………………………………………… (36)
  2.3 铅铋合金冷却系统研究论文计量分析 ……………………………………… (57)
  2.4 研究总结与启示建议 ………………………………………………………… (63)

3 小麦锈病研究国际发展态势分析 ……………………………………………… (66)
  3.1 引言 ……………………………………………………………………………… (67)
  3.2 小麦锈病的流行现状 ………………………………………………………… (68)
  3.3 小麦锈病国际应对战略与行动 ……………………………………………… (72)
  3.4 小麦锈病研究布局 …………………………………………………………… (75)
  3.5 小麦锈病研究论文定量分析 ………………………………………………… (85)
  3.6 小麦锈病研究专利定量分析 ………………………………………………… (95)
  3.7 结论与建议 …………………………………………………………………… (109)

4 生物信息技术国际发展态势分析 ……………………………………………… (113)
  4.1 生物信息技术推动生命科学向可预测的科学转变 ………………………… (115)
  4.2 国际重要政策规划与举措 …………………………………………………… (118)
  4.3 科学计量下的生物信息技术国际态势 ……………………………………… (145)
  4.4 关于生物信息技术发展的若干判断 ………………………………………… (155)

5 深水油气勘探开发科技国际发展态势分析 …………………………………… (163)
  5.1 引言 …………………………………………………………………………… (164)
  5.2 深水油气资源分布及地质特征 ……………………………………………… (165)
  5.3 深水油气资源勘探开发技术现状 …………………………………………… (166)
  5.4 深水油气资源勘探开发的科技战略与动向 ………………………………… (176)
  5.5 深水油气勘探开发领域的论文与专利计量分析 …………………………… (180)
  5.6 深水油气勘探开发领域科技的发展趋势 …………………………………… (197)
  5.7 结语 …………………………………………………………………………… (198)

6 流域水资源管理研究国际发展态势分析 ……………………………………… (203)
  6.1 引言 …………………………………………………………………………… (204)
  6.2 流域水资源管理领域研究发展态势 ………………………………………… (206)

  6.3 流域水资源管理研究的文献计量分析 ………………………………… (214)
  6.4 流域水资源管理研究的前沿热点内容 ………………………………… (230)
  6.5 国际典型流域水资源管理经验比较分析 ……………………………… (238)
  6.6 对我国流域水资源管理研究的建议 …………………………………… (244)

7 新型原子钟国际发展态势分析 ……………………………………………… (251)
  7.1 引言 ………………………………………………………………………… (251)
  7.2 原子钟研究概况 ………………………………………………………… (253)
  7.3 新型原子钟研究进展及水平分析 ……………………………………… (260)
  7.4 主要国家和国际组织发展战略及重要计划 …………………………… (270)
  7.5 新型原子钟未来发展趋势分析 ………………………………………… (290)
  7.6 开展新型原子钟研究的战略意义简析 ………………………………… (292)
  7.7 启示与建议 ………………………………………………………………… (293)

8 药用植物资源科技国际发展态势分析 …………………………………… (299)
  8.1 引言 ………………………………………………………………………… (300)
  8.2 药用植物资源科技领域的重要政策规划 ……………………………… (301)
  8.3 药用植物研究文献与专利分析 ………………………………………… (315)
  8.4 国际药用植物科技领域主要技术的研究进展 ………………………… (330)
  8.5 我国药用植物资源科技发展的主要挑战与建议 ……………………… (339)

9 类人机器人研究国际发展态势分析 ……………………………………… (346)
  9.1 引言 ………………………………………………………………………… (346)
  9.2 各国机器人发展战略与计划分析 ……………………………………… (348)
  9.3 类人机器人的研发态势、热点与前沿分析 …………………………… (375)
  9.4 未来研究展望 …………………………………………………………… (389)
  9.5 总结与建议 ……………………………………………………………… (393)

10 小型模块化反应堆技术国际发展态势分析 …………………………… (399)
  10.1 引言 ……………………………………………………………………… (400)
  10.2 主要堆型设计 …………………………………………………………… (403)
  10.3 安全性设计 ……………………………………………………………… (414)
  10.4 主要国家发展态势 ……………………………………………………… (416)
  10.5 研发创新能力与布局计量分析 ………………………………………… (425)
  10.6 我国小型反应堆现状及研发对策 ……………………………………… (448)
  附录 先进小型模块化反应堆的安全设计特性 ………………………… (453)

11 计算材料与工程国际发展态势分析 …………………………………… (464)
  11.1 引言 ……………………………………………………………………… (465)
  11.2 计算材料研究战略与计划 ……………………………………………… (466)
  11.3 计算材料方法研究进展 ………………………………………………… (473)
  11.4 计算材料文献计量分析 ………………………………………………… (485)
  11.5 集成计算材料工程研究进展 …………………………………………… (496)
  11.6 结语和建议 ……………………………………………………………… (499)

彩图

1 自旋电子器件国际发展态势分析

吕晓蓉　黄龙光　李超

(中国科学院国家科学图书馆)

纵观科学发展进程，每一次重大基础科学发现都会引发技术的飞跃。1988年金属纳米多层膜中巨磁电阻（GMR）效应的发现开启了自旋电子学新兴领域的大门，并荣获2007年诺贝尔物理学奖。GMR效应从科学发现到成功的商业化，创造了技术转化的典范。20世纪90年代开始研发的下一代存储器技术，磁电阻随机存储器更是有望造就千亿美元的未来市场价值，将在未来半导体产业中具有持续增长的潜力。近些年来迅速发展的新颖功能自旋电子器件以及自旋电子学基础与应用研究，正在信息技术、半导体工业、量子计算和量子通信等诸多领域酝酿着一场深刻的技术革命。

自旋电子学近30年的迅猛发展印证了诺贝尔奖所推动的技术创新及其造就的产业机遇。技术基础、应用需求以及市场环境的变化呼唤新技术的出现，而新技术的发展也将重新定义未来市场竞争格局。自旋电子学将电子自旋相关效应与传统微电子学相结合，为研发具有全新功能的下一代微电子器件提供了前所未有的机遇。对全球半导体产业的发展产生重要影响的《国际半导体技术发展路线图》也明确指出，后互补金属氧化物硅（CMOS）时代面临的技术挑战为自旋电子学等新兴技术的发展提供了无限空间。突破传统CMOS技术范畴，开展基于多种不同机制的新型器件的研究开发工作，拓展微电子器件的应用范围，甚至是开拓新兴研究领域，超前部署未来新兴市场，已成为世界主要科技大国及其众多著名研发机构的共识。

培育发展战略性、基础性和先导性产业是提升国家核心竞争力的根本，是迈向创新型国家的重要标志。回顾半导体技术的产业化历程，有益于自旋电子学新兴技术的转移、转化：①调整现有的半导体产业政策，向自旋电子学领域倾斜；②加大对自旋电子学技术创新的投资，抢占未来新兴微电子产业制高点；③支持微电子领域重点企业，着力实施自旋电子等新兴技术重大成果的转化，加快产业化进程，提升中国企业在微电子新兴产业市场中的竞争力。

1.1 引言

《国际半导体技术发展路线图》对推动全球半导体产业的发展、对半导体产业的结构调整以及产业链的形成，产生了重要影响。传统 CMOS 技术面临的挑战为新兴技术的发展创造了历史良机。

1992 年，在美国政府的支持下，美国半导体工业协会（Semiconductor Industry Association，SIA）协同产、学、研各界第一次制定《美国国家半导体技术发展路线图》（The National Technology Roadmap for Semiconductors，NTRS），并在 1994 年、1997 年进行了修订。NTRS 预测半导体工业 15 年内的发展趋势，为研究人员以及设备、材料和软件供应商提供了极具价值的参考框架。NTRS 在 20 世纪 90 年代为促进美国半导体技术的发展发挥了重要作用。

1998 年，在世界半导体理事会（World Semiconductor Council）上，由美国半导体工业协会提议，联合日本电子工业技术协会（JEITA）、欧洲半导体产业协会（ESIA）、韩国半导体工业协会（KSIA）以及中国台湾半导体产业协会（TSIA）共同制定《国际半导体技术发展路线图》（The International Technology Roadmap for Semiconductors，ITRS），对全球半导体产业未来 15 年的发展趋势进行预测与展望，为半导体产业提供一个关于"需求、可能的解决方案"的参考框架。

《国际半导体技术发展路线图》自 1999 年发布第一版以来，每偶数年份进行更新，每奇数年份进行全面修订。ITRS 的主要目标是提供被工业界广泛认同的对未来 15 年内研发需求的最佳预测。该路线图对于支持研发机构、工业界、政府的投资决策具有重要意义，有助于将研发方向引向最需要突破的领域。

传统上，国际半导体技术发展路线图主要专注于 CMOS 技术的按比例缩小。但是，2001 年版的 ITRS 就开始考虑 CMOS 工艺按比例缩小将面临的挑战，提出路线图必须要考虑发展"后 CMOS 器件"的问题。后 CMOS 器件涵盖的范围从非平面 CMOS 器件到新颖功能器件，如自旋器件。无论是为 CMOS 技术的延伸，还是为更激进的新技术、新方法，"后 CMOS 技术"必须进一步降低单位功能的成本，并提高集成电路的性能。新技术将不仅包括新器件的诞生，还将意味着制造方法的彻底革新。

在 2003 年制定的《国际半导体技术发展路线图》中提出，传统的硅基 CMOS 器件正在接近其极限。为了保持集成电路产业界能够继续按照摩尔定律发展，一方面是将 CMOS 按比例缩小，深入推进，另一方面是突破 CMOS 的范畴，发展基于不同机制的新型器件的研究开发工作，如电子自旋器件、共振隧道器件等。为此，2003 年版路线图特别将新兴器件的研究单独列为一章，进行详细评述，并得出结论："新兴的器件、技术和结构，如果开发成功，将可以拓展微电子器件的应用范围，进入 CMOS 器件未曾进入的领域，而不是直接在相同的领域内与 CMOS 器件竞争。"

《国际半导体技术发展路线图》在 2004 年进行了一次更新。鉴于材料研究开发对于上述新兴器件的重要性，在 2004 年更新版路线图中进一步将新兴材料研究（EMR）单独列为一章，新兴材料研究的主要任务是为新兴器件提供所需要的材料，确定材料的特性、合成技术及分析测量技术等。《国际半导体技术发展路线图》指出，新兴材料研究中最困难的任务在于：①如何表征对器件运行机制有影响的材料特性，尤其是这些特性在纳米尺度下的特性；②如何进一步改进这些特性；③对这些特性的表征方法和测量分析技术；④为了分析这方面的实验结果，需要针对实验现象进行建模和仿真。重要的实验现象，尤其是在纳米尺度上的一些效应,还未能建立精确模型。

2005～2012年发布的《国际半导体技术发展路线图》一直强调发展以自旋电子学技术等为代表的新兴技术的必要性和重要性,展望超越摩尔定律的新兴技术的发展路线(图1-1),这些新兴技术将引发未来工业的新变革。

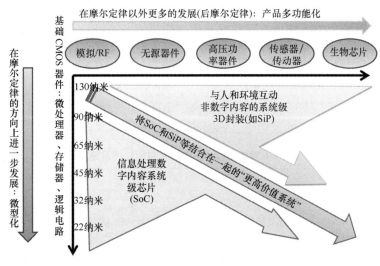

图1-1 摩尔定律和后摩尔定律

本报告从专利视角揭示自旋电子器件的国际发展态势,并通过分析传统半导体技术的产业化发展过程,以期对自旋电子学重大技术成果的转化提供有益的借鉴。

1.2 自旋电子器件领域国际发展态势

1988年巨磁电阻效应的发现(Baibich et al.,1988)所引发的有关巨磁电阻效应及其材料的基础和应用研究为磁电子学的发展奠定了基础。在该领域中,基础研究和应用研究齐头并进,已成为基础研究快速转化为商业应用的国际典范。从1998年起,GMR硬盘磁头即应用于工业年产值300亿美元的硬盘中(Roco et al,1999),磁电阻随机存储器被业界认为有望造就千亿美元的未来市场价值(Han et al.,2008),基于GMR和TMR效应的多种类型磁敏感传感器也成为自旋电子学的第三大主要应用领域(Piedade et al.,2006)。近年来,对自旋电子学新型功能器件的研究和开发将会导致未来产业的新变革(Seki et al.,2008)。

本报告通过对高密度磁头、磁电阻随机存储器和磁电阻传感器的专利分析,揭示自旋电子器件的国际发展态势及产业应用前景。

1.2.1 高密度磁头国际发展态势

1.2.1.1 高密度磁头技术发展概述

20世纪80年代末,IBM公司推出磁电阻(Magneto Resistive,MR)技术,使得磁头灵敏度大幅提高,为硬盘存储密度的巨幅提升奠定了基础。1970~1991年,硬盘存储密度年均增长速度为25%~30%;1991年后,年均增速为60%~80%;目前,增速达到100%~200%。1997年后,开始出现的巨幅增速得益于IBM推出的巨磁电阻技术(表1-1)。巨磁电阻技术和垂直磁记录技术的引入对磁盘产业产生深远的影响。磁存储技术的主要进展包括:垂直记录技术、反铁磁耦合介质、热辅助磁记录技术以及图案化磁信息存储介质等。

表1-1 GMR/TMR 磁头技术商业化研发路线

年份	重要推进
1985	IBM 生产出 AMR 磁头
1991	IBM 推出首款应用磁电阻技术的 3.5 英寸 1GB 硬盘(MR 磁头)
1994	IBM 首次制造 GMR 自旋阀结构读出磁头(GMR SV 磁头),使得磁盘记录密度提高 17 倍
1995~1996	IBM 制造出的 HDD 面密度达到 5GB/英寸^2
2004	希捷公司研发出 TMR 磁头,使得磁盘记录密度达到 150GB/英寸^2
2005	希捷公司和日立环球存储科技公司均宣布将开始大量采用磁盘垂直记录技术(Perpendicular Recording)
2007	TDK 公开热辅助记录及 CPP-GMR 磁头、垂直磁记录+TMR 读取方式的硬盘磁头 日立环球存储科技公司宣布发售首个 1TB 的硬盘

注:1 英寸=2.54 厘米,1 英寸^2=6.4516×10^{-4} 米^2

2003年,日立公司完成20.5亿美元的收购IBM硬盘事业部计划,并成立日立环球存储科技公司(Hitachi Global Storage Technologies,HGST)。2006年,希捷公司(Seagate Technology)以19亿美元收购迈拓(Maxtor),从而一举成为全球第一大硬盘制造商。时至2010年,美国硬盘制造商西部数据(Western Digital Corp.,WD)超越希捷公司,占领硬盘市场近50%的份额,位列第一。2011年,西部数据以现金加股票的方式,出资约43亿美元(35亿美元现金,出让10%股份)收购日立公司硬盘业务全资子公司,即日立环球存储科技公司。同年,希捷公司以13.75亿美元(现金加股票的方式)收购三星旗下硬盘业务。行业分析预测,西部数据至少在未来5年将保持存储设备世界第一的地位。

随着平板电脑的兴起,传统硬盘产品的需求正在下降。2011年硬盘行业预测数据显示,2011年第一季度硬盘的销量比2010年第四季度下降4%。其中,西部数据销售了5220万块硬盘,希捷公司的销量为4890万块,日立公司硬盘销售量是3030万块。与之相反,闪存等形式的存储类型产品开始走俏。目前,三星、东芝是固态硬盘的主要生产商。

面对来自固态存储的挑战,硬盘产业三大巨头——日立公司、希捷公司、西部数据近期宣布成立"存储技术联盟",合作研发下一代磁盘存储技术,制定未来技术发展路线图。

在提高存储密度方面,日立公司主张使用图案化介质技术,在旋转磁盘上实现精确定位(该技术可能需要12.5纳米光刻技术支持)的技术路线。希捷公司则主张使用热辅助磁记录技术,通过激光在极短时间内加热磁盘微小区域以提升存取效率的技术路线,均将实现1TB/英寸^{2}以上磁盘存储密度。如果将其结合,最终有可能实现50TB/英寸^{2}超高存储密度。

以下通过对1988～2011年高密度磁头专利申请趋势及技术研发热点的分析,显示该领域国际发展态势。

1.2.1.2 高密度磁头技术领域专利申请时序分析

高密度磁头技术领域的专利申请量分别在1994年、2004年出现两个高峰期(图1-2),对应IBM公司在1994年首次推出GMR读出磁头以及希捷公司在2004年研发出TMR磁头;而2005年之后专利申请量呈现逐步下降的趋势,该回落期在一定程度上反映出磁头技术已处于成熟期或新的技术突破尚未形成。

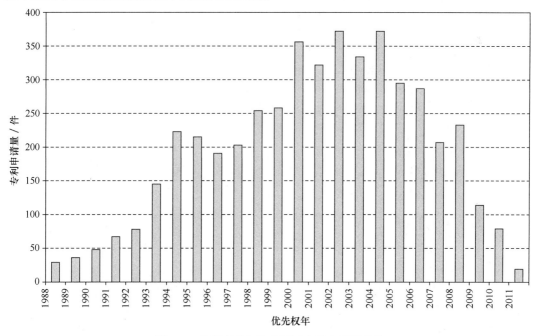

图1-2 高密度磁头技术领域专利申请量趋势

从磁头技术领域专利申请量国家排名情况来看,排名前10位的国家分别是:日本、美国、韩国、法国、德国、中国、英国、荷兰、俄罗斯、比利时(图1-3)。其中,日本、美国在磁头技术领域处于明显优势地位,专利申请量远大于其他国家总和。20世纪90年代,日本在磁头技术领域的专利申请量领先于美国;进入21世纪,美国与日本在该领域的技术水平相当;2006年之后,韩国的发展较为迅速,中国在近几年的专利申请量也有所上升(图1-4)。

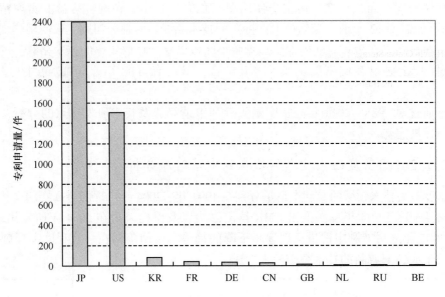

图 1-3 高密度磁头技术领域专利申请量排名前 10 位的国家

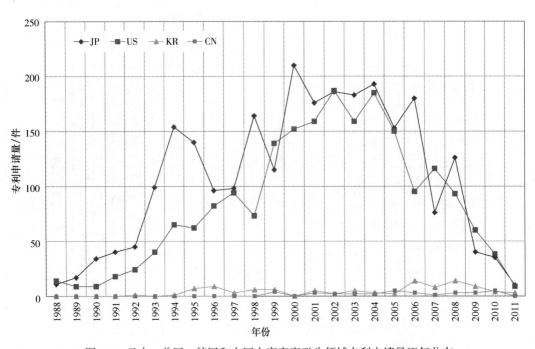

图 1-4 日本、美国、韩国和中国在高密度磁头领域专利申请量逐年分布

磁头技术领域的重要研发机构集中在 TDK 公司、日立环球存储技术公司（日立子公司）、IBM 公司、日立公司、索尼公司、东芝公司、富士通公司、希捷公司、Headway 公司（TDK 子公司）以及阿尔卑斯电气公司（图 1-5）。

1 自旋电子器件国际发展态势分析

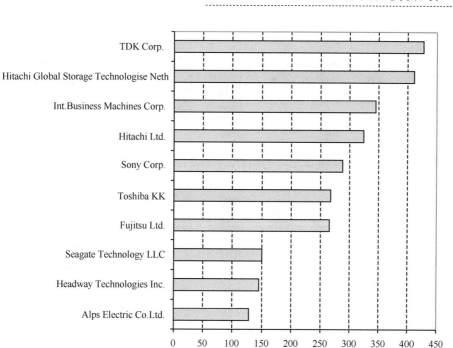

图 1-5 高密度磁头领域专利申请量排名前 10 位的研发机构

1.2.1.3 高密度磁头领域重点技术布局

国际专利分类（IPC）反映出专利技术所属技术领域。通过对高密度磁头专利申请的 IPC 统计分析技术研发重点领域。图 1-6 显示，使用磁电阻装置的磁通敏感磁头（IPC：G11B 5/39）为重要研发技术领域。图 1-7 用于分析各主要国家在磁头领域的重点技术布

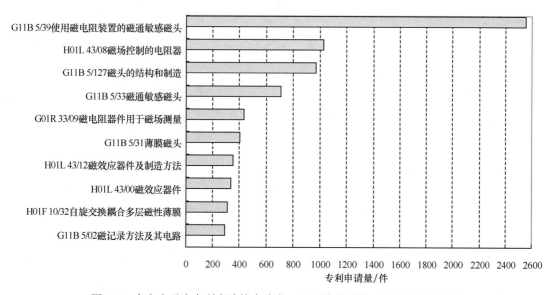

图 1-6 高密度磁头专利申请技术分类（国际专利分类，前 10 位 IPC 类）

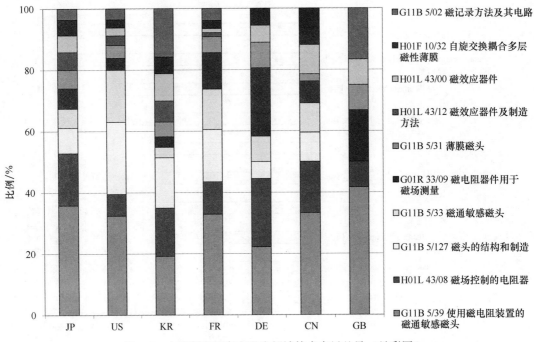

图1-7 主要研发国家在磁头领域技术布局差异（见彩图）

局策略。在磁头的结构和制造（IPC：G11B 5/127）以及薄膜磁头（IPC：G11B 5/31）领域，美国的技术布局领先于日本，韩国和法国在磁头的结构和制造领域也处于优势地位，德国在磁电阻器件用于磁场测量（IPC：G01R 33/09）方面技术较强，中国在自旋交换耦合多层磁性薄膜（IPC：H01F 10/32）领域技术较强。

专利地图是反映技术研发布局的全景图。高密度磁头技术领域专利地图（图1-8）显

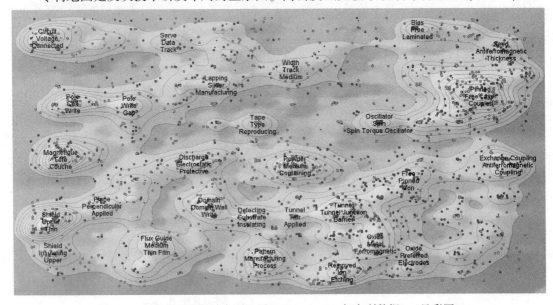

图1-8 高密度磁头领域专利地图（1988~2011年专利数据）（见彩图）
绿色点反映出2000~2005年出现的技术热点，红色点反映出2006~2011年出现的技术热点

示，2006年以来，新的技术热点集中在：Spin Torque Oscillator、Domain Wall Write、Oxide Metal Ferromagnetism、Pattern Manufacturing Process、Plane Perpendicular Applied。

1.2.2 磁电阻随机存储器国际发展态势

1.2.2.1 磁电阻随机存储器发展概述

磁电阻随机存储器（Magnetoresistive Random Access Memory，MRAM）从20世纪90年代开始研发，1995年TMR的发现使得MRAM具有了商业化前景。由于MRAM具有非挥发性、高速、高密度、低能耗、抗辐照等优势，有望造就千亿美元的未来市场价值，其应用前景非常广阔，被认为将取代其他所有类型的储存器，成为真正的通用存储器。

目前，MRAM研发的两个方向：一是提高传统的TMR MRAM性能，如室温下高磁电阻比的TMR材料、自由层材料等；二是发展具有新原理和新结构的MRAM，如STT-MRAM、Toggle-mode Switching MRAM、电流驱动的Nano-ring MRAM等。

MRAM作为重要的下一代存储器，在未来半导体产业中具有持续增长的潜力。世界顶级半导体制造商在新兴技术领域的合作将极大地推动全球半导体产业的发展进程。对于新兴技术的研发投资，采取联合研发合作方式可以最小化风险并加速MRAM器件的商业化进程。例如，2011年，日本东芝公司（Toshiba Corporation）与掌握MRAM前沿技术且具备最佳制造技术以及成本竞争优势的韩国海力士半导体公司（Hynix Semiconductor Inc.）签署战略合作计划，启动下一代新兴存储器件联合研发项目：自旋转移力矩磁电阻随机存储器（Spin-Transfer Torque Magnetoresistance Random Access Memory，STT-MRAM），并将共同投资制造STT-MRAM产品，MRAM将成为下一代技术平台，实现磁电阻随机存储器器件、逻辑器件以及磁硬盘技术的集成。目前东芝公司与海力士半导体公司已扩大其专利交叉许可以及产品供应合同范围。同年，韩国三星并购美国MRAM芯片厂商Grandis，增强在MRAM领域的核心竞争优势。2012年11月，Everspin推出首款商用64MB STT-MRAM（表1-2）。

表1-2 MRAM商业化进程

年份	重要推进
1989	IBM在薄膜结构的巨磁电阻效应中取得技术突破
1994	Honeywell公司研制出使用GMR薄膜技术的MRAM，未实现商业化
1995	Motorola公司（即之后的Freescale公司）启动MRAM研发工作，与Digital实验室合作研制出256KB MRAM
2000	IBM和Infineon公司建立联合MRAM开发计划 Spintec实验室申请第一个STT专利
2004	Spintec实验室首次研发热辅助转换（Thermal Assisted Switching，TAS）MRAM
2005	Freescale公司演示MgO MRAM
2006	Freescale公司推出全球第一款商业化MRAM（4MB）

续表

年份	重要推进
2007	东芝公司和 NEC 公司宣布研制出 16 Mbit MRAM 芯片
	研发资金转向 STT-MRAM 研制
	日本东北大学和日立公司联合研制 2 Mbit STT-MRAM 原型器件
	IBM、TDK 联合研制 STT-MRAM,目标是降低成本,以期投放市场
	东芝公司实现 STT 垂直磁各向异性 MTJ 器件开发
2008	日本宇宙航空研究开发机构(JAXA)使用 Freescale 公司研制的 MRAM 替代 SRAM 和 FLASH 存储元件
	三星和海力士合作研发 STT-MRAM
	Freescale 公司成立 Everspin 公司,专门从事 MRAM 研发
2009	日立公司和日本东北大学研制出 32 MB STT-MRAM 原型器件
2011	德国技术物理研究院宣称成功研制出低于 500 皮秒(2Gbit/秒)写循环
2012	Everspin 公司推出 64MB STT-MRAM 商业化器件

1.2.2.2 磁电阻随机存储器技术领域专利申请时序分析

磁电阻随机存储器技术领域的专利申请在 2002~2004 年达到高峰期(图 1-9),年均申请量在 600 件以上。2005 年之后专利申请量趋稳,保持在年均约 200 件的水平。

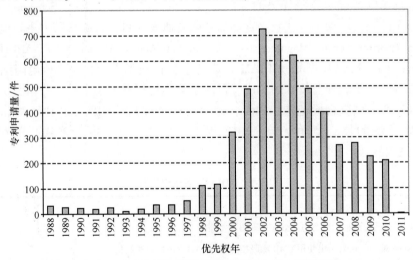

图 1-9 磁电阻随机存储器技术领域专利申请量趋势

从磁电阻随机存储器技术领域专利申请量国家排名情况来看,排名前 10 位的国家分别是:美国、日本、韩国、德国、中国、法国、加拿大、英国、俄罗斯、澳大利亚(图 1-10)。其中,美国在磁电阻随机存储器技术领域处于垄断地位。2002~2004 年,美国在该领域的专利申请量达到高峰期,年均申请量高于 300~400 件,是日本的 2 倍;韩国在该领域的兴起非常值得关注;同样,中国在该领域也处于发展阶段(图 1-11)。

1 自旋电子器件国际发展态势分析

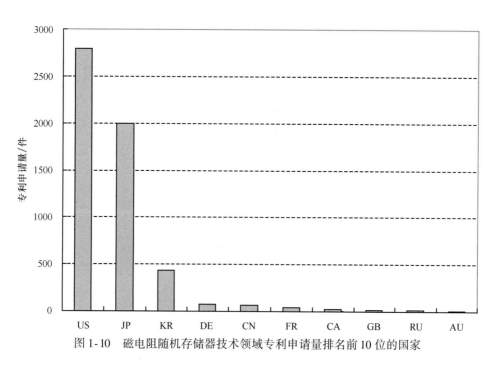

图 1-10　磁电阻随机存储器技术领域专利申请量排名前 10 位的国家

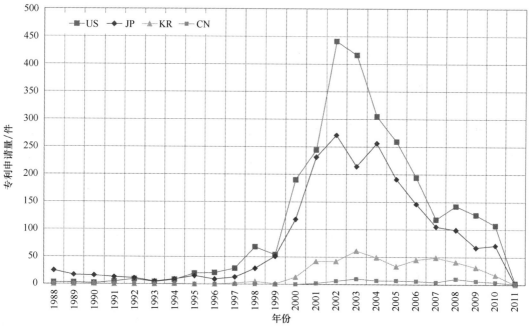

图 1-11　日本、美国、韩国和中国在磁电阻随机存储器技术领域专利申请量逐年分布

磁电阻随机存储器技术领域排名前 10 位的重要研发机构分别是东芝公司、三星电子公司、Micron 技术公司、希捷公司、IBM 公司、惠普公司、索尼公司、TDK 公司、日立环球存储技术公司（日立子公司）、日立公司（图 1-12）。

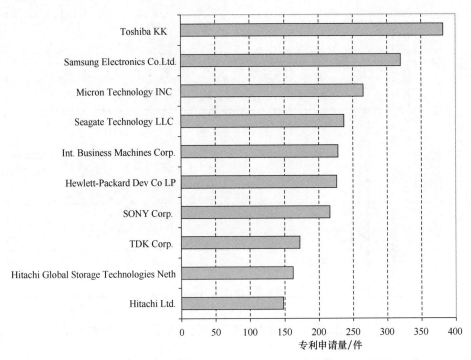

图 1-12　磁电阻随机存储器技术领域专利申请量排名前 10 位的研发机构

1.2.2.3　磁电阻随机存储器领域重点技术布局

通过对磁电阻随机存储器专利申请的 IPC 统计分析技术研发重点领域。图 1-13 显示，研发重点技术领域集中在半导体器件（IPC：H01L）、静态存储器（IPC：G11C）以及信息存储（IPC：G11B）。图 1-14 用于分析各主要研发国家在磁电阻随机存储器领域的重点技术布局策略。在半导体器件技术领域，美国、日本、韩国、德国、中国和法国的投资均较强，占研发比例的 25% 以上，其中，韩国占比最高，达到 40%。在静态存储器技术领域，德国、韩国、中国、美国和法国重点布局该领域。日本在信息存储领域的优势略强于其他国家。在磁性材料

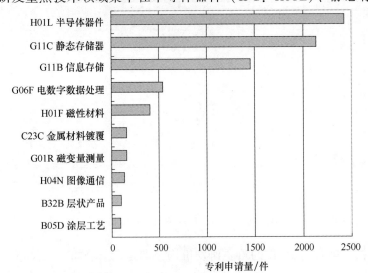

图 1-13　磁电阻随机存储器专利申请技术分类（前 10 位 IPC）

技术领域，法国、日本和中国的研发布局高于其他国家，占据一定技术优势。

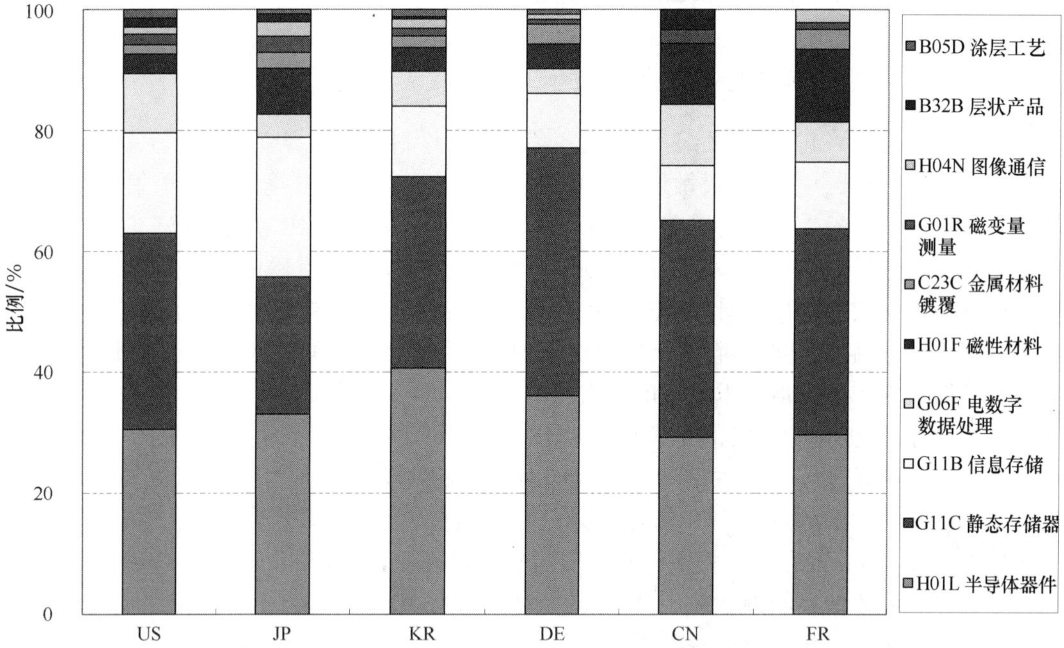

图1-14 主要研发国家在磁电阻随机存储器领域技术布局差异（见彩图）

磁电阻随机存储器领域专利地图（图1-15）显示，近几年的研发热点有：热辅磁记录、垂直磁记录、金属氧化物、晶体管等。

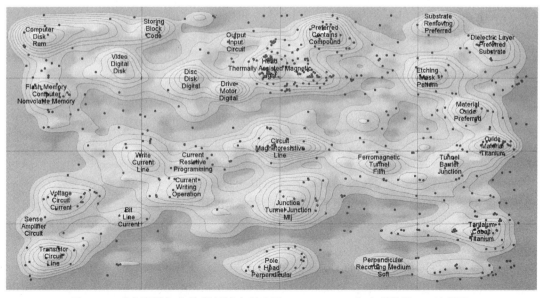

图1-15 磁电阻随机存储器领域专利地图（1988～2011年专利数据）（见彩图）

红色点反映出2009～2011年出现的技术热点

1.2.3 磁电阻传感器国际发展态势

1.2.3.1 磁电阻传感器发展概述

磁电阻传感器兴起于20世纪70年代,利用磁性材料的各向异性磁电阻（AMR）效应研制的AMR传感器,具有高灵敏度、低功耗、小型化、抗恶劣环境以及易于集成等优势,在磁传感器市场中备受青睐,以美国Honeywell公司为代表的AMR传感器已广泛应用于工业自动化、GPS导航、安全检测等诸多领域。80年代末发现的巨磁电阻以及90年代发展起来的隧穿磁电阻（TMR）比AMR高出1~2个数量级,且具有更大的磁场响应范围、磁场灵敏度以及更高的空间分辨率等性能优势,利用巨磁电阻材料和隧穿磁电阻材料制造磁电阻传感器成为磁传感器技术领域的一次技术变革。

在适用于磁电阻传感器的材料中,GMR多层膜、自旋阀（Spin Valve）、磁性隧道结（MTJ）等具有显著优势。例如,自旋阀对低场的高灵敏度使其适用于工控领域中角度、位置、转速等的测量。NVE公司开发的大多数巨磁电阻传感器是基于巨磁电阻多层膜的传感器,而Infineon公司开发的巨磁电阻传感器多基于巨磁电阻自旋阀材料。其他应用材料如磁性颗粒膜的不利因素在于其磁场饱和度较大,磁场灵敏度低,且大多需要特定温度下退火处理工序。氧化物庞磁电阻材料虽然磁电阻大,但存在需要高磁场、温度效应显著等问题,在一定程度上限制了其在磁电阻传感器件中的应用开发。

GMR材料制成的磁传感器,由于磁电阻率变化大,能够对微弱磁场进行传感,且具有高可靠性、高灵敏度等优势,将取代霍尔传感器等传统产品,在汽车电子技术、机电一体化控制、家用电器、卫星定位以及精密测量技术中具有广泛应用前景。自1998年美国海军实验室和NVE公司联合推出利用GMR效应和免疫磁标记实现GMR生物传感,并设计第三代磁标记阵列计数器（BARC）芯片以来,GMR多层膜和自旋阀生物传感器在生命科学等研究领域的潜在应用价值日益凸现。隧穿磁电阻传感器由于其极高的灵敏度而成为众多研究机构和企业的研发热点。

目前,全球的传感器市场在不断变化的创新之中呈现出快速增长趋势。传感器领域的核心技术将在现有技术基础上得到拓展和提高,各国将竞相加速新一代传感器的开发和产业化,市场竞争也将日益激烈。新技术的发展将重新定义未来的传感器市场,如无线传感器、光纤传感器、智能传感器和金属氧化传感器等新型传感器的出现及其所占市场份额将不断扩大。2002年对全球磁传感器市场的预测值为总市场容量8.83亿美元。其中,霍尔传感器占81%的市场份额,磁电阻传感器（包括AMR和GMR传感器）占17%;而磁电阻传感器的年增长率高于霍尔传感器和超导量子干涉仪（SQUID）（图1-16）。2008年对全球传感器市场预测,市场容量为506亿美元,2010年超过600亿美元。其中,美国、日本和德国依然是传感器市场分布最大的地区;而东欧、亚太区和加拿大成为传感器市场增长最快的地区。传感器市场增长最快的应用领域是汽车市场,其次是自动化控制,通信市场的应用前景也很广阔。新型传感器,如微机电系统（MEMS）传感器、生物传感器等也呈现出快速增长趋势,年均增长率超过25%,市场发展空间很大。

1 自旋电子器件国际发展态势分析

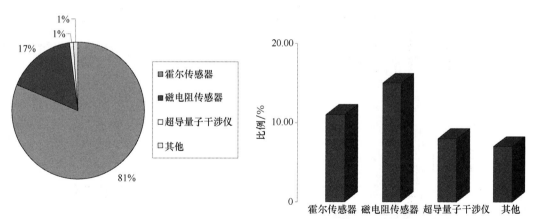

图 1-16　全球磁传感器市场份额和年增长率（不包括磁头市场）（见彩图）

1.2.3.2　磁电阻传感器领域专利申请时序分析

自 20 世纪 90 年代起，磁电阻传感器技术领域的专利申请量持续增长，2002~2005 年达到高峰期（图 1-17），之后仍保持稳步增长趋势。

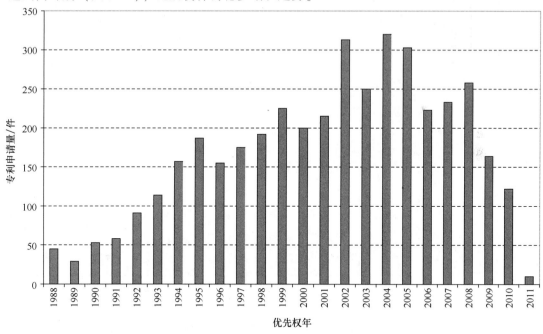

图 1-17　磁电阻传感器技术领域专利申请量趋势

从磁电阻传感器技术领域专利申请量国家排名情况来看，排名前 10 位的国家分别是：日本、美国、德国、韩国、中国、法国、俄罗斯、英国、澳大利亚和加拿大（图 1-18）。其中，日本和美国在磁电阻传感器领域实力相当，美国在 1996~2005 年专利申请量高于日本，近几年日本略高于美国。德国在磁传感器领域位列第三，位列第四的韩国在 2008 年的专利申请量高于德国，而中国在近几年发展迅速，2010 年中国的专利申请量高于德国和韩国（图 1-19）。

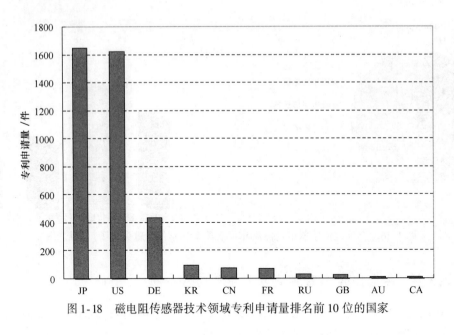

图1-18 磁电阻传感器技术领域专利申请量排名前10位的国家

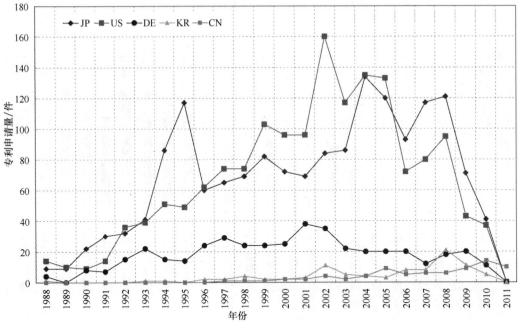

图1-19 日本、美国、德国、韩国和中国在磁电阻传感器技术领域专利申请量逐年分布

磁电阻传感器技术领域排名前10位的重要研发机构分别是日立环球存储技术公司（日立子公司）、IBM公司、阿尔卑斯电气公司、TDK公司、Headway公司（TDK子公司）、希捷公司、德国西门子公司、荷兰飞利浦公司、日本松下电器公司、日本Nippondenso电器公司（图1-20）。

1 自旋电子器件国际发展态势分析

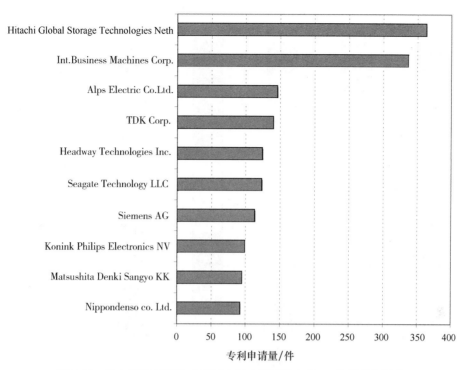

图 1-20 磁电阻传感器技术领域专利申请量排名前 10 位的研发机构

1.2.3.3 磁电阻传感器领域重点技术布局

通过对磁电阻传感器专利申请的 IPC 统计分析技术研发重点领域。图 1-21 显示出，

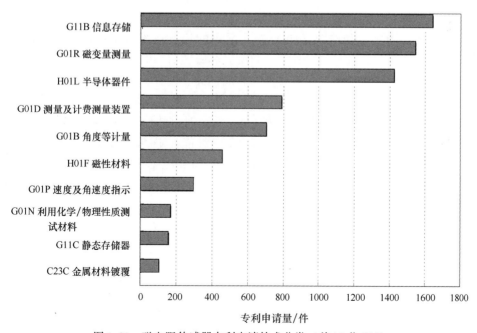

图 1-21 磁电阻传感器专利申请技术分类（前 10 位 IPC）

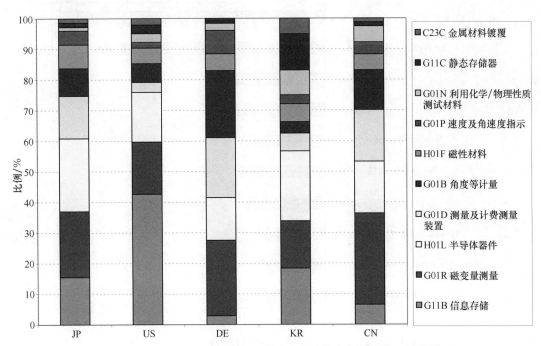

图 1-22 主要研发国家在磁电阻传感器领域技术布局差异（见彩图）

研发重点技术领域集中在信息存储（IPC：G11B）、磁变量测量（IPC：G01R）以及速度测量等应用领域（IPC：G01D、G01B、G01P）。图 1-22 用于分析各主要研发国家在磁电阻传感器领域的重点技术布局策略。美国在信息存储领域技术领先；在磁电阻传感器应用方面，德国、日本和中国技术较强；韩国在金属材料镀覆工艺和静态存储器领域布局较占优势。

磁电阻传感器领域专利地图（图 1-23）显示的热点技术包括：磁电阻材料的选择、反铁磁钉扎层（反铁磁钉扎层是一切基于自旋阀和磁隧道结的磁电子器件工作的核心环节之一，选择合适的反铁磁材料至关重要）材料的选择。接近于实用化的铁磁材料主要有三类：① 氧化物反铁磁材料：如 $(Co_1\text{-}XNi_x)O$；② Cr 系反铁磁材料，如 $Cr_{50}Mn_{50}$、L_{10} 相合金、$Cr_{50}Pt_{50}$；③ Mn 系反铁磁材料，如 $Fe_{50}Mn_{50}$ 等。对钉扎层来说，除了选取性能优异的反铁磁钉扎材料，还有两种方式可进一步提高钉扎性能：① 采用合成反铁磁层（SAF）结构；② 合成自由层（SF）。图 1-23 还显示出 GMR、TMR、CMR、AMR 传感器及其应用领域分布情况。其中，GMR 材料的传感器专利最多，其次是 TMR 和 AMR 材料传感器，CMR 传感器也有少量专利申请。

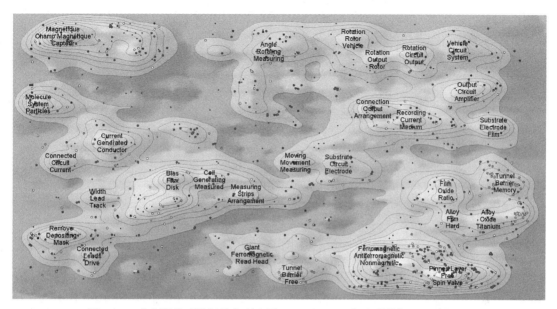

图 1-23 磁电阻传感器领域专利地图（1988～2011 年专利数据）（见彩图）
红色点、绿色点、黄色点、蓝色点分别代表 GMR、TMR、CMR、AMR 传感器及应用

1.3 半导体技术的产业化路径及全球竞争格局

1.3.1 全球半导体技术发展及产业概述

半导体的发现可追溯至 1833 年。此后，尽管陆续有半导体现象的发现，但直到 1947 年，才由贝尔实验室总结出半导体的特性。同年，贝尔实验室发明了晶体管。1958 年，美国德州仪器（TI）发明第一块集成电路，这两大发明标志着半导体产业的开始。

从技术的角度来看，半导体产业经历了多次的技术发展，从小规模集成（SSI）到中规模集成（MSI）、大规模集成（LSI）、超大规模集成（VLSI）以及特大规模集成（ULSI），集成度不断提高（表 1-3）。同时，半导体制造中所使用的晶圆尺寸也在不断增大，从 0.5 英寸经 2 英寸、3 英寸、4 英寸、5 英寸、6 英寸逐渐发展到目前主流的 8 英寸、12 英寸，下一代将为 18 英寸，预计 2016～2018 年将由几家大公司投入量产。

表 1-3 半导体技术、器件和产业发展历程

发展阶段	单位芯片内的器件数	年份	半导体技术	半导体器件	半导体产业重大事件
小规模集成电路（20世纪50年代）	2~50	1947		点接触式晶体管	
		1948	单锗晶体		贝尔实验室首次申请晶体管专利
		1952	单晶硅制造		德州仪器进入半导体产业
		1954		面接合型硅晶体管 太阳能电池	德州仪器开发出晶体管收音机并推出第一个商用硅晶体管
		1955	光敏电阻制造		
		1957	图形曝光抗蚀剂 氧化物掩蔽层 化学气相淀积（CVD） 外延晶体生长	异质结双极晶体管（HBT） 硅可控整流器（SCR）	仙童公司成为第一家纯半导体制造商 半导体产业销售额超1亿美元
		1958	离子注入 混合型集成电路	隧道二极管	德州仪器发明集成电路 美国空军首次将半导体纳入导弹计划
		1959	单片集成电路		美国国家半导体公司成立
中规模集成电路（20世纪60年代）	50~5000	1960	平面化工艺 外延沉积	金属氧化物半导体场效应晶体管（MOSFET）	0.525英寸晶圆面世
		1961			仙童公司与TI都推出第一块商用集成电路
		1962		光电二极管（LED）	半导体产业销售额超10亿美元
		1963		互补金属氧化物硅半导体场效应晶体管（CMOS）	
		1963		转移电子二极管（TED）	
		1964			1英寸晶圆面世
		1965	摩尔定律	运算放大器	中国第一块半导体集成电路研制成功
		1966		金属氧化物半导体场效应晶体管（MESFET）	IBM发明DRAM内存

1 自旋电子器件国际发展态势分析

续表

发展阶段	单位芯片内的器件数	年份	半导体技术	半导体器件	半导体产业重大事件
中规模集成电路（20世纪60年代）	50～5000	1967	多晶硅自对准栅极	非挥发性半导体存储器（NVSM）	
			NMOS		
		1968			Intel 成立
		1969	金属有机化学气相淀积（MOCVD）		
			干法刻蚀		
			BiCMOS		
大规模集成电路（20世纪70年代）	5000～10万	1970		电荷耦合元件（CCD）	Intel 推出商用的 1K DRAM
		1971	分子束外延	SRAM	Intel 推出微处理器 4004
				电可擦写固定存储器（EPROM）	
		1972			TI 发明可编程信号处理器 DSP
					Intel 推出微处理器 8008
		1974		共振隧道二极管	Intel 推出微处理器 8080
		1975			4 英寸晶圆面世
		1977			美国半导体协会 SIA 成立
		1979			富士通推出 64K DRAM
					5 英寸晶圆面世
超大规模集成电路(20世纪80年代)	10万～100万	1980		调制掺杂场效应晶体管（MODFET）	IBM 进入 PC 市场
		1981			6 英寸晶圆面世
		1982		现场可编程门阵列 FPGA	Intel 推出微处理器 80286
		1983			Intel 推出 1MB DRAM
		1984		Flash 存储器	第一个芯片保护法《1984 年半导体芯片保护法》在美国诞生
		1985			Intel 推出微处理器 80386
					8 英寸晶圆面世
		1986			日本取代美国成为半导体制造业的世界第一
		1987			美国 SEMATECH 成立

— 21 —

续表

发展阶段	单位芯片内的器件数	年份	半导体技术	半导体器件	半导体产业重大事件
超大规模集成电路（20世纪80年代）	10万~100万	1988	精简指令集 RISC		4MB DRAM 面世
		1989	0.8 微米工艺		Intel 推出微处理器 80486
特大规模集成电路（20世纪90年代至今）	>100万	1991			日本 NEC 公司 16M DRAM 面世
		1993	铜布线		Intel 推出 Pentium 微处理器
					美国取代日本再次成为半导体制造业世界第一
		1994		室温单电子存储器（SEMC）	韩国三星公司 64MB DRAM 面世
		1995	0.35 微米工艺		Intel 推出 Pentium Pro 微处理器
		1996			12 英寸晶圆面世
		1997	0.25 微米工艺		Intel 推出 Pentium II 微处理器
		1998	铜互连工艺	相变存储器（PCRAM）	三星推出 256MB DRAM
					三星开发出 Rambus DRAM
		1999	0.13 微米工艺		Intel 推出 Pentium III 微处理器
		2000			Intel 推出 Pentium IV 微处理器
		2003	90 纳米工艺		三星推出 2GB NAND Flash
		2005	65 纳米工艺		DDR2 DRAM 上市
		2007	45 纳米工艺		16GB NAND Flash
			高 k 介质金属栅结构		
		2011	22 纳米工艺		酷睿 i3、i5、i7 处理器上市

从经济发展角度来看：从晶体管的发明到半导体产业销售收入超 1 亿美元，历时 10 年时间；从 1 亿美元到 10 亿美元，仅用了 5 年时间。根据美国半导体产业协会（SIA）发布的数据（图 1-24），自 1976 年以来，全球半导体销售收入保持整体增长的趋势，1990 年突破 500 亿美元，1995 年突破 1000 亿美元，2000 年突破 2000 亿美元，2011 年突破 3000 亿美元。

1 自旋电子器件国际发展态势分析

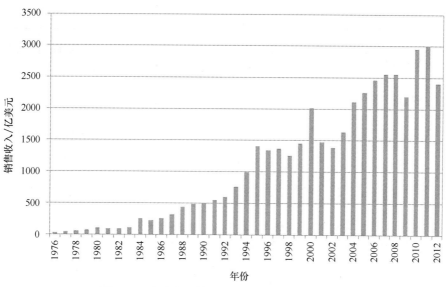

图 1-24　全球半导体销售收入（1976～2012 年）
2012 年的数据截至 2012 年 10 月

1.3.2　美国半导体技术的产业化路径

美国是世界半导体工业的发源地，是全球最大的半导体消费市场之一，也是最大的生产国，主导了全球半导体与电子产品的发展。20 世纪 80 年代中期前，美国半导体销售收入一直保持世界第一（图 1-25）。此后，由于日本半导体产业的崛起，美国半导体业市场

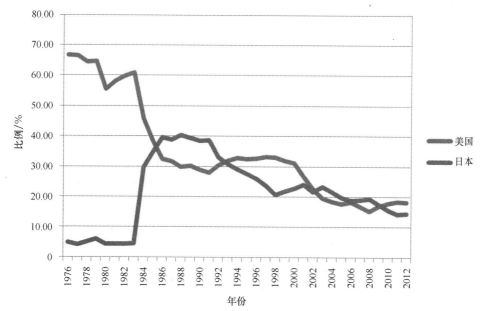

图 1-25　美国和日本市场的半导体销售收入占全球销售收入的比例（1976～2012 年）（见彩图）

份额逐渐下滑，最终在 1986 年被日本赶超。美国半导体产业积极思变，大量提高研发投入，同时，美国国防部牵头与美国多家 IC 企业成立半导体制造技术产业联盟（SEMATECH），促进半导体设备与材料的研发。1993 年之后，美国重新成为半导体产业的世界第一。

美国半导体产业化进程分为以下阶段。

1.3.2.1　起步阶段：政府的军事需求推动了研发的大量投入和采购政策的实施

美国商务部曾指出："美国政府在初期对半导体技术的基础研究和开发的支持以及政府以军事和航天计划为目标的采购政策，推动了半导体技术进步，从而为当今半导体产业的发展奠定了基础。"

第二次世界大战结束以来，美国政府对半导体技术的研发投入了大量资金。20 世纪 40 年代末期至 60 年代中期，美国为了发展尖端武器系统，对军用及宇航设备所使用的电子元件提出了微型化、轻型化和高性能的要求，这期间政府用于半导体技术的研发都是以此为目标的（黄京生，1985）。1947 年，贝尔实验室发明了晶体管，美国政府迅即做出反应，拨出专款加速晶体管的开发和生产，并于 1949 年与贝尔公司签订了合同。在此之后，美国国防部又以承包合同的形式先后出资共达 1300 万美元，帮助西方电气公司、通用电气公司、雷西恩公司、美国无线电公司和西尔维尼公司等厂家建立了晶体管生产线。

1958 年，美国德州仪器和仙童半导体公司首先研制出半导体集成电路。对于这项技术突破，美国政府从一开始便给予了极大的关注，并且积极响应。1959 年 6 月，即德州仪器正式宣布该项发明仅三个月之后，美国空军便同该公司签订了合同，提供 115 万美元用于新技术的开发，合同期限为两年半。这项合同对于集成电路的功能作了十分具体而明确的规定，并要求使用性能及技术难度都高于锗的硅半导体材料。此后，美国空军陆续与德州仪器、西屋公司、摩托罗拉公司等签订了合同，开发各种集成电路产品。美国空军半导体技术研发计划所取得的显著成效，促使美国政府其他部门群起而效之，纷纷以巨资资助私人企业的科研计划。例如，美国国家航空航天局（NASA）在 1961 年部分地资助了德州仪器的"51 系列"计算机开发项目。

在美国半导体产业的形成过程中，政府对半导体技术进步影响最大的产业政策是政府以军事和航天为目的的采购政策。20 世纪 50~60 年代，政府提供了相当大规模的市场，保证了私人企业在半导体研发投资、生产设备投资方面能够获得较高收益。同时，政府也积极建立多种渠道，对科技发展的方向和进程产生重大影响，并加以引导。例如，1958 年，美国空军决定在其新式导弹系统中采用半导体元件，导致了半导体产品的销售量开始迅速增长。在此期间，13 家半导体元件私营公司参加了"民兵导弹计划"。其中，摩托罗拉公司接到了 170 万美元生产锗晶体管的合同，仙童公司接到了 150 万美元硅晶体管的合同，这大大缓解了当时仙童公司为开发平面型晶体管这项新技术所急需的资金。1962 年，NASA 宣布在阿波罗宇宙飞船的导航计算机中使用集成电路元件，此后不久，美国空军宣布在改进后的民兵导弹的制导系统中广泛应用集成电路元件。这两项计划所需要的集成电路产品占 60 年代初集成电路产品总销售额的绝大部分。

1.3.2.2 发展阶段:企业大量介入与竞争的国际化

随着金属氧化物半导体场效应晶体管(MOSFET)技术的开发和扩散,大规模集成时代于20世纪70年代初期到来,美国半导体产业的结构开始发生变化。众多企业抓住了MOSFET技术所带来的发展机遇,开发出各类用途的MOSFET产品,拓宽了半导体市场。由于企业的大量介入,美国半导体产业形成了高度竞争的市场结构。

随着集成电路这一主导产品的出现,半导体元件的集成度大幅度提高,半导体的制造技术也日趋复杂。因此,半导体产业的资本投资规模越来越大,20世纪70年代集成电路生产所需的投资额已达数千万美元。为了应对这种情况,企业开始通过垂直整合介入最终电子设备市场,以期获得更高的产品附加值;同时,为了提高最终产品的竞争能力,不少企业兼并了现有的集成电路厂商,并建立起公司内部的集成电路设计和生产能力。因此,美国半导体产业的结构发生重大变化:新创公司数量锐减,大企业兼并小企业。

美国半导体产业的结构变化过程,伴随着许多外国企业对美国市场的渗透。与此同时,一些美国企业也将部分产品的生产移向海外。在半导体技术领域,美国与其他国家和地区尤其是日本及西欧的差距日趋缩小,半导体市场的竞争具备了国际性色彩。

1.3.2.3 调整阶段:日本兴起带来的变化

自1975年开始,美国开始在半导体和半导体制造设备的国际市场中不断输给日本,1986年,日本首次超过美国成为世界最大半导体生产国。为了打赢这场保卫战,美国半导体行业的13家企业在美国国防部的引导下,于1987年3月成立了半导体制造技术战略联盟(Semiconductor Manufacturing Technology,SEMATECH)。SEMATECH动员了全美700名科技精英,耗时10年,每年投入2亿美元(其中一半由美国国防部高级研究计划局DARPA提供,另一半由13家半导体公司按年销售额的1%集资),研发先进半导体制造技术、在生产线上测试所生产的设备技术、发展新的制造方法并用于生产各种微电子产品。

与此同时,美国还制定了一系列的政策措施,大力支持半导体产业的发展。

1979年,美国国防部制订了超高速集成电路(VHSIC)计划,并于1980年开始实施。该项计划是美国陆军、海军、空军三方承担的项目,主要目的是推动集成电路材料、制造、封装、测试、软件算法的发展。这项计划为期8年,预算资金为6.8亿美元。

1984年,美国通过了《国家合作研究法案》,放松了反垄断法,鼓励同一工业领域的企业在研究开发上加强合作,为美国半导体等高新技术企业进行联合研究开发提供了法律保障。

1986年,美国国防部实施单片微波集成电路(MMIC)计划,该项计划在美国DARDA的领导下,采用联邦政府巨额资助的方式,动员全国高校和工业部门各大公司的力量,分工合作,对MMIC领域开展广泛而深入的研究。美国联邦政府投入资金共计5.3亿美元,加上工业部门投入,实际资金超过10亿美元。

同年,美国祭出了《关税与贸易总协定》(GATT)的"超级301条款",迫使日本缔结了《美日半导体协定》,规定"外国半导体厂商必须占有日本国内20%市场",强制日本产业界屈服于美国的政治压力。

1992 年，美国半导体产业协会（SIA）组织了 179 位来自产业界、学术界、政府机构及国家实验室的科学家和工程师，着手制定半导体技术发展路线图，对未来 15 年的半导体技术发展做出预测和规划。

1993 年，美国终于从日本手中重新夺回全球半导体业龙头老大的地位。自此，美国政府视其半导体产业为事关国家经济命脉和国防安全的最重要的产业之一，坚持每年将半导体业销售额的 2.5% 用于技术研发和设备投资，从而保持了在世界亚微米和深亚微米半导体工艺上的领先地位。

1.3.2.4 成熟阶段

2000 年以来，美国经济增长放慢，由此带来的电子信息产品需求低迷，导致了半导体市场衰退。但是，在此期间，美国仍占据了世界半导体生产的较大份额。然而，亚太地区市场迅速崛起，与美国的差距正在不断缩小。1990～2000 年，美国半导体市场的年均增长率为 14.3%；而 2001～2011 年，其年均增长率仅为 3.2%。可见，美国半导体产业进入了产业成熟期的个位数增长时代。

在该阶段，美国依然是全球半导体产业的领头羊。在 IC 制造业方面，英特尔公司领先全球，德州仪器是模拟器件的佼佼者。在 IC 设计业方面，全球前三大 IC 设计企业 Qualcomm（高通）、Broadcom 以及 Nvidia 都是美国企业。

1.3.3 日本半导体技术的产业化路径

日本通过支持民用电子来带动半导体产业，从收音机到数字视像设备等民用设备，在初期发展阶段避开了与美国的竞争，后期则转向发展计算机、通信设备等投资类半导体产业。日本的半导体产业发展一直紧随美国之后，是世界第二半导体产品生产大国。20 世纪 80 年代一度成为世界半导体产业的中心。90 年代后，随着美国的再次发展，日本在半导体市场上节节败退。与此同时，随着韩国、中国台湾和内地等亚洲国家和地区半导体产业的兴起，以低成本的竞争优势，同样重创了日本半导体工业。

1.3.3.1 发展阶段：始于技术引进，兴于自主研发

日本半导体产业开始于 20 世纪 40 年代末期，由于晶体管及 IC 技术均由美国率先研发成功，因此，日本半导体产业发展是由技术转移开始的。1957 年，日本制定《电子工业振兴临时措施法》，界定了政府在发展日本电子工业中的作用及有关推动措施，该法的颁布实施有效地促进了日本企业在学习美国先进技术的基础上，积极发展本国的半导体产业。1963 年，日本 NEC 公司从美国仙童公司获得平面技术的授权。日本政府要求 NEC 将取得的技术和国内其他厂商分享。通过该项技术引进，日本的 NEC、三菱、京都电气等开始进入半导体产业。

1971 年，日本施行《特定电子工业及特定机械工业振兴临时措施法》，强化了发展以半导体为代表的电子产业的力度。该法的实施帮助日本企业通过加强自身研发，提升生产能力，有效地抵御了欧美半导体厂商的冲击，进而使日本半导体制品不断走向世界。

1 自旋电子器件国际发展态势分析

1975年，日本通商产业省（MITI）提出超大规模集成电路（VLSI）计划。该计划为期4年，以NEC、日立、三菱、富士通和东芝等五家公司为核心，与日本电子综合研究所和计算机综合研究所携手投资720亿日元。整个项目的研发重点是微制造技术，即改进和开发新的光刻方法以及提升硅晶体的质量，并强化物理和机械特性的基础研究。历时数载，日本在微米级半导体工艺上一举超过美国，从而奠定了20世纪80年代下半期日本半导体产业称霸全球半导体市场的基础。

1978年，鉴于电子、机械及信息产业是日本未来经济增长的主力产业，为进一步促进这些产业技术的创新以及扩展产品应用空间，日本政府又制订了《特定机械情报产业振兴临时措施法》。

在日本政府大力主导下，日本半导体产业在20世纪70年代蓬勃发展，80年代开始称霸半导体行业，NEC在1985年以21亿美元排名半导体产业之首，同时有4家日本企业进入全球十大企业排行榜。1986年日本在半导体产量方面首次超越美国，成为全球最大半导体生产国，1988年日本半导体设备市场占有率也成为全球第一。

1.3.3.2 成熟与衰退阶段

20世纪90年代后，随着世界信息产品制造业的不景气和全球半导体产业与市场竞争加剧等外在大环境的影响，再加上日本半导体产业在投资、技术开发与产业结构调整方面的失误，日本半导体产业开始走向衰落。

在这期间，为了夺回全球半导体产业的技术领先地位，日本政府出台了一系列的措施。

1996年，日本通商产业省拟定"超尖端电子技术开发计划"，为期5年，由21家公司组成的超级电子技术联盟（ASET）执行，通产省为该计划第一年的开发工作提供1亿美元经费。该计划的重点是研究开发16GB DRAM所需的21世纪技术，如电子束、X射线及氪-氟化物-准分子光刻技术。超级尖端电子技术联盟的21个成员包括日本10家最大的电子公司以日本著名的设备和材料公司，此外，IBM、Merck和德州仪器等外国公司也参加了该项计划。

1996年，日本还制订了另一项半导体研究计划，该计划是由日本10家主要集成电路制造商仿照美国SEMATECH组成先进半导体技术公司（ASTI），目标是开发12英寸集成电路生产设备和先进的加工技术。在其后5年内，该计划的经费预算为3.5亿美元。参加该项计划并提供经费的日本企业有富士通、日立、三菱、NEC等10家公司。

2001年，日本政府先后启动了四项半导体计划：ASUKA计划、MIRAI计划、HALCA计划和DIIN计划。ASUKA计划是一个为期五年的研发计划（2001~2005年），预算为700亿日元。由富士通、东芝等12家日本半导体大厂联手，以65纳米工艺为共同研发目标。MIRAI计划是为期七年的研发计划（2001~2007年），由日本经济贸易与工业厅领导，并有来自国家机构的研究人员、25家企业和20所大学参与，研究加工线宽50~70纳米的次世代半导体设计制造技术，预算为300亿日元。HALCA计划为期三年，旨在开发多品种、小批量制造集成电路的技术，预算为80亿日元。DIIN计划为期7年，投资125亿日元，旨在利用迷你型工厂迅速生产数字家电SoC等高性能半导体。

2003 年，日本 11 家主要半导体生产商设立"SoC 基础技术开发（ASPLA）"项目，目标是开发新一代半导体标准制程及试制生产线运营。

2004 年，日本政府将 ASUKA 计划和 MIRAI 计划合并，并由日本政府引导，目标是加速研究成果向工业界的产业转化、降低风险以及减小日本半导体制造商研发费用。

2006 年，日本启动了新一轮的半导体技术研发。半导体尖端技术（Semiconductor Leading Edge Technologies，SELETE）研发项目，每年将投资 100 亿日元，主要用于研究和开发 45 纳米和 32 纳米节点的实用制造工艺。半导体技术学术研究中心（Semiconductor Technology Academic Research Center，STARC）项目，每年投资预算 50 亿日元，以新型器件的设计为主，其中包括用于研制器件的设计平台。

在这一阶段，日本半导体企业间进行了大规模的业务重组和战略合作，通过整合拓展产业并实现技术突破。例如，NEC 和日立将各自的存储器业务合并，成立了 Elpida 公司；日立将存储器之外的半导体业务和三菱电机合资，成立了瑞萨科技（Renesas）；东芝、富士通两大公司也紧跟其后，宣布展开全面业务合作，以数字家电和汽车电子为中心，共同开发和生产新一代半导体产品。进入 2008 年后，东芝宣布与索尼成立合资公司，并以 8.35 亿美元收购索尼位于长崎的半导体业务。

尽管政府和企业都作出了巨大的努力，但依然无法扭转日本半导体产业衰落的局面。1985 年全球半导体企业 10 强中日本有 7 家，1990 年仍有 3 家日本企业能够进入前 10 强，而 2011 年却只剩 2 家企业，日本半导体企业实力在下滑；而日本半导体产值占世界总产值的比例也从最高的 53% 降至 2011 年的 16.4%。2012 年 2 月，Elpida 公司宣告破产，负债达 55.3 亿美元，使得日本半导体产业再次受到重创。

1.3.4 欧洲半导体技术的产业化路径

欧洲半导体产业分散在欧盟各成员国发展，各半导体厂商孤军奋战，并没有像美国和日本半导体厂商那样由政府培植，导致欧洲厂商即使在某些先进产品上表现出色，但是在导入实际生产线时，无法进一步降低成本，成本无法降低，价格就不具备竞争力，市场上的反应也直接受到考验。20 世纪 80 年代后，欧洲采取联合发展战略，通过多项计划的推动，使欧洲在半导体制造技术上取得了进展，微电子技术水平明显提高，与世界先进水平逐步接近，市场竞争力大大加强。欧洲半导体产业的特点是整体依托大型企业，中小企业发展滞后。长期以来，欧洲三大半导体公司一直都位居全球半导体企业前十，分别是意法半导体、恩智浦半导体（2006 年前隶属飞利浦公司）、英飞凌科技（前身是西门子公司半导体部门），这三家公司形成欧洲半导体产业的支柱。

1.3.4.1 起步阶段：无政府扶持，市场占有率低

第二次世界大战后至 20 世纪 70 年代，欧洲半导体产业发展相对滞后，依赖性较大。虽然在规模上也有较大发展，但其市场占有率远低于美国和日本。70 年代世界半导体的市场占有率，美国和日本占据 90%，而欧洲和其他国家与地区仅占 10% 左右。这一阶段，除政府对与国防相关的 R&D 进行投资并在采购中偏向本国生产商外，基本上不存在政府

对半导体业发展的干预行为。

1.3.4.2 发展阶段：欧盟计划——走联合发展之路

自 1975 年之后，欧洲各国政府逐渐加大了对半导体产业的支持力度，政策重心更集中于信息技术，包括微电子方面。进入 20 世纪 80 年代后，欧洲在美国和日本的强大竞争压力下，采取联合发展的战略，积极推动半导体产业重点企业的合作与发展。

1982 年，欧共体启动欧洲信息技术研究与发展战略计划（European Strategic Programme for Research and Development in Information Technology，Esprit），目的是集中成员国的财力、物力、人力，迎头赶上美国和日本，改变美、日在信息领域的霸主地位。该项计划为期 10 年，共筹资金 47 亿欧元。

1988 年，欧共体启动联合欧洲半导体硅计划（JESSI）。该项计划是西欧发展高技术的尤里卡计划的重要一环，是欧洲半导体产业的一项大型科研合作项目，其目的是进一步加强和推动欧洲半导体技术和半导体产业的发展，提高半导体产品的竞争力和市场占有率，并计划在 1996 年底开发出 0.3 微米的 64MB DRAM，总投资为 35 亿美元，为期 8 年。

1997 年，欧盟启动欧盟微电子应用计划（MEDEA）。该项计划是 JSEEI 计划的继续，分为 100 个子项目，有 16 个国家的 200 多个研究机构和企业参加，总投资 20 亿欧元，其目标是使欧洲半导体厂商生产的半导体芯片达到 0.25～0.18 微米级，并广泛应用于计算机、多媒体、通信等领域。

2001 年，欧盟启动 MEDEA+计划。该计划是 MEDEA 计划的延续，使 JESSI 计划和 MEDEA 计划所取得的成果得以持续发展。该计划为期 8 年，投资 40 亿欧元，目标是加速技术的开发，以便与国际半导体技术发展路线图（ITRS）行动计划的目标同步（主要是确定芯片尺寸的进一步小型化）。

此外，西欧各国政府还联合向非欧盟的半导体制造商施压，要求其不能仅仅是在欧洲进行加工组装业务，要更多地设立设计与技术部门。其目标则是希望通过一系列措施，加速欧洲半导体的技术创新，鼓励欧洲内部各国半导体企业间的交流与联系，从而在一定程度上保护欧洲本土的半导体核心技术以及生产竞争力。

欧盟进一步加强了保护其半导体工业的力度（赵芳，2004）。1990 年欧盟与日本政府签署了一个自愿协议，规定了日本生产的标准存储器芯片在欧洲共同市场上的最低售价。此外，欧盟还向韩国半导体商采取了反倾销措施。原因是韩国倾销的芯片价格大大低于欧盟的可接受价格。1997 年，最低售价又被再次强加到日本和韩国的 14 个半导体芯片制造商身上。2003 年欧盟在判定韩国政府不公平地向芯片厂商现代半导体公司提供补贴后随即决定向现代半导体公司的内存芯片征收 34.8% 的进口关税。

1.3.5 中国半导体技术的产业化路径

我国半导体产业的起步并不晚。1965 年，我国已自主研制成第一块硅数字集成电路，仅比美国、日本晚了几年。但在之后几十年间发展缓慢，与世界发达国家和地区的差距越来越大。改革开放以来，经过大规模引进消化和近年来的重点建设，目前我国半导体产业已具备了一定的规模和基础，并形成了比较完整的科研和生产体系。但我国仍处于半导体产业价值链的下游地位，与发达国家还存在较大的差距。

1.3.5.1 起步阶段

我国半导体产业起步于 20 世纪 50 年代。1956 年国务院制定了《1956—1967 年科学技术发展远景规划》，明确了中国发展半导体的决心。从半导体材料开始，自主研发半导体器件。1957 年研制出锗单晶，随后依靠自己的技术开发，相继研制出锗点接触二极管和三极管，即晶体管。1959 年研制出硅单晶，1962 年研制出砷化镓单晶和外延工艺，1963 年做出了硅平面型晶体管，1964 年产出硅外延平面型晶体管。1965 年，我国已自主研制成第一块硅数字集成电路。1966 年底，我国研制出 TTL 电路产品。1968 年，组建国营东光电工厂（即 878 厂）、上海无线电十九厂，并于 1970 年建成投产。进入 70 年代，全国掀起半导体企业建设热潮，仅 70 年代初全国就建成了 40 多家集成电路生产工厂。

这一阶段，在外部封锁条件下，我国半导体产业，按照军工主导、科研创新带动模式，形成了自己的一套产业体系，为今后发展打下了基础。

20 世纪 70 年代，正是美国在半导体制造技术获得全面突破和进入大规模生产阶段，日本半导体产业崛起的时期。由于封闭的外部环境，自身工业基础薄弱，我国半导体科研和生产工艺发展长期停滞，和国际水平的差距迅速拉大。

1.3.5.2 发展阶段

1982 年，为了加强中国计算机和大规模集成电路的发展，国务院成立了电子计算机和大规模集成电路领导小组，制定了我国 IC 产业发展规划，提出"六五"期间要对半导体工业进行技术改造，并于 1983 年确立了"建立南北两个基地和一个点"。其中，南方基地是以江苏、上海、浙江为主，北方基地则以北京为主。在改革开放的条件下，全国有 33 个单位不同程度地引进了各种 IC 设备，共引进了约 24 条线的设备，但全行业存在重复引进和过于分散的问题，其中大部分为淘汰的 3 英寸及少量的 4 英寸生产线，而此时国外已经开始了 6 英寸和 8 英寸硅片的规模化生产。

1986 年，在电子工业部厦门集成电路发展战略研讨会中，提出"七五"期间我国集成电路技术"531"发展战略，即普及推广 5 微米技术，开发 3 微米技术，进行 1 微米技术科技攻关。1989 年，机电部在无锡召开"八五"集成电路发展战略研讨会，提出了"加快基地建设，形成规模生产，注重发展专用电路，加强科研和支持条件，振兴集成电路产业"的发展战略。

1990 年，国家投资 20 亿人民币，实施"908 工程"（无锡华晶微电子公司）。包括一条 6 英寸生产线，一个后封装企业，10 个设计公司，还有 6 个设备项目。目的是加强已有型号并扩大 1 微米集成电路的生产。1992 年，首家中外合资的上海贝岭微电子制造有限公司开始量产并赢利，扭转了我国大规模集成电路生产合格率低、经营亏损的局面，起到很好的示范作用。1995 年，国家实施"909"工程（上海华虹 NEC 微电子公司），其内容是建设一条 200 毫米硅片和线宽、0.5 微米技术起步、月加工 2 万片的超大规模集成电路生产线，并建成若干家 IC 设计企业。"909"工程带动了上下游相关产业的发展，并为后来中国发展半导体产业提供了重要的指示作用。

1.3.5.3 快速发展阶段

随着对外开放的不断深入，以及中国巨大的市场需求，国外半导体巨头纷纷来华合资或独资建立集成电路企业，国内集成电路行业的投入规模迅速扩大，外资所占的比重也逐步上升（赛迪顾问，2010）。

2000年，国家发布《国务院关于印发鼓励软件产业和集成电路产业发展若干政策的通知》（国发［2000］18号），从多个方面对国内集成电路产业的发展给予了诸多优惠政策。受此鼓舞，国内集成电路领域掀起了一轮前所未有的投资热潮，其中芯片制造业有中芯国际、宏力半导体、和舰科技、台积电、海力士-意法等多个大型投资项目，封装测试业则有 Intel、Infineon、Freescale、ST、Samsung、Renesas、Fairchild 等国际半导体巨头在中国开工建厂。

在此期间，中国IC设计产业也取得了飞速发展，2000~2003年国内从事IC设计的企业数量从不足百家暴增到460家左右，涌现出了大批年产值规模上亿元的企业。其中，珠海炬力、中星微、展讯通信等相继在海外成功上市。

我国半导体产业规模从2002年的561.6亿元猛增到2011年的2814.31亿元，年均增长率达19.61%，远高于同期年均增长8.75%的世界水平；在全球半导体产业中的比重也从2002年的4.81%上升到2011年的14.5%（徐小田，2012）。但是，在半导体产业价值链中，我国仍处于下游地位。一方面，无论是EDA工具、自主知识产权，还是关键的配套产业的生产能力和生产水平都偏低，而国内的需求很大，供求矛盾突出；另一方面，由于劳动力具有比较优势，我国内地集成电路企业多为代工企业，集成电路产业中IC设计与制造比重偏低，封装测试占主导。这种布局使得我国的集成电路企业在市场中竞争能力不强、经济效益不高。

1.3.6 美国和日本半导体企业产业化案例

1.3.6.1 美国英特尔公司的产业化

英特尔公司于1968年成立，早期开发SRAM与DRAM的存储器芯片。20世纪90年代前，这些存储器芯片是英特尔的主要业务。90年代后，英特尔在新的微处理器设计与培养快速崛起的PC工业上做了相当大的投资，这期间英特尔成为PC微处理器供应的领导者。1992年，英特尔公司超越日本NEC公司，成为全球半导体第一，其后一直保持全球第一的垄断地位。

1969年，英特尔公司推出了第一代产品，即3101双极存储器。1970年，推出第一颗金属氧化物半导体存储器1101。1971年，英特尔公司推出微处理器4004，成为有史以来的第一个微处理器。1974年英特尔公司开发出微处理器8080，处理速度比4004快20倍。1982年，英特尔公司推出"80286"微处理器，286芯片可以放入12万颗晶体管，这在当时处于绝对领先的地位。

1984年，是英特尔公司发展历史上的重要转折点。存储器是英特尔公司的发明，然而，日本厂商在存储器方面来势汹汹，英特尔公司面临前所未有的挑战。审时度势之后，英特尔公司正式宣布退出存储器市场。

1985年，英特尔公司推出386芯片。386芯片上有27万个晶体管，比286芯片增加了一倍多；386的速度是286的3倍，386的功能可以满足32位系统设计的各种需求。1991年，英特尔公司推出486微处理器，市场需求量高达4000万台，英特尔公司的营业额直线上升，1992年一举超过日本NEC公司，成为全球最大的半导体公司。

英特尔公司一直都重视技术创新。1993年开始，英特尔公司将芯片制造工艺从0.5微米一直推进到90纳米、65纳米、45纳米乃至目前的22纳米，相应地，其微处理器产品陆续推出了奔腾系列和酷睿系列处理器。2007年，英特尔开发出高K金属栅工艺，将摩尔定律至少又延伸10年。2011年，英特尔推出22纳米节点3D晶体管结构，代表着从2D平面到3D立体的晶体管结构根本性转变，开启了摩尔定律的又一个新时代。保持技术在产业界遥遥领先，英特尔公司从芯片制造商转变为产业领头羊。

1.3.6.2 日本NEC公司的产业化

日本NEC公司是一家跨国信息技术公司，半导体是其主要经营业务之一。NEC公司进入半导体产业后，通过发展，在20世纪80年代创造了连续7年全球第一的辉煌。近年来，随着全球半导体产业与市场竞争加剧，以及企业在投资、技术开发与产业结构调整方面的失误，NEC公司逐步走向了衰落。

NEC公司从1950年就开始研发晶体管，1954年开始计算机的研发。1963年，日本NEC公司从美国仙童公司取得平面技术的授权，开始进入半导体产业。

20世纪70年代，NEC公司进入全球半导体厂商排名前十。1975年，NEC公司与其他四家公司形成超大规模集成电路研究组合，旨在研制下一代半导体，为研制更可靠、更有效、功率更大、体积更小的计算器、计算机和其他电子产品打下坚实的基础。经过四年多的努力，在超大规模集成电路基础技术研究方面取得了丰硕的成果。例如，实现了突破微米加工精度大关的目标，使制造100万位存储器成为可能。

1978年，NEC公司开始在美国生产半导体芯片。1980年，NEC公司发明第一款数字信号处理器。1981年，NEC公司在英国建立日本电气半导体（英国）有限公司，生产大规模集成电路和超大规模集成电路。

1985年，NEC公司登上全球半导体第一的宝座，而且，从该年起直到1991年，NEC公司连续7年保持全球第一的地位，销售收入也从21亿美元增加到近48亿美元。

20世纪90年代，全球进入个人电脑时代，但NEC公司反应慢了一拍。同时，NEC公司没有应对好半导体市场的全球化和水平分工模式的崛起。尽管1992~1999年仍保持全球第二的位置，但NEC公司与超越它的英特尔公司的差距越来越大。从1992年两者的销售收入都在50亿美元左右，到1999年英特尔公司已达268亿美元，而NEC公司只为92亿美元。2000年后，NEC公司销售额急速下滑，到2003年，销售收入已降到52亿美元。为扭转这一颓势，NEC公司对业务进行重组，并开展战略合作，以期突破发展瓶颈。

1.3.7 半导体产业化对自旋电子重大成果转化的借鉴

纵观世界主要研发大国在半导体领域的产业化历程，各国半导体产业的起步时间大致相同，然而，由于政策环境、发展战略以及机遇把握等方面的不同，各国半导体产业的发展形成了截然不同的局面。总结各国半导体产业化的成败经验，为自旋电子学重大技术的产业化提供以下借鉴。

1.3.7.1 国家的政策支持对半导体产业发展发挥了极其重要的作用

在半导体产业发展初期，美国政府的研发投入，使企业获得了发展所急需的资金，降低了投资风险，推动企业积极进行技术研发；其采购政策，则刺激了新企业的加入和新技术的迅速商业化。正是这些产业政策，奠定了现今美国半导体产业的发展基础。在追赶美国时期，日本政府 VLSI 计划的大规模研发投入，以及两个措施法的保障，使日本半导体产业蓬勃发展，达成称霸半导体产业的辉煌。在缩小差距时期，我国发布的国发〔2000〕18 号文件，为我国半导体产业的发展营造了良好环境，促进了各方投资，从而实现了快速发展。集成电路产业"十二五"发展规划在我国半导体产业的迅速发展中发挥了重要作用。培育发展战略性、基础性和先导性产业是提升国家核心竞争力的根本，是迈向创新型国家的重要标志。同样，作为战略性新兴产业之一，自旋电子学在重大技术的产业化方面也急需国家产业政策的扶持（上海市经济和信息化委员会，上海市集成电路产业协会，2012）。

1.3.7.2 科研与产业联合研发对技术的发展起到积极推动作用

半导体产业所需资本投资规模很大，技术领域广泛。因此，企业之间、企业与研发机构之间的联合研发对技术集中攻关、形成技术优势以及形成战略联盟都具有积极的作用。日本 VLSI 计划形成的企业联合研发在超大规模集成电路基础技术研究方面取得了丰硕的成果，美国的 SEMATECH 联盟使美国再次崛起并在战略层面上影响美国乃至世界半导体的发展，欧洲的多个联合计划使欧洲在激烈的半导体竞争中一直占有一席之地。产、学、研联合同样成为推动自旋电子学重大技术产业化的重要因素。

1.3.7.3 注重技术创新，把握发展机遇

美国一直走在技术创新前沿，在半导体产业领域独领风骚。日本抓住民用电子的机会，努力攻坚技术难题，造就了 20 世纪 80 年代的辉煌。反观欧洲各国，虽然一直努力在技术上寻求突破，但都是在追赶，因此一直都在扮演配角。从企业角度看，英特尔果断放弃 DRAM，选择了个人电脑领域，并一直坚持创新，从而成为了半导体产业的龙头。而日本 NEC 公司，对技术发展和市场的需求没有作出良好的判断，从而逐步走向衰落。目前，自旋电子学领域的产业化步伐正在加速，各主要研发国家及各大研发机构和企业正在积极部署未来新兴市场，抢占未来技术制高点。对自旋电子学领域进行前瞻部署，将为我国战略性新兴产业的发展带来新动力。

致谢： 本报告承蒙专家咨询组上海市集成电路产业协会秘书长薛自研究员、中国科学院物理研究所磁学国家重点实验室韩秀峰研究员和国家知识产权局电学部唐跃强处长审阅并修改，在此特致感谢！

参 考 文 献

黄京生. 1988. 国家干预：维持美国半导体产业竞争能力的钥匙. 北京：外交学院硕士学位论文.

赛迪顾问. 2010. 中国半导体产业发展演变研究. 电子工业专用设备，(9)：62-64.

上海市经济和信息化委员会，上海市集成电路产业协会. 2012. 上海集成电路产业发展研究报告. 上海：上海教育出版社.

徐小田. 2012-11-19. 在创新中发展——中国半导体产业快速发展的十年. http://www.csia.net.cn/Article/ShowInfo.asp? InfoID=30379.

赵芳. 2004. 国外政府发展半导体产业的政策与启示. 中国创业投资与高科技，(8)：59-61.

Baibich M N, et al. 1988. Giant Magnetoresistance of (001) Fe/(001) Cr Magnetic Superlattices. Phys. Rev. Lett., 61：2472.

Han X F, et al. 2008. Nanoring MTJ and its application in MRAM demo devices with spin-polarized current switching. J. Appl. Phys., 103.

Piedade M, et al. 2006. A New Hand-Held Microsystem Architecture for Biological Analysis. IEEE Trans. Circuits Syst. I：Regul. Pap., 53：2384.

Roco M C, Williams S, Alivisatos P. 1999. Nanotechnology Research Directions：IWGN Workshop Report. Baltimore, Maryland：World Technology Evaluation Center.

Seki T, et al. 2008. Giant spin Hall effect in perpendicularly spin-polarized FePt/Au devices. Nature Materials, 7：125.

Semiconductor Industry Association. 2003-2012. The International Technology Roadmap for Semiconductors. http://www.itrs.net.

Tehrani S, et al. 1999. Progress and outlook for MRAM technology. IEEE Trans. on Magn., 35：2814.

2 铅铋合金冷却系统国际发展态势分析

黄龙光　刘小平　李泽霞　冷伏海

（中国科学院国家科学图书馆）

冷却系统是核裂变能系统重要的组成部分，其主要功能是将反应堆堆芯中核裂变反应产生的热量传送到蒸汽发生器，从而冷却堆芯，防止燃料元件烧毁。铅铋合金冷却剂在20世纪50年代就已提出，90年代初，俄罗斯对其独特的铅铋共晶体（Lead-bismuth Eutectic，LBE）开发技术进行解密，引起了国际核科学界的广泛关注，并引发了铅铋合金作为次临界、临界反应堆冷却剂的研究热潮。

铅铋合金是快堆和加速器驱动次临界系统（ADS）的堆芯冷却剂的主要候选材料。目前，多个国家正在开发和实现以铅铋合金为冷却剂的快堆系统和ADS，如俄罗斯的SVBR-75/100反应堆、欧盟的XT-ADS/MYRRHA项目、美国的Hyperion电源模块堆、日本的快中子增殖反应堆（J-FBR）、韩国的混合动力提取反应堆（HYPER）等，铅铋合金冷却剂技术研究已成为其中的关键。

本报告对铅铋冷却系统进行了分析，对俄罗斯、美国、欧洲、日本、韩国等以及我国在铅铋冷却系统方面的研究计划和进展进行了定性调研和分析，同时运用文献计量分析工具从宏观角度把握铅铋冷却系统30多年来的发展动态。

结合定性调研和文献计量分析，本报告提出了一些建议：①建立专门的乃至国家级铅铋技术实验室，有利于集中力量进行铅铋技术研究，并为铅技术的研发打下良好基础；②论证我国发展模块化小型铅铋冷却快堆的技术路线，明确发展该技术的必要性，结合我国的研究优势，选取易于实现的技术优先发展；③加强国际、国内合作，深入参与国际计划，利用国际合作渠道来节约时间和投资，争取更多研究和技术上的主动权；④培养铅铋冷却系统研究的专业人才，为我国铅铋冷却系统的快速可持续发展奠定基础，推动核技术的可持续发展。

2.1　引言

核裂变能是一种资源丰富、技术成熟和环境友好的能源。发展核裂变能是我国优化能源结构、保障能源安全、促进经济持续发展的重大战略举措、是减少环境污染、实现经济和生态环境协调发展的有效途径。在核裂变能系统中，冷却系统是重要的组成部分，它的主要功能是将反应堆堆芯中核裂变反应产生的热量传送到蒸汽发生器，从而冷却堆芯，防止燃料元件烧毁。目前大多数热中子堆都使用轻水或重水作为冷却剂材料，快中子堆采用液态金属，气冷堆用 CO_2 或氦作为冷却剂材料。

20 世纪 50 年代，美国等国家提出并研究了铅和铅铋共晶体等液态重金属作为快堆冷却剂。但 60 年代后，钠成为了首选，因为它具有更高的功率密度，钚的倍增时间更短。不过，LBE 被选为苏联一系列阿尔法级核潜艇反应堆的冷却剂，这使得 LBE 冷却剂技术和材料都获得了非常广泛的研发。90 年代初，俄罗斯在国际会议上提出了 SVBR-75/100 设计概念，解密了其独特的 LBE 开发技术，引起了国际核科学界的广泛关注，并再次引发了 LBE 作为快堆冷却剂的研究热潮（International Atomic Energy Agency，2012c）。90 年代中期出现的加速器驱动次临界系统（ADS），其特征和技术上也受到了这些反应堆的影响，因此，美国、欧洲、日本、韩国等国家和地区 ADS 的研发基本都选择 LBE 作为次临界堆芯的冷却剂。

进入 21 世纪，为了推动核能发展，满足未来能源需求，第四代核能系统国际论坛（GIF）制定了一系列目标：提高安全性与可靠性、能效与经济竞争力、可持续性以及增强防核扩散和人身防护（The Generation IV International Forum，2012）。为了实现这一目标，GIF 推荐选择了六种反应堆系统，铅冷快堆（LFR）是其中之一，LFR 的冷却剂是铅或 LBE。

铅铋合金是快堆和 ADS 堆芯冷却剂的主要候选材料，也是 ADS 的散裂靶材料。目前，多个国家正在开发和实现以铅铋合金为冷却剂的快堆系统和 ADS 系统，铅铋合金的材料行为研究已成为其中的关键技术。

2.2 铅铋合金冷却系统研究现状

2.2.1 铅铋合金概况

铅铋合金中，含铋 30%~75% 的合金，熔点都在 200℃ 以下，含铋 48%~63% 的，熔点都在 150℃ 以下。作为快堆和 ADS 冷却剂候选材料的 LBE，铅占 44.5%，铋占 55.5%，形成了共晶合金，熔点为 123.5℃，沸点为 1670℃。

表 2-1 给出了核反应堆冷却剂的物理化学特征（NEA-OECD，2012），可以看出，LBE 主要具有以下特点：

- 熔点低。这使系统能在较低的温度与压力下运行，消除或减少高温高压运行给结构材料带来的安全隐患。
- 沸点高。这提高了堆芯排热的可靠性，排除了热交换危机。此外，主回路不需要保持高压。这些因素使反应堆设计简化，提高了可靠性，实际上消除了冷却剂应急过热主回路超压或堆内热爆炸的可能性。
- 化学活性低。LBE 与水和空气反应非常轻微，可消除因冷却剂泄漏造成的化学起火与爆炸的可能性。

- 在工作温度范围内的蒸汽压较低。这可大大减少蒸发与沉积物给系统控制和维修带来的麻烦。

表 2-1 核反应堆冷却剂的物理化学特征

冷却剂	原子质量/（克/摩）	中子吸收截面（1 兆电子伏/毫靶恩）	中子散射截面/靶恩	熔点/℃	沸点/℃	化学活性（与空气、水）
铅	207	6.001	6.4	327	1737	惰性
LBE	208	1.492	6.9	125	1670	惰性
钠	23	0.230	3.2	98	883	高活性
H_2O	18	0.1056	3.5	0	100	惰性
D_2O	20	0.0002115	2.6	0	100	惰性
氦气	2	0.007953	3.7		-269	惰性

注：1 靶恩 = 10^{-28} 米^2。

此外，LBE 还具有良好的传热性、较小的吸收截面以及较高的散射截面等特点，这些特点都大大提高了系统的固有安全性和经济性。

然而，LBE 作为冷却剂也存在着不少的缺点：
- 高腐蚀性引起设备和燃料元件损坏；
- 在动力工程中，提议的主冷却剂熔点首次高于给水温度；
- 高温检修和维修，遥控装卸料问题；
- 冷却剂与水相互作用产生固体沉淀堵塞堆芯流道；
- 运行产生的长寿命同位素问题。

这些问题的解决，将是发展铅铋合金冷却系统的关键。要解决这些问题，则需要大力发展铅铋合金冷却剂技术。

2.2.2 铅铋合金冷却剂技术

冷却剂技术，包括材料的数据和特性、各种冷却剂材料和冷却系统的性能以及设计具有冷却功能的系统的方法（International Atomic Energy Agency，2012b）。

（1）制定冷却剂质量标准；
（2）分析杂质环境和来源以及在回路中的堆积速度；
（3）分析腐蚀和质量转移；
（4）开发方法和设备，在可接受的范围内保持冷却剂的杂质；
（5）分析各种运行过程并评估相关的杂质输入；
（6）控制运行时的冷却剂质量。

核工业中应用的冷却剂并不总能满足技术的要求。因此，在往回路中填充冷却剂之前要执行一些额外的程序，以使冷却剂达到所需的条件。维护和修理工作导致冷却剂的污染在核设施中时有发生。冷却剂成分改变的另一个原因是腐蚀，腐蚀会导致结构材料力学性能的退化。腐蚀产物沿着回路转移，形成可以影响流体动力学和热传递的沉淀，从而影响核设施的可靠性。这些情况都需要对杂质和回路的腐蚀过程进行连续控制。

主要的腐蚀过程包括：
- 冷却剂与钝化膜或氧化膜的相互作用；
- 钢铁成分的溶解，与非金属杂质发生化学相互作用；
- 冷却剂渗透到固体材料中引起颗粒结构之间的腐蚀；
- 溶解的结构材料沿着回路输运。

为了预测腐蚀和质量转移发生的方向，获得钢铁成分在不同温度下的热化学特性是非常重要的。如果冷却剂高速流动，就会受到冲蚀。另一种类型的腐蚀是在结构金属表面形成由钢铁和冷却剂成分组成的膜，这种膜不是保护膜。

2.2.2.1 LBE 技术的基本问题

使用 LBE 作为冷却剂的基本技术挑战，是确保冷却剂的质量控制以及与冷却剂接触的表面的质量控制，这可以使结构材料具有足够的耐腐蚀性，并确保使用寿命内稳定的流体动力学特性和热传递。

LBE 中存在的杂质是有害的，因为杂质可能会造成冷却剂横截面的部分或全部堵塞，从而影响了流体动力学特性和热传递；而且杂质会沉淀在传热面特别是堆芯的燃料元件上，这会导致包壳温度的上升。

2.2.2.2 杂质的来源

回路填充的开始阶段，会出现这些杂质：排空后留下的氧气残留物和水蒸气、吸附在内部表面的气体、钢腐蚀产物以及意外的杂质。

在运行条件下，LBE 回路中杂质主要来源于结构材料腐蚀、材料的冲蚀和磨损、泵密封件和轴承的润滑脂、LBE 夹带的覆盖气体、为了形成保护膜加入的外加剂。

杂质会出现在回路的这些零部件中：覆盖气体增压室，熔融铅的自由表面（因为所有杂质的密度都低于铅），回路的停滞截面，各结构体的表面上。在核设施运行时，杂质会沿着回路输运。

2.2.2.3 清除炉渣

冷却剂中氧化物炉渣（主要成分 PbO）可用氢气来沉淀和减少。由于铅与结构材料（铁、铬、镍）相互作用，炉渣产生分散的杂质，这些杂质可通过机械过滤器或流动沉淀来清除。油和热解产物可通过往回路注入有机溶剂或水蒸气来清除。

2.2.2.4 铅的腐蚀过程

铅对结构材料有着很强的冲刷腐蚀效应，如材料溶解、脆化、质量的热输运以及铅渗透到颗粒结构之间。最能耐得住铅腐蚀的材料是铬钢，奥氏体钢的耐腐蚀性略低，因为奥氏体钢中镍的溶解度很高。往奥氏体钢中加入钛、铌、钼等元素，可增强其耐腐蚀性。

钢表面形成的氧化膜可防止钢与液态铅的相互作用。由于核设施运行中氧化膜会损坏，因此，必须采取措施恢复和维持它们的厚度和密度。

因此，钢表面氧化膜的形成能显著减缓熔融铅中钢的腐蚀。这一技术的主要问题是

LBE 中的氧含量，氧虽确保了钢表面氧化膜（Fe_3O_4）的稳定性，但氧也会阻止 LBE 中 PbO 的产生，这会导致回路的堵塞。为了解决这一问题，氧含量应在一定范围内。例如，质量分数 $5×10^{-6}$ ~ 10^{-3}。通过注入气态氧或溶解固体 PbO，可控制铅中的氧含量。

为了改变氧含量和清除多余的 PbO，可使其与水蒸气或氢气反应。要确定熔融铅的氧含量，可使用原电池。

在减少 PbO 的反应中，回路中的水蒸气能有效地被清除了。少量的水分可作为稀释的氧化剂，防止钢表面氧化膜达到还原条件。

所有这些方法的过程和参数的开发，必须要控制覆盖气体的氢含量和液态铅中的氧气活度。

初步研究表明，开发这一技术的主要条件都已存在，但还需要更多的实验。

实验和工业设施的测试发现，450～500℃时，铬钢在铅铋合金中的腐蚀速率是 6～60 毫克/（米^2·小时）。这一速率会随温度、冷却速度、氧含量和其他参数的变化而变化。

2.2.3 世界各国铅铋冷却系统研究现状

铅铋冷却系统的研究在 20 世纪 50 年代就已出现。美国曾对 LBE 进行研究开发，但是，由于解决结构材料的抗腐蚀问题、冷却剂质量的控制和维护等问题的方案未获通过，因此这些工作停止了。这个时期，苏联也对 LBE 进行了研究，花费了十多年时间，解决了冷却剂技术、结构材料的腐蚀和质量转移等问题，并将 LBE 冷却的反应堆用于核潜艇中。90 年代初，俄罗斯将这项技术转为民用，并在国际会议上进行了阐述，国际核科学界反响强烈。此外，LBE 冷却剂也在新出现的几个 ADS 项目中成为了候选。在这种情况下，各国纷纷启动重要的研发项目。

2.2.3.1 俄罗斯

1998 年，Stepanov 等提出铅铋快堆 SVBR 概念。此后，俄罗斯多次在国际会议上提出 SVBR-75/100 设计概念，变化不大（International Atomic Energy Agency, 2012e）。SVBR-75/100 是模块式多用途液态铅铋合金冷却的快堆，取决于选定的蒸汽参数，相应的发电功率为 75～100 兆瓦。和大多数模块式小型堆一样，SVBR-75/100 采用池式结构，堆芯、主循环回路和蒸汽发生器（SG）整套设备装在主容器内，容器外没有管道和阀门，见图 2-1。SVBR-75/100 能以不同的燃料循环，使用不同类型的燃料运行（UO_2、MOX、TRUOX、UN、PuN+UN）。使用不同类型的燃料，不需改变反应堆设计，也不会影响反应堆安全。

2009 年，俄罗斯国家原子能集团和 En+集团共同出资成立 AKME 工程公司，目标是实现 SVBR-100 小型快堆技术的商业化。AKME 的计划是于 2013 年在位于季米特洛夫格勒（Dimitrovgrad）的俄罗斯核反应堆研究院（RIAR）启动 SVBR-100 示范堆的建设，于 2017 年年底之前建成。该项目的投资总额为 160 亿卢布（5.85 亿美元）。

2010 年，俄罗斯政府批准了联邦专项计划《2010～2015 年及 2020 年远景的新一代核能技术》。该计划总投资为 1283 亿卢布（约 43.1 亿美元），大部分资金将用于开发快堆、开发新燃料、放射性废料处理技术、保证设计装置安全，等等。在快堆开发中，除继续发

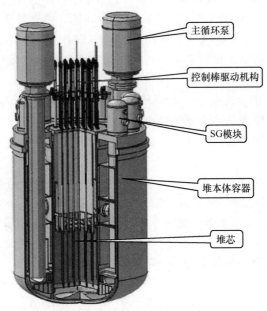

图 2-1 SVBR 反应堆布局

展 BN-800 型钠冷快堆外,还将于 2015 年和 2020 年先后发展 SVBR-100 小型铅铋冷快堆、BREST-300 型铅冷快堆和容量 150 兆瓦多功能快堆。

2012 年 2 月,俄罗斯国家原子能公司宣布已经完成了 SVBR-100 设计文件的起草工作。SBVR-100 设计运行寿命 60 年,换料周期 7~8 年。SVBR-100 模块直径 4.5 米、高 7.86 米,将在工厂进行装配(周期估计为 42 个月),然后运抵核电站厂区,置入一个用于提供非能动冷却和辐射防护功能的水箱内。该堆使用铀-235 丰度为 16.3% 的二氧化铀燃料,也可使用铀钚混合氧化物(MO_x)燃料。冷却剂进出反应堆温度分别为 354℃、495℃。热功率 280 兆瓦、电功率 100 兆瓦,效率约为 35.7%。

2.2.3.2 欧盟

2000 年,在欧盟第五框架计划(FP5)支持下,欧盟启动 PDS-XADS 项目,总投资 600 万欧元,旨在对实验 ADS(XADS)进行初步设计研究。该计划明确了三种具有次临界堆芯的反应堆概念:LBE 冷却的小堆芯(即 MYRRHA,20~40 兆瓦),LBE 冷却的较大堆芯(约 80 兆瓦),以及气体冷却的较大堆芯。

2005 年,在欧盟第六框架计划(FP6)支持下,欧盟启动 EUROTRANS 计划,投资 2300 万欧元,旨在完成 50~100 兆瓦原理示范装置 XT-ADS/MYRRHA 的先进设计和几百兆瓦欧洲工业废料处理堆(EFIT)的概念设计。XT-ADS 的目标是对实验 ADS 进行详细设计,使用 LBE 作为冷却剂,冷却剂进出反应堆温度分别为 300℃、400℃。

MYRRHA,即高科技应用多功能混合动力研究反应堆,是比利时提出的,可用于材料和燃料元件研究、同位素生产以及用于嬗变和生物应用研究,也可用于开展铅冷快堆技术的研究。MYRRHA 计划开始是多边合作项目,后来演变为 FP6 的研究项目。2010 年初,比利时核能研究中心(SCK-CEN)获准建设 MYRRHA 反应堆,其建设耗资 9.6 亿欧元,将于2014年完成该反应堆的详细工程设计工作，于2015年开始建设，并于2023年将该反应堆投入运行。2010年12月，MYRRHA反应堆入选欧洲研究基础设施路线图。其中，比利时政府出资约3.84亿欧元支持。2012年1月，比利时核能研究中心宣布Guinevere研究堆已成功进入临界状态，这意味着比利时已建成全球首座加速器驱动铅慢化零功率反应堆装置。Guinevere是更大规模的MYRRHA反应堆的示范装置。

在MYRRHA计划的研发中，与LBE相关的研究包括：
- LBE技术：钋的迁移、超声波摄像机下LBE的可见度。
- 材料的冲刷腐蚀研究。
- LBE调节和监控。
- 辐射和液态金属脆化引起的材料脆化。
- LBE下MO_x燃料的鉴定。

2.2.3.3 美国

1999年开始，在美国核能系统研究与发展计划（NERI）的资助下，加利福尼亚大学与劳伦斯-利弗莫尔国家实验室（LLNL）、阿尔贡国家实验室（ANL）等共同开发LBE冷却的密封核热源（ENHS）。ENHS裂变产生的热，通过新设计的反应堆容器壁从一次冷却剂传输到二次冷却剂中，这种设计使反应堆模块的设计简单化，没有与电站其他设备的机械连接，安装和更换容易。燃料是铀浓度13%的铀锆合金（或是11%浓度钚的铀-钚-锆合金），寿命15年。不需要任何现场燃料装运。在其堆芯寿命末期，可以用新的ENHS模块更换旧的ENHS模块。ENHS设计用于发展中国家，但尚未实现商业化。

2009年，美国Hyperion发电公司推出Hyperion电源模块堆（HPM），HPM是由洛斯阿拉莫斯国家实验室（LANL）发明的自持、自调节反应堆。燃料是氢化铀（UH_3），可连续运行5年，不用换料，额定功率为25兆瓦。2009年11月，为了满足市场需求，Hyperion公司推出了改进型HPM。改进型HPM采用氮化铀燃料，结构材料和燃料包壳采用不锈钢，冷却剂采用LBE。LBE被允许在堆芯压力条件下运行，这样可取消压力容器。

2010年9月，萨凡纳河核工厂（SRNS）与Hyperion公司签订合作备忘录，计划在萨凡纳河畔建立一座HPM原型。2012年，美国能源部与Hyperion公司签订合作备忘录，以支持HPM原型技术的试验和认证。

2.2.3.4 日本

1999年起，三井工程船舶制造公司（MES）、俄罗斯物理和动力工程研究所（IPPE）在俄罗斯奥布宁斯克合作，研发中子源靶件系统、ADS冷却剂，为日本LMFBR开发铅铋合金应用技术（郭连城，曹学武，2006）。2001年，MES开始运行自己的铅铋流体回路，开展LBE中日本钢材腐蚀性能与冷却剂调制技术，并进行ADS和快堆设计工程可行性研究。

日本核循环发展研究所（JNC）研究的重点是评价日本原型增殖反应堆（J-FBR）早期商用化前景。J-FBR是铅铋合金冷却、中型、模块化、池式快堆。JNC研究的领域主要包括铅铋熔化的腐蚀现象、用于快堆结构材料和包壳材料的日本钢的耐腐蚀性、增强耐腐蚀的方法、铅铋净化新系统等。

日本电力工业中心研究所（CRIEPI），主要研究领域包括快堆创新的铅铋热交换器设计可行性研究，铅铋合金和水间直接接触热传输，系统热工水力学等。

日本东京技术研究所提出的 LSPR 是一种热功率 150 兆瓦/电功率 53 兆瓦的铅铋冷却反应堆。工厂可以提供已装料的机组，运行寿命 30 年，然后返厂。该种设计倾向用于发展中国家。此外，日本东京技术研究所还提出了一种 LBE 冷却直接接触式沸水快堆（PB-WFR），给水与一次铅铋合金冷却剂直接接触，产生水蒸气，铅铋合金冷却剂通过浮力和水蒸气泡进行循环，不需要主泵和蒸汽发生器等冷却系统组件，从而使反应堆系统简单而紧凑。PBWFR 的燃料是 Pu-U 的氮化物，额定功率为 150 兆瓦。

日本原子力研究所（JAERI）提出了热功率为 800 兆瓦的 ADS 设计概念，是具有快速次临界堆芯的 LBE 靶/冷却剂系统，每年能嬗变 250 千克的次锕系元素和长寿命裂变产物。2002 年，日本原子力研究所启动了有关加速器驱动的综合研发项目，以验证发展加速器驱动系统的工程可行性。实验型加速器驱动系统将首先采用混合氧化物燃料，并逐步转向金属合金氮化物燃料。

2.2.3.5 韩国

1997 年，韩国原子能研究所（KAERI）开始开展加速器驱动系统方面的研究，其加速器驱动系统被称为混合动力提取反应堆（HYPER），使用铅铋合金作为冷却剂和靶材料。HYPER 的研究始于一项由政府资助的为期 10 年的核研究计划，2001 年，韩国原子能研究所加入了兆瓦级中间试验（MEGAPIE）项目，开展铅铋合金的研究。2003 年，韩国原子能研究所安装了静态铅铋合金腐蚀试验装置。2004 年，韩国原子能研究所与合作伙伴美国洛斯阿拉莫斯国家实验室发起了国际核能研究计划（I-NERI）项目，研究铅铋合金的腐蚀。

1998 年起，韩国国立首尔大学开始研发铅铋合金冷却的嬗变反应堆，名为防扩散环境友好容错可持续经济反应堆（PEACER）。

2.2.3.6 中国

1996~1999 年，我国在中国核工业集团公司和国家自然科学基金委员会的支持下，开展了 ADS 研究概念研究和物理可行性研究。1999 年，973 计划支持了中国原子能科学研究院和中国科学院高能物理研究所共同承担的项目"ADS 物理和技术基础研究"。该项目创造性地进行了专用材料的辐照效应研究及其与液态金属冷却剂（钠和铅铋合金）的相容性研究，以及 ADS 系统的热工水力学问题的研究。2007 年，973 计划支持了"嬗变核废料的加速器驱动次临界系统关键技术研究"项目，其子课题之一的 ADS 器-堆耦合部件材料预研系统研究模拟 ADS 工况条件下靶材料及结构材料辐照效应微观机理与冷却剂的相容性、腐蚀机理以及辐照与腐蚀条件下材料热物性和力学等行为。

2011 年 1 月，中国科学院批准了"未来先进裂变能"作为 A 类战略性先导科技专项实施，ADS 嬗变系统是其两大内容之一（詹文龙，徐瑚珊，2012）。ADS 先导专项的总体目标是，到 2032 年左右，建成具有安全性、经济性和可持续发展的 ADS 嬗变示范系统，使我国先进核能领域的自主创新能力进入世界领先行列。该专项计划利用大约 20 年时间分三期开展 ADS 原理验证装置 CLEAR-I、ADS 实验堆 CLEAR-II 和 ADS 示范堆 CLEAR-III

的研制工作。CLEAR 是铅铋冷却反应堆，三期的功率分别为 5~10 兆瓦、约 100 兆瓦、约 1000 兆瓦。按照目前的设计方案，CLEAR-Ⅲ 每年可以处理大约 10 座压水堆一年卸出的高放核废料，产生的电力除提供反应堆自身使用之外，还可以向电网输电。

在反应堆概念设计方面，清华大学的余纲林等提出了使用钍-铀燃料和铅铋冷却剂构造小型长寿命堆芯的设想。

2.2.4 铅铋冷却系统相关的现有实验设施

随着 LBE 在 ADS 领域、先进核能系统发电、核电制氢，以及医疗应用等方面的应用，研究人员在 LBE 的相容性、热流体动力学特性和技术问题上开展了大量工作，建造和运行相关的测试设施。

可用的设施几乎涵盖了设计工作温度高达 550℃ 的所有基础研究。然而，600℃ 以上工作温度范围的应用、代表性条件（即与二次冷却剂的相互作用、冷却剂损失等）下有关安全方面的具体分析以及原型条件（即专用热交换器、泵等）下特定组件的测试和在役检查、维修可能对实验设施有进一步的需求。下面列出了现有的设施、目标和运行参数。

2.2.4.1 技术设施及其应用

在技术和液态金属化学领域进行实验，其目的是开发测量工具和设备，实现与开展可测量的初始条件和边界条件下的热工水力学基准实验。此外，这些设施还用于验证大规模电路运行的特定程序。适用于热工水力学实验的相关测量工具和设备包括：
- 热通量模拟工具；
- 流量计设备；
- 压力测量系统；
- 局部速度测量系统；
- 开发测量局部和全局自由表面的工具。

该领域的另一个目的是研究液态金属化学，其中最重要的任务之一是开发和验证氧监测与控制系统。目前氧控制方法有三种类型，分别是：氢/水分的混合物、氧气和氢气气体、氧化铅粒料。为了测定液态金属中的氧含量，目前正在开发电化学氧探头。研究人员正积极制定标准化校准程序，来评估电化学氧探头在核能应用中的可靠性，主要变量包括剂量、剂量率、热瞬态、压力的变化等。

该领域现有的设施包括德国卡尔斯鲁厄研究中心（Forschungszentrum Karlsruhe，FZK）的液态重金属系统回路技术（THESYS）、氧控制系统（KOCOS）、熔融合金的氧传感器（KOSIMA）、化学与运行设施（CHEOPE），法国原子能机构的 SOLDIF、铅合金标准技术回路（STELLA），比利时核能研究中心的真空界面兼容性实验设施（VICE）、预处理容器（PCV），美国内华达大学拉斯维加斯分校的靶综合设施 1（TC-1），日本东京工业大学的蒸汽喷射和氧浓度控制装置。这些设施的目标和运行参数见表 2-2。

2.2.4.2 材料测试设施及其应用

材料测试中，表征液态金属中材料行为所使用的设施主要分为两类。第一种是静态测试设施，用于材料筛选测试和基本的腐蚀机理研究。这些静态设备通常安装氧含量控制和监控系统，以评估良好控制氧含量条件下的基本腐蚀机理。一些静态设备也用于液体金属中没有被辐照和已被辐照的材料的力学测试。第二种材料测试设备是回路。在回路中进行测试对于评估材料的长期耐腐蚀性很重要。测试通常在氧浓度、温度、液态重金属流量已知的条件下进行。回路测试得到的数据库可以用于建立和验证腐蚀预测模型。

表2-2 技术和液态金属化学领域的设施

设施名称	单位	目标	运行参数
液态重金属系统回路技术	德国卡尔斯鲁厄研究中心	• 优化回路应用中的卡尔斯鲁厄氧控制系统（OCS） • 开发热工水力测量技术 • 传热和湍流实验 • 开发高性能 INCONEL 加热器（燃料棒模拟器） • 创建热工水力物理建模和代码验证的数据基础	• 最高温度：550℃ • 最大流量：3.5 米³/小时 • LBE 体积：100 升 • 该回路最初在 LBE 中运行，但目前正处于修改中，以便能够在铅中使用
卡尔斯鲁厄氧控制系统	德国卡尔斯鲁厄研究中心	• 开发卡尔斯鲁厄氧控制系统 • 测量铅铋合金中氧的扩散系数 • 测量氧的质量交换率	
熔融合金的卡尔斯鲁厄氧传感器	德国卡尔斯鲁厄研究中心	• 开发氧传感器 • 优化氧传感器的参考系统、再现性和长期稳定性等性能 • 校准氧传感器	
化学与运行	意大利国家新技术能源与环境委员会	• 高氧含量下铅合金的腐蚀研究 • 组件测试和开发 • 物理化学 • 热工水力实验：热传导特性、目标开发、泵送系统等	• 最高温度（CHEOPE III 回路）：500℃ • 最大流量（CHEOPE III 回路）：1.2 米³/小时 • CHEOPE I 回路容量：900 升 • CHEOPE II 回路容量：50 升 • CHEOPE II 回路容量：50 升 • 测氧计：需要 • 氧含量控制：需要 • 液态重金属：铅铋
SOLDIF	法国原子能机构	• 通过使用熔融盐电解质的电化学技术，测定熔融铅或铅合金中溶解组分的溶解度和扩散能力 • 通过电化学技术，表征浸没于熔融铅或铅合金的金属材料上的氧化层	• 最高温度：500℃ • 最大流量：静态 • 电化学电池的数量：1 个 • 液态重金属：铅铋或铅

续表

设施名称	单位	目标	运行参数
铅合金标准技术回路	法国原子能机构	• 铅合金化学监测和控制 • 氧传感器验证 • 净化工艺开发和认证 • 基于质量交换单元（PbO）的氧含量控制工艺开发和限定 • 回路的浸采样系统限定	• 最高温度：550℃ • 温度梯度：最大150℃ • 容积：32升 • 最大流量：3米汽蚀余量时为1米^3/小时 • 测试截面数量：1 • 氧控制系统：需要 • 液态重金属：铅铋 • 腐蚀保护：包埋铝化
真空界面兼容性实验设施	比利时核能研究中心	• 研究气体在质子束线中的传输和可能形成的化合物 • 1-1泵送几何实体模型 • 详细研究铅-铋的初始和长期脱气，包括成分识别 • 研究金属蒸发 • 模拟挥发性散裂产物的散发行为	• 光束线几何尺寸（5米） • 最高温度：500℃ • 最小工作压力：10^{-7}毫巴超高真空技术 • 液态重金属：铅铋 • 有用铅负荷：100千克 • 真空压力控制器：10^{-7}毫巴至1巴 • 高分辨率剩余气体分析仪 • 气体流量微分校准系统 • 磁流体动力搅拌 • 等离子清洗系统（10千瓦）
预处理容器	比利时核能研究中心	• 研究铅铋合金的调节和清洁程序，以达到在无窗散裂靶回路使用的水平 • 铅铋合金（第一阶段）的脱气研究	• 最高温度：500℃ • 最大压力：10巴 • 最小工作压力：10^{-7}毫巴超高真空技术 • 液态重金属：铅铋 • 有用铅负荷：100千克 • 氧气控制系统：H_2与H_2O蒸气比 • 等离子清洗系统：10千瓦 • 剩余气体分析仪：高技术四极 • 磁流体动力搅拌
靶综合设施1	美国内华达大学拉斯维加斯分校	• 验证用于LBE回路的长期、持续运行的磁流体动力泵 • 代表ISTC合作伙伴，完成原型TC-1配合物的评估 • 培养学生操作熔融金属工程规模系统 • 检查靶系统在非辐照条件下的长期性能	• 最高温度：待定（泵的入口不超过300℃） • 最低温度：200℃ • 最大流量（典型值）：（待定）米^3/小时 • 电功率：待定（最大70千瓦） • 试验段数量：0 • 样品数量：0 • 氧控制系统：无 • 氧传感器：无 • 液态重金属：铅铋

续表

设施名称	单位	目标	运行参数
蒸汽喷射和氧浓度控制装置	日本东京工业大学核反应堆研究实验室	• 氧传感器的性能 • 铅铋的氧电位控制 • 铅铋中的材料腐蚀和腐蚀产物 • 遗留的铅铋雾气和杂质进入蒸汽流 • 蒸汽和水中的溶解 H_2 • 铅铋金属元素的化学和运输	• 最高温度：500℃ • 最大压力：0.5 兆帕 • 铅-铋总量：70 千克 • 水/蒸汽总量：30 千克 • 最大水/蒸汽流量：25 克/分钟，250℃ • 铅铋流系统：蒸汽气体提升泵 • 铅铋最大功率：6 千瓦 • 水/蒸汽最大功率：4 千瓦 • 铅铋试验容器数量：1 尺寸：直径 260 毫米×760 毫米 材料：铬钼钢 • 装置最大高度：3.2 米 • 氧控制系统：需要（氢溶于水） • 液态重金属：铅铋合金

注：1 巴 = 10^5 帕

该领域现有的设施包括德国卡尔斯鲁厄研究中心的静止液态铅合金腐蚀试验台（COSTA）、动态合金腐蚀设施（CORRIDA），意大利国家新技术能源与环境委员会的铅腐蚀（LECOR），美国洛斯阿拉莫斯国家实验室的铅合金技术的开发与应用（DELTA）、铅相关性试验台（LCS，与内华达大学拉斯维加斯分校合作），法国原子能机构的液态金属静态腐蚀设施（COLIMESTA）、铅合金循环引起的腐蚀（CICLAD），瑞士保罗谢尔研究所的液体固体反应（LiSoR）、腐蚀和润湿研究（CorrWett），比利时核能研究中心的慢应变速率试验（SSRT）/滞流实验装置、液态金属脆化检测站 1（LIMETS1）、液态金属脆化检测站 2（LIMETS2），日本原子力研究所的铅铋静态腐蚀设施（JLBS）、铅铋流回路（JLBL-1），等等。这些设施的目标和运行参数见表 2-3。

2.2.4.3 热液压设施及其应用

热液压机是主要利用湍流传热、自由表面流和两相流等基本现象的设备。这些现象可以通过简单的几何学实验进行研究。此外，运行设计关于表征散裂靶或燃料棒等实例的新型实验是一项极具挑战性的行为。实验活动通常借助于计算分析（CFD 计算）。热液压实验中的一个最重要的目标是改进物理模型及验证 CFD 代码。

该领域现有的设施包括德国卡尔斯鲁厄研究中心的热液压机和 ADS 设计（THEADES），意大利国家新技术能源与环境委员会的循环共晶（CIRCE），瑞典皇家理工学院的热液压 ADS 铅铋回路（TALL），日本原子力研究所的铅铋流回路 2（JLBL-2）、铅铋流回路 3（JLBL-3），日本三井工程船舶制造公司的三井工程和船舶实验回路 2001（MES-LOOP2001），日本电力工业中心研究所的铅铋热液压测试回路，美国威斯康星大学的威斯康星州坦塔罗斯设施，韩国国立首尔大学的用于可操作性和安全性研究的共晶液体重金属回路（HELIOS），日本东京工业大学核反应堆研究实验室的铅铋水直通沸水两相流设备。这些设施的目标和运行参数见表 2-4。

2 铅铋合金冷却系统国际发展态势分析

表2-3 材料测试设施

设施名称	单位	目标	运行参数
静止液态铅合金腐蚀试验台	德国卡尔斯鲁厄研究中心	• 研究腐蚀机理 • 保护层和涂层对腐蚀的影响 • 研究GESA处理的表面 • 表面合金化对腐蚀的影响	
动态合金腐蚀设施	德国卡尔斯鲁厄研究中心	• 研究流动LBE中结构材料的长期腐蚀 • 研究流动LBE中涂层材料的长期腐蚀 • 研究材料和LBE相互作用机理、动力学 • 模拟LBE中的腐蚀/沉淀行为 • 研究大型LBE回路中"氧控制系统"的适用性 • 在LBE中测试合适的氧化锆基氧传感器,作为氧控制系统的一部分	• 最高温度:550℃ • 最低温度:400℃ • 最大流量(典型值):4(2)米/秒 • 功率:170千瓦 • 试验段数量:2 • 样品数量:约32 • 氧控制系统:通过气相中的H_2与H_2O蒸气比 • 氧传感器:LBE中有3个,气相中有1个 • 液态重金属:铅-铋
铅腐蚀	意大利国家新技术能源与环境委员会	• 研究铅合金中的腐蚀 • 组件测试和开发 • 物理化学	• 最高温度热引线:500℃ • 最大流量:4.5米³/小时 • 最大电功率:4兆瓦 • 试验段数量:3 • 测氧计:需要 • 氧控制:单独加入的氢和氧 • 液态重金属:铅-铋
铅合金技术的开发与应用	美国洛斯阿拉莫斯国家实验室	• 流动LBE中结构材料和经表面处理的材料的腐蚀试验 • 研究材料和LBE相互作用的机理 • 腐蚀/沉淀和系统动力学模型研究、基准化 • 实施、测试和改进大型LBE回路中的氧传感器和控制系统 • 热工水力实验(如自然对流)和系统模拟(如TRAC)和基准化 • 开发和测试组件、数据采集和控制系统	• 最高温度:550℃ • 最低温度:400℃ • 最大流量(典型值):5(2)米/秒 • 功率:65千瓦(主加热器) • 试验段数量:2(腐蚀,应力腐蚀开裂) • 样本数量:186(每批次32个/台) • 氧控制系统:O_2/He 和 H_2/He 的直喷 • 氧传感器:LBE中4个,气相中1个 • 液态重金属:铅铋
铅相关性试验台	美国洛斯阿拉莫斯国家实验室/内华达大学拉斯维加斯分校	• 将LBE冷却技术转移和扩展到高温铅系统 • 流动铅中结构材料和经表面处理的材料的腐蚀试验 • 热工水力实验(如自然对流和流量稳定性) • 调整和测试传感器、组件、数据采集和控制系统用于较高温度下的铟-铅 • 测试用于回路的氧化物弥散强化(ODS)钢(MA956)的焊接和建造	• 最高温度:700℃ • 最低温度:400℃ • 最大流速:0.25米/秒 • 功率:15千瓦(主加热器) • 试验段数量:1(腐蚀) • 样品数量:待定 • 氧控制系统:O_2/He 和 H_2/He 直喷 • 氧传感器:2个 • 液态重金属:铅

续表

设施名称	单位	目标	运行参数
液态金属静态腐蚀设施	法国原子能机构	• 材料（包括焊接）和涂层的腐蚀研究 • 腐蚀机制 • 氧含量对腐蚀过程的影响 • 腐蚀动力学 • 建立腐蚀模型	• 最高温度：500℃ • 最大流量：静态 • 试验段数量：2 • 氧控制系统：需要 • 液态重金属：铅铋 • 防腐蚀保护：包埋最大的铝化
铅合金循环引起的腐蚀	法国原子能机构	• 材料（包括焊接）和涂层的腐蚀研究 • 水动力通过旋转缸（尤其是高速度下，并包括腐蚀现象）对腐蚀的影响 • 氧含量对腐蚀过程的影响 • 腐蚀动力学 • 建立腐蚀模型	• 最高温度：500℃ • 最大流量：5000转/分钟时，5米/秒 • 试验段数量：旋转样品1个，管内样品1个 • 氧控制系统：需要 • 液态重金属：铅铋 • 防腐蚀保护：包埋浸渗最大的铝化 • 氧控制系统：需要
液体固体反应（LiSoR）	瑞士保罗谢尔研究所	研究结构材料的辐照、LBE和应力同时相互作用的影响	• 最高温度：350℃ • 最大流量：试验段1米/秒 • 最大点功率：30千瓦 • 试验段数量：1 • 氧控制系统：无 • 液态重金属：铅-55.5铋
腐蚀和润湿研究（CorrWett）	瑞士保罗谢尔研究所	• 腐蚀 • 热循环 • 研究受应力的涂层试样	• 最高温度：350℃ • 最大流量：试验段0.8米/秒 • 最大电功率：8.6千瓦 • 试验段数量：1 • 氧控制系统：无 • 液态重金属：铅-55.5铋
慢应变速率试验（SSRT）/滞流实验装置	比利时核能研究中心	• 铅铋对结构材料机械性能的影响 • 铅铋和辐照的相互影响（预辐照材料的机械性能试验） • 溶解氧浓度的氧控制和测量	• 最高温度：500℃ • 最大电功率：3.5千瓦 • 试验段数量：1（高压灭菌器） • 液态金属的体积：约2.5升 • 氧控制系统：需要 • 液态重金属：铅铋
液态金属脆化检测站1	比利时核能研究中心	• 铅铋对结构材料力学性能的影响 • 氧传感器的校准 • 氧化物层对结构材料力学性能的影响	• 最高温度：500℃ • 最大电功率：3.5千瓦 • 试验段数量：1（高压灭菌器） • 液态金属体积：约3.5升 • 氧控制系统：需要 • 液态重金属：铅-铋

续表

设施名称	单位	目标	运行参数
液态金属脆化检测站2	比利时核能研究中心	• 测试受控铅铋环境中的放射性材料 • 可以进行的测试： 慢应变速率试验 恒定载荷 上升载荷 断裂扩展速率（断裂力学）	• 最高温度：500℃ • 最大压力：4巴 • 最大载荷：20千牛 • 位移率：$9\times10^{-2}\sim3\times10^{-6}$毫米/秒 • 应变率（标距长度10毫米）：$9\times10^{-3}\sim3\times10^{-7}$秒$^{-1}$ • 最大位移：30毫米 • 需要测试的试样：拉伸试样，小尺寸CT • 高压灭菌器和加载单元的数量：1 • 高压灭菌器容积：3.6升 • 高压灭菌器材料：316升 • 材料调节系统：316升 • 调节气体：氢气、氩气
FELIX / FEDE	西班牙能源环境技术研究中心	滞流条件下的材料筛选试验	• 使用不同气体环境 • 测量氧含量 • 最高温度600℃
自然对流回路（CIRCO）	西班牙能源环境技术研究中心	• 准静态LBE中的长期腐蚀实验 • 氧传感器测试 • 测试后对回路进行无损检验	• 结构材料：AISI316L • LBE总量：1升 • 最高温度：550℃ • 温度梯度：150℃
强制对流回路（LINCE）	西班牙能源环境技术研究中心	• 铅铋合金中的长期腐蚀实验 • 流动铅铋合金中的氧气控制系统	• 最高温度：500℃ • 最大流量：2.5米^3/小时 • 试验段数量：2 • 铅-铋总量：170升 • 功率：80千瓦 • 已安装氧气控制系统
铅铋静态腐蚀设施	日本原子力研究所	• 静态条件下加速器驱动系统组件的材料腐蚀 • 加速器驱动系统组件的材料筛选试验 • 铅铋中各种材料的腐蚀机理 • 经表面处理的材料的腐蚀 • 合金元素和应力对铅铋腐蚀的影响 • 铅铋中杂质的影响	• 最高温度：600℃ • 容器数量：4 • 试验片数：10片/容器 • 容器直径：100毫米 • 重金属重量：7千克/容器 • 氧控制系统：需要（部分） • 液态重金属：铅-铋

续表

设施名称	单位	目标	运行参数
铅铋流回路1	日本原子力研究所	• 流动铅铋中ADS组件的腐蚀研究 • 研究铅铋流量控制 • ADS靶测试设备的材料耐腐蚀测试	• 最高温度：450℃ • 最大压力：5巴 • 最大流量：18升/分钟 • 最大电功率：15千瓦加热器 • 试验段数量：2 • 氧控制系统：处于准备中
静态腐蚀试验设施	日本电力中央研究所	铅铋中的静态腐蚀行为	• 最高温度：700℃ • 容器数量：2 • 试验件数：8件/容器 • 容器直径：100毫米 • 试件分步萃取：需要 • 氧控制系统：需要
KPAL-I	韩国原子能研究所	• 铅铋腐蚀数据库 • 开发氧气控制技术 • 氧传感器开发 • 开发铅铋回路的热工水力设备 • 增强铅铋回路运行技术	• 最高温度：550℃ • 最大流量：4.0米汽蚀余量时，3.6米^3/小时 • 最大电功率：120千瓦 • 试验段数量：1 • 试验段最大高度：0.9米 • 氧控制系统：需要 • 液态重金属：铅-铋
对流回路（COLONRI I）	捷克核能研究院	• 不同条件下铅铋中结构材料的耐腐蚀性能评估 • 氧含量的影响（氧技术）	• 最高温度：700℃ • 最大流量：1~2厘米/秒 • 最大电功率：4千瓦 • 试验段数量：2 • 试验段最大高度：2.5米 • 氧控制系统：需要-间接 • 重质液态金属：铅铋
腐蚀与加湿研究设备（Corr-Wett）	美国阿尔贡国家实验室	根据 J. V. Cathcart 和 W. D. Manley 在《腐蚀》（1954，432（10））上的文章，研究自然对流石英筛 • 铅或LBE流中结构材料的长期腐蚀研究 • 铅或LBE流中涂层处理材料的长期腐蚀研究 • 材料和铅或LBE之间腐蚀机理和热力学行为研究	• 最高温度：800℃ • 最低温度：375℃（铅铋合金），500℃（铅） • 典型流量：约0.01米/秒 • 电功率：低 • 试验段数量：2 • 样品数量：2 • 氧控制系统：通过气相中的H_2与H_2O蒸气比 • 氧传感器：无 • 液态重金属：铅或LBE

续表

设施名称	单位	目标	运行参数
尤里格腐蚀实验室	美国麻省理工学院	• LBE中结构材料和经表面处理的材料的腐蚀试验 • 材料和LBE相互作用的基本机理研究 • 腐蚀/沉淀和系统动力学模型研究、基准化 • 实施、测试和改进氧传感器	• 最高温度：800℃ • 最低温度：400℃ • 最大/最小流速：3米/秒/0米/秒 • 电功率：15千瓦/测试站（加热器） • 试验站数量：2（腐蚀、应力腐蚀、旋转电极） • 样品数量（浸渍）：15个/试验站（单个坩埚） • 样本数量（旋转）：1个/试验站 • 氧控制系统：直喷O_2与He、H_2与He、H_2与H_2O蒸气比 • 氧传感器：LBE中1个，气相中1个 • 液态重金属：铅-铋/铅
液态金属的力学性能	法国里尔大学-法国国家科学研究中心（CNRS）UMR8517研究室	测定液态金属中结构金属合金的力学性能和力学阻力 • 单调拉伸行为： 应用圆柱试样进行标准拉伸试验（STT）； 使用直径9毫米、厚0.5毫米的圆盘进行小冲孔试验（SPT） • 循环行为： 光滑试样的低循环疲劳（LCF）； 缺口试样的疲劳断裂增长率（FCGR）	• 最高温度：LCF、FCGR和SPT为350℃，STT为600℃ • 最大流量：静态 • 氧控制系统：无 • 液态重金属：铅、铋、锡 • STT和SPT：20千牛载荷能力 应变速率$10^{-2}\sim10^{-5}$秒$^{-1}$ • LCF：100千牛载荷能力 - 应变控制，应变范围：$0.5\times10^{-2}\sim2.5\times10^{-2}$ 应变速率$10^{-2}\sim10^{-4}$秒$^{-1}$ • FCGR：100千牛载荷能力 载荷控制，四点弯曲试样频率15赫，最大化学需氧量测量
铅-铋腐蚀试验回路	日本东京工业大学核反应堆研究实验室	• 铅铋流中的材料腐蚀 • 氧含量控制技术 • 氧传感器的性能 • 电磁流量计的性能 • 超声波流量计的性能	• 最高温度：550℃ • 系统最大压力：0.4兆帕 • 最大流量：0.36米^3/小时 • 最大电功率：22千瓦 • 试验段数量：1 • 试验段最大高度：1.5米 • 氧控制系统：需要（氧化铅片） • 液态重金属：铅铋合金 • 铅-铋总量：450千克

表2-4 热液压设施

设施名称	单位	目标	运行参数
热液压机和ADS设计	德国卡尔斯鲁厄研究中心	• ADS结构的热液压单效应研究 • 流束窗口的冷却 • 无窗靶流场的配置 • 燃料元件的冷却 • 铅铋/铅铋热交换器的传热特性 • 蒸汽发生器的传热特性 • 铅铋/空气热交换器的传热特性 • 建立用于物理模型和代码验证的热工基础数据	• 最高温度：450℃ • 最大流量：4.5米汽蚀余量时，100米³/小时 • 最大电功率：4兆瓦 • 试验段数量：4 • 试验段最大高度：3.4米 • 氧控制系统：需要 • 液态重金属：铅-铋
循环共晶	意大利国家新技术能源与环境委员会	• 热液压实验 • 组件开发 • 池配置中的大尺度实验 • 池配置中的液态金属化学	• 最高温度：450℃ • 实验部分容积：9480升 • 储罐容积：9250升 • 泵池容积：924升 • 测氧计：无 • 氧控制系统：需要（可以控制出口排气量） • 液态重金属：铅-铋
热液压ADS铅铋回路	瑞典皇家理工学院	• 在不同换热器中进行中等规模的TECLA传热实验 • 热液压条件下（如在概念型ADS设计中）进行原型LBE流与传热的研究 • 稳态和瞬态条件下，自然和强制流动时的热液压特性 • 重现事故现场情景并加强欧盟PDS-XADS项目支持的代码验证数据库 • 建立用于物理模型和代码验证的热液压基础数据库	• 最高温度：500℃ • 最大流量：2.5米³/小时 • 最大电功率：55千瓦 • 电磁泵：5.5千瓦 • 试验段最大高度：6.8米 • 氧控制系统：需要 • 氧控制传感器：需要 • 液态重金属：铅铋 • 二次回路冷却剂：甘油
铅铋流回路2	日本原子力研究所	• 水平铅铋标靶流量研究 • 碘标靶的验证实验	• 最高温度：<450℃ • 最大压力：2巴 • 最大流量：50升/分钟 • 最大电功率：5千瓦加热器 • 试验段数量 • 氧控制系统：需要 • 液态重金属：铅铋
铅铋流回路3	日本原子力研究所	• 束流窗口的热流检测 • 机械泵和大型铅铋流的验证测试	• 最高温度：450℃ • 最大压力：7巴 • 最大流量：500升/分钟 • 最大电功率：6千瓦加热器 • 试验段数量：1 • 氧控制系统：需要 • 液态重金属：铅铋 • 总量：450升

续表

设施名称	单位	目标	运行参数
三井工程和船舶实验回路2001	日本三井工程船舶制造公司	• 冷却剂净化控制测试 • 结构材料的腐蚀测试 • 热液压测试 • 稳态/瞬态运行测试	• 最高温度：550℃ • 最大流量：15升/分钟 • 最大电功率：6千瓦 • 试验段数量：1 • 试件数：1~10 • 最大测试部件高度：1米 • 氧控制系统：需要 • 液态重金属：铅铋
铅铋热液压测试回路	日本电力工业中心研究所	• 铅铋的传热性能 • 铅铋的气泵性能 • 铅铋气体两相流的流动特性	• 最高温度：300℃ • 最大压力：0.5兆帕 • 最大流量：6米³/小时 • 总电力供应：160千伏安 • 加热器和控制器数：30（PID控制） • 最大加热功率：5千伏安 • 主管道直径：2英寸 • 氧控制系统：不需要
威斯康星州坦塔罗斯设施	美国威斯康星大学	多相流动，传热和蒸汽/水在液态金属中喷射的稳定性/振荡性	• 最高温度：550℃ • 最低温度：400℃ • 最大（典型）流量：1~10克/秒 • 电功率：30千瓦 • 试验段数量：2（配备多个喷射器） • 液态重金属：铅和铅铋
用于可操作性和安全性研究的共晶液体重金属回路	韩国国立首尔大学	在PEACER-300中的自然循环能力验证（转换反应堆），腐蚀测试和氧传感器的研发。HELIOS 2004年底完成。材料腐蚀实验计划2005年完成，自然循环测试2006年完成	• 反应堆热功率：850 000千瓦/60千瓦 • 反应堆压力外壳高度：1400厘米/1000厘米 • 反应堆压力外壳直径：700厘米/5.0厘米 • 燃料棒的有效长度：50厘米/50厘米 • 燃料数：63 433/4 • 蒸汽发生器管高度：500厘米/500厘米 • 主回路管道内径：200厘米/5厘米 • Pb-Bi冷却液量：1.8吨 • 总流量：(58 059千克/秒)/(10千克/秒)（最大） • 最大流速：200厘米/秒/200厘米/秒 • 核芯出口温度：400℃/400℃ • 堆芯入口温度：300℃/300℃ • 核芯中心和蒸汽发生器中心的高度差：8米/8米

续表

设施名称	单位	目标	运行参数
铅铋水直通沸水两相流设备	日本东京工业大学核反应堆研究实验室	● 蒸汽泵式铅铋冷快堆的操作技术 ● 铅铋水直通沸水流的热液压技术	● 最大铅铋温度：460℃ ● 蒸汽温度：296℃ ● 系统压力 7 兆帕 ● 铅铋流量：33 840 千克/小时 ● 蒸汽流量：250 千克/小时 ● 加热器束功率：133 千瓦 ● 试验段数量：1 ● 试验段长度：7 米 ● 氧控制系统：需要（溶解有氢气的水） ● 液态重金属：铅铋合金 ● 铅铋量：1000 千克 ● 水量：50 千克

2.2.5 铅铋冷却技术未来发展方向

目前，铅铋冷却技术正在 ADS 和快堆中应用和发展。从技术及材料应用角度来看，还需要克服一系列技术差距才能进行基于 LBE 冷却的样本测试、设计、制造。同样，还有一系列问题需要解决，包括 LBE 材料的基础物理、化学和输送特性，环境影响，热工水力实验和计算，冷却剂水化学，测量技术和工具。然而，除了在 500~550℃ 温度范围内长期服役（20 年及以上）后材料性能所存在的不确定性，LBE 冷却剂最终用于先进核应用并不存在明显的概念障碍。

对于更高温度范围内的应用，则需要更为广泛的材料及冷却技术开发项目。但目前还不能从国际水准来预见这一问题。根据现有材料的初步分析，基于操作温度，可得出以下分类：

- I 级。如果温度低于 600℃，则现有技术及一些规范合格的核结构材料（奥氏体和铁素体/马氏体钢）在堆芯的短期到中期应用以及在反应堆外都可以使用。如果材料长期服役或在辐射下使用则需要进一步验证。
- II 级。更先进系统概念需要更高的温度，因此，要更广泛地发展材料和冷却技术，更着眼于长期发展。为达到更高效率，反应堆出口温度达 650~700℃，这时可选用氧化物弥散强化（ODS）钢/高级的铁素体/马氏体（F/M）钢。这些材料划归为 II 级，可用于 LBE 冷却技术的延伸。在这个温度范围内，尽管 LBE 的使用更加成熟，但采用铅的可能性还是大于 LBE。
- III 级。如果系统运行温度为 750~800℃，并含有多种能源产品，如氢气，则可选用难熔金属、陶瓷以及复合材料（III 级）。此类系统需要不同的冷却技术、设计、建造以及操作方法。兼容性不再是关键障碍。其他问题，包括辐照稳定性、疲劳强度、制造、连接、成本等都十分具有挑战性。高温反应堆和聚变技术发展项目都需要 III 级材料的发展。在该温度范围内，由于 LBE 及其相关技术不再具有任何本质上或经验上的优势，因而铅将可能成为唯一的选择。

因此，在低于 600℃时，可从热物理性质、化学性质、材料、技术、热液压性能等方面来确定铅铋冷却技术未来发展方向。

2.2.5.1 热物理性质

从高温范围内研究得到 LBE 的一系列热力学性质和输送性质（热导率、黏性以及表面张力）可用于反应堆安全分析。然而，由于在公开的文献中难以找到经验数据，所以，可应用基于 LBE 或其成分的低温数据的半经验模型来估计 LBE 的基本性质（如液体密度、蒸汽压力以及液体绝热压缩系数）的临界值。目前，已经有一些推荐的方法，可在高温范围内产生实验数据，这些数据可以用于验证计算值。

2.2.5.2 化学性质

氧气和液态金属中的一些金属元素（如 Fe、Cr、核裂变产物如 Po 等）以及一些氧化物（如氧化铁、铬氧化物等）的溶解度和扩散性数据对以下问题十分重要：

- 材料腐蚀速率的评估。
- 液态重金属净化系统的设计和建造，用于研发基于结构材料保护氧化层的腐蚀保护策略。
- 源项评估。

因此，必须努力得到可靠的溶解度和扩散性数据。

2.2.5.3 材料

辐射环境下材料属性的改变，尤其是辐射和腐蚀对液态重金属系统的联合作用是研发的高优先级项目。例如，为避免液态金属腐蚀而采用的保护性氧化物，可能会由于辐射增强的氧化物离子输运受到损害，从而给燃料包壳等堆芯组件的性能带来不确定性。此外，由于缺乏足够的建模工具，很难分析动态测试数据并推断长期结果，只能基本了解那些需要长期发展才能形成的腐蚀过程的触发点和动力学，如在高温下避免氧化。

此外，由于液态重金属技术正从实验室研究转向测试和示范设备，原子级材料的生产、加工以及合格检验都逐渐成为首要问题。

欧洲研发的 ADS 系统已选出了参考的结构材料，包括用于高负荷零件（包壳、包覆材料、散裂靶结构）的 T91 马氏体钢以及用于容器及容器内部的 AISI 316L 奥氏体钢。此外，可采用 Fe-Al 涂层材料，这种涂层材料可作为替代燃料包壳氧化层的一个候选保护措施。

对于其他国家的设计概念，同样可选择类似的材料。例如，美国铅冷快堆的参考材料包括 HT-9（T91 可作为一个更为高级的候选材料）和 316L。俄罗斯研发出一些添加了 Si 的特殊合金，可用于液态重金属冷却反应堆，最著名就是 EP823。

这些材料在液态金属中发生力学性能变化的兼容性数据以及基本数据已经获得，大部分数据仍是在堆外条件下获得。然而，对于特定的设计要求，下列数据要优先获得：

- 钢材和涂层的长期腐蚀行为。

- 低氧浓度下 LBE 腐蚀测试，以检测推荐的氧气控制条件的下限。
- 有关腐蚀磨损和摩擦机理的研究。
- 利用可靠的溶解度和扩散率数据以及非等温系统的腐蚀数据研发传质模型。
- 典型温度应力区域以及更为特殊条件下结构材料和防腐蚀材料的力学行为：
  - 蠕变；
  - 疲劳及蠕变疲劳；
  - 断裂力学；
  - 蠕变及疲劳裂纹扩展。

此外，评估液态金属或受到辐照的钢材和涂层的力学性能也是非常重要的问题。

这些特性需要在相关温度、中子注量、压力以及不同组件的液态重金属流速范围内测量。

最后，需要确定实施腐蚀和力学测试的标准程序。

完成上述材料测试项目，即对 LBE 内和辐照条件下奥氏体钢和铁素体/马氏体钢进行了整体评估后，下一步则是对形状明确的制造材料进行评估，如作为燃料包层的管道。

2.2.5.4 技术

目前，在实验室和小到中型测试设施上，材料腐蚀、氧气的测量和控制对冷却剂化学影响的研究已取得了很大的进展，但是，这些进展很有必要扩展到大型系统，尤其是池式或者自然循环系统。用于较高温度且深深浸入液态金属的氧气传感器以及增强类似植物环境的活力和可靠性都依赖于先进技术的发展。实施排放、冷却、凝固以及融解后，氧气控制系统、过滤方式以及氧气活性维护与恢复都需要进一步研究和测试。而目前迫切需要的是，随着材料的研发，找到可替代的控制范围或将现有控制范围扩展。上述问题中大部分都是技术问题，其优先级别从高到低，取决于特定的概念、项目发展路径以及时间范围。

EUROTRANS 项目中，将优先开发：

- 用于控制气溶胶和炉渣的液态重金属净化系统，将用于大型设备。
- 可靠的工具（流量计、压力传感器、热电偶、液面传感器、泵等），用于长时间操作液态重金属设备。
- 可靠的氧气溶度控制方法以及检测系统。可构想不同类型的方法来设置液态金属中氧气的含量，而这些方法都是基于液体/气体或液体/固体之间的交换。需要评估系统效率以选择最简单可靠的方法。
- 优化在线氧气传感器以提高其可靠性。有必要确定一种校准策略并努力增强其长期性能和耐热冲击性能。
- 用于全程检查和修复（ISIR）的工具。此类工具必须经过 LBE 和辐照环境的联合测试及校准。

2.2.5.5 热液压性能

这一领域中有两种问题需要解决。

第一种问题与液态重金属的基本属性有关。有必要发展并验证更加可靠的湍流模型来计算热液压性能，尤其是复杂的几何形状和关键组件，如 ADS 大功率散裂靶窗口和堆芯布置。

第二种问题为技术性问题，与液态重金属冷却系统的设计与操作属性紧密相关。采用冷却剂化学控制以及形成表面防护性氧化物来缓解钢材腐蚀会对传热性能造成影响，尤其是在长期或非正常环境下，如逐渐堆积氧化物和高水平固态氧化物颗粒。通常液态中金属冷却核反应堆具有开放式的网格结构，以减少泵功率需求并增强被动安全性。流动循环方式、瞬变现象、流动稳定性以及排除不稳定性都是非常重要的问题，亟待解决。

在 EUROTRANS 项目框架下已经确定了几个实验活动以支持散裂靶和次临界堆芯的设计。

依据目前已有的设计，需要优先研究水和 LBE 的自由表面实验以支持无窗靶设计。CFD 计算将强有力支持这一活动。CFD 小组也会反过来利用实验得出的结果改善相关物理模型，评估并用基准问题测试 CFD 编码。

在与 ADS 核心区域流量特性描述相关的热液压研究中，依据设计要求确定了以下两个实验：

- 单一燃料棒实验，用以评估紊流条件下穿过典型 ADS 条件下包壳的传热性能。该实验将在瑞典皇家工学院的 TALL 设备上进行。
- 燃料棒束实验，用以分析燃料组件的热液压性能。该计划主要是实现局部测量温度、速率、整体流速的测试。该实验将在德国尔斯鲁厄研究中心 KALLA 实验室的 THEADES 设备上进行。

到目前为止，尚无实验支持严重事故情况下的安全分析。在设计定义更加成熟时就需要开始计划这样的实验。

2.3 铅铋合金冷却系统研究论文计量分析

2.3.1 数据来源及方法说明

SCI 学术论文作为重要科研成果的载体，为分析学术领域研究动态提供了一条有效途径。通过 SCI 论文影响力分析、研究主题布局、项目资助情况等反应该研究领域各国研发态势。本节通过建立论文检索式，检索 1980~2012 年铅铋冷却系统研究的 SCI 论文文献，运用可视化文献计量数据分析工具——汤森数据分析器（Thomson Data Analyzer，TDA）分析该领域近年来的发展动态。

2.3.2 铅铋冷却系统研究论文计量分析

2.3.2.1 论文数量的年度趋势

在铅铋冷却系统研究中，1985~2012 年 SCI 论文年度发文量统计分析如图 2-2 所示，可以看出，这期间铅铋冷却系统的研究可分为三个阶段：1985～1994年，处于初始的研究状态，论文数量很少；1995～2003年，是一个发展阶段，1995年的论文数量明显增加，随后发文量整体呈增长趋势；2004～2012年，是快速发展阶段，2004年的论文数量暴增，随后有所下降，但仍保持较高的水平，2008年出现发文高峰。结合前述的分析，这也可从一个侧面看出俄罗斯在将铅铋技术转为民用后，引起了各国的研究热情。同时也可以看出，各国在20世纪90年代末启动的计划和研究，在21世纪初产生了不少的成果。

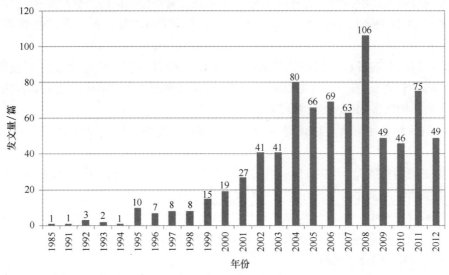

图 2-2　铅铋冷却系统 SCI 论文的年度分布

2.3.2.2　论文的国家分布

从铅铋冷却系统 SCI 论文发文量国家排名情况来看（图 2-3），排名前 5 位的国家依次是美国、日本、德国、法国和俄罗斯。其中，美国和日本在该领域的 SCI 学术论文数量远

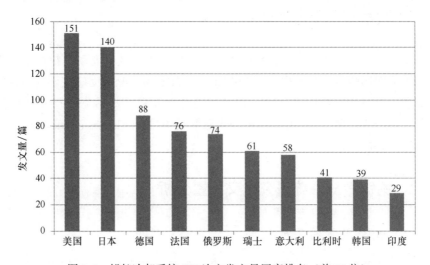

图 2-3　铅铋冷却系统 SCI 论文发文量国家排名（前 10 位）

大于其他国家,可见其在该领域的研究优势。德国、法国和俄罗斯的论文数量接近,瑞士和意大利稍次之。比利时、韩国和印度也有不错的表现。

2.3.2.3 论文的机构分析

各国研究机构在铅铋冷却系统的 SCI 发文量显示,排名前 5 位的研究机构依次为东京技术研究所(TIT)、瑞士保罗谢勒研究所(PSI)、美国洛斯阿拉莫斯国家实验室(LANL)、德国卡尔斯鲁厄研究中心(FZK)、日本原子力研究开发机构(JAEA)(图2-4)。排名前 10 位的研究机构中,日本有 3 家机构名列前 10 位,分别是东京技术研究所、日本原子力研究开发机构和日本原子力研究所①。美国有 2 家机构进入前 10,分别是 LANL 和内华达大学。欧洲进入前 10 的机构共有 5 家,分别是 PSI、FZK、比利时核能研究中心(SCK CEN)、法国原子能委员会 Saclay 研究所(CEA Saclay)以及意大利新技术能源与环境委员会(ENEA)。

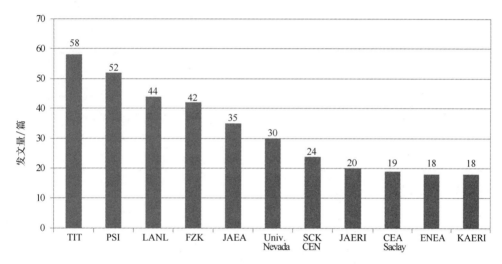

图 2-4　铅铋冷却系统 SCI 论文发文量排名前 10 位的研究机构

2.3.2.4 论文的主题分析

对研究论文的主题词进行分析,可以从一个侧面解释该领域的总体特征、发展趋势、研究热点和重点方向。利用 TDA 工具,对铅铋冷却系统研究论文的主题词进行分析,可发现该领域每年最受关注的研究主题词和当年新出现的主题词。由于之前发表的论文较少,分析结果显示的是 1999 年后的主题词变化(表2-5)。可以看出,自 1999 年以来,铅铋冷却系统研究最关注的主题主要侧重于力学特性、材料行为、腐蚀性、氧气和钢等方面。而每年都有新主题词出现,说明该领域的研究在不断发展,如嬗变、熔融铅、钢腐蚀、流动的铅、软钢、脆化、湍流、铁素体钢、Fe-9Cr-1Mo 钢等。

---

① 2005 年,日本核燃料循环开发机构(JNC)与日本原子力研究所合并为一个新的研发机构,即日本原子力研究开发机构。为区别起见,这里仍将它们分开。

表 2-5　1999～2012 年铅铋冷却系统研究的主题词变化

年份	最受关注的主题词	新出现的主题词
1999	力学特性、微结构	温度
2000	系统	力学特性、微结构、合金、空隙分数
2001	行为、合金、微结构、钢	系统、铋、腐蚀、燃料、液铅、金属、氮化物、嬗变
2002	液铅、氧气、蠕变、设计、系统	行为、钢、合金、设施、铅铋、无铅焊接剂、液态金属脆化、熔融铅
2003	铅铋、氧气、合金、铋、腐蚀、流动的铅、钢	氧气、设计、冷却剂、流动、辐射、钢腐蚀、钋-210、蒸汽爆炸
2004	铋、铅铋、合金、行为、兼容性测试、冷却剂、熔融铅、温度	流动的铅、测试、铅铋
2005	行为、钢、合金、铅铋	部件、软钢、氮化物燃料
2006	行为、铋、铅铋、温度	脆化、液态铅铋、热力学特性
2007	铅铋、行为、腐蚀	湍流、流体、气体、溶解性
2008	合金、腐蚀、行为、LBE	铁素体钢、铁合金、流动的铅铋
2009	行为、合金、氧气	Fe-9Cr-1Mo 钢、氧化机制、除氧化皮
2010	行为、LBE、合金、腐蚀、铅铋	快堆寿命、MOX、性能比较
2011	腐蚀、铅铋、钢	计算、核反应堆、残余物
2012	力学特性、微结构	铝合金

2.3.2.5　论文发表的活跃度分析

分析发文量排名前 10 位的国家近三年的发文情况（表 2-6），可以看出，近三年活跃度最高的国家是比利时，其 34% 的论文是近三年发表的，关注的重点是力学特性和应变率。其次是德国和韩国，分别有 32% 和 28% 的论文是近三年发表的，关注的重点都在腐蚀性上。瑞士和美国近三年的活跃度最低，分别为 10% 和 13%。

表 2-6　发文量排名前 10 位的国家的活跃度

国家	论文数量	发表的时间范围	出现最多的技术术语	近三年发文量占总发文量的比例/%	发文最多的机构
美国	151	1992～2012 年	合金、系统、腐蚀	13	洛斯阿拉莫斯国家实验室
日本	140	1995～2012 年	行为、铅铋、嬗变	25	东京技术研究所
德国	88	1998～2012 年	铅铋、铋、行为、腐蚀、LBE、温度	32	卡尔斯鲁厄研究中心
法国	76	1992～2011 年	行为、腐蚀、铅铋	26	法国原子能委员会 Saclay 研究所

续表

国家	论文数量	发表的时间范围	出现最多的技术术语	近三年发文量占总发文量的比例/%	发文最多的机构
俄罗斯	74	1994~2012年	铅铋、腐蚀、合金、兼容性测试、氧化、钢铁	18	俄罗斯科学院
瑞士	61	2001~2011年	靶、行为、脆化、铅铋	10	瑞士保罗谢勒研究所
意大利	58	1999~2012年	行为、嬗变、铅铋、测试	24	意大利新技术能源与环境委员会
比利时	41	2000~2012年	力学特性、铅铋、应变率	34	比利时核能研究中心
韩国	39	1999~2012年	系统、冷却剂、腐蚀	28	韩国原子能研究所
印度	29	1991~2012年	腐蚀、设计、氧	24	印度巴巴原子能研究中心（BARC）
中国	25	2000~2012年	无铅焊接剂、微结构、温度	20	中国科学院

中国在铅铋冷却系统 SCI 论文发文量位居第 11 位，发文最多的机构是中国科学院。中国在该领域的发表论文时间始于 2000 年，较晚，不过，近三年活跃度还不错，为 20%。

分析发文量排名前 10 位的机构近三年的发文情况（表2-7），可以看出，近三年活跃度最高的机构是日本原子力研究开发机构，其 51% 的论文是近三年发表的，关注的重点是材料行为和嬗变。其次是东京技术研究所、比利时核能研究中心和法国原子能委员会 Saclay 研究所，分别有 28%、21% 和 21% 的论文是近三年申请的，关注的重点在材料行为和力学特性上。日本原子力研究所的活跃度最低，为 0，因为其在 2005 年就被合并组成新机构。FZK、KAERI 和美国内华达大学近三年的活跃度也很低，分别为 2%、6% 和 7%。

表2-7 发文量排名前10位机构的活跃度

机构	论文数量	发表的时间范围	出现最多的技术术语	近三年发文量占总发文量的比例/%
东京技术研究所	58	1995~2012年	铅铋、行为、兼容性、设计、氧、温度	28
瑞士保罗谢勒研究所	52	2001~2011年	靶、行为、铅铋	12
洛斯阿拉莫斯国家实验室	44	2001~2012年	合金、氧、兼容性、测试、流动铅、熔融铅、钢腐蚀	14
卡尔斯鲁厄研究中心	42	1998~2011年	铅铋、温度、合金、行为、腐蚀、钢铁	2
日本原子力研究开发机构	35	2006~2012年	行为、嬗变、铅铋	51

续表

机构	论文数量	发表的时间范围	出现最多的技术术语	近三年发文量占总发文量的比例/%
美国内华达大学	30	2004～2012 年	合金、腐蚀、系统	7
比利时核能研究中心	24	1997～2012 年	力学特性、铅铋、应变率	21
日本原子力研究所	20	1995～2006 年	行为、腐蚀、铅铋	0
法国原子能委员会 Saclay 研究所	19	2002～2011 年	腐蚀、合金、铁、辐照、力学特性	21
意大利新技术能源与环境委员会	18	2002～2011 年	行为、LBE、金属脆化、氧、测试	17
韩国原子能研究所	18	1999～2011 年	系统、设计	6

2.3.2.6 重点文章分析

分析铅铋冷却系统研究论文的被引频次，表 2-8 列出了排名前 20 的论文。可以看出，被引频次最高的前三篇文章分别来自瑞士 PSI、意大利 EURATOM-ENEA 联盟和俄罗斯 IPPE。前 20 的论文中，美国发表的最多，有 6 篇，其中有 5 篇来自洛斯阿拉莫斯国家实验室，其次是日本，有 5 篇，德国和俄罗斯分别有 3 篇和 2 篇。

表 2-8 被引频次排名前 20 的研究论文

被引频次	论文题目	发表时间	第一作者国家	第一作者所属机构
92	MEGAPIE, a 1 MW pilot experiment for a liquid metal spallation target	2001 年	瑞士	瑞士保罗谢勒研究所
74	Compatibility tests on steels in molten lead and lead-bismuth	2001 年	意大利	EURATOM-ENEA 联盟
68	Use of lead-bismuth coolant in nuclear reactors and accelerator-driven systems	1997 年	俄罗斯	俄罗斯物理和动力工程研究所
64	Active control of oxygen in molten lead-bismuth eutectic systems to prevent steel corrosion and coolant contamination	2002 年	美国	洛斯阿拉莫斯国家实验室
47	Corrosion behaviors of US steels in flowing lead-bismuth eutectic (LBE)	2005 年	美国	洛斯阿拉莫斯国家实验室
40	Behavior of steels in flowing liquid PbBi eutectic alloy at 420-600 degrees C after 4000-7200 h	2004 年	德国	卡尔斯鲁厄研究中心
40	Development of oxygen meters for the use in lead-bismuth	2001 年	德国	卡尔斯鲁厄研究中心
40	Neutronics design for lead-bismuth cooled accelerator-driven system for transmutation of minor actinide	2004 年	日本	日本原子力研究所
34	Design study of lead-cooled and lead-bismuth-cooled small long-life nuclear-power reactors using metallic and nitride fuel	1995 年	日本	东京技术研究所

续表

被引频次	论文题目	发表时间	第一作者国家	第一作者所属机构
34	T91 cladding tubes with and without modified Fe-CrAlY coatings exposed in LBE at different flow, stress and temperature conditions	2008 年	德国	卡尔斯鲁厄研究中心
32	Corrosion of stainless steels in lead-bismuth eutectic up to 600 degrees C	2004 年	西班牙	西班牙能源环境技术研究中心
30	Lead, bismuth, tin and their alloys as nuclear coolants	1971 年	美国	布鲁克黑文国家实验室
28	Review of the studies on fundamental issues in LBE corrosion	2008 年	美国	洛斯阿拉莫斯国家实验室
27	Oxidation mechanism of steels in liquid-lead alloys	2005 年	美国	洛斯阿拉莫斯国家实验室
24	Metallurgical study on erosion and corrosion behaviors of steels exposed to liquid lead-bismuth flow	2005 年	日本	东京技术研究所
22	Comparison of the corrosion behavior of austenitic and ferritic/martensitic steels exposed to static liquid Pb-Bi at 450 and 550 degrees C	2005 年	日本	日本原子力研究所
22	Electrochemical oxygen sensors for on-line monitoring in lead-bismuth alloys: status of development	2004 年	法国	法国原子能机构 Cadarache 研究中心
22	Physical-Chemical principles of lead-Bismuth coolant technology	1995 年	俄罗斯	俄罗斯物理和动力工程研究所
21	Corrosion behavior of FBR candidate materials in stagnant Pb-Bi at elevated temperature	2004 年	日本	日本核循环开发研究所
20	Corrosion/precipitation in non-isothermal and multi-modular LBE loop systems	2004 年	美国	洛斯阿拉莫斯国家实验室

2.4 研究总结与启示建议

在传统能源消耗加快、气候变化问题日益凸显的今天，核能作为一种清洁、安全、经济的能源，已被国际社会广泛接受，已成为各个国家和地区能源开发的重要选择。随着人们对气候变化情况的担忧日趋强烈，核能发展这一课题在全球范围内也逐步升温。核能被认为是发展低碳经济最高效的一种形式，比水能和风能更加稳定，也是未来缓解全球能源危机的途径之一。

多个国家制定了新的核电发展计划，开始计划重新建核电项目。为了满足提高安全性与可靠性，能效与经济竞争力，可持续性，以及增强防核扩散和人身防护的要求，多个国家正在开发以铅铋合金为冷却剂的快堆系统和 ADS 系统，铅铋合金的材料行为研究已成为其中的关键技术研究。

本报告通过定性调研和分析美国、欧洲、日本、俄罗斯、韩国等在铅铋冷却系统的研究现状，结合对铅铋冷却系统研究论文的定量分析，发现铅铋冷却系统研究呈现出以下特点：

（1）LBE冷却技术是创新的重金属冷却剂快堆技术，应用该技术，传统堆型核电厂特有的经济和安全要求间的矛盾可以消除，使核能得到快速发展。

（2）铅铋冷却系统的研究趋势是以模块化小堆为主，无论是俄罗斯的SVBR，比利时的MYRRHA，美国的HPM，还是日本的LSPR，其功率都在100兆瓦以下。模块化小堆的设计更简单、更具规模经济性、选址成本更低。

（3）铅铋冷却系统离商业化越来越近了。俄罗斯的SVBR-100已完成设计工作，计划在2017年建成。比利时MYRRHA反应堆的示范装置已成功进入临界状态，美国已建立HPM原型。

（4）从国家方面看，美国、日本、德国、法国和俄罗斯在铅铋冷却系统研究方面表现突出。近三年，比利时、德国和韩国在该领域的研究比较活跃，其关注的重点是力学特性、应变率以及腐蚀性。中国近三年在该领域也比较活跃。

（5）从机构角度看，东京技术研究所、瑞士保罗谢勒研究所（PSI）、美国洛斯阿拉莫斯国家实验室（LANL）、德国卡尔斯鲁厄研究中心（FZK）、日本原子力研究开发机构实力较强。近三年活跃度最高的机构是日本原子力研究开发机构，其关注的重点是材料行为和嬗变。其次是东京技术研究所、比利时核能研究中心和法国原子能委员会Saclay研究所，其关注的重点在材料行为和力学特性上。

（6）从研究主题看，自1999年以来，铅铋冷却系统研究最关注的主题主要侧重于力学特性、材料行为、腐蚀性、氧气和钢等方面。该领域的研究在不断的发展，每年都有新主题词出现，如嬗变、熔融铅、钢腐蚀、流动的铅、软钢、脆化、湍流、铁素体钢、Fe-9Cr-1Mo钢等。

因此，拟提出以下建议，希望能够对我国发展铅铋冷却系统有所借鉴：

（1）建立专门的乃至国家级的铅铋技术实验室。

铅铋技术是一种相对成熟而又新颖的技术，在安全性和经济性方面有着较大的优势，目前，铅铋冷却系统的研究处于发展期，其专利申请处于起步期，建立专门的铅铋技术实验室，有利于集中力量进行铅铋技术研究，以便在全球发展潮流中占据一席之地。此外，对铅铋技术的集中研究还有利于铅技术的研发，随着材料技术的发展，铅技术在经济性、安全性和可持续性上更有优势，建立专门的铅铋技术实验室，可为以后的研究做好基础性技术准备。

（2）论证我国发展模块化小型铅铋冷快堆的技术路线。

模块化小型堆具有建造成本较低，组建模式灵活，启动资金较少等优势，再加上铅铋技术的经济性与安全性，模块化小型铅铋冷快堆颇具前景。然而，这种快堆功率较小，适合偏远地区和电网载荷较低的国家，因此我国要进一步论证并明确发展该技术的必要性，结合我国的研究优势，选取易于实现的技术，优先发展。

（3）加强国际、国内合作，深入参与国际计划。

目前ADS研究在世界上尚属起步阶段，尚未涉及太多的商业秘密，正是开展国际合作的最佳时机。美国、德国、比利时和日本等国家在铅铋冷却系统方面做了大量的研究和实验工作，我们可以积极寻求与这些科技领先国家的相关合作，并更加深入地参与到相关的国际计划中,利用国际合作渠道来节约时间和投资,争取更多研究和技术上的主动权。

(4) 培养铅铋冷却系统研究的专业人才

高素质的专业人才是核技术可持续发展的重要推动力,目前我国相关的人才相对匮乏,同时,要在工业界引进和开发铅铋冷却系统,更需要这方面的专业人才。因此,要开展人员和技术培训,要培养一定的国内技术支持和服务能力。同时将铅铋冷却系统作为一个学科方向重点发展,为我国铅铋冷却系统的快速可持续发展奠定基础。

致谢:中国科学院高能物理研究所柴之芳院士对本报告提出了宝贵的意见和建议,受柴院士启发,我们进一步完善了本报告的内容,谨致谢忱!

参 考 文 献

郭连城,曹学武.2006.铅冷快堆(LFR)最新研究进展概述.核动力工程,(8):10-12.

詹文龙,徐瑚珊.2012.未来先进裂变能——ADS嬗变系统.中国科学院院刊,(3):375-381.

International Atomic Energy Agency. 2012-12-10a. Comparative assessment of thermophysical and thermohydraulic characteristics of lead, lead-bismuth and sodium coolants for fast reactors. http://www-pub.iaea.org/MTCD/Publications/PDF/te_1289_prn.pdf.

International Atomic Energy Agency. 2012-12-10b. Liquid Metal Coolants for Fast Reactors Cooled by Sodium, Lead, and Lead-Bismuth Eutectic. http://www-pub.iaea.org/MTCD/Publications/PDF/P1567_web.pdf.

International Atomic Energy Agency. 2012-12-10c. Nuclear heat applications: Design aspects and operating experience. http://www-pub.iaea.org/MTCD/Publications/PDF/te_1056_prn.pdf.

International Atomic Energy Agency. 2012-12-10d. Power reactors and sub-critical blanket systems with lead and lead-bismuth as coolant and/or target material. http://www-pub.iaea.org/MTCD/Publications/PDF/te_1348_web.pdf.

International Atomic Energy Agency. 2012-12-10e. Status of Small Reactor Designs Without On-Site Refuelling. http://www-pub.iaea.org/MTCD/Publications/PDF/te_1536_web.pdf.

NEA-OECD. 2012-10-15. Handbook on Lead-bismuth Eutectic Alloy and Lead Properties, Materials Compatibility, Thermal-hydraulics and Technologies. http://www.oecd-nea.org/science/reports/2007/pdf/lbe-handbook-complete.pdf.

The Generation IV International Forum. 2012-10-15. A Technology Roadmap for Generation IV Nuclear Energy Systems. http://www.gen-4.org/PDFs/GenIVRoadmap.pdf.

3 小麦锈病研究国际发展态势分析

邢 颖　董 瑜　袁建霞　张 博　杨艳萍　张 薇

(中国科学院国家科学图书馆)

　　小麦锈病是一种世界范围广泛发生和流行的真菌病害。近年来，在北非、中东和欧洲部分地区出现了新的高致病性秆锈和条锈生理小种，严重威胁全球小麦产量和粮食安全。针对小麦锈病的严重威胁，国际社会主要小麦种植国家、国际组织、研究机构纷纷制定战略、采取行动，开展针对性的研究，以遏制小麦锈病的发生、流行，降低其为害风险。

　　本报告针对全球小麦锈病新的发展趋势、国际应对行动、国际组织、发达国家和我国的研究计划和布局开展定性调研和综合分析；同时以发表的论文和申请的专利为研究对象，利用 TDA（Thomson Data Analyzer）、Sci^2、TI（Thomson Innovation）、Innography 等文献分析工具，系统分析了小麦锈病研究领域的研究主题、重要国家、机构和研究者。通过以上情报研究的定性和定量方法，揭示小麦锈病发生流行的基本趋势，系统总结国际组织、发达国家和我国在小麦锈病研究领域的布局和特征，综合分析全球小麦锈病研究的发展态势、前沿热点，为我国相关机构开展小麦锈病研究、制定小麦锈病防控策略提供参考、提出建议。研究结果表明：

　　(1) 随着近年小麦锈病病原菌高毒力生理小种不断出现，各地区出现了新的锈病流行，未来小麦锈病防控面临的挑战愈加严峻。国际社会对小麦锈病的防控十分重视，积极采取全球性的协调行动，制定了应对战略、设立国际协调机构、共建监测预警系统及信息共享与交流系统。

　　(2) 国际研究机构及美国、加拿大、澳大利亚和英国等发达国家资助并组织开展了大量小麦锈病相关研究，涉及的研究领域广泛。小麦抗性基因挖掘、分子标记、抗性育种等是国际研究机构和各国布局研究的重点。此外，国际研究机构比较重视小麦锈病监测预警系统和数据系统的开发建设，发达国家较重视病原菌的致病遗传基础、寄主-病原菌互作及抗性育种的遗传学、分子生物学基础研究。

　　(3) 小麦锈病研究的 SCI 论文和专利申请数量总体呈随年度增长的趋势。其中，专利增长迅速，论文的增长主要是近5年。该领域的受关注度和研发规模都有所增加。

　　(4) SCI 论文分析表明，小麦锈病研究大致分为病原菌流行病学及抗性遗传机制、植物-病原菌互作、病害防治（化学防治和抗性育种）、方法与技术的应用等四个重点领域。1992~2000 年研究重点关注遗传学方面；2000 年后，转向各种标记的应用研究；近

2年，分子标记和Ug99等主题词突发强度较高，是当前小麦锈病研究的热点方向。

（5）结合SCI论文的篇均被引次数和发文量统计显示，重要国家中，澳大利亚的研究规模和影响力较强，美国和中国研究规模大，但影响力较低。重要机构中，国际玉米小麦改良中心、华盛顿州立大学和加拿大农业部的研究规模和影响力较强。高产作者主要分布在美国、澳大利亚、墨西哥等重要国家和美国农业部、悉尼大学等重要机构。

（6）专利分析表明，相关专利申请的技术方向主要集中于含有各种杂环化合物的杀菌剂的研发。所研发杀菌剂的化学结构总体呈现从五元环向六元环，从二嗪、二唑类向三唑类转变的趋势。该领域的技术研发热点也主要是杀菌剂研发，包括唑类衍生物类、杂环烷烃类衍生物类、三唑类以及甲氧基丙烯酸酯类杀菌剂的创制、农药组合物、农药增溶助剂等几个热点。此外，近期该领域形成了两个新的研究热点，即抗锈病核苷酸序列及其在提高小麦抗性中的应用和小麦锈病抗性鉴定方法。

（7）根据专利申请量的统计，德国的巴斯夫和拜耳作物科学、日本的住友化学株式会社、瑞士的先正达等公司是小麦锈病领域的重要研发机构，尤其是巴斯夫的专利申请量、专利价值及财务综合实力明显高于其他公司；美国的陶氏益农、日本的住友化学株式会社和德国的拜耳作物科学的专利价值较高；住友化学株式会社、巴斯夫和先正达近3年的研发较活跃。重要公司间专利合作较少。根据专利受理地的统计，欧洲、日本、美国、中国、澳大利亚等市场的专利保护受到重视。

3.1 引言

小麦锈病是一种世界范围内广泛发生和流行的真菌病害，主要分秆锈、条锈和叶锈三种类型。历史上小麦锈病多次大流行造成严重减产甚至绝收，严重威胁全球小麦产量，对农业生产危害很大。20世纪50年代，北美洲流行的秆锈病曾造成北美洲春季小麦损失40%以上，1953年和1954年损失都超过400万吨（霍德森，2011）。小麦锈病对我国的影响也很大，1950年、1964年、1990年和2002年发生的4次条锈病大流行分别使我国小麦减产60亿千克、36亿千克、25亿千克和14亿千克。1956年我国江苏省的秆锈病流行造成减产50%~80%，个别田块绝收。叶锈病在我国华北和东北部分麦区也较严重（董金皋，2001）。

锈病病原菌可随风力跨大洲和大洋传播数千千米远，可由于突变或小麦抗性基因的选择而演化出新的小种。近年来，秆锈、条锈和叶锈病原菌的新小种不断出现在各大洲，导致小麦品种中有效的抗性基因数量减少。尤其是1999年在乌干达发现的秆锈新小种Ug99及其变种对全球小麦造成了巨大威胁，全球80%~90%的小麦品种都不能抵抗Ug99及其变种，引起了国际社会的密切关注（RustTracker.org，2012e）。近年来，条锈病在欧洲、中亚、西亚、北非地区的暴发和新小种的出现也引起了国际社会的重视（Global Rust Referener Center，2012b；BGRI，2012c）。

针对小麦锈病的严重威胁，国际社会主要小麦种植的发达国家、国际组织、研究机构纷纷制定战略、采取行动，开展针对性的研究，以遏制锈病的发生、流行，降低其为害风险。本报告通过定性调研及基于论文及专利的文献计量分析，揭示了小麦锈病发生流行的基本趋势，系统总结了国际组织、发达国家和我国在小麦锈病研究领域的布局和特征，综合分析了全球小麦锈病研究的发展态势、前沿热点，为我国相关机构开展小麦锈病研究，制定小麦锈病防控决策和行动策略提供参考。

3.2　小麦锈病的流行现状

三种小麦锈病在全球不同地区的发生和流行模式是不同的，图3-1给出了锈病追踪网（RustTracker.org，2012a）统计的非洲、中东和中亚、西亚、南亚地区各个国家每年田间调查观测到的三种锈病的感染频率。

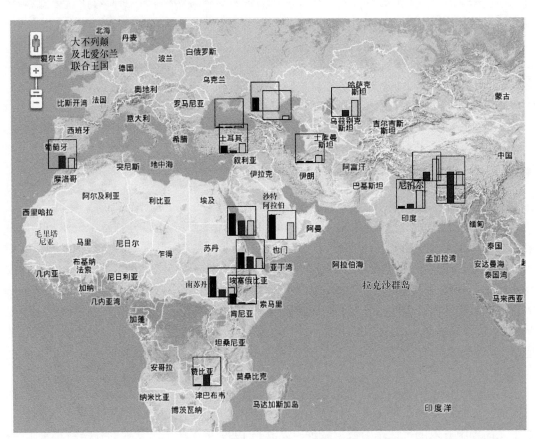

图3-1　2012年非洲、中东和中亚、西亚、南亚地区三种锈病的感染频率（图片来源于锈病追踪网）（见彩图）

黑色柱、棕色柱和黄色柱分别指代秆锈、叶锈和条锈，柱的高度表示感染频率

针对不同锈病的流行，国际农业研究磋商小组（Consultative Group on International Agricultural Research，CGIAR）在其小麦研究计划中提出了不同地区小麦锈病控制的重点类型（Consnltative Group on International Agricultural Research，2012）（表3-1）。此外，在中国和日本等东亚国家，目前条锈和叶锈病也很重要。

表 3-1　CGIAR 分析的不同地区小麦锈病控制的重点类型

地区	东亚	南亚	西亚	中东、北非	中亚/高加索	撒哈拉以南非洲	拉美（包括墨西哥）	发达国家
叶锈病	＊＊	＊＊＊	＊＊＊	＊＊＊	＊＊＊	＊＊	＊＊＊	＊＊
秆锈病	＊＊＊	＊＊＊	＊＊＊	＊＊＊	＊＊＊	＊＊＊	＊＊＊	＊＊＊
条锈病	＊＊＊	＊＊	＊＊＊	＊＊＊	＊＊＊	＊＊＊	＊	＊＊＊

＊具有地区重要性；＊＊较重要；＊＊＊非常重要。

3.2.1　秆锈

小麦秆锈病在历史上是对小麦威胁最大的病害。自 20 世纪 50 年代前后，全球小麦品种中开始普遍引入抗秆锈病基因 $Sr31$，实现了对秆锈病长达 40 余年的有效控制。然而，1999 年，一个新的强毒性秆锈小种 Ug99（TTKSK）[①] 在乌干达的田间被发现。Ug99 具有独特的致病模式，可使 50 多个已知的重要抗性基因失效，以往没有任何秆锈小种能够使这么多的抗秆锈基因失效。研究表明，全世界种植的商业小麦品种的小种特异性抗病基因包括 $Sr31$，几乎都无法对抗 Ug99。

Ug99 借助风力传播。2004 年进入肯尼亚和埃塞俄比亚，2006 年 Ug99 进入也门和苏丹，2007 年进入伊朗。一个专家小组发布的报告预测，未来 Ug99 将向北非、欧洲、西亚、中国、澳大利亚和美洲扩散（DRRW，2012）。

锈病病原菌通过突变（及有性杂交）迅速变异，Ug99 的数个新变种不断地在东非地区被发现。这些变种都展现了相同的 DNA 指纹，但其致毒模式不同。Rust Tracker. Org（2012b）信息显示：2006 年，研究人员在肯尼亚发现的 Ug99 变种 TTKST，可使广泛种植的抗秆锈病基因 $Sr31$ 和 $Sr24$ 失效，全世界超过 90% 的商业小麦品种对该变种易感，东非和南亚之间的传播预测路线上几乎全部小麦品种都易感。截至 2012 年 7 月，Ug99 菌系共发现 8 个变种。这些变种在非洲迅速扩散，未来还可能进一步传播。Ug99 及其变种已被认为是小麦生产的巨大威胁。表 3-2 给出了目前已经发现的 Ug99 小种菌系的组成、毒性、发现时间及存在的国家（RustTracker. org，2012b）。

表 3-2　Ug99 小种菌系毒性及鉴别信息

小种名称	关键 Sr 基因的毒性（+）或非毒性（-）	鉴别年份	确认的国家（年份）
TTKSK	+$Sr31$	1999	乌干达（1998年/1999年）、肯尼亚（2001年）、埃塞俄比亚（2003年）、苏丹（2006年）、也门（2006年）、伊朗（2007年）、坦桑尼亚（2009年）

---

① Ug99 为俗称，以其发现的时间和国家命名，按照北美洲研究人员的命名规则，该小种又称 TTKSK。

续表

小种名称	关键 Sr 基因的毒性(+)或非毒性(-)	鉴别年份	确认的国家(年份)
TTKSF	$-Sr31$	2000	南非(2000年)、津巴布韦(2009年)、乌干达(2012年)
TTKST	$+Sr31,+Sr24$	2006	肯尼亚(2006年)、坦桑尼亚(2009年)、厄立特里亚(2010年)、乌干达(2012年)
TTTSK	$+Sr31,+Sr36$	2007	肯尼亚(2007年)、坦桑尼亚(2009年)、埃塞俄比亚(2010年)、乌干达(2012年)
TTKSP	$-Sr31,+Sr24$	2007	南非(2007年)
PTKSK	$+Sr31,-Sr21$	2007	乌干达(1998年/1999年)、肯尼亚(2009年)、埃塞俄比亚(2007年)
PTKST	$+Sr31,+Sr24,-Sr21$	2008	埃塞俄比亚(2007年)、肯尼亚(2008年)、南非(2009年)、厄立特里亚(2010年)、莫桑比克(2010年)、津巴布韦(2010年)
TTKSF+	$-Sr31$	2012	南非(2010年)、津巴布韦(2010年)

Ug99 小种菌系各个小种的致病型频率①有所差异。图 3-2 给出了 13 个国家 1999 年、2005～2011 年 1038 个分离株中各小种的致病型频率，TTKSK 的致病型频率最高，接近 25%；PTKSK 最低。在非洲东部地区和中东地区，以 TTKSK 的频率最高；在非洲南部地区，以 TTKSF 的频率最高；TTKST 主要分布在非洲东部。

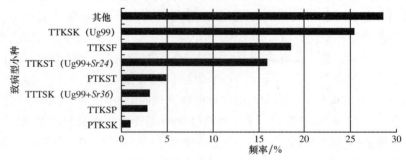

图 3-2　13 个国家 1999 年、2005～2011 年分析的样品中 Ug99 小种菌系的致病型频率
（RustTracker. org，2012c）（见彩图）

图中致病型小种的名称为按北美洲研究人员的命名规则确定的名称，13 个国家包括厄立特里亚、埃塞俄比亚、格鲁吉亚、印度、伊朗、肯尼亚、巴基斯坦、南非、苏丹、坦桑尼亚、乌干达、也门和津巴布韦。非 Ug99 小种菌系的致病型全部归到其他中

3.2.2　条锈

条锈病也对全球小麦及粮食安全造成了严重威胁。美国、澳大利亚、中国、东北非国家、中西亚国家和中东地区在 2000 年后都面临严重的条锈病流行（Hovmøller et al.，

---

① 致病型频率（Pathotyp Frequency,%）= 被检出的致病型次数/供试菌株数

2010)。

一项专家调查评价了世界各地小麦条锈病的发生率和严重程度,并对主要国家进行了分级。在整个种植区每 5 年有 2~3 年流行,产量损失 5%~10%,即条锈病高发、受损严重的国家包括中国、印度、巴基斯坦、尼泊尔、美国、墨西哥、英国、乌兹别克斯坦、也门、肯尼亚、埃塞俄比亚、澳大利亚、新西兰、玻利维亚、哥伦比亚、秘鲁、智利、厄瓜多尔等国;在 25% 的种植区每 5 年有 2 年的局部流行,产量损失 1%~5% 的国家包括俄罗斯、加拿大、哈萨克斯坦、法国、德国、波兰、叙利亚、伊朗、伊拉克、阿富汗、土耳其、哈萨克斯坦、摩洛哥、突尼斯、南非、坦桑尼亚、乌干达、津巴布韦等;流行少,产量损失可忽略的国家包括丹麦、意大利、罗马尼亚、波兰、乌克兰、南斯拉夫、捷克、阿根廷、巴西、乌拉圭、巴拉圭、埃及等国。我国也属于条锈病严重发生的地区。2011 年全国农业技术推广服务中心的条锈监测动态显示,截至当年 4 月 21 日,全国条锈病发生面积共计 925.9 万亩,主要分布在四川、云南、贵州、重庆、湖北、陕西、甘肃、河南 8 个省(全国农业技术推广服务中心,2013)。

从 2000 年开始,两种具有高度侵染力的条锈病小种 $PstS1/PstS2$ 被发现并扩散到全球。与先前的小种相比,它们会在更短时间内产生更多的孢子,并且能适应更高的温度。该病原体也因此具有更大的竞争优势,并能快速发展。田间观测表明,这两种菌株具有很强的侵染性,可感染多个小麦品种,包括亚洲中部、西部和南部,以及非洲北部和东部大部分地区广泛种植的携带 $Yr27$ 抗性基因的小麦品种,导致严重的条锈病流行(霍德森,2011)。

2009~2011 年,$PstS1/PstS2$ 小种引起的小麦条锈病在中亚、西亚和北非国家大面积暴发,造成严重损失(霍德森,2011)。2011 年这两个小种在欧洲至少 4 个国家——英国、法国、丹麦和瑞典被发现(Global Rust Reference Center,2012b)。

3.2.3 叶锈

叶锈病是小麦三种锈病中最常见、分布最广的一种。虽然其对小麦的损害不像秆锈和条锈那样严重,但由于叶锈病发生频率更高、分布更广,其每年带来的总损失超过了其他两种锈病。Huerta-Espino 等(2011)总结了相关研究中全球各地区叶锈病的暴发流行及其对小麦产量的影响(表 3-3),未提及地区由于杀菌剂的施用及抗性品种的栽培,叶锈病不甚流行,产量损失较小。

表 3-3 2000 年以来世界各地主要的叶锈病暴发及损失情况

国家/地区	时间	流行及损失情况
美国	2000~2004 年	超过 300 万吨小麦产量损失,约合 3.5 亿美元
加拿大	2000~2009 年	每年旗叶感染率 0~22%,未受保护田地产量损失 0~10%
墨西哥	2001~2003 年	外来小种 BBG/BN 导致流行,损失约 3200 万美元
	2008~2009 年	BBG/BN 衍生出的小种 BBG/BP 导致流行,损失约 4000 万美元(包括使用两种杀菌剂的成本)

续表

国家/地区	时间	流行及损失情况
南美洲	1996~2003年	产量损失计约1.72亿美元,杀菌剂使用成本约5000万美元
中国	每年	商品粮小麦产区发病率一般为10%~20%,产量损失约300万吨
北高加索		产量损失18%~25%
西亚		产量损失约30%
埃及		产量损失约50%
澳大利亚		易感品种的产量损失约10%或更高,经济损失约1.97亿澳元

根据 Huerta-Espino 的总结,世界各地的叶锈菌种群高度多样化,美国利用20个鉴别寄主品种每年鉴定出超过70个叶锈小种,加拿大1997~2007年基于16个鉴别寄主品种平均每年鉴定出35个小种,欧洲在一个3年期的调查中从2608个分离物中基于15个鉴别寄主品种鉴别出105个小种,南美每年鉴定出60多个小种,印度2005~2008年鉴定出31个小种,其中有8个是新小种。叶锈菌的生理小种仍然在不断变化,抗性基因的使用也使突变和变异以较低的频率被选择。

3.2.4 小结

近10年来,小麦锈菌新生理小种的不断产生导致许多抗锈病基因失效,新的高毒力生理小种对小麦的侵染能力增强,使各地区出现了新的锈病流行。而各地区小种专化抗病品种的单一化大面积种植,加剧了病害流行的风险,抗病品种一旦被新的病原菌生理小种突破,如广泛种植的抗秆锈基因 $Sr31$ 和 $Sr24$、抗条锈基因 $Yr27$ 被突破失效,将带来病害的迅速流行。同时,病原菌随风力及人类活动的传播使其迅速扩散,如 Ug99 小种菌系10年间扩散到非洲和中东的众多国家。未来小麦锈病的流行会由于这些因素而呈现更加严峻的形势。

3.3 小麦锈病国际应对战略与行动

小麦锈病是一种全球传播病害,对其进行控制需要国际社会的协同努力。特别是自 Ug99 小种菌系被发现以来,国际社会对小麦锈病及其对全球粮食安全可能带来的严重后果十分重视。FAO、国际农业研究磋商小组及 Borlaug 全球锈病研究协作组织(The Borlaug Global Rust Initiative,BGRI)等国际组织牵头制定了相关战略,组织并资助开展了系列行动。

3.3.1 制定全球小麦锈病战略计划

FAO 于2008年制定了小麦锈病全球计划(Wheat Rust Disease Global Programme),确定了针对小麦锈病尤其是 Ug99 小种菌系锈病的行动目标和产出目标(Food and Agriculture Organization of the United Nations,2012)。计划覆盖29个受 Ug99 直接或间接影响的国家,

总预算为 7385 万美元。通过该计划，FAO 与其他国际农业研究机构紧密合作，从战略层面协调管理 Ug99 的威胁并采取行动防止未来小麦锈病带来的威胁。

计划的总目标是通过预防和管理新出现的小麦锈病促进全球粮食安全，增加小麦生产。计划的近期目标是在存在重大锈病风险的小麦生产国，通过加强准备和政策支持、提高国家监测监控水平、加强国家品种登记及种子体系管理和适当的田间管理来预防锈病蔓延。计划确定了 5 项目标产出，分别是通过危害评估、寻求合作、提供支持与协调，帮助各国应对紧急状况、制定应急计划及开展地区合作；通过对政策、技术、信息的支持和国际协调，加强小麦锈病的监测及早期预警体系；通过评估各国水平以提供支持和国际协调，开展小麦品种登记，加强抗病品种的发布；通过抗性品种的选育、示范、推广和分配，改善抗性品种快速繁殖和分配的种子系统；通过对农民进行培训，改善田间的小麦锈病管理。针对每项产出，该计划还明确了相关的具体行动，其重点是与各国的官方机构合作，为各国锈病防控提供政策、技术及信息支持，加强其能力建设，并开展相应的国际协调。

国际农业研究磋商小组也制定了小麦研究计划（WHEAT），其中提出小麦病虫害的持久抗性及管理领域的战略（Strategy Initiative 5，SI 5），即针对小麦叶锈、秆锈和条锈病，加强遗传抗性及管理对策，保障 10 亿~25 亿美元的小麦产值（CGIAR，2012）。SI 5 提出主要采取抗性育种和病虫害综合管理的方法控制病虫害，化学方法要限制在没有可获得的替代方法或威胁过高的特定情况，且要认真评估农药的合理使用。针对小麦锈病的研究进展，SI 5 提出了具体时间节点预期所要达到的重要目标（表3-4），并预计未来该战略带来的影响，即当前秆锈病的威胁将导致抗性品种的快速采用，预计到 2020 年，成株抗锈品种的种植面积可以达到 500 万公顷，占小麦总种植面积的 13%，产量损失减少 10%，到 2030 年达到 1500 万公顷（40% 的种植面积），产量损失减少 20%。

表 3-4　国际农业研究磋商小组小麦研究计划提出的重要目标及时间节点

年份	达到的重要目标
2011	Ug99 抗性品种种子的生产
2012	多种病虫害抗性整合进北非地区小麦品系
2012	开展前育种将小麦近缘植物的抗性基因导入现在的种植品种
2013	国家研究系统可以获得成株抗锈性分子标记
2015	发展中国家 Ug99 抗性小麦品种播种面积增加到 500 万公顷
2015	识别条锈病抗性并转入现有种植品种
2016	农民可获得病害综合管理系统

3.3.2　成立全球锈病控制组织

为了整合全球力量应对新出现的秆锈病新小种，在 Borlaug 博士[①]的倡议下，国际玉米

---

① 绿色革命之父、诺贝尔和平奖得主、发展中国家小农户及资源匮乏农民的捍卫者、世界粮食奖创立者

小麦改良中心（CIMMYT）和国际干旱地区农业研究中心（ICARDA）于2005年牵头成立了Borlaug全球锈病研究协作组织（BGRI, 2012a)①。BGRI旨在协调减轻谷类锈病威胁的国际联合行动，总目标是系统性地降低全球对小麦锈病的易感性，宣传并促进一个可持续的控制小麦锈病的国际体系的发展。BGRI的主要工作集中在三方面：分析病原菌分离株以支持并改善对锈病的监控，通过人力资源开发和强化科学基础进行能力建设，加速小麦抗性品种的育种、繁育和推广。

2008年底，CIMMYT、ICARDA和丹麦奥胡斯大学在丹麦共同建立了全球锈病参考中心（Global Rust Reference Center，GRRC）。GRRC的任务是为BGRI提供服务，与各国锈病诊断实验室和研究机构合作，征集世界各地的锈病样本以诊断其菌系。GRRC能快速有效地诊断新锈病流行的暴发；可以及时比较不同地理起源的锈病样本，用于追踪病原体在地区和全球规模的迁移、提高病害预警水平；可以使植物育种专家不需要再次收集世界范围的锈病品种就可以试验新的育种品系；其所拥有的活体病原菌生物材料及先进的分子工具可以帮助研究锈病演化过程（Global Rust Reference Center，2012a）。

3.3.3 建设全球锈病监测系统

鉴于小麦锈病是一种全球传播的病害，需要共享信息以改善各国/地区控制病害的参与度，并促进新型有毒锈病小种的控制。

全球谷类锈病监测系统（Global Cereal Rust Monitoring System，GCRMS）在"小麦持久抗锈计划"（Durable Rust Resistance in Wheat Project，DRRW）的框架下于2007年建立，目标是调查、监测具有严重致病性的秆锈新小种的传播，目前也关注其他小麦锈病。最初只有埃塞俄比亚和肯尼亚两个受秆锈病影响的东非国家向GCRMS提供锈病调查数据，目前已经有27个非洲和亚洲的小麦生产国提供调查数据，所覆盖的小麦种植面积达4200万公顷，占全世界小麦种植面积的20%。还有8个国家提供其他有价值的秆锈菌信息（Hodson et al., 2012）。

锈病追踪网（RustTracker.org，2012d）是GCRMS的主要门户网站，由CIMMYT和其他合作方共同建设。锈病追踪网能够提供关于小麦锈病状况的最新信息，包括：实地调查病害的发病率和严重性、重要致病小种的病原体监测、抗性品种信息、国别锈病信息（目前有37个国家，但是每个国家信息的内容不尽相同）及各种互动的数据库和可视化工具。锈病追踪网可利用Google地图作为平台呈现。

GCRMS数据的另一个网络平台是小麦锈病工具箱（Wheat Rust Toolbox）数据管理系统。小麦锈病工具箱既是锈病数据库，又是一个包括数据上传、存储、分析和显示工具的网络平台，具有受限的访问、数据录入及交互可视化功能，由丹麦奥胡斯大学与FAO和CIMMYT在DRRW的框架下合作开发（Global Rust Reference Center，2012d）。该系统包括两个主要的核心数据库：锈病调查数据库和秆锈菌小种数据库。锈病调查数据库拥有来自27个国家的超过9000个地理参照的标准化田间调查数据，其时间跨度为2007～2012年，包括全部三种

---

① BGRI最初名为Global Rust Initiative，为纪念已故的Borlaug博士而更名为"The Borlaug Global Rust Initiative"。

锈病的信息。秆锈菌小种数据库包括 21 个国家 1075 个分离株的信息。Wheat Rust Toolbox 未来还将规划扩充建设小檗（锈病病原菌的转主寄主）数据库、Trap Nursery 数据库和分子诊断数据库。预计这些数据库将在 2013 年中期投入使用（Hodson et al.，2012）。

EUROWHEAT 是由 ENDURE（European Network for the Durable Exploitation）计划和丹麦奥胡斯大学共同资助建设的一个网络平台，主要针对欧洲地区。其目标是收集 7 个欧洲国家小麦病虫害管理的数据和信息，包括收集和发布寄主-病原体特征、杀虫剂效力等最新的病虫害及抗性信息，汇总现有国家项目的信息。目前 EUROWHEAT 所拥有的信息包括：条锈种群的毒力、6 种不同语言的病虫害名称、不同国家杀菌剂的效力分级、杀菌剂的国际商品名称、目前欧洲杀菌剂的抗性、8 个欧洲国家特定病虫害的产量损失、不同国家启动病害控制的标准、栽培实践对病虫害管理的影响、国家病害管理文件等（EuroWheat，2012）。

3.3.4 小结

国际社会对小麦锈病的防控十分重视，也认识到此项工作需要全球性的协调行动。重要国际组织，如 FAO、国际农业研究磋商小组等机构制定了相关应对战略，设立了国际协调机构，联合各相关机构共建监测预警系统及信息收集发布数据库。目前来看，针对小麦锈病的国际行动强调提高国家能力建设、构建政策支持体系、充分动员农户参与、重视抗性育种与种子繁殖分配、综合病害管理等可持续的解决方案。此外，相关国际行动十分重视全球范围的协作、信息共享和交流。

3.4 小麦锈病研究布局

3.4.1 小麦锈病国际研究计划与布局

为应对小麦锈病的威胁，国际社会资助并开展了相关研究，其中既包括国际组织开展的研究计划，也包括各国研究机构合作开展的研究计划。重要研究机构有国际农业研究磋商小组及其下属的国际玉米与小麦改良中心和国际干旱地区农业研究中心、美国康奈尔大学、英国生物技术与生物科学研究理事会（BBSRC）及有关大学和机构、丹麦奥胡斯大学、锈病高发国家的农业研究机构等。资助来源主要是国际农业研究磋商小组、慈善组织如比尔和梅琳达·盖茨基金会（Bill & Melinda Gates Foundation）、发达国家如英国、美国和加拿大的国际开发机构、国际农业发展基金会等。

研究的内容很广泛，重点是开发锈病监测预警系统和数据系统、病原菌测序、病原菌-寄主作用机制、病原菌侵染力及种群进化机制、气候变化对病原菌及病害流行的影响、分子标记的开发和利用、小麦近缘种抗性基因的挖掘、聚合有利基因的持久抗性和非寄主抗性育种、锈病防控的综合病害管理等。研究着重使中亚、西亚和北非等贫困的病害流行区受益。表 3-5 列出了相关国际研究计划，并在表后就重要计划的研究内容予以介绍。

表 3-5 小麦锈病国际研究计划列表

计划名称/目标	研究机构	资助金额	年份
小麦研究计划（WHEAT）	国际玉米小麦改良中心领导、86 个国家农业研究机构、13 个地区和国际组织、71 所大学和研究所、15 个私营组织、14 个非政府组织和农民合作组织、20 个主持国家*	2.28 亿美元	2011~2015
小麦持久抗锈计划（DRRW）	美国康奈尔大学领导，共有 22 个研究机构	5183 万美元	2008~2015
RustFight 计划	丹麦奥胡斯大学（领导），共 11 个机构	2625 万丹麦克朗	2012~2016
通过监测和早期预警减少小麦锈病对贫困农民生计威胁计划	FAO、国际干旱地区农业研究中心、国际玉米小麦改良中心和目标国家国立农业研究机构		2009~2011
国际玉米小麦改良中心小麦育种计划	国际玉米小麦改良中心		
中西亚和北非地区小麦改良计划	国际干旱地区农业研究中心和国际玉米小麦改良中心		2008~2010
可持续作物生产研究国际发展计划（SCPRID）	项目 1：英国约翰英纳斯中心等 8 个研究机构		2012~2017
	项目 2：英国国家农业植物研究所等 4 个研究机构		2012~2016
可持续农业研究国际发展计划（SARID）	英国约翰英纳斯中心和南非自由州大学。		2006~2010
进行流行病学模拟以改善小麦锈病及木薯病毒病的监测和管理	英国剑桥大学	423 万美元	2012~2017
在多个发展中国家针对小麦锈病提供长期策略	美国加利福尼亚大学戴维斯分校	92.8 万美元	2012~2014
筛选抗 Ug99 基因并将其引入非洲地区的小麦品种	Evolutionary Genomics	10 万美元	2012~2013
发展保护谷类对抗锈病病原菌的策略及锈病诊断工具	欧洲分子生物学实验室	47.8 万美元	2010~2013
提高小麦对多种锈病的抗性	美国加利福尼亚大学戴维斯分校	34.6 万美元	2009~2012
在发展中国家支持提高小麦锈病病理学和遗传学的研究技术	澳大利亚悉尼大学	43.1 万美元	2009~2013

资料来源：小麦研究计划（Consultative Group on International Agricultural Research，2013），小麦持久抗锈计划（DRRW，2012），RustFight 计划（Global Rust Reference Center，2012c）通过监测和早期预警减少小麦锈病对贫困农民生计威胁计划（BGRI，2012b），国际玉米小麦改良中心小麦育种计划（CIMMYT，2012），中亚、西亚和北非地区小麦改良计划（ICARDA，2012 年），可持续作物生产研究国际发展计划（BBSRC，2012b），可持续农业研究国际发展计划（DFID，2012），进行流行病学模拟以改善小麦锈病及木薯病毒病的监测和管理等（Bill & Melinda Gates Foundation，2012）

*参与方及资金是整个计划的，不仅仅是小麦病虫害持久抗性及管理领域

(1) CGIAR 小麦研究计划（WHEAT）。该计划的研究问题包括开发和利用分子标记将小麦抗锈病基因导入适宜的品种中、开发聚合多种病虫害抗性的分子标记、研究气候变化对病虫害的分布和严重性的影响、开发重要病虫害综合管理对策、研究保护性农业与疾病的传播和控制问题、在胁迫环境下发现小麦病害易感的新基因、使用常规方法和分子方法研究病原种群、建立更好的种子健康和检疫程序以保障种子安全和自由运输。计划的目标研究产出包括抗病基因型高产小麦的测试及发布、已识别的锈病基因的分子标记、新病害的监测及早期预警系统的开发、小麦近缘物种锈病抗性特征、病害抗性的转基因问题、重要病虫害综合管理方法的验证和整合。

(2) 美国康奈尔大学领导的小麦持久抗锈计划（DRRW）。计划的总目标是通过协调一致的行动，充分利用发展中国家的育种机构，针对秆锈病进行病原菌监测和育种，开发并使用具有持久抗性的小麦品种替代易感品种来减轻病害威胁，利用基因组学最新的进展在小麦中引入非寄主抗性。计划的具体研究目标为：改进替代性小麦品种的测试繁殖和采用、秆锈种群的检测追踪和鉴定、在东非建设世界级的秆锈病响应表型筛选设施、开发具有持久抗锈性和高产的小麦品种、开发具有两个或更多标记选择的抗秆锈基因的高育种价值小麦品系、在埃塞俄比亚（位于Ug99向亚洲传播的重要路径节点）建设最佳的小麦改良系统等。

(3) 全球锈病咨询中心 RustFight 计划。计划的总目标是调查条锈病原菌毒力和侵染性的遗传背景，用以开发抗锈小麦品种，为全球小麦锈病监测系统提供信息，包括报告锈病的暴发、病原菌监测等信息。具体目标包括：对真菌侵染性及毒性变迁的机制获得必要的认识、促进快速有效的病害预警体系建设、鉴定抗性基因识别的效应子以促进持久抗性基因的选择和使用、通过网络信息技术平台提供国家和全球都可获得的国际小麦锈病监测数据。主要的研究模块（work packages）有7部分，分别是：与病原菌侵染力有关的流行病学参数研究、病原菌侵染力发展演变中有性重组和无性重组的作用、侵染力增加及耐高温的分子机制、识别真菌感受器及相应的寄主R基因、真菌毒性演变及抗性基因持久性模型、在植物育种中实现新的抗性。

(4) 通过监测和早期预警减少小麦锈病对贫困农民生计威胁的计划（IFAD）。计划的目标为在5个直接受小麦锈病影响的地区（厄立特里亚、埃塞俄比亚、苏丹、也门和伊朗）和4个即将受影响的地区（埃及、叙利亚、土耳其和巴基斯坦）建设锈病监测及早期预警体系，支持抗性品种的种子繁育。目标产出包括：在参与国建设锈病定期调查和早期预警的国家体系；定期发现毒力模式和失效抗病基因的变化，升级地区病原菌鉴定实验室，开展国际锈病圃的建设及评价；小麦种植区国家和地区分布调查及GIS图谱开发；建设跨境小麦锈病早期预警系统；为小麦种植者提供抗性种子。

(5) 中西亚和北非地区小麦改良计划（ICWIP）。该计划的目标是：2008年，在中西亚和北非地区建立全球锈病计划协议，进行病原菌监测，育种并鉴别抗性资源，加速种子开发、杀菌剂工具及能力建设，条锈病菌经过路径的分析及作图；2009年，评价1000个山羊草属衍生的人工品系的条锈抗性。

(6) 可持续作物生产研究国际发展计划（SCPRID）。该计划有两个项目涉及小麦锈病研究，其中项目一的研究目标为：利用新的DNA测序技术对当前及以往全球收集的条锈菌进行测序，以了解病害如何随时间进化并扩散到各大洲。项目二的研究目标为针对2000年在美国发现，现已扩散到欧洲和澳大利亚西部的一种新的更具威胁的条锈病小种，寻找并利用DNA标记定位小麦现有锈病抗性基因，测量每个抗性基因的贡献，帮助育种人员将必需的抗性基因导入新的小麦品种中。

（7）可持续农业研究国际发展计划（SARID）。计划的子项目"威胁非洲作物的小麦病害新菌株"将观察300多种非洲小麦品种的遗传组合，培育既有秆锈抗性也有条锈抗性的小麦品种，利用DNA标记确定不同品种间变化的范围，还将特别关注Cappelle Desprez这种在欧洲和南部非洲对条锈病都有抗性的古欧洲小麦品种，通过绘制其遗传图谱来鉴别抗性基因。

3.4.2 主要发达国家的研究布局

3.4.2.1 美国主要研究项目布局

在美国，对小麦锈病相关研究的国家支持主要来自美国农业部。美国农业部主要通过两个国家研究计划"植物病害"和"植物遗传资源、基因组学和遗传改良"（USDA，2012a，2012b）来资助，目前在研的小麦锈病相关项目共有30多个，见表3-6。资助的研究领域比较广泛，涉及病原菌的致病遗传基础、植物-病原菌互作、病害防治（包括病害监测和抗性育种等）等，其中锈病监测和抗性育种等病害防治方面的研究最多。此外，美国国家科学基金会通过其与比尔和梅琳达·盖茨基金会联合资助的促进农业发展的基础研究计划（Basic Research to Enable Agricultural Development，BREAD），布局了一个小麦锈病相关项目，即"使锈病抗性抑制子失活以开启小麦的多防御响应路径"（NSF，2012），总资助金额为132.5万美元。

表3-6 美国农业部资助的在研小麦锈病相关研究项目

研究方向分类	项目名称	年份
病原菌的致病遗传基础研究	促进小麦锈病后基因组研究	2010~2013
	小檗属植物品种对小麦秆锈病真菌FY12的抗性	2011~2012
	谷物锈病真菌的生物学和遗传学	2008~2013
	小麦叶锈病基因组测序和锈病真菌资源比较	2009~2012
植物-病原菌互作	谷物锈病真菌：遗传学、群体生物学及寄主-病原体互作	2012~2017
	小谷物锈病和赤霉病的寄主抗性和群体遗传学	2009~2014
	硬冬小麦锈病病原体无毒和寄主抗性遗传学	2010~2015
	对资源贫乏的小麦锈病免疫性	2008~2012
病害防治（病害监测、抗性育种）	改进谷类作物条锈病控制	2012~2017
	新的小麦秆锈病小种入侵美国：通过研究、教育和推广做好应对准备	2009~2012
	小麦持久锈病抗性（阶段II）	2011~2016
	在厄瓜多尔建立和维护秆锈病监测地块	2012~2014
	在得克萨斯州建立和维护秆锈病监测地块	2012~2014

3 小麦锈病研究国际发展态势分析

续表

研究方向分类	项目名称	年份
病害防治 （病害监测、抗性育种）	为备份和建立秆锈病监测地块复制关键秆锈病分离菌株	2012~2014
	改良大麦和小麦种质以应对环境变化	2011~2013
	秆锈病（Ug99）抗性材料的冬小麦苗圃和数据库	2010~2013
	鉴定新的遗传资源及评估美国小麦种质对东非秆锈病的抗性	2010~2015
	通过遗传学和基因组学技术改进硬红春小麦的锈病抗性和赤霉病抗性	2008~2013
	开发具有两个或更多个来自近缘种的标记选择秆锈病抗性基因的高育种值小麦品系	2011~2016
	小麦条锈病抗性种质评估	2011~2016
	提高大平原硬冬小麦对谷物锈病的抗性	2011~2016
	评估冬小麦种质的秆锈病抗性	2010~2015
	培育抗秆锈病冬小麦和大麦	2010~2015
	将来自长穗偃麦草物种的秆锈病抗性新基因导入小麦	2011~2016
	鉴定和利用来自小麦野生近缘种的Ug99抗性基因	2010~2015
	对来自野草的Ug99抗性基因进行基因组分析和图谱克隆	2012~2014
	合作开发锈病抗性改良的小麦种质	2010~2013
	开发适合巴基斯坦的抗秆锈病小麦	2012~2014
	将黄矮病毒、赤霉病、Ug99秆锈病和条锈病抗性基因导入适合美国东部种植的软冬小麦	2008~2012
其他	小麦秆锈病合作研究	2010~2013
	小麦条锈病计划项目	2011~2016
	秆锈病	2009~2014

3.4.2.2 加拿大主要研究项目布局

在加拿大，对小麦锈病研究的支持主要来自加拿大农业及农业食品部（AAFC）、西方谷物研究基金会（Western Grains Research Foundation，WGRF）以及三个小麦种植大省（即马尼托巴省、萨斯喀彻省、艾伯塔省）的相关研究基金（表3-7）。其中，马尼托巴省通过农业、食品和乡村计划部在农业食品研究与开发计划（Agri-Food Research and Development Initiative，ARDI）下进行资助（Manitoba Agriculture，Food and Rural Initiatives，2012），萨斯喀彻省通过艾伯塔种植业发展基金（Agriculture Development Fund，ADF）资助（Government of Saskatchewan，2012a，2012b）。加拿大的相关项目研究内容主要包括抗性品种开发、抗性基因鉴定、标记开发、小麦-病原菌互作等，重点是将抗性基因导入本地栽培品种及抗Ug99的育种研究。

表3-7 加拿大小麦锈病相关研究项目

资助机构及项目名称	资助金额/万加元	年份
加拿大农业及农业食品部		
利用小麦叶锈病真菌分子资源抗击谷物锈病		2011~2015

续表

资助机构及项目名称	资助金额/万加元	年份
利用蛋白质组学方法研究小麦-叶锈病互作中引发病害或抗性的病原体因素和寄主因素		2009~2012
开发具有 Ug99 秆锈病抗性的加拿大小麦		2008~2013
开发具有锈病和黑穗病抗性的春小麦		2010~2013
开发具有锈病和黑穗病抗性的冬小麦		2010~2013
开展赤霉病、秆锈病和叶锈病抗性独特等位基因的种质创新和标记开发		2010~2013
利用遗传学方法防治小麦叶锈病		2008~2011
确保加拿大食品/饲料生产免受锈病和黑穗病病原体造成的灾难性损失		2008~2012
西方谷物研究基金会		
开发和实施小麦技术平台以支持西部加拿大公共谷物育种计划	377.80	2011~2016
减少被忽略了的小麦损失:一种控制叶斑病的新方法	6.00	2010~2012
保护加拿大农民免受 Ug99 威胁	16.35	2010~2012
马尼托巴省农业、食品和乡村计划部		
鉴定、解析和定位一个新的春小麦成株叶锈病抗性基因	4.50	2012~2013
确定新的小麦栽培种 Toropi 成株叶锈病抗性基因,进行标记开发并将其导入加拿大小麦种质中	4.29	2007~
萨斯喀彻省农业发展基金		
增强春小麦的抗病性,及研究色素特性与分离	15.84	2012
萨斯喀彻省春二粒小麦、单粒小麦和斯佩尔特小麦育种计划	25.00	2012
小麦条锈病抗性	15.45	2012
提高西部加拿大小麦的锈病抗性	23.50	2009

3.4.2.3 澳大利亚主要研究项目布局

澳大利亚的小麦锈病研究主要是通过谷物研究与发展协会(GRDC)资助的(表 3-8)(GRDC,2012)。研究主要集中在病原菌致病性调查、成株抗性育种、慢锈基因挖掘、病原菌-寄主互作机制等方面。

表 3-8 澳大利亚谷物研究与发展协会资助的小麦锈病研究项目

项目名称	研究目标
澳大利亚禾谷类作物锈病防治计划(ACRCP)	小麦、大麦、燕麦、黑小麦和黑麦锈病病原菌致病性年度调查;种质筛选与改良;禾谷类作物对锈病抗性的遗传学与细胞遗传学研究
禾谷类作物锈病成株抗性与病原菌变异;禾谷类寄主病原系统	为所有禾谷类作物育种人员提供遗传信息和改良的种质,以提高禾谷类作物抗锈病的持久性,最终使澳大利亚获得更高的产量稳定性并降低对农药的依赖

续表

项目名称	研究目标
成株抗性与新基因渗入	鉴定3~5个对叶锈和条锈具有成株抗性的慢锈基因,以及每个基因所关联的分子标记;每年为澳大利亚育种人员提供约50个对叶锈和条锈具有成株抗性的新小麦品系,并与澳大利亚小麦推广品种杂交;利用重组的冰草异源染色体片段,开发对叶锈、秆锈具有新抗性基因的品种
分子发现	利用标记在小麦中聚合多种有效的秆锈病抗性,并利用所克隆的基因进行转基因育种;通过功能基因组学鉴定并分离寄主和锈病病原菌在病害发生过程中所涉及的基因,为开发新型抗病策略提供新靶标;充分利用禾谷类作物中有效的激活标签系统,并分离寄主中病原特异性诱导且能抑制病原菌发育或抗病的启动子和基因

3.4.2.4 英国主要研究项目布局

英国生物技术与生物科学研究理事会(BBSRC)是英国最重要的生物科学与技术研发、资助机构,近10年来,BBSRC资助了11项针对麦类锈病的研究项目(表3-9)(BBSRC, 2012a)。这些项目的研究目标主要包括小麦及其近缘种锈病抗性种质资源的挖掘和遗传图谱的构建、寄主-病源菌互作的分子生物学研究(鉴定非寄主抗性的候选基因和研究小麦/条锈菌亲和互作过程中诱导表达的基因)、抗性基因克隆(Ug99的抗性基因和条锈病抗性基因)及分子标记的开发(开发条锈病抗性基因 $Yr1$、$Yr5$ 和 $Yr10$ 的分子标记)等。

表3-9 英国小麦锈病研究主要项目布局

项目名称	研究目标	年份
小麦性状改良和系谱改善的关联遗传学	通过关联作图创建第一张真正意义上的包括麦类条锈病、叶锈病在内的病害遗传整合图谱,包括建立一个优异的英国小麦品种及其基因型数据的资源库,调查这些品种中的一系列病害性状,通过不同品种的杂交对关联扫描中发现的位点予以验证	2012~2015
从野生二倍体小麦近缘物种中快速克隆Ug99的抗性基因	从小麦近缘物种 Aegilops sharonensis 中鉴定和分离秆锈病抗性基因,包括利用图位克隆的方法和建立寡核苷酸捕获阵列(oligonucleotide capture array)及新一代测序技术对R基因进行快速精细定位和克隆	2011~2014
抗锈病基因 $Lr34$ 和 $Lr36$ 对小麦半活体营养型及腐生性病害易感性影响的研究	了解抗锈病基因影响小麦响应麦类叶斑枯病的机制,研究小麦对STB的易感性与锈病及白粉病抗性之间的关系,揭示抗锈基因对其他的半活体营养型和腐生性病害易感性的影响	2010~2014
小麦族非寄主抗性的基因组学和遗传学分析	鉴定和探索小麦和大麦与锈菌、白粉病菌和稻瘟病菌之间非寄主抗性的遗传框架,包括对利用基因差异表达的方法鉴定非寄主抗性的途径以及验证非寄主抗性的候选基因功能	2009~2012
非洲小麦基因型持久抗性的遗传多样性评估及小麦育种分子标记开发	筛选抗秆锈病和抗条锈病的非洲小麦基因型,并将这些基因型数据与抗病性进行关联分析,利用已知的锈病R抗性基因分子标记对非洲小麦群体进行单元型变异扫描	2008~2012
土耳其小麦条锈抗性的生物多样性研究	筛选出条锈病抗性或持久抗性的土耳其及欧洲小麦品种,利用NBS-AFLP和EST-SSR分子标记扫描抗性基因所在区域的物理多样性	2005~2006

续表

项目名称	研究目标	年份
禾谷类作物持久抗性的遗传学和细胞学特征	鉴定小麦和大麦中参与持久抗性过程的成分，包括秆锈病和条锈病成株抗性资源的筛选，侵染细胞的显微观察以及抗性基因和遗传途径的鉴定	2003~2012
禾谷类作物对活体营养病原菌持久抗性的生物学和遗传学研究	①研究病原菌接种前的光量与小麦条锈病易感性之间的关系；②对一系列小麦品种的条锈病持久抗性进行鉴定	2003~2007
基因在小麦与病原菌亲和性互作中诱导表达分析	利用差异显示和cDNA-AFLP技术分离在小麦/条锈菌亲和互作过程中被诱导表达的基因，研究这些基因在其他的植物与活体营养病原菌亲和互作的表达及调控过程	1998~2001
禾谷物类作物锈病抗性的遗传研究	利用RGA和AFLP技术，开发条锈病抗性基因 $Yr1$、$Yr5$ 和 $Yr10$ 的分子标记，并最终克隆这些抗病基因	1997~2003
小麦抗病基因的分离	结合图位克隆、转座子辅助（transposon-assisted）克隆以及PCR定向克隆等技术分离条锈病抗性基因	1997~2001

3.4.3 中国主要研究项目布局

在我国，小麦锈病曾长期威胁小麦的生产，尤其是小麦条锈病引起的区域性灾变，是影响我国粮食安全的重要因素。20世纪50年代以来，我国研究人员在培育和推广抗病品种的基础上，进行了病菌生理小种鉴定、病害发生发展规律、预测预报、药剂防治等项目的广泛研究，在抗病品种合理布局、药剂防治、抗锈性遗传变异、抗锈机制研究等方面形成了锈病综合防治体系（李振岐，曾士迈，2002）。在小麦条锈菌基因组测序及病菌与寄主互作机制研究上，我国具有国际领先地位。2006年，农业部研究制定了《小麦条锈病中长期治理指导意见》，统筹规划小麦条锈病中长期治理工作（农业部，2006）。

目前我国对小麦锈病相关研究的国家支持主要来自科技部、农业部以及国家自然科学基金委员会等。相关研究依资助机构的不同有所侧重，总体上以针对条锈的研究较多。科技部和农业部资助的研究重点是病原菌监测和锈病综合治理，其中，科技部的项目更多关注防控的基础研究方面，农业部的研究更多关注技术的集成。国家自然科学基金委员会所资助的研究主要是在小麦及其亲缘种的抗病基因挖掘、作图及种质资源的开发等基础研究。

科技部对小麦锈病研究的资助主要通过国家科技支撑计划、973计划、863计划以及"十二五"农村领域科技计划项目等开展。"十一五"国家科技支撑计划"农林重大生物灾害防控技术研究"子课题"小麦重大病虫害防控技术"以小麦锈病等重大致灾病虫害为对象，监测病菌生理小种/毒性/生物型的变异类型及趋势，研究延缓病菌变异的关键技术；探索分子诊断技术在小麦锈病等重大病害早期预警中的应用；将地面高光谱、移动式孢子捕捉等先进手段与传统技术相结合，监测小麦锈病等的发生为害动态（科技部，2012a）。973计划有两项，一是2013年新立项的"小麦重要病原真菌毒性变异的生物学基础"（中国高校之窗，2013），该项目开展病菌毒性变异途径及规律、病菌毒性变异分子基础、病菌调控寄主分子机理、非生物因子对病菌毒性变异的作用和病菌群体毒性结构稳定化调控5个方面的研究内容，对解决锈病持久控制过程中长期存在的关键问题具有重要意义。二是"农业生物多样性控制病虫害和保护种质资源的原理与方法"子课题"生物多样性控制小麦条锈病的方法及遗传学原理和流行病学机制研究"（科技部，2012d）。863计划包括"小麦条锈持久抗性基因的精细定位"和"小麦条锈病和白粉病抗病基因实用分子标记建立及其选择效率评估"（科技部，2012c）。"十二五"农村领域科技计划项目包括"中国小麦条锈病可持续控制的基础研究"和"小麦条锈病流行监测与防控"（科技部，2012b）。

农业部主要通过公益项目和专项项目资助小麦锈病研究。其中公益项目主要有"小麦锈病监测与综合治理技术研究与示范"和"作物种质资源保护"等；专项项目主要有"农作物病虫害疫情监测与防治"、"小麦条锈病菌源基地生态治理技术研究"和"国家小麦区域试验品种抗病性鉴定"。其中，公益项目"小麦锈病监测与综合治理技术研究与示范"开始于2009年，主要针对陇南、川西北等我国小麦条锈菌最主要的菌源基地，开展以菌源区综合治理为核心的小麦锈病监测和综合治理技术研究及应用，重点研究内容包括小麦锈病菌源区精准勘界与监测预警、小麦锈病分子流行学基础研究、小麦条锈病菌源区生态治理技术体系与模式研究、小麦锈病化学防治技术研发、小麦条锈病控制技术集成与示范、综合治理效益评估技术体系的研究。另一项公益项目"作物种质资源保护"中，也将小麦种质对条锈病和叶锈病的抗性鉴定评价作为其主要研究内容。

国家自然科学基金委员会通过面上基金、青年基金、重大项目等形式支持的小麦锈病相关研究项目2009年以来有近40项（国家自然科学基金委员会，2012），见表3-10。

表3-10 国家自然科学基金委员会支持的小麦锈病相关项目（2009~2013年）

序号	项目名称	金额/万元	年份
1	小麦品种曹选5号成株期抗条锈病基因的QTLs鉴定及精细作图	23	2013~2015
2	大麦5HS染色体上叶锈病成株性基因（LR-APR）的精细定位与克隆	25	2013~2015
3	小麦品种对条锈菌持久抗病性遗传组分及机制研究	205	2013~2017
4	1R/1B易位系中抗病基因Yr9和Pm8的复位基因起源和精细连锁遗传图	88	2013~2016
5	小麦-单芒山羊草抗条锈病新种质的创制、鉴定及利用效应研究	26	2013~2015
6	小麦条锈菌有性过程在毒性变异及病害流行中的作用研究	85	2013~2016
7	斯卑尔脱小麦抗白粉病和抗叶锈病基因分子标记精细作图	84	2013~2016
8	温度诱导的小麦抗条锈病基因表达特征研究	80	2013~2016
9	小麦地方品种抗条锈病温敏基因的发掘及抗病机制的研究	80	2013~2016
10	贵州地区小麦条锈病抗病基因（QTL）的关联作图、新抗病基因的发掘及抗病品种的标记辅助育种	54	2012~2015
11	小麦抗条锈病基因Yr41的精细遗传图谱的构建和抗性表达研究	58	2012~2015
12	基于贝叶斯网络的小麦条锈病小尺度时空传播模型研究	23	2012~2014
13	极端天气气候事件对小麦条锈病发生流行的影响	23	2012~2014
14	小麦农家品种成株抗条锈病基因发掘及其利用的基础研究	60	2012~2015
15	结缕草抗锈病遗传类型与基因分子标记研究	25	2012~2014
16	茸毛偃麦草染色体1St抗小麦条锈病新基因鉴定与分子标记	21	2012~2014
17	华山新麦草3Ns染色体来源的抗小麦条锈病新基因的鉴定与利用	20	2012~2014
18	甘肃中部小麦条锈病菌源远程传播研究	56	2012~2015
19	麦类作物抗条锈病功能蛋白网络的研究	280	2012~2016
20	我国小麦秆锈病（兼Ug99）防控新体系构建的遗传基础研究	50	2012~2015
21	杂草在小麦条锈病关键越夏区病害流行作用研究	35	2011~2013

续表

序号	项目名称	金额/万元	年份
22	小麦条锈病新基因 YrC591 的精细定位和利用	20	2011~2013
23	小麦品系 C51 抗条锈病基因鉴定及精细定位	33	2011~2013
24	小麦条锈病卫星遥感监测关键技术研究	30	2011~2013
25	节节麦抗条锈病基因的分子标记及遗传转移	35	2011~2013
26	来自柔软滨麦草抗小麦条锈病新基因的快速发掘和分子作图	16	2011~2013
27	小麦条锈病菌潜育越冬的分子流行学研究	34	2011~2013
28	野生二粒小麦抗锈病和耐逆境基因的挖掘研究	220	2011~2014
29	一氧化氮迸发及与小麦抗锈性表达关系的细胞学研究	19	2010~2012
30	小麦抗条锈病单基因近等基因系叶片细胞间液蛋白质组分析与功能验证	8	2010~2012
31	小麦新种质 Yu24、Yu25 抗条锈新基因高密度遗传图谱的构建及相关 EST 克隆的分离	31	2010~2012
32	野生二粒小麦导入普通小麦抗白粉病基因 MlWE35 高密度遗传连锁图谱构建及其与抗条锈病基因 Yr5 连锁关系研究	32	2010~2012
33	中国两个抗源材料中抗叶锈病基因的精细定位	33	2010~2012
34	美国春小麦品种 ZAK 和 Alturas 对中国条锈菌系抗性基因解析及分子标记定位	32	2010~2012
35	兼性小麦-欧山羊草新种质的创制、鉴定及抗病基因的利用	20	2009~2011
36	小麦对条锈病数量抗性杂交后代中免疫重组系遗传研究	38	2009~2011
37	小麦-非洲黑麦渐渗系抗条锈病新基因鉴定与分子作图	35	2009~2011
38	小麦慢条锈、慢白粉和非寄主抗性基因定位及其分子机理研究	100	2009~2011
39	来自野燕麦的抗小麦条锈病新基因的发掘和利用	28	2009~2011

3.4.4 小结

随着近年发现的强致病性秆锈和条锈新小种，特别是自 Ug99 小种菌系被发现以来，国际社会对小麦锈病及其对全球粮食安全可能带来的严重后果十分重视。国际农业研究组织（如国际农业研究磋商小组及其下属研究机构）、Borlaug 全球锈病研究协作组织、比尔和梅琳达·盖茨基金会、发达国家的技术援助组织等机构资助或组织开展了相关研究。这些研究主要针对发展中国家和贫困地区，目标主要围绕秆锈和条锈，尤其是近年发现的强致病性秆锈和条锈新小种。研究的内容很广泛，重点是开发锈病监测预警系统和数据系统、病原菌测序、病原菌-寄主作用机制、病原菌侵染力及种群进化机制、气候变化对病原菌及病害流行的影响、分子标记的开发和利用、小麦近缘种抗性基因的挖掘、聚合有利基因的持久抗性和非寄主抗性育种、锈病防控的综合病害管理等。

美国、加拿大、澳大利亚及英国等发达的小麦种植国都很重视小麦锈病领域的研究，并通过主要的国家农业科技管理资助机构来支持相关工作。发达国家的研究领域比较广泛，涉及病原菌的致病遗传基础研究、植物-病原菌互作、病害防治等，小麦抗性育种等是各国研究的重点。美国锈病监测和抗性育种等病害防治方面的研究最多；加拿大的重点是将抗性基因导入本地栽培品种及抗 Ug99 的育种研究；澳大利亚的研究主要集中在病原菌致病性调查、成株抗性育种、慢锈基因挖掘、病原菌-寄主互作的机制等；英国侧重小麦抗性基因克隆、分子标记开发等遗传学、分子生物学领域的基础研究。

3 小麦锈病研究国际发展态势分析

我国经过长期应对小麦锈病的研究和行动，在锈病控制方面取得了很大成绩。近年来，我国通过科技部、农业部及国家自然科学基金委员会等多种渠道和方式对锈病相关研究给予了资助。我国的小麦锈病研究主要围绕在我国危害较重的条锈病。根据项目类型不同，科技部和农业部资助的研究重点是病原菌监测和锈病综合治理；自然科学基金委所资助的研究主要是在小麦及其亲缘种的抗病基因挖掘、作图及种质资源的开发等基础研究方面。

3.5 小麦锈病研究论文定量分析

本部分将对小麦锈病研究领域发表的论文进行定量分析，从中挖掘该领域的研究态势和热点，分析重要的国家、机构和研究者。研究以汤森路透 Web of Science 数据库中的科学引文索引扩展版（Science Citation Index Expanded，SCI-E）为数据源，利用关键词对 1992-2012 年小麦锈病研究领域发表的论文进行了检索[①]，共检索到 2241 条数据（检索时间为 2012 年 10 月 24 日）。然后，利用汤森路透的分析工具 TDA 对数据集进行清洗和分析，并使用美国印第安纳大学开发的 Sci^2 工具（Sci^2 Team，2009）做了主题词突发分析。

3.5.1 小麦锈病研究总体情况

3.5.1.1 发文量年度分析

1992~2006 年，发文量基本在 100 篇以下，呈波动状态。自 2007 年后，论文总量陡然上升至 161 篇，随后几年的发文量都保持在 150 篇以上，总体呈增长趋势（2012 年的数据不完整，仅供参考）（图 3-3）。总体来说，小麦锈病研究的论文数量前 15 年变化不大，后 5 年有较大增长。

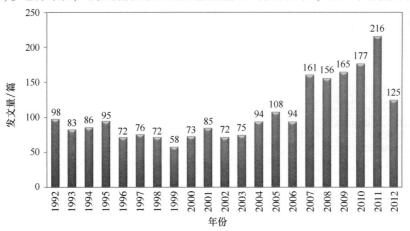

图 3-3　1992~2012 年小麦锈病研究 SCI 发文量年度变化趋势

---

① 检索式 TS=（wheat NEAR（rust or "Puccinia striiformis" or "Puccinia graminis" or "Puccinia recondita " or "Puccinia triticina" or "stripe rust" or "Yellow Rust" or "stem rust" or "black rust" or " leaf rust" or "brown rust"））and 文献类型=（Article or Review）。

3.5.1.2 研究主题年度分析

通过对研究论文的关键词进行分析,不仅可以反映研究领域的研究热点和重点,还能揭示该领域的研究趋势和前景。利用 Sci^2 和 TDA 工具分别对文献中关键词的突发和自相关性进行深入分析,可以从一个侧面揭示小麦锈病研究领域的总体特征和发展趋势。

1) 主题词突发分析

从主题词突发强度和范围可以看出,1992~2000 年共有 11 个突发关键词,涉及 C-分带、遗传学、专化抗性、RFLP 标记、秆锈菌、大麦、叶锈抗性、锈菌抗性、单体分析、粗山羊草和双列杂交等主题词;2000~2006 年共出现 5 个突发词,涉及粗山羊草、AFLP 标记、抗病性、SCAR 标记和叶锈菌;2006-2009 年出现 2 个突发词,包括标记辅助选择和 STS 标记;2010~2012 年突发了 3 个主题词,分别为分子标记、SSR 标记和 Ug99。

从主题词突发持续时间可知,持续 2 年以上的主题词 1992~2000 年、2000~2006 年、2006~2009 年和 2010~2012 年分别为 9 个、3 个、1 个和 2 个(图 3-4)。

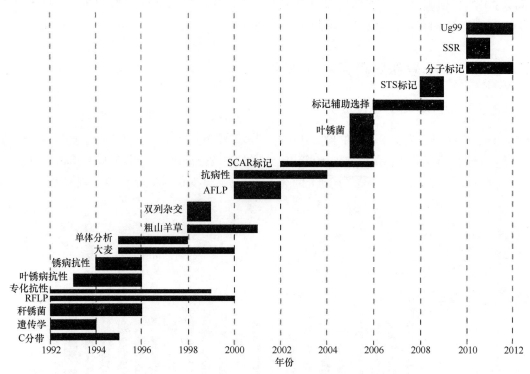

图 3-4 1992~2012 年小麦锈病研究主题词突发衍化图

RFLP、AFLP、SCAR、STS、SSR 为不同类型的分子标记

矩形长度表示主题词突发持续时间,宽度表示主题词突发强度,主题词突发持续时间和突发强度与矩形长、宽成正比

总体来说,突发主题词呈现出涉及范围变窄、强度增加、突发持续时间变短、研究周期更替加快的趋势。1992~2000 年,研究重点关注遗传学方面;2000 年后,转向各种标记的应用研究;近两年,分子标记和 Ug99 等主题词突发强度较高,是当前小麦锈病研究的热点方向。

2）关键词自相关分析

除去 wheat、rust 等无意义词后，将排名前 50 位的关键词进行自相关分析可以找出当前小麦锈病研究的热点领域。根据自相关聚类结果，可以将小麦锈病研究划分为病原菌流行病学及抗性遗传机制、植物-病原菌互作、病害防治（化学防治和抗性育种）、方法与技术应用等 4 个主要研究领域，并且研究领域之间可能存在部分交叉与重叠（图 3-5）。其中，

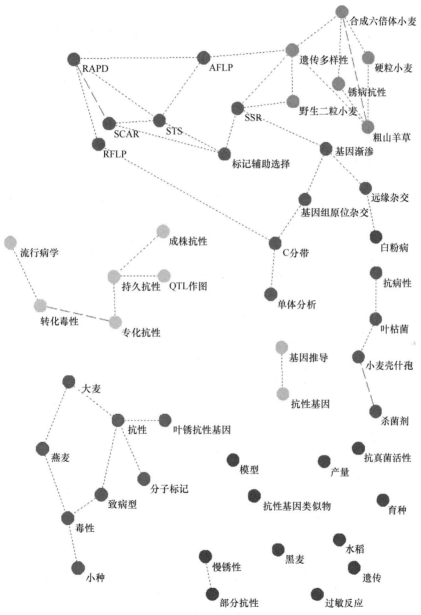

图 3-5 小麦锈病热点研究领域分布（见彩图）

橘黄色、紫色为病原菌流行病学遗传机制，红色为植物-病原菌互作，深灰色为化学防治，蓝色、浅灰色、浅绿色为抗性育种，深绿色为方法与技术的应用

病原菌流行病学及抗性遗传机制研究包括 QTL 作图、成株抗性、持久抗性和专化抗性等方面；植物-病原菌互作围绕抗性基因、近缘物种、病原菌小种、致病类型和毒性等方面进行研究；化学防治主要表现在抗真菌剂方面的研究；抗性育种集中在近缘物种抗性材料筛选、外源物质鉴定、抗性基因推导和标记辅助育种等方面；方法与技术应用包括 RFLP、AFLP、RAPD、STS、SSR 等分子标记和 GISH、C-banding 等细胞学检测方法。

3) 近期研究主题分析

对近 3 年出现的高频词进行统计和归类，可以揭示近期研究的重点和热点方向。结合高频词和关键词期望值的统计分析可知，在病原菌流行病学及抗性遗传机制方面重点关注气候变化、入侵模型、生活周期和 QTL 作图；在植物-病原菌互作方面重点关注 Ug99、抗性基因、持久抗性和防御响应；在病害防治方面，华山新麦草和基因聚合受到重视；在方法与技术方面，SSR 分子标记、微阵列、RT-PCR 等方法在研究中应用广泛。

3.5.2 小麦锈病研究的重要国家分析

3.5.2.1 重要国家发文量分析

1992~2012 年，发文量最多的前 10 个国家分别为美国、中国、澳大利亚、加拿大、德国、墨西哥、印度、法国、英国、瑞士，这些国家所发表的 SCI 论文占论文总数的 84%。其中，美国发文量为 574 篇，远远高于其他国家，位居榜首；中国以 291 篇的数量位居第 2[①]（图 3-6）。

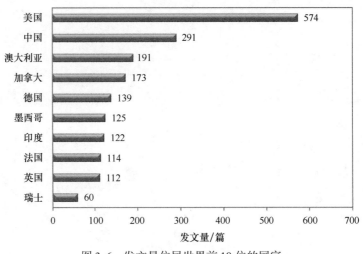

图 3-6 发文量位居世界前 10 位的国家

近 3 年发文量的占比能够从一个侧面反映出近 3 年来这些国家在小麦锈病研究领域的活跃程度。对这些国家近 3 年的发文量占其总发文量的比例分析可以看出（表 3-11），中

① 我国学者 2006 年以前有很多中文发文，未纳入本研究的统计，因此，基于 SCI 论文数量的分析对我国有所低估。

国在近 3 年的发文量占总发文量的 48%，在 10 个国家中比例最高；印度、美国、法国和澳大利亚分别以 29%、28%、27% 和 26%，排在第 2~5 位，反映出这 5 个国家近 3 年来在小麦锈病研究领域非常活跃。

表 3-11 发文量排名前 10 位的国家近 3 年总发文量占 20 年总发文量的比例

国家	近 3 年发文量	近 3 年发文量占 20 年总发文量的比例/%
美国	161	28
中国	139	48
澳大利亚	50	26
加拿大	43	24
德国	33	24
墨西哥	22	18
印度	36	29
法国	31	27
英国	22	19
瑞士	13	22

3.5.2.2 重要国家文献被引情况分析

对重要国家论文被引次数的统计结果可以看出（表 3-12），美国以总被引 8173 次位居榜首；其次是澳大利亚，共被引 3144 次；位居第 3 的是墨西哥，共被引 2640 次；中国以总被引 2064 次位居第 5；德国与印度已不在世界前 10 行列，以总被引 1744 次、696 次分别排在第 11 位、第 14 位。

表 3-12 重点国家论文被引及排名情况

国家	总论文数/篇	位次	总被引次数	位次	篇均被引次数	位次
美国	568	1	8173	1	14.4	9
中国	291	2	2064	5	7.1	15
澳大利亚	191	3	3144	2	16.5	5
加拿大	173	4	2323	4	13.4	10
德国	139	5	1744	14	12.5	11
墨西哥	125	6	2640	3	21.1	2
印度	122	7	696	11	5.7	16
法国	114	8	1814	8	15.9	6
英国	96	9	2018	6	21.0	4
瑞士	60	10	1860	7	31	1

发文与引文总量体现了国家整体的优势水平，篇均引文量可以反映国家整体的平均影响力。从表3-12中可以看出，篇均被引次数与前两个指标的排名情况相差甚远，瑞士、墨西哥和英国分别以31次、21.1次和21次，分列第1、2、4位；澳大利亚、美国和加拿大，分别以16.5次、14.4次和13.4次，排名第5、9、10；德国、中国和印度已退出世界前十行列，分别排在第11、15、16位。

3.5.2.3 重要国家相对影响力分析

为进一步分析重要国家间的特点和差异，分别以篇均被引次数为横坐标，发文量为纵坐标绘制国家的"发文量-被引次数"二维平面图。再分别以重要国家的发文量和篇均被引次数的平均值为原点，将平面图划分出四个象限，以此反映出各国的相对研究规模和影响力（图3-7）。从中可以看出，澳大利亚处于篇均被引次数和发文量均高于平均值的第一象限，相对属于双高（高篇均被引次数、高发文量）国家；美国和中国处于发文量高于平均值、篇均被引次数低于平均值的第二象限，属于相对高发文量、低篇均被引次数的国家；瑞士、英国、墨西哥和法国位于发文量低于平均值、篇均被引次数高于平均值的第四象限，这些国家虽然相对发文量有限，但其论文影响力较高。加拿大、德国和印度集中在篇均被引次数和发文量均低于平均值的第三象限，属于相对双低（低篇均被引次数、低发文量）国家，研究规模和影响力较弱。

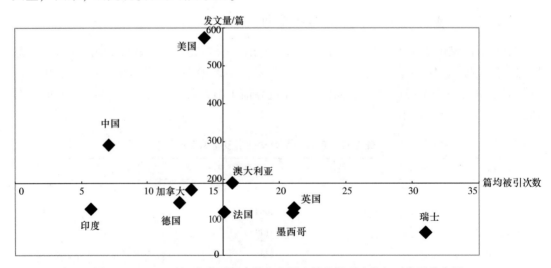

图3-7 1992~2012年重要国家的发文量和篇均被引次数相对位置分布图

3.5.2.4 重要国家研究主题分析

对重要国家特色主题词和近期（最近3年）研究主题词的对比分析可以进一步揭示其研究布局及特色（表3-13）。从表中可知，除了瑞士外，其余各国研究主题词内容丰富，各具特色。其中，美国和中国的主题词数量最多，反映出这两个国家研究内容广泛。关注病原菌流行病学及抗性遗传机制方面的国家分别为美国、中国、澳大利亚和法国；重视植物-病原菌互作研究的国家分别为美国、中国、德国、墨西哥和印度；关注病害防治方面的国家有美国、中国、加拿大、墨西哥和英国；注重方法与技术应用的国家有美国、中国和加拿大。

3 小麦锈病研究国际发展态势分析

表3-13 重要国家研究主题

国家	近期主题词	特色主题词
美国	病原菌生活周期、过敏反应、植物病原菌协同进化、聚合、Sr基因、微阵列	锈病监测、流行与预警、非寄主抗性和品种混种、种间杂交、PCR标记
中国	病原菌的监测预警、基因克隆和表达、遗传分析、C-分带、SSH、簇毛麦	入侵模型、遥感信息技术和高光谱影像在锈病监测中的应用、基因克隆和表达、小麦育种
澳大利亚	气候变化、病原菌小种和QTL作图	multipathotype分析、气候变化、成株抗性
加拿大	C-分带、华山新麦草	小麦品种、分子细胞遗传学
德国	植物病原菌	毒性分析、活体营养
墨西哥	Ug99	潜伏期、感染频率、硬粒小麦
印度	病原菌小种	非过敏性抗性、$Lr32$、$Lr48$、$Yr27$、毒性
法国	气候变化、病原菌遗传多样性	病害流行模型、产孢量、不确定性分析
英国	育种、病害	病害阈值、叶层、突变体
瑞士	无	无

3.5.3 重要研究机构的分析

3.5.3.1 重要研究机构发文量分析

在1992~2012年SCI-E收录的小麦锈病研究论文中，发文量位居前10位的机构依次是美国农业部、加拿大农业部、国际玉米小麦改良中心、明尼苏达大学、华盛顿州立大学、悉尼大学、法国国家农业研究院、堪萨斯州立大学、西北农林科技大学及中国农业科学院（图3-8）。在这前10个机构中，美国的机构占据4个席位，中国占了2个，法国、加拿大、澳大利亚和墨西哥各占1个席位。

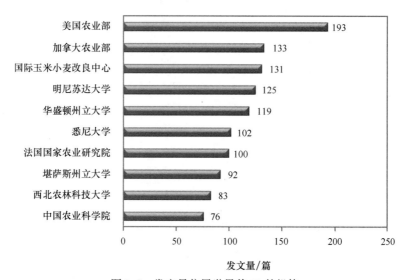

图3-8 发文量位居世界前10的机构

表3-14是世界发文量排名前10的机构近3年发文量占其总发文量的比例。可以看出，西北农林科技大学以59%位列榜首，华盛顿州立大学、中国农业科学院和美国农业部分别以43%、37%和36%紧随其后。表明这些机构近3年来在小麦锈病研究领域发展较快。

表3-14 发文量排名前10位机构近3年发文量占其总发文量的比例

机构	所属国家	近3年发文量	近3年发文量占20年总发文量的比例/%
美国农业部	美国	68	36
加拿大农业部	加拿大	37	26
国际玉米小麦改良中心	墨西哥	26	21
明尼苏达大学	美国	33	30
华盛顿州立大学	美国	52	43
悉尼大学	澳大利亚	27	25
法国国家农业研究院	法国	26	22
堪萨斯州立大学	美国	20	25
西北农林科技大学	中国	52	59
中国农业科学院	中国	34	37

3.5.3.2 重要机构文献被引情况分析

从重要机构被引次数的统计结果可以看出（表3-15），国际玉米小麦改良中心以总被引2645次位居榜首；其次是美国农业部，共被引2472次；位居第3的是加拿大农业部，共被引1941次；而中国农业科学院和西北农林科技大学分别以663次和421次，位于第14位和18位。

表3-15 重要机构文献被引及排名情况

机构	总论文数/篇	位次	总被引次数	位次	篇均被引次数	位次
美国农业部	193	1	2472	2	12.8	14
加拿大农业部	133	2	1941	3	14.6	10
国际玉米小麦改良中心	131	3	2645	1	20.2	3
明尼苏达大学	125	4	1733	6	13.8	13
华盛顿州立大学	119	5	1776	5	14.9	9
悉尼大学	102	6	1788	4	17.5	6
法国国家农业研究院	100	7	1405	8	14.1	12
堪萨斯州立大学	92	8	1551	7	16.8	8
西北农林科技大学	83	9	421	18	5.1	19
中国农业科学院	76	10	663	14	8.7	17

从重要机构篇均被引次数的排名结果来看，只有5个重要机构进入世界前10位，分别为国际玉米小麦改良中心、悉尼大学、堪萨斯州立大学、华盛顿州立大学和加拿大农业部，其排名分别排第3、6、8、9和10。其余5个重要机构，法国国家农业研究院、明尼苏达大

学、美国农业部、中国农业科学院和西北农林科技大学分别位于第12、13、14、17和19。

3.5.3.3 重要机构相对影响力分析

利用发文量和篇均被引次数两个指标对重要机构的相对影响力进行分析（图3-9）。从图中可以看出，国际玉米小麦改良中心、华盛顿州立大学和加拿大农业部处于篇均被引次数和发文量均高于平均值的第一象限，相对属于双高（高篇均被引次数、高发文量）机构；美国农业部和明尼苏达大学处于发文量高于平均值，篇均被引次数低于平均值的第二象限，属于相对高发文量、低被引频次的机构；悉尼大学、堪萨斯州立大学和法国国家农业研究院位于发文量低于平均值，但篇均被引高于平均值的第四象限，这些机构虽然相对发文量有限，但其论文影响力较高。西北农林科技大学和中国农业科学院位于篇均被引频次和发文量均低于平均值的第三象限，属于相对双低（低篇均被引频次、低发文量）机构，研究规模和影响力较弱。

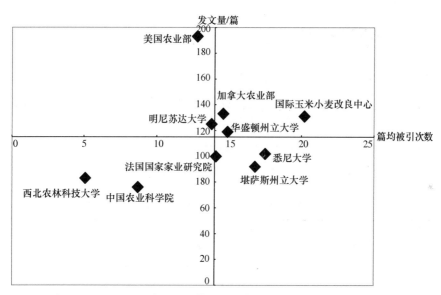

图3-9　1992~2012年重要机构的论文数和被引次数相对位置分布图

3.5.3.4 重要机构研究主题特色分析

对重点机构最近几年的研究主题及特色研究主题的分析显示（表3-16），各机构近几年涉及的主题范围广泛、类型丰富，除了美国农业部和中国农业科学院外，其余各机构的研究主题都各具特色。

表3-16　重要机构特色研究主题

机构	近几年研究主题	特色研究主题
美国农业部	基因表达、基因表达谱、微阵列	无
加拿大农业部	C-分带和华山新麦草	小麦品种、C-分带

续表

机构	近几年研究主题	特色研究主题
国际玉米小麦改良中心	分子标记、Ug99	侵染频率、基因型与环境互作、双列杂交、穿梭育种
明尼苏达大学	生活周期、Sr 基因	生活周期、转主寄主
华盛顿州立大学	基因表达、微列阵、病原菌毒性	无
悉尼大学	分子作图、病原菌小种	黑麦碱、砂燕麦、抗性育种、Multipathotype 分析
法国国家农业研究院	气候变化	锈病流行模型、雨、产孢量、不确定性分析
堪萨斯州立大学	重组	种间杂交、染色体添加系、品种混种
西北农林科技大学	防御反应、基因表达、抗性基因、微列阵、RT-PCR、SSH	超微结构、病程相关蛋白、电子克隆、转录表达谱、RT-PCR
中国农业科学院	遗传分析	无

3.5.4 重要研究人员分析

3.5.4.1 重要研究人员发文量分析

本研究统计了 1992~2012 年 SCI-E 收录的小麦锈病研究论文中发文量位居前 10 位的高产研究人员（表 3-17）。从所属国家来看，美国的高产作者最多，澳大利亚和墨西哥紧随其后，中国和瑞士仅有 1 位。从其所属机构来看，美国农业部和悉尼大学较多，分别有 3 位和 2 位，是小麦锈病研究领域重要研究人员的聚集地。

表 3-17 重要研究人员发文情况

作者	国家	机构	发文量
R. P. Singh	墨西哥	国际玉米小麦改良中心	99
X. M. Chen	美国	美国农业部、华盛顿州立大学	97
J. A. Kolmer	美国	美国农业部	85
Y. Jin	美国	美国农业部、明尼苏达大学	62
Z. S. Kang	中国	西北农林科技大学	51
J. Huerta-Espino	墨西哥	墨西哥国家农林牧渔研究院	49
R. F. Park	澳大利亚	悉尼大学	49
B. Keller	瑞士	苏黎世联邦理工学院	45
B. S. Gill	美国	堪萨斯州立大学	43
R. A. McIntosh	澳大利亚	悉尼大学	43

3.5.4.2 重要研究人员研究主题分析

对重要研究人员的高频关键词分析发现（表 3-18），绝大部分研究者的研究主题都集中在病原菌和抗性遗传方面。关注病原菌流行病学及抗性遗传机制方面的研究人员有 Singh、Chen、Kolmer、Huerta-Espino、Park 和 Keller；注重植物-病原菌互作方面的研究者分别为 Chen、Jin、Kang 和 McIntosh；关注病害防治方面的研究者为 Gill。

表 3-18　重要研究人员的研究主题

作者	高频关键词
R. P. Singh	持久抗性、慢锈性、产量、QTL 作图
X. M. Chen	流行病学、毒性、寄主-病原菌互作
J. A. Kolmer	专化抗性、专化毒性、流行病学
Y. Jin	Ug99
Z. S. Kang	条锈病、表达谱、非生物胁迫
J. Huerta-Espino	叶锈病、持久抗性、慢锈性
R. F. Park	叶锈病、成株抗性、基因推导
Keller，B	叶锈病、抗性基因、QTL 作图
B. S. Gill	近缘抗性材料的筛选、利用细胞遗传学的方法对外源物质进行鉴定
R. A. McIntosh	各种锈病及病原菌的鉴定、单体分析

3.5.5　小结

基于 SCI 论文的统计，小麦锈病研究近 20 年总体呈上升趋势，研究论文数量前 15 年呈波动状态，后 5 年有较大增长。

目前，小麦锈病研究大致分为病原菌流行病学及抗性遗传机制、植物-病原菌互作、病害防治（化学防治和抗性育种）和方法与技术的应用等四个重点领域。主题词突发呈现出涉及范围变窄、强度增加，突发持续时间变短、研究周期更替加快的趋势。1992～2000 年，研究重点关注遗传学方面；自 2000 年后，转向各种标记的应用研究；近两年，分子标记和 Ug99 等主题词突发强度较高，是当前小麦锈病研究的热点方向。

结合 SCI 论文的篇均被引次数和发文量统计显示：重要国家中，澳大利亚的研究规模和影响力较强；美国和中国研究规模大，但影响力较低。重要机构中，国际玉米小麦改良中心、华盛顿州立大学和加拿大农业部的研究规模和影响力较强。

高产作者主要分布在美国、澳大利亚和墨西哥等重要国家及美国农业部和悉尼大学等重要机构；这些高产者的研究主题都集中在病原菌和抗性遗传方面。

3.6　小麦锈病研究专利定量分析

本部分研究首先以汤森路透的德温特专利创新索引数据库（Derwent Innovation Index，DII）为数据源，利用关键词和学科精炼相结合的检索策略[①]，在 DII 中共检索到小麦锈病

---

① 检索策略：TS=（wheat and（rust or "Puccinia striiformis" or "Puccinia graminis" or "Puccinia recondita" or "Puccinia triticina"））；精炼学科：Chemistry or Agriculture or Biotechnology & Applied Microbilogy。

研究相关专利 949 项，包含 4740 件专利申请①（截至 2012 年 12 月 19 日）。然后，以这 949 项专利为数据集，利用汤森路透的专利分析工具——TDA，从专利申请数量年度变化趋势、主要专利受理国家/地区、主要申请机构、技术布局等角度对专利进行总体态势分析，并利用汤森路透的专利分析平台 TI 的聚类和可视化功能及专利内容判读，分析了该领域的技术研发热点。此外，本研究还利用 Dialog 开发的 Innography 专利分析工具及其后台数据库，通过关键词检索②，及主 IPC 限定（A 部和 C 部）所获得的 950 项小麦锈病研究相关专利为数据集，对该领域主要申请机构的竞争态势进行了分析。

3.6.1 专利申请数量年度变化分析

根据专利检索结果，小麦锈病研究的第一件专利于 1963 年申请，且当年只有这 1 件，之后于 1969 年和 1972 年又分别显示各有 1 件专利申请。从 1974 年开始，连续每年均有专利申请，而且申请量呈上升趋势（图 3-10），年均增长率③为 14.8%。其中，20 世纪 90 年代中期有一个明显的增长峰，进入 21 世纪后，专利申请量增长更加迅速，从 2000 年的 106 件增加到了 2011 年的 377 件，约增长了 2.6 倍（由于时滞问题 2012 年的数据仅供参考）。表明小麦锈病研究愈来愈受关注，研发规模在不断扩大。

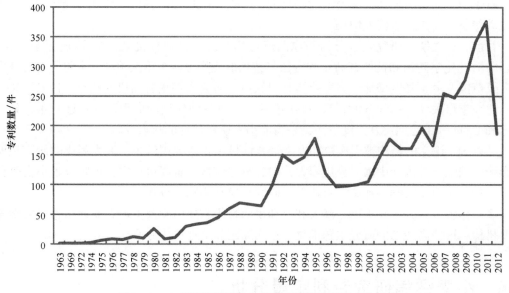

图 3-10　小麦锈病研究相关专利申请数量年度变化趋势

---

① 德温特专利创新索引的每一项记录描述了一个专利"家族"，每一项记录可能有一个或多个专利号码，这代表了这个专利"家族"的成员。为了区分，本书对一个专利家族称为一项专利，对专利家族中的专利成员则使用"件"来表示。

② 检索式：@ (abstract, claims, title) (wheat and ("rust or "Puccinia striiformis" or "Puccinia graminis" or "Puccinia recondita" or "Puccinia triticina"))，检索时间为 2013 年 1 月 29 日

③ 年均增长率计算公式：($\sqrt[n-1]{末期数据/基期数据}-1$)×100% 其中，n 是指年数

3.6.2 主要专利受理国家/地区/组织分析

3.6.2.1 专利受理量排名前10位的国家/地区/组织

受理小麦锈病研究相关专利的国家/地区/组织共有45个,其中受理量排名前10位的依次是欧洲、日本、世界知识产权组织、美国、中国、澳大利亚、德国、韩国、加拿大和南非(图3-11),这前10位的总受理量(3753件)约占该领域专利申请总量(4740件)的79.2%。其中,受理量最多的欧洲受理了752件,约占该领域专利申请总量的15.9%;其次是日本,受理了668件,约占14.1%;排在第三位的是世界知识产权组织,受理了576件,约占12.2%。

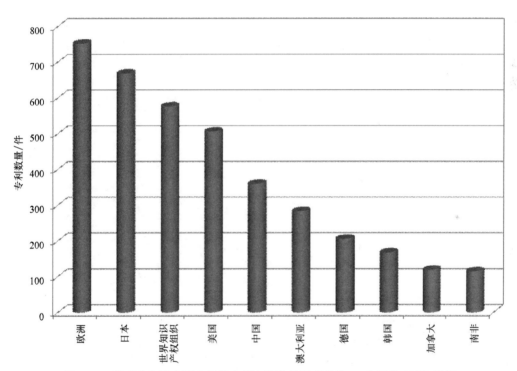

图3-11 受理小麦锈病研究相关专利申请数量最多的前10个国家/地区/组织

3.6.2.2 主要专利受理国家/地区/组织受理量的年度变化

从主要专利受理国家/地区/组织受理的专利数量年度变化趋势来看(图3-12),除了德国的受理量在波动中呈下降趋势,南非的受理量呈波动状态变化趋势不明显外,其余国家/地区的受理量均呈上升趋势,尤以世界知识产权组织、中国和美国的受理量增长最快。世界知识产权组织的受理量于2007年跃居第一,并在此后一直保持第一的位置。中国和美国均在2010年超过日本,2011年超过欧洲,分别排名第二和第三。数据表明该领域的研发机构越来越重视国际市场及中国和美国市场的专利保护。

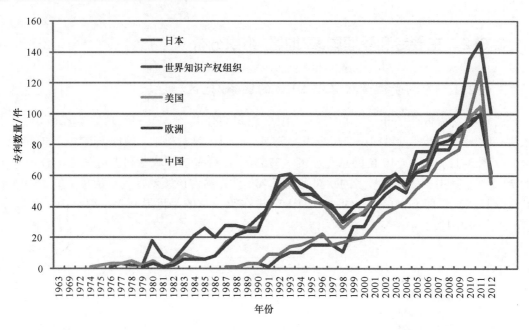

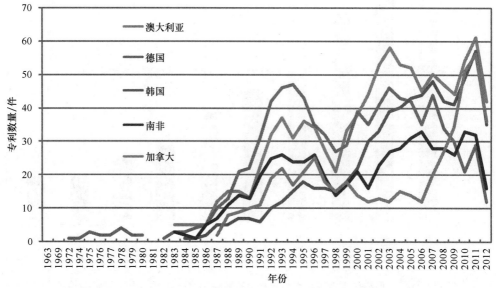

图 3-12 小麦锈病研究专利申请主要受理国家/地区/组织专利受理数量的年度变化趋势（见彩图）

3.6.2.3 主要专利受理国家/地区/组织的受理活跃度

从主要专利受理国家/地区/组织 2010～2012 年的受理量占其各自总受理量的百分比（图 3-13）来看，世界知识产权组织比例最高，约为 33.4%；其次是中国，为 30.7%；加拿大排在第三位，约为 27.9%；排在第四位的韩国为 20.8%；其余国家/地区均在 20% 以下，德国最低，约为 7%。这些数据表明，近年来世界知识产权组织、中国、加拿大等在小麦锈病研究领域的专利受理相对比较活跃。

3 小麦锈病研究国际发展态势分析

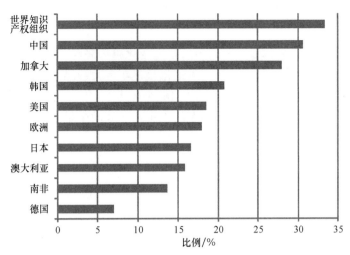

图 3-13 小麦锈病研究相关专利主要受理国家/地区/组织
2010~2012 年的受理量占其各自总受理量的百分比

3.6.3 主要专利申请机构分析

3.6.3.1 专利申请量排名前 10 位的机构

从专利申请机构的专利申请量排名来看（表3-19），排在前10位的机构均为企业，且大部分是化工企业。这些企业的专利申请量（549项）约占到了总量（949项）的58%。其中，德国巴斯夫的申请量最大，有117项；其次是日本住友化学株式会社，有101项。这两个企业构成了该领域专利申请的第一梯队，申请量均在100项以上。分别排在第三、四位的拜耳作物科学和先正达构成了第二梯队，均有70多项。其余6家企业的申请量除了排在第十位的宇部兴株式会社是19项外，均在30项左右。

从排名前10位机构的所属国家来看，日本的机构最多，有4个，其次是德国和美国，各有2个，此外，瑞士和英国也各有1个机构进入前10位。

表 3-19 1968~2011 年小麦锈病研究领域相关专利申请量排名前 10 位的机构

排名	申请机构	所属国家	专利数量/项
1	巴斯夫	德国	117
2	住友化学株式会社	日本	101
3	拜耳作物科学	德国	80
4	先正达	瑞士	71
5	陶氏化工	美国	38
6	北兴化学工业株式会社	日本	33
7	帝国化学工业集团*	英国	33
8	杜邦	美国	29
9	吴羽化学工业公司	日本	28
10	宇部兴株式会社	日本	19

*简称帝国化工

3.6.3.2 主要专利申请机构的年度变化趋势

从 10 个主要专利申请机构专利申请量的年度变化趋势来看（图 3-14），专利申请量排名前两位的巴斯夫和住友化学株式会社的申请量呈逐年上升趋势，2010 年住友化学株式会社的申请量达到 22 项，首次超过了巴斯夫（16 项）。排名第三的拜耳作物科学呈先上升后下降，然后又缓慢上升的趋势，排名第四的先正达在波动中呈上升趋势，其余机构变化趋势不明显，不是每年都申请专利。

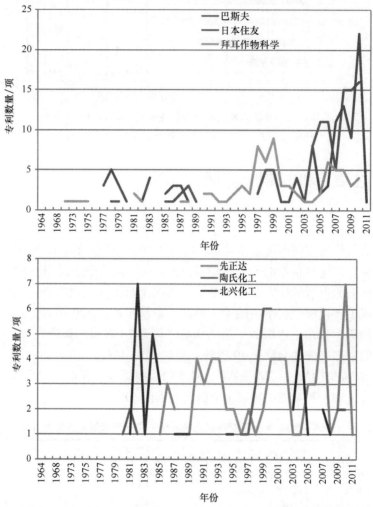

图 3-14　1964~2011 年主要专利申请机构（6 个）的专利申请量年度变化（见彩图）

3.6.3.3 主要专利申请机构的申请活跃度

从上述 10 个主要专利申请机构近 3 年的专利申请量占其专利申请总量的比例来看（图 3-15），近年来，专利申请总量排名第二的日本住友化学株式会社的研发活跃度最高，近 3 年的专利申请量占到了其专利申请总量的 31.7%；其次是专利申请总量排名第一的巴斯夫，其占比约为 26.5%，排在第三位的是先正达，占比约为 14.1%。宇部兴、帝国化工和北兴化工近 3 年没有申请专利，其中帝国化工于 2007 年被阿克苏诺贝尔公司收购。

3 小麦锈病研究国际发展态势分析

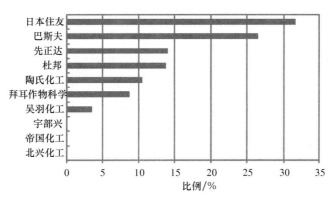

图 3-15　1964~2011 年主要专利申请机构近 3 年专利申请量占其专利申请总量的百分比

3.6.3.4　主要专利申请机构的专利申请保护策略

从主要专利申请机构提交申请量最多的前 3 个受理国家/地区来看（图 3-16），这些申请机构很注重在日本、欧洲、美国和澳大利亚的专利保护，但各企业又因所在地不同而有所差别，均表现为优先向本地申请，以寻求本地市场的保护。例如，巴斯夫、拜耳作物科学、先正达及帝国化工等欧洲企业在欧洲的申请量最多；日本住友、北兴化工、日本吴羽及宇部兴等日本企业在日本的申请量最多；美国企业陶氏化工和杜邦在美国专利申请最多。

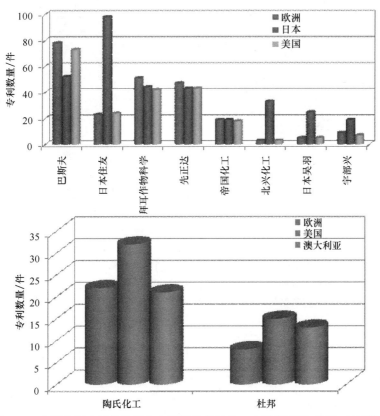

图 3-16　主要专利申请机构提交申请量最多的前 3 个受理国家/地区（见彩图）

3.6.3.5 主要专利申请机构之间的合作与竞争态势

利用 TDA 分析工具对上述 10 个主要专利申请机构间进行合作分析,生成的合作关系图(图 3-17)显示,这些企业之间的合作存在一定的地域性,欧洲的先正达、巴斯夫和拜耳作物科学之间存在两两合作关系,分别两两合作申请了 1 项专利。此外,先正达与英国的帝国化工的合作更为密切,二者合作申请了 12 项。日本的宇部兴株式会社和北兴化学工业株式会社也合作申请了 3 项专利。其他 4 个机构之间及其与上述 6 个机构间都没有合作申请相关专利。

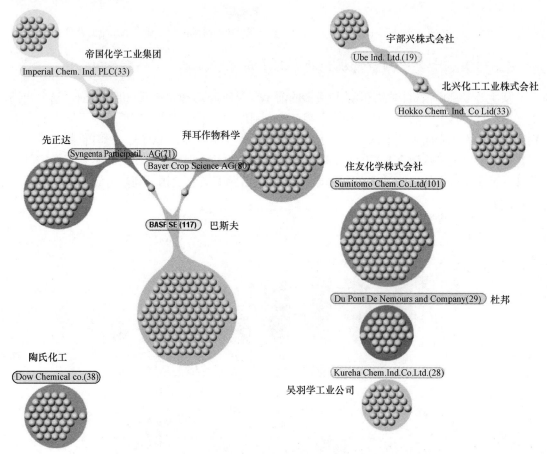

图 3-17 小麦锈病研究领域主要专利申请机构的合作关系图
不同颜色的大球代表不同的专利申请机构,大球内的小黄球数量表示该机构的专利申请量;
大球之间的连接表示两者之间存在合作,相汇处的小黄球的数量反映合作申请的专利数量;
机构名称后括号内的数字表示该机构的专利申请量(单位是项)

利用 Innography 分析平台对上述主要专利申请机构间的竞争态势进行分析①,生成的气泡图(图 3-18)显示,在小麦锈病研究领域,巴斯夫明显是最具竞争优势的机构,其

---
① 帝国化学工业集团除外,可能由于其已被并购,在 Innography 平台中无数据显示

不但专利数量最多,而且专利价值①也最高,同时财务综合实力也最强。在其余机构中,从专利价值来看,陶氏益农、住友化学株式会社和拜耳作物科学相当,仅次于巴斯夫,处于第二梯队,其次是先正达,处于第三梯队,其他机构,包括宇部兴株式会社、吴羽化学工业公司、孟山都和北兴化学工业株式会社的专利价值较低。从财务综合实力来看,欧美企业较高,除了领先的巴斯夫外,拜耳作物科学、孟山都、陶氏益农和先正达均在日本企业之上。在日本企业中,住友化学株式会社明显高于其他3家企业,而这3家企业财务综合实力相当,均较低,处于最底层。

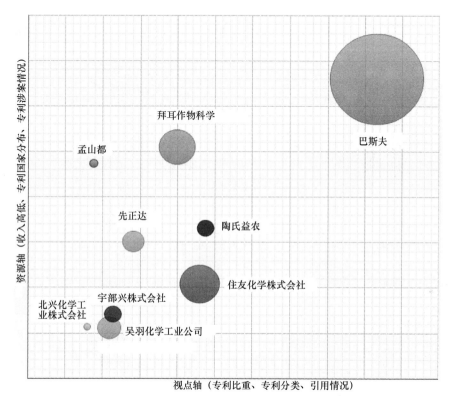

图 3-18 小麦锈病研究领域主要专利申请机构的竞争态势气泡图
横轴表示专利价值,纵轴表示财务综合实力,气泡大小表示专利量的大小

3.6.4 专利的技术布局与技术热点分析

3.6.4.1 专利的技术方向分析

1) 主要技术方向分布

以国际专利分类(IPC)作为技术方向的分类依据,分析各IPC类别的专利申请

---

① 专利价值是 Innography 根据其特有的专利评价指标——专利强度(Patent strength)评价的。专利强度参考了10多个衡量专利价值的相关指标,包括:专利权利要求数量、专利引用和被引用次数、专利异议和再审查、专利分类、专利家族、专利从申请到公开的时间长度、专利年龄、专利诉讼及其他。

量排名（表3-20），结果显示，小麦锈病研究相关专利的技术方向主要集中在"杀真菌剂"（A01P 3/00）及"含有各种杂环化合物的杀生剂、害虫驱避剂或引诱剂，或植物生长调节剂"（A01N 43/00）。其中在"含有各种杂环化合物的杀生剂、害虫驱避剂或引诱剂，或植物生长调节剂"中，以含具有带1个或更多的氧或硫原子作为仅有的杂环原子的六元环（A01N 43/40）的专利申请量最多，有165项，其次是具有带3个氮原子作为仅有的杂环原子的三唑，氢化三唑（A01N 43/653）的专利申请量，有161项。总体表明，小麦锈病研究相关专利申请主要集中于研发用于防治锈病的杀菌剂，而且是含有各种杂环的杀菌剂，并以六元环杀菌剂和三唑类杀菌剂研发最多。

表3-20 小麦锈病研究相关专利申请的前10个技术方向分布

排序	国际专利分类号（小组）	专利数量/件	IPC类名代表的方向
1	A01P 3/00	315	杀真菌剂
2	A01N 43/40	165	具有带1个氮原子作为仅有的杂环原子的六元环杀菌剂
3	A01N 43/653	161	具有带3个氮原子作为仅有的杂环原子的环/三唑，氢化三唑杀菌剂
4	A01N 43/54	122	具有带1个氮原子作为仅有的杂环原子的环/1,3二嗪；氢化1,3二嗪杀菌剂
5	A01N 43/48	120	具有带两个氮原子作为仅有的杂环原子的环杀菌剂
6	A01N 43/56	109	具有带两个氮原子作为仅有的杂环原子的环/1,2二唑；氢化1,2二唑杀菌剂
7	A01N 43/50	103	具有带两个氮原子作为仅有的杂环原子的环/1,3-二唑类；氢化1,3-二唑类杀菌剂
8	A01N 43/64	102	具有带三个氮原子作为仅有的杂环原子的环杀菌剂
9	A01N 43/34	98	具有带一个氮原子作为仅有的杂环原子的环杀菌剂
10	A01N 43/72	93	具有带氮原子以及氧原子或硫原子作为杂环原子的环

2) 不同时期主要技术方向的变化

把1963~2012年分成四个时间段，即1963~1979年、1980~1989年、1990~1999年及2000~2012年，通过分析每个时间段的专利在IPC（小组）的分布（表3-21），来观察随着时间的变化，小麦锈病研究相关专利申请的技术方向变化（图3-19）。从图3-19可以看出，随着年份的变化，研发的主要技术方向也在发生着变化，从分散在农业（A）和化学（C）领域转向更加聚焦农业领域。1963~1979年，较多的专利集中在含有有机活性物质的农药研发，之后研发重点逐渐向杂环化合物杀菌剂转移；2000~2012年，大多专利集中在杀真菌剂（A01P 3/00）这一技术方向上。杀菌剂化学结构总体呈现从五元环向六元环、从二嗪、二唑类向三唑类转变的趋势。

3 小麦锈病研究国际发展态势分析

表 3-21 1963~2012 年不同时期小麦锈病研究相关专利数量最多的前 3 个技术方向

年份	国际专利分类号	专利数量/件	国际专利分类号代表的技术方向
1963~1979	A01N 9/20	9	有机氮化合物农药
	A01N 9/22	6	氮作为杂环元素的有机氮农药
	A01N 9/02	3	混合物中含有不同活性成分的农药
	C07D 233/60	3	含1,3-二唑或氢化1,3-二唑环、不与其他环稠合，环原子间或环原子与非环原子间有两个双键，只有氢原子或仅含氢原子和碳原子的基，连在环碳原子上，且有被氧或硫原子取代的烃基，连在环氮原子上的杂环化合物
1980~1989	C07D 249/08	3	含五元环，有3个氮原子作为仅有的杂环原子，不与其他环稠合的1,2,4-三唑；氢化1,2,4-三唑杂环化合物
	A01N 43/50	31	具有带两个氮原子作为仅有的杂环原子的环/1,3-二唑类；氢化1,3-二唑类杀菌剂
	C07D 249/08	31	含五元环，有3个氮原子作为仅有的杂环原子，不与其他环稠合的1,2,4-三唑；氢化1,2,4-三唑杂环化合物
	A01N 43/40	18	具有带1个或更多的氧或硫原子作为仅有的杂环原子的六元环杀菌剂
	C07D 233/60	17	含1,3-二唑或氢化1,3-二唑环、不与其他环稠合，环原子间或环原子与非环原子间有两个双键，只有氢原子或仅含氢原子和碳原子的基，连在环碳原子上，且有被氧或硫原子取代的烃基，连在环氮原子上的杂环化合物
1990~1999	A01N 43/40	41	具有带1个或更多的氧或硫原子作为仅有的杂环原子的六元环杀菌剂
	A01N 43/54	40	具有带1个氮原子作为仅有的杂环原子的环的1,3二嗪；氢化1,3二嗪杀菌剂
	A01N 43/653	40	具有带3个氮原子作为仅有的杂环原子的环的三唑，氢化三唑杀菌剂
	A01N 43/50	37	具有带两个氮原子作为仅有的杂环原子的环/1,3-二唑类；氢化1,3-二唑类杀菌剂
2000~2012	A01P 3/00	315	杀真菌剂
	A01N 43/40	135	具有带1个或更多的氧或硫原子作为仅有的杂环原子的六元环杀菌剂
	A01N 43/653	135	具有带3个氮原子作为仅有的杂环原子的环/三唑，氢化三唑杀菌剂
	A01N 43/48	115	具有带两个氮原子作为仅有的杂环原子的环杀菌剂

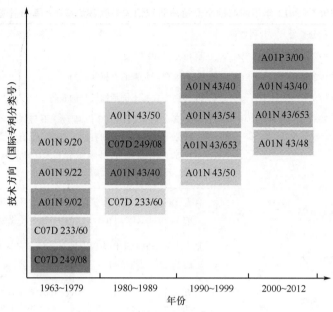

图 3-19　不同时期小麦锈病研究相关专利的主要技术方向变化

3.6.4.2　专利的技术研发热点

基于小麦锈病研究相关专利数据中的标题和摘要信息，借助于 TI 的聚类和可视化功能，并通过内容分析，获知该领域的研发热点（图 3-20）。由图 3-20 可以看出，当前该领域的技术研发热点大部分集中在杀菌剂的研发上，此外，还有个别集中在锈病抗性研究上。其中，杀菌剂研发有 7 个热点，具体如下（分别对应图 3-20 中数字编号所示区域）：

（1）农药组合物，主要包括含噻唑菌胺的农药组合物、含啶酰菌胺的农药组合物、含克菌丹的农药组合物以及协同增效的杀菌组合物等；

（2）农药助溶剂；

（3）唑类衍生物类杀菌剂；

（4）甲氧基丙烯酸酯（Strobilurins）类杀菌剂，主要包括含 Strobin 类杀菌剂的农药组合物及其应用、苯基酰胺类杀菌剂、苯丙噻唑类杀菌剂等；

（5）三唑类杀菌剂；

（6）杂环烷烃类衍生物杀菌剂；

（7）多环芳烃类杀菌剂。

在锈病抗性研究方面，主要有 2 个技术热点，即抗锈病核苷酸序列及其应用（对应图 3-20 中数字编号 8 所示区域）和小麦锈病抗性鉴定方法（对应图中数字编号 9 所示区域）。这两个技术方向相对杀菌剂研发而言，是新近出现的热点，兴起于 20 世纪 90 年代，2000 年之后其申请数量逐步增多。通过对这两个技术热点的核心专利文献进行内容判读分析发现：

3 小麦锈病研究国际发展态势分析

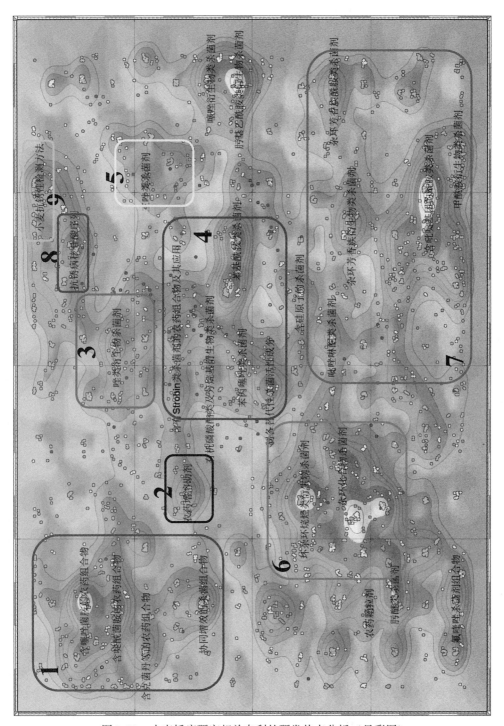

图 3-20 小麦锈病研究相关专利的研发热点分析（见彩图）

不同颜色的散点代表专利申请年份的不同。其中，红色散点表示申请时间在 1980 年 1 月 1 日之前，绿色散点表示申请时间为 1980 年 1 月 2 日~1990 年 1 月 1 日，黄色散点表示申请时间为 1990 年 1 月 2 日至 2000 年 1 月 1 日，蓝色散点表示申请时间从 2000 年 1 月 2 日开始，至检索日期止

（1）在抗锈病核苷酸序列及其应用（应用即通过调控核苷酸序列来提高小麦抗性）方向上，专利申请主要在2005年以后，共计不到10项（约20件），主要申请机构是巴斯夫，其在澳大利亚、美国、中国、加拿大和欧洲都有申请。所研究的核苷酸序列主要是编码红细胞膜整合蛋白、愈伤葡聚糖合成酶、枯草杆菌蛋白酶、MLO蛋白和犰狳重复蛋白等的核苷酸序列。

（2）在小麦锈病抗性鉴定方法这个技术方向上，专利申请主要在2006年以后，共约有10项。主要是中国机构申请的，包括中国农业科学院作物科学研究所和植物保护所、西北农林科技大学、河北农业大学、河南农业大学及河南周口农业科学院等，均在中国申请。所开发的小麦锈病抗性鉴定方法主要是通过设计引物进行PCR扩增来检测小麦是否具有抗性，主要是叶锈病抗性。其中有3项专利是关于锈病病菌检测方法开发的，所用的检测方法也主要是PCR方法，三种锈病均有涉及。

3.6.5 小结

专利分析显示，小麦锈病研究领域愈来愈受关注，专利产出量不断扩大，呈迅速上升趋势。

从专利受理国家/地区/组织分布来看，欧洲、日本、世界知识产权组织、美国、中国、澳大利亚等是专利申请机构最倾向于提交申请的国家/地区。其中，世界知识产权组织和中国的受理活跃度最高。

该领域排名前10位的专利申请机构都是企业，而且以化工企业为主。在这10个企业中，德国巴斯夫的实力最强，其专利申请量、专利价值及财务综合实力均位居第一，而且研发活跃度也较高。此外，美国的陶氏益农、日本的住友化学株式会社和德国的拜耳作物科学的专利价值较高。欧美企业在财务综合实力方面高于日本企业。在日本企业中，住友化学株式会社表现比较突出，专利量和专利价值都位居第二，研发活跃度最高，财务综合实力在日本企业中最强。此外，重要企业间合作较少，仅有的合作呈现地域性倾向，即欧洲企业间及日本企业间有少量合作专利申请。与此同时，这些企业倾向于向本地提交专利申请，以寻求本地市场的保护。

当前，小麦锈病研究相关专利的技术方向主要集中在含有各种杂环化合物的杀菌剂的研发上，且随着时间变化，所研发的杀菌剂的化学结构总体呈现从五元环向六元环，从二嗪、二唑类向三唑类转变的趋势。该领域的技术研发热点也主要是杀菌剂研发，具体包括唑类衍生物类、杂环烷烃类衍生物类、三唑类以及甲氧基丙烯酸酯（Strobilurins）类杀菌剂的创制、农药组合物、农药增溶助剂等几个热点。此外，近期该领域形成了2个新的研究热点，即抗锈病核苷酸序列及其在提高小麦抗性中的应用和小麦锈病抗性鉴定方法。其中，前一个热点所研究的主要是编码红细胞膜整合蛋白、愈伤葡聚糖合成酶、枯草杆菌蛋白酶、MLO蛋白和犰狳重复蛋白等的核苷酸序列，后一个热点所研究的方法基本上都是PCR方法。

3.7 结论与建议

3.7.1 结论

（1）随着近年小麦锈病病原菌高毒力生理小种不断出现，各地区出现了新的锈病流行，未来小麦锈病防控的挑战将愈发严峻。国际社会对小麦锈病的防控十分重视，积极采取全球性的协调行动，制定了应对战略、设立国际协调机构、共建监测预警系统及信息共享与交流系统。

（2）国际研究机构与美国、加拿大、澳大利亚及英国等发达国家资助并组织开展了大量小麦锈病相关研究，涉及的研究领域广泛。小麦抗性基因挖掘、分子标记、抗性育种等是国际研究机构和各国布局研究的重点。此外，国际研究机构比较重视锈病监测预警系统和数据系统的开发建设，发达国家较重视病原菌的致病遗传基础、寄主-病原菌互作及抗性育种的遗传学、分子生物学基础研究。

（3）小麦锈病研究的 SCI 论文和专利数量总体呈随年度增长的趋势，其中专利增长迅速，论文的增长主要是近 5 年。该领域的关注度和研发规模都有所增加。

（4）SCI 论文分析表明，小麦锈病研究大致分为病原菌流行病学及抗性遗传机制、植物-病原菌互作、病害防治（化学防治和抗性育种）和方法与技术的应用等四个重点领域。1992~2000 年期间研究重点主要关注遗传学方面；自 2000 年后，重点转向各种标记的应用研究；近两年，分子标记和 Ug99 等主题词突发强度较高，是当前小麦锈病研究的热点方向。

（5）结合 SCI 论文的篇均被引次数和发文量统计显示，重要国家中，澳大利亚的研究规模和影响力较强；美国和中国研究规模大，但影响力较低。重要机构中，国际玉米小麦改良中心、华盛顿州立大学和加拿大农业部的研究规模和影响力较强。高产作者主要分布在美国、澳大利亚、墨西哥等重要国家和美国农业部、悉尼大学等重要机构。

（6）专利分析表明，相关专利申请的技术方向主要集中于含有各种杂环化合物的杀菌剂的研发。所研发杀菌剂的化学结构总体呈现从五元环向六元环，从二嗪、二唑类向三唑类转变的趋势。该领域的技术研发热点也主要是杀菌剂研发，包括唑类衍生物类、杂环烷烃类衍生物类、三唑类以及甲氧基丙烯酸酯类杀菌剂的创制、农药组合物、农药增溶助剂等几个热点。此外，近期该领域形成了 2 个新的研究热点，即抗锈病核苷酸序列及其在提高小麦抗性中的应用和小麦锈病抗性鉴定方法。

（7）根据专利申请量的统计，德国巴斯夫、拜耳作物科学，日本的住友化学株式会社瑞士的先正达等公司是小麦锈病领域的重要研发者，尤其是巴斯夫的专利申请量、专利价值及财务综合实力明显高于其他公司；美国陶氏益农、住友化学株式会社和拜耳作物科学的专利价值较高；住友化学株式会社、巴斯夫和先正达近 3 年的研发较活跃。重要公司间专利合作较少。根据专利受理地的统计，在欧洲、日本、美国、中国、澳大利亚等市场的保护受到重视。

3.7.2 建议

（1）针对小麦锈病病原菌新小种的威胁，我国应密切关注其未来可能的发展传播趋势，在病原菌新小种全球扩散的可能入境路径上重点部署监控，建立病害流行的监测预警体系和应急防控体系。

（2）积极参与小麦锈病防控的国际行动，参加小麦锈病暴发监控、锈病流行数据库建设、病原菌小种分析鉴定、抗性材料筛选基因挖掘和抗性育种等方面的国际协作研究并努力提高贡献、获取收益，通过这些活动提高国家能力。

（3）重视锈病的抗性基因挖掘、抗性育种、综合病害管理等可持续的解决方案，提高种植品种的多样性以降低病害流行风险，综合考虑气候、环境变化背景下的品种选育问题。

（4）围绕新兴研究热点加强和部署相关研究，如在分子标记开发与应用、锈病新小种研究、抗性品种开发、气候变化的影响分析、三唑类杀菌剂开发等领域；在我国的优势研究领域继续强化成果的产出，努力建立研究的国际引领地位，如小麦条锈病相关研究或小麦锈病抗性鉴定方法等方面；支持杀菌剂的自主研发，鼓励企业提高技术水平开展相关研究。

致谢：中国农业科学院作物科学研究所夏先春研究员、西北农林科技大学康振生教授、江苏里下河地区农业科学研究所蒋正宁博士等专家对本报告初稿进行了审阅，并提出了宝贵的修改意见，谨致谢忱！

参 考 文 献

董金皋. 2001. 农业植物病理学. 北京：中国农业出版社：41, 51.

国家自然科学基金委员会. 2012-10-25. 项目检索. http://npd.nsfc.gov.cn/ResearchNet_NSFC/CombinedQueryProjectForm.aspx.

霍德森 DP. 2011. 小麦锈病日益威胁世界粮食安全. 世界农业, 381（1）：95-96.

科技部. 2012-11-05a. 关于发布"十一五"国家科技支撑计划重大项目"农林重大生物灾害防控技术研究"课题申报指南和组织课题申报的通知. http://www.most.gov.cn/tztg/200610/t20061025_36685.htm.

科技部. 2012-11-05b. 关于"十二五"农村领域科技计划首批预备项目评审结果公示的通知. http://www.most.gov.cn/tztg/201010/t20101015_82674.htm.

科技部. 2012-11-05c. 关于"十一五"国家高技术研究发展计划（863计划）现代农业技术领域2006年度专题课题评审初步结果的公告. http://www.most.gov.cn/tztg/200611/t20061129_38435.htm.

科技部. 2012-11-05d. 国家973计划项目"农业生物多样性控制病虫害和保护种质资源的原理与方法"通过验收. http://www.most.gov.cn/dfkj/yn/zxdt/201105/t20110523_86945.htm.

李振岐, 曾士迈. 2002. 中国小麦锈病. 北京：中国农业出版社：269-272.

农业部. 2006-11-03. 关于印发小麦条锈病中长期治理指导意见的通知. http://www.china.com.cn/policy/txt/2006-11/09/content_7338790.htm.

3 小麦锈病研究国际发展态势分析

全国农业技术推广服务中心. 2013-02-07. 密切监控小麦条锈病发生动态. http：//www. natesc. moa. gov. cn/bccb/201104/t20110429_ 2111284. htm.

中国高校之窗. 2013-01-31. 西北农林科技大学获批主持一项"973 计划"项目. http：//www. gx211. com/news/2013131/n0662126413. html.

BBSRC. 2012-09-15a. Quick grants search. http：//www. bbsrc. ac. uk/pa/grants/QuickSearch. aspx.

BBSRC. 2012-11-07b. Increasing global crop production with bioscience. http：//www. bbsrc. ac. uk/web/files/publications/1210-scprid. pdf.

BGRI. 2012-08-31a. Home. http：//www. globalrust. org/traction.

BGRI. 2012-09-20b. IFAD：Reducing Risks of Wheat Rust Threatening Livelihood of Resource-Poor Farmers through Monitoring and Early Warning. http：//www. globalrust. org/traction? type = single&proj = advocacy&sort = 3&rec = 307.

BGRI. 2012-10-31c. Serious Outbreaks of Wheat Stripe or Yellow Rust in Central and West Asia and North Africa—March/April 2010. http：//www. globalrust. org/traction? type = single&proj = Pathogen&sort = 2&stickyparams = sort&rec = 206.

Bill & Melinda Gates Foundation. 2012-10-23. Search Past Grants. http：//www. gatesfoundation. org/grants/Pages/search. aspx.

CIMMYT. 2012-10-18. Documentatton of the CIMMYT Wheat Breeding Programs www. isbreeding. net/old web/publications. pdf/english05. pdf.

Consultative Group on International Agricultural Research. 2012-08-31. WHEAT：Global Alliance for Improving Food Security and the Livelihoods of the Resource-poor in the Developing World. http：//wheat. org/index. php/our-strategy.

Consultative Group on International Agricultural Research. 2012-12-11. Medium-Term Plan 2011-13. http：//www. sciencecouncil. cgiar. org/fileadmin/templates/ispc/documents/publications/2c-publications_ Reviews_ MTPs/ICARDA_ 2011-2013_ MTP. DOC

Consultative Group on International Agricultural Research. 2013-01-23. CRP3. 1：Wheat. http：//www. cgiar-fund. org/crp_ wheat.

DFID. 2012-11-17. Sustainable Agriculture Research for International Development（SARID）. http：//www. dfid. gov. uk/r4d/Project/60112/Default. aspx.

Durable Rust Resistance in Wheat. 2012-10-31. Welcome. http：//wheatrust. cornell. edu.

EuroWheat. 2012-11-28. Pathotype by country. http：//www. eurowheat. org/EuroWheat. asp.

Food and Agriculture Organization of The United Nations. 2012-09-20. Wheat Rust Disease Global Programme. http：//www. fao. org/agriculture/crops/cure-themes/theme/pests/wrdgp/en.

Global Rust Reference Center. 2012-09-20a. Mission and Goals. http：//wheatrust. org/enhed/mission-and-goals.

Global Rust Reference Center. 2012-09-20b. Yellow Rust Europe. http：//wheatrust. org/service/yellow-rust-europe.

Global Rust Reference Center. 2012-10-15c. RustFight. http：//wheatrust. org/research/rustfight.

Global Rust Reference Center. 2012-10-31d. Wheat Rust Toolbox. http：//wheatrust. org/international-services/service.

Government of Saskatchewan. 2012-09-07a. ADF Crop Projects Research Funding 2012. http：//www. agriculture. gov. sk. ca/Default. aspx? DN = 26e9f34f-f2e8-4460-af72-645730a5825f.

Government of Saskatchewan. 2012-09-07b. Summary of ADF Approved Projects 2009. http：//www. agriculture. gov. sk. ca/Default. aspx? DN = 5c3c4a6f-d3c0-4652-97e7-d76ae41b1af2.

GRDC. RustLinks. http：//www. grdc. com. au/Resources/Links-Pages/RustLinks. 2012-11-18.

Hodson D P, Grφnbech-Hansen J, Lassen P, et al. 2012. Tracking the wheat rust pathogens. Proceedings of BGRI 2012 Technical Workshop.

Hovmφller M S, Walter S, Justesen A F. 2010. Escalating Threat of Wheat Rusts. Science, 329 (5990): 369.

Huerta-Espino J, Singh R P, Germán S, et al. 2011. Global Status of Wheat Leaf Rust Caused by Puccinia triticina. Euphytica, 179 (1): 18, 143-160.

Manitoba Agriculture, Food and Rural Initiatives. 2012-09-07. Agri-Food Research and Development Initiative. http://www.gov.mb.ca/agriculture/research/ardi/purpose.html.

NSF. 2012-9-25. BREAD: Inactivating Rust Resistance Suppressors to Unlock Multiple Defense Responses in Wheat. http://www.nsf.gov/awardsearch/showAward.do? AwardNumber=0965429.

RustTracker.org. 2012-10-31a. Importance of Rusts. http://rusttracker.cimmyt.org/? page_id=307.

RustTracker.org. 2012-10-31b. Pathotype Tracker—Where is Ug99? http://rusttracker.cimmyt.org/? page_id=22.

RustTracker.org. 2012-10-31c. Stem Rust Pathotype Frequency Graph. http://rusttracker.cimmyt.org/? page_id=24.

RustTracker.org. 2012-10-31d. Welcome to RustTracker.org. http://rusttracker.cimmyt.org.

RustTracker.org. 2012-10-31e. Wheat Stem Rust - Ug99 (Race TTKSK). http://rusttracker.cimmyt.org/? page_id=260.

Sci^2 Team. 2009. Science of Science (Sci^2) Tool. Indiana University and SciTech Strategies. http://sci2.cns.iu.edu.

The University of Sydney. 2012-12-20. Cereal rust. http://sydney.edu.au/agriculture/plant_breeding_institute/cereal_rust/index.shtml.

USDA. 2012-09-07a. National Program 301: Plant Genetic Resources, Genomics and Genetic Improvement. http://www.ars.usda.gov/research/programs/programs.htm? projectlist=true&np_code=301&filter=yes.

USDA. 2012-09-07b. National Program 303: Plant Diseases. Filter Project List. http://www.ars.usda.gov/research/programs/programs.htm? projectlist=true&np_code=303&filter=yes.

Wellings C R. 2010. Global status of stripe rust. Proceedings of BGRI 2010 Technical Workshop. 34-48.

Wellings C R. 2011. Global status of stripe rust: A review of historical and current threats. Euphytica, 179 (1): 129-141.

4 生物信息技术国际发展态势分析

王小理 阮梅花 王 玥 王慧媛

(中国科学院上海生命科学信息中心)

2000年以来,生命科学研究各领域取得了巨大的进步,但依然面临极大的挑战,主要原因是研究对象是包含有几十亿年演化信息的高度复杂性生物。信息理论和技术向生物学深度渗透,生物向"信息生物"转型的趋势将进一步加快。信息基础设施和数据采集技术、新型信息与计算工具、生物计算模型的应用,使得生命科学从功能描述性科学向可预测的科学转变成为可能。生物数据的爆炸式增长,使得数据向信息的转变更为迫切,也加速了上述转变的过程。生物医学研究与信息技术的整合已经发生了深刻而重大的改变,生物信息技术发展面临重大机遇。

继20世纪80年代的生物数据"热浪"之后,进入21世纪后,一轮关于生物信息技术发展的浪潮重新兴起,并在近年内成为若干主要生物技术大国的战略优先领域。与早期侧重点在生物"数据"存储和数据分析上相比,新的发展趋势则将侧重点放在"信息"和"信息"计算,乃至知识整合上,在政策规划、投资强度上积极倾斜,相继提出若干重大研发计划,发布或筹划生物信息技术发展路线图。以欧洲分子生物学实验室-欧洲生物信息研究所为代表的科研机构鲜明提出"信息生物学"的发展主题,大型信息技术企业加速进军计算生物学领域。整体上看,生物信息领域已经形成生物大分子的信息挖掘、生物大分子功能结构研究、系统模型基础理论和应用研究、生物医学图像分析等四大发展主题。

自1993年中国人类基因组计划项目启动和1997年北京大学生物信息学中心成立以来,我国科技界对大力发展生物信息技术已经逐步意识到重要性和迫切性,并反映在国家科技规划中。通过国家863计划、973计划、国家自然科学基金、科技基础性工作专项、科技基础条件平台建设项目、中国科学院知识创新工程重大项目等渠道,我国在生物信息资源服务、数据库建设及软硬件开发、对重大生物学问题的生物信息分析和技术等方面取得较大进展,然而也存在基础设施建设薄弱、关键技术整体突破不足等现象,反映了我国在发展生物信息技术路径上还未形成重要共识。

本报告旨在反映生物信息技术领域发展趋势,寻找我国发展生物信息技术面临的关键机遇和挑战。4.1节对生物、信息技术交叉融合的前景、历史和当前形势进行了简要辨析;4.2节对美国、欧盟、英国、法国、德国、澳大利亚、加拿大、印度、俄罗斯等比较有代表性的国家/组织发展生物信息技术的重要政策、重大举措或项目进行了定向扫描，重点关注优先发展领域、资助情况；4.3 节通过文献计量分析方法，对生物信息技术的主要发展领域、整体发文情况、数学计算科学与生物交叉发文情况进行了分析，从文献分析角度描绘了生物信息技术领域整体发展状态和重要突破领域的发展情况。4.4 节，基于对生物信息技术发展的若干判断，提出我国在研究基础设施建设和面向生物学研究的数据库技术开发、资助模式、生物计算能力和生物计算模型与算法、打造新型协同研究机构与培训下一代计算生物学家等方面存在挑战。

近年来，生命科学研究取得了巨大的科学和技术进步，但依然面临极大的挑战。生命科学各领域的知识汇集、生物学家与来自其他学科的科学家和工程技术人员之间日益富有成效的合作，使得研究人员能够在更小的时间、空间和效应维度内观察、采集生物学材料、数据，解释丰富的生命现象。然而，与生命科学的最终目标——形成对生命现象的彻底理解、建立一系列数学模型或定律来进行精确的预测——相比，与其他特定学科如物理学、化学和工程学相比，当前的生物学研究依然停留在结构和功能描述性科学阶段。由于缺乏系统的定量化模型，导致目前对生命现象的理解，大多数依然停留在"卡通式"理解和描述阶段（National Research Council, 2009）。与 20 世纪相比，这种理解和描述只不过渗入分子水平，更加精细化。从当前辨别特定生物大分子、细胞、生物系统的特定功能、机制的工作，跨越到准确阐述完整复杂的生物系统，再到生物的系统设计、系统控制和系统预测工作，生命科学的发展和生命规律的探寻还面临着极大的挑战。

导致当前生命科学这种发展情况的原因有三个：第一，研究的对象生物高度复杂。与其他自然科学门类相比，生命科学研究的对象生物是宇宙特定演化阶段的产物。即便是最简单的单细胞生物，也包含有 36 亿年的丰富演化信息，具有历史特异性；而且生物有机体中物理学规律的时间平移均匀性的规则也遭到破坏（Yu, 2011），这与多数自然科学的研究对象存在很大差别。第二，当前研究工具方法的相对单一性。生物学自 20 世纪 50 年代以来，基于还原论的分子生物学研究模式开始主导生命科学研究（Kahlem P, Birney E, 2006），研究方法的落脚点重在局部、微观、个体，而由于生命构成的整体性、关联性，使得从生物分子到细胞、生物系统的宏观重建在很长一段时期内难以进入研究视野。第三，从事生命科学研究的主体研究人员更倾向于生物的功能性解释，或者生物理论构建的困难，使得生命科学界缺乏类似达尔文式、孟德尔式的生物基础理论构建，研究结论停留在对生物学事件的还原性描述、定位于生物事件的定性关联，而不能建立生物事件之间、微观生物事件与宏观生物体应答活动之间的必然性因果关系。

生物学和信息技术尽管存在明显的差异，但拥有许多共同点。它们是两个发展最为迅速的学科——生物学的发展是因为新的、高度异质的大量数据，信息技术的发展则是由于不断提高的性价比。两者都涉及超级复杂性实体，生物是自然演化形成的有机体，信息技术则涉及人类智慧塑造的人造功能性系统。更重要的是，两者都涉及复杂的信息处理。近年来，信息理论向生物学深度渗透（Adami, 2004），生物学向"信息生物学"

转型的趋势将进一步加快两者之间的高度融合①。例如，2012年7月美国科学家首次成功仿真完整生物体的生命周期（Karr et al.，2012），或将是生命科学研究中的又一里程碑事件，原本的研究对象生物有机体第一次可以作为相对完整的信息有机体而存在。

生物信息技术概念的内涵随着研究的深入和现实需要的变化而几经更迭。根据人类基因组计划（HGP）第一个五年总结报告中提到的定义，生物信息技术是包含生物信息的获取、处理、贮存、分发、分析和解释的所有方面的一门学科，它综合运用数学、计算机科学和生物学的各种工具进行研究，来阐明和理解大量数据所包含的生物学意义（刘廷元，2005）。

我们认为，生物信息学包含两层含义：一是对海量增长的生物学数据的管理和使用，侧重生物学领域中信息技术方法的使用和发展，侧重用于特定目标的生物信息高效组织；二是从生物学数据中发现新的规律，侧重应用信息和计算技术对生物学领域的假说进行验证和规律发现，即计算生物学。因此，本报告中，如无特别指明，生物信息技术通常包含计算生物技术。

近年来生物信息技术快速发展。有理由预测，未来生物信息技术的进步将在根本上推动生命科学从定性描述朝更加定量化、理论化的科学方向转变。

4.1 生物信息技术推动生命科学向可预测的科学转变

4.1.1 生物信息技术使得生命科学未来向定量化和可预测的科学转变成为可能

正是信息技术在生命科学中的引入和生物信息技术、计算生物的发展，引入了新的发展契机，部分解决了上述导致生命科学研究当前状况的三大障碍，使得生命科学发展转变为定量化和可预测的科学成为可能（National Research Council，2005）。

首先，信息基础设施和数据采集技术将为21世纪生物学提供超级丰富的数据和信息获取技术支持。精简审核的数据存储库，将存储大规模、多种类型的生物学数据，并为广大研究人员使用；包含生物学研究人员知识创造的数字图书馆，将提供合作模式下知识分享、注释、审查和传播的新机制；高端的、通用的计算中心等信息基础设施，可以提供超级计算能力；高速计算网络，将地理上相互分散的计算资源整合。

其次，信息和计算工具，促使生物学家可以解决非常专业、精确地界定所研究的问题。信息和计算工具通过以一种层次格式、巨大的容量来获取、存储、管理、查询和分析

---

① 需要强调的是，信息技术（IT）与医疗健康需求的结合，也有望引领医疗健康领域的革命性变革。健康IT更多以IT为主，面向医疗健康应用；本报告更偏重面向生物学研究的信息和计算技术。

生物学数据，使得生物学家可以快速横跨大尺度时间、空间和组织复杂性，从单个局部、生物现象的研究转换到系统、生物学意义背景下的现象研究，通过利用诸如进化保守性等特征，来确定生物的进化功能细节。

再次，生物计算模型可以作为生物学现象的抽象，从而可以在计算模型上进行假设和验证、定量预测。在缺乏可视化工具、丰富的数据库和难以做出定性预测的情况下，对于特别复杂的生物学问题，或者生物学问题甚至无法提出的场合，生物计算模型将替代生命科学"湿"实验研究。

最后，生物学的规律将在很大程度上也可以体现为生物的计算模型。如果将生物学现象视为以不同形式处理信息的过程，那么计算科学和信息技术不仅是捕捉生物学现象复杂性的工具，同时也可将其视为生物学规律的语言和概念集合。因此，生物学的规律和本质在很大程度上就体现为算法。

简单而言，生物信息技术的发展，有助于提出新的发展机遇（表4-1），来有效应对前文提出的三大挑战。

表4-1 生物信息技术发展所带来的发展契机

生物学挑战问题	生物信息技术提供的发展契机
本身包含丰富信息、具有演化特异性的研究对象	信息基础设施和数据采集技术。使得研究对象从生物到数据再到信息的转变。生物计算模型使得演化过程重现
研究方法单一性	新型信息和计算工具可以快速横跨大尺度时间、空间和组织复杂性。生物计算模型可以提出非常复杂的问题
理论规律构建困难	生物的计算模型不仅是工具，而且是研究目的

4.1.2 数据爆炸式增长加速信息生物学时代的到来和生物科学研究模式的转变加快

实际上，将信息和计算技术应用于生物学系统的模拟和分析，已经有很久的历史。20世纪50年代，生物信息学开始孕育，但由于缺乏大量数据而进展缓慢（National Research Council，2005）。

20世纪60年代，生物分子信息在概念上将计算生物学和计算机科学联系起来。到70年代和80年代初期，出现了一系列著名的序列比较方法和生物信息分析方法。80年代后，出现一批生物信息服务机构和生物信息数据库。90年代后，生物信息技术开始迅速发展。表4-2不完全列举了1962~2000年生物信息技术发展大事。

表4-2 生物信息技术发展大事记（1962~2000年）

年份	事件
1962	莱纳斯·鲍林等提出分子进化理论
1967	Margaret Dayhoff 构建蛋白质序列数据库
1970	提出 Needleman-Wunsch 序列比对算法

4 生物信息技术国际发展态势分析

续表

年份	事件
1972	将信息论引入序列分析
1977	利用计算机软件分析 DNA 序列中限制性内切酶识别位点
1980	美国《科学》期刊第 209 卷发表计算分子生物学的综述
1981	提出 Smith-Waterman 公共子序列识别算法
1981	提出序列模序概念
1982	GenBank 数据库第三版发布，欧洲分子生物学实验室（EMBL）创立
1982	λ-噬菌体基因组被测序
1983	提出序列数据库的搜索算法 Wilber-Lipman 算法
1985	快速序列相似性搜索程度 FASTP/FASTN 发布
1988	美国国家生物技术信息中心（NCB）创立
1988	欧洲分子生物学网络（EMBnet）创立，国际三大核酸数据库开始国际合作
1995	第一个细菌基因组测序完成
1996	酵母基因组测序完成
1997	BLAST 系列程序之一发布
1998	PhilGreen 等研制的自动测序组装系统 Phred-Phrap-Consed 系统正式发布
1998	多细胞线虫基因组测序完成
1999	果蝇基因组测序完成
2000	人类基因组测序基本完成

资料来源：孙啸等，2005

生物信息技术从早期的科学概念的孕育到最近对定量建模的兴趣重新兴起，至少在一定程度上归因于现代信息技术所赋予的巨大能力，但更多归因于现代分子和高通量技术所带来的数据爆炸式增长。这些数据数量巨大、关系复杂，以至于不利用信息技术根本无法实现数据的存储和分析。这些数据包含序列、图标、几何信息、标量和矢量、模式、限制因素、成像、科学目的其至还有生物学假设和证据，已经以 TB（=1024GB）级数量级来衡量。由于与单个单位个体的行为相关的数据点必须以数以万次或百万次的收集，对可比较的数据点，这些数据很有可能是高维的（Clarke et al. 2008）。这些数据在内容和格式上异源，收集上多模式，在产生和分析上多维度、多学科，组织上多尺度，在合作、分享上具有国际性。

更重要的是，解释生命科学中产生的这类数据，需要计算和信息学领域新一层次的复杂性。例如，美国能源部西太平洋国家实验室的科学家已经开发出一种新的计算工具——ScalaBLAST（Oehmen, Nieplocha, 2006），这是一种非常复杂的序列比对工具，可以将分析生物学数据的工作分解为可管理的片段，从而使得大型数据集可以在许多处理器上同时运行。这种技术的应用，意味着大尺度问题。例如，对有机体的分析可以在几分钟内解决，而非数周。

基于这些理由，美国国立卫生研究院（NIH）在"生物信息和计算生物学路线图"计划明确提出"生物学正快速向信息管理科学转变"（NIH, 2012）；与此对应的是，国际知名生物信息研究机构——欧洲分子生物学实验室（EMBL）在 2012～2016 年发展计划中鲜明提出"信息生物学"的发展主题（EMBL，2012）。美国科学院在《催化计算和生物学的交叉》报告中更是强调，未来的生命科学将成为信息科学，将使用计算机和信息技术作为语言和媒介来管理生物系统，观察生物中离散的、非对称的、不可还原（约）的独特特征（National Research Council，2005）。

可以说，正是近年来巨量的生物学数据在促使信息生物学时代到来的同时，也使得生物学向预测性科学转变的可能性进一步放大。

4.1.3 生物信息技术已经处于重大转折的关头

2000 年以来，生物医学研究与信息技术的整合已经发生了重大改变。

首先，计算已经成为生物医学研究项目中的常规工具。一系列算法工具已经被广泛应用或内嵌于研究工具。

其次，生物医学信息学领域，对于计算工具特别依赖，已经从概念演化为相对成熟的学科。从生物大分子的结构预测和动态模拟（Tang，Xu，2002；Sanbonmatsu，Tung，2007），到大型细胞信号通路重建（McAdams，Shapiro，2003）、代谢通路重建（Zhang et al.，2009）以至完整细胞的虚拟仿真或功能重建（Karr et al.，2012），从生物群落的群体动态模型（Cohen，Murray，2004），再到对大脑进行反向工程（Eliasmith et al. 2012），生物信息技术已经成为当今生命科学的重大前沿领域。

最后，高性能计算已经开始在生物医学研究中推广应用，从而开辟出解决复杂生物系统的多种可能性并有可能在揭示生命规律中发挥重大作用。1996 年美国加利福尼亚大学圣迭戈分校超级计算中心成立结构生物信息学研究合作实验室以来，国际上利用网格计算或超级计算来研究生物现象的重大举措接连不断。美国在 2000 年启动关于蛋白折叠计算工程 Folding@home 项目，整合全球 200 万亿次的计算能力来研究蛋白折叠机制。IBM 公司和瑞士洛桑理工学院在 2004 年共同发起"蓝色大脑计划"（EPFL，2012），计划通过 36 万亿次的超级计算机模拟人类大脑新皮质神经活动。日本在 2010 年启动实施生命科学超级计算战略项目，并计划利用千万亿次计算能力的"京"超级计算机（K Computer），启动"活性物质的下一代整合模拟（ISLiM）"项目，理解生物系统中发生的不同现象（RIKEN，2012）。

总之，生物信息技术和计算生物技术已经是生物学研究不可分割的一部分，充满巨大的发展机遇。然而，未来生物信息技术和计算生物技术的技术缺陷也将成为生物研究发展进程中最为显著的限制性约束因素。因此，生物信息技术发展面临重大的机遇和挑战。

4.2 国际重要政策规划与举措

20 世纪 80～90 年代，国际社会出现生物信息"热"。例如，美国 1988 年成立国家生物信息中心（NCBI），欧洲 1993 年建立欧洲生物信息研究所（EBI），日本 1995 年建立信息生物学中心。与早期的重视生物"数据"相比，2000年以来受到有关国家重新重视和发展支持的生物信息技术则将侧重点放在"信息"和对"信息"的计算与应用上（表4-3）。下面对重要国家的发展政策或重要举措进行简要分析。

表4-3 有关国家政府发展生物信息技术重要政策与举措概览（2000年以来）

重要国家或组织	主要政策规划或举措（时间）	备注
美国	美国国立卫生研究院生物医学信息科学与技术行动计划BISTI	已投资数十亿美元
	NIH基因组领域重大计划配套资助项目	如微生物组学项目、神经科学蓝图项目、转化医学项目
	NIH IT基础设施	如癌症生物医学信息网格（caBIG®）投资超过3.5亿美元
	美国能源部基因组科学项目	发展计算生物学和系统生物学知识库
	美国国家科学基金会多部门资助生物信息学项目	
欧盟	第六、七研发框架	欧洲生物信息基础设施（ELIXIR）项目拟投资5.67亿欧元
英国	生物信息学e-Science项目、生物信息基金；	投资超过5300万英镑
法国	组建遗传学、基因组学与生物信息学研究所（ITMO GGB）；成立"分子生物信息技术"研究组（GDR 3003）；资助一批重大项目	法国生物信息平台网络（ReNaBi）
德国	德国生物信息学研究教育项目；生物信息技术培训和技术推动项目	资助超过6000万欧元，主要资助系统生物学与生物信息学交叉项目
加拿大	2012年开始着手制定未来五年生物信息和计算生物学发展路线图	
澳大利亚	澳大利亚生物信息技术发展战略（2006年）；维多利亚生命科学计算项目	维多利亚生命科学计算项目投资1亿澳元
印度	《国家生物信息技术政策》；印度"十一五"期间每年投资达到368万美元；拟印度"十二五"期间翻一番	将新成立一家自治性研究机构——生物信息和计算生物学研究所，投资将达到7360万美元
俄罗斯	《俄罗斯健康发展计划2013~2020》	规划建设两家国家级生物信息学中心
中国	《国家"十一五"科学技术发展规划》、《国家"十二五"科学和技术发展规划》、《"十二五"生物技术发展规划》	超前部署"生物信息与生物计算技术"，"生物信息学"是科学前沿重大问题主要研究内容之一；建设生物信息技术国家重点实验室、国家生物信息中心等

另外，生物信息技术同样具有巨大的技术经济价值。生物信息学的许多的研究成果可以很快产业化，成为价值很高的商品。据估计，到2014年全球生物信息学市场产值将达到83亿美元。国际上大型信息技术企业和大型制药企业内部的生物信息学部门的数量也

与日俱增，如 IBM、微软、阿斯利康等，从而逐步改变全球生物信息技术的研发版图。

4.2.1 美国

美国非常重视生物信息技术的发展应用，主要科研资助机构，如国立卫生研究院、国家科学基金会、能源部科学办公室等，对生物信息技术和计算生物技术的科技投资近年来呈上升势头。美国 2012 年先后发布的《大数据研发行动计划》和《国家生物经济蓝图》（OSTP，2012；Whitehouse，2012），再次明确生物信息技术领域部署。由于后者偏宏观政策，这里主要阐述重大项目。

4.2.1.1 美国国立卫生研究院构建生物医学计算环境三大战略举措

1）实施生物医学信息科学和技术行动计划（BISTI）及生物信息和计算生物学路线图

早在 1999 年 6 月，美国 NIH 院长生物医学计算咨询委员会工作组在提交的《生物医学信息科学和技术行动计划》报告中就指出，数字化的方法学——不仅仅是数字技术——是未来生物医学的核心所在，并提出四项原则性建议：①NIH 应当建立 5~20 家国家生物医学计算卓越中心，致力于这一新兴领域从基础科学到工具科学的各个方面。期望这些国家项目将在培训生物医学-计算研究人员中发挥关键作用。②为使得不断增长的生物学数据以一种可为研究和使用的格式获取，NIH 应当建立一个新项目，致力于信息存贮、审核、分析和检索（ISCAR）的基本原则和实践。③NIH 应当提供额外的资源和激励，用于基础研究，向发明、优化和应用生物医学计算工具的人员提供足够的支持。④NIH 应当培育一个可扩展国家计算基础设施。为确保生物医学研究人员能够获取计算资源的利用，NIH 应当提供财政资源增加计算能力，无论是本地的还是远程的（BISTI，1999）。建议的核心是"成立国家生物医学计算卓越项目（NPEBC）"。这项建议的实施后来成为 NIH 2003 年提出的生物医学研究路线图"生物信息学和计算生物"的一部分。

通过"生物信息学和计算生物"路线图项目（Jakobsson，2004；NIH，2012），NIH 致力打造推动医学研究的信息高速公路，通过"部署强健的生物医学计算环境，整合不同层次组织的数据和知识，在不同尺度上分析、建模、理解和预测动态、复杂的生物医学环境。"简单而言，NIH 希望建立一个系统：可以代表整合软件包，像办公软件一样安装在许多个人电脑上，信息可以无缝、协作性分析。表 4-4 是该路线图主要目标内容。

表 4-4 美国国立卫生研究院生物信息和计算生物学路线图项目主要目标

难度	1~3 年发展目标	4~7 年目标	8~10 年目标
低难度	1. 开发用于确定领域的词汇、本体、数据架构，开发基于这些词汇、本体和数据架构的原型数据库 2. 需要 NIH 支持的软件开发必须开源 3. 需要 NIH 支持的项目产生数据以及时共享	1. 补充现有的国家或区域高性能计算设施，促进生物医学研究人员对这些设施的最佳利用 2. 开发和促进对基于不同领域的词汇、本体和数据架构的数据库的使用	培养一批新一代多学科生物医学计算研究人员

续表

难度	1~3年发展目标	4~7年目标	8~10年目标
低难度	4. 创建一个高声誉资助项目，鼓励生物医学计算研究 5. 对生物医学计算中的创新课程开发提供支持 6. 支持在分析同一数据或解决同一问题测试不同方法和算法的研讨会 7. 识别现有的最佳实践/金标准生物信息技术和计算生物学产品和项目，并持续维持和提升 8. 提高生物信息学和计算生物学的培育机会	3. 建立、固化使用者碰头会议，整合基于"组学"和其他生物医学的数据库	
中等难度	1. 支持基础设施项目，包括生物医学计算环境的关键构建成分；最佳软件工程开发实践的整合；数据、模拟和验证的整合 2. 将生物医学计算作为学术性研究机构的一个学科 3. 开发原型高通量目标研究和分析系统，整合基因组和其他生物医学数据库	1. 开发强健的计算工具和不同生物医学数据库、工具之间的互操作方法，用于采集、建模和分析数据，以及模型、数据和其他信息的传播 2. 重新塑造语言和表征方法，如系统生物学标记语言（SBML），用于高水平功能	开发和传播面向生物医学研究团体的专业级、先进、可互操作的信息和计算工具。同时，在这些工具的使用中提供密集培训和反馈机会
高难度		1. 确保网格计算的生产性利用 2. 开发面向使用者的优化软件，使得生物学家可以通过使用计算网格的应用程序受益 3. 整合关键构建元素为统一架构	部署强健的生物医学计算环境，在不同尺度上分析、建模、理解和预测动态、复杂的生物医学环境

2004年以来，先后有8家生物医学计算研究中心得到资助（表4-5），每一个中心都有一个核心定位，分别覆盖：生物物理模拟、生物医学本体学、信息整合技术用于基因型-表型分析、系统生物学、成像分析、健康信息建模和分析、数据匿名化。这些中心的主要目的是成为网格化核心，并以此为基础建设用于生物医学计算的计算基础设施——国家生物医学计算卓越项目（NCBC，2012）。这些中心开发的软件和工具，促使生物医学共同体可以对关系人类健康和疾病的数据进行整合、分析、建模、模拟和共享。

表4-5 美国国家生物医学计算中心（NCBC）组成及资助情况

中心名称	启动年份	主要研究方向	累计资助/万美元
基于物理的生物结构模拟中心（SimBioS）	2004	开发、传播、支持模拟工具，从而促使研究人员创造和可视化精确的模型，包括从原子到有机体各层次结构	3150

续表

中心名称	启动年份	主要研究方向	累计资助/万美元
基因组和细胞网格多尺度分析中心（MAGNet）	2004	提供一种整合的计算框架，对具有重要生物学意义的生物过程中的分子细胞相互作用进行完成的图谱分析	3160
国家医学图像计算联盟（NA-MIC）	2004	推动医学图像分析和计算，促进个性化医学	2857
国家整合生物医学信息中心（NCIBI）	2004	建立用于分子生物医学研究定向知识环境，开发高效的软件工具、数据集成方法和系统建模环境	2000
整合生物学和临床的信息学（i2b2）中心	2005	可扩展的计算和组织框架，用于大型跨学科学术性医学中心开展临床研究	2682
国家生物医学本体中心（NCBO）	2005	创造和维持一个生物医学本体和术语集合；开发促使这些本体和术语用于临床和转化研究的工具和网络服务	2573
计算生物学中心（CCB）	2005	研究生物形状、类型和大小的动态特征；研发、证实、传播数据和用于不同时空尺度谱系下的形状的建模、分析和可视化软件工具	2129
用于分析、匿名化和分享的数据整合中心（IDASH）	2010	开发新的算法、开源工具和计算基础设施和服务进行用于分析、匿名化和分享的数据整合	671

2）大型项目中配套实施生物信息技术子项目

由于大型生物科学项目的庞大数据量和复杂性，需要新的分析工具从序列数据、功能基因组数据和主题元数据中抽取关键的信息，因此，在大型项目中通常配套实施生物信息技术项目，如 DNA 元件百科全书（ENCODE）项目、人体微生物群系项目（HMP）等。例如，2011 年 10 月，美国国家人类基因组研究所宣布新增 3 个 ENCODE 项目的资助领域，未来 4 年内投资 1.2 亿美元以上。其中，2 个领域与生物信息技术直接相关：对数据进行计算分析，计划在 2012 财年投入 300 万美元，资助 5~8 个课题。建立数据协调与分析中心，计划在 2012 财年投入 550 万美元。在具体实施中还设有计算与分析基金（NHGRI，2011），见表 4-6。

表 4-6　美国国家人类基因组研究所 DNA 元件百科全书项目生物信息投资领域（2012 财年）

资助领域	承担机构	主要研究方向
数据协调中心	斯坦福大学	与数据生产中心共同收集、整理和存储数据，并为研究界提供获得数据的渠道
数据分析中心	马萨诸塞大学医学院	与数据生产中心共同对数据进行综合分析，提高这些数据对科研人员的易用性

续表

资助领域	承担机构	主要研究方向
计算与分析基金	美国加利福尼亚大学伯克利分校	开发新的统计和计算方法，降低数据的复杂性，并实现多个数据集间比对
	麻省理工学院	开发新的计算方法用于鉴定数据中的调控元件，研究每个调控元件中各元件的工作机制
	美国威斯康星大学麦迪逊分校	开发新的统计方法和软件用于鉴定人类基因组中的调控元件
	斯隆凯特琳癌症研究所	开发新的计算方法，识别对疾病做出应答的细胞类型和基因变化
	芝加哥大学	开发新的计算方法，探索数据中 DNA 序列变化引起基因表达变化的机制
	美国加利福尼亚大学洛杉矶分校	对改变 RNA 转录后加工过程的遗传差异进行鉴定

3）建设用于生物医学研究的新一代 IT 基础设施

NIH 致力于设计和开发用于生物医学研究的新一代 IT 基础设施建设。除国家医学图书馆下属国家生物信息技术中心（NCBI）外，癌症生物研究信息网格（caBIG®）也是最具影响力的项目之一。该设施能够处理各癌症中心、合作团队和项目的数据收集、整合、分析、传播挑战，以加速研发新的检测、诊断、治疗和预防癌症的方法。caBIG® 2004～2010 年总投资超过 3.5 亿美元（caBIG®，2010）。

caBIG® 已经基本建设成为一个国家级癌症研究与成果应用网络。主要功能表现为：可以将不断增长的海量数据从数据负担转变为可用的有价值信息。caBIG® 通过网格基础设施 caGrid 可以向有关组织机构提供高效的标准工具，可以对所有类型的数据，包括医疗图像、基因组信息、生物标本注释或临床信息等进行安全存储、分析和共享。caBIG® 能进行很好的数据清理且便于互操作。来自不同研究领域的数据必须可以相互操作，以便可以用整合的方式对数据进行分析，从而能够在合适的时间、合适的场合辅助解答日益复杂的生物和临床问题。截至 2009 年底，有超过 120 家组织机构链接到网格基础设施上，共提供超过 125 种分析服务和数据服务。而随着来的越多的数据上传和组织链接到网格基础设施，caBIG® 项目价值也急剧增加。

4.2.1.2　美国国家科学基金会多学科资助生物信息和计算生物学研究

作为美国非医学研究领域各学术机构开展基础研究最主要的资助机构，美国国家科学基金会指出，建立和验证复杂分子系统的结构和功能、生物化学通路和其他精细调控细胞过程的物理和数学模型是 21 世纪生物领域面临的最大的理论和计算问题之一（NSF，2012）。

美国国家科学基金会在生物局、计算和信息科学工程局、数理科学局下设置许多项目资助生物信息学和计算生物学，每类项目有不同的侧重点、资助标准和优先领域（Olken，2009），见表 4-7。例如，生物局下属生物基础设施处资助重点包括生物数据库和生物信息学/技术项目;又如,分子和细胞生物学处资助优先领域包括分子和细胞生物学的计算数学模型和模拟方法等;再如,新兴领域处,鼓励理论生物学研究,推进利用从基因组学到生态系统的生物学各层次信息,使用新的分析、计算、模拟和网格化工具进行研究。

表4-7 美国国家科学基金会资助生物信息和计算生物的部门和领域

美国国家科学基金会下属局、办公室	下属处	资助领域	平均每年资助额
生物局	生物基础设施处	生物信息研究计算资源	约2000万美元
	分子和细胞生物学处	生物网络和复杂生物过程	
	新兴领域处	综合生物学研究前沿、理论生物学	
计算和信息科学工程局	信息和智能系统处	数据挖掘、机构知识库、知识表示、知识管理,数据整合,模式匹配,图像分析、图形数据挖掘,化学生物信息学	
数理科学局	数学科学处	数学生物学、生物统计学	
美国国家科学基金会职业发展项目		方向包括:生物信息学、计算生物学	每项5年资助40万~50万美元
NSF与NIH联合招标		计算神经科学合作研究	500万美元

资料来源:Olken,2009

整体上这些项目分为三类:小型50万美元以下,中型50万~120万美元,大型120万~300万美元。这些项目持续期通常3年,对于中型和大型项目,有时为4年。

另外,自2010年起,美国国家科学基金会数理科学局和国家普通医学研究所(NIGMS)决定每年联合出资500万美元促进生物学和数学交叉领域的研究(NSF,2010)。该联合项目旨在支持使用尖端数学技术以及涉及重大数学问题的生物研究,能够获得资助的项目定位于那些能够识别解决重要生物学问题所需数学或统计学创新研究的项目,或者涉及新的数学模型构建及分析,以解决生物学相关重大数学问题的项目。

4.2.1.3 美国能源部基因组科学项目

美国能源部一直以来是美国生物科学研究和资助的重要机构,参与实施人类基因组计划和美国微生物计划。进入21世纪以后,美国能源部在2005年新提出资助强度为1亿美元、后改名为"基因组科学项目"的大型科学研究计划(DOE,2012)。基因组科学项目提出,10年内(2005~2015年)建设一个国家级基础设施,将大量涌现的生物数据和概念转变为基于计算的生物学。在"基因组科学项目"路线图中,确立五大计算生物学目标:①高通量、自动化基因组装配和注释方法开发;②支持蛋白-蛋白相互作用和蛋白表达谱高通量实验测定的计算方法;③利用代谢网络分析和生物化学通路动态模型,支持微生物行为的预测模型;④开发和应用用于生物学系统的分子和结构先进建模方法;⑤开展有关大规模生物计算基础设施和应用的基础工作。

"基因组科学项目"在计算生物学领域有大量投资,预算申请从2008财年的384万美元已经快速攀升到 2012 财年的 1440 万美元。"基因组科学项目"在 2008 年新增加"系统生物学知识库"研发计划，计划通过整合蛋白组、基因组和转录组等各类高通量数据和数学建模，建立具有预测功能的生物学模型，实现生物学研究应用从功能描述向功能预测的转变（KBase，2009）。为推动计算生物学在生物学研究中的普及，美国能源部科学办公室下属先进科学计算研究办公室（ASCR）和生物环境办公室还联合资助成立三家计算生物学研究教育推进研究所（表4-8）。

表 4-8 美国能源部资助的计算生物技术研究推广机构

研究所名称	定位
约翰·霍普金斯大学生物学反应多层次建模研究所	研究不同时间和空间层次下的生物学系统，从分子水平上的蛋白相互作用到整个有机体复杂生物化学网络行为
加利福尼亚大学默塞德分校计算生物学中心	通过计算生物学支持跨学科科学研究项目，并根据最新的计算生物学研究成果，加快研究生和本科生教育材料的开发
威斯康星大学麦迪逊分校推动先进生物计算资源用于环境研究（BACTER）研究所	通过使用计算生物学方法和与实验，培训学生发现微生物组织中的生物机制和细胞通路；预测蛋白折叠、开展模式结构的比对匹配、解析生物学通路，构建两类细菌完整细胞模型

此外，美国能源部还不遗余力地利用下属的超级计算机能力推动生物基础研究。2006 年以来，先后有 35 项目次获得能源部"影响理论和实验的创新和新型计算"项目（INCITE，2012）的支持，获得的超级计算时间总计达到 5 亿处理器小时（表4-9）[①]。

表 4-9 美国能源部 INCITE 项目资助的生物科学项目及分配时间

年份	项目名称	分配时间（处理器万小时）
2006	分子马达的分子动态	148.48
	高解析度蛋白结构预测	500
	基于突触核蛋白原纤维结构的模拟和建模：理解帕金森症分子基础	1.6
2007	膜蛋白的门控机制	400
	生物学中的下一代模拟：通过多维度模拟理解生物分子结构、动态和功能	100
	高解析度蛋白结构预测	300
	基于突触核蛋白原纤维结构的模拟和建模：理解帕金森症分子基础	7.5
2008	蛋白结构预测和设计的计算	1200
	心电活动的大尺度模拟	84.672
	纤维素乙醇：木质纤维素抗水解作用的物理基础	350
	膜蛋白的门控机制	500
	基于突触核蛋白原纤维结构的模拟和建模：理解帕金森症分子基础	120

---

① 处理器或者计算时间是指超级计算机的时间分配方式。一个项目获取 100 万计算小时，意味着其可以在 2000 个处理器上运行 500 小时。

续表

年份	项目名称	分配时间（处理器万小时）
2009	蛋白 AAA+、DNA 修复酶、复制叉处滑动钳的相互作用：复制酶组装和功能模拟的多维度方法	260
	塑造生物膜的蛋白	924
	利用非结构蛋白和吸收特定离子的膜通道计算设计进行膜相互作用模拟和建模	300
	蛋白结构预测和设计的计算	1200
	心电活动的大尺度模拟	2140.55
	膜蛋白的门控机制	4500
	纤维素乙醇：木质纤维素抗水解作用的物理基础	600
2010	纤维素乙醇：木质纤维素抗水解作用的物理基础	2500
	蛋白结构预测和设计的计算	5000
	蛋白 AAA+、DNA 修复酶、复制叉处滑动钳的相互作用：复制酶组装和功能模拟的多维度方法	400
	非折叠多肽链的 HSP70 陪伴过程的毫秒级分子动态	600
	蛋白-配体相互作用模拟和分析	2500
	塑造生物膜的蛋白	2500
	利用 MspA 蛋白纳米孔的 DNA 测序	1000
	利用非结构蛋白和吸收特定离子的膜通道计算设计进行膜相互作用模拟和建模	500
2011	纤维素乙醇：多组分生物质系统模拟	3000
	多维度血液流动模拟	5000
	蛋白配体相互作用模拟和分析	2000
	塑造生物膜的蛋白	500
	利用非结构蛋白和吸收特定离子的膜通道计算设计进行膜相互作用模拟和建模	400
2012	纤维素乙醇：多组分生物质系统模拟	2300
	多维度血液流动模拟	7300
	蛋白配体相互作用模拟和分析	1000

4.2.1.4 以生物信息技术推动转化医学发展

生物信息技术也是推动转化医学发展的关键力量，美国也予以着力推动。美国食品和药品监理局（FDA）2011 年 8 月发布名为"推进 FDA 监管科学（Advancing Regulatory Science at FDA）"的战略计划（FDA，2011）。为鼓励临床评价和个性化医药创新，FDA 提出将开发虚拟的病理学患者，鼓励开发能整合健康人和患者解剖学放射成像数据的计算机模型，并将这类模型与基因组学及其他生理学数据整合，开发完整的生理模型与模拟，用于开发和测试医疗器械和其他医疗产品等。在 FDA 于 2011 年 10 月 5 日发布的"驱动生物医药创新：促进医药产品开发行动计划"中，FDA 还提出将加大数据挖掘和信息共享力度，建立能分析大型复杂数据集的科学社区等。

4.2.2 欧盟

在生物信息技术领域，欧盟在第五框架计划（FP5）就已经开始进行布局，通过一个大型集成项目，支持大型数据库的开发，使得欧洲生物信息学的基础能力得到明显提高，达到世界主要科研中心水平（European Commission，2008）。第六框架计划（FP6）进一步加强了生物信息基础能力的整合。在实施 FP6 之前，一系列生物数据库和生物信息技术能力散布在欧洲而不能有效获取。而在实施 FP6 之后，在数据库、服务、分析工具和科学研究方面都得到明显增强。2011 年以来，欧盟在欧洲分子生物学实验室-欧洲生物信息研究所（EMBL-EBI）基础上，新提出建设欧洲生物信息基础设施（ESFRI，2010），这有望极大提升欧盟各国生物信息技术能力。

另外，欧洲主持的欧洲分子生物学网络组织（EMBnet），为世界各国提供生物信息资源，并在合作进行生物信息的研究、开发、应用和人才培训等方面享有国际声誉。

4.2.2.1 欧盟两轮研计划发框架对生物信息和计算生物学的资助

欧盟 FP6 中，在生物信息学领域建立专门围绕生物信息技术研究区，并设立 3 个主要卓越网络（NOE）项目作为核心（表 4-10）。欧盟生物信息技术研究区主要目标是促使研究人员获取高效的工具，以便对基因组数据的日益增长进行管理和解读，并以一种可以获取和使用的方式，推广到广大研究人员团体中。研究项目主要集中在开发生物信息学工具和资源，进行数据存储、挖掘和处理，用于基因功能虚拟预测、复杂生物调控网络模拟的计算生物学方法开发。整体上，在 2002~2008 年，欧盟在生物信息技术领域提供接近 7500 万欧元资助研究项目（European Commission，2008）。

表 4-10 欧盟第六计划框架资助的部分代表性生物信息和计算生物学项目

类别	项目名称	简称	主要目标	额度/万欧元
三大卓越网络	欧洲基因组注释整合网络	BIOSAPIENS	建立欧洲基因组注释虚拟研究所，聚焦基因组注释、安排会议和研讨会鼓励合作。建立一个永久性的欧洲生物信息学学院，专门培训生物信息学技术人员，对基因注释数据进行挖掘	1200
	欧洲生物信息学研究和团体教育模式	EMBRACE	整合欧洲生物信息学主要数据库和软件工具。主要受到生物信息技术专业服务商和终端生物研究人员提出的一系列问题所驱动	828
	功能性整合实验性网格	ENFIN	将生物信息技术、实验室的"湿"研究能力与欧洲系统生物学领域计算方法整合起来。ENFIN 将提供一个多样化生物学数据、整合的分析工具等提供平台	896

续表

类别	项目名称	简称	主要目标	额度/万欧元
生物信息技术作为必要组成部分的代表性项目	磷酸化调控细胞有丝分裂：整合功能基因组、蛋白组学和化学生物学方法	MITOCHECK	创建公共数据库，用于包括所有参与哺乳动物细胞周期的蛋白	857
	多生物体模式研究肌肉发育、功能和修复	MYORES	多种模式生物中的肌肉研究，创建用于肌肉研究的数据库	1200
	视网膜的功能基因组	EVI-GENORET	先进的关系型数据库，整合功能基因组数据和临床疾病数据，参与眼发育、退行和疾病发生的基因	1000
计算生物	欧洲复杂疾病建模计划	EMI-CD	将用于复杂疾病过程虚拟建模的若干种必要模块整合在一起	190
	细胞信号转导和控制过程整合方法研究：从计算生物学到应用	COMBIO	对一组实验室专家、生物信息技术专业人员和模拟小组整合起来，从而获得对关键生物过程的精细理解	199
	细胞信号转导的计算系统生物学	COSBICS	建立一种新型的计算框架，可以对细胞信号转导通路和靶向基因表达进行分析	168

随后，欧盟 FP7 继续资助大规模整合项目，整合人类和模式生物的基因突变体数据库，加快数据库之间的关联、加速群体遗传分析。例如，设立 1200 万欧元的"从基因组到表型组"（GEN2PHEN）重大整合项目，用于基因组注释和基因型-表型数据整合的计算工具开发，并通过分子相互作用、通路和相互作用网络描述，加速系统生物学过程。

4.2.2.2 欧洲大型生物信息基础设施

欧洲注重协调各成员国的资源禀赋，推动生物信息技术大型基础设施。例如，启动于 2006 年 3 月的免费欧洲生命科学信息和计算服务（FELICS，2006），是欧盟支持生物学研究的大型基础设施之一。FELICS 建立了一系列核心分子生物学数据应用，包括基因本体国际联盟（GO）、蛋白家族、域和功能性位点的文档资源（InterPro）、人体生物学过程数据库等。

此外，丹麦、荷兰、芬兰、瑞典和英国五国于 2011 年 9 月 15 日签署一项备忘录，批准启动欧洲生物信息基础设施（ELIXIR）项目。该项目由欧盟提供资助，欧盟五国及欧洲分子生物学实验室（EMBL）下属欧洲生物信息研究所（EBI）等科研机构共同启动实施。ELIXIR 项目旨在建设欧洲跨国生物信息基础设施、对欧洲生物信息研究所（EBI）进行升级，建设欧洲分子生物数据中心；推动前沿 IT 技术应用于数据整合、数据库的互操作；推动和开发分布式注释的应用；生命科学数据库大规模合作技术开发。总建设费用

5.67亿欧元（2007~2013年），共有来自14个国家的32个合作方参与 ELIXIR 项目建设。主要建设目标：相互关联的核心和专业化生物数据资源和文献的存储；大批量数据的标准和本体学；对 EBI 核心信息资源的升级；多样化、异质数据的整合和互操作；通过合适的基础设施和友好型接口，对数据进行快速访问和获取；促进分布式注释和技术开发的基础设施；链接欧洲大型超级计算中心，获取高性能计算资源；加强与生物产业界合作（Europa，2011）。

另外，欧盟还通过2010年开通的 Peta 级高性能计算设施（PRACE，2012），为包括生命科学在内的科学研究提供高性能计算服务（表4-11）。

表4-11 欧盟 Petascale 高性能计算设施（PRACE）提供生命科学相关项目高性能计算

资助批次	资助规模	生命科学相关项目
第一批	提供3.62亿处理器小时，资助9个项目，其中生命科学相关项目2个	生物离子通道中的质子移位的分子动态模拟 利用氢隧道的酶量子核移位效应研究
第二批	提供4亿处理器小时，资助17个项目，其中生命科学项目3个	离子开关调控的生物分子识别作为纳米技术组装工具 DNA 四连体适体折叠过程中的结构和构象必要条件 氨基酸转运周期的分子基础
第三批	提供7.2亿处理器小时，资助24个项目，其中生命科学相关项目3个	蛋白对生物发色团的结构和光学特征影响：视紫红质和光捕获复合体的量子蒙特卡罗/分子机制计算 心型冠状动脉中血液动力学 用于水氧化的生物催化剂的基础设计原理

4.2.3 英国

生物信息技术研究已经成为英国国家级主要研究资助机构的战略方向。例如，2012年2月，英国生物技术与生物科学研究理事会、英国工程与自然研究理事会（EPSRC）和英国医学研究理事会（MRC）等3家研究资助机构发布公告，宣布生物信息技术研究将是三家研究机构的战略方向（表4-12），并将对具有国际水准的研究项目和数据库基础设施提供资助（BBSRC，2012）。下文重点以 BBSRC 为重点做一简要介绍。

表4-12 英国生物信息和计算生物资助三大政府资助机构资助方向

机构名称	主要资助方向
BBSRC	主要鼓励和资助生物学研究驱动的信息学研究项目，包括可应用于生物学挑战性问题的计算工具和技术设计开发；将现有信息学工具应用于新型生物学研究目地的项目；适合生物学使用者团体使用标准的数据库
EPSRC	资助一系列生物信息学相关领域，包括生物领域信息技术、复杂科学、人工智能技术、信息系统、统计和应用概率。生物领域信息技术，主要是指计算科学、数学和统计学驱动的生命科学研究项目
MRC	支持与人体健康研究相关的信息技术项目，资助方式包括 MRC 应答型资助模式，例如研究项目、合作项目、学者项目、方法学研究项目

4.2.3.1 英国生物技术与生物科学研究理事会对生物信息技术的投资

BBSRC 充分认识到生物信息技术在推动生物科学前沿领域发展中日益重要的作用。早在 1995~2000 年，通过 BBSRC/EPSRC 联合生物信息技术计划，总共资助 64 个项目，总资助额 915 万英镑。2001~2006 年，又通过生物信息技术 e-Science 项目，投资 2300 万英镑资助 61 个项目（RCUK，2012）。2012 年 5 月，进一步宣布资助 1900 万英镑，支持下属机构基因组分析中心（TGAC）部署最新的高通量测序和生物信息学技术，同时支持开发海量数据存储和处理的新方法。近年来 BBSRC 生物信息技术和生物信息资源领域重大项目见表 4-13（BBSRC，2010）。

表 4-13 英国 BBSRC 生物信息资源和技术资助重大项目列表（2006~2010 年）

项目名称	牵头机构	招标年份	资助额/英镑
小麦功能基因组学	布里斯托尔大学	2006	370992
英国植物系统生物学建模中心	阿伯里斯特维斯大学	2006	346961
后基因组时代 CATH 资源整合	伦敦大学学院	2006	816263
用于反向遗传学整合信息技术和资源平台	约翰·英纳斯中心	2006	852489
BioModels 数据库：用于系统生物学模型的整合资源	EMBL-EBI	2006	525242
利用新技术改进 InterPro 及相关数据库	EMBL-EBI	2006	985813
FlyAtlas：果蝇基因表达图谱集在线资源	格拉斯哥大学	2006	271096
蛋白圆二色光谱数据库和 Dichroweb 服务器维护	伯克贝克学院	2006	677358
BioGRID 数据库：国际开放型生物相互作用资源	爱丁堡大学	2006	930621
用于生命科学的在线服务：生命科学专业数据库目录	曼彻斯特大学	2006	569795
蛋白结构预测 PHYRE 资源	伦敦帝国理工学院	2008	311004
用于提高生物资源交互操作的 ChEBI 数据库和本体的继续开发	EMBL-EBI	2008	542326
用于巨噬细胞研究的在线网络资源开发	爱丁堡大学	2008	312980
EMBOSS：欧洲分子生物学开放软件套件	EMBL-EBI	2008	749881
ComBase 扩展及建模工具包的新工具开发	英国食品研究所	2008	238308
GridQTL+：基于网络的高效能遗传分析	爱丁堡大学	2008	593278
miRBase：microRNA 基因命名法序列和靶标	曼彻斯特大学	2008	473819
Superfamily 蛋白域资源	布里斯托尔大学	2008	684410
电子显微镜数据库	EMBL-EBI	2008	634934
序列分析和注释的 Jalview 软件资源	邓迪大学	2008	542924
罗斯林研究所朊病毒研究中心	爱丁堡大学	2008	282752
VBO——脊椎动物注释本体工具	EMBL-EBI	2008	103173
定量蛋白组学整合开放软件资源	利物浦大学	2009	846673
拟南芥信息资源	诺丁汉大学	2009	780792

续表

项目名称	牵头机构	招标年份	资助额/英镑
BioLayout Express3D：生物数据和通路网格可视化和分析资源	爱丁堡大学	2009	348541
Carmen：E-神经科学	纽卡斯尔大学	2009	906536
直观、大规模生物数据处理	邓迪大学	2009	562462
MetaboLights：代谢组学研究资源	EMBL-EBI	2009	863382
组学数据共享：调查研究分析设施	英国自然环境研究理事会生态水文中心	2009	1016726
PhytoPath：植物病原菌比较基因组学资源	EMBL-EBI	2009	711838
小麦定向诱导基因组局部突变（Tilling）技术平台	洛桑研究所	2009	334802
sRNA 工作台	东英格利亚大学	2009	334572
小麦壳针孢叶枯病菌（Mycosphaerella graminicola）功能基因组工具	艾克斯特大学	2010	867091
表观遗传学研究整合设施资源（ARIES）	布里斯托尔大学	2010	1451397
第三代测序技术	牛津大学	2010	626048
建立全球性宏基因组学中心：第三代测序数据和相关宏数据	EMBL-EBI	2010	1080699
Ensembl 和畜牧动物中遗传和基因组能动性研究	爱丁堡大学	2010	834014
PSIPRED 服务器进一步开发和整合，用于系统生物学和功能基因组研究	伦敦大学学院	2010	302892
Genome-3D：提供基因型-表型研究的结构化注释分析	伦敦大学学院	2010	633408
下一代 RevGenUK：促使局部突变技术用于反向遗传学研究	约翰·英纳斯中心	2010	796122

此外，BBSRC 还深入探讨生物科学研究中的计算需求。BBSRC 在 2011 年发布报告指出，数据、软件、技能、培训和认知等成为限制计算方法在生物学中广泛应用的主要瓶颈，只有开发一系列的架构及相关软件才能解决日益增长的生物学计算需求，使用合适的基础设施对生物学研究而言至关重要，并建议制定一份相关活动的规划，以加强生物学团体对万亿级高端计算资源的认知、访问与使用，以及通过适当的资助机制来支持生物学软件工具的可持续性开发（BBSRC，2011）。

4.2.3.2 扩展现有的欧洲生物信息研究所

英国正在通过欧洲 ELIXIR 项目逐步建立强大的信息基础设施。根据英国 2011 年 12 月公布的《英国生命科学战略》（BIS，2011），英国通过投资 7500 万英镑，扩展现有的位于英国的欧洲生物信息研究所，并新建一处新的设施，用于生物学数据存储，支持生命科学基础和转化研究；建立一处新的技术中心，计划招聘 200 名生物信息技术研究人员。

另外，英国卫生部人类基因组学战略工作组在于 2012 年 1 月发布的《构建人类的遗产——基因组学技术在医疗中的应用》报告中还建议英国政府成立国家生物医学信息学研究所（NIBI）。

4.2.4 法国

法国的生物信息学研究在欧洲排名第三，位于德国和英国之后，但在方法学开发方面有很强的独创性（Aviesan，2012）。许多研究机构都开展生物信息学研究，如法国国家科学研究中心、国家农业科学研究院（INRA）、国家信息与自动化研究院（INRIA）、国家健康与医学研究院（Inserm）、原子能委员会（CEA）、巴斯德研究所、居里研究所等。此外，法国目前已经参与到欧洲生物信息基础设施（ELIXIR）计划中。

4.2.4.1 组建联盟、专业研究组，提升基础研究设施能级

2009 年，CNRS、Inserm、巴斯德研究所等法国 8 家大型机构联合成立了法国国家生命科学与健康联盟（Aviesan），旨在通过新型组织和管理形式，加强不同科研机构对话与协调，优化和集中生命健康科研领域布局，强化法国的生命科学研究国际战略定位，提升法国在生命科学产业领域的国际竞争力。其下属的主题研究所（ITMO）之一是"遗传学、基因组学与生物信息学研究所"（ITMO GGB）。该所设生物信息学、平台、测序与基因型工作组，主要开展基因组测序、生物信息学与生物统计领域的工作。按照该所的战略规划，法国的目标是在未来 10 年内招募几百位生物信息人员，以满足各种需求（Aviesan，2012）。

大型国家研究机构牵头，整合力量资助生物学-数学-信息学交叉研究。首先，CNRS 在 2006 年创建了"分子生物信息技术"研究组（CNRS，2007），整合来自 100 多个研究团队的超过 1100 名（50% 是研究人员，50% 是博士与博士后）具有生物信息学、物理学和数学等学科背景的研究人员开展研究。"分子生物信息技术"研究组的目标是促进分子与细胞水平的生物信息学跨学科与多学科研究，其主要工作是：①促进各相关学科领域的合作（生物学、信息学、数学与物理），从而推动国家及欧盟层面的跨学科研究项目出现；②提高法国在国际分子生物信息学功能研究领域的地位。研究的主要内容包括：理解如何从建模角度支持生物学、农业与医学研究，从分子水平理解那些未知组成的组分与功能，使用分析方法进行综合分析。其次，CNRS、INSERM 于 2012 年 4 月共同发布生物学-数学-信息学（BMI）交叉的多学科探索研究项目招标。资助主题领域是将数学或信息学方法应用到生命科学研究中，包括生物现象的模型化、开发或优化算法、高性能计算等。项目要求有理论创新，并能清楚地解决生物学问题，尤其是如下领域的问题：①大尺度、高通量生物学中的生物信息处理；②系统生物学，合成生物学；③整合生物学；④定量生物学；⑤计算神经科学；⑥传染病模型（CNRS，2012）。

法国拥有由 28 家平台组成的 6 家区域性的生物信息中心，并按照集中式结构、相互协调原则重组后形成法国国家生物信息学网络（ReNaBi），成为健康与农业生物学平台（GIS IBISA）的一部分，但目前 ReNaBi 获得的资助非常有限（IBISA，2012）。

4.2.4.2 资助一批重大生物信息技术平台项目

除上述措施外,法国创新政策正向特定高增长产业领域或高附加值领域倾斜。2010年,法国创新署(ANR)决定出资13.5亿欧元,重点启动纳米、生物技术、农业和生物信息技术项目。在生物技术和生物信息技术领域,将建立一系列专业技术平台,从而推动生物信息技术的快速崛起。2010~2011年,法国创新署(ANR)已经先后资助2批、总计12项重大项目,总投资1712万欧元(表4-14)。这些生物信息技术项目旨在向生物学科学、数学和计算科学交叉前沿的项目进行资助,主要通过多尺度建模、软件开放等方法,解决主要瓶颈问题(ANR,2011)。

表4-14 法国近期资助的重大生物信息技术项目(2010~2011年)

年份	项目名称简称	项目主要研究内容	承担机构	资助额/万欧元
2010	Ancestrome	重建古代生命体的整合系统发育方法	法国里昂第一大学	220
	BACNet	细菌调控网络的组成和动态的重新定义	法国巴斯德研究所	127
	Bip:Bip	用于虚拟结构生物学的贝叶斯推理范式	法国巴斯德研究所	247
	Brainomics	神经成像数据和基因组学数据整合的方法学和软件开发	CEA	86
	Iceberg	群体建模:单细胞水平上的基因表达建模和控制	INRIA	124
	MIHMES	病原体的多尺度模拟和控制策略评价	INRA	122
	PHEROTAXIS	昆虫信息素定位和人工鼻模拟	INRA	74
2011	IBC	成立计算生物学研究所	法国蒙波利埃第二大学	200
	MAPPING	开发新的算法与模型,绘制基因组图谱和蛋白质相互作用图谱	法国索邦联合大学	87
	Abs4N.G.S.	开发新的算法与生物信息学模型用于分析测序产生的大量数据	法国居里研究所	200
	RESET	细菌基因表达机器开发:数学建模	INRIA	150
	NICONNECT	用于绘制大脑功能连接图的临床研究工具开发	INRIA	75

4.2.5 德国

在生物信息技术领域,马克斯·普朗克学会(简称马普学会)下属分子遗传学研究所、分子植物生物研究所、计算科学研究所以及弗劳恩霍夫应用研究促进协会算法与计算科学研究所等德国政府资助的重要科研机构,在国际上拥有较高知名度。德国政府生命科学领域主要的资助项目系统生物学项目、基因组项目等与生物信息技术高度交叉。此外，德国目前生物信息研究和教育形式广泛、内容丰富。2000年以来，德国政府通过特定项目，成功启动生物信息技术教育。德国不同地区生物信息技术领域局部优势使得生物信息学的教育和研究多样化，形成分布式生物信息技术集群。

4.2.5.1 德国生物信息技术教育和技术推动项目

2000年，德国研究基金会（DFG）启动为期5年的生物信息学研究教育项目，在6所大学推行生物信息技术研究和教育（表4-15）。DFG共投资1000万欧元。这些高校的研究主题覆盖生物信息学的主要领域，包括基于序列和结构的生物信息学、生物系统模拟、生态生物信息学等（Koch，Fuellen，2008）。

表4-15　德国生物信息学研究教育项目

受资助对象	研究主题
贝尔格莱德大学	分子生物学信息学，基因组研究（特别原核生物）、生态生物信息学
莱比锡大学	组织的自组织、成像处理、信号转导和基因表达、遗传演化
慕尼黑大学和慕尼黑工业大学	基因组生物信息学、基于序列和结构的生物信息
萨尔布吕肯大学	结构生物信息学、药物设计学
图平根大学	发育生物学、生物系统模拟

为加强研究活动、推动生物信息技术人员的快速产生，德国联邦教育研究部（BMBF）在2001年启动了"生物信息技术培训和技术推动"资助项目，成立并资助6家生物信息技术中心（表4-16），投资5000万欧元（BMBF，2001）。目前关于生物信息技术的政府资助逐渐整合到系统生物学研究项目中。

表4-16　德国联邦教育研究部"生物信息技术培训和技术推动"资助中心

中心名称	研究目标
柏林基于基因组生物信学中心	基因组分析、生物信息算法、计算系统生物学、结构分析
科隆大学生物信息中心	代谢组驱动的生物信息学、蛋白设计
耶拿大学生物信息中心	生物信息算法、代谢通路分析、
慕尼黑哺乳动物基因组功能分析生物信息中心	哺乳动物功能基因组分析、线性和结构生物信息学
哈勒生物信息中心	植物生物信息学、模式识别、网络分析
布伦瑞克比较基因组生物信息中心	数据库、基因组研究、代谢组分析

4.2.5.2 德国形成生物信息技术集群

目前，围绕植物、动物、微生物等生物领域，德国已经形成十多家区域性生物信息及技术平台或中心，每个平台或中心一般有多家研究机构组成，专业技术领域也有所分工，

4 生物信息技术国际发展态势分析

形成了全国性生物信息技术网格（BioEconomyCouncil, 2009）。德国的生物信息技术中心或平台在国际舞台中也扮演重要角色，参与国际项目，包括国际小麦基因组测序联盟、国际谷物基因组测序联盟、国际拟南芥生物信息联盟、国际植物表型网络、国际番茄注释工作组等。德国部分生物信息技术集群分布见表4-17。

表4-17 德国部分生物信息技术集群分布

专业领域	中心平台名称	相关机构	专业技术领域
植物	慕尼黑生物信息中心	亥姆霍兹慕尼黑生物信息和系统生物学研究所、慕尼黑技术大学	模式植物基因组分析
	萨克森-安哈尔特州哈勒植物生物信息技术中心	哈雷-维滕贝格大学计算科学研究所、莱布尼茨科学联合会哈勒植物生物化学研究所、莱布尼茨科学联合会植物遗传学和农作物研究所	下一代测序数据分析、数据库开发、整合和信息抽提，生物学网络分析，代谢组学分析，模式生物代谢建模，生物数据可视化分析
	图平根霍恩海姆生物信息中心	图平根生物信息跨学科中心（参与机构包括马普学会智能研究所、马普学会发育生物学研究所、图平根大学）、霍恩海姆州植物育种中心	生物信息学、统计基因组学
动物	费尔登动物育种联合信息系统公司（VIT）	VIT动物育种计算辅助中心	动物育种计算应用和遗传统计分析
	哥廷根大学动物育种和遗传学院	哥廷根大学、哥廷根研究数据处理公司	不同数据结构的科学计算、动物育种数据处理、高通量表型数据分析、下一代测序、模式生物基因组分析
	莱布尼茨科学联合会家畜生物学研究所	莱布尼茨科学联合会家畜生物学研究所	家畜性质的整合生物信息分析、统计基因组学
	巴伐利亚州农业研究中心	巴伐利亚州农业研究中心	牛和猪的育种基因组评价
微生物	比勒弗尔德大学生物技术中心生物信息技术平台	生物信息资源设施支持各种类型的大规模基因组研究项目	微生物基因组和宏基因组分析
植物和微生物	亚琛、波恩、科隆、杜塞尔多夫和尤利希地区生物信息技术集群	亚琛工业大学、波恩大学、杜塞尔多夫大学、尤利希研究中心、马普学会植物育种研究所	系统生物学、统计遗传学、欧洲植物表型网络、代谢网络、宏基因组学

4.2.6 澳大利亚

澳大利亚视生物信息技术为国家研究优先战略的一个优先目标，并在2006年发布《澳大利亚生物信息技术发展战略》（Bioin, 2006）。澳大利亚联邦科学与工业研究组织（CSIRO）、澳大利亚国家健康与医学研究理事会（NHMRC）、澳大利亚研究理事会等研究

— 135 —

资助机构都有一定生物信息技术项目部署。另外，澳大利亚 2011 年 9 月发布《澳大利亚研究基础设施战略路线图》（Department of Innovation, Industry, Science and Research, 2011）。报告也指出，为了确保澳大利亚在全球生物学平台集成方面继续保持领导地位，必须对生物信息学与生物统计学现有设施和平台提供持续资助。

4.2.6.1 澳大利亚生物信息技术发展战略

澳大利亚 2006 年发布的《生物信息技术发展战略》提出，未来澳大利生物信息技术发展目标是：澳大利亚应当发展具有国际竞争力的公司和研发能力，来捕捉生物信息技术应用在健康、医药、农业和环境领域应用所带来的全球性机遇。主要措施包括：①基础设施方面，提出基础设施应当在支持生物信息技术研发、教育和商业活动中发挥重要作用，支持计算资源网格化和对现有计算资源进行优化、开发新型复杂软件，确保数据安全性、及时性和结果的验证、可靠性；②研发方面，提出生物信息学需要定向资助来发展，推动澳大利亚更广泛参与、领导大型国际生物信息学项目，提议组建澳大利亚生物信息网格（Australian Bioinformatics Network）；③数据管理方面，提出澳大利亚生物信息数据应当与现有的国际标准一致，改进对国际和国内生物信息数据库的获取等。

4.2.6.2 新实施维多利亚生命科学计算项目

2011 年 6 月，澳大利亚维多利亚州政府宣布投资 1 亿澳元，启动维多利亚生命科学计算项目（VLSCI，2011），建设专业技术中心，向维多利亚生命科学研究界提供显著的超级计算能力。目标是加强维多利亚研究机构和人员在生命科学领域的能力和声誉，通过获取峰值计算设施，力争位于世界生命科学研究设施前 10 位。

2013 年，VLSCI 计划聘用 50 名生命科学研究人员，实施五大项目：建立生命科学模拟中心；提供峰值计算设施（PCF）；支持峰值计算设施（PCF）有效应用的合作项目；技术和能力培训项目，进一步开发计算生命科学专业技术；一个公共、产业界和政府外联项目。

4.2.7 印度

4.2.7.1 最早推动生物技术和信息技术交叉融合的国家之一

印度是最早推动生物技术和信息技术交叉融合的国家之一。印度于 1987 年筹建世界上首个生物技术信息系统网格（BTISNet）。2002 年，印度政府专门制定了《国家生物信息技术政策》，有意识地将软件产业方面的优势运用于生物技术产业。在这样一种政策导向下，印度生物技术产业除在农业和制药领域获得了发展之外，还在生物信息技术和生物技术服务方面得到相当的发展。2004 年印度信息技术局新增一个部门——生物信息学部（中国科学院国家科学图书馆，2007）。该部门的目标是支持印度在生物信息学方面的研究，构建有利于工业界利用生物信息学研究成果的基础设施。此外，位于普纳的高级计算开发中心也建立了生物信息资源和应用设施，通过网格基础设施（计算、数据和软件）向工业界、学术界和研究团体提供服务。

印度新千年技术领先倡议计划（NMITLI）参与开发的三款生物信息技术软件 BioSuite、GenoCluster 和 Avadis-Darshee 也是印度生物信息技术领域产学研合作的重要成果。其中，通用软件包 BioSuite，包括拥有 114 个亚模块的八大模块、243 种算法，可用于多用途生物过程分析，包括比较基因组学、通路模拟、同源化模拟、分子可视化和操作、药物设计。与市场上同类软件包相比，BioSuite 可在各种计算机操作平台上运行，具有全球竞争力（CSIR，2009）。

4.2.7.2　生物信息技术领域投资规模持续增强

在印度"十一五"期间（2008～2012 年），印度每年在生物信息学领域的投资达到 2 亿印度卢比（约合 368 万美元），共资助 73 个研发项目，通过生物技术信息系统网格（BTISNet）覆盖全国 165 家研究机构，并启动三个大型联盟项目，共开发出 200 款各类软件。印度医学研究理事会基础医学部在"十一五"期间先后建立 8 家生物医学中心，从事生物医学信息研究项目数据库和培训项目。

根据规划，印度在"十二五"期间，在生物信息、计算生物学和系统生物学领域的项目投资将达到 20 亿卢比（约合 3680 万美元）。计划设立永久性的服务中心，处理新一代高通量测序技术带来的数据问题；开发可用以推动转化生物信息学的数据存储机构；印度生物技术局下新建 3 家超级计算设施等（NIC，2012）。

而且，印度将新成立一家自治性研究机构——生物信息和计算生物学研究所，投资将达到 40 亿卢比（约合 7360 万美元），提议设立的研究所主要目标是：聘用研究人员和科学家，开发强有力的新型工具，用于数据的大规模分析、开发面向不同生物学过程的模型和理论假设。

4.2.8　加拿大

加拿大在生物信息技术领域起步较早。例如，在 1987 年创建生物信息服务器（MBDS），并在 1995 年拓展为加拿大生物信息资源（CBR-RBC）。加拿大生物信息资源（CBR-RBC）是欧洲分子生物学网络组织（EMBnet）加拿大节点、亚太生物信息学网络组织（APBioNet）共同资助成员，拥有 120 款生物信息软件套、150 种以上生物信息数据库，在远程管理、分布式信息基础设施管理专业技术方面享有国际声誉（Sensen et al，2008）。

但加拿大也意识到，现有的生物信息技术工具和方法，只能对现有的数据集中实现有限的信息内涵和应用价值，因此迫切需要需要新的算法和用户友好的界面。为此，自 2011 年 12 月起，加拿大基因组组织召集发起研讨会，听取来自不同利益相关方的意见和建议，准备拟定加拿大生物信息技术和计算生物学未来 5 年的发展战略（Genome Canada，2011）。

加拿大拟定的生物信息学和计算生物学未来 5 年研究路线图内容可能包括：①大型资助。在生物信息和计算生物学领域需要一个大型、国家级、多年期的研发计划，加拿大基因组组织需要在发起这项计划中发挥骨干作用。②网格协调机制。为改进协调、推动跨学科合作，在计算生物学、生物信息技术领域，需要建立网格协调机制。③整合。加拿大生物信息研讨团体应当开发和使用标准、最佳实践，作为数据整合和建模的必要成分。④高质量人员。在生物信息技术、计算生物学和生物统计领域，应当发布项目，吸引、挽留和培训创造性人才。⑤高性能计算。应当支持面向生命科学的协调、有效管理的高性能计算基础设施。⑥算法和软件开发。应当基于最佳实践与使用者共同开发算法和软件（Genome Canada，2011）。

作为规划中的未来5年发展战略的一部分，2012年6月，加拿大基因组组织和加拿大健康研究院（CIHR）开始发布生物信息技术项目联合招标。加拿大基因组组织资助500万加元，CHIR资助125万加元。其中，400万加元用于支持多学科研究团队大型项目，支持开发强健的、用户用好的工具。250万加元用于支持小型团体，提出创新性概念、具有重大影响（Genome Canada，2012）。

4.2.9 俄罗斯

近年来，俄罗斯对生物信息学领域有较小额度资助。如俄罗斯联邦教育科学部2012年启动的资助项目有蛋白-蛋白和蛋白-受体相互作用网络的构建和机器学习（约56万美元）、遗传性代谢类疾病的生物信息学和数学模型研究（约58万美元）和其他小型的生物信息学、比较基因组学和系统生物学的教育课程开发项目等。

但俄罗斯已经意识到生物信息学的迫切重要性。在俄罗斯2012年10月发布的《俄罗斯健康发展计划2013—2020》中提出，在生物医学领域重点发展系统医学和生物信息学等七大方向，并规划建设两家国家级生物信息学中心。新的生物信息学中心将应用比较基因组学（基因组生物信息学）中的计算和数学方法，开展用于蛋白三维结构预测的算法和软件研发、生物系统信息复杂性管理研究、药物计算建模等（Rosminzdrav，2012）。

4.2.10 中国

在生物信息技术领域方面，2000年以来，我国在政策规划、科研资助上都有一定倾斜，成果比较丰硕。

4.2.10.1 科技政策和规划

"十五"年以来，我国科技界对发展生物信息技术已经逐步形成共识，并反映在国家重要科技政策文件中。

在我国《科技与教育发展"十五"重点专项规划》中，提出"围绕基因操作技术、生物信息技术等前沿技术，重点研究重要功能基因的分离、克隆、结构和功能，分子设计和药物筛选技术，生物芯片……"，首次明确提出发展生物信息技术。然而，可以看出，《科技与教育发展"十五"重点专项规划》是将生物信息技术作为重要的工具性、支撑性技术。

4 生物信息技术国际发展态势分析

在《国家"十一五"科学技术发展规划》中,不仅进一步将"生物信息与生物计算技术"作为"生物和医药技术"领域超前部署的前沿技术方向,并将"生物信息学"作为"生命过程的定量研究与系统整合"科学前沿重大问题主要研究内容之一。在《国家"十二五"科学和技术发展规划》中,对生物信息学和生物信息技术领域基本延续了"十一五"的政策部署,并集中体现在与落实《国家"十二五"科学和技术发展规划》高度相关的"十二五"的国家专项规划或科技相关部门部级规划中,如《"十二五"生物技术发展规划》、《国家自然科学基金"十二五"发展规划》和《医学科技发展"十二五"规划》(表4-18)。

表4-18 国家"十二五"相关科技规划涉及生物信息科技领域内容

规划名称	涉及生物信息领域内容	拟定生物信息科技发展方向
《"十二五"生物技术发展规划》	将生物信息技术作为需要突破的一批核心关键技术之一;建设生物信息技术国家重点实验室、建设国家生物信息科技基础设施——国家生物信息中心,加强创新能力建设	突破生物调控元件的计算、设计、组装与应用等关键技术,研究开发个体基因组、群体基因组、个体化信息搜索引擎及各类新的生物学数据分析技术,研究基于个体组学数据的疾病风险分析、疾病诊治模型和系统研究;研究农业生物逆境胁迫相关数据挖掘与分析技术;建立国家生命科学、医药技术领域数据汇交、管理和共享技术平台
《国家自然科学基金"十二五"发展规划》	数理科学部设置数学和数据建模、分析与计算优先发展领域;医学科学部设置基于药物基因组学和系统生物学的药物基础研究优先发展领域;跨科学部设置系统生物学优先领域	生物信息与生命系统;基于药物基因组学和生物信息学的药物靶标的发现、确证、结构、功能、网络与精细调控,生物系统的网络基本元件的构建和参数确定及生物系统网络模型的建立,生物系统的网络分析理论与方法,生物信息的整合与分析,生物系统动力学,生物环路的模拟与构建
《医学科技发展"十二五"规划》	发展医学信息学、生物信息学和计算生物学技术	研发高通量生物医学数据分析与文本挖掘技术,建设支持基因组结构变异与疾病致病相关性分析、表观基因组和重大疾病分子分型等研究的大型生物医学数据融合分析平台

在生物信息技术和计算生物学领域,作为国家在科学技术方面的最高学术机构,中国科学院在早期部署重大科研项目和建制化科研机构。在此基础上,其下属主要机构在制定的"十二五"规划中均明确了重点突破领域(表4-19)。

表4-19 中国科学院所属科研机构在生物信息和计算生物学领域的"十二五"规划

机构名称	"十二五"规划相关内容
中国科学院-马普学会计算生物学伙伴研究所	重点部署生物数学、计算基因组组学、计算表观遗传与转录组学、计算蛋白质科学和计算系统生物学五个方向的研究工作
中国科学院北京基因组研究所	在未来10年致力于"大幅提升生物信息计算能力,构建系统完整的海量生物数据的存储、传递、分析和利用能力,并利用这些手段在解决若干生命科学重大问题作为方面做出世界一流的贡献"
北京生命科学研究院	拟在计算生物学和基因组学、获得性免疫起源与演化研究两方面取得突破性进展

4.2.10.2 科学研究资助情况

1）国家自然科学基金资助

2000年以来，国家自然科学基金对生物信息科学技术领域的资助呈现显著变化（图4-1）。从2000年立项资助7项、总资助不到150万元，发展到2012年立项126项、总资助超过7000万元。特别是2007年以来，国家自然科学基金对生物信息科学和技术领域的资助更是呈大幅度攀升趋势。

图4-1 国家自然科学基金生物信息学领域资助情况
资料来源：国家自然科学基金委员会数据库检索

从整体来看，国家自然基金生物信息技术领域资助项目主要分布在三大学科：数学，涉及常微分方程与动力系统、数理统计、运筹学、应用数学方法（生物数学）、计算数学与科学工程计算等方向；生命科学，涉及生物模块、生物网络的结构与功能、生物网络动力学、生物系统的信号处理与控制、生物系统功能与预测、生物数据分析、生物信息算法及工具、生物信息的整合及信息挖掘、生物系统网络模型、生物环路的模拟与构建等方向；信息科学，涉及生物信息处理与分析、生物系统信息网络与分析、生物系统功能建模与仿真、计算机科学的基础理论（算法及其复杂性）、并行与分布式处理、生物信息计算、自然语言处理相关技术、系统科学与系统工程（系统生物学中的复杂性分析与建模）、模式识别等方向。

除面上项目和重点项目外，国家自然科学基金还通过增设"真核生物重要生命活动的信息基础""以网络为基础的科学活动环境研究""微进化过程的多基因作用机制""高性能科学计算的基础算法与可计算建模"等若干重大研究计划，在生物信息和生物计算领域部署了一批重点支持项目和培育项目，如"人类遗传疾病相关基因的生物信息学分析与预测""生物信息学示范应用""从肝炎到肝癌的恶性转化过程的动态调控网络的建模与预测方法""基于小样本数据的高维生物系统重构理论及算法与应用"等。

2）国家高技术研究发展计划（863计划）资助

"十五"期间，863计划生物和农业技术领域设立"生物信息技术主题"，先后发布两批课题申请指南，立项61项。但从资助方向来看，主题比较广泛。"十一五"期间，863

计划生物和医药技术领域设立"生物信息与生物计算技术专题",资助主题进一步凝练,资助规模和立项数量都大幅度提高,共立项89项,投资近2亿元。从目前"十二五"执行情况来看,863计划已经在生物和医药技术领域设立"生物信息和计算生物关键技术主题",并在信息技术领域设立高效能计算机及应用服务环境重大项目,这些举措都有望促进我国生物信息与生物计算技术的跨越式发展(表4-20)。

表4-20 我国863计划在生物信息和生物计算技术领域的重点资助情况(2000~2011年)

	领域	主题、专题、重大项目	批次或年度	重点资助方向
"十五"	生物和农业技术领域	生物信息技术主题	第一批课题	生物信息的获取与开发、生物信息加工和利用、结构基因组和蛋白质组学研究、高通量药物筛选及相关技术、小分子药物设计和分子设计、生物芯片、化学创新药物与新剂型
			第二批课题	基因功能和药物靶点发现的生物信息学、高通量蛋白质结构测定及功能研究、药物分子设计
"十一五"	生物和医药技术领域	生物信息与生物计算技术专题	2006年度	探索导向类:生物计算与系统生物学相关技术、生物数据整合与共享技术、生物信息的挖掘与利用; 目标导向类:数字化医疗技术、药物信息技术、重要生物标志物谱发现相关的信息技术、生物信息技术应用软件产品开发
			2007年度	探索导向类:生物计算与系统生物学相关技术、药物信息技术、神经信息技术 目标导向类:生物信息技术应用软件产品开发、微生物基因功能相关的生物信息技术、转化医学相关信息的整合与利用
			2008年度	目标导向类:神经信息技术、生物信息技术应用及产品开发
"十二五"	生物和医药技术领域	生物信息和计算生物关键技术主题	2011年度	包括高性能组学数据和文献的综合数据库体系、海量生物医学数据库系统、转化医学本体知识库、生物科学数据共享与管理平台等
	信息技术领域	高效能计算机及应用服务环境重大项目	2011年度	"新药研发与蛋白质折叠数值模拟"重大应用软件课题

资料来源:科技部

3) 其他科技计划资助

2000年以来,除国家自然科学基金和863计划外,我国科技研究和资助机构通过国家重点基础研究发展计划(973计划)、科技基础性工作专项、科技基础条件平台建设项目、中国科学院知识创新工程重大项目等渠道,加强生物信息资源管理、基础理论和方法、重大应用基础研究的资助,设立了"生物信息学基础信息整编""生物信息学网络计算应用系统""面向蛋白质科学的高性能计算研究""基于新一代测序的生物信息学理论与方法"等一批重大项目(表4-21)。从立项时间序列上来看,关于生物信息技术理论与方法的基础研究资助强度有所加强。

表4-21 我国生物信息重大基础理论和生物信息资源管理资助重大项目(2002～2011年)

项目类别	项目或课题名称	立项年份	主要研究内容或目标
973计划（含重大科学研究计划）	基因功能预测的生物信息学理论与应用	2003	建立针对蛋白质相互作用网络、蛋白质功能预测、基因表达调控的新理论及新算法;建立综合性的进行基因功能预测的技术平台;选择酵母、拟南芥等模式生物进行基因功能预测,针对与人类疾病相关的蛋白质网络进行研究,并对所预测的功能基因进行实验验证
	基于生物信息学的药物新靶标的发现和功能研究	2003	建立和完善生物信息学技术平台,通过"从基因组到药靶"和"从药物到药靶"两种策略,以我国独立完成基因组测序的表皮葡萄球菌为模型,建立发现和验证药物靶标的技术体系
	基于信息技术的蛋白质组研究（课题）	2003	肽序列质谱图匹配相似性度量、质谱图预处理、蛋白质翻译后修饰类型发现、规模化蛋白质鉴定的专用搜索引擎设计和实现技术
	模式生物与细胞等功能系统的系统生物学研究	2006	发展生物系统的结构与功能的高通量定量数据获取的新技术方法;并建立系统生物学数据的整理与挖掘方法,以及新的建模算法,获得模式生物和细胞的系统知识库和模型
	基于蛋白质结构与相互作用的计算生物学研究	2009	建立计算和实验相结合的生物网络动力学研究新模式,解决分子动力学模拟的空间和时间尺度、蛋白质相互作用网络形成的结构基础与动力学机制、功能蛋白质设计的效率等关键科学问题
	基于新一代测序的生物信息学理论与方法	2011	建立新一代生物信息学理论与方法体系,系统研究新一代测序数据的应用问题,探索生命的信息奥秘,为新一代生物信息学发展奠定基础
科技基础条件平台建设项目	生物信息学网络计算应用系统	2005	由生物信息学计算平台和生物信息学数据平台两个部分组成,分别对用户提供生物信息学软件的大型计算服务,以及生物信息学数据库的访问和查询服务
国家科技基础性工作专项重点项目	生物信息学基础信息整编	2010	建立完整的国内外生物信息资源目录;制定生物信息基础信息规范,构建高通量组学数据平台,形成基础性生物信息资料整编门户
国家科技重大专项——人类肝脏蛋白组计划	人类肝脏蛋白质组生物信息学研究及数据库专题	2004	生物质谱信息学及其相关研究、蛋白质-蛋白质相互作用研究、人肝脏蛋白质相关数据库

续表

项目类别	项目或课题名称	立项年份	主要研究内容或目标
中国科学院知识创新工程重大项目	面向蛋白质科学的高性能计算研究	2008	面向蛋白质科学的发展需求，开发一批新方法和相应的算法与应用软件；在高性能计算机创新性通用系统、高效率硬件加速系统等方面取得一批原创性成果；开展网络协同科研环境的技术研发与应用示范

4.2.10.3 科技研究发展简要情况

在国家863、973计划、国家自然科学基金等支持下，我国在生物信息资源服务、数据库建设及软硬件开发、对重大生物学问题的生物信息分析及等方面取得较大进展。例如，初步建立了以上海、北京为基地的分布式国家级生物信息技术研究中心和生命科学数据共享技术体系。开发出稳定可靠的蛋白质鉴定软件pFind单机版和并行版，性能达世界先进水平。开发的拥有自有产权的工作流引擎ABSworkflow工作流定制平台，已在包括阿斯利康等医药研发企业和制药有限公司使用（艾瑞婷，王德平，2011）；成功开发出曙光4000H生物信息处理专用高性能计算机；在数据自动化挖掘、基因组序列拼接策略、RNA深度测序分析方法、模式识别、复杂系统建模等方面都取得一定成绩（中国生物技术发展中心，2010，2011，2012）。

然而，从整体上看，我国生物信息学技术发展方面还存在系列问题。例如，在生物科学数据共享研究和基础设施方面，同国外发达国家和地区相比，我们还十分落后。到目前为止，我国并无统一的、权威的国家层面上的生物科学数据库体系（中国生物技术发展中心，2010）。在国际大科学计划产生的科学数据的提交、发布、共享和交流方面没有国际话语权。在一般科学数据的提交、使用方面也始终处于被动状态。与国际上相比，我国对基因组数据的分析处理和利用能力，包括计算能力还是存在着较大差距。由于在算法、算例、编译等方面的整体开发力量不足，导致在生命科学领域软件开发缓慢，科研效率较低。

4.2.11 大型跨国企业发展生物信息技术举措

除大型制药企业外，国际上大型信息技术企业，如微软、IBM等，内部或通过联合资助设立生物信息技术部门的数量也与日俱增，这些举措正逐步改变全球生物信息技术研发格局。

4.2.11.1 微软公司

微软公司的研发机构微软研究院在生物计算领域，至少部署有生物计算团队、剑桥生物信息团队和e-Science团队等3个工作团队。例如，生物计算团队的研究目标揭示生物计算的基本规律：细胞计算什么、如何计算、为何计算。该团体开展的项目包括："2020科学：复杂自然系统的数学和计算建模""心脏振动网络的建模""DNA构成回路的可编程语言""活细胞遗传工程的可编程语言""免疫系统过程的计算建模""生物学理论建构""用于生物过程计算建模的可编程语言随机 Pi 演算（SPiM）"等（Microsoft，2012）。

微软公司还部署有若干生物信息项目，其中报道较多的是微软生物学计划（MBI）。微软生物学计划（MBI）由两部分组成：.NET Bio（前身为微软生物学基金）和微软生物学工具（MBT）。其中，.NET Bio 是一套构建在 .NET 框架上的生物信息学工具集。当前，这款工具包包含可用于通用生物信息文件格式分析的比对工具，对 DNA、RNA 和蛋白序列等进行操控的系列算法以及与生物学网站资源链接的链接工具。而微软生物学工具（MBT）则是由微软研究院构建的一套计算生物学工具，可促使生物学和生物信息学研究人员更高效开展研究（Microsoft，2010）。

此外，微软公司还通过投资合建研究机构，加强生物信息技术能力储备。例如，微软公司于 2005 年宣布每年资助 1500 万美元，在意大利成立微软计算系统生物学研究中心（COSBI），资助超过 30 名研究人员开展生命科学复杂系统研究。随后又于 2006 年宣布资助成立康奈尔微软高性能计算研究所，年度预算 40 万美元，开展用于生物信息研究和分析的新型软件开发。

4.2.11.2 IBM 公司

IBM 公司每年研发投资近 60 亿美元，全球共有 8 个研发中心，从事研发人员 3000 多名，研究领域覆盖物理学、化学、电子工程、计算科学、高等数学、生命科学等。

IBM 研究院计算生物学中心（CBC）发起于 1995 年，目前是 IBM 公司在生命科学、健康科学和高性能计算领域的主要机构（IBM，2011）。计算生物学中心（CBC）包括近 40 名全职研究人员，研究背景广泛，包括计算科学、数学、化学、物理学和生物学。CBC 主要开展信息技术和生物学交叉领域的基础性和探索性研究，重点方向是：开发理解生物系统的预测性模型，将分子生物学研究成果转化，以更快、低成本的方式开发新的更有效的药物。研究主题覆盖：生物信息学、模式发现、功能基因组学、系统生物学、结构生物学、计算化学、医学成像和计算神经科学等，部分研发项目见表 4-22。

表 4-22 IBM 研究院计算生物学中心所从事科研项目

领域	项目名称（备注）
结构生物学	G 蛋白偶联受体的激活机制（利用高性能计算机蓝色基因 Blue Gene/L 进行蛋白结构的高时空分辨率模拟）；G 蛋白偶联受体的激活机制；禽流感病毒的分子模拟；蛋白结构预测；蛋白错误折叠和聚集；单突变效应分析；蛋白配体结合模拟；以 HIV/AIDS 为例；蛋白折叠的分子动力学；生物系统的纳米级脱水过程；潜在药物分子的力场分析；生物聚合过程催化的反应机制和能量学
神经成像领域	神经切片数据的 3D 处理和重建、高分辨率研究成像 PET 图像重建、恒河猴大脑皮质投射的分析、功能性核磁共振成像分析
神经活动分析和建模	螺旋状神经丝的立体建模、神经发育、尖峰时间依赖性突触可塑性（STDP）、小脑系统建模、情绪控制系统建模、全局性大脑建模
系统生物学	生物学通路和细胞过程建模；细胞回路的推理和反向工程；细胞网络的拓扑模体挖掘；基于高通量计算的组织水平的心脏模型；心脏收缩和电机学的多尺度模型；细菌趋化性建模：从分子到行为
功能和医学基因组学	数据分析、噪声表征和新型生物技术；RNA 干扰；非编码 DNA；群体基因组学和个性化医学

4.3 科学计量下的生物信息技术国际态势

生物信息技术是一个高度交叉的领域。为从总体上把握生物信息技术发展态势，本节采用关键词共现分析方法，分析生物信息技术的主要领域。

另外，从美国国家科学基金和中国国家自然科学基金的资助方向来看，生物与计算科学、生物与数学的交叉占据很大一部分比例，也是生物信息学和计算生物学领域最有可能产生重大突破性的领域。本节还对数学生物学与计算生物学的发展情况进行了深度分析。

4.3.1 分析方法

4.3.1.1 关键词共现分析

数据来源：利用 Web of Science 数据库，检索 SCI 所收录的生物信息技术领域主要期刊[①]，时间跨度 = 1990 年 1 月 1 日到 2012 年 12 月 31 日，数据库 = SCI-EXPANDED，CPCI-S，CCR-EXPANDED，IC，共得到 41 254 篇文献。

数据处理：关键词对抽提：利用 TDA 软件的数据清洗功能，对上述检索文献所得关键词进行数据清洗和共现矩阵分析，选择出现频次超过 50 次的关键词对。

共现图谱绘制：将出现频次超过 50 次的关键词对分别导入社会网络分析软件 UCINET 并利用其自带的 NetDraw 功能、VOSviewer 软件，基于最优参数估计，分别绘制出关键词共现分析图谱。

4.3.1.2 数学生物学与计算生物学文献计量分析

利用 Web of Science 数据库，对数学生物学与计算生物学进行文献计量分析，检索日期为 2012 年 10 月 23 日，数据库更新日期为 2012 年 10 月 19 日。检索的时间段为 1992～2012 年，文献类型为 Article+ Editorial Material+ Letter+ Review，结果为 56 718 篇。

---

① 出版物名称 =（Bioinformatics or Biosystems or BMC Bioinformatics or Briefings in Bioinformatics or Computer Methods and Programs in Biomedicine or IEEE Transactions on Information Technology in Biomedicine or Journal of Bioinformatics and Computational Biology or Journal of Biomedical Informatics or Journal of Computer-Aided Molecular Design or Journal of Computational Biology or PLOS Computational Biology or ALGORITHMS for Molecular Biology or Computational and Mathematical Methods in Medicine or Computers in Biology and Medicine or Current Bioinformatics or Evolutionary Bioinformatics or IET Systems Biology or International Journal of Data Mining and Bioinformatics or Journal of Biological Systems or Mathematical Biosciences or Journal of Theoretlcal BiologyY or Computational Biology and Chemistry or IEEE/ACM Transactions on Computational Biology and Bioinformatics or Journal of Molecular Modeling or Journal of Computational Neuroscience）

4.3.1.3 数学生物学与计算生物学发展趋势分析

下载 Web of Science 数据库中数学生物学与计算生物学领域排名前 10 位的期刊①所刊载的文章（文献类型为 Article），检索日期为 2012 年 9 月 6 日，数据库更新日期为 2012 年 8 月 31 日，时间段未限定，结果为 29 890 篇。利用 Citespace 软件分析数学生物学与计算生物学重要分枝及发展历程。

4.3.2 结果

4.3.2.1 基于关键词共现的生物信息技术前沿领域

从社会网络分析软件 UCINET 绘制出的关键词共现图谱（图 4-2）来看，生物信息技术前沿关键词可划分为蓝色、红色、灰色、黑色四大领域：

（1）位于蓝色领域一：生物大分子结构研究领域，研究对象主要是生物大分子，特别是蛋白质（位于黑色领域四与本领域边界部分），该领域与化学、量子力学、计算等学科密切相关。涉及关键词包括：基于受体结构的药物设计、氢键、构象分析、分子静电势、结构活性分析、选择性、抑制性、密度泛函理论（DFT）、分子模型、分子动态、分子动态模拟、对接、从头（Ab initio）、比较分子相似性方法（CoMSIA）、比较分子场方法（CoMFA）、3D 定量构效关系（3D-QSAR）、分子相似性等。

（2）位于红色领域二：系统模型基础理论和应用研究，研究对象是与生物因素有关的系统或模型，该领域与数学、系统科学、信息理论等密切相关。涉及关键词包括：模型、随机过程、计算模型、计算机模拟、数学模型、基于行动模型、蒙特卡罗模拟、敏感性分析、细胞自动机、系统生物学、鲁棒性、生物、稳定性、全局稳定性、震荡、噪声、参数估计、群体动态、细胞周期、捕食-食饵、动态系统、流行病学、基本复制数、流行病模型、囚徒困境、博弈论、竞争、合作、房室模型、自组织、混沌等。

（3）位于灰色领域三：生物医学图像分析，研究对象是医学图像，该领域与图像分析和计算机学科相关。涉及关键词包括：图像处理、核磁共振成像、脑电图、医学成像、图像分割、图像分析、影像归档和通信系统、远程医学、计算机、软件、可视化、心率变异性、乳腺癌、语言网、癫痫、特征提取、决策支撑系统、知识重现、评价、神经编码等。

（4）位于黑色领域四：DNA 和蛋白的序列、结构分析，研究对象主要是 DNA 和蛋白质等生物大分子。与领域一不同的是，研究侧重点更倾向于基于生物大分子自身所携带的信息，因而也是当前生物信息技术研究的基本领域。涉及关键词包括：比对、序列比对、

---
① 选取 ISI JournalCitation Reports2011 版按影响因子排名前 10 位的期刊，排除 Database—The Journal of Biological Databases and Curation，这 10 个期刊分别是：Bioinformatics、PLOS Computational Biology、Briefings in Bioinformatics、BMC Systems Biology、Journal of Mathematical Biology、BMC Bioinformatics、Journal of Computational Neuroscience、Statistical Methods in Medical Research、Molecular Informatics、Journal of Theoretical Biology。

序列分析、数据库、蛋白折叠、质谱、微阵列、基因表达、基因重组、比较基因组学、特征、系统发生、系统发生树、蛋白间相互作用、蛋白结构预测、二级结构、隐马尔可夫模型、马尔可夫链、贝叶斯网络、支持向量机、遗传算法、基因本体、数据整合、文本挖掘、数据挖掘、统计、计算生物学、机器学习、聚类、计算分子生物学、动态规划、模式识别、分类等。

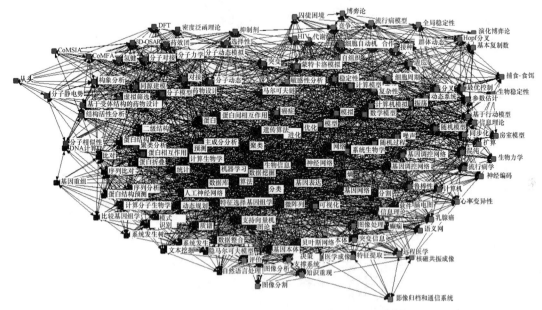

图4-2 基于主要生物信息技术领域期刊的生物信息技术领域关键词四个聚类（见彩图）

与通过 UCINET 获得的关键词共现聚类图相比，VOSviewer 软件绘制出的核心关键词共有 5 个聚类（图4-3），分别是：①生物大分子结构研究领域；②系统模型基础理论和应用研究；③序列、结构分析；④机器学习、数据挖掘、图论、图像处理等关键词构成的混合聚类，或可统称为计算智能理论；⑤本体和文本挖掘。可以看出，VOSviewer 识别出的前两个关键词聚类与 UCINET 获得的关键词聚类相同，后三个聚类则是从 UCINET 获得的其他两个关键词聚类中重新聚合和分离出来的，这也为分析研究生物信息技术前沿发展方向提供了一个新视角。

4.3.2.2 文献量计量分析

1992 年以来，除 2012 年数据不全外，数学生物学与计算生物学领域的文献发表量一直呈增长趋势。其中，1992~2001 年增长较慢，2001 年以后开始迅速增长。这与人类基因组计划产生海量数据，对生物信息、计算生物学的需求迅速增长有关（图4-4）。

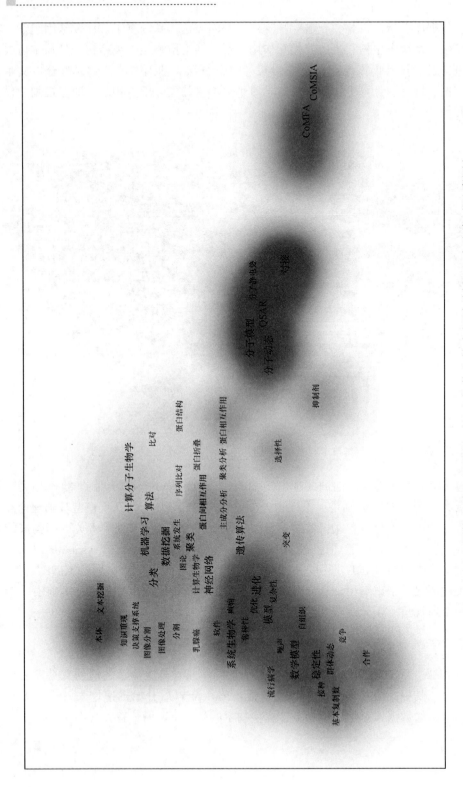

图4-3 基于主要生物信息技术领域期刊的生物信息技术领域关键词5个聚类（见彩图）

4 生物信息技术国际发展态势分析

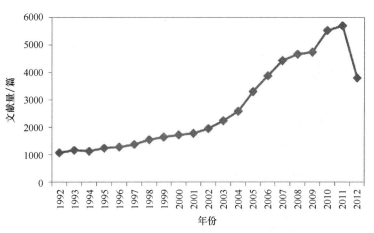

图 4-4　1992~2012 年数学与计算生物学文献发表量

从国家角度来看，1992~2012 年，数学生物学与计算生物学领域，美国发表的文献量最多，为 24 653 篇，占该领域世界论文总量的 43.47%，远超过排名第二的英国（7124 篇，占世界论文量的 12.56%）。德国排名第三，共发表了 4507 篇文献，占世界论文总量的 7.95%。中国排名世界第 6 位，21 年间共发表了 2965 篇文献，占世界的 5.23%（图 4-5、图 4-6）。

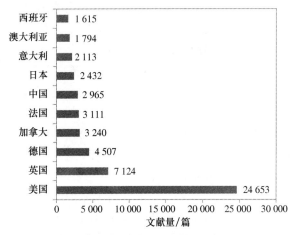

图 4-5　1992~2012 年数学生物学与计算生物学领域文献量排名前 10 位的国家

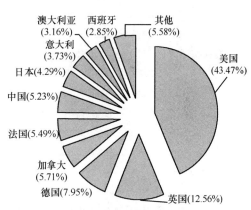

图 4-6　文献发表量排名前 10 位的国家占世界论文量的比例

从总被引频次和篇均被引频次来看，文献量排名前 10 位的国家中，总被引频次最高的是美国，共被引用了 483 231 次，其次是英国，共被引 150 092 次，排名第三的是德国，共被引用了 72 404 次，排名第四、五位的分别是法国和加拿大，都被引用了 47 000 多次。中国共被引用了 25 457 次，在排名前 10 位的国家中排名第 9 位，仅高于意大利。从篇均被引频次角度看，英国排名第一，为 21.07 次/篇，排名第二的是美国，为 19.60 次/篇，排名第三的是日本，为 17.39 次/篇。德国、澳大利亚、西班牙都超过 16 次/篇，法国为 15.22 次/篇，意大利为 11.12 次/篇，中国篇均被引频次最低，为 8.59 次/篇，只相当于发达国家的一半，表明中国的论文质量有待提高（图 4-7）。

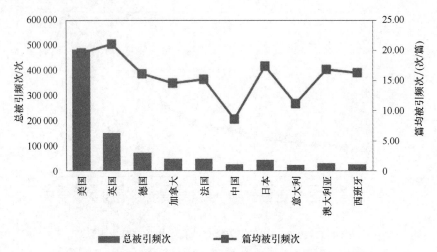

图 4-7　1992~2012 年数学生物学与计算生物学领域文献发表量排名前 10 位
国家的总被引和篇均被引频次（见彩图）

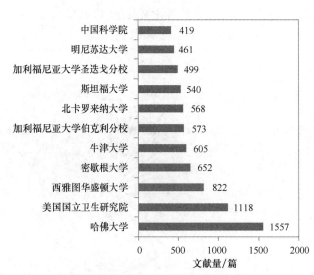

图 4-8　1992~2012 年数学生物学与计算
生物学领域文献发表量排名前 10 位的机构
中国科学院排名第 14 位

从发文机构来看，1992~2012年，数学生物学与计算生物学领域文献发表量排名第一的是美国哈佛大学，共发表了 1557 篇文献；排名第二的是美国国立卫生研究院①，发表了 1118 篇文献；排名第三及以后的机构，其论文发表量都低于 1000 篇。例如，第三位的是西雅图华盛顿大学，为 822 篇；第四位的是密歇根大学，为 652 篇；第五位的是英国牛津大学，共发表了 605 篇文献。中国排名最靠前的是中国科学院，排名世界第 14 位，21 年间共发表了 419 篇文献，平均每年发表 20 篇文献。排名前 10 位的机构中，美国机构 9 个，英国机构 1 个（图 4-8）。

从总被引频次和篇均被引频次指标看论文质量。总被引频次排名第一的机构是哈佛大学，共被引用了 37 603 次，排名第二的是西雅图华盛顿大学，共被引用了 23 392 次，排名第三的是加利福尼亚大学伯克利分校，共被引用了 20 326 次；中国科学院共被引用了 4241 次。从篇均被引频次角度看，排名第一的是加利福尼亚大学圣迭戈分校，高达 39.28

---

① NIH 的数据是其下属各所的总和。

次/篇,其次是加利福尼亚大学伯克利分校,为 35.47 次/篇;排名第三的是斯坦福大学,篇均被引频次为 29.39 次/篇。中国科学院篇均被引频次为 10.12 次/篇,比全国平均水平高,表明中国科学院的论文质量高于全国平均水平,但与世界著名机构仍有很大差距(图 4-9)。

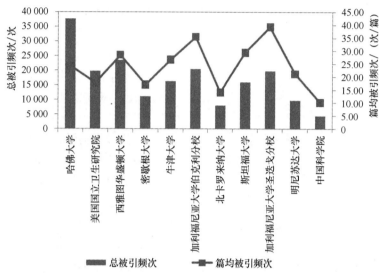

图 4-9　1992~2012 年数学生物学与计算生物学领域文献发表量
排名前 10 位机构的总被引和篇均被引频次

中国科学院排名第 14 位

从 H 指数角度看,哈佛大学最高,为 80(即有 80 篇论文至少被引用了 80 次);其次是西雅图华盛顿大学,为 68;排名第三的是美国国立卫生研究院,为 63。中国科学院的 H 指数为 29,与世界其他机构有较大差距(表 4-23)。

表 4-23　文献量排名前 10 位机构和中国科学院的 H 指数

排名	机构	文献量/篇	H 指数
1	哈佛大学	1557	80
2	美国国立卫生研究院	1118	63
3	西雅图华盛顿大学	822	68
4	密歇根大学	652	48
5	牛津大学	605	54
6	加利福尼亚大学伯克利分校	573	50
7	北卡罗来纳大学	568	42
8	斯坦福大学	540	54
9	加利福尼亚大学圣迭戈分校	499	53
10	明尼苏达大学	461	45
14	中国科学院	419	29

4.3.2.3 数学生物学与计算生物学重要分枝及发展历程的知识图谱分析

1) 数学生物学与计算生物学重要分枝领域

从知识图谱来看,数学生物学与计算生物学可以分成如下三个重要分支领域:①数学生物学与计算生物学的应用领域主要是基因、蛋白质数据分析;②相关工具开发;③数学生物学、计算生物学与人文社会科学的交叉。

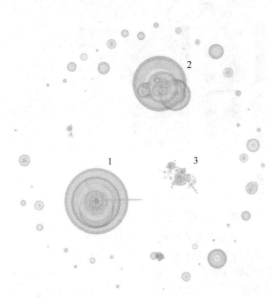

图 4-10 数学生物学与计算生物学重要的分支领域
1. 基因、蛋白质数据分析;2. 相关工具开发;3. 数学生物学、计算生物学与人文社会科学的交叉

图 4-10 中,圆圈最大的是 1997 年美国国立卫生研究院国家人类基因组研究所(NHGRI)遗传疾病实验室的 S. F. Altschul 等关于 Gapped BLAST 和 PSI-BLAST 的报道,是数学生物学、计算生物学领域被引次数最多的文章(Altschul et al.,1997)。这一聚类数学生物学与计算生物学的应用领域主要是基因、蛋白质数据分析;第二大聚类是由斯坦福大学医学院遗传学系的 D. Botstein、M. Ashburner 等参加的"基因本体联盟"(Gene Ontology Consortium)构建了基因本体这一生物学工具,从而可以有效地规范、统一基因组测序产生的海量数据,相关论文发表于 2000 年的 Nature Genetics 杂志,代表数学生物学与计算生物学工具的开发;第三大分支领域,即图 4-10 中形成相互关联的完整的聚类部分,最具代表的是 1982 年英国理论进化生物学家与遗传学家约翰·史密斯出版的《进化与游戏理论》一书,将用于分析经济学行为的游戏理论应用于分析生物进化,或者反过来,将数学生物学与计算生物学方法用于社会学分析,是数学生物学、计算生物学与人文社会科学的交叉。

2) 生物信息技术发展历程

抽取图 4-10 其中各个时间段的关键节点(被引频次高的文章),绘制成清晰的数学生物学与计算生物学发展历程图(图 4-11)。

从图 4-11 看,数学生物学与计算生物学的历史可以追溯到 1930 年,当时,英国统计学家、数学遗传学家 R. A. Fisher 在其出版的《自然选择的遗传原理》一书中,把孟德尔遗传学与自然选择理论结合起来,将统计方法运用于遗传进化研究中。早期的数学生物学与计算生物学的主要研究内容是将数理统计方法应用于遗传与进化研究中,以及对一些生物现象进行定量分析。例如,1952 年,英国生物学家 A. M. Turing 发表了《形态学的化学基础》一文,利用数学方法探索了形态学的化学基础(Turing,1952)。同年,英国剑桥大学生理学实验室的 A. L. Hodgkin 与 A. F. Huxley 定量描述了膜电流其及在神经传导与应激中的应用,构建了相关的数学模型(Hodgkin,Huxley,1952)。

4 生物信息技术国际发展态势分析

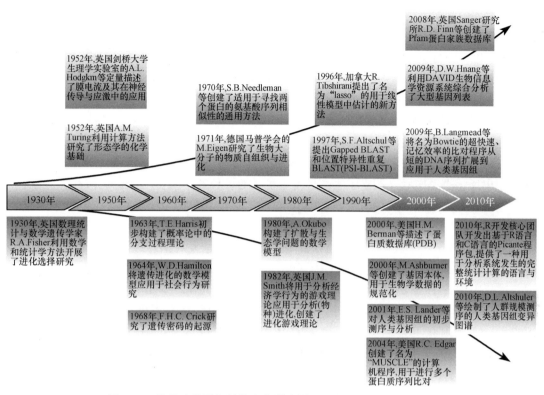

图 4-11　数学生物学与计算生物学发展历程图（1930～2010 年）

到了 20 世纪 60 年代，数学生物学与计算生物学出现了一个重要分析，即数学生物学与计算生物学与社会学的交叉，将计算生物学模型应用于社会科学研究，或将社会科学中的方法应用于计算生物学中。例如，1964 年，W. D. Hamilton 发表了两篇关于遗传数学模型应用于社会行为分析的文章，提出将赖特相关关系系数用于分析人与人之间关系的合适性、达尔文合适度，并将这一模型应用于分析社会进化中普遍的生物学原则，包括社会总体行为进化等，并进行了一些试验性验证（Hamilton, 1964a, 1964b）。后来，这一分支继续发展。1982 年英国理论进化生物学家与遗传学家约翰·史密斯出版了《进化与游戏理论》一书，将用于分析经济学行为的游戏理论应用于分析生物进化（Smith, 1982）。与此同时，数理统计学方法的发展也推动了数学生物学与计算生物学的发展。例如，1963 年 T. E. Harris 出版了《分支过程理论》一书（Harris, 1963），构建了概率论中的分支过程理论，并运用于数学生物学与计算生物学领域。

进入 20 世纪 70 年代，数学生物学与计算生物学向微观方向发展，这与生命科学向微观层面迅速发展密不可分。1953 年 DNA 双螺旋结构的发现，开启了分子生物学时代，使遗传学研究深入分子层面，此后，分子遗传学、分子免疫学、细胞生物学等新学科如雨后春笋般出现，一个又一个生命的奥秘从分子角度得到了更清晰的阐明。在这种背景下，1970 年，美国西北大学生物化学系的 S. B. Needleman 和美国老兵事务部研究医院核医学服务部的 C. D. Wunsch 开发了一种计算机编程方法，用于发现两个蛋白中氨基酸序列的相似性，并将研究结果发表在《分子生物学杂志》。该项研究使用最大匹配数来定义蛋白质中氨基酸序列的相似性（Needleman，Wunsch，1970）。利用该方法可以确定两个蛋白是否具有显著同源性，从而成为基因组测序中序列比对的最早方法，为基因组测序的发展开辟了方法学基础。1971年，德国马普学会生物物理化学研究所的M. Eigen研究了核酸、蛋白两类生物大分子的自我组织物质及其与进化的关系，并在分子层面对达尔文的自然选择等进化理论进行了验证（Eigen，1971）。

进入20世纪80年代，数学生物学与计算生物学的研究领域进一步扩展，从物种进化扩展到生态学领域。例如，日本科学家A. Okubo在《扩散与生态学问题：数学模型》一书中，构建了测量生态学中（植物）物种扩散的定量数学模型（Okubo，1980）。之后，2002年出版该书第二版，调查了生态环境中扩散的各种数学模型（Okubo，Levin，2002）。1987年加利福尼亚大学洛杉矶分校的M. Gribskov等使用剖面分析法检测了相隔较远的相关蛋白（Gribskov et al，1987）。

20世纪90年代，数学生物学与计算生物学进入快速发展期。1991年数学生物学与计算生物学领域的研究型论文（Articles）首次超过1000篇，达到1006篇。这一阶段主要集中在对基因测序数据的分析。1996年加拿大多伦多大学预防医学与生物统计学系的R. Tibshirani提出了名为Lasso的新方法，用于线性模型中的估计（Tibshirani，1996）。1997年，美国国立卫生研究院国家人类基因组研究所（NHGRI）遗传疾病实验室的S. F. Altschul等关于Gapped BLAST和BLAST（PSI-BLAST）的报道成为数学生物学与计算生物学领域被引次数最多的文章（Altschul et al.，1997）。

进入21世纪，数学生物学与计算生物学继续快速发展。2000年，由斯坦福大学医学院遗传学系的M·Ashburner等参加的"基因本体联盟"（Gene Ontology Consortium）构建了基因本体这一生物学工具，从而可以有效地规范、统一基因组测序产生的海量数据（Ashburner et al.，2000）。

2001年2月12日，六国科学家共同参与的国际人类基因组在《自然》公布了人类基因组图谱及初步分析结果，是人类基因组计划成功的里程碑（Lander et al.，2001）。从此，基因组测序产生的数据呈指数增长，驱动着数学生物学与计算生物学及相关技术的发展。之后，研究人员开始重视相关计算程序/软件的开发。例如，2004年，美国学者R. C. Edgar开发了名为MUSCLE的新型计算机程序，用于开展多个蛋白序列的比对工作。该程序中算法的要素包括用Kmer计数法快速远程估值、用log期望值进行比对、用树依赖的限制分隔来进行优化（Edgar，2004）。与其他比对程序相比，MUSCLE的计算准确性最高，速度更快。

2009年，美国NIH研究所的D. W. Huang等研究人员开发了"注释、可视化与整合发现数据库"（DAVID），并利用DAVID综合分析了大型基因列表。DAVID所有工具都是旨在为来源于基因组学研究的大型基因列表提供功能注释（Wikipedia，2012）。同年，美国马里兰大学生物信息与计算生物学中心的B. Langmead等开发了名为Bowtie的程序（Langmead et al.，2009）。Bowtie是一个超快速的、有记忆功能的比对程序，用于将短的DNA序列读数比对到大型基因组中。该算法允许出现错误匹配，可以同时使用多个处理核，从而达到更好、更快的比对速度。在工具开发方面，2010年德国海德堡大学团队开发了基于R语言和C语言的Picante程序包，提供了一种用于分析系统发生的完整统计计算语言和

环境 (Kembel et al., 2010)。

从以上分析可以看出，数学生物学与计算生物学作为一门交叉学科，依赖于相关学科的发展和不断突破，尤其是生物学（分子生物学）和数理统计领域。数学生物学与计算生物学的应用领域越来越广泛，如被应用于表观遗传学、生物大分子结构研究等。

4.4 关于生物信息技术发展的若干判断

4.4.1 生物信息技术充满发展机遇

从生物信息技术发展历程来看，生物信息技术已经从20世纪60年代早期的新兴学科分支和学科交叉边缘，演变为当前变革生命科学研究效率主要工具。在计算密集型和假设驱动型生命科学领域，生物信息技术将明显加速这类工作的研究速度，如对影响蛋白折叠的分子相互作用的研究，对复杂生物分子机器的分析、确定代谢和调控通路、神经活动的建模以及整个生物组织的多层次模拟研究等。

然而，由于生物有机体的高度复杂性，学术界也提出当前生命科学研究还面临一系列挑战性问题，如对蛋白机器和其他超分子系统从描述式理解到预测性理解、生命现象的定量多尺度建模、彻底理解一种最简单类型的细胞、细胞如何在复杂环境中决策（可以称为细胞思考）、解析细胞和生物有机体在地球上进化的途径、对大脑进行反向工程来理解复杂的神经系统等重大问题。

这些复杂的生命科学问题，也有可能是生物信息技术产生重大突破和引领生命科学理论创新和革命的突破口。正如在20世纪信息理论引入生物学研究，从而使得生物大分子携带信息成为分子生物学的重要理论基础，进而开创或转换生物学研究新范式一样，信息基础理论和技术在生物学研究中的持续引入，将可能更加系统性地改造学术界对生物学复杂问题的认识和提出方式。例如，通过比对生物有机体和虚拟生命，可以重新思考什么是生命这样的重大生物学问题。生物语义学、生物符号学等概念在生物学领域的悄然引入，也在提示"信息生物学"时代的加快到来。

4.4.2 主要生物技术大国已将发展生物信息技术列为战略优先领域

在经历20世纪80年代的生物数据"热浪"之后，进入21世纪后，一轮关于生物信息技术的浪潮重新兴起，并在近年内成为若干主要生物技术大国的战略优先领域。与早期侧重点在生物"数据"存储和数据分析上相比，2000年以来受到有关国家重新重视和发展支持的生物信息技术则将侧重点放在"信息"和"信息"计算乃至知识整合上，政策规划、投资强度上积极倾斜。

美国国立卫生研究院2003年以来投资超过2亿美元的生物医学信息科学和技术行动（BISTI）旨在"整合不同层次组织的数据和知识，在不同尺度上分析、建模、理解和预测动态、复杂的生物医学环境"；投资超过3.5亿美元建设的caBIG在全球15个国家推广,并提出将信息通过学习型健康医疗系统转变为"癌症知识云"。美国能源部基因组科学项目提出"将大量涌现的生物数据和概念转变为基于计算的生物学",下设的"系统生物学知识库"研发计划年度预算已经超过 1000 万美元。美国国家自然科学基金生物局、计算和信息科学工程局、数理科学局设置许多项目资助生物信息学和计算生物学,年度预算超过 3000 万美元。美国食品和药品监督管理局提出将加大数据挖掘和信息共享力度,建立能分析大型复杂数据集的科学社区等。

欧盟在第五框架计划(FP5)和第六框架计划(FP6)内对生物信息技术基础能力整合后,生物信息技术整体优势明显增强。2011 年以来,欧盟新提出建设欧洲生命科学生物信息基础设施,总建设费用 5.67 亿欧元,从而有望极大提升欧盟各国生物信息技术能力。欧洲分子生物学实验室-欧洲生物信息研究所(EMBL-EBI)也是将 2012~2017 年的发展主题定位于信息生物学。

而英国、法国、德国等欧洲主要强国纷纷加强生物信息技术研发力量。英国 2011 年公布的《英国生命科学战略》提出投资 7500 万英镑,扩展现有的欧洲生物信息研究所英国分部,并新建一处新的设施,同时建立一处新的技术中心,计划招聘 200 名生物信息技术研究人员。英国生物技术与生物科学研究理事会等三大理事会也将生物信息技术作为战略优先领域。法国在整合生物信息技术力量和研发平台、德国在推动生物信息技术教育和技术集群等方面都有新的重大举措。此外,澳大利亚、加拿大均已发布或提出国家生物信息技术战略;俄罗斯、印度等新兴国家在新的生物技术或健康发展战略中都提出建设国家级生物信息技术或计算生物学中心。我国在 2000 年以来,在生物信息技术领域的政策日益明确,并通过 863 计划、973 计划和其他科研计划加强了研究资助。

纵观主要国家生物信息技术发展政策及其演进,不难发现若干不同特点:美国虽然没有国家宏观顶层规划,但主要研发资助机构都设有专项项目,目标明确,投资巨大;欧盟各国主要通过技术集成来实现生物信息技术的整体升级;澳大利亚、加拿大起步较晚,政策导向更为集中,明确提出需要国家级生物信息技术战略。俄罗斯、印度两国,尽管很早就提出大力发展生物信息技术。例如,印度率先提出构建生物技术信息系统网(BTISNet),并是最早推动生物技术和信息技术交叉融合的国家之一,但由于基础力量缺乏,更侧重于基础研发力量构建等。

4.4.3 我国发展生物技术所面临的若干重大挑战

基于生物信息技术的发展历程和发展前景,根据生物信息技术在生命科学领域的应用方向,我们提出我国生物信息技术发展目前面临若干重大挑战:

第一,研究基础设施建设和面向生物学研究的数据库技术存在重大挑战。从研究基础设施建设上来看,我国错过了 20 世纪 80 年代的生物数据库建设浪潮。经过 863 计划的持续支持,我国在中小型数据库建设方面有较大进步。但从整体上来,在基础设施方面,同国外发达国家和地区相比,我们还十分落后。

即便不考虑这些因素,仅从技术发展角度而言,生物学数据的组织和管理也是未来生物信息技术发展面临严峻的挑战。对生物学数据库的操作特征与传统数据库截然不同,现代信息技术可以操纵21世纪生物学带来的大量数据，但很难将生物学数据无缝整合到各种大型数据库中，而数据的整合是将"数据"转换为"信息"的关键。例如，关系型数据模型，假定在数据记录中存在明显界定和已知的关系，但这对许多类型的生物数据并不适用。而面向对象的数据库对于特定生物学应用，则不能提供有效或可扩展的查询语言。由于商业数据库技术的有限性，适合未来生物信息技术发展需要的数据库技术至关重要。此外，随着不断升级的语义网、生物学数据与文献的关联，复杂生物问题查询的技术方法将是未来新兴生物计算方法的中心，这也有可能革新生物数据库的组织形式，带来数据库技术的新发展。

近期，我国学界提出建设国家跨组学信息工程大设施（CIEIPOS），来综合应对我国在生物信息资源的收集、管理与应用上所面临的挑战（朱伟民等，2013），显然是一个积极信号。

第二，生物信息和计算生物学核心工具技术的资助需要新模式。未来可快速横跨大尺度时间、空间和组织复杂性的信息和计算工具，将成为生命科学研究中的不可分割的一部分和重要竞争领域。但由于新型生物信息技术和计算工具研发将非常复杂，需要组织跨学科研究团队和相应的组织模式。除通过设立一批国家级专业生物信息技术中心组为骨干外，可能更需要加强资助模式调整和管理。例如，科研资助机构联合设立资助项目、高技术研发计划不同领域之间设立交叉项目，强调数据和软件的开放和开源作为项目申请和结题的一部分；借鉴大型设施和软件开发经验，将工具技术的开发者和使用者碰头协商作为固化程序。

第三，生物计算能力和生物计算模型、算法的挑战。计算已经在现代生物学的各个层次发挥重要作用，计算已经成为重要资源。美国在生命科学计算资源方面长期占据优势，据估计美国总计大约有40TB/秒的峰值计算能力。美国正在通过发展致力于计算生物学的计算中心加强这一领域科学政策，"为推进生物医学研究开辟未来信息高速公路"。为保持竞争力，欧盟政策咨询机构建议欧盟另外投资1.53亿欧元，建设面向生命科学的欧洲10^{18}次计算中心。"不然，欧洲将落后于后基因组时代，需要仰仗美国来解析隐藏于基因组数据中的信息。"我国许多科研机构的高性能计算规模一般为几万亿次，提升我国生物计算能力也面临显著挑战。同时，计算能力建设必须考虑到当前算法的发展阶段，并匹配高强度的算法开发投资。

第四，需要明确提出若干复杂生物学问题，进行专项生物信息和计算生物能力建设，打造新型协同研究机构，培训下一代计算生物学家。例如，针对生物学定量多尺度建模问题，尽管目前许多中心和研究人员在针对这类问题的不同特征开展研究。但最终的解决方案需要对复杂生物学问题进行新的数学处理，需要新的算法和方法去处理从细胞到组织的界观问题，依赖于耦合随机方法和连续性方法的极其复杂软件开发，这需要对硬件设计、软件配置、人员组织进行周密考虑，需要大型协调活动。目前零碎的、间断的基础研究资助项目很可能无助于重大基础生物信息技术问题的解决。因此，需要筛选若干重大问题，例如，染色体动态、蛋白质高质量同源模拟、细胞计算模拟、生物网络（系统）和动态等，组织专项研究。而对于这些复杂的问题，最大的挑战是招聘和培训下一代计算科学家。

致谢：在选题和本报告起草过程中，中国科学院上海生命科学信息中心熊燕研究馆员、游文娟馆员、中国科学院-马普学会计算生物学伙伴研究所彭守能博士提出了重要建议。中国科学院系统生物学重点实验室陈洛南研究员、中国科学院遗传与发育生物学研究所王秀杰研究员、中国科学院北京基因组研究所于军研究员、清华大学生命科学学院孙之荣教授对本报告初稿提出了许多修改意见，特此感谢。限于我们的学识，对部分意见暂时没有采纳。对本报告中的不当之处，作者承担责任。

参 考 文 献

艾瑞婷,王德平.2011."十一五""863 计划""生物信息和生物计算技术"专题课题布局及实施情况分析.中国生物工程杂志,31(12):126-132.

刘廷元.2005.信息科学和信息学:历史与发展、区别与统一.中国基础科学,6:31-36.

孙啸,陆祖宏,谢建明.2005.生物信息学基础.北京:清华大学出版社.

赵屹,谷瑞升,杜生明.2012.生物信息学重大基础科学问题及关键技术.中国科学基金,21(2):65-69.

中国科学院国家科学图书馆,科学研究动态监测快报信息科技专辑.2007-02-01.印度电子和信息技术十五规划的成绩.http://www.clas.ac.cn/xscbw/kjkb/xxkjkb/2007information/200910/P020091013569370286681.pdf.

中国生物技术发展中心.2010.中国生物技术发展报告2009.北京:科学出版社.

中国生物技术发展中心.2011.中国生物技术发展报告2010.北京:科学出版社.

中国生物技术发展中心.2012.中国生物技术发展报告2011.北京:科学出版社.

朱伟民,朱云平,杨啸林.2013.生命科学信息工程设施以及在中国的实现.中国科学C辑:生命科学,43(1):80-88.

Altschul S F,Madden TL,SchäfferAA,et al.1997.Gapped BLAST and PSI-BLAST:a new generation of protein database search programs. Nucleic Acids Research,25(17):3389-3402.

ANR. 2011-30. Appel à projects "bioinformatique". http://www.agence-nationale-recherche.fr/investissements-davenir/AAP-BIOINFORMATIQUE-2011.html.

Ashburner M,Ball CA,Blake JA,et al. 2000. Gene Ontology:tool for the unification of biology. Nature Genetics,25(1):25-29.

BaseK. 2009-03-15. DOE Systems Biology Knowledgebase for a New Era in Biology. http://genomicscience.energy.gov/compbio/workshop08/index.shtml.

BBSRC. 2010-12-30. Awarded BBR projects 2006-2010. http://www.bbsrc.ac.uk/funding/opportunities/2010/2010-bioinformatics-biological-resources-fund.aspx.

BBSRC. 2011-11-20. BBSRC Review of the Computational Requirements of the Biological Sciences. http://www.bbsrc.ac.uk/news/research-technologies/2011/110120-n-computational-requirements-review.aspx.

BBSRC. 2012-02-21. BBSRC/EPSRC/MRC/NERC Joint Statement on Handling Bioinformatics Applications. http://www.bbsrc.ac.uk/web/FILES/Guidelines/bioinformatics-statement.pdf.

Bio-economy Council. 2009-08-12. Requirements for a Bioinformatics Infrastructure in Germany for future Research with bio-economic Relevance. http://biooekonomierat.de/fileadmin/Publikationen/Englisch/BOER_Recommendation06_bioinformatics.pdf.

Bioin. 2006-08-07. National Bioinformatics Strategy. http://www.bioin.or.kr/board.do?num=13081&cmd=view&bid=policy.

BISTI(Biomedical Information Science and Technology Initiative). 1999-06-03. http://www.bisti.nih.gov/library/june_1999_Rpt.asp.

BIS. 2011-12-05. Strategy for UK Life Sciences. https://www.gov.uk/government/uploads/system/uploads/attachment_data/file/32457/11-1429-strategy-for-uk-life-sciences.pdf.

BMBF. 2001-03-09. BMBF fördert sechs Bioinformatik-Kompetenzzentren mit 100 Millionen Mark. http://www.bmbf.de/_media/press/akt_20010309-026.pdf.

caBIG. Empowering collaboration Across the Cancer Community, caBIGR Annual Report 2009. https://cabig.nci.nih.gov. 2010-08-09.

Christoph A. 2004. Information theory in molecular biology. Physics of Life Reviews, 1(1):3-22.

Clarke R, Ressom HW, Wang A, et al. 2008. The properties of high-dimensional data spaces: implications for exploring gene and protein expression data. Nature Reviews Cancer. 8(1):37-49.

CNRS. 2007-03-31. GDR CNRS 3003 Bioinformatique Moléculaire. http://www.gdr-bim.u-psud.fr.

CNRS. 2012-04-21. Projets Exploratoires Pluridisciplinaires (PEPS) Bio-Maths-Info, BMI. http://www.cnrs.fr/insb/recherche/peps/peps-bmi.htm.

Cohen T, Murray M. 2004. Modeling epidemics of multidrug-resistant M. tuberculosis of heterogeneous fitness. Nature Medicine, 10:1117-1121.

CSIR. 2009-01-12. NMITLI Achievements. http://www.csir.res.in/external/heads/collaborations/sa.pdf.

Department of Innovation, Industry, Science and Research. 2011-09-30. 2011 Strategic Roadmap for Australian Research Infrastructure. http://www.innovation.gov.au/Science/Documents/2011 Strategic Roadmap for Australian Research Infrastructure.pdf.

DOE. 2012-05-25. Genomic Science Program, Advancing Scientific Discovery through Genomics and Systems Biolog. http://genomicscience.energy.gov/program/index.shtml.

Edgar R.C. 2004. MUSCLE: multiple sequence alignment with high accuracy and high throughput. Nucleic Acids Research, 32(5):1792-1797.

Eigen M. 1971. Selforganization of matter and the evolution of biological macromolecules. Naturwissenschaften, 58(10):465-523.

Eliasmith C, Stewart TC, Choo X, et al. 2012. A Large-Scale Model of the Functioning Brain. Science, 338(6111):1202-1205.

EMBL. 2012-11-15. EMBL Programme 2012-2016. http://www.embl.de/aboutus/communication_outreach/publications/downloads/programme12-16.pdf.

EPFL(École Polytechnique Fédérale de Lausanne). 2012-05-05. Blue Brain Project. http://bluebrain.epfl.ch.

ESFRI(European Strategy Forum on Research Infrastructures). 2010-10-30. Biological and Medical Sciences Thematic Working Group Report 2010. http://ec.europa.eu/research/infrastructures/pdf/bms _ report _ en.pdfJHJview=fit&pagemode=none.

Europa. 2011-09-15. Five Member States give safeguarding biological information the green light. http://cordis.europa.eu/fetch?CALLER=EN_NEWS&ACTION=D&SESSION=&RCN=33810.

European Commission. 2008-10-20. From Fundamental Genomics to Systems Biology: Understanding the Book of Life. ftp://ftp.cordis.europa.eu/pub/fp7/docs/fungen-book_en.pdf.

FDA. 2011-08-20. Advancing Regulatory Science—Moving Regulatory Science into the 21st Century. http://www.fda.gov/scienceresearch/specialtopics/regulatoryscience/default.htm.

FELICS. 2006-05-03. A unique electronic infrastructure project funded by the European Union is launched today. http://www.felics.org/news.

French National Alliance for Life and Helth Sciences. 2012-05-04. Groupe de travail:Bioinformatique,plateformes, séquençage et génotypage. http://www. aviesan. fr/fr/content/download/4209/37556/file/ITMO + GGB + - + Bioinformatique,+plateformes,+s% C3% A9quen% C3% A7age+et+g% C3% A9notypage. pdf.

Genome Canada. 2011-12-08. Meeting Report from the Bioinformatics & Computational Biology Workshop. http://www. genomecanada. ca/medias/pdf/en/bioinformatics-meeting-report. pdf.

Genome Canada. 2012-06-21. Genome Canada launches competition to strengthen Canada's leadership in bioinformatics and computational biology. http://www. genomecanada. ca/en/about/news. aspx? i=416.

Gribskov M, McLachlan A D, Eisenberg D. 1987. Profile analysis:detection of distantly related proteins. Proceedings of the National Academy of Sciences of the Uinted States of America,84(13):4355-4358.

Hamilton W D. 1964a. The genetical evolution of social behaviour. I. Journal of Theoretical Biology,7(1):1-16.

Hamilton W D. 1964b. The genetical evolution of social behaviour. II. Journal of Theoretical Biology,7(1):17-52.

Harris T E. 1963. The Theory of Branching Processes. Dover Publications.

Hodgkin A L, Huxley A F. 1952. A quantitative description of membrane current and its application to conduction and excitation in nerve. The Journal of Physiology,117(4):500-544.

IBiSA. 2012-04-28. ReNaBi- Ilede France(ReNaBi-IdF). http://www. ibisa. net/plateformes/ReNaBi- Ilede-France- ReNaBi- IdF,248. html.

IBM. 2011-12-30. IBM Research Life Sciences Projects. http://researcher. watson. ibm. com/researcher/files/us-ajayr/LifeScienceResearchAtIBM-Mar09. pdf.

INCITE. 2012-05-30. Innovative and Novel Computational Impact on Theory and Experiment Program. http://www. doeleadershipcomputing. org/.

Jakobsson E 2004-06-17. The NIH Bioinformatics and Computational Biology Roadmap. http://www. nitrd. gov/Pi-tac/meetings/2004/20040617/20040617_jakobsson. pdf.

Kahlem P, Briney E. 2006. Dry work in a wet world:computation in systems biology. Molecular Systems Biology,2:1-4

Karr JR, Sanghvi JC, Macklin DN, et al. 2012. A Whole-Cell Computational Model Predicts Phenotype from Genotype. Cell,150(2)389-401.

Kembel S W, Cowan P D, Helmus MR, et al. 2010. Picante:R tools for integrating phylogenies and ecology. Bioinformatics,26(11):1463-1464.

Koch I, Fuellen G. 2008. A review of bioinformatics education in Germany. Briefings in Bioinformatics,9(3):232-242.

Lander E S, Linton L M, Birren B, et al. 2001. Initial sequencing and analysis of the human genome. Nature,409:860-921.

Langmead B et al. 2009. Ultrafast and memory-efficient alignment of short DNA sequences to the human genome. Genome Biology,10:R25.

Madhani P M. 2011. Indian Bioinformatics:Growth Opportunities and Challenges. PRERANA, Journal of Management Thought and Practice,3(2):7-17.

McAdams H H, Shapiro L. 2003. A Bacterial Cell-Cycle Regulatory Network Operating in Time and Space. Science,301(5641):1874-1877.

Microsoft. 2012-11-20. Biological Computation. http://research. microsoft. com/en-us/groups/biology.

Microsoft. 2010-11-20. Microsoft Biology Initiative. http://research. microsoft. com/en-us/projects/bio.

National Research Council. 2005. Catalyzing Inquiry at the Interface of Computing and Biology. Washington, DC:The National Academies Press.

National Research Council. 2009. A New Biology for the 21st Century. Washington, DC: The National Academies Press.

NCBC. 2012-04-15. NIH National Centers for Biomedical Computing. http://www.ncbcs.org/summary.html.

Needleman S B, Wunsch C D. 1970. A general method applicable to the search for similarities in the amino acid sequence of two proteins. Journal of Molecular Biology, 48(3):443-453.

NHGRI. 2011-10-04. ENCODE RFAs Expand Effort to Understand the Genome. http://www.genome.gov/27545770.

NIC. 2012-11-20. Report of the Working Group on Biotechnology 12th Plan. http://www.planningcommission.nic.in/aboutus/committee/wrkgrp12/sandt/wg_dbt2905.pdf.

NIH. 2012-05-15. Common Fund Bioinformatics and Computational Biology. https://commonfund.nih.gov/bioinformatics/overview.aspx.

NSF. 2010-07-20. Joint DMS/NIGMS Initiative to Support Research at the Interface of the Biological and Mathematical Sciences (DMS/NIGMS). http://www.nsf.gov/funding/pgm_summ.jsp?pims_id=5300.

NSF. 2012-05-23. MCB priorities for FY 2008. http://www.nsf.gov/bio/budget/fy08/bio08.pdf.

Oehmen C, Nieplocha J. 2006. ScalaBLAST: A scalable implementation of BLAST for high-performance data-intensive bioinformatics analysis. IEEE Transactions on Parallel & Distributed Systems, 17(8):740-749.

Okubo A. 1980. Diffusion and Ecological Problems: Mathematical Models. Springer-Verlag.

Okubo A, Levin S A. 2002. Diffusion and Ecological Problems: Modern Perspectives. New York: Springer-Uerlag.

Olken F. 2009-11-03. NSF Funding for Bioinformatics & Computational Biology. http://www.ittc.ku.edu/bioinformatics/BIBM09/2%20Olken%20NSF.pdf.

OSTP(Office of Science and Technology Policy). 2012-03-29. Obama Administration Unveils "Big Data" Initiative: Announces $200 Million in New R&D Investments. http://www.whitehouse.gov/sites/default/files/microsites/ostp/big_data_press_release_final_2.pdf.

PRACE. 2012-10-01. Partnership for Advanced Computing in Europe, http://www.prace-ri.eu/?lang=en.

RCUK. 2012-05-30. Cross Cutting Themes. http://www.rcuk.ac.uk/documents/india/Cross-cuttingThemes-UK.pdf.

RIKEN. 2012-06-13. Computational Science Research Program, Pioneering the Future of Computational Life Science toward Understanding and Prediction of Complex Life Phenomena. http://www.csrp.riken.jp/BSNews-Letters/BSNvol5-1111/EN/special03.html.

Rosminzdrav(Министерство здравоохранения РФ). 2012-12-25. О государственной программе "Развитие здравоохранения в Российской Федерации". http://rosminzdrav.ru/docs/doc_projects/874.

Sanbonmatsu K Y, Tung C S. 2007. High performance computing in biology: Multimillion atom simulations of nanoscale systems. Journal of Structural Biology, 157(3):470-480.

Sensen C W Dalton TE, Brousseall R, et al. 2008-02-15. The Canadian Bioinformatics Resource New Opportunities for Bioinformatics in Canada. http://tnc2000.terena.org/proceedings/5A/5a1.pdf.

Smith J M. 1982. Evolution and the theory of Games. Cambridge University Press.

Tang P, Xu Y. 2002. Large-scale molecular dynamics simulations of general anesthetic effects on the ion channel in the fully hydrated membrane: The implication of molecular mechanisms of general anesthesia. Proceedings of the National Academy of Sciences of the United States of America, 99(25):16035-16040.

Tibshirani R. 1996. Regression Shrinkage and Selection via the Lasso. Journal of the Royal Statistical Society. Series B (Methodological), 58(1):267-288.

Turing A. M. 1952. The Chemical Basis of Morphogenesis. Philosophical Transactions of the Royal Society of Lon-

don. Series B, Biological Sciences, 237(641):37-72.
VLSCI(Victorian Life Sciences Computation Initiative). 2011-06-15. http://download.audit.vic.gov.au/files/20110615-VLSCI.pdf.
Whitehouse. 2012-04-26. National Bioeconomy Blueprint. http://www.whitehouse.gov/sites/default/files/microsites/ostp/national_bioeconomy_blueprint_april_2012.pdf.
Wikipedia DAVID (bioinformatics tool). 2012-05-15. http://en.wikipedia.org/wiki/DAVID_(bioinformatics_tool).
Yu Y K. 2011. Challenges of Information Retrieval and Evaluation in Data-Centric Biology. OMICS: A Journal of Integrative Biology, 15(4):239-240.
Zhang Y, Thiele I, Weekes D, et al. 2009. Three-Dimensional Structural View of the Central Metabolic Network of Thermotoga maritima. Science, 325(5947):1544-1549.

5 深水油气勘探开发科技国际发展态势分析

赵纪东[1]　郑军卫[1]　马文忠[2]

(1. 中国科学院国家科学图书馆兰州分馆；2. 中国石油长庆油田勘探开发研究院)

作为重要的战略资源，石油和天然气不仅关系着国计民生，而且深刻影响着国家的能源安全和经济的持续发展。由于陆上及海洋陆架浅水区油气勘探开发程度的不断提高，油气资源获得重大发现的概率越来越小，油气资源的勘探开发从陆地走向了海洋深水区。近年来，全球新增油气探明储量大部分来自于深水，同时深水区也发现了多个大型油气田。因此，海洋深水区成为了一个热点区域。深水油气勘探开发科技直接决定着深水油气勘探开发的步伐，但目前，我国在该领域仍处于起步阶段，研发具有自主知识产权的深水油气勘探开发技术与装备对我国具有重要意义。

本报告对全球深水油气资源的分布及地质特征、国际深水油气资源勘探开发的技术现状进行了系统调研。同时，利用文献计量学方法对科学引文索引扩展版和德温特专利创新索引数据库收录的深水油气勘探开发领域的科研论文和专利文献进行了计量分析，结果表明：20世纪末以来，国际深水油气论文数量和专利数量整体呈现出明显增长态势，表明其科技需求日趋强烈；深水油气勘探开发技术的主要研究者和主要使用者大部分为大型油气公司或油田技术服务公司，而大学和国立研究机构则是相关基础研究的主体；美国和英国是深水油气勘探开发领域研究论文最多的两个国家，具有最为强劲的发展势头，而中国、澳大利亚、德国和巴西近3年在该领域的科学研究方面比较活跃；美国、中国、英国、法国是目前受理深水油气相关专利最多的国家，而加拿大、德国和中国则是近年来受理专利数量增长较快的3个国家，其发展潜力巨大。海洋钻井装置和设备是深水油气勘探开发中最为重要的一项技术，该项技术与海洋石油和天然气生产设备为大多数专利申请人所普遍关注；深水油气相关专利主要集中于海洋油气勘探开发强国，以及深水油气资源分布量较大的国家，同时技术领域的广度也在不断发展变化，技术开发方向不断更新，每年都有一些新的突破。

研究表明，国际深水油气勘探开发科技主要呈现以下发展态势：①深水沉积理论研究对深水油气勘探具有重要影响，其在深水储层预测方面具有重要意义，深刻影响着深水油气勘探方向的把握，要想在深水油气勘探方面取得突破，沉积作用及其过程的理论体系研究与深化是关键。②地震技术与电磁技术共同推动深水油气勘探，随着电磁地震采集系统的研发成功和北海地震-电磁联合勘探测试的完成，公认的寻找圈定油气藏的最佳方法,即电磁数据与地震数据的结合,将以更低的成本、更高的质量和灵敏度在深水油气勘探中发挥其巨大潜力。③技术与装备是实现深水油气开发的关键,虽然可降低成本并提高安全性的无隔水管钻井技术、极大化提高采收率的极大储层接触技术(ERC)、大于15 000磅力/英寸^2[①]的超高压钻完井技术及生产系统等正在研究与发展之中,但关键技术及相关设备与装置的缺乏仍将对未来的深水油气开发产生至关重要的影响。④环境保护成为深水油气勘探开发无法回避的重要问题,不断加强在环保型钻井液、钻屑处理、漏油监测与处置等方面的探索是解决环境问题、达到环保要求的主要选择。

针对我国深水油气资源勘探及技术研发现状,建议:围绕国际深水油气资源科技发展态势以及我国深水油气资源勘探需要,建立自主、核心的深水关键技术体系;既要研发和建造深水、超深水海上平台等大型装备,又要研发关键的配套系统和小型设备;重视深水沉积理论的研究与发展;在发展过程中兼顾引进与创新,充分借鉴西方国家一些专业公司深水开发的技术和经验,进行国际联合攻关;多渠道加强人才队伍建设,满足深水科技创新的人才需求。

5.1 引言

石油和天然气不仅直接关系国计民生,而且是影响国家能源安全和经济持续发展的战略性资源。随着全球社会经济的快速发展,各国的能源需求不断增加,与此同时,陆地及海洋浅水区的油气资源却由于人类的开发程度提高而日益减少,甚至枯竭。因此,伴随着科技的进步,油气资源的勘探开发从浅海走向深水[②](中国科学院油气资源战略研究组,2010;郑军卫等,2012)。目前,深水油气的勘探开发正在成为世界石油工业的主要增长点和世界科技创新的热点,而深水即将成为未来油气资源争夺的主战场。

据美国地质调查局(USGS)和国际能源署(IEA)估计,全球深水区最终潜在石油储量有可能超过 1000×10^8 石油桶[③](金秋,张国忠,2005)。进一步来看,海洋油气资源主要分布在大陆架,约占全球海洋油气资源的60%,而大陆坡的深水、超深水水域的油气资源潜力巨大,约占30%(江怀友等,2008)。21世纪以来,各大石油公司(如英国石油公司、巴西国家石油公司等)密切关注深水油气勘探开发,纷纷进入深水区域进行勘探开发活动,不断加强勘探开发力度。2000~2005年,全球新增油气探明储量164亿吨油当量。

---

① 1磅力/英寸^2 = 6.894 76×10^3 帕
② 由于海洋钻探和开发工程技术的不断进步,深水的定义不断扩展。1998年以前,普遍认为水深大于200米为深水,1998年以后则普遍把水深大于300米定义为深水,目前一般认为500~2000米为深水区,大于2000米为超深水区(潘继平,2007;林闻,周金应,2009)。
③ 1石油桶 = 1.58987×10^2 分米^3

其中，深水占41%，浅海占31%，陆地占28%。2000~2007年全球深水区共发现33个大型油气田，占同时期全球大型油气田勘探发现的42%。同时，有预测表明，未来世界油气总储量的40%将来自深水区（Mann et al.，2007）。

从投资情况来看，2004~2009年，全球海上勘探投资从570亿美元升至1520亿美元，其中，深水区远大于浅水区（王震等，2010）。就全球而言，墨西哥湾、西非和巴西海域是深水油气勘探开发的热点区域，这3个地区集中了全球深水总投资的50%以上、全球深水钻井的近一半之多（潘继平，2007）。当前，全世界油气田储量的主要增长位于深水区，所以深水油气的勘探开发与国家能源安全密切相关，同时也可能改变世界各国的能源地位。例如，巴西凭借深水区油气储量、产量的快速增长，在2006年基本实现了油气的自给自足，实现了由石油净进口国到出口国的历史性转折。

对中国而言，其原油对外依存度在2011年达到56.7%，超过了50%这一国际石油安全警戒线。与此同时，近年来，受石油需求量增加和国际油价上涨的影响，中国国内油价也一路飙升。因此，中国在"十二五"科技规划和能源科技的"十二五"规划中都对深水油气资源的勘探开发给予了高度重视。2012年5月，中国"海洋石油981"号钻井平台和"海洋石油201"深水铺管船相继开赴南海，表明了中国开发南海深水油气资源的决心。

对于高成本、高风险、高回报的深水油气勘探开发而言，目前的关键在于技术和装备，其是突破深水屏障，发现大中型油气田，完成钻探、开采等多项复杂作业的关键支撑和最重要手段。但是，中国深水油气勘探开发及相关研究仍处于起步阶段，还面临着多方面的风险和挑战。因此，加快发展我国深水技术和装备已迫在眉睫，深入调研、了解和分析国际深水油气（本报告指常规油气）科技发展态势与勘探开发的动态及成功经验，对于有效推进南海深水油气勘探开发的进程，保障我国自身能源安全，解决能源危机具有重要参考和借鉴意义。

5.2 深水油气资源分布及地质特征

从分布格局来看，全球深水盆地表现出"两竖两横"的特征。"两竖"分别为近南北走向的滨大西洋深水盆地群和滨西太平洋深水盆地群，"两横"分别为近东西走向的新特提斯构造域深水盆地群和环北极深水盆地群（张功成等，2011）。从目前全球已探明深水油气资源来看，其主要分布在墨西哥湾深水盆地、巴西东部陆缘深水盆地、西非陆缘深水盆地、挪威中部陆架深水盆地、澳大利亚西北陆架深水盆地以及南海深水盆地（吴时国、袁圣强，2005；范玉海等，2011）。进一步来看，深水富油盆地群主要沿大西洋南北向展布，主要包括西非陆缘深水区11个盆地（如阿尤恩—塔尔法亚盆地、塞内加尔盆地、尼日尔三角洲盆地、木尼河盆地（Rio Muni Basin）、加蓬盆地、下刚果盆地、宽扎盆地、纳米比亚盆地、西南非盆地等）、巴西东部陆缘深水区7个盆地（如坎普斯盆地、桑托斯盆地等）、墨西哥湾深水盆地、挪威中部陆架深水盆地以及北海盆地等；深水富气盆地群主要沿新特提斯东西向展布，主要包括澳大利亚西北陆架深水区4个盆地（卡那封盆地、比格尔次盆地、布劳斯盆地和波拿巴盆地)、孟加拉湾深水盆地、阿拉伯湾深水盆地、南海的深水盆地（珠江口盆地南部、琼东南盆地、文莱-沙巴盆地深水区、曾母盆地深水区）等（范玉海等，2011；张功成等，2011）。

从构造背景来看，当今世界上的深水盆地主要集中在被动（离散）大陆边缘。被动大陆边缘盆地都是在三叠纪之后产生，其在大陆裂开、漂移过程中形成，并被海底扩张和新生洋壳限制在板块边缘地带，其发育一般经历了 3 个大的构造演化阶段：前裂谷期（裂前期）、裂谷期（裂陷期）和裂后热沉降期（被动陆缘期或漂移期）。从当前已发现的深水油气盆地和已开发的深水油气资源来看，深水油气藏具有以下重要地质特征：

（1）储层。深水油气藏的主要储集层是高孔隙度和高渗透率的浊积砂体储层，而且这些深水浊积体系通常与大型三角洲的发育及海平面的变化引起的陆坡推进息息相关。在墨西哥湾北部深水区，主要储层是新近系浊积岩系，上新统—更新统浊积岩厚度达 6100 米，在其中发现了许多深水油气田（周蒂等，2007）。近年来，在坎坡斯盆地发现的深水油气资源主要分布在渐新统—中新统浊积岩储层中，而下刚果盆地安哥拉的深水勘探也主要集中在中新统浊积岩储层。

（2）圈闭。全球深水富产油气盆地的油气圈闭类型多样，以大型构造圈闭为主，最典型的构造圈闭类型是发育在深水、超深水区由热沉降期发生的盐塑性运动或滑脱运动形成的各类圈闭，如龟背斜、滚动构造、盐岩构造以及三角洲砂体或浊积砂体形成的岩性和构造复合圈闭等（吴时国，袁圣强，2005）。在西非陆缘深水盆地，构造圈闭占主导地位，如尼日尔三角洲的深水区，逆冲断层带的发育形成了一些挤压背斜及尖灭、上超等地层岩性圈闭。在墨西哥湾盆地，深水、超深水区的圈闭类型以盐岩构造与浊积砂体形成的复合圈闭为主。此外，以构造圈闭为主的深水逆冲褶皱带正逐渐成为当前的勘探热点，在这些地方，发现了许多新油气资源。

（3）烃源岩。世界主要深水含油气盆地的烃源岩在志留系—新近系都有分布，但主力烃源岩主要集中在白垩系，其次为古近系—新近系和侏罗系。裂谷期烃源岩是良好的烃源岩，占主导地位，其次为被动陆缘期。沉积环境则以湖相和海陆过渡相为主，其次为海相（范玉海等，2011）。从各盆地的情况来看，墨西哥湾的烃源岩在侏罗系—新近系都有分布，最重要的烃源岩是上侏罗统的海相钙质页岩、灰质泥岩；巴西东部大陆边缘盆地烃源岩主要为湖相黑色钙质页岩，于始新世进入生油窗，至今仍处于生油窗之内；西非的绝大部分油气来自下白垩统盐下湖相页岩和盐上上白垩统—新近系海相页岩，以下白垩统的烃源岩为主。

5.3 深水油气资源勘探开发技术现状

5.3.1 深水油气资源勘探技术

理论上，陆地油气勘探的方法和技术在海洋中都是适用的，但是，受海洋自然环境的影响，许多方法和技术均受到了限制（例如，陆地地面地质调查法在海洋中难以大规模开展，陆地电、磁勘探等在海洋中需要转到勘探船上进行），并使测量结果在很大程度上受到水深及海水物化性质的影响（乔卫杰等，2009）。深水油气勘探的目的是加强钻前地质研究和风险评估，提高寻找大油气藏的成功率（陶维祥等，2006）。目前，应用最广且发展最快的技术是地震勘探技术，同时，非地震勘探技术，如电磁勘探技术等也有相当程度的应用和发展。此外，由于成本等原因，钻井勘探在深水区的应用较少。

5.3.1.1 深水油气资源地震勘探技术

海洋地震勘探具有速度快、成本低、采集量大、可多次覆盖、数据处理及时等特点，同时，其基本不受水深的限制，在浅水区和深水区都可以进行地震数据采集。和陆上地震勘探相比，目前海洋地震勘探具有两个十分突出的特点：一是四维（4D）地震技术，二是四分量（4C）勘探技术。4D 地震的本质是三维地震的时延，借此可将地震反射特征的变化解释为储层中流体的变化，给预测未来的油藏变化提供支持，并有助于确定死油区域和优化加密井的井位。4C 勘探的关键技术是 4 分量检波器（M4C），其由压电检波器和 3 分量地震检波器组成，可记录压缩波、剪切波以及转换波，为地质学家确定孔隙度、渗透率、流体填充物、裂缝发育等特征参数提供了可能（赵政璋等，2005）。

海洋地震勘探的作业方式基本可分为拖缆地震和海底地震 2 类，由于数据采集效率高，拖缆地震模式被广泛使用。深水地震勘探的拖缆模式又细分为海面拖曳型和深拖型，海面拖曳型地震勘探使用气枪或枪阵震源，单道或多道接收拖缆，气枪震源发射能量大，声波穿透深度深；深拖型地震勘探使用水下拖曳装置，由于深水高压环境，不得不采用单点发射和单点接收的工作方式，作业船速非常低（裴彦良等，2010）。目前，深水地震勘探主要以海面拖曳方式进行，作业以 3D 地震勘探为主，2D 和 4D 地震勘探也占一定份额。

受海水速度变化大、地层各向异性影响突出、多次波复杂等因素影响，深水地震资料明显有别于浅水地震资料，因此冷水校正、高精度各向异性动校正、智能面元均化、水深切除、涌浪干扰和异常振幅去除、多次波压制、崎岖海底成像等成为资料利用好坏的关键（宁日亮等，2007；陈见伟，2008；龚旭东等，2010）。其中，多次波压制技术和崎岖海底成像技术颇受关注：①在深水多次波压制方面，当前最受关注的当属 SRME 技术，它不需要提供速度、层位等先验信息，完全数据驱动，能有效地衰减近炮检距上的多次波。除 SRME 技术之外，高分辨率拉冬滤波也是一种最常用的压制多次波的方法，其主要利用了一次波和多次波速度存在差异的特点，对压制远炮检距多次波可以达到理想的效果（庄祖垠等，2011）。②在深水崎岖海底地震成像方面，相比于常规时间偏移、叠后深度偏移而言，叠前深度偏移可解决成像问题的有效性（陈礼，葛勇，2005）。由于对构造复杂及速度的横向变化均没有条件限制，所以三维叠前深度偏移成为解决崎岖海底成像的有力工具（许自强等，2011）。具体应用方面，借助 PC 集群服务器的发展，CGGVeritas 开发出新的叠前深度成像技术即逆时偏移技术，并利用此技术提高了巴西 Tupi 油田（水深 2000 多米）的盐下油藏成像质量。

5.3.1.2 深水油气资源非地震勘探技术

尽管地震勘探能够识别海底含油气构造，发现油气概率更高的地区，但却无法预测地层中所含流体的性质，而海底测井（即 CSEM 技术）则能弥补这种不足（朱桂清，2008）。海底测井利用电磁能量在不需钻井的情况下进行海上油气勘探，具有直接指示油气的能力，可以极大地改善前沿地区和成熟地区的勘探业绩，降低钻井风险。该方法以位于船上的多频率信号发射机和位于海底的供电偶极拖曳系统构成场源，并以部署于海底测点的电磁信号采集站来接收信号。2002 年，挪威国家石油公司（Statoil）成立了 Electro-Magnetic GeoServices（EMGS）子公司，对这种技术进行商业化。现在，包括挪威国家石油公司在内的很多公司，如埃克森美孚（ExxonMobil）、壳牌（Shell）等，都发展了自己的海洋可控源电磁勘探技术（CSEM），且已应用于水深大于 500 米的海域，并取得了非常好的效果——壳牌曾利用该技术放弃了巴西深水区一个区块的投标。同时，鉴于该项技术的作用，巴西石油机构于 2007 年 10 月宣布，在未来的油气勘探招标中将海底测井作为最低勘探工作量中的有效工作量。

同时，高分辨率重力勘探、声波探测等在深化海底地质构造分析、三维海底地形图绘制等方面也有重要作用。例如，GETECH 公司通过改进卫星处理技术，绘制出地球全部无冰大陆边缘的重力图，这些数据集从海岸 2 ~ 5 千米向外延伸至深水盆地内约 500 千米，十分有助于识别和分析与海洋板块构造断裂带有关的、影响大陆边缘的微细要素。

此外，利用微生物学方法（MOST）和地球化学方法（SSG）对烃类微渗漏形成的微生物异常和吸附烃异常进行检测，也可预测下伏地层中是否存在油气藏，以及油气藏流体性质是油藏还是气藏（Abrams，2005）。目前，该石油微生物勘探技术已在国内外大力推广应用，国内在西北部准噶尔盆地、柴达木盆地、中部的鄂尔多斯盆地及海域的渤海盆地（浅水区）和南海北部深水区等地区进行了勘探实践和推广使用，并取得了较好的效果。

5.3.2　深水油气资源开发开采技术

由于深水油气开发大多采用移动式平台，所以需要立管（riser）来连接位于水面的浮式装置和位于海床的海底设备（如井口、总管等），除被用于隔开海水来辅助钻井作业外，立管还是输送油、气等的重要管线，因此，立管技术至关重要（宋儒鑫，2003；张长智等，2010）。相比于陆地及浅海而言，深水的钻井作业存在相当大的困难，但是，随着一系列新技术如动态压井钻井技术、双梯度钻井技术、双井架钻井技术等的相继出现，有关问题在一定程度上逐步得到了解决。由于深水钻井多采用浮式平台进行，所以其完井不可能像浅水的固定式平台完井那样容易，其最明显的特征可能在于利用水下采油树来完井，并以气举等方式来进行人工举升等（廖谟圣，2010）。

5.3.2.1　深水立管技术

浅水的立管都是钢管固定在平台的桩腿上，而深水中的立管却有着各式各样的变化，以适用于不同的开发需要。从功能上来看，深水立管主要分为钻井立管（Drilling Riser）、生产立管/采油立管（Production Riser）、完井立管（Completion Riser）、修井立管（Workover Riser）等。钻井立管和生产立管在开发过程中具有非常重要的作用，完井立管和修井立管则与钻井立管比较相似。生产立管负责连接海上生产平台和水下生产系统，主要用于输送油、气、水等。钻井立管，又称钻井隔水管，负责连接海洋钻井平台和位于海底的防喷器（BOP），主要用来隔离外界海水，用于钻井液循环、安装水下 BOP、支撑各种控制管线（主要包括节流和压井管线、钻井液补充管线、液压传输管线等），以及起到钻杆、钻井工具从钻台到海底井口装置的导向作用（闫永宏等，2008）。连接形式对隔水管至关重要，目前主要有法兰式、筒夹式、炮栓式和卡箍式 4 种，法兰式是一种比较传统的螺栓结构形式，具有安全可靠等特点，不足之处是安装拆卸速度较慢，其余几种安装拆卸所需的时间较少，也称之为快速连接式（王进全，王定亚，2009）。

根据结构形式，深水立管又可大致分为以下几种：①钢悬链线立管（SCR），由许多具有标准长度的钢管焊接而成，集海底管线与立管于一身，一端连接井口，另一端连接浮式装置，主要用于深水湿式采油树生产、注水/气、输油/气（黄维平，李华军，2006；王懿等，2009）。SCR 立管成本低，无须顶张力补偿，立管的顶部终结系统能够承受其张力，对浮体漂移和升沉运动的容度大，适用于高温高压介质环境，这些特点使得钢悬链线立管成为深水油气资源开发的首选立管系统（黄维平，李华军，2006）。②顶张力立管（TTR），通过张力支撑立管质量、防止底部压缩、限制涡激振动（VIV）损坏和邻近立管间的碰撞，主要用于干式采油树，可进行完井（不使用单独钻井平台）、生产、回注、钻井和外输等操作（王懿等，2009）。③柔性立管（FR），通过使用不同材料的层构造实现了相对于轴向刚度而言比较低的弯曲刚度，布置型式有自由悬链线型、懒散波型、陡峭波型、懒散 S 型、陡峭 S 型等，包括黏合柔性管和非黏合柔性管 2 类（深水区一般多为非黏合柔性管），目前已应用于北海的不同海域，并在墨西哥湾被广泛使用（王懿等，2009；李鹏等，2010）。④混合立管（HR），属于刚性立管和柔性立管的结合，能提供畅通的、有条理的水下布置，随着世界范围内深水开发活动的日益增加，混合立管的应用日益增多。目前，世界上几种先进的新型混合立管是混合立管塔（HRT）、FSHR 混合立管、SLOR/COR 立管（张长智等，2010）。

5.3.2.2 深入油气资源开发钻井技术

目前，深水油气开发钻井一般都采用隔水管钻井技术，与此同时，隔水管适应海水深度的能力也已超过 3000 米。尽管深水油气钻井面临泥线不稳固、浅层地质灾害、窄密度窗口等挑战（侯福祥等，2009；孙宝江等，2011），但仍然取得了巨大进展：动态压井钻井技术解决了表层套管段的钻井问题、双梯度钻井技术实现了技术套管段的安全钻井、双井架钻井技术极大地提高了作业效率、欠平衡钻井技术不仅提高了钻速还减少了事故和污染事件的发生，最大储层接触技术提高了油气产量和采收率、随钻环空压力监测和随钻地震技术的应用则提高了钻井过程中的前视能力，可更好地进行地质导向和储层导向。

1）动态压井钻井技术

为了降低并控制浅层水流带来的风险及危害，在喷射下导管钻井过程中必须监测浅层水流，这就需要利用表层套管井段的动态压井钻井技术来实现。该技术是深水表层建井工艺的关键技术，在未建立正常循环的深水浅层井段，利用大排量钻井液循环产生的流动压耗和混配的加重钻井液产生的压力来控制深水钻井作业中的浅层气井涌及浅层水涌动等复杂的浅层高压问题，从而实现浅层窄安全密度窗口地层的边钻进边加重的动态压井钻井作业（侯福祥等，2009；Kozicz，2006）。该技术的主要优点有：能有效解决浅水流诱发的严重井漏问题；可以延长表层套管下深，从而增加后续层段套管下入深度，有利于井身结构的优化；提高了钻井效率，从而降低了总体成本；减少作业过程中的地层压漏等问题，保证了固井质量（孙宝江等，2011）。

2）双梯度钻井技术

双梯度钻井在本质上是一种控压钻井技术（许亮斌等，2005），主要原理是：隔水管内充满海水（或不使用隔水管），采用海底泵和小直径回流管线旁路回输钻井液；在隔水管中注入低密度介质（空心微球、低密度流体、气体），降低隔水管环空内返回流体的密度，使之与海水相当，在整个钻井液返回回路中保持双密度钻井液体系，有效控制井眼环空压力、井底压力，从而克服了深水钻井中遇到的窄密度窗口问题（陈国明等，2007；侯福祥等，2009）。实现双梯度钻井的方法主要有 3 种，即双密度钻井、海底泵举升钻井液和无隔水管钻井，如 Maurer 技术公司的空心微球双梯度钻井系统（Maurer et al.，2003）、AGR Subsea 公司的无隔水管钻井液回收系统（Alford et al.，2005），Conoco 公司和 Hydril 公司的海底钻井液举升钻井系统（Schumacher et al.，2001）等。双梯度钻井技术的优点有两个：一是有效地解决了窄密度窗口问题，实现安全、经济钻井；二是采用双梯度钻井技术可以减少套管下入层数，从而优化井身结构。

3）双井架钻井技术

双井架（又称双联井架）钻井技术的主要特征是使用 2 个井架进行钻井作业，在钻井过程中 2 个钻机可以协同和并行作业：主钻机进行主要钻井作业，辅助钻机用于接/卸钻杆或套管单根/立根和底部钻具总成组装、BOP 和采油树安装测试及其他辅助作业，为主钻机需要用到的设备提供准备和测试；在主钻机进行主要的钻井作业的同时，辅助钻机进行无隔水管的导管段和表层钻井操作。这样，通过主辅钻机协同、并行作业，可以省去普通钻井作业过程中的非关键钻井作业，达到提高钻井效率，节省钻井时间的目的。近年来，双井架钻机技术日趋完善，在超深水钻井中体现出了其高效性，目前在建的平台和钻井船大多都采用双井架钻井技术（刘广斗等，2009）。

4）欠平衡钻井技术

欠平衡钻井又称负压钻井，是指在钻井过程中井底压力低于地层压力，地层流体有控制地进入井筒并循环至地面的钻井技术。欠平衡钻井主要包括气体钻井、雾化钻井、泡沫钻井、充气钻井液钻井、淡水或卤水钻井液钻井、常规钻井液钻井和泥浆帽钻井等（韦海涛等，2011）。该技术的主要优点是能减少或避免井漏和压差卡钻等井下复杂事故、减少对地层的污染、提高机械钻速、发现产层和提高产量、减少完井作业费用等（彭松，2011）。

5）最大储层接触技术（MRC）

MRC 技术是指在 1 口主井眼（直井、定向井、水平井）中钻出若干进入油气藏的分支井眼。分支井可以从一个井眼中获得最大的总水平位移，在相同或不同方向上钻穿不同深度的多套油气层，总接触位移≥5 千米（Saleri，Salamy，2004；江怀友等，2007b）。该技术是一项涵盖井眼轨道设计、钻井液设计、侧钻方式、完井方式和采油工艺的新技术，其主要有以下几方面优点：通过提高井眼与油藏的接触长度，增加泄油面积，从而提高了单井产量;降低了油田的开发成本和经济风险;减少岩屑和钻井液的排放,降低环境污染等(Nughaimish et al., 2004;沈平平等, 2007)。

6) APWD 与 SWD 技术

随钻环空压力监测(APWD)技术主要靠压力传感器进行环空压力测量,不仅能实时监测井下压力参数的变化,而且还会发出环空压力增加的危险报警,在不破坏地层的情况下,可提供预防措施使井眼保持清洁。该技术主要应用于实时井涌监测和当量循环密度(ECD)监控、井眼净化状况监控、钻井液性能调整等,是深水钻井作业过程中不可缺少的数据采集工具。

随钻地震(SWD)技术融合了传统的地面地震勘探方法、现有的垂直地震剖面和钻井工程技术,其利用钻进过程中旋转钻头的振动作为井下震源,在钻杆的顶部、井眼附近的海床埋置检波器,分别接收经钻杆、地层传输的钻头振动信号,从而在牙轮钻头连续钻进过程中,能够连续采集到直达波和反射波信息(杨进,曹式敬,2008)。这大大提高了实时监测能力,便于及时采取反馈控制措施。

5.3.2.3 深水油气资源完井采油技术

深水油气田的完井一般以丛式井、卫星井或丛式井与卫星井相结合的方式来完井,其完井方法不像陆上那般多种多样,种类十分有限,目前主流的深水完井方法是压裂充填和裸眼直接下高级优质筛管防砂(廖谟圣,2010;郭西水等,2011)。但是,深水完井采油的最明显特征可能并不是这些,而是水下采油树完井和人工举升等技术。

1) 水下采油树

完井技术是最大限度提高深水油田产量的关键,在通常情况下,无论水深如何,完井方法和程序都是类似的,然而深度越大,技术选择越受限制,例如,当水深超过 6000 英尺(约 1829 米)时,唯一的系统设计选择就是采用拥有湿式水下采油树的海底井口系统(Guy et al., 2002)。现在,采油树已成为任何一个海底生产系统不可缺少的组成部分,其主要用来连接来自井下的生产管道和出油管,同时还是油井顶端和外部环境隔绝开的重要屏障。尽管采油树在陆地上也有应用,但因为深水区建设传统的钻井平台毫无经济性可言,所以其目前更多地被应用于大洋深处,而这里的环境要苛刻得多,工作压力更高。长时间以来,标准水下采油树的压力是 5000 磅/英寸^2,但是今天,大多数水下采油树规定承受的压力为 10 000 磅/英寸^2。

为深水设计的湿式水下采油树配备有压力和温度传感器、流量控制阀和水化抑制设施,并对所有部件进行优化,以减少或避免日后的修井作业。因为对使用湿式水下采油树的深水井实施修井作业的成本很高,所以设计时要求尽可能地避免或减少修井作业。与此相反,干式采油树与平台井的常规完井设施类似,它们被设计成采用随动塔式平台和张力腿平台进行生产,以此简化修井作业并降低相关费用。

2) 人工举升

长期以来,海上石油开采一直优先选择气举作为其人工举升方式,但是,大多数传统气举技术并不能满足如今深水和海底完井对高压、高性能和安全性的所有要求。例如,常规气举系统的最大注入压力为 2500 磅/英寸^2,这仅够用于常规陆上井和油藏深度较浅、生产压力较低的典型近海陆架井,而不能满足深水和海底环境的苛刻要求。因此,XLift 高压气举系统就诞生了,其工作压力范围增加至 2000~5000 磅/英寸^2,这使得作业者可在较深的注入点对气举井进行完井,从而改善油井的整体动态(SLB,2006)。

与此同时,由于电潜泵具有排量大、扬程高等优点,所以这种机械采油设备也开始广泛应用于海洋油田以及深井中。由于电潜泵在海上油田的高安装费用,以及每种规格电潜泵自身的产量和扬程变化规律,所以延长电潜泵在井下的工作寿命和减少油藏变化导致电潜泵造成的产量损失都具有显著的经济效益(朱学海等,2007)。为此,斯伦贝谢公司开发出了专用于海底举升的双电潜泵系统,其串连配置的系统在单井中最大功率为 3000 马力,并联配置的系统作为同井备用系统,输出功率为 1500 马力[①](SLB,2008)。双电潜泵系统的主要作用在于延长电潜泵在油井中的工作寿命,减少安装和修井费用,并且根据井况变化调节电潜泵的产量,充分利用油藏的产能。

5.3.3 深水油气资源勘探开发中的装备技术

5.3.3.1 深水油气资源勘探装备

1)地震勘探装备

地震震源系统和地震信号接收系统是海洋地震勘探必需的 2 类装备,另外,还需要导航定位系统的辅助。目前,震源一般采用非炸药震源,如气枪震源、电火花震源等,接收系统主要包括高分辨率多道地震拖缆、数据采集器和多道地震数据记录单元 3 个部分。对于主要采用海面拖曳方式进行的深水地震勘探而言,分辨率低是主要问题(裴彦良等,2010)。为解决这一问题,国外很多公司进行了探索。荷兰 Geo-Resources 公司研制了 1000~16000 焦多电极等离子体震源,分辨率 2 米左右;美国 Geometrics 公司生产出了基于压电水听器的数字式多道接收电缆 GEOEFL;同时,光纤水听器开始使用,由于在拖缆中不使用电传输,进一步消除了电磁干扰。

当前业内最具里程碑意义的,当属 PGS 公司的双传感器地震拖缆采集系统——GeoStreamer,其成功地将压力和速度传感器整合在一起,大大提高了地震分辨率和深部探测能力。与此同时,美国 ION 公司的正交三分量 MEMS 数字检波器 VectorSeis 也享誉业界,由于不会遭受地震检波器组合引起的方向偏斜、信号模糊和频率损失,VectorSeis 能够更加精确地以更广的带宽对真实的地震波场进行采样(ION,2010)。斯伦贝谢公司旗下西方地球物理公司(WesternGeco)的 Q-Marine 技术亦非常著名,Q-Marine 是一个综合性的地震数据采集系统,致力于解决限制 4D 重复性的扰动,以确保合格的、高分辨的、极高保真的拖缆地震数据的有效传输,进而为时延油藏监测做准备(SLB,2012)。

在地震勘探船这一整体装备层面,技术和产品主要被欧美的一些公司占据,如挪威 PGS 公司、法国 CGGVeritas 公司、美国 WesternGeco 公司等。2010 年 4 月,PGS 公司推出了 10 缆 3D 地震勘探船 PGS 阿波罗号,装备了提高燃料功效的低阻力船体、新的震源处

---

① 1 马力=745.700 瓦

理方案、等浮电缆卷筒中心定位系统,以及支持船载地震资料处理的数据处理网点、磁盘存储设备等,这些改进大大提高了该船的速度、安全、生产力和效率。2011年10月,由挪威Ulstein公司设计的全球第一艘弓形地震船"Polarcus Alima"号成功穿越北冰洋新航道即北海航道(NSR),该船是全球首艘真正用于北极地区的12缆3D地震船,采用二级动力定位系统,可在确保排放降至最小的情况下,大大提高船舶的安全性和舒适性。

2)电磁勘探装备

用于深水油气勘探的电磁技术主要为海洋可控源电磁法(CSEM),电磁激发系统和接收系统是实施该技术的主要装备。目前,最有效的电磁激发系统为海底拖曳式,其主要包括船上高压发电机、同步时钟、GPS定位系统、水下电磁发射机变压器和发射(激发)电极;电磁接收系统则主要包括数据采集器、仪器承压舱、电磁场传感器、声波释放器、浮体和GPS定位系统等(何展翔,余刚,2008)。

近年来,全球海洋可控源电磁勘探的装备制造、技术研发、商业化技术服务主要被英国OHM、美国AGO(2004年被Schlumberger收购)、挪威EMGS等公司占据。例如,AGO的拖曳系统、OHM深水活动式场源(DASI)的应用就非常广泛,目前DASI已经发展到了第4代,可对每个频点信号进行现场诊断和质量控制,从而确保场源子波和重要安全因素的现场高保真监测。

在整体装备方面,2008年12月,归属于EMGS公司的、世界第一艘特制的MT 6007型电磁勘探船BOA Thalassa建成。该船装备了100个接收器,为当前之最,甚至根据需要还可再增加一倍。同时,成套设备及先进船载处理系统的综合利用不仅提高了数据采集质量,也缩短了数据交付使用时间。2009年7月,与BOA Thalassa具有同样技术水平的姐妹船BOA Galatea建成。这2艘船使EMGS在引领3D电磁勘探技术研究以及开展3D电磁勘探服务方面具有了强大的装备保障。

5.3.3.2 深水油气资源开发装备

海洋油气开发装备分为海洋工程装备和钻采专用装备2大类。钻采专用装备包括钻机主系统、浮式钻井水面与水下设备系统、完井采油设备系统、钻采固井系统、钻完井采油动力系统等。海洋工程装备是海洋油气开发的关键组成部分,其主要包括钻井平台和辅助船舶这2部分。钻井平台分为固定式和移动式2种,其不但可用于钻井,而且还具有采油、贮油、生活设施、供应、辅助、海上码头等功能(李树清,2010)。固定式平台(如导管架平台、混凝土重力平台等)一般适于400米水深以内的作业,移动式平台(船)则可至水深≥1500 m的水域进行作业,其主要包括张力腿式平台、立柱式平台、半潜式平台、浮式生产储卸装置(FPSO)、钻井船等(李树清,2010)。就目前而言,在深水油气开发中得到广泛应用而且发展比较成熟的工程装备主要是半潜式钻井平台(具有多种作业功能,如钻井、生产、起重、铺管等)和钻井船(栾苏等,2008;孙宝江等,2011)。

半潜式钻井平台自20世纪60年代出现至21世纪初,已经发展到第6代,第6代平台比以往的平台更先进,采用了双井口作业方式,即该平台钻机具有双井架、双井口和双提升系统,作业水深达到3048~3812米,最大钻井深度为12 000米,钻井、顶驱和钻井泵的驱动方式为交流变频驱动或静液驱动(孙宝江等,2011)。由于具有抗风浪能力强、运动性能优良、甲板面积和装载容量巨大及作业效率高等特点，半潜式钻井平台在深水能源开采中具有其他型式平台无法比拟的优势。目前，从事半潜式钻井平台设计的公司除欧美的一些公司（如美国的 Friede & Goldman 公司和 J. Ray McDermott 公司、挪威的 Aker Kvaerner 公司和 Global Maritime 公司等）之外，还有新加坡的 Harald Frigstad 工程设计公司和吉宝公司（Keppel FELS），而有能力承建半潜式钻井平台的几家公司分别是新加坡的吉宝公司和 SembCorp 海洋公司、韩国的三星重工公司和大宇造船与海洋工程公司、美国的 Friede & Goldman 公司、挪威的 Aker Kvaerner 公司（栾苏等，2008）。

深水钻井船主要包括船体、锚泊或动力定位系统和自航行系统等（孙宝江等，2011）。其具有良好的机动性，自航能力强，移动灵活，停泊简单，适用水深范围大。从钻井船的船东来看，世界上拥有钻井船最多的两个国家是美国和挪威。其中，实力最强的公司是美国的 Transocean 公司，该公司拥有世界上 1/3 的钻井船，而且每艘钻井船的工作水深均超过 2400 米，钻井深度超过 7600 米（秦琦，2009）。从钻井船的建造商来看，排名世界前 4 位的公司分别是韩国三星重工、日本三井造船株式会社、芬兰 Rauma Pepola 船厂和西班牙 Astano 公司。其中，韩国建造了世界 1/3 的钻井船。目前，工作水深最大的钻井船是韩国大宇造船与海洋工程公司建造的"Discoverer Clear Leader"号，以及三星重工建造的"Dhirubhai Deepwater KG1"号，达到 3657.6 米。同时，"Discoverer Clear Leader"号钻井船的钻井深度居各钻井船之首，约为 12192 米。

5.3.4 深水油气资源勘探开发中的环保技术

随着深水石油勘探开发活动的日益增强，产生了一系列破坏、危害海洋环境的问题，如噪音污染、溢油污染、污水排放和垃圾的不当处理等。除勘探开发装备本身必须达到很高的环保要求，能最大限度减少环境影响外，钻井液和碎屑问题可能是开发过程中面临的 2 个最大环境挑战，此外，对可能的石油泄漏进行监测，并制定处置方案也不可忽视。

5.3.4.1 装备自身的环保设计

为了保护环境，Sedco Express 半潜式钻井平台的袋装钻屑是无尘的，为了防止意外溢流，该平台的泥浆罐没有设置出口阀门，同时所有塔器和船体暴露部分均加双层被覆，此外，由于最新的高效柴油机和动力管理系统的使用，降低了能耗和设备的跑冒滴漏。CGGVeritas 推出的"Oceanic Vega"号地震船由于采用 X 船首设计，有效减少了船首抨击，进而减小了速度的变化及尾部的动荡，噪声也随之大幅下降，同时更低功耗发动机的采用大大降低了对环境的破坏。荷兰的 Huisman Special Lifting B.V 与 Drillmar 有限公司联合开发出 LOC250 钻机采用套管钻井（CWD）技术，通过减少油品泄漏和钻机占地面积使环境影响降到最小，多级振动筛则使钻屑更干净，固体废物因此减少（司英晖等，2008）。

5.3.4.2 作业过程中的环境挑战——钻井液体系与钻屑处理

在钻井方面，小井眼钻井、连续管钻井、单直径井钻井、微井眼钻井技术等相继出现，这些钻井技术都能够减少井场占地面积、减少钻井废弃物，因而有利于海洋环境的保护（杨金华，2009）。但是，对于深水油气开发而言，钻井液和钻屑可能仍然是2个最大的环保挑战（Geehan et al.，2006）。

深水钻井液除满足基本作业需求外，还要满足保护油气层和海洋环境的要求。凭借优良的性能和较低的成本，水基钻井液逐渐成为首选，并被广泛用于深水钻井作业中。但在深井高温环境中，水基泥浆往往会发生增稠或胶凝甚至固化，导致钻井液流变性失控，严重影响深井钻井的安全和效率，为此，M-I SWACO公司在2009年开发出了可用于深水生态敏感区钻井作业的、基于丙烯酰胺共聚物和磺化沥青等的新型水基钻井液。与此同时，由于典型水基钻井液体系的塑性黏度、热膨胀性和压缩性均低于合成基钻井液体系，因此合成基钻井液也是深水区常用的钻井液体系之一（孙宝江等，2011）。但是，对于非水基钻井液而言，固相物质清除存在困难，因为即使利用高效设备，也无法清除所有固相。

来自井筒的录井后剩余钻屑是钻井作业过程中形成的主要废物。20世纪80年代以前，由于对环境问题考虑较少，海上作业时一般会将这些废物排入大海。但是，随着环保法规的日趋严格，相关钻井废物排入大海的可能性被排除。一般而言，钻屑要么运送到陆上进行处理，要么在海上直接进行处理。但是，在偏远或环境敏感地区，往往没有处理设施，或处理设施运输困难且成本高昂，因此，英国BP公司在北海Valhall油田实验了钻屑回注（CRI）技术——将钻井废物回注到地下水力压裂裂缝中。BP公司的研究表明，CRI技术对环境的影响最小，是一种非常经济的钻屑和亲油废物处理解决办法（Geehan et al.，2006）。在萨哈林岛恶劣环境下进行海上钻井作业时，俄罗斯SEIC公司选择CRI技术进行废物处理，并证明其是切实可行的钻井废物处理手段。

5.3.4.3 石油泄漏的监测和处置

无论是浅海，还是深水，油气开发中均需直面石油渗漏的巨大风险。对于突发的渗漏事故，比较容易发觉且能及时采取措施，但是，缓慢发生的渗漏就不会那么容易被发现，而且，海洋石油渗漏不仅有生产性的，还有自然性的。2001~2011年，经过近10年、分3个阶段的研究，美国地质调查局、美国海洋能源管理局（BOEM）和其他有关机构终于提出了一种科学方法，该方法不仅可用于确定南加利福尼亚附近水域石油渗漏的源头，而且还可区分到底是自然性渗漏，还是油气开采过程中的渗漏，以及相关的渗漏速率（USGS，2012）。

如果发生了原油泄漏，为了将风险降到最低，补救的办法就是进行堵漏，即向油井中注入钻井液，在强大压力下钻井液进入油井的防喷器，直至油井底部，最终使井内失去压力而停止漏油。另一种控漏的办法就是"盖帽法"，通过遥控深水机器人，将漏油处受损的油管剪断、盖上防堵装置，而防堵装置与油管相连，可把漏出的石油吸至油管内，进而送至海上邮轮。不过，上述这2种方法不能永久性解决漏油，彻底解决漏油的最佳方法是在漏油井附近钻减压井，但这需要花费很长的时间。与此同时，生物措施也非常值得关注——被称为嗜油菌的微生物能在4.7℃的低温和深水的巨大水压下以石油为食，且食速非常快（张翰，2011）。实践更是证明了嗜油菌的潜力，2010年6月，在距离墨西哥湾漏油处6英里[①]的一个漏油密集区域，科学家发现嗜油菌在大量繁殖，到8月初，该区漏

---

① 1英里=1.609 344千米

油基本消失。

此外,海上溢油应急体系也非常重要,为了在应急指挥体系下在操作层面执行对事故的处理,墨西哥湾 MC252 井漏油事故发生后,壳牌、埃克森美孚、雪佛龙和康菲公司于 2010 年 7 月 21 日筹资 10 亿美元共同成立了非营利企业——海上油井防堵公司(Mine Well Containment Co.)。随后,BP、BHP Billiton、Statoil 等公司也加入其中,试图共同弥补各国政府应急能力的不足,共同应对漏油事故,并履行社会责任(冯跃威,2011)。

5.4 深水油气资源勘探开发的科技战略与动向

5.4.1 主要跨国公司的油气科技战略

在全球深水油气资源勘探开发中,油气公司和油田技术服务公司发挥着举足轻重的作用,它们是油气科技(特别是上游技术)研发和推广应用的主体,不断推动着国际油气资源科技的发展。因此,关注主要油气公司和油田技术服务公司未来深水油气资源勘探开发战略至关重要。

5.4.1.1 油气公司

1)英国石油公司

英国石油公司(British Petroleum)是世界上最大的能源公司之一,总部设在英国伦敦,业务包括油气勘探开发、炼油、天然气销售和发电、油品零售和运输、石油化工产品生产和销售等。在技术获取方面,BP 公司采用"内外兼修"的创新模式,保持自主创新与外部技术获取的平衡,既注重公司内部科研资源的科学、高效使用,也积极利用外部科研资源,吸收、转化为新的科研成果。为了充分利用外部技术资源,BP 公司与大学、公司、研究机构和政府建立了许多独立或合作研究中心,如能源技术研究所、多阶段流程研究中心等。这样,公司不仅积累了先进技术,实现了技术领先,又保持了公司的竞争优势。在勘探开发领域,BP 公司技术发展的重点主要集中于确保经营活动的安全性和可靠性、强化项目组合、提高油气采收率并积极开拓新的油气资源(袁磊,杨虹,2011)。目前,该公司已经在提高油气采收率、防腐与检测、地震技术、水下处理、防漏油等多个技术领域占据领先地位。面对未来大于 15 000 磅力/英寸^2 的深水技术前沿,最近 BP 公司提出了 20K™ 行动计划,旨在解决 15 000~20 000 磅力/英寸^2 压力下 100 亿~200 亿石油桶油气资源的勘探、开发和生产,该行动计划包括 4 个部分:钻机、立管和防喷器设备,单井设计与完井技术,海底生产系统,修井与防堵技术(BP,2012)。

2)巴西国家石油公司

巴西国家石油公司(Petrobras)总部设在巴西的里约热内卢,业务包括油气勘探开发、炼油、销售、天然气和电力等。在油气勘探开发领域,该公司的发展战略是:以提高国内油气产量和储量为目标,强化公司在深水超深水采油领域的勘探实力,维持公司在勘探开发陆上和浅水区油田主导地位,强化油气资源储量的管理,优化油气资源(江怀友等,2007a)。针对巴西石油储量 75% 位于深水的实际情况,Petrobras 公司自 1986 年起就开始实施"深水油田开采技术创新和开发计划"全面加大科研投入,通过"技术追赶"实现了"技术领先"。由于长期从事海上油田开发作业,目前巴西国家石油公司在海上深水和超深水油气勘探开采方面居国际领先地位,拥有国际领先的深水、超深水钻井和采油技术,具备 3000 米水深以下的油气勘探和开采能力。深水勘探开发技术是 Petrobras 公司未来的重要发展方向,重点领域包括油气田勘探开发新技术、提高采收率技术、超深水技术、盐下层油气开采技术等(杨虹等,2011a;Petrobras,2012)。在 Petrobras 公司 2012~2016 年业务投资计划中,勘探与生产部分占 60%,约 1418 亿美元。其中,1316 亿美元用于巴西,重点是桑托斯盆地等的盐下油气勘探与开发,将花费超过一半的投资额,约 671.16 亿美元(Petrobras,2012)。

3)挪威国家石油公司

挪威国家石油公司(Statoil)是挪威大陆架最重要的油气生产商,世界最大的石油贸易商之一和斯堪的纳维亚半岛最大的油品供应商和零售商,总部设在斯塔万格市,业务主要包括油气勘探开发、炼油和营销等。该公司强调技术开发与业务需求相一致,是应用创新技术的领先者。作为一个技术驱动型的公司,Statoil 在深水域油气勘探开发方面具有世界领先的技术,在平面钻井、海底设备(如海底管道建设,尤其是 Statpipe)、深水钻井、浮式生产、石油回收、提高采油率、天然气运输与加工等领域的技术非常雄厚。Statoil 公司勘探开发业务的发展战略是:巩固公司在挪威大陆架油气勘探开发的领先水平,努力保持稳产高产;加强与供应商和合资合作伙伴的协作;加强国际勘探开发,保证核心区域的生产,并与其他公司建立合作伙伴关系(杨虹等,2011b)。面对业务挑战,Statoil 公司提出了未来的技术发展方向与重点领域:①重点发展深水区的相关技术,主要包括勘探成像与解释、深水油藏描述、模拟与开发、提高钻井及完井效率、深水浮式开采系统等技术;②发展恶劣环境区的技术,如环境管理、冰区作业、远程多相流运输、油气系统分析等;③发展重油生产技术,如油藏描述及监测、提高采收率等;④发展天然气价值链方面的技术,如气体处理(LNG)、提高采收率和管道基础设施等;⑤开发环保、安全、健康方面的技术,降低风险和事故频率(杨虹等,2011b;Statoil,2012)。

5.4.1.2 油田技术服务公司

1)斯伦贝谢公司

斯伦贝谢公司(Schlumberger)总部设在美国纽约和法国巴黎,主要业务是为大型石油公司、国家石油公司提供综合的油田服务与设备,包括测井、钻井与测量、油气井服务、完井与提高采收率、海上和陆上地震数据采集与处理、数据与咨询服务等。该公司的优势技术包括电缆测井、修井、试井、钻井与测量、WesternGeco 地震服务、完井、人工升举、地质服务、M-I SWACO 钻井液、钻头、钻井工具、随钻测井、环空压力及井温的动态压力模块等多项世界领先技术和产品。该公司的技术发展方向是:油藏确定与成像、油藏划分与评价、油藏优化、井眼建设和提高油井生产能力。技术发展的重点领域为:①复杂常规油气藏开采技术,如恶劣环境(深水、极地等)常规油气藏;②非常规油藏开采技术;③未来油田自动化所需的数字化技术;④成熟油气田生产作业的增产技术;⑤提高钻井效率、降低钻井成本的相关技术;⑥低成本、低环境影响的技术(刘炜辰等,2012)。

2）哈里伯顿公司

哈里伯顿公司（Halliburton）总部设在美国得克萨斯州休斯敦和阿拉伯迪拜，主要业务是为油气生产客户提供评价、实时油藏解决方案、钻井、完井、海底作业、深水作业、管线铺设与处理等产品和技术服务，优势技术包括深水完井、交互式井眼设计、增产与固井、完井设备与服务、钻井液、定向钻井与随钻测井等多项世界领先的技术和产品。对于核心技术领域，该公司通过不断增加投资来加强核心技术和服务的竞争优势；对于非优势技术领域，则采用技术跟随或技术外包来降低风险。钻井和采油技术，提高非常规油气资源（煤层气、致密气、页岩气等）开采效率并可降低作业成本的相关技术，天然气生产优化技术，支持研发低碳、对环境影响小的相关技术等是该公司技术发展的主要方向，同时，非常规油气、深水油气、成熟油气田开发则是该公司当前及未来业务的一个重点领域（赵元雷等，2012）。

3）贝克休斯公司

贝克休斯公司（Baker Hughes）总部设在美国得克萨斯州休斯敦，主要业务是为油气生产客户提供油藏咨询、钻井产品生产、钻井服务、地层评价、完井服务和油气井生产服务等。该公司的优势技术与发展重点包括电缆测井、随钻测井、定向钻井、完井装备与服务、钻井与完井液、固相控制、废物管理、人工举升、气体压缩承包等多项世界领先的产品和技术服务（蒋浩泽等，2012）。通过建设自有的世界一流的技术中心、专门进行应用测试的试验区与实验室、专业化的制造网络，并采取选择性领先的技术创新战略和在研发方面的较高投入，BakerHughes公司持续保持着其特色技术的领先优势。

5.4.2 重要国际会议反映的发展动向

经过多年的发展之后，海洋技术会议、美国石油地质学家协会年会等国际会议已经成为具有广泛专业基础的国际性盛会，这些会议的主题和探讨的内容能够在一定程度上反映出当前国际油气勘探开发科技发展与研究的新动向和关注的热点。

5.4.2.1 海洋技术会议

海洋技术会议（Offshore Technology Conference，OTC）是全球规模最大、历史最悠久的石油行业盛会之一，其旨在促进海洋油气资源的勘探、钻井、生产及环保技术的发展。OTC会议由13家世界著名的工业组织和协会（包括AAPG、SPE、SEG等）组成董事会共同发起，并于1969年开始每年定期在休斯敦举行技术会议和新技术新装备展览会，每次会议都吸引数以万计的与会者参加和涵盖世界各地大多数国家的几千家公司参展。2012年的OTC会议于4月30日至5月3日举行，共有89 400名行业精英参加，人数比2011年上升了14%。技术研讨方面，本届会议除继续关注深水系泊、钻井与完井、柔性管、岩土工程和土力学、海上采矿等方面的进展外，还关注了墨西哥湾漏油事故及相关的风险管理战略与措施，同时还就一些新的主题进行了讨论，主要包括15 000磅力/英寸^{2}压力下的钻井、创新性的浮式生产储存卸货装置与海上卸货解决措施、平台新标准、深水固井等；技术与装备展览方面，本届会议共有来自世界各地的46个国家的2500家公司参展，几乎每家参展商推出的设备、材料、技术都和深水有关,特别是大量用于深水钻探的重型装备和技术(包括可钻 3~4 千米深井的大型钻机等),这凸显了海洋油气勘探和开发向深水进军的新趋势(OTC,2012)。

5.4.2.2 美国石油地质学家协会年会

一年一度的美国石油地质学家协会年会(AAPG Annual Convention & Exhibition)堪称世界石油地质学界最高水平的国际会议,其每年会议的主题都根据油气勘探开发中热点问题的变化而进行调整,但近年来深水油气勘探与开发一直是其关注的重要主题之一。2009年,大会讨论了外部因素对深水边界和体系形态的控制、深水沉积体系、深水岩芯与野外露头类比分析等问题(AAPG,2009)。2010 年,碎屑岩深水沉积体系是大会在深水勘探开发方面的热点问题(AAPG,2010)。2011 年,深水储层成为大会的重要主题之一,着重讨论了世界主要深水区(墨西哥湾、非洲等)的勘探开发和深水地层地质建模与实验模拟,同时,盐构造变形、南大西洋油气勘探研究等也是其中的重点内容(AAPG,2011)。2012 年,盐和深水构造体系的勘探、断裂体系中的碳酸盐岩——从湖泊到海洋等成为大会重要关注点,此外,本次会议还举行了以溢油、道德规范与社会责任等为内容的特殊议题会议(AAPG,2012)。

5.4.2.3 北部近海海洋会议

北部近海海洋会议(Offshore Northern Seas Conference & Exhibition,ONS)是世界石油与天然气工业界的高层次会议。近 40 年来,ONS 已发展为具有广泛基础的国际性盛会。ONS 会议主要由 3 部分组成,即会议、展览和文化活动,同时会议还特设了年轻专业公司奖(Young Professional Company Award),许多公司将应邀参加这一评奖。自创办以来,ONS 每 2 年在挪威斯塔万格(Stavanger)召开一次会议。2010 年 ONS 会议的主题是"为更多的人获取能源"(Energy for more people),旨在更多地获取能源、更好地开发能源、使用更环保的和更有效的方法生产能源,主题报告涉及深水和北极的油气开发,以及溢油回收技术等。2012 年 ONS 会议的主题是"正视能源矛盾"(Confronting Energy Paradoxes),旨在认识能源需求与环境保护、碳排放、气候政策间的矛盾,进而开发技术解决挑战,主题报告涉及对地理、地质、地缘政治等因素在能源获取、需求与保护之间所导致矛盾的解构,以及对能源技术与创新的探讨(ONS,2012)。

5.4.2.4 欧洲海洋油气会议

欧洲海洋油气会议(Offshore Europe Oil and Gas Conference and Exhibition,OE)是东半球最盛大的石油与天然气勘探开发会议,被视为除北美洲以外少数必须参加的会议之一。自 1973 年主办首次会议以来,此后每 2 年在英国阿伯丁举办一次。2009 年 OE 会议的主题是"重新发现未来"(Rediscovering the Future),内容涉及北海油田的成熟管理、钻井技术、修井和生产技术、大西洋边缘勘探、水上和水下工程、低碳等。2011 年 OE 会议的主题是"确保安全、灵活、可持续的供应"(Securing Safe, Smart, Sustainable Supply),内容涉及当前业界备受关注的一些问题,如设备与基础设施,先进钻井技术,油藏管理、溢油防止与响应，以及碳减排等（OE，2011）。

从上述与海洋油气相关的 4 个国际会议的主题及内容可以看出，深水油气沉积体系、储层模拟、深水钻井、完井技术、深水钻机与浮式平台等一直是深水油气勘探开发的重点，与此同时，健康、安全与环保（HSE），低碳、溢油防止与回收等也越来越受关注。

5.5 深水油气勘探开发领域的论文与专利计量分析

科研论文和专利文献能够在一定程度上反映出科学与技术的发展态势，本报告利用文献计量学方法，通过对相关数据库收录的深水油气勘探开发领域的研究论文和专利文献进行计量分析，以期能够从文献记录方面在一定程度上揭示出国际深水油气勘探开发的研发现状、特征和发展趋势。

5.5.1 数据来源和分析工具

科研论文数据来源选择了当前全球公认的期刊文献数据库，即汤森路透集团旗下的 SCIE 数据库（该数据库亦是国内外科研评价依据的重要来源），专利文献数据来源选择了全球最权威的专利数据库，即汤森路透集团的 DII 数据库（Derwent Innovations Index）。利用给定的检索策略分别对上述 2 个数据库中收录的论文和专利进行检索，其中 SCIE 数据库的检索起止年限为 1980～2012 年，DII 数据库的检索起止年限为 1963～2012 年，同时通过人工判读对部分与研究内容无关的记录进行了剔除（由于数据库自身的时滞性及数据采集时间等问题的影响，最近 2 年，特别是 2012 年的数据不全，仅供参考）。研究所采用的主要分析工具为汤森路透集团开发的数据分析工具 TDA（Thomson Data Analyzer），此外，在进行专利分析时还使用了 Thomson Innovation 平台的 Themescape 可视化技术。

5.5.2 科研论文分析

5.5.2.1 论文总量变化情况分析

在 SCIE 数据库中，共检索到深水油气（指"深水油气勘探开发"，下同）相关论文 658 篇。总体来看，这些研究论文的数量呈波动上升趋势（图 5-1）。1995 年之前，每年的论文数量均较低，维持在 10 篇以下，此后相关研究逐渐加强，论文数量大幅上升，到 2009 年达到高峰 69 篇，但近 3 年有所回落，基本保持在每年 20 篇以上。

依据论文数量变化，可将该领域的研究划分为 2 个主要阶段：第一阶段：1980～1990 年，论文数量增长缓慢，且论文总量极为有限；第二阶段：1991～2012 年，论文数量迅速增加，论文总量大幅上升。1991～2012 年的深水油气研究论文总量由 1980～1990 年的 9 篇增至 649 篇，增长了 71 倍之多。由此可见，深水油气研究在整体上呈现一个逐步向前发展的态势，特别是 20 世纪 90 年代以来，其全球关注程度日益增加。

从 1980~2012 年论文数量的年增长率来看，每年的增长率不尽相同，处于不断波动状态，而部分年份（1982 年、1984 年、1987 年、1990 年、1993 年、1995 年、1998 年、2002 年、2003 年、2005 年、2006 年、2010 年、2011 年、2012 年）还存在负增长的现象。从图 5-1 中可明显看出，1996 年的论文增长率最大（相对于 1995 年而言），达到了 100%。2010 年以来的增长率为负值，可能与其他因素（如 2010 年墨西哥湾漏油事件）的影响有关。

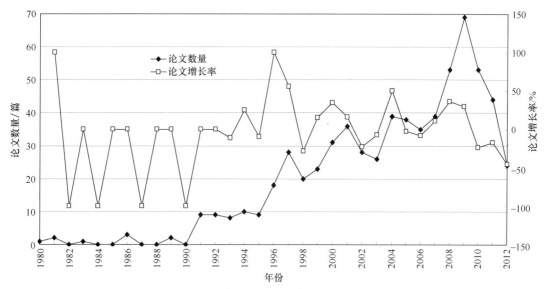

图 5-1　1980~2012 年深水油气领域研究论文数量及增长率变化

5.5.2.2　研究所涉学科领域分析

根据 ISI 数据库的学科分类，1980~2012 年深水油气研究论文主要分布在工程学（Engineering）、地质学（Geology）、海洋学（Oceanography）、能源与燃料科学（Energy & Fuels）、环境科学与生态学（Environmental Sciences & Ecology）、海洋与淡水生物学（Marine & Freshwater Biology）、地球化学与地球物理学（Geochemistry & Geophysics）、材料科学（Materials Science）等学科领域。从表 5-1 可以看出，工程学领域的论文数量最多，占论文总量的 26.05%；其次是地质学；占 19.41%；海洋学排第 3 位，占 8.65%；能源与燃料科学排第 4 位，占 8.30%；其他学科的论文量占比均小于 6%。这一情况反映出了深水油气所涉及的主要学科领域，即工程学和地质学。

表 5-1　深水油气领域研究论文分布最多的前 10 个学科领域

排序	学科类别	论文数/篇	比例/%	H 指数
1	工程学	298	26.05	6
2	地质学	222	19.41	7

续表

排序	学科类别	论文数/篇	比例/%	H 指数
3	海洋学	99	8.65	3
4	能源与燃料科学	95	8.30	3
5	环境科学与生态学	68	5.94	4
6	海洋与淡水生物学	59	5.16	4
7	地球化学与地球物理学	37	3.23	4
8	材料科学	19	1.66	1
9	古生物学	18	1.57	3
10	科学与技术其他学科	17	1.49	3

H指数是一个混合量化指标，用于综合评估学术产出数量与学术产出水平，H指数越高，表明学术影响力越大。在深水油气方面，H指数最高的学科领域是地质学（7），其次是工程学（6），处于第三位的是地球化学与地球物理学（4）、环境科学与生态学（4）和海洋与淡水生物学（4），其他学科领域的H指数均小于4。这一方面客观地反映出地质学和工程学在深水油气方面的影响力和重要性，另一方面说明深水油气研究越来越重视海洋生态与环境保护。

5.5.2.3 研究热点分析

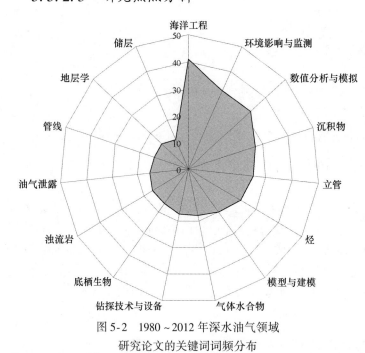

图 5-2 1980~2012 年深水油气领域研究论文的关键词词频分布

根据研究论文著者关键词的词频统计，得到深水油气研究论文的高频关键词词频分布图（图 5-2）。利用 TDA 对该领域研究论文的高频关键词进行分析，得到研究热点的关联矩阵，然后将此矩阵导入 UCINET 进行可视化分析，得到研究热点关联图（图 5-3）。从图 5-2 和图 5-3 可以看出，深水油气勘探开发非常关注两个方面的问题：一是环境保护，二是技术与装备。在环保方面，环境影响与监测是一项重要内容，同时，亦十分重视油气勘探开发给底栖生物带来的影响；在技术与装备方面，海洋工程（大型平台，如 FPSO、TLP）、钻探技术与设备（如钻井泥浆、非平衡钻井、钻杆）、立管（如柔性立管、钢悬链立管、立管疲劳性研究）是非常关键的研究内容，此外，管线的作用也不容忽视。

5 深水油气勘探开发科技国际发展态势分析

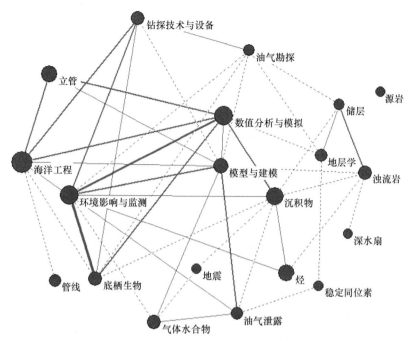

图 5-3 深水油气研究热点（关键词）关联可视化图

除以上内容之外，还可以发现：

（1）勘探方面。主要研究对象是浊积岩和储层及沉积物与烃，多使用地层学方法、同位素技术和地震技术，它们共同构成了深水油气勘探的重要内容。

（2）开发方面。比较关注油气泄露和天然气水合物（深水钻井作业中常常会遇到水合物堵塞管线，影响井控）等可能的风险与潜在危害。

（3）数据分析方法方面。数值分析和模拟及模型与建模是两种主要方法，其在环境、技术装备、勘探、开发等方面具有不同程度的应用。

5.5.2.4 主要国家研究特征分析

通过对不同国家发文量进行统计（表 5-2），可以看出，深水油气研究领域发文量排名前 10 位的国家依次是：美国（180 篇）、英国（83 篇）、中国（45 篇）、挪威（44 篇）、巴西（40 篇）、加拿大（40 篇）、法国（40 篇）、德国（27 篇）、俄罗斯（24 篇）、澳大利亚（17 篇）。其中美国的发文量最多，为 180 篇，约是发文量排在第 2 位的英国的 2.17 倍，是发文量排在第 3 位的中国的 4 倍，占深水油气研究论文总数的 27.4%，这反映出美国在深水油气研究方面的绝对优势。

表 5-2 主要国家深水油气论文数量

国家	论文数/篇	近 3 年论文量/篇	近 3 年发文量占比/%
美国	180	32	17.78
英国	83	7	8.43

续表

国家	论文数/篇	近3年论文量/篇	近3年发文量占比/%
中国	45	22	48.89
挪威	44	8	18.18
巴西	40	10	25.00
加拿大	40	5	12.50
法国	40	5	12.50
德国	27	7	25.93
俄罗斯	24	4	16.67
澳大利亚	17	7	41.18

从近3年发文量占各国在该领域发文总量的比例来看，各国近3年的发文量均呈现出一定的增长态势。中国在近3年发文量增长的速度最快，达到了48.89%；澳大利亚同样呈现出快速增长的趋势，其近3年发文量占其论文总量的41.18%。同时，德国和巴西近3年的发文量均占据了各自论文总量的25%以上，呈现出稳定增长态势。据此可以认为，中国、澳大利亚、德国和巴西近3年来在深水油气研究方面比较活跃。

以发文量为横轴，以研究论文的篇均被引频次为纵轴，并以各自的平均值为原点，绘制出前10名国家的相对位置投点象限图（图5-4）。从中可以看出，位于第一象限的美国和英国的发文量和篇均被引频次均较高，属于研究发展势头最强劲的国家；位于第二象限的加拿大和德国的发文量较低，但篇均被引频次较高，认为这两个国家是研究发展势头居中的国家；其余位于第三象限的澳大利亚、俄罗斯、法国、挪威、巴西和中国的发文量和篇均被引频次均较低，属于研究发展势头较弱的国家，或者说正处于平稳发展期。

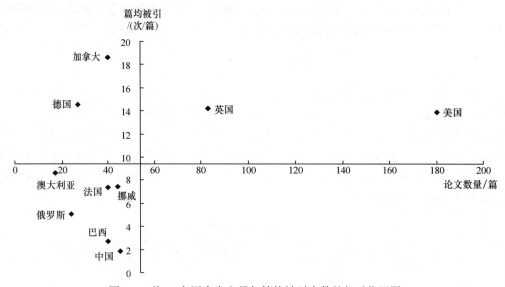

图5-4 前10名国家发文量与篇均被引次数的相对位置图

5 深水油气勘探开发科技国际发展态势分析

基于共现分析法,得到深水油气领域主要国家1980～2012年合作(论文合著表现出的合作)可视化图(图5-5)。从中可以看出,发文量排前15位的国家的合作情况大致可以分为3个层次:①非常紧密的合作关系,如美国与英国、加拿大,英国与法国;②紧密的合作关系,美国与中国、德国、法国,英国与西班牙、挪威、意大利等;③较紧密的合作关系,如美国与挪威、日本、澳大利亚、荷兰、意大利,英国与德国、加拿大、印度、日本,法国与德国、俄罗斯、巴西、意大利等。同时,美国和英国的合作国家数最多,合作关系也都很密切,而中国虽然发文量较多(排名第3),但国际合作不多,不甚紧密。

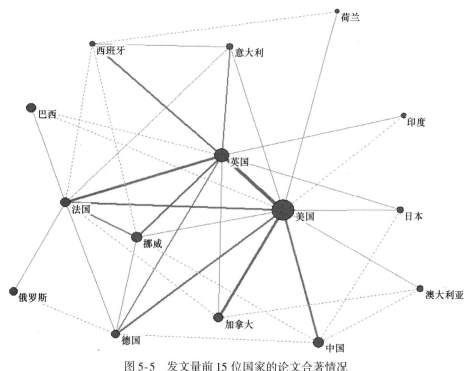

图5-5 发文量前15位国家的论文合著情况

5.5.2.5 主要地区研究特征分析

1980～2012年,深水油气研究发文量排名前10位的地区及其主要研究机构如表5-3所示,来自休斯敦地区的论文最多,达到了45篇,排在第2位的里约热内卢的论文量为29篇,排在第3位的北京发文量为16篇。其余地区的发文量均少于15篇。这些地区中有3个位于英国,2个位于挪威,其余5个分别位于美国、巴西、中国、俄罗斯和法国,同时有5个城市目前为国家首都。

表 5-3　主要地区及机构深水油气论文数量

城市名	所属国家	论文数/篇	主要研究机构
休斯敦	美国	45	赖斯大学、J. P. Kenny 公司
里约热内卢	巴西	29	巴西国家石油公司、里约热内卢联邦大学
北京	中国	16	中国地质大学、中国石油大学、中国科学院
阿伯丁	英国	14	阿伯丁大学
南安普敦	英国	14	南安普敦大学、南安普顿海洋中心（SOC）
伦敦	英国	14	伦敦大学学院（UCL）、伦敦帝国理工学院
莫斯科	俄罗斯	13	俄罗斯科学院、莫斯科国立大学
奥斯陆	挪威	12	奥斯陆大学、挪威水研究所（NIVA）
巴黎	法国	11	巴黎第六大学、法国国家科学研究中心
特隆赫姆	挪威	11	挪威科技大学、挪威科学与工业研究基金会（SINTEF）

从位于这些地区的研究机构来看，多为大学、研究所/研究中心，但是，对于美国的休斯敦（得克萨斯州第一大城市、全美著名的石油工业中心）和巴西的里约热内卢（巴西国内重要的油气产地里约州的首府）而言，其中却不乏 J. P. Kenny 公司和巴西国家石油公司这样一些企业界代表。

以发文量为横轴，以论文的篇均被引频次为纵轴，并以各自的平均值为原点，绘制出前 10 名地区的相对位置投点象限图（图 5-6）。从图中可以看出，位于第四象限的休斯敦和里约热内卢的发文量较高，但是篇均被引频次较低，而位于第二象限的南安普敦、巴黎和伦敦的发文量较低，但篇均被引频次较高，所以认为这些地区的研究发展势头居中；剩余位于第三象限的阿伯丁、特隆赫姆、奥斯陆、莫斯科和北京的发文量和篇均被引频次均最低，其研究发展势头较弱，或者说正处于平稳发展期。

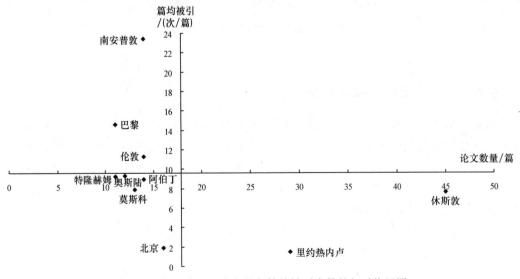

图 5-6　前 10 名地区发文量与篇均被引次数的相对位置图

5.5.2.6 发文期刊和引文来源期刊分析

期刊是研究论文的载体,其影响力不仅可以反映刊物自身的学术水平和质量,同时还可在一定程度上反映出刊物拥有者的研究水平。

从表 5-4 可以看出,刊载深水油气研究论文的期刊呈现明显的集中态势。前 3 个期刊 AAPG Bull（37 篇）、Mar Petrol Geol（23 篇）和 Mar Pollut Bull（11 篇）的载文量共计 71 篇,占据了该领域论文总量的 14.82%。可以说,这 3 个期刊是深水油气研究论文的核心分布期刊。发文量第 4~10 名期刊分别是 Geophysics、J Sediment Res、Mar Ecol-Prog Ser、Sediment Geol、Sedimentology、Ocean Eng 与 Chin. Sci. Bull,这 7 种期刊载文量共计 55 篇,占论文总量的 11.48%,是深水油气研究论文的重要分布期刊。

表 5-4 深水油气研究论文的期刊分布（前 10 名）

期刊名称	所属国家	论文数量/篇	累计百分比/%
AAPG Bull	美国	37	7.72
Mar Petrol Geol	荷兰	23	12.53
Mar Pollut Bull	荷兰	11	14.82
Geophysics	美国	9	16.70
J Sediment Res	美国	9	18.58
Mar Ecol-Prog Ser	德国	8	20.25
Sediment Geol	荷兰	8	21.92
Sedimentology	英国	8	23.59
Ocean Eng	荷兰	7	25.05
Chin. Sci. Bull	中国	6	26.30

对该领域研究论文的引文来源期刊的分析（表 5-5）表明,源于前 6 个期刊 AAPG Bull（182 篇）、Nature（134 篇）、Science（132 篇）、Geology（127 篇）、Mar Petrol Geol（118 篇）和 Mar Geol（116 篇）的引文数量共计 809 篇,占引文总量的 5.48%。因此,可以认为这几个期刊是核心的引文来源期刊。来自引文数量列第 7~10 位期刊的引文数均小于 100 篇,共计 320 篇,占引文总量的 2.17%。

表 5-5 深水油气研究论文的引文来源期刊分布（前 10 名）

期刊名称	所属国家	源于期刊的引文数量/篇	累计百分比/%
AAPG Bull	美国	182	1.23
Nature	英国	134	2.14
Science	美国	132	3.03
Geology	美国	127	3.89
Mar Petrol Geol	荷兰	118	4.69
Mar Geol	荷兰	116	5.48

续表

期刊名称	所属国家	源于期刊的引文数量/篇	累计百分比/%
Geol Soc Am Bull	美国	85	6.05
Sedimentology	英国	82	6.61
Sediment Geol	荷兰	80	7.15
AAPG Memoir	美国	73	7.64

同时，还可以看出，该领域的发文期刊和引文来源期刊具有明显的重复性。这几个期刊分别是：AAPG Bull、Mar Petrol Geol、Sediment Geol 与 Sedimentology，这一方面反映出该领域研究论文和引文分布期刊的明显集中态势，另一方面进一步说明这些期刊的广泛国际影响力。

从期刊的所属国家来看，前 10 名发文期刊中，美国 3 个，荷兰 4 个，德国 1 个，英国 1 个，中国 1 个；前 10 名引文来源期刊中，美国 5 个，荷兰 3 个，英国 2 个。结合前面的主要国家研究情况分析，这进一步说明了美国和英国这两个西方国家在该领域的领先优势，同时也说明荷兰在该领域也具有一定的影响力。

5.5.3 专利分析

5.5.3.1 专利数量分析

在 DII 数据库中共检索到深水油气相关专利 837 件，图 5-7 为 1963~2012 年深水油气相关专利数量随时间（采用专利优先年分析，下同）的变化趋势。从该图可以看出，深水油气专利的发展整体呈波动增长态势，呈现出 2 个主要阶段：1963~1997 年专利数呈整体上升的趋势，从 1963 年的 1 件逐步增长到 1997 年的 26 件，其中 1995 年和 1997 年增幅较大；1998~2010 年专利数整体呈稳定增长态势，该阶段专利数量迅速增加，专利总量大幅上升，从 1998 年的 25 件增加到 2010 年的 115 件，其中，2010 年为该时间段的专利峰值年，专利较之 1998 年增长了 4.6 倍。近 3 年专利数呈下降趋势，从 2010 年的 115 件降至 2012 年的 5 件（由于时滞问题，2011 年、2012 年数据仅作为参考）。总体来看，深水油气相关技术呈现出逐步向前发展的态势，其专利数量的时序变化与油气资源的需求存在很强的相关性。随着全球社会经济的快速发展，各国对油气的需求也不断增加，陆地及海洋浅水水域油气资源日益减少甚至枯竭，21 世纪以来，各大石油公司（如英国石油公司、巴西国家石油公司等）密切关注深水油气勘探开发，纷纷进入深水区域进行勘探开发活动，不断加强勘探开发力度。因此，该段时间深水油气资源技术专利产出呈迅猛发展趋势。

5 深水油气勘探开发科技国际发展态势分析

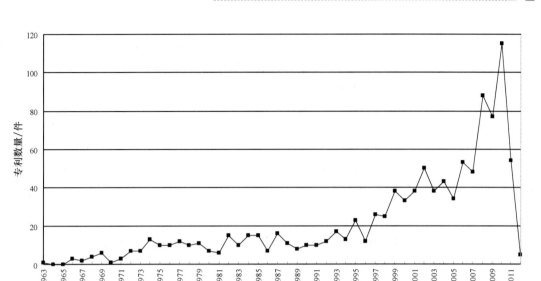

图 5-7　深水油气专利数量的时序变化

5.5.3.2　专利受理国分析

表 5-6 中列出了主要专利受理国所受理的深水油气技术专利的数量，可以看出，排在前 10 位的专利受理国依次为美国（US）、中国（CN）、英国（GB）、法国（FR）、日本（JP）、俄罗斯（RU，含苏联时期）、德国（DE）、挪威（NO）、巴西（BR）和加拿大（CA）。其中，美国受理的专利数量最多，为 311 件，约是受理专利数量排在第 2 位的中国的 2 倍多，排在第 3 位的英国的 3.5 倍，占该领域专利总量的 37.16%，可以说处于遥遥领先地位，这或许与墨西哥湾油气资源分布量较大的资源优势和油气开发进程较快的现实情况有关。

表 5-6　深水油气前 10 位专利受理国及其所受理的专利数量

专利受理国	受理专利数量/件	近 3 年受理专利数量/件	近 3 年受理专利数量占比/%
美国（US）	311	68	21.86
中国（CN）	154	58	37.66
英国（GB）	89	15	16.85
法国（FR）	72	5	6.94
日本（JP）	46	1	2.17
俄罗斯（RU，含苏联时期）	41	4	9.76
德国（DE）	33	13	39.39
挪威（NO）	30	5	16.67
巴西（BR）	29	0	0.00
加拿大（CA）	26	15	57.69

从近 3 年各国受理的专利数量占各国在该领域受理的专利总量的比例来看，最近 3 年内，加拿大的深水油气资源技术专利受理活动最为频繁，达到了 57.69%，其次是德国和中国，分别达到了 39.39% 和 37.66%。而受理专利总量相对领先的日本近 3 年深水油气资源技术专利受理活动明显减弱，其最近 3 年受理的专利数量仅占其受理的专利总量的 2.17%。

表 5-7 列出了深水油气前 10 位专利受理国所受理专利的主要申请人及专利数量。根据专利权数量的排序，在美国申请深水油气资源技术专利的主要机构是：康纳和石油公司（2002 年与菲利普斯石油公司合并为康菲石油公司）、壳牌离岸公司、深部石油技术公司、哈里伯顿能源服务集团、斯伦贝谢技术公司和贝克休斯公司等；在中国申请深水油气资源技术专利的主要机构是：中国海洋石油总公司、浙江大学、中国海洋石油研究中心、江苏华阳重工科技股份有限公司和中国船舶重工集团公司第 702 研究所等。

表 5-7 深水油气前 10 位专利受理国所受理专利的主要申请人及专利数量

专利受理国	主要的专利申请人	中文名	专利数量/件
美国	Conoco Inc	康纳和石油公司	14
	Shell Offshore Inc	壳牌离岸公司	12
	Deep Oil Technology Inc	深部石油技术公司	12
	Halliburton Energy Services Inc	哈里伯顿能源服务集团	10
	Schlumberger Technology Corp	斯伦贝谢技术公司	8
	Baker Hughes Inc	贝克休斯公司	8
中国	China Nat Offshore Oil Corp	中国海洋石油总公司	21
	Univ Zhejiang	浙江大学	15
	China Offshore Oil Res Cent	中国海洋石油研究中心	11
	Jiangsu Huayang Heavy Ind Co Ltd	江苏华阳重工科技股份有限公司	11
	702th Res Inst China Shipbuilding Ind Co	中国船舶重工集团公司第 702 研究所	9
英国	Kvaerner Oil & Gas AS	克瓦纳石油天然气公司	6
	Subsea 7 Ltd	Subsea 7 公司	5
	Schlumberger Technology Corp	斯伦贝谢技术公司	4
法国	Inst Francais Du Petrole	法国石油研究院	17
	Technip France	法国德西尼布集团	7
	Saipem SA	意大利塞班公司	5
日本	Mitsubishi Jukogyo KK	三菱重工株式会社	5
	GS Yuasa Corp KK	汤浅株式会社	4
俄罗斯	Central Scientific Research and Design Institute of Building Metal Constructions	中央建筑金属结构研究设计院	6
德国	Statoil ASA	挪威国家石油公司	2
	Linde AG	林德集团	2

续表

专利受理国	主要的专利申请人	中文名	专利数量/件
挪威	Vetco Aibel AS	Vetco Aibel 公司	7
	Statoil ASA	挪威国家石油公司	3
巴西	Petrobras Petroleo Brasil SA	巴西国家石油公司	17
加拿大	Exxonmobil Res & Eng Co	埃克森美孚研究工程公司	4
	Schlumberger Technology Corp	斯伦贝谢技术公司	3

深水油气前10位专利受理国所受理专利的技术构成如图5-8所示，专利技术分类代码的中文释义见表5-10。可以看出：①岩石及矿物钻探、船舶及运输设备为各主要国家普遍所关注；②除此之外，专利数量最多的前4个国家都还较关注地下及水下工程设施、水上工程设施和管道系统，此外，中国还较侧重水下作业设备；③其余6个国家，如日本、俄罗斯、德国、挪威、巴西、加拿大都还较关注水上工程设施和管道系统这2个发展方向，同时，俄罗斯还较关注地球物理勘探技术，德国还较关注分离用物理/化学方法或装置，挪威还较关注地下及水下工程设施、用于贮存或运输的容器，加拿大还较关注钻井用各种材料。

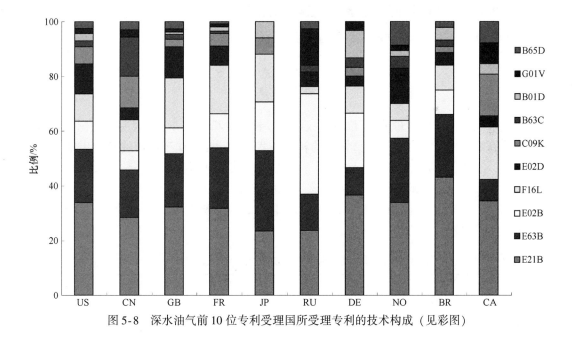

图5-8 深水油气前10位专利受理国所受理专利的技术构成（见彩图）

5.5.3.3 专利申请人分析

从图5-9可以看出，深水油气资源专利申请量位居前10位的申请人分别是：中国海洋石油总公司（China Nat Offshore Oil Corp.）、巴西国家石油公司（Petrobras Petroleo Brasil SA）、法国石油研究院（Inst Francais Du Petrole）、壳牌石油公司（Shell Oil Co.）、浙江大学（Univ Zhejiang.）、康纳和石油公司（Conoco Inc.）、深部石油技术公司（Deep Oil

Technology Inc.)、法国德西尼布集团（Technip France）、斯伦贝谢技术公司（Schlumberger Technology Corp. ）和中国海洋石油研究中心（China Offshore Oil Res. Cent. ）。前10位申请人大多为跨国油气公司或油田技术服务公司，说明深水油气专利技术主要为大型企业所拥有。在这10位申请人中，美国和中国各有3位申请人，法国有2位，巴西和荷兰各有1位。

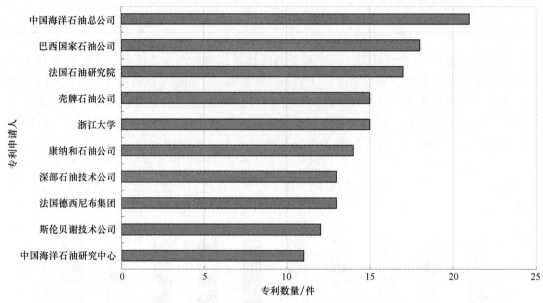

图 5-9　深水油气专利申请量位居前10位的申请人

对深水油气专利申请量前10位申请人的活动情况分析（表5-8）表明，法国石油研究院和壳牌石油公司较早开始关注该领域的相关技术，20世纪80年代初就开始申请有关专利，随后，法国德西尼布集团与巴西国家石油公司、康纳和石油公司、斯伦贝谢技术公司陆续介入该领域。中国的3位申请人在该领域的起步比较晚，始于21世纪初，但最近3年，他们在该技术领域比较活跃，近3年所申请的专利数量分别占到各自专利总量的90.91%、66.67%和53.33%。

表 5-8　深水油气专利申请量前10位申请人的活动情况

专利申请人	主要专利受理国	首件专利申请年份	近3年专利数量占比/%
中国海洋石油总公司	CN (21)	2008	66.67
巴西国家石油公司	BR (17)、AU (1)、WOGB (1)	1987	0.00
法国石油研究院	FR (17)	1982	5.88
壳牌石油公司	US (13)、EP (2)、KR (1)、WOEP (1)	1982	6.67
浙江大学	CN (15)	2002	53.33

5 深水油气勘探开发科技国际发展态势分析

续表

专利申请人	主要专利受理国	首件专利申请年份	近3年专利数量占比/%
康纳和石油公司	US（14）、EP（1）	1987	0.00
深部石油技术公司	US（12）、GB（1）、WOUS（1）	1995	0.00
法国德西尼布集团	FR（7）、US（6）	1984	7.69
斯伦贝谢技术公司	US（8）、GB（4）、CA（3）、MX（1）、FR（1）、AU（1）、BR（1）、WOFR（1）	1987	16.67
中国海洋石油研究中心	CN（11）	2008	90.91

注：括号内数字为专利数（件）。

从具体技术分类（德温特分类，分类代码中文释义见表5-9）来看，深水油气专利大多集中于海洋钻井装置和设备（H01-B01）、海洋原油和天然气生产设备（H01-D05）、运输及存储管道（H03-B）、海洋运输及存储（H03-D）、电、数据等的传输（H01-B03D）等技术领域。这些主要技术领域占据了近40%的专利申请量，其中仅海洋钻井装置和设备（H01-B01）这一个技术领域就占据了近20%的专利申请量。从专利申请量居前10位的申请人的技术领域分布来看（图5-10），海洋钻井装置和设备、海洋原油和天然气生产设备几乎为各主要申请人所普遍关注，特别是壳牌石油公司、康纳和石油公司、法国德西尼布集团、深部石油技术公司。同时，还可发现，中国海洋石油总公司在研发方面近乎覆盖全部上述技术领域，巴西国家石油公司还较关注运输及存储的管道，法国石油研究院还较关注聚合物在采矿、油井等的应用，康纳和石油公司还较关注半潜式平台，斯伦贝谢技术公司还较关注半潜式平台、旋转钻井设备。

表5-9 深水油气专利申请人的主要技术领域（德温特分类）

德温特分类（手工代码）	技术领域
H01-B01	海洋钻井装置和设备
H01-D05	海洋原油和天然气生产设备
H03-B	进行运输及存储的管道
H03-D	海洋运输及存储
H01-B03D	电、数据等的传输
A12-W10	聚合物在采矿、油井等的应用
H01-B03B3	旋转钻井中的阀和控制设备
H01-C01	用于完井及维修的套管和油管
H01-B03C	旋转钻井中的地下设备
H01-B01D	半潜式平台

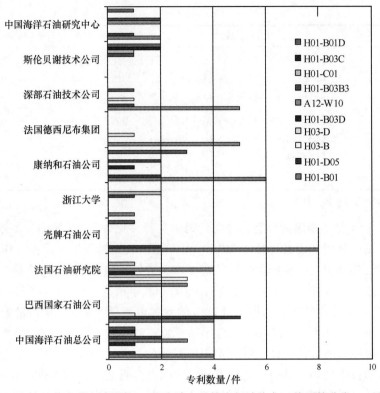

图 5-10　深水油气专利申请量前 10 位申请人的技术领域分布（德温特分类）（见彩图）

5.5.3.4　技术方向分析

对深水油气专利的技术热点进行分析，有助于了解该领域的关键技术发展方向。从图 5-11 和表 5-10 可以看出，深水油气的技术重点集中在岩石及矿物钻探、船舶及运输设备、水上工程设施、管道系统、地下及水下工程设施等方面。

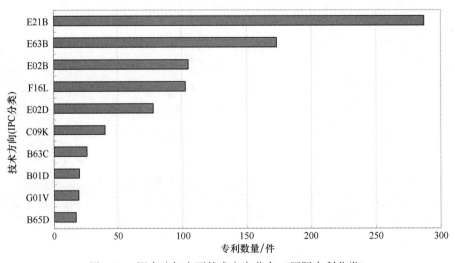

图 5-11　深水油气主要技术方向分布（国际专利分类）

5 深水油气勘探开发科技国际发展态势分析

表 5-10 深水油气主要技术方向（国际专利分类）

国际专利分类代码	技术领域
E21B	陆地或岩石钻探，获取石油/天然气/水/可溶物质/井下矿浆
B63B	船舶或其他水上船只、运输设备
E02B	水利工程，如支承在桩基或类似支承物上的人工岛（如升降式支柱上的平台）
F16L	管子，管接头或管件，管子、电缆或护管的支撑、一般绝热方法
E02D	基础、挖方、填方、地下或水下结构物
C09K	不包含在其他类目中的各种应用材料及各种应用，如用于钻孔或钻井的组合物、用来处理孔或井的组合物
B63C	水下活动或作业设备、获取或搜寻水下目标的方法
B01D	分离用物理方法或化学方法或装置
G01V	地球物理学、重力测量、探测物质或目标
B65D	用于物件或材料贮存或运输的容器

图 5-12 为 1963~2012 年深水油气资源技术主题逐年变化情况，从中可以看出，与专利数量整体分布趋势类似，深水油气技术主题的数量变化整体上也呈波动增长态势，且呈现出 2 个主要阶段。反映出不同时间段深水油气技术领域的广度在不断变化。另外，从每年新出现的专利主题所占比重来看，每年都会出现一些新技术，而且比重也在不断地增加，说明深水油气技术研发方向在不断更新，新的技术方向每年都有一定突破。

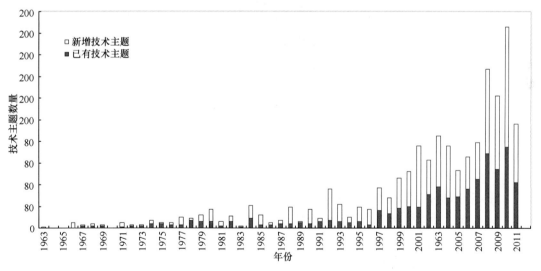

图 5-12 深水油气技术主题逐年分布

图 5-13 是利用 Themescape 技术获得的深水油气领域的技术专利地图。从中可以看出，该领域相关专利十分关注以下 4 个方面的技术主题：①深水油气生产，技术内容包括漏油保护系统、分离器、喷射泵、生产系统、多相流体分离器等；②深水钻井技术，技术内容包括海底井控技术、钻井泥浆处理、钻井泥浆密度、井眼钻探、井眼建造等；③海底泵系

统，技术内容包括举升泵、压力补偿、无电刷电机、电驱系统的能量转换等；④立管系统，技术内容包括立管安装、顺应式立管系统、立管束、立管配置、立管无线通信技术、浮力系统、立管总成、组合立管等。此外，海上平台也十分受关注，如张力腿、自升式平台、锚泊系统、系缆以及平台结构等。

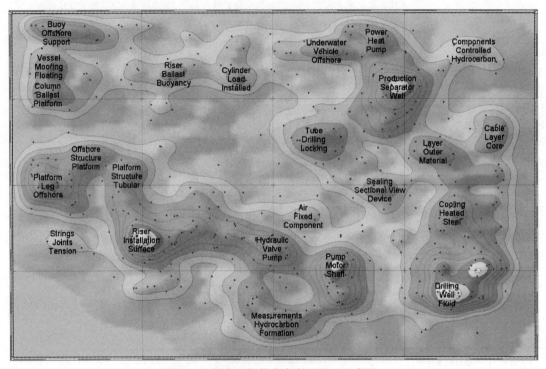

图 5-13　深水油气技术专利地图（见彩图）

5.5.4　小结

（1）20 世纪末以来，国际深水油气论文数量和专利数量整体呈现出明显增长态势，表明国际深水油气资源勘探开发活动日益活跃，科技需求日趋强烈。

（2）深水油气勘探开发技术的主要研究者和主要使用者大部分为大型油气公司或油田技术服务公司，而大学和国立研究机构则是深水油气勘探开发相关基础研究的主体。

（3）美国和英国是深水油气勘探开发领域研究论文最多的 2 个国家，具有最为强劲的发展势头，而中国、澳大利亚、德国和巴西近 3 年在该领域的科学研究比较活跃。

（4）美国、中国、英国、法国是目前受理深水油气相关专利最多的国家，而加拿大、德国和中国则是近年来受理专利数量增长较快的 3 个国家，其发展潜力巨大。

（5）海洋钻井装置和设备是深水油气勘探开发中最为重要的一项技术，该项技术与海洋原油和天然气生产设备为大多数专利申请人所普遍关注。

（6）深水油气相关专利主要集中于海洋油气勘探开发强国，以及深水油气资源分布量较大的国家。同时，技术领域的广度也在不断发展变化，技术开发方向不断更新，每年都有一些新的突破。

5.6 深水油气勘探开发领域科技的发展趋势

5.6.1 深水沉积理论研究对深水油气勘探具有重要影响

深水油气勘探大多与深水沉积区有一定关系，深水沉积理论在深水储层预测方面具有重要意义，深刻影响着深水沉积油气勘探方向的把握。"浊积扇"和"鲍玛序列"是与深水沉积作用相关的 20 世纪沉积学最伟大的理论之一，但可能由于在指导实际勘探工作中没有发挥应有作用，它们在 20 世纪末受到了猛烈抨击（李祥辉等，2009）。尽管如此，未来要想在深水油气勘探方面取得突破，沉积作用及其过程的理论体系研究与深化仍然非常关键。通过深水重力流沉积、深水牵引流沉积、深水层序地层、深水碳酸盐沉积、深水盐区沉积、深水扇成因机理与成藏规律、盆地分析模拟等的系统研究，将极大地促进深水区的油气勘探。

5.6.2 地震技术与电磁技术共同推动深水油气勘探

对于高难度、高成本、高风险的深水油气勘探而言，一旦用地震方法确定出地下构造或岩性圈闭，即可通过电磁法测量等手段来确定圈闭内流体性质及油气藏分布特征，以提高油气勘探成功率。由于在海底油气勘探实验和商业应用中取得了显著成效，海洋可控源电磁勘探技术（CSEM）被誉为自 3D 海洋地震法问世以来最重要的地球物理勘探技术。随着电磁地震采集系统的研发成功和北海地震-电磁联合勘探测试的完成，公认的确定油气藏的最有效方法，即电磁数据与地震数据的结合，将以更低的成本、更高的质量和灵敏度在深水油气勘探中发挥其巨大潜力。

5.6.3 技术与装备是实现深水油气开发的关键

相对于勘探而言，深水油气开发需要更高水平的技术和装备。浅层地质灾害、窄密度窗口、气体水合物等问题使深水油气开发与陆地和浅水区形成了巨大差别，因此，深水钻井装置与设备、油气生产设备在业内受到了广泛关注。虽然可降低成本并提高安全性的无隔水管钻井技术、极大化提高采收率的极大储层接触技术（ERC）、大于 15 000 磅力/英寸^2 的超高压钻完井技术及生产系统等正在研究与发展之中，但这些技术及相关设备与装置将对未来的深水油气开发产生至关重要的影响。

5.6.4 环境保护是深水油气开发无法回避的重要问题

2010 年 4 月 20 日，位于美国墨西哥湾附近水域的"深水地平线"半潜式钻井平台

(作业水深约 1524 米)爆炸起火,之后,大量原油从海底油井不断喷涌而出。最终,此次事件演变成了美国历史上最大的环境灾难,而奥巴马政府也曾一度被迫暂停近海石油开采许可的颁发。自此之后,环境问题成为各界密切关注的一个焦点,也成为了油气公司和相关技术服务公司必须直面的一个重要问题。不断加强在环保型钻井液、钻屑处理、漏油监测与处置等方面的探索是该领域从业者解决环境问题,达到环保要求的主要选择。与此同时,随着气候变化问题讨论的日趋激烈,减少作业过程中的碳排放、提升装备的环保性能也成为了一项必然要求。

5.7 结语

需求的难以满足加上科技的进步使油气资源的勘探开发从陆地走向了海洋,现在正由浅海向深水进军。文献调研和文献计量分析表明,20 世纪末以来,许多国家、各大石油公司一方面在密切关注深水油气勘探开发,纷纷进入深水区域进行勘探开发活动,并不断加强勘探开发力度;另一方面他们又在积极推动深水油气资源勘探开发技术的研发,如今,深水油气勘探开发已经发展为集成各种高新技术的综合技术领域。

深水油气不但是世界海洋油气勘探开发的必然发展趋势,也是中国海洋油气勘探开发的战略目标。虽然中国广阔的南海深水区域蕴藏着丰富的油气资源,但是其勘探与开发仍处于起步阶段。目前的当务之急是针对我国的实际情况,加快深水油气勘探开发技术与装备的发展;围绕国际深水油气勘探开发的科技发展趋势以及我国深水油气勘探开发技术研究和专利申请布局,建立自主的、核心的深水关键技术体系。同时,开发拥有自主知识产权的技术设备,既要研发和建造深水、超深水海上钻探开采平台等大型装备,也要研发关键的配套系统和小型设备(如水下电潜泵、海底增压泵等)。

此外,也要重视深水沉积理论的研究与发展。在深水油气勘探开发技术发展中,需兼顾引进与创新,充分借鉴西方国家一些专业公司深水开发的技术和经验,进行国际联合攻关。同时,多渠道加强人才队伍建设,满足深水油气勘探开发的科技创新人才的需求,亦不容忽视。

致谢:中国科学院广州地球化学研究所何家雄研究员、中国海洋石油研究总院张功成教授级高工、中国石油勘探开发研究院陶士振教授级高工、国家海洋局第二海洋研究所丁巍伟研究员、中国科学院地质与地球物理研究所李忠研究员、中国科学院地质与地球物理研究所兰州油气资源研究中心王琪研究员等在本报告完成后审阅了全文,提出了宝贵的建议和修改意见,谨致谢忱!

参 考 文 献

陈国明, 殷志明, 许亮斌, 等. 2007. 深水双梯度钻井技术研究进展. 石油勘探与开发, 34(2):246-251.

陈见伟. 2008. 深海地震资料叠前去噪方法研究. 海洋石油, 28（2）：29-35.
陈礼, 葛勇. 2005. 深水崎岖海底地震资料叠前深度偏移的必要性. 中国海上油气, 17（1）：12-15.
范玉海, 屈红军, 张功成, 等. 2011. 世界主要深水含油气盆地烃源岩特征. 海相油气地质, 16（2）：27-33.
冯跃威. 2011. 用制度保障海洋油气勘探开发安全. 国际石油经济, 10：72-79.
龚旭东, 陈继宗, 庄祖垠, 等. 2010. 深水地震资料处理关键技术浅析. 勘探地球物理进展, 33（5）：336-341.
郭西水, 张林, 肖良平, 等. 2011. 深水完井技术研究. 重庆科技学院学报（自然科学版）, 13（4）：74-76.
何展翔, 余刚. 2008. 海洋电磁勘探技术及新进展. 勘探地球物理进展, 31（1）：2-9.
侯福祥, 王辉, 任荣权, 等. 2009. 海洋深水钻井关键技术及设备. 石油矿场机械, 38（12）：1-4.
黄维平, 李华军. 2006. 深水开发的新型立管系统——钢悬链线立管（SCR）. 中国海洋大学学报, 36（5）：775-780.
江怀友, 陈立滇, 辛亮, 等. 2007a. 巴西国家石油公司（Petrobras）核心技术与创新战略. 石油知识,（5）：7-9.
江怀友, 闫存章, 胡永乐, 等. 2007b. 世界油气 MRC 技术及中国油田开发应用模式研究. 中外能源, 12（6）：31-38.
江怀友, 赵文智, 闫存章, 等. 2008. 世界海洋油气资源与勘探模式概述. 海相油气地质, 13（3）：5-10.
蒋浩泽, 孙晓波, 张轩睿, 等. 2012. 贝克休斯公司技术创新组织与管理. 石油科技论坛,（1）：45-48.
金秋, 张国忠. 2005. 世界海洋油气开发现状及前景展望. 国际石油经济, 13（3）：43-44, 57.
李鹏, 李彤, 张鸿凯, 等. 2010. 深水 FPSO 柔性立管. 中国造船, 51（2）：378-385.
李树清. 2010. 海洋油气装备自主化及做强做大的思考与建议——海洋石油天然气开发所需的主要装备（上）. 石油与装备,（3）：3, 54-56.
李祥辉, 王成善, 金玮, 等. 2009. 深海沉积理论发展及其在油气勘探中的意义. 沉积学报, 27（1）：78-86.
廖谟圣. 2010. 海洋石油钻井采油工程技术与装备——海洋石油钻井、完井采油工艺（下）. 石油与装备, 31：118-119.
林闻, 周金应. 2009. 世界深水油气勘探新进展与南海北部深水油气勘探. 石油物探, 48（6）：601-605.
刘广斗, 徐兴平, 王西录. 2009. 国外超深水钻井新技术. 石油机械, 37（5）：83-86.
刘炜辰, 吴德彬, 方小翠, 等. 2012. 斯伦贝谢公司技术创新能力建设. 石油科技论坛,（1）：40-44.
栾苏, 韩成才, 王维旭, 等. 2008. 半潜式海洋钻井平台的发展. 石油矿场机械, 37（11）：90-93.
宁日亮, 高树生, 柳世光, 等. 2007. 深海地震资料处理方法研究及实践. 特种油气藏, 14（2）：49-52.
潘继平. 2007. 国外深水油气资源勘探开发进展与经验. 石油科技论坛,（4）：35-39.
裴彦良, 王揆洋, 闫克平, 等. 2010. 深水浅地层高分辨率多道地震探测系统研究. 海洋科学进展, 28（2）：244-249.
彭松. 2011. 欠平衡钻井技术及其应用研究. 化学工程与装备,（4）：117-118.
乔卫杰, 黄文辉, 江怀友. 2009. 国外海洋油气勘探方法浅述. 资源与产业, 11（1）：19-23.
秦琦. 2009. 世界钻井船市场发展现状. 船舶,（6）：8-12.
沈平平, 江怀友, 赵文智, 等. 2007. MRC 技术在全球油田开发中的应用. 石油钻采工艺, 29（2）：95-99.
司英晖, 孙艳军, 温林荣, 等. 2008. 国外钻机及钻井平台发展的新动态. 石油机械, 36（7）：74-80.

宋儒鑫.2003.深水开发中的海底管道和海洋立管.船舶工业技术经济信息,6(218):31-42.
孙宝江,曹式敬,李昊,等.2011.深水钻井技术装备现状及发展趋势.石油钻探技术,39(2):8-15.
陶维祥,丁放,何仕斌,等.2006.国外深水油气勘探述评及中国深水油气勘探前景.地质科技情报,25(6):59-66.
王进全,王定亚.2009.国外海洋钻井隔水管与国产化研究建议.石油机械,37(9):147-150.
王懿,段梦兰,李丽娜,等.2009.深水立管安装技术进展.石油矿场机械,38(6):4-8.
王震,陈船英,赵林,等.2010.全球深水油气资源勘探开发现状及面临的挑战.中外能源,15(1):46-49.
韦海涛,周英操,翟小强.2011.欠平衡钻井与控压钻井技术的异与同.钻采工艺,34(1):25-27.
吴时国,袁圣强.2005.世界深水油气勘探进展与我国南海深水油气前景.天然气地球科学,16(6):693-699.
许亮斌,蒋世全,殷志明,等.2005.双梯度钻井技术原理研究.中国海上油气,17(4):260-264.
许自强,方中于,万欢,等.2011.叠前深度偏移在深水崎岖海底地震资料的应用.工程地球物理学报,8(5):572-578.
闫永宏,王定亚,邓平,等.2008.钻井隔水管接头技术现状与发展建议.石油机械,36(9):159-162.
杨虹,刘立群,袁磊.2011a.巴西国家石油公司崛起之路.石油科技论坛,(5):2-5,66.
杨虹,袁磊,刘立群.2011b.挪威国家石油公司的技术创新能力建设.石油科技论坛,(5):6-10.
杨金华.2009.国外钻井技术研发新动向.石油知识,(2):29-31.
杨进,曹式敬.2008.深水石油钻井技术现状及发展趋势.石油钻采工艺,30(2):10-13.
袁磊,杨虹.2011.BP公司创新战略及技术获取策略分析.石油科技论坛,(6):37-42.
张长智,王桂林,段梦兰,等.2010.深水开发中的几种新型混合生产立管系统.石油矿场机械,39(9):20-25.
张功成,米立军,屈红军,等.2011.全球深水盆地群分布格局与油气特征.石油学报,32(3):369-378.
张翰.2011.海底漏油危机黑金魅影.中国科学探险,11:100-113.
赵元雷,张益铭,蒋浩泽,等.2012.哈里伯顿公司技术创新组织与管理.石油科技论坛,(2):56-59.
赵政璋,赵贤正,李景明,等.2005.国外海洋深水油气勘探发展趋势及启示.中国石油勘探,(6):71-76.
郑军卫,张志强,孙德强,等.2012.油气资源科技发展特点与趋势.天然气地球科学,23(3):407-412.
中国科学院油气资源战略研究组.2010.中国至2050年油气资源科技发展路线图.北京:科学出版社,70-72.
周蒂,孙珍,陈汉宗.2007.世界著名深水油气盆地的构造特征及对我国南海北部深水油气勘探的启示.地球科学进展,22(6):561-572.
朱桂清.2008.海底测井.国外测井技术,23(3):76-77.
朱学海,纪树立,潘贵荣,等.2007.双电潜泵系统的研究及在渤海油田的应用.石油机械,35(10):60-63.
庄祖垠,陈继宗,王征,等.2011.深水地震资料特性及相关处理技术探析.中国海上油气,23(1):26-31.
AAPG. 2009-06-25. AAPG Annual Convention & Exhibition 2009. http://www.aapg.org/denver/index.cfm.
AAPG. 2010-04-15. AAPG Annual Convention & Exhibition 2010: Proposed Technical Program Topics. http://www.aapg.org/neworleans/topics.cfm.

AAPG. 2011-04-16. AAPG Annual Convention & Exhibition 2011: Technical Program at-a-glance. http://www.aapg.org/houston2011/TechnicalProgram.cfm.

AAPG. 2012-05-10. AAPG Annual Convention & Exhibition 2012: Technical Program at a Glance. http://www.aapg.org/longbeach2012/technicalprogram.cfm.

Abrams M A. 2005. Significance of hydrocarbon seepage relative to petroleum generation and entrapment. Marine and Petroleum Geology, 22 (4): 457-477.

Alford S E, Asko A, Campbell M, et al. 2005. Silicate-based fluid, mud recovery system combine to stabilize surface formations of Azeri wells. SPE 92769.

BP. 2012-03-05. BP fourth quarter 2011 results and 2012 Strategy. http://www.bp.com/assets/bp_internet/globalbp/STAGING/global_assets/downloads/B/bp_fourth_quarter_2011_results_presentation_slides_and_script.pdf.

Carré G, Pradié E, Christie A, et al. 2002. High Expectations from Deepwater Wells. Oilfield Review, 14 (4): 36-50.

Geehan T, Gilmour A, Guo Q. 2006. The Cutting Edge in Drilling-Waste Management. Oilfield Review, 18 (4): 54-67.

ION. 2010-04-20. VectorSeis Ocean II. http://www.iongeo.com/content/includes/docManager/VSO_II_DS_100420_rev1.pdf.

Kozicz J. 2006. Managed pressure drilling: Recent experience, potential efficiency gains, and future opportunities. IADC/SPE Asia Pacific Drilling Technology Conference and Exhibition. SPE 103753.

Mann P, Horn M, Cross I. 2007. Tectonic setting of 79 giant oil and gas fields discovered from 2000-2007: Implications for future discovery trends. Long beach: AAPG Annual Convention.

Maurer W C, Medley G H, McDonald W J. 2003. Multigradient drilling method and system. United States Patent: 006530437.

Nughaimish F N, Faraj O A, Al-Afaleg N, et al. 2004. First lateral-flow-controlled maximum reservoir contact (MRC) well in Saudi Arabia: drilling & completion: challenges & achievements: case study. IADC/SPE Asia Pacific Drilling Technology Conference and Exhibition. SPE 87959.

OE. 2011-11-15. Offshore Europe 2011 Conference Programme. http://www.offshore-europe.co.uk/en/Conference/2011-Conference-Programme.

ONS. 2012-09-15. ONS 2012. http://floorplan.ons.no/#.

OTC. 2012-05-06. OTC 2012. http://www.otcnet.org/2012.

Petrobras. 2012-06-20. Petrobras 2012—2016 Business Plan. http://www.brazilchamber.no/wp-content/uploads/2012/06/25029-PN_2012-2016_Final_eng.pdf.

Saleri N G, Salamy S P, Mubarak H K, et al. 2004. SHAYBAH-220: A maximum reservoir contact (MRC) well and its implications for developing tight-facies reservoirs. SPE Reservoir Evaluation & Engineering, 7 (4): 316-320.

Schumacher J P, Dowell J D, Ribbeck L R, et al. 2001. Subsea Mudlift Drilling: Planning and Preparation for the First Subsea Field Test of a Full-scale Dual Gradient Drilling System at Green Canyon 136, Gulf of Mexico. SPE 71358.

SLB. 2006-10-10. XLift. http://www.slb.com/~/media/Files/artificial_lift/brochures/xlift.ashx.

SLB. 2008-10-20. Dual ESP Systems. http://www.slb.com/~/media/Files/artificial_lift/brochures/dual_esp.ashx.

SLB. 2012-06-03. Marine Acquisition. http://wwrw.slb.com/services/westerngeco/services/marine.aspx.

Statoil. 2012-04-05. Statoil Annual and sustainability report 2011. http://www.statoil.com/AnnualReport2011/en/Pages/frontpage.aspx.

USGS. 2012-05-22. USGS/BOEM Study Identifies Scientific Method to Differentiate between Natural Seepage and Produced Oils in Southern California. http://www.usgs.gov/newsroom/article.asp?ID=3208&from=rss_home#.T73kFMRtiYw.

6 流域水资源管理研究国际发展态势分析

熊永兰[1] 张志强[1] 尉永平[2] 王莉亚[3] 王勤花[1] 唐 霞[1]

(1. 中国科学院国家科学图书馆兰州分馆; 2. 澳大利亚墨尔本大学; 3. 河南工程学院)

流域是具有众多经济和社会功能的物理、化学、生物和生态系统,是人类活动和环境之间和谐的基石。然而,世界多数河流正处于危机之中。世界流域面临着水资源日益匮乏(资源性缺水)、水资源管理落后(经济性缺水、水资源利用效率不高、水资源配置不科学等)、水污染严重(污染性缺水)、流域生态系统退化、气候变化对流域的影响等一系列重大危机,而水危机的后果必然是饥荒、环境退化、社会动荡、人口迁徙等。在全球水危机日益严重的背景下,加强流域的水资源可持续管理是应对水危机的根本措施。本报告从国际上有关流域水资源管理研究重要计划、规划和战略入手,结合文献计量分析方法,对流域水资源管理研究的国际发展态势、前沿热点和典型流域管理的经验趋势等进行了分析、阐述,并提出了加强我国流域水资源管理研究的建议。

从文献计量的角度来看,20世纪90年代以来,流域水资源管理方面的研究论文开始大幅增长,研究的领域涉及环境科学与生物学、水资源学、海洋和淡水生物、工程学、地质学、农学、海洋学、渔业、化学和气象与大气科学等;美国、中国、澳大利亚和欧洲国家的发文量较多,一定程度上反映出这些国家的研究活跃性;大学是流域水资源管理研究的主体,研究主题主要集中在水质、土地利用、河流沉积物、水体富营养化、地下水和水文等方面。2001年是国际流域水资源管理领域研究的分水岭,在2001年之前,研究主题比较分散;2001年后研究主题的关联强度逐渐增强,同时也反映出主题研究内容呈现集中的态势。从年度的主题研究内容来看,流域健康管理方面的内容,比如水质问题、水体富营养化状况与防治等一直是流域水资源管理研究的核心内容。农业水管理方面的研究近十年来也开始增多。关于气候变化与水资源管理方面的研究和遥感监测研究从2008年开始广受关注。在流域水管理制度和政策方面,研究主题主要集中在水资源分配与管理研究、流域管理研究、水足迹研究、水资源保护研究和水交易研究方面,其中水资源分配与管理是研究的热点。

基于文献计量分析的结果,结合国际上重要的流域水资源管理研究计划、专题计划、相关研究项目、研究报告,本报告归纳出流域水资源管理研究的5个重点领域,即农业水管理、跨界河流水资源管理、气候变化与流域水资源管理、河流健康评价与水足迹研究等。

对莱茵河、田纳西河、墨累-达令河和黄河的水资源管理经验的对比分析表明,各流域水资源管理的发展主要有以下 5 个趋势:①从传统上的部门分割管理转向综合的水资源管理;②不断完善流域管理的法律和制度体系;③更加广泛地利用经济手段开展流域管理,如水价、水权和水交易等;④充分发挥科技在水资源管理中的作用,开源节流;⑤重视公众的参与。

针对我国流域水资源管理研究的现状,建议:加强流域水资源规划与综合管理研究;重视对流域问题的跨学科综合研究;加强流域水资源管理的理念创新研究;加强河流健康监测与评价研究;加强气候变化对流域水资源影响的研究;加强流域水资源管理的法律制度研究。

6.1 引言

6.1.1 全球水危机

全世界水资源短缺问题日益严重,全球性水危机正在迫近。全球用水量在 20 世纪增加了 6 倍,其增长速度是人口增长速度的 2 倍多,在未来几十年内,这种趋势还将持续,到 2030 年,全球的年用水量将增加 2 万多亿米^3,达到 6.9 万亿米^3(Gilbert, 2010)。然而,地球的淡水资源是十分有限的,其占全球总水量的比例还不到 1%。并且,全球水资源和人口的分布具有不均衡性:干旱和半干旱地区拥有全球陆地面积的 40%,居住着 50% 的世界贫困人口,却仅拥有 2% 的地表径流。另外,现有的淡水资源还受到过度抽取、污染和气候变化的巨大威胁。水短缺问题已经影响到各大洲以及地球上超过 40% 的人口。到 2025 年,将有 18 亿人生活在绝对缺水的国家或地区,而且有 2/3 的世界人口将会生活在用水紧张的条件下。水危机又与许多危机相互交织和相互影响,使问题更加复杂化。在全球许多地区,干旱和日益严峻的水危机加剧了粮食危机;能源危机加剧了对生物燃料的需求,生物燃料的生产需要耗费大量的土地和水,对粮食生产和水资源产生负面影响;发展中国家 80% 的疾病是由饮用被污染的水和糟糕的卫生设施而引起的;全世界因为饮用不安全的水、卫生条件差而死亡的人数每年超过 220 万……因此,为农业、工业和人类消费公平地提供足够的水资源将成为 21 世纪的重大挑战之一。

亚洲地区的水问题尤其严重。由于亚洲拥有一半以上的世界人口,而其淡水资源(每人每年 3920 米^3)则少于除南极洲以外的任何一个大陆地区,因此,亚洲地区的人均水资源量很低。随着人口的快速增长和城市化进程的推进,亚洲地区的水资源压力还在增大。淡水资源的减少将导致一系列的级联后果,包括减少粮食生产、失去生活保障、大规模移民以及经济和地缘政治局势的紧张与不稳定。随着时间的推移,这将对整个地区的安全产生深远的不利影响(Asia Society, 2009)。

多年来,水资源短缺、水污染和洪涝灾害制约着中国很多地区的经济发展,影响到公众健康和福祉。中国北方地区已属于缺水地区。由于中国的持续经济发展和人口增长以及工业化和城市扩张，对水资源的压力还会进一步增大。水资源供应有限且需求不断增长，而大面积的污染又造成水质日益恶化，资源性缺水与污染性缺水交织的严重水危机迫在眉睫。

解决水资源短缺危机是世界和中国面临的严峻挑战。在人类的水资源总量基本保持不变的情况下，解决水资源短缺危机的根本方法只有提高水利用效率和合理配置水资源，而这些都属于水资源管理的范畴。因此，可持续的水资源管理无疑是解决水危机的根本途径。

6.1.2 水资源管理

从全球范围来看，目前最大的水危机就是水资源管理危机。水资源的短缺通常是由腐败、缺乏适当的管理制度、官僚的惰性以及人力和硬件基础设施投入不足导致的（Elsevier，2011）。2006 年，联合国在其公布的《世界水资源开发报告Ⅱ》中也指出，造成水危机的主要原因是对水资源缺乏有效的管理，包括水资源浪费严重，世界许多地方因管道和渠沟泄漏及非法连接，有多达 30%～40% 的水被白白浪费掉；发展中国家水资源开发能力不足；截至 2005 年，仅有 12% 的国家制订了完整的水资源管理和节约计划等。有效的水资源管理应该以可持续发展的思想为核心，包括加强水的立法、强调水资源的公共性、实行流域水资源统一管理、将节水和水资源保护工作放在突出位置、实行水权登记和用水许可制度以及利用先进的技术手段进行水资源管理（UNESCO，2006）。

水资源管理既需要认识水文循环和物理规律，更需要平衡社会与自然各方面的需求，根本目的是实现水资源的可持续利用。自然科学、社会文化和政策法规是支撑水资源管理的基本因素，三者的相互作用是促进水资源管理创新的主要动因（Norgaard，1994）。自然科学研究可以逐步认识水对生态系统的影响方式与程度，为制定可持续的水政策提供结构化的理论依据和技术方法。社会文化改变着人类的发展方式，思想解放、理念革新可突破自然资源及技术能力的限制而实现人类的可持续发展（Tabara and Llhan.，2008）。政策法规是水资源管理的重要保障，政策法规的创新使水资源管理更加法治化。近几十年来，许多国家进行了致力于提高水资源可持续性的水管理改革。人类对水资源管理的认识不断深化，不再仅从自然科学以及工程学的角度来研究水资源管理问题，生态系统与人类社会尤其是与社会文化的动态关系也逐渐受到关注。为解决日益复杂的水资源管理问题，中国正在从过于依赖政府作为决策和管理主体的传统体制转向现代水治理。2011 年中央 1 号文件和中央水利工作会议明确要求实行最严格水资源管理制度，把严格水资源管理作为加快转变经济发展方式的重要举措（中共中央，2011）。2012 年国务院 3 号文件提出了实施最严格水资源管理制度的意见，要求加强水资源开发利用控制红线管理，严格实行用水总量控制；加强用水效率控制红线管理，全面推进节水型社会建设；加强水功能区限制纳污红线管理，严格控制入河湖排污总量（国务院，2012）。这些政策的实施，将对我国水资源的开发利用、水资源管理制度建设产生深远影响。

6.1.3 流域水资源管理

流域作为地球淡水循环的重要组成部分以及与水相关的资源与功能的重要载体,是可持续水资源管理的主要对象。单个水资源管理系统最为有效的管理模式是通过流域(自然的地理和水文单元),而不是根据行政边界来管理。流域是人类活动和环境之间和谐的基石,因为人类活动和生态系统都依赖于相同的水源,例如流域范围内的降雨。因此,流域水资源管理必须考虑到包括水量、水质、人类生活用水、食物安全用水、流域下游水生生态系统用水、与病菌携带者相关的水在内的所有因素(Falkenark et al.,2004),它是关于流域各种要素的综合管理。流域的综合管理可以改变传统上水资源政策、水资源管理和科学研究之间分离的现象。这种分离的结果是政策的实施和社会利益之间存在着明显的时间滞后现象。此外,要解决流域水资源管理所依托的知识信息和科学技术陈旧的问题,必须加强有关流域管理的信息交流和知识共享。

世界上绝大多数的人口都依赖于河流而生存。智库"前沿经济"(Frontier Economics)在一份报告中指出,到2050年,按人口计算的全球十大流域预计将创造全球GDP总值的1/4,将超过美国、日本和德国未来经济体系的总和。9个人口最稠密的河流流域均处于正在发展及快速增长的市场(Frontier Economics,2012)。然而,世界河流正处于危机之中。全球约80%的人口所生活的地区,由于污染、引水和物种入侵等问题,河水都受到很大威胁,许多河流已出现严重退化现象,对人类水资源安全构成重大威胁,并导致水生环境中数以千计的动植物物种处在濒临灭绝的风险中(Vörösmarty et al.,2010)。到2050年,如果不能对流域水资源管理做出任何改进的话,上述流域中的7个将面临不能持续的耗水量,即会消耗至少30%的天然径流,导致水资源严重甚至极度缺乏(Frontier Economics,2012)。因此,河流流域的未来发展将对全球经济增长产生关键影响。改善流域的水资源管理需要迅速及全球协同的行动。

6.2 流域水资源管理领域研究发展态势

6.2.1 流域水资源管理研究发展回顾

从主导模式来看,流域水资源管理主要经历了以下4个阶段。20世纪初,是以国家主导开发项目和集权式管理制度为主。50年代中后期开始,在自由市场经济理论"芝加哥学派"的影响下,环境行为学、经济学和决策制定的自由理性模式开始凸显。70年代后期,管理模式从激进转向新自由主义管理模式,政策以结构调整和大幅削减政府支出为主。可持续发展、公众参与、管理透明和权力下放等较新的管理模式开始出现在80年代末期,这些管理方法以水资源的综合管理为特征(图6-1)。

6 流域水资源管理研究国际发展态势分析

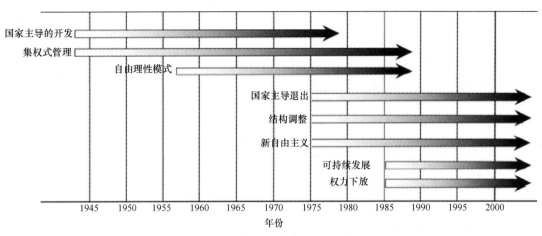

图 6-1 水管理中主导模式的演化（Varady et al.，2009）

传统的水资源管理方法基本上是以水为中心或单一部门为主的管理方法。这种管理方式常见于 20 世纪 30~60 年代，并且受到水务工程师和水经济学家的青睐。它将流域作为资源系统，目的在于促进经济发展；它强调使流域的可能产出最大化，并制定用水户之间最有效的水资源分配机制；同时，它也推动了水资源的开发，比如大坝的建设。但是这种管理方式重点关注人类对水的利用，忽视了环境和成本与效益的分配（Barraqué，2008）。

20 世纪 70 年代，水资源管理中的生态和生态系统方法对单/多目标方法及其发展重点提出了质疑。传统的水资源管理模式忽视了流域的水资源利用问题的多样性，它将形成环境管理和水资源可持续管理中所谓的"吊诡"问题（Wicked Problem）（Hooper，2003）。

20 世纪 90 年代，学者提出了水资源综合管理（IWRM）的概念，它强调将流域作为规划和管理的基本单元，将流域视为一个大型复杂的综合生态系统。1992 年联合国环境与发展大会通过的《21 世纪议程》第 18 章"保护淡水资源的质量和供应：对水资源的开发、管理和利用采用综合性办法"强调：水资源综合管理包括水陆两方面的综合管理，应在流域或子流域一级进行。全球水伙伴组织（GWP）将 IWRM 定义为"以公平但不是以牺牲重要生态系统的可持续性为代价的方式来促进水、土地以及相关资源协调开发和管理的过程，以使由此产生的经济和社会福祉最大化"（GWP，2000）。IWRM 包含了若干过去被认为无关紧要或被忽视的问题，这些问题会随着时间的推移而日益突出。除了社会成本和环境退化外，含水层的过度开发、面源污染带来的后果、各行业对水的竞争、非消费性水利用的重要性以及利益相关者参与的必要性，所有的这些问题都开始从幕后走向前台。当然，这也使人联想到早期的概念，甚至被视为"新瓶装旧水"（Biswas，2004），要实践理想的 IWRM 情景存在很多挑战，例如如何从流域的角度来考虑并且在局地得到实施？

近年来，新的流域管理范式强调，流域管理应该成为地方社会经济发展过程中的一部分，它将注重多方利益相关者的参与，并且将合作过程中所有部门的社会、技术和政策问题联系在一起（FAO，2006）。水资源管理作为一种涉及土地利用、水和生态系统的综合性问题，就必须促进科学家、决策者和利益主体之间的交流。在所有活动和现象都依赖于相同环境条件（地区降雨量）的同一个集水区域或者江河流域里，这种综合管理方法对于确立一种准确的观点是至关重要的。

国际社会也开始关注流域水资源管理的新理念和新方法。2009 年，UNEP 的一份题为《处在水资源的威胁下——东北亚》的报告通过研究东北亚区域的 5 条主要河流后指出，政府需要加强流域水资源的管理与协作来提高水资源的利用效率。建议的管理措施包括引入水价机制、分权化流域管理、更严格的环境管理和污染控制措施以及建立以保证最贫困人群能获得安全饮用水资源为优先的管理方式（UNEP，2009）。第五届世界水论坛（2008 年）的核心议题 3 重点关注"流域管理和跨界合作"，所讨论的主要问题包括：水资源协同合作与水资源综合管理的成败关键是什么？流域管理、跨界合作及利益分享该采取的主要行动又是什么？法律工具已在本地、地区和全球范围内得以建立，但在跨界地表和地下水资源、相关方参与程度、计划、融资和监管方面这些工具的灵活程度和效率究竟如何？另外一个主题是"水治理与管理"，其中的重点内容之一是水资源有效管理的体制规划和调控方法（IISD，2009）。国际水文计划（IHP）从第Ⅳ阶段开始重视研究水安全问题，各阶段都设置了相应的主题或研究领域，如 IHP-Ⅳ中的"可承受开发的水资源管理"、IHP-Ⅴ中的"有风险的地下水资源"和"水危机与冲突地区的水资源管理战略"、IHP-Ⅵ中的"水与社会"以及 IHP-Ⅶ中的"加强水资源管理，提高水资源利用的可持续性"和"淡水与生命支撑系统"。这反映了水资源研究力图从具体和特殊的问题入手解决水资源可持续利用的问题，这种趋势是与水资源科学研究步入初步成熟阶段相适应的（成建国等，2004）。此外，Cap-Net 制定了一套评价流域水资源综合管理进展的指标体系，涉及水的配置、污染控制、监测、流域规划、经济和财务管理、信息管理和利益相关者的参与 7 个方面（Cap-Net，2008）。

6.2.2 流域水资源管理研究战略与计划

6.2.2.1 美国"水的可获得性和流域管理国家计划 2011～2015 年行动计划"

2011 年，美国农业部农业科学研究院（USDA ARS）提出了有关农业水管理的行动计划"水的可获得性和流域管理国家计划 2011～2015 年行动计划"（Water Availability and Watershed Management National Program (211) Action Plan FY 2011-2015）（简称 NP 211）。该计划的目的是有效安全地管理水资源，同时保护环境以及人类和动物的健康。该计划提出了 45 个项目，并于 2011 年 10 月 1 日开始实施。该计划所关注的主要问题如表 6-1 所示（USDA ARS，2011）。

表 6-1 美国农业部农业科学研究院（USDA ARS）的 NP 211 的研究主题

序号	主要问题	研究需求
1	有效的农业水管理	提高水资源利用效率的灌溉制度和技术
		多尺度上的水资源生产效率
		提高灌溉水利用效率的方法
		旱地/雨养农业的水管理
		排水管理与控制
		退化水域的利用

续表

序号	主要问题	研究需求
2	水土流失、泥沙淤积和水质保护	控制农业生产过程中的污染物及其运输
		量化和预测河流内部过程
		水质改善的生态响应
		开发和测定面向农业、城市和草坪系统的具有成本效益的控制措施
3	提高保护的有效性	更好地理解流域尺度保护活动的累积效应
		提高我们的能力来选择和实施景观保护活动,以实现效益最大化
		完善保护措施,以更好地保护水资源
		在气候和土地利用不断变化的背景下,维持保护活动的有效性
		理解保护活动如何影响生态系统服务
		更好地理解农业流域采取的保护活动所产生的经济影响和社会驱动
4	提高农业区的流域管理和生态系统服务能力	开发工具以改进水文评估和流域管理
		通过短期观测以及农业流域和农业景观的表征来完善流域管理和生态系统服务
		在全球环境变化的背景下,保持水的可获得性
		开发工具以提高对变化的景观和环境下的水文过程和水预算参数的定量化分析
		理解生物燃料生产对水资源的影响
		采用降尺度方法分析气候变化的影响,以提高水的可获得性和流域管理的能力

6.2.2.2 国际水资源管理研究所"2009~2013年战略规划"

国际水资源管理研究所(IWMI)是国际重要的水管理研究中心之一,其任务是为食物、生计和环境开展土地和水资源管理研究,尤其是农业水管理研究。IWMI的《2009~2013年战略规划——世界食物安全的水》(Strategic Plan 2009-2013—Water for a Food-secure World)报告,目的是加强为粮食、生计和环境的土地和水资源管理(IWMI,2009),确定了未来5年的4大战略性优先研究主题:水的可利用性与可获得性,生产性用水,水质、健康与环境,水与社会(表6-2)。

表6-2 国际水资源管理研究所(IWMI)2009~2013年研究主题

序号	主题		子主题
	内容	关注重点	
1	水的可利用性与可获得性	更好地理解流域层面的水的可利用性和可获得性、相关驱动因子的变化对水的可利用性和可获得性的影响以及应对这些变化的适应性管理战略	水的可利用性、可获得性及其变化的驱动因子 气候变化、水和农业 适应性管理战略与多方利益权衡

续表

序号	主题 内容	主题 关注重点	子主题
2	生产用水	通过创造可持续的适应性管理措施,迎接物理和经济性水短缺所带来的挑战,以提高水的生产率和改善人们的生活水平	灌溉复兴 旱作系统的水管理 湿地的可持续利用
3	水质、健康与环境	城市和农村土地利用对水质的影响,因为对其负面影响的管理将有益于上下游的水用户	管理农业土地利用对水质的影响 管理城市土地利用对水质的影响
4	水与社会	探究改革水管理的途径,以应对世界发展中各种各样的情况	水治理 水经济 水、贫穷与公平 影响评估

6.2.2.3 英国环境署"综合流域科学计划"(2008~2013年)

英国环境署的"综合流域科学计划"(Integrated Catchment Science,ICS)的总体目标是帮助环境署及其合作伙伴可持续地改善环境,并提高人们的生活质量。该计划将通过提高科学认识,发展科学方法和工具,以使其能够以更加综合的成本-效益方式来管理流域。2008~2013年的计划将填补对流域过程的科学理解与人类活动对自然环境影响之间的重要空白;开发环境模型和决策支持工具来更加有效地保护和管理环境;研究更加综合的生态学方面的方法来管理流域;发展新的方法来评估管理措施的成本和效益;对成功的经验进行试验和示范。具体而言,将开发新的生态分类和监测系统;更好地理解流域中环境压力的风险与影响;模拟流域过程与相互作用;更好地理解生态系统的结构和功能并建立更好的评价生物体压力的指标;评价关键部门的影响,评估不同管理措施的效益与成本(UK EA,2008)。

6.2.2.4 全球水系统计划(GWSP)下的"全球流域倡议(GCI)"

2008年2月,全球流域倡议(Global Catchment Initiative,GCI)专家组会议在波恩举行,会议明确提出了GCI,并确定了其研究问题,并将这些问题应用于10个流域中(GWSP,2009)。

GCI的研究问题是:

(1)在10~100年的时间尺度上,全球变化在特定的流域是如何表现的?

(2)外部因素是如何影响特定流域的特征的?

(3)这些变化对社会的影响是什么?

(4)在特定流域,需要观测流域之外的何种气象、水文或生物地球化学联系?

(5)虚拟水贸易的决定因素和后果是什么?

(6)国际权力关系如何影响流域的水资源利用和其他自然资源?

（7）从全球的角度来看，解决流域脆弱性的适当框架是什么？

（8）如何比较各流域成功适应全球变化的水管理机制？

（9）国际制度（如联合国公约）和全球行动者（如跨国水企业）对流域恢复力的影响是什么？

（10）可持续的水管理如何能够促进生态需水与人类活动之间的平衡？

为了解决上述问题，GCI 将以下 10 条河流作为研究案例：南非图盖拉河（Thukela）、非洲沃尔特河（Volta）、尼罗河、北非德拉河（Draa）、阿姆河（Amu Darya）和锡尔河（Syr Darya）、湄公河、恒河-布拉马普特拉河、莱茵河、易北河和墨累-达令河。

6.2.2.5 欧洲河流的综合治理与 LIFE 资助行动（EC，2007）

欧洲的河流同样面临全球性的环境问题。2000 年 12 月，欧洲议会和欧盟理事会通过了欧盟《水框架指令》（Water Framework Directive，WFD），指令的目标是加强流域管理规划，到 2015 年使欧洲所有的河流均处于良好的生态状况之中。欧盟的环境和自然项目资助计划"LIFE"在制订和实施流域管理计划中发挥了重要作用。迄今为止，已有 150 多个河流项目获得了 LIFE 的支持。另外，"LIFE-环境"和"LIFE-自然"项目也针对 WFD 中涉及的其他问题（如预防洪水和保护地下水），或欧洲其他指令中关注的相关问题（如硝酸盐、鸟类、生境、城市污水处理和饮用水），为保护和改善欧洲的水资源做出了重要贡献。

LIFE 计划主要参与以下 7 项有关河流保护和管理的资助行动。

（1）LIFE 和流域管理。WFD 要求成员国最晚于 2009 年末开始实施流域管理计划。为协助 WFD 的实施，LIFE 计划开展了合作资助项目，以支持综合流域管理的具体开展。

（2）保护河流的生境与物种。重点工作是恢复多瑙河洪泛平原区的自然动力；保护欧洲特别是保护区生态网络（Natura 2000）中的河流；援助濒危的淡水鱼 Gizani（如希腊）；支持对河流物种和生境的保护与重建以及帮助改进 WFD 的实施方法。

（3）解决城市和农村问题。包括英国西米德兰兹郡（West Midlands）地区的河流管理；采用社区方法（A Community Approach）清理河口；重建河流生态系统。

（4）监测欧盟的河流状况。WFD 要求在每个流域建立一个综合的监测计划，以监测河流的生态和化学状况，为评估流域地区表面水体和地下水体的生态状况提供必需的数据。LIFE 通过提供必需的技术，来发展用于监测河流状况的方法论；评估默兹河（Meuse）鱼群种类的生态质量；在北欧采取一般性方法实现河流管理。

（5）改善欧洲河流的状况。包括资助建立了河流恢复中心；重建奥地利茵河（River Inn）的水文动力学机制和洪泛平原的生境；帮助多瑙河中的濒危鱼种进行迁移。此外，联合资助河流环境重建和改进行动，包括河道治理工程、改善和保护河岸植被与自然生境等。

（6）重新建立河流与洪泛平原间的联系。洪泛平原重建和复原建设行动包括洪泛平原半水生成分的重建、次级河道的复原、分离的水体和临时性水体（牛轭湖）以及其他湿地的接合。主要项目有：重建斯凯恩河（位于丹麦）的生境和野生生物、代勒河谷（Dijle Valley，位于荷兰）的洪水管理与生态重建、综合开发和管理索恩河谷（Saône Valley，位于法国）。同时，还资助建立洪水预警系统、绘制洪水风险评估图的项目。

（7）利益相关者的参与。早在 WFD 通过之前的 1992 年，LIFE 计划就已开始帮助利益相关者积极参与实施成功的河流重建行动的规划和决策。

6.2.2.6 联合国环境、生命和政策水文学（HELP）计划（UNESCO，2010）

在可持续人类与环境健康中，水的重要性已得到各国和国际论坛的广泛共识。然而该领域中没有涉及重要的水资源管理问题及其与政策和管理的综合计划。为了改善水文学与社会需求之间的联系，联合国教科文组织（UNESCO）于 1999 年开始实施环境、生命和政策水文学计划（HELP）。HELP 作为一种问题驱动和需求响应的创新计划，它以流域为基本单元，给科学家、管理者和政策专家提供了一个一起工作的平台，以解决 5 个方面的水问题：水与气候、水与粮食、水质与人类健康、水与环境、水与冲突。通过对水的可持续和合理使用的研究，利用水文科学来帮助改进流域综合管理，为利益相关的各个方面带来社会、经济与环境利益。这包括改善对水文过程、水资源管理、生态学、社会经济学和政策制定之间的复杂相互关系的认识。

HELP 遵循以下的目标：建立全球性的试验流域网络，收集大型流域上的自然（水文学、气象学、生态学的）和非自然的（社会、经济、管理、法律的）资料；建立一个可以使水法律与政策专家、水资源管理者和水科学家一起处理水相关问题的框架；制订一项综合的长期计划，将开展比以前大的流域尺度的过程水文学研究，对土地和水资源管理者更具有实践价值；通过社会需求的直接受益者在利益相关方面的参与，关注科学成果，以及开发基于物理的综合的方法与数学模型，更多地考虑生态、社会经济和政治的约束与成分，以便更好地进行水资源管理，实现可持续发展。

6.2.3 重要的流域管理规划

6.2.3.1 欧盟的流域管理规划

2000 年，欧盟颁布实施《水框架指令》（WFD），其主要目的是通过完善长期水资源和流域管理，提高水质，恢复退化的生态系统。WFD 以流域为单位进行水资源管理，要求各成员国进行跨区域合作，制定并实施流域管理规划。WFD 提出，到 2009 年，成员国必须公布每个流域区的流域管理规划及相关措施，并保证到 2012 年将规划付诸实施，到 2015 年实现水质达到良好的目标。

在流域规划制定之前，成员国需要提交一份流域特性报告，对水体的物理特性及影响水体的环境压力类型进行描述，分析流域管理规划中需要解决的关键问题，并对实施措施进行经济评估。

到 2012 年 11 月，欧盟委员会共收到 124 份流域管理规划，其中 75% 涉及跨界河流。欧盟委员会对已通过的流域管理规划进行了评估，认为从目前的情况来看，WFD 提出的 2015 年目标将难以实现。因此，为了推动流域管理规划的更好实施，欧盟委员会提出了以下建议：加强监测与评估；完善法律框架和管理结构；促进水管理中定性和定量方面的结合；促使 WFD 之前的法案发挥重要作用；通过适当的水价机制促进水资源的合理利用；保障规划实施的资金支持;综合运用其他管理政策(如共同农业政策)(European Commission,2012)。

6.2.3.2 澳大利亚墨累-达令河流域规划(MDBA,2012)

墨累-达令河是澳大利亚最大的流域。2009年,墨累-达令河流域管理局(MDBA)开始编制流域规划,以为政府提供一个综合的、可持续的全流域水资源管理战略计划。2012年11月,澳大利亚发布了墨累-达令河流域规划。规划的主要内容包括:调整"可持续的分水限制"(SDLs)、环境用水规划、水质与盐度管理规划以及水权交易规则四大部分。

SDLs将从整体上限制地表水和地下水的开采量,也将限制流域内个别地区和特定地区水资源规划范围内的水资源开采量。SDL会根据当年的预期入流量、地下水及其补给水平、截流量、气候变化等情况对水资源开采量进行调整。SDL政策实施后将取代目前实行的取水限制(the Cap)。

环境用水规划的目的是恢复和维持湿地和流域其他环境资源,保护流域的生物多样性。环境用水规划的内容包括与水相关的生态系统的全部环境目标、衡量这些环境目标进展的指标、环境管理框架、确定环境资产和生态系统功能及其环境用水需求的方法以及确定环境用水优先权的原则与方法。

水质与盐度管理规划的目的是改善水质和减小流域盐度对环境的影响。规划为流域水资源设定了水质目标,包括与水相关的生态系统目标、供人类消耗的需要处理的原水目标、灌溉水目标、娱乐休闲水质目标、保持水质良好水平的目标以及盐分输出目标。规划还提出了衡量水质的指标,如pH、温度、溶解氧、浊度、输沙量、可溶性有机碳、重金属、各种营养素和蓝绿藻的水平等。

规划制定了水权交易的规则,以提高流域整体的水权交易水平,从而提高水资源利用效率。水权交易规则主要用于消除水权交易障碍;确定水权交易的条件和程序、水行业管理的方式;为水权交易提供信息等。

6.2.3.3 美国田纳西河流域《自然资源规划》(TVA,2011)

田纳西河流域由田纳西流域管理局(TVA)负责对流域内的自然资源进行全面的综合开发和管理。在流域水资源的管理方面,田纳西河流域已经在航运、防洪、水力发电、水质、娱乐和土地利用等方面实现了统一开发和管理。为了满足未来的环境需求,TVA制定了面向未来20年的《自然资源规划》(Natural Resource Plan),并于2011年7月发布实施。水资源管理是规划的重要组成部分之一,所建议的项目包括六大类:水的监测与管理、伙伴研究项目、公众宣传项目、水资源改善项目、水资源改善工具和水资源管理援助,具体的内容见表6-3。TVA希望通过这些项目的实施改善水质和水生生境。

表6-3 TVA的水资源管理项目

项目类型	具体项目
水的监测与管理	水生生态系统管理
	溪流和下游水监测
	气候变化哨点监测

续表

项目类型	具体项目
伙伴研究项目	案例研究/研究倡议
	战略伙伴规划
公众宣传项目	质量提升项目
	田纳西流域清洁海滨倡议
	水效率项目
	水资源宣传活动
水资源改善项目	水库库岸稳定/河岸管理
	目标水库倡议
	目标流域倡议
	水资源资助项目
	流域营养源的确定与改进
	减少墨西哥湾北部/密西西比河流域的营养负荷
水资源改善工具	取水控制和土地保护
	农业援助
	道路与停车区的建设与维护
	矿山土地复垦
	城市暴雨援助
	溪流和河岸的管理与恢复
	湿地修复、创建和功能改善
	水污染物交易
	水资源沟通交流
水资源管理援助	技术援助
	水资源组织援助

资料来源：TVA，2011

6.3 流域水资源管理研究的文献计量分析

本节利用文献计量学方法，通过国际研究论文的分析，揭示流域水资源管理研究的现状与态势、研究热点及其布局。

6.3.1 文献数据源

为了能够把握国际流域水资源管理研究的进展，充分地反映该领域的发展动态，本节分析采用的数据库为ISI Web of Science（SCI-E、SSCI），利用关键词结合领域分类的方法检索了数据库中所有在流域水资源管理研究方面发表的论文。检索式为 TS =（"river basin" or "rivers" or "river" or "lake" or "lakes" or "river basins" or "watershed" or "watersheds" or "catchment" or "catchments"）and TS = "water" and TS =（"management" or "manage" or "dispatch" or "distribution" or "planning" or "protect" or "protection" or "monitor" or "deal with" or "use" or "control" or "regulation" or "measure" or "develop" or "development" or "governance" or "govern" or "exploitation" or "exploit" or "utilize" or "utilization" or "allocation" or "policy" or "policies" or "law" or "laws"）。检索日期为 2012 年 7 月 11 日，共检索到有效数据 57170 条。

6.3.2 流域水资源管理研究整体进展情况分析

6.3.2.1 流域水资源管理研究论文的年度分布

1921～2012 年，国际流域水资源管理研究论文呈稳步增长趋势。从图 6-2 可以看出，论文总量增长反映出流域水资源研究的两大发展阶段：第一阶段：1921～1990 年，为研究的萌芽期，论文数量缓慢增长，且论文数量较少，年平均论文量不足 7 篇。第二阶段：1991～2012 年，为研究的较快发展期，论文数量不断增加，论文总量呈明显上升趋势（2012 年数据因收录时滞等原因数据不全，仅供参考，下同），年均论文量约为 2632 篇。

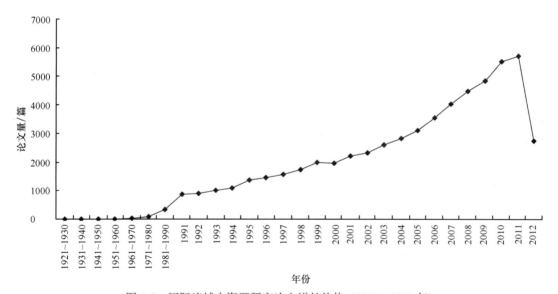

图 6-2 国际流域水资源研究论文增长趋势（1921～2012 年）

6.3.2.2 流域水资源管理研究论文的国家分布

1）主要国家的发文量对比

在现有数据基础上，对不同国家的发文情况进行了分析，可以看出，论文发表数量排前 10 的国家，发表的论文数量占发文总量的 74.56%，其他 286 个国家或地区的发文量只占 25.44%，表明流域水资源管理研究相对集中在这前 10 个国家：美国、中国、加拿大、英国、德国、澳大利亚、法国、西班牙、日本和荷兰，如图 6-3 所示。美国在流域水资源管理方面研究的论文数量占绝对优势，1921～2012 年共发表 15 731 篇，占世界发文总量的 27.52%。在一定程度上可以看出，美国在流域水资源管理研究方面相当活跃，并且具有相当强的研究实力。中国、加拿大分别居第 2 位、第 3 位，发文量分别为 4313 篇和 4311 篇。

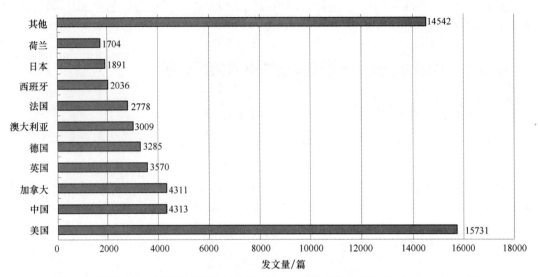

图 6-3 国际流域水资源管理研究论文数量前 10 国论文发表量对比（1921～2012 年）

2) 主要国家的研究主题分析

通过对发文量在 200 篇以上的 43 个国家的研究主题进行关联可视化分析（图 6-4），图中点与点之间的连线及其粗细代表研究主题的关联程度，连线越粗表明关联越强，反之越弱（以下关联可视化图相同）。根据图 6-4，可以这些国家划分成 4 个簇，分别为聚类簇 1：美国、新西兰、加拿大和韩国；聚类簇 2：澳大利亚和南非；聚类簇 3：巴西和土耳其；聚类簇 4：葡萄牙、匈牙利、挪威、芬兰、比利时、荷兰、意大利、西班牙、德国、法国、瑞士、苏格兰、威尔士和英国。其他国家的研究主题相关性比较弱。研究主题强相关国家的共同研究主题如表 6-4 所示。

表 6-4 研究主题强相关国家共同研究主题词分布状况

研究主题具有强相关性的国家	共同的高频关键词
美国、新西兰、加拿大和韩国	水质、气候变化、土地利用
澳大利亚和南非	水质、盐度
巴西和土耳其	水质、水资源、富营养化
葡萄牙、匈牙利、挪威、芬兰、比利时、荷兰、意大利、西班牙、德国、法国、瑞士、苏格兰、威尔士和英国	富营养化、沉积物、气候变化、水质

6 流域水资源管理研究国际发展态势分析

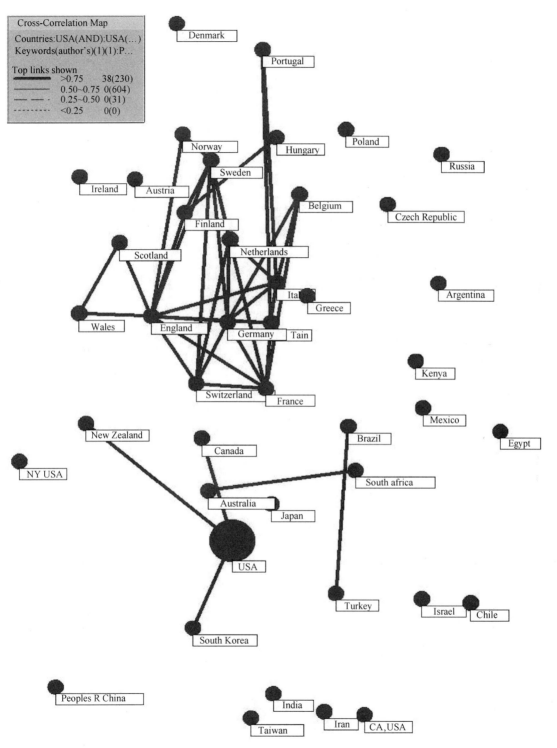

图6-4 基于研究主题的国家/地区关联可视化图

6.3.2.3 主要研究机构情况分析

1) 主要研究机构的发文量对比分析

发文量超过 100 篇的研究机构（图 6-5）共有 25 个，其中大学 18 所，主要分布在美国、加拿大和英国；科研机构 4 家，分别是澳大利亚科学院、俄罗斯科学院、中国科学院、美国农业部农业科学研究院；政府部门 3 个，分别是加拿大环境署、美国地质调查局（USGS）和美国环境保护署（EPA）。中国科学院排在第 2 位，发表论文 428 篇。

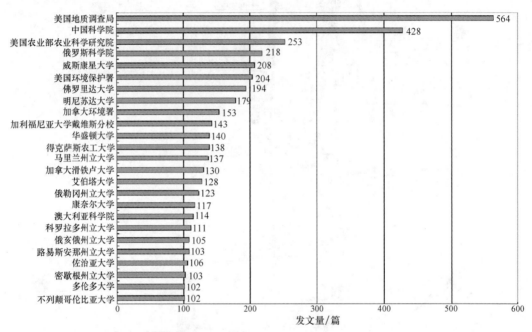

图 6-5 发表论文超过 100 篇的研究机构

2) 主要研究机构的研究主题分析

对上述 25 个重点研究机构的研究主题进行关联可视化分析（图 6-6），可以看出：由于地域的因素，美国的研究机构研究主题内容关联性较强。其中，美国农业部农业科学研究院（ARS）、EPA、佛罗里达大学、USGS、马里兰大学、明尼苏达大学、密歇根州立大学这 7 个机构的研究主题相关性尤为强，它们关注的热点问题主要包括：水质、土地利用、河流中的沉积物、水体氮、磷含量以及分水岭等。同时，还涉及地表水、水体富营养化问题、地下水和水文等方面的研究。其他研究机构的研究内容相对比较分散。

6.3.2.4 论文的学科领域分布

根据 Web of Science（WoS）对期刊的学科领域分类，流域水资源管理领域相关的论文主要分布在环境科学与生物学、水资源学、海洋和淡水生物、工程学、地质学、农学、海洋学、渔业、化学、气象与大气科学等领域。此外，部分论文还涉及自然地理学、地球化学及地球物理和动物学等学科领域。但是大多数还是集中在环境科学与生物学领域，占

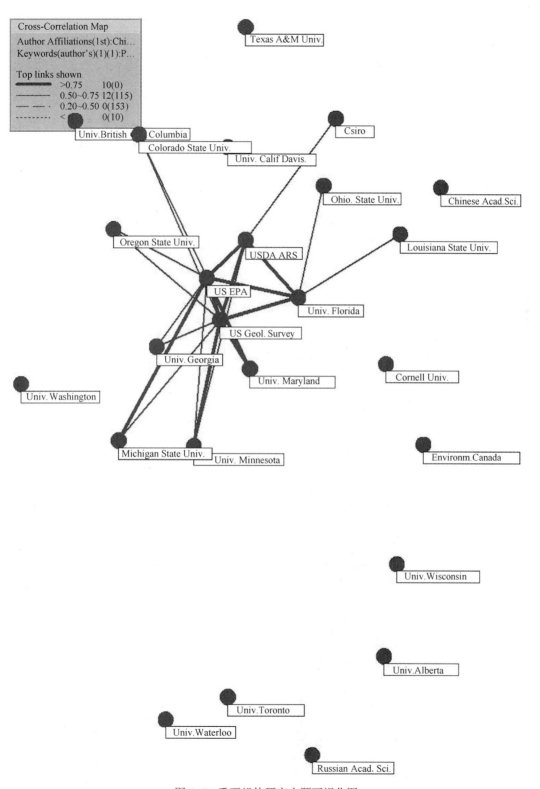

图 6-6 重要机构研究主题可视化图

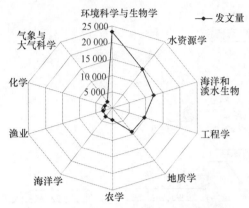

40.55%。水资源学、海洋和淡水生物、工程学和地质学也是流域水资源管理研究涉及的主要领域,如图6-7所示。

6.3.2.5 研究主题的年度变化分析

利用 TDA 的互相关分析工具,得到论文发表年代与研究主题之间的关联关系图(图6-8),以反映研究主题随时间的变化情况。其中的研究主题以作者关键词来表示,本节选择词频大于200的关键词共计82个。另外,从整个时间段来看,不同年份发文量差异比较大,因此选取年发文量超过100篇的年份,

图 6-7 1921~2012 年流域水资源管理研究论文的主要学科分布

共计23年作为分析对象。从图6-8可以看出,2001年是国际流域水资源管理领域研究的分

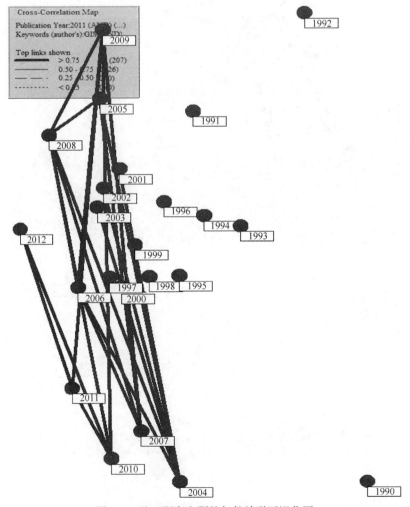

图 6-8 基于研究主题的年份关联可视化图

水岭，在2001年之前，研究主题比较分散；2001年后研究主题的关联强度逐渐增强，同时也反映出主题研究内容呈现集中的态势。从年度的主题研究内容来看（表6-5），流域健康管理方面的内容，如水质问题、水体富营养化状况与防治等一直是流域水资源管理研究的核心内容。农业水管理方面的研究近十年来也开始增多。关于气候变化与水资源管理方面的研究和遥感监测研究则是从2008年开始广受研究者的关注。

表6-5　流域水资源管理研究的主题年度分布情况

年份	主题研究内容
1990	水体富营养化状况、河流中磷含量的分析与研究、河流水文状况
1991	水质评价、土地和水污染现状分析、水管理和水资源建模研究
1992	水质保护、水质指标的建立和应用、产沙量指数和沉积物测试
1993	河流水质管理、水质检测网络的构建、沉积物质量标准研究
1994	水质采样和规划、磷污染和控制、沉积物的分析与研究、浮游植物的物种群落和组成
1995	河流水质模型和水质量控制、水体富营养化管理和控制、鱼类物种研究、河流氮磷的污染
1996	河流营养物污染与防治、水文建模与模拟、氮污染
1997	分布式水文模型研究，人工湿地污染物评价，水体富营养化与水污染，河流水文和河岸湿地的关系分析预测模型，土地利用对流域水质的影响
1998	河流修复研究，河流水文评估，人类对河岸生态系统的影响，土壤中磷含量与水质状况的研究，河流径流影响，降雨径流模型的构建与研究，河岸植物的水分关系分析
1999	利用神经网络预测技术进行河流量预测研究，水平衡模型模拟研究，河流健康状况与农业发展，淡水生态系统的经济价值，流域生物迁移研究，土壤侵蚀模型的构建和应用，水生态系统模拟模型研究
2000	水文变化对土地利用的影响，流域水质控制与管理，河流污染与土地利用，分布式流域径流建模与应用，土地利用的影响因素研究，湿地的价值和规模研究，区域估计激流与地下水补给研究
2001	流域土地利用对河流水质的影响，环境控制研究，鱼类生存状况研究，根据水文变化考察土地利用状况，利用模糊综合评价方法对水质进行评估，水生物多样性监测与研究，农业和环境管理整合研究，河流沉积物与水域富营养化
2002	河流径流的分析和预测模型，水生动植物的保护和利用，农业面源污染研究，城市雨水径流研究，全球径流观察与模拟，河流生态环境研究，人类对湖泊的影响研究
2003	基于情景分析的河流环境评估，气候模型的构建与应用研究，有机污染物监测，水文预报研究，河流中重金属的分布状况研究，降水回收与气候调节，非点源污染模型构建与应用
2004	水文评价模型研究，河流沉积物与污染，污水排放对河床的影响，海洋沉积物中重金属的分布状况研究，流域水资源质量平衡状态研究，生物入侵对水资源的影响，利用神经网络进行河流建模，坡地产流水文过程研究
2005	富营养化的水生生态系统研究，水生环境的影响因素，神经网络模型在水资源研究中的应用，流域水生物的保护和管理，河流的恢复研究，淡水渔业的状况
2006	应用化学计量学对河流进行划分，水质测量，河流沉积物的研究，水文系统影响因素研究，陆地沉积物对河流的影响，水循环研究，利用遥感图像分析考察土地利用状况，流域径流与预测，水资源管理
2007	中国太湖环境问题，洪水泛滥对流域环境的影响，社会经济和气候变化对全球水资源的影响，湖泊恢复研究，河流水体营养物的控制，水文模型的构建，水资源管理研究，流域生态环境监测，河流泥沙的时空变化趋势
2008	生态系统模型的构建，评估气候变化对水生物种的影响，河流湖泊水文研究，流域水资源污染物研究，构建水力模型测试城市洪水状况，遥感监测、GIS建模
2009	基于美国水体富营养化状况的潜在经济损失分析，降雨径流建模研究，基于生物物理模型和进化论预测气候对生物物种的影响，河流生态系统研究，水环境中不同污染物检测，地下水和氮流量的时空动态耦合研究
2010	基于RN-222时间序列方法评价地下水对河流的影响，水环境测量和评价，中国湿地下降对农业发展的影响，湖泊沉积物与水体污染的研究
2011	水资源监测与评估，河流径流模拟与全球水文模型的修正、验证和敏感性分析，气候变化对湖泊形态的影响，水污染的监测
2012	水体磷负荷与平衡，流域土地利用对生态结构的影响，大型无脊椎动物类群对流域生态环境的影响

6.3.3 流域水管理制度和政策研究方面的发展态势

6.3.3.1 数据来源

制度和政策是水资源管理的重要保障，为了了解国际上流域水资源管理的制度和政策方面的研究进展，于2012年12月14日从ISI Web of Science（SCI-E、SSCI）数据库中，以 TS=（"river basin" or "rivers" or "river" or "lake" or "lakes" or "river basins" or "watershed" or "watersheds" or "catchment" or "catchments"）and TS=" water" and TS=（"management" or "manage" or "dispatch" or "distribution" or "planning" or "protect" or "protection" or "monitor" or "deal with" or "use" or "control" or "regulation" or "measure" or "develop" or "development" or "governance" or "govern" or "exploitation" or "exploit" or "utilize" or "utilization" or "allocation" or "policy" or "policies" or "law" or "laws"）and TS=（"water footprint" or "virtual water" or "water rights" or "water markets" or "water trading" or "water culture" or "water pricing" or "healthy river" or "water accounting" or "water licences" or "water allocation" or "water demand management"）为检索式，共检索到有效数据655条。下面重点对这些文章的主题内容进行了分析。

6.3.3.2 流域水资源管理制度与政策研究论文年度分布

论文数量总体上呈上升趋势，其中2011年达到最高峰为114篇，其次是2010年72篇。由于数据库滞后，2012年数据不完全。1998年之前论文年度产出基本少于10篇，论文增长数量呈缓慢上升状态，其中2007年论文数量增幅最大，比2006年增加了1倍（图6-9）。

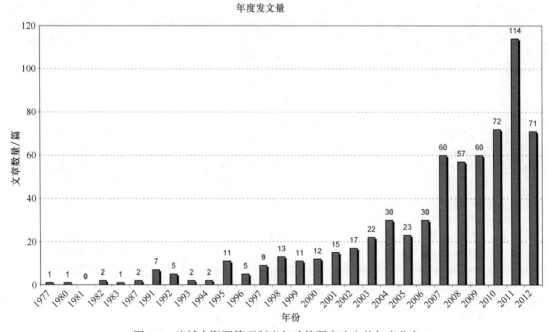

图6-9 流域水资源管理制度与政策研究论文的年度分布

6.3.3.3 主要国家研究主题分布

论文产出国家主要是美国、澳大利亚、中国、荷兰、加拿大、英国、西班牙、法国、南非和德国（图6-10）。从研究主题来看，大部分国家研究的核心内容都是水资源分配问题，而英国、西班牙、南非这三个国家研究的核心内容分别是水权研究、水资源管理研究和环境流研究（图6-11）。从各国关注点的变化趋势来看，美国更加关注于水权；澳大利亚则更重视环境的需水管理；中国则开始引入国外的一些管理机制来研究内陆河流；荷兰关注于水交易，尤其是虚拟水和水足迹方面的研究；加拿大和法国关注于水的分配；其他国家关注于水生生态系统的管理（表6-6）。

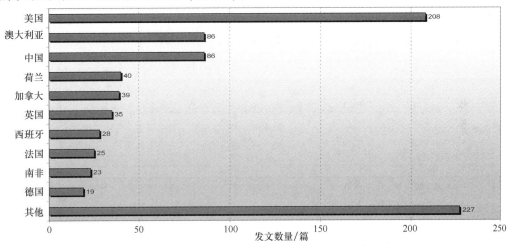

图6-10 流域水资源管理制度与政策研究论文产出的国家分布状况

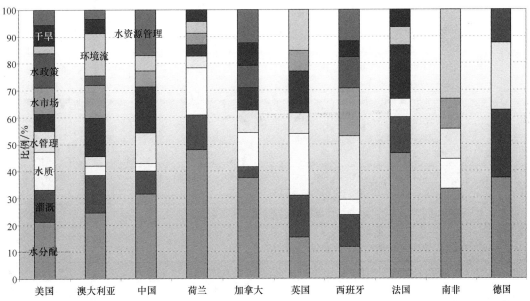

图6-11 主要国家发表的流域水资源管理研究不同主题内容论文占总体论文量的比例分布图（见彩图）

表6-6 主要国家的流域水资源管理研究主题的内容分布状况

国家	发文量	主要机构	研究时间跨度	核心主题	近3年研究核心主题	新增主题
美国	208	新墨西哥州立大学、食品政策研究所、得克萨斯农工大学	1998~2012年	水分配：水可用性模型、盆地水资源管理、可持续性边界方法的应用。水权和水政策：制度变革、水政策监管决策研究	生物燃料、地理信息系统、神经网络在流域管理中的应用、河/水库系统建设、地面灌溉、水可用性模型、水需求管理、水资源经济学分析、黄河流域	水政策、水资源和水权
澳大利亚	86	澳大利亚国立大学、查尔斯特大学、格里菲斯大学、新南威尔士大学	1998~2012年	水分配：水分配模型，环境流研究、气候变化和灌溉研究	墨累河-达令河流域、克里希纳盆地、水足迹、水电经济学、水短缺、黄河流域	环境流、墨累河-达令河流域、环境水分配
中国	86	中国科学院、清华大学、云南大学、北京师范大学	2001~2012年	农业用水研究，模糊编程、遗传算法等在水分配中的作用，关注区域为塔里木河流域、黄河三角洲	黄河、遗传算法、水文模型构建与应用、多目标优化、随机规划、可持续发展、塔里木河流域、水市场、缺水问题、黄河流域	投入产出分析
荷兰	40	瓦赫宁根大学、联合国教科文组织国际水教育学院、特温特大学	2002~2012年	水分配、水权和水冲突	季节性河流研究、水电经济学、克里希纳盆地	季节性河流
加拿大	39	里贾纳大学、加拿大环境研究所、滑铁卢大学	1997~2012年	水分配、决策支持系统应用研究	水资源管理、水治理、水政策，环境水分配	水资源分配
英国	35	英国生态水文中心、英国亚当·斯密研究所	1996~2012年	水足迹、水需求管理，水权	食品安全	水框架指令、水足迹、水需求管理
西班牙	28	瓦伦西亚大学、阿拉贡土壤与灌溉部、加泰罗尼亚工业大学	1998~2012年	水管理、农业灌溉、水足迹、水市场、海水淡化研究	决策支持系统、海水淡化研究、水质、水资源管理	农业灌溉、海水淡化、淡水生态系统影响
法国	25	联合国教科文组织水科学部	2000~2012年	水分配、气候变化研究	流域管理	水分配系统建模
南非	23	夸祖鲁-纳塔尔大学	1999~2011年	水分配、环境流、生态保护、生态系统服务、冲突		生态保护区、生态系统服务
德国	19	奥斯纳布吕克大学	2004~2012年	水分配、情景分析、生态影响评估、农业灌溉、虚拟水、水管理、成本-效益分析		生态影响评价、成本-效益分析、情景分析

6.3.3.4 流域水资源管理制度与政策研究论文的主题内容分析

1) 主题内容分布状况

选取词频大于10的作者关键词共计36个，构建关键词Cosina系数矩阵，以分析关键词之间的相互关系，并利用Ucinet工具获得主题聚类簇（图6-12）。由图6-12可知，流域水资源管理研究在过去的近30年间其主要研究内容可以大致划分为5个主题，分别是：水资源分配与管理研究、流域管理研究、水足迹研究、水资源保护研究和水交易研究。其中，水资源分配与管理是研究的热点问题。根据研究内容的侧重点不同，本报告将其划分为12个子主题，如表6-7所示。

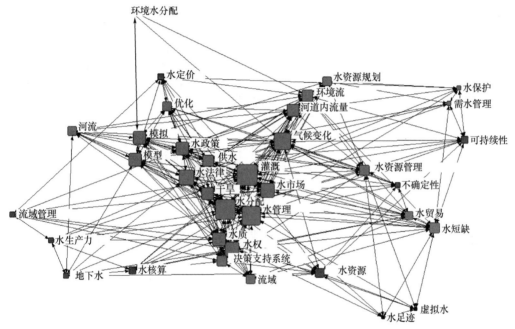

图6-12 流域水资源管理研究主题的聚类簇分布状况

表6-7 流域水资源管理研究主题的内容分布表

主题名称	发文量	主题内容	近3年新增内容	研究时间跨度	主要作者	主要所在国家
水资源分配与管理研究	91	水分配：制定相关水政策实现水资源合理配置；合理调节农业灌溉；环境流研究	水政策研究；河道流量对水分配的影响研究	1991~2012年	N. U. H. Zardari、D. D. Liu、R. Loeve、B. George、F. Dadaser-Celik、E. Ansink.	美国、澳大利亚、荷兰、中国

续表

主题名称	发文量	主题内容	近3年新增内容	研究时间跨度	主要作者	主要所在国家
水资源分配与管理研究	42	农业灌溉研究：主要将水资源分配、水权分配、水资源管理等应用到灌溉调度中的研究	调水研究；河道内流量研究	1993~2012年	R. Loeve、E. Triana、P. C. Veettil	美国、澳大利亚、斯里兰卡、荷兰、中国、菲律宾
	38	水质研究：博弈论在水质研究中的应用，构建水质评价优化模型；水分配对水质的影响		1995~2012年	N. Mahjouri、M. R. Nikoo、Y. Huang	美国、伊朗、西班牙
	34	水权：流域管理、水分配和水管理对水权的影响；水市场对水权分配的调节		1996~2012年	L. Z. Wang、D. J. H. Phillips、H. An、E. Triana、T. J. Kim	美国、荷兰、加拿大、英国
	32	水管理：建立优化模拟模型促进水资源管理研究；水权分配对水资源管理的影响；利用水管理实现干旱治理的研究		1993~2012年	Y. P. Li、K. R. M. Rajabu、E. Triana	美国、西班牙、中国
	28	气候变化：水分配对气候变化的影响		1997~2012年	R. A. Slaughter	美国、澳大利亚、中国
	24	水政策：水法建设与完善；水分配制度的健全		1995~2012年	D. Wichelns、R. R. Hearne	美国、澳大利亚、西班牙、加拿大
	22	环境流研究：水分配对环境流的影响研究	采用可持续性边界方法和流历时曲线图	2001~2012年	B. D. Richter	澳大利亚、美国、南非
	21	干旱：水政策和法律制度的完善对干旱防治的影响，干旱状况对气候变化的影响		1995~2012年	R. A. Slaughter	美国、澳大利亚、加拿大、伊朗
	21	水资源管理：水分配和灌溉对水资源管理的影响	盆地规模仿真模型的建立；巴西水法对水资源管理的影响	1999~2012年		美国、中国、加拿大

续表

主题名称	发文量	主题内容	近3年新增内容	研究时间跨度	主要作者	主要所在国家
水资源分配与管理研究	18	水文模型：基于系统动力学的水文模型的建立；水资源规划模型的建立和优化；构建决策支持系统进行水文状况的分析与预测	地理信息系统仿真模型和优化模型建立与应用研究	1993~2011年	J. R. Gastelum、O. Barreteau	美国、法国
	13	水法：水政策和水管理对水法建立的影响研究		1994~2012年		美国
水足迹	16	虚拟水研究、食品安全问题、土壤水足迹、淡水生态系统影响研究	虚拟水；食品安全	2007~2012年		英国、澳大利亚、西班牙、瑞士、荷兰
流域管理	46	水资源优化灌溉促进农业可持续发展的影响研究；随机规划模型在流域水资源管理中的应用；利用模糊边界规划水资源管理系统研究；基于模糊随机违约分析方法利用不确定性信息规划水资源管理系统	非洲流域管理研究；政策分析	1997~2012年	Y. P. Li、B. Luo、Y. Huang	美国、澳大利亚、斯里兰卡、法国、中国、加拿大、英国
水交易	42	水市场对水资源管理作用；水供应不确定的状况下进行水市场建模；水市场中供水风险分析	水资源综合管理对水交易研究的影响；投入产出分析对水交易的影响；智利水市场研究	1998~2012年	J. Calatrava、E. Hadjigeorgalis	中国、美国、英国、澳大利亚、西班牙

2) 核心研究主题的年度分布状况

从图6-13可以看出，2003~2012年（2004年除外）这9年的研究主题的关联强度较强，相关系数大于0.75，并且2008~2012年的相关性更强。其他年份的研究主题之间的关联强度较弱。表明在流域水资源管理制度与政策研究方面，研究主题间的关联性在加强，愈来愈趋于稳定。近几年的研究主题主要集中在水足迹、水贸易、水分配的定量评估、气候变化对水资源的影响等方面（表6-8）。

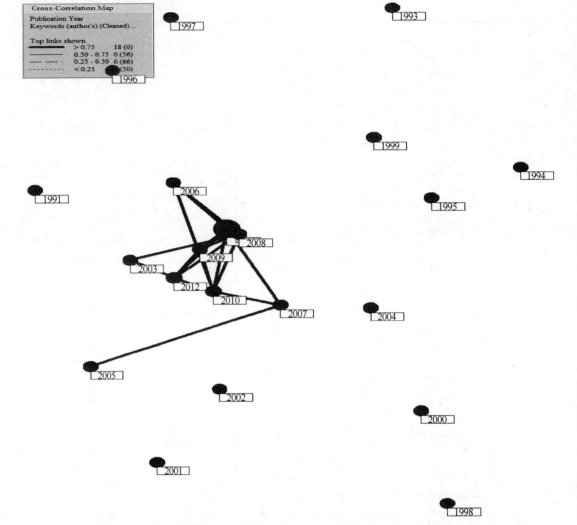

图 6-13　基于主题的流域水资源管理制度与政策研究的年份关联可视化图

表 6-8　流域水资源管理制度与政策研究主题的年度分布状况

年份	发文量/篇	核心主题	新增主题
2012	71	水分配管理，主要利用数学模型制定水分配方案，如区间参数模型、非线性区间模型、宏进化免疫算法等；从经济学角度考察水环境的修复成本、水价、水权和水规划；生态环境中水足迹研究，主要是牲畜水足迹和环境水足迹	锡尔河研究、塔里木河流域研究
2011	114	水分配研究：利用集成框架评估水分配策略，拉丁美洲跨界水资源管理研究。气候变化研究：气候变化对水的可用性的影响、气候变化对水资源管理的影响	克里希纳盆地研究、墨累河-达令河流域研究、水治理研究

6 流域水资源管理研究国际发展态势分析

续表

年份	发文量/篇	核心主题	新增主题
2010	72	水量平衡系统在水管理中的应用、影响水权制度的因素研究、跨界河流水资源分配研究、随机规划方法在水资源管理系统中的应用、基于系统动力学模型的临时水转移评估研究	海水淡化研究、神经网络在流域水资源管理中的应用研究和尼罗河流域研究
2009	60	虚拟水贸易研究、基于模糊随机违约分析方法的水资源管理系统建设研究、集成水交易分配模型的构建与应用；可持续水源分配和管理研究、地下水需求管理研究、决策支持系统在水资源管理中的应用	投入产出分析、沃尔塔盆地研究
2008	57	地下水状况分析、气候变化对水分配的影响、神经元网络仿真优化模型在流域水资源配置中的应用	地下水状况分析
2007	60	从经济学角度管理跨界水资源研究、水力经济模型在流域管理中的应用研究、河川径流预测和水管理研究、水市场的研究、数学规划方法建模在水权分配中的应用、综合水文经济模型的分析与研究	地表水水文研究、跨界流域研究、约翰斯顿计划、约旦河研究
2006	30	动态水资源配置方法研究、动态水文模型的构建与应用、基于分布式流模型的水分配评估研究、水资源综合评估研究、灌溉系统的REALM模型的灵敏度分析研究、淡水管理与农业生产的影响研究、基于水文学的环境流评估研究	情景分析应用研究、灵敏度分析应用研究、河流监管、生态影响评价、生态保护区、系统建模、成本效益分析、河流规划、咸海
2005	23	水规划模型的构建与应用、水资源管理模式的生态影响评估、跨界河流最优水分配模型建模与应用、水市场中水供应不确定性分析和风险分析研究	水需求、水资源和水监测
2004	30	水平衡和灌溉性能分析研究、流域水政策分析研究、水资源分配模型的构建和应用、水分配模型的综合评估	流域径流研究、水量平衡计算、流域管理
2003	22	基于合作博弈论的水资源配置方法研究、流域共管研究、气候变化对水文的潜在影响、流域水利用的经济效益分析研究、遥感和GIS技术在流域管理中的应用研究	遥感监控、水资源公平分配
2002	17	面向对象的水资源管理方法研究、可持续性分析在水资源管理中的应用研究、气候变化对水资源分配的影响研究、水分配政策的经济分析研究	河流监管、水分配的经济学分析、水可用性、水平衡、供水研究、水使用、食品安全、尼日利亚、加利福尼亚
2001	15	优化水资源配置模型在赤字灌溉系统中的应用研究、集成流域管理在中国的应用现状与分析、利用水可用性评估水权优先级系统、气候变化对水文水资源影响的评价研究、分布式水文模型的应用研究、环境对水市场的影响研究	赤字灌溉、分布式模型、水文模型、环境流研究、水资源评价、水交易、蒙特卡罗模拟、水文化
2000	12	国际水资源管理体制研究、综合经济水文水资源建模研究、利用水市场改善环境质量研究、利用集成的方法来管理土地、水和生态资源从而解决全球水和环境危机的研究、集成管理在战略流域规范中的应用研究、构建多智能体模型并应用到灌溉系统中	地表水、灌溉系统、引水、多智能体系统、平原泛滥、水坝、全球化、地下水、经济效益

续表

年份	发文量/篇	核心主题	新增主题
1999	11	构建可交易水权研究、多样化的自然资源价值测量研究、集成水分配方法研究、综合数值模型和分布式建模在水资源管理中的应用	水资源管理、盆地水资源管理、构建流域模型、自然资源管理、水政策
1998	13	跨国河流水分配研究、水定价策略研究、集成流域管理研究	水资源保护、水定价、河岸权、灌溉效率研究、乔丹河流域、水市场、水规划、水定价政策、水分利用效率
1997	9	水市场中经济与金融问题、可交易水等问题研究；气候变化对水分配的影响研究	气候变化、可持续性发展
1996	5	用水冲突研究：渔业用水与农业灌溉用水的冲突分析及水分配，利用清洁技术、资源循环利用等方法促进污染防治	可持续发展、水需求管理、水权、污染防治
1995	11	评价环境对持续干旱的影响，利用水库进行防洪抗旱管理，市场对水环境管理的影响，决策支持系统对流域管理的影响	持续干旱的现状和应对研究
1994	2	跨界水资源问题解决的机制研究	水法
1993	2	水资源管理模型的构建与应用研究、基于水文模型的水分配影响评估研究	计算机模型、建模统计
1992	5	湿地水保护研究、尼罗河盆地国际与地区合作法律机制研究、河岸资源保护	
1991	7	地表水和地下水综合利用的规划模型构建与应用、灌溉用水保护研究、灌溉用水传输系统的规划研究	水分配、用水冲突解决方案研究、河道内流量
1987	2	水分配的经济学分析及其优化	
1983	1	水分配的多维分析研究	
1982	2	科罗拉多河研究	
1981	0		
1980	1	流域水权、水分配和水冲突的相关问题研究	
1977	1	水分配与水定价研究	

6.4 流域水资源管理研究的前沿热点内容

近年来，国际社会对流域水资源的管理日益关注。著名调查机构 GlobeScan 公司 2009 年对全球 1231 位可持续发展专家关于水问题的问卷调查结果表明，水资源的保护和有效利用是水问题中最重要的方面，需要多元化的方式来管理淡水资源，以实现其可持续性和公平性（图 6-14）。可持续水资源管理最大的障碍是政府的决策和公众的理解。专家们更支持减少水需求这一措施，而不是增加供水。同时，专家学者高度重视企业对其产品和服务整个生命周期的水足迹的理解。缺水将导致几乎所有经济部门发生变化（GlobeScan，2010）。2011年9月14~16日在巴西举行的第12届集水区与流域管理国际专门会议重点讨论了流域管理综合方法的新发展、跨境河流的有效治理方法、流域管理新的经济手段、如何测定流域管理规划的实施情况、流域管理中气候变化的影响等。

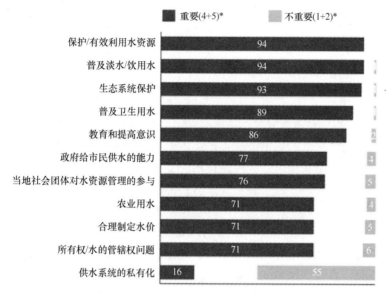

图6-14 淡水管理的可持续性和公平性需要多元化的方法（GlobeScan，2010）

综合以上信息，结合国际上的相关研究计划、流域管理规划和文献计量的分析结果，可以概括出，流域水资源管理研究的前沿热点内容主要集中在以下5个方面：农业水管理、跨界河流水资源管理、气候变化与流域水资源管理、河流健康评价与水足迹研究等。

6.4.1 农业水管理

农业耗水约占全球总耗水量的70%，在一些发展中国家甚至达到了95%。灌溉农业（面积仅占耕地面积的20%，产量却超过全球耕地总产量的40%）将对全球未来的水供给和粮食安全产生重大影响。到2050年，世界人口预计将增长50%。随着经济的发展和收入水平的提高，人均粮食消费——随之而来的水消耗——也将增长。尤其是在发展中国家，当越来越多的人能够负担多元化的饮食（包括肉类和蔬菜）时，农业的用水量就将大幅度提高，每提高1千克牛肉产量所消耗的水将比提高1千克小麦所消耗的水高出10倍。如果不立即采取行动提高对现有水资源的监测和管理，尤其是改革农业用水、提供农业用水效率，那么世界将面临严重的水危机。

6.4.1.1 减少灌溉中水的损失

减少水损失的方法主要是采取措施减少灌溉渠系的水量损失，包括减少渗漏、输水损失、地表蒸发和田间流失。澳大利亚在改进灌溉系统、减少水损失方面实施了多个项目，并且取得了良好效果。北维多利亚灌溉更新项目（NVIRP）是澳大利亚最大的灌溉更新改造项目，为澳大利亚最庞大的灌溉网络古尔本-墨累灌区（GMID, Goulburn Murray Irrigation District）的灌溉基础设施进行升级。NVIRP 项目通过渠道自动化与修复、测量升级、调整灌溉渠道的历史布局设计，从而弥补由于泄漏、渗流、蒸发、系统效率低下而导致的水量流失。水资源联盟公司未来源流（FutureFlow）于 2009 年 12 月完成了位于维多利亚州重点粮食产区之一的澳大利亚最大型的灌溉系统现代化更新改造项目。将超过 2000 千米的灌溉渠道和大约 6000 件灌溉资产整合到一个全面集成的高科技输水系统中。每年节约 0.94 亿吨水资源，并为大约 3000 个灌溉者提供了一个更加高效的系统（Australian Trade Commission，2011）。

6.4.1.2 提高灌溉水的利用效率

提高水的利用效率就是要用更少的水生产更多的粮食和产出更大的效益。提高灌溉水的利用效率的主要方法包括种植新的作物种类、采用非充分灌溉、依靠激光平地技术提高水利用效率、监控灌溉流量、改进农田灌水方式等。任何在灌溉土地上提高农作物产量的措施都会提高灌溉水的生产率。通过转向种植用水效率高的农作物可以显著提高水利用效率。由于水稻耗水太大，埃及限制了水稻的产量。非充分灌溉是在水资源不足的情况下，在作物不同生长阶段合理分配有限灌溉水量，是灌区农业生产的总经济效益达到最大的一种灌溉方式。这是干旱区所采用的主要的节水灌溉措施之一。激光平地技术是目前世界上最先进的土地平整技术，具有平整精度高、可自动控制平地过程等优点。高精度的土地平整是采用不同地面灌溉节水新技术的基础。在澳大利亚，依靠新技术和服务提高灌溉水利用效率的典型例子是其 IrriSATSMS 系统。IrriSATSMS 系统将有关作物生长的卫星数据与天气数据结合在一起，并每天将作物需水信息通过手机发送给农民（CSIRO，2011），为农民更好地管理灌溉用水提供服务。

6.4.1.3 改进灌溉管理方式

灌溉系统的管理责任由政府转向当地的用水者组织，这可以促进水的有效使用。在许多国家，农民以用户形式组织起来承担灌溉责任。由于管理的好坏与自身经济利益直接相关，因此这种由农民管理的责任制比政府管理更为有效。参与式灌溉管理（PIM）和灌溉管理转移（IMT）是用户参与灌溉管理的两种形式。虽然一些 PIM/IMT 项目在发达国家取得了成功，但这些项目在发展中国家却未取得成果。在亚洲，试图通过将管理权转移到农民来改革大型灌溉系统的做法收效甚微。许多人认为，私营部门能够帮助灌溉系统提高灌溉能力。例如，灌溉部门可将灌溉服务外包，创建公私伙伴关系或鼓励灌溉管理官员成为公共管理业务中的企业家。这样的行动有助于调动资金、提高效率以及提高供水服务能力。但是，迄今这样的行动很少，并且基本上未得到检验（IWMI-FAO，2009）。澳大利亚将水权与土地所有权分离，并在一个开放的市场中进行水资源交易。这就使灌溉者有机会自己决定使用什么样的水、何时使用以及用于什么农作物，从而也就提高了灵活度和效率。灌溉者可以在干旱时期选择将自己的水权（水资源分配）出售给种植更高价值作物（如葡萄）的农民。这样，水稻种植者可以获得收入，被使用的每单位水量也可以产生更大的价值,并且可能为自然环境节约了水资源。在最近的旱灾中,有些农民依靠出售水权而不是种植农作物的收入来维持生活。因为自然环境本身不能去购买水权,所以政府就代表它在开放市场上购买水权。同样,农民获得了收入,许多地方存在的河水过度分配的问题也得以减少。

6.4.2 跨界河流水资源管理

全球近40%的人口生活在由两国或多国共享的流域,全球263个跨界流域覆盖了145个国家,占陆地总面积的50%左右。目前各国处于不同的发展阶段,经济利益不同,政治观点不一,都需要充分利用有限的水资源满足各自的用水需求,因此有言论称未来充满冲突。但历史经验表明,合作而非冲突是解决跨界水管理问题最常见和可行的方式。在过去60年中,签订了近300个国际水协定,国家间因水发生的暴力事件只有37起。改进和实施这些国际协定有待进一步努力,也需要签订更多的协定。全世界263个国际流域和跨界水系中,有158个还没有建立任何形式的合作管理框架。

近年来,国际社会也关注跨界河流的水资源管理。2007年联合国欧洲经济委员会(UNECE)首次发布了有关跨界河流、湖泊和地下水的评估报告。报告分析了流域的压力因素、水体的情况(如水质环境数据和水质划分)、跨界影响和趋势以及未来发展和管理方法等。该评估还考察了跨界河流的监控系统,并提供了解决压力的相应对策。2009年世界水周就跨界水资源合作面临的机遇和挑战、创新跨界水资源管理、污染控制、如何从法律角度解决跨界河流的互利共享、制定成功的共享跨界水资源战略等议题开展了讨论。2009年世界水日的主题是"跨界水——共享水、共享机遇"。2011年,UNECE发布了第二次评估报告,对UNECE所属欧亚部分跨境水资源状况进行了相对综合的、基于数据的评估。促进跨界水域管理,有助于国家间相互尊重、相互理解和相互信任,促进和平、安全和可持续的经济增长。无论人们生活在上游还是下游,都必须同舟共济,共同承担起为当代和子孙后代管理好跨界水域的责任。

6.4.2.1 国际河流水政治

跨界河流将流域内不同的国家联系起来,创造出密切的关系,但这种关系是不对称的上下游关系,这就导致跨界河流的上下游国家之间存在发生冲突或暴力事件的可能性。对于跨界流域的水资源管理,需要沿岸国家更为紧密合作以确立保护和利用水资源的机制。政府间协调委员会(拉普拉塔河流域)、跨界水资源委员会(芬兰和俄罗斯)、特里帕提特永久技术委员会(莫桑比克,南非和斯威士兰)以及赞比西河管理局(赞比亚和津巴布韦)等一些国际河流的合作机制在跨界流域的水资源管理中发挥了重要的作用。但这些合作准备的确立及其功能是否有效发挥,在很大程度上依赖于政治上合作的意愿(WWAP,2009)。

缺乏信息是造成非洲开展水资源可持续管理的主要障碍(WWAP,2009)。因此任何一个合作层面都能进行的合作主要体现在共同收集有关国家资源的信息方面。数据和信息是合作的重要因素,也是有根据的决策的前提。在发展中地区,如尼罗河流域,首先要建立收集信息的基本设施。在那些已经建立水资源监控设施的地区，在各国间即使不是标准化，也需要协调数据收集和加工处理的标准以便于进行数据比较。如果各国间就定量和配额达成一致，（联合）监控活动将扩展到监察监控上。包括遥感（红外热感成像）等新技术已经被有些流域用于此目的（Vollmer et al.，2009）。

6.4.2.2 水量分配方式

国际河流水权分配是一个复杂而敏感的国际化问题，受到不同流域环境、流域经济发展总体水平、不同政治社会文化背景、流域国家间的合作基础等多因素的影响。因而分配方式也根据不同流域而异。根据联合国1997年通过的《国际水道非航行使用法公约》及2004年国际法协会通过的《关于水资源法的柏林规则》，国际河流的水量分配应考虑的因素主要有：①自然状况，如地理、水文地理、水文学、气候与生态状况；②社会经济需求；③人口对国际河流的依赖程度；④水资源利用的跨界影响；⑤现有及潜在的水资源利用；⑥水资源的保护及经济性利用；⑦不同使用情景下的可替代情况；⑧现有利用的可持续性；⑨对环境的危害程度最小（Kampragou et al.，2007）。

在大多数国际水分配冲突中，公平分水的标准常常含糊不清或者出现矛盾。分水的原则一般有极端原则、适度原则、共管原则与经济原则等四类。极端原则中，对水权的主张一般是基于水文地理（如河流或者含水层的发源地及其在发源国家的流域大小）或者水资源利用的时间长短。下游国家对国际河流水权的极端主张主要是基于国内气候。适度原则反映了合理利用国际水流水资源的权利，并承认一个沿岸国家不能对任何其他沿岸国家造成损害。在这条原则中，上游国家的重点放在"公平利用"上，而下游国家则重点放在"无重大损害"上。共管原则要求将整个国际河流作为统一的地理和经济单元，河流所流经的国家具有共享水资源的权利；强调相互合作，成立国际机构，共同制定和实施流域综合管理和发展政策。经济原则是根据水的经济价值分配水资源（杨恕，沈晓晨，2009）。

6.4.2.3 跨界河流的监测与评估

跨界河流周围的农业和工业活动直接影响到河流的水质，而水电开发项目常常会改变河流的特征和生态系统。因此，开展跨界河流的监测与评估不仅有助于保护河流的生态环境，而且为跨界河流的管理提供科学支撑。

联合国欧洲经济委员会（UNECE）对其成员国区域内的跨界河流的监测与评估做了大量的工作。UNECE于1992年通过了《跨界水道和国际湖泊的保护与利用公约》，2000年制定了跨界河流监测与评估指南，2006年制定了《跨界河流、湖泊、地下水的监测与评估战略》；2007年和2011年对跨界河流、湖泊与地下水进行了两次评估。2012年7月开始，中国和哈萨克斯坦双方开始对霍尔果斯河等跨界水体水质开展监测工作，主要对河流流速、流量、水温、溶解氧、pH、透明度等指标进行监测。

跨界河流监测与评估的内容包括水量、生态功能、人类用水的水质以及污水和污染负荷（UNECE，2000）。监测与评估的原则与方法基于欧洲环境署（EEA）所采用的驱动力-压力-状态-影响-响应（DPSIR）框架，同时建立流域的概念模型，考虑地表水和地下水之间的相互作用以及水量和水质之间的相互作用。

6.4.3 气候变化与流域水资源管理

水是感知气候变化影响的关键媒介,气候变化无疑将对水资源及其管理产生影响。20世纪末气候变化已经影响到非洲的河流,非洲大陆的河道对降雨量的变化高度敏感。在非洲西部,即使是轻微的降水量下降都将引起河流流量减少80%,这一切会导致被科学家们称作"水难民"的情况发生(Wit,Stankiewicz,2006)。气候变化除了影响水量外,还将影响现有水利基础设施的运行和管理——包括水电、防洪、排涝、灌溉系统及水管理行动。未认识到水资源管理在适应气候变化方面的作用,将对人们的生活产生多方面的影响:这意味着供水机构将对建设能够应对洪水或突发天气事件的卫生设施系统不够重视;意味着农民没有足够的信息或资源,以应付日益减少的降雨量;这还意味着共享水资源的邻国之间本已紧张的关系将增添新的压力。应对气候变化的关键在于如何实现更好的水资源管理。有效地管理水源,包括通过周密的水资源综合管理办法,在跨越国界的层次上规划和实施成功的应对措施,以及对加强社会、国家和地区的应变能力是至关重要的。

在气候变化背景下,流域性水问题将具有更大的不确定性。针对这一问题,相关的研究工作也在不断开展。2008年,澳大利亚科学与工业研究组织(CSIRO)墨累-达令河流域可持续产出项目(Murray-Darling Basin Sustainable Yields Project)提供了世界上第一个关于气候变化对流域地表水和地下水可获得性的潜在影响的严格评估,为政府和企业开展未来的水资源规划、管理和投资提供了前所未有的信息。2009年欧盟开始实施的MIRAGE(Mediterranean Intermittent River ManAGEment)项目研究了气候变化对季节性河流管理的影响。国际水文计划(IHP-Ⅶ)的主题之一:适应气候变化给流域和含水层系统带来的影响,旨在加强全球变化对水系统影响的科学理解以及将科学的解决方法同相关政策的制定联系起来,从而促进可持续的水资源管理。WWF报告从防洪、水安全、减少污染、改善生计、制度建设以及生态恢复等方面分析了6个流域应对气候变化的水管理措施(WWF,2008)。国际水资源协会(IWRA)的会刊《国际水》(Water International)杂志是研究水资源管理的知名期刊,2012年该杂志以专辑的形式刊登了关于中国气候变化与水资源管理的系列文章。这些文章主要围绕三大主题进行了研究:气候变化对中国水资源的预期影响、水文对气候可变性和人类活动的响应以及水资源的脆弱性和适应性管理(Xia J,2012)。

6.4.3.1 需水管理

气候变化的到来意味着主要气候和水文变量都会产生变化,水需求也会随之发生变化。传统的水资源管理强调供水管理,而需水管理是应对气候变化,更好地利用水资源,减少污水和增加经济效益的有效战略,日益受到管理者的重视。通过更有效地配置现有的供给,需求管理可实现水资源需求与有限的可利用水资源供给的平衡。当前,对需水管理的研究主要是结合实例来开展的,主要问题包括:水需求管理的各项目标和原则,如公平性、有效性等如何在实施中能够有效实现;水需求管理的政策如何从上而下进行制定;经济学角度采用水价、税收、福利补贴等在实践中的有效性;通过大量详细的用水数据,分析用户成分、规模、收入等信息对开展水需求管理效果的影响；公众教育、公众意识和执行需求管理人员的能力建设等社会因素的影响；干旱条件下开展节水活动等措施进行应对等。水需求管理的理论和方法相结合不断向前推进（中央项目管理办公室，2010）。

6.4.3.2 极端事件管理

极端的旱涝灾害事件会导致输沙量增加以及沉积污染物的运移。欧盟的《洪水指令》（Floods Directive）要求欧盟成员国评估和管理洪水风险，以减少其对人类健康、环境、文化遗产和经济活动所带来的负面影响。在干旱管理方面，XEROCHORE 支撑行动（An Exercise to Assess Research Needs and Policy Choices in Areas of Drought）专门研究干旱与水短缺问题，指出了解决干旱问题的政策与研究之间的空白，并将进一步解决这一问题。欧盟目前关于干旱的研究项目主要关注于改进早期预警系统，如"加强应对和适应非洲干旱的早期预警与预报能力提升"项目（DEWFORA）和"促进欧洲干旱研究与科学-政策的互动"项目（DROUGHT-R&SPI）。除此之外，还关注于备灾减灾方面的研究，如"地中海干旱应对与减轻规划"（MEDROPLAN）和"应对干旱和水短缺的水系统管理"（PRODIM）。在洪水管理方面，继"洪水综合风险分析与管理方法开发"（FLOODsite）这一大型研究之后，在"提高面向暴洪和泥石流的应对和风险管理能力"（IMPRINTS）项目的框架下开始了关于管理暴洪和泥石流事件的研究。此外，欧盟和亚洲还联合开展了关于城市地区洪水恢复力的研究项目（CORFU）（Quevauviller，2011）。

6.4.3.3 污染控制

气候变化导致的降水和温度变化将对水质产生影响。气温升高将导致水温的增高，污染物的活性增大，水体溶解氧明显下降，同时限制水体内饱和溶解氧的浓度，从而影响水化学过程。在湖泊和水库中，水温的改变将影响藻类的潜在暴发，进一步减少水中溶解氧的水平。可利用水量的减少，稀释降低，可能影响河流和湖泊悬浮物、营养物、化学污染物的浓度。降水强度和频率的改变，影响非点源污染。在冰川冰和永久冻土融化的地区，原来固结的土壤可能更加易于侵蚀，改变沉积物的运移，同样对水质产生影响（曹建廷，2010）。因此，分析气候变化对水质和生态环境的可能影响，研究不同污染物对气候变化的响应及其变化机理，预测不同气候情景下河流的水质变化具有重要的理论和现实意义。2012 年 10 月 17~18 日在北京召开的"气候变化对中国北方水资源管理的挑战"国际会议重点讨论了气候变化下的水质问题。欧洲的气候变化影响评估项目主要研究欧洲范围内气候变化对河流、湖泊和湿地的影响。在该项目中，研究人员通过构建模型，模拟了气候变化对英国六大河流水质的影响。其评估气候变化对未来水质影响的主要方法是英国水行业联合会（UKWIR）的增量更改方法（Delta Change Method）和统计降尺度方法（Statistical Downscaling Scheme）。

6.4.4 河流健康评价

在过去半个世纪，人类的社会经济活动造成了全球范围内的河流生态系统的破坏，因此，河流健康问题引起了全世界的广泛关注。1993 年，澳大利亚启动了国家河流健康计划，为河流及河漫滩的管理提供背景信息；澳大利亚东南昆士兰州自2001年起开始实施流域健康战略，通过区域合作来实施监测和评估流域健康，并且每年发布一份生态系统健康监测计划（EHMP）报告卡。南非水事务及森林部也于1994年开展了河流健康计划，对河流状况进行直接、整体与综合的评价。多瑙河流域管理关注的主要问题就是有机物污染、营养物污染、有害物污染、水文形态的改变、跨界地下水体数量和质量的改变（ICP-DR，2008）。美国环保署（EPA）的流域可持续管理研究项目的主要目的就是通过自然科学和社会科学的研究，制定污染控制策略。研究项目涉及基于绿色基础设施的雨水管理、营养物质的控制以及农村和城市地区的水质监测。EPA 2011年提出的"流域健康行动计划"（Healthy Watersheds Initiative）希望通过政策制定、监测和评估、保护以及提高公众意识来保护和维持流域水生生态系统的完整性，并通过建立生境网络来确保子孙后能够享受河流生态系统所提供的资源以及社会经济效益（EPA，2011）。田纳西河流域管理局目前也正在实施"2011~2014年流域健康行动计划"。美国加利福尼亚萨克拉门托河流域管理路线图强调河流健康的管理。路线图指出，萨克拉门托流域的管理中还在鲑鱼/虹鳟鱼、野生鳟鱼、森林健康/燃料管理、水生/河岸栖息地、水质、水供给、洪水管理、开放空间/土地保护、土壤侵蚀/自然流功能、入侵物种等方面存在问题。路线图提出，在全流域实施14个项目来解决这些问题，从而提高流域的健康性（Sacramento River Watershed Program，2010）。2009年8月至2012年2月，在中国也开展了河流健康与环境流项目，该项目由澳大利亚国际合作部资助，致力于加强中国在改善河流质量方面的技术，包括监测河流健康，计算环境流量和政策响应等方面。该项目已在珠江流域（桂江）、辽河流域（太子河）和黄河流域进行了试点研究。

河流健康概念是流域管理的工具，它既强调了河流生态系统的重要性，也承认人们适度开发水资源的合理性。河流健康评价是体现河流健康概念的现实意义与应用价值的关键。它试图建立起一种基准状态，由这个基础出发来评价河流出现的长期变化，判断在河流管理过程中产生的影响。河流健康评价涉及河流生态系统内所有元素，包括水质、河流结构、水生生物丰富度、水文、受干扰程度以及河道形态。这一过程可以判断河流是否健康；确定导致河流不健康的因素；确定最需要恢复并进行重点投资的河流，确定最有效的管理措施；评价管理措施的有效性；全面评估河流健康状况（AusAID et al.，2012）。河流健康评价离不开对流域生态系统的监测，它为评价工作提供坚实的数据支撑。河流健康监测的内容主要包括水质、水文和生物3方面。

6.4.5 水足迹研究

当前的全球化趋势加大了水系统的脆弱性。因此，需要制定和实施更加可持续的贸易战略来减少其对水系统的负面影响。地方、国家和国际的适应性政策和措施需要进一步整合。虚拟水贸易可称为应对水资源日益短缺的工具。但是，这需要根据水短缺的程度对农产品和（灌溉）水定价。然而，大多数国家目前的做法并非这样。由于各种不同的农业补贴（如并未考虑水资源可持续利用的灌溉补贴）、政策（如粮食自给）和制度缺陷（如经济和环境目标之间的割裂），水价变得扭曲。因此，在某些情况下，虚拟水贸易甚至加剧了用水紧张（Hoff，2009）。

2002年荷兰科学家Hoekstra在虚拟水概念的基础上首次提出了"水足迹"的概念（Hoekstra，2003），之后这一观点受到了政府尤其是企业的极大关注。国际上已有大型企业要求供应商提供有关水资源利用的信息。全球最大零售商沃尔玛于2009年要求供应商计算水足迹，以作为提高物质效率的参考指数。碳揭露计划（CDP）自2010年开始要求企业对水足迹进行揭露。为了进一步发展和传播水足迹概念、方法和工具方面的知识，2008年12月由世界自然基金会（WWF）、联合国教科文组织（UNESCO）、荷兰特文特大学等7家机构共同创建了"水足迹网络"（Water Footprint Network）。2009年9月，地理商业软件供应商RegioGraph利用水足迹组织（Water Footprint Organization，WFO）的数据创建了世界上每个国家居民区的水足迹地图。

自水足迹概念提出十年来，社会各界开展了大量有关水足迹的研究和应用，尤其是Hoekstra领导的研究团队开展了大量的前沿性研究工作，包括水污染引起的灰水足迹的评价方法以及水足迹的可持续评价等。2011年，以Hoekstra领导的科学家、企业家和决策者共同开发编制了国际水足迹标准，这是朝向解决不断增加的全球性水问题迈出的一个重要步骤。该评价标准还专门提出了流域水足迹的核算方案和评价办法。流域水足迹核算方案表明了流域内消费者水足迹、流域内的水足迹、流域的总虚拟水出口和进口相关的多个等式。流域水足迹的可持续性可以从环境、社会和经济3个方面进行分析。每个方面都有相应的多个"可持续性标准"，通过这些标准可以指出何时流域水足迹不再可持续（Hoekstra et al.，2011）。Hoekstra还通过对比分析全球405个流域的月均蓝水足迹和月均可利用蓝水资源量揭示出全球流域的水资源短缺分布情况（Hoekstra et al.，2012）。该研究是第一个全球性的水资源短缺定量研究。Liu等评价了世界主要河流因磷和氮污染引起的灰水足迹（Liu et al.，2011）。在国内，也开展了有关水足迹的研究，重点研究了内陆河流域（如黑河流域）的蓝绿水足迹（Zeng et al.，2012）。

但是，水足迹评价方法也存在一些问题：由于水足迹指标没有考虑集水区和地下含水层的脆弱性，所以不适合用于制定国家可持续发展的战略目标，也不能以水足迹为基准来核查和测量企业、消费者或国家在水资源可持续利用方面取得的进展；基于水足迹的可持续发展评估方法尚处于试验阶段，评估方法仍需要考虑产品的供应链，追踪生产过程中过度开发水资源或水体受污染（水质未达标）的、不可持续的"热点地区"，找到水资源不公平或低效分配使用的地区。这样的评估方法就能更加适合于日益重视供应链的可持续发展和商业风险评估等（PBL，2012）。

6.5 国际典型流域水资源管理经验比较分析

6.5.1 国际典型流域水资源管理概况

20世纪30年代以来，美国和欧洲发达国家就开始对一些河流（如莱茵河、田纳西河、罗讷河）从全流域角度进行水资源利用、航道治理、水污染控制等方面的综合管理，并取得显著成效。到80年代，可持续发展战略逐渐在各国形成共识。1992年，都柏林召开了"水与环境国际大会"，以《水与可持续发展问题都柏林申明》的形式为流域管理提供支持。1992年6月13日在里约热内卢召开了联合国环境与发展大会，通过《21世纪议程》，表明了支持实行流域管理的态度。这两次会议均强调："加强流域的规划与管理工作，以便控制和遏制环境恶化。"

世界各国对流域管理的不断探索，大大丰富了流域管理的理论和实践，流域管理已成为国家和地区水资源管理的一种行之有效的模式。

莱茵河是欧洲七大河之一，以水资源和航运为主要目标的流域管理已有100多年的历史了。但是，20世界90年代以来，流域污染和频繁的洪水等问题，再次引发了有关流域水管理的新一轮讨论。2001年1月，莱茵河流域国家部长会议批准实施以莱茵河未来环境保护政策为核心的2020年莱茵河流域可持续发展计划。

美国是世界上最早开展流域管理的国家，密西西比河流域的管理大致分为三个阶段：第一阶段以资源的可持续利用为目标，系统地开发流域水资源以及其他资源；第二阶段以流域生态环境保护为目标，恢复河流生态并控制流域污染；第三阶段在以上两个目标的基础上，还确立了流域可持续发展的目标，组织方式通过各个机构相互协调，实现流域综合管理。密西西比河流域的管理主要是以子流域为单元来进行，对于全流域来说，主要依据各项法律条例来解决和处理各种问题、利益分配及矛盾冲突。与流域管理相关的法律法规很多，其中国家法律就有十多种，还有大量的州的立法及流域法规，内容包括洪水防御、灾害保险、水质管理规划、环境保护、自然资源管理、湿地保护等方面。

澳大利亚在水资源管理方面不断改革和创新，获得了很多可值得借鉴的经验。墨累-达令河是澳大利亚最大的流域和重要的农业区，其管理是针对墨累-达令河流域所面临的环境问题、社会文化问题以及管理问题而采取的一种措施，其目标是促进并协调有效规划与管理，以实现墨累-达令河流域水、土与环境资源的平等、高效和可持续利用。墨累-达令河流域管理委员会在20世纪90年代就开始开展实施生态调度的研究，经过近10年的准备，2002年由澳大利亚政府和流域内4州共同启动了墨累-达令河"生命行动"计划，开展生态调度，基本实现了流域管理意图。启动了"自然资源管理战略"，以河流、生态系统与流域健康作为主要目标，采用综合、透明、有效、全成本核算、信息共享等基本原则，进一步明确了管理措施、机制、监测、评估与报告制度；实施了土地关爱计划（Landcare Programme）等。

虽然世界上各河流特点不同、国家体制存在差异，各流域的综合管理也各具特点，但是一些好的经验仍可供其他流域学习和借鉴。

6.5.2 国际典型流域水资源管理经验比较

重点选择莱茵河、田纳西河、墨累河达令河和黄河作为典型河流分析其在水资源管理方面的特点。通过比较，我们发现，各国政府对水资源作为水系而独立存在的基本规律都有着共同的认识，并依照本国的实际情况，尽可能以流域为单元实行统一规划，统筹兼顾，积累了富有各国特色的管理经验（表6-9和表6-10）。

表6-9 四个典型流域的管理经验比较

流域		成立背景	管理机构	机构特点	机构职责	流域管理目标	管理体制	流域管理法律法规	流域政策与计划	优点
欧洲	莱茵河	洪水频发，水质恶化，生境破坏	莱茵河保护国际委员会（ICPR）	部长会议决策制，主席轮流，各国观察员小组监督；与缔约方建立契约关系；统一规划管理	统一规划与管理，偏重协调管理，均衡各国利益	莱茵河生态系统可持续发展	平等协商机制（国家之间和地区之间），本国利益与流域综合效益最大相结合	制定属于国际法范畴的协定，由各国签署、审核、实施，如《莱茵河保护协定》、《欧盟水框架指令》	"2020年莱茵河可持续发展计划"（2001）、"高品质饮用水计划"、"防洪行动计划"、监测及预警机制、制定水质标准等	对水资源进行综合规划，流域综合管理
美国	田纳西河	流域经济落后，生态环境退化	田纳西流域管理局（TVA）	立法管理，自主经营权，盈利性经济实体，多元的决策资源机制，自然资源统一管理	统一综合管理资源和环境，关注利益相关者	从河流系统中每一滴水提取最大利益	"地区资源管理事会"与"政企合一"体制结合	《田纳西流域管理法》、《安全饮水法》、《岸带保护法》	"净水计划"、"区域洪泛区管理援助计划"、"TVA空气计划"、"密西西比河水管理计划"	国营为主，政府大力支持，能源生产，经济发展与环境保护
澳大利亚	墨累河-达令河	土地退化，环境恶化，水冲突	流域委员会（MDBA）	协商机制（非独立法人）机构，规划协调实体，设立联邦政府、各地水管理局三级管理机构；区域合作管理	流域内各州的水资源开发利用规划和协调，注重流域规划的监督实施	促进并协调有效规划与管理，以实现水、土与环境资源平等、高效、可持续利用	流域与区域管理结合，社会组织与民间参与，以水权为基础的协商管理	《墨累河水管理协议》（1914）《墨累河-达令河流域协议》（1992）《联邦水法》（2007）	取水限额政策，水交易政策，自然资源管理战略（流域综合管理战略），土地关爱计划（1987），墨累河-达令河流域行动（2001）	重视公众的参与

240

6 流域水资源管理研究国际发展态势分析

续表

流域	成立背景	管理机构	机构特点	机构职责	流域管理目标	管理体制	流域管理法律法规	流域政策与计划	优点
中国黄河流域	中上游集水区生态破坏，点源污染，水资源供需矛盾尖锐	黄河水利委员会（YRCC）	水利部直属，自上而下的命令型的一体化管理	国务院水行政主管部门授予的水资源管理和监督职责	基本目标"堤防不决口，河道不断流，污染不超标，河床不抬高"，终极目标"维持黄河健康生命"	流域管理与行政区域管理相结合	《中华人民共和国水法》、《黄河水量调度条例》、《黄河流域防洪规划》	《黑河干流水量调度管理办法》、《甘肃省石羊河流域水资源管理条例》、《青海省湟水流域水污染防治条例》	黄河水量调度计划

表 6-10 典型流域规划比较

流域	规划名称	发布时间	规划目标	重点内容	未来的重点关注方向
欧洲莱茵河	《莱茵河国际协调管理规划》	2010年7月	注重莱茵河国际监控预警体系的建立，逐步实现河流水生态系统的良好状态（健康）或生态潜力	恢复河流水生生物栖息地功能，增加生物多样性；减少化学污染物对水体和地下水的扩散污染；进一步加强治理沿岸传统的污染工业和城市污染源；协调环境与经济利用水的矛盾，实施流域水资源的一体化管理	多指标进行生态状态潜力评估，设立河流保护区，气候变化对流域的影响
美国田纳西河	《TVA综合资源规划》和《TVA自然资源规划》	2011年3月 2011年7月	以可持续发展的方式满足田纳西流域地区未来的能源需求，到2020年TVA成为美国供应低耗清洁能源的领先机构之一；集成平衡协调开发利用流域的六大资源，提高资源的使用效益	确定了在未来20年内满足田纳西流域地区能源需求和2份不同的相关预测分析，制定出该流域的能源策略，进行能源（水电、火电、核电）的统筹发展，把生物资源、土地资源、水资源、旅游娱乐资源的开发利用与资源的整体布局；水资源的综合利用达到区域的统筹发展，分别制定各资源负责部门实施统一管理。同时，公众参与相结合，进行了资源环境与资源管理理事会，地区资源管理评估、实施评估	注重规划对环境的影响，大力发展核能，强调文化资源的开发

续表

流域	规划名称	发布时间	规划目标	重点内容	未来的重点关注方向
澳大利亚墨河-达令河	《2012年墨累河-达令河流域规划》	2012年11月	通过流域综合管理，确保流域水资源的可持续利用，同时建立长期的流域自然资源管理框架，优化流域的社会、经济和环境效益，保障流域水安全	调整"可持续的分水限制"（SDLs）运作机制，从整个流域内制定地表水与地下水可开采的限额；开展水资源的风险管理；环境用水规划，与水相关的生态系统保护目标及衡量的方法，确定方法、优先顺序等；水质与盐分管理规划，确定流域水质和盐度的具体监测指标和范围；水权交易规则，制定水权交易障碍、消除水权交易障碍的条件和程序，制定水行业管理规则等；为进行水权交易提供信息等；监测与评估，评估规划实施现状，生态系统、对管理行动的反馈，流域规划实施情况	限制地下水资源的开采量，深化水权交易，强调流域的社会、文化因素

— 242 —

从管理模式来看，主要有四种：一是统一协调跨界的流域管理，以实现河流生态系统可持续发展为目标，建立平等协商的管理体制；二是按水系建立流域管理机构，以自然流域管理为基础的管理体制；三是区域合作管理体制；四是以行政区域管理为基础，行政区域和流域相结合的管理体制。

从管理体制来看，首先是要建立流域管理机构，确定其应履行的职责和权限。流域管理机构主要有流域行政管理机构、委员会、理事会、联合会等，各管理模式的形式和作用与它的历史和社会环境有着密切联系，其管理模式取决于国家政体、流域问题和流域社会文化背景（李香云，2009）。早在1855年英国伦敦泰晤士河就成立了专门治理水污染的机构；而1950年，莱茵河流域的多个国家共同成立了莱茵河防治污染国际委员会，实现了莱茵河的国际协调管理，委员会主席由成员国轮流担任，秘书长荷兰专职。密西西比河流域的管理主要是以子流域为单元来进行，对于全流域来说，主要依据各项法律条例来解决和处理各种问题、利益分配及矛盾冲突。目前一些流域机构，如澳大利亚的墨累—达令流域管理委员会，采用参与式的方法来综合管理自然资源。其次，建立相应的法律制度来保障流域管理的实施。各国针对流域管理相关法律法规的调整也经历了一个逐步演变的过程，如澳大利亚《墨累河-达令河流域协定》立法理念的转变，也表明政府高度认识到流域是一个不可分割的整体，流域内的任何行为活动都应当对下游的其他社区负责，对流域内任何特殊资源的管理，都不能与其他部分相分离。田纳西河流域分别围绕河流的水污染和水资源保护制定了一系列的法律，如《水污染控制法》《净水法案》《资源恢复法》等；流域资源开发利用过程中制定了《岸带保护法》《北美洲湿地保护法》等，通过完善法律制度来协调好整体与局部、干支流与上下游、左右岸之间的利益关系。

流域规划为流域水资源的河流开发和综合利用，协调流域内相关社会经济各方面的关系，充分发挥河流的最大综合效益发挥着重要作用。从各流域制定的最新规划来看，规划的重点已从专门规范流域水资源开发利用逐步演变为统筹考虑流域内的所有环境资源要素，重点从流域生态系统整体功能的角度来进行流域管理。规划日益强调流域生态保护与流域社会经济发展的关系，从经济、环境、社会问题的角度进行流域生态系统的综合管理。同时实践经验证明了流域管理的成功都需要一个权威的流域管理组织对流域进行统一规划与统一调度。各国的规划在加强流域宏观调控、整体管理的基础上，逐步将流域资源开发利用等资源性管理实现市场化，以提高资源的利用效率。尤其是澳大利亚墨累-达令河的水权交易规则。

纵观各流域水资源管理的发展，主要有以下5个趋势：①从传统上的部门分割管理转向综合的水资源管理；②不断完善流域管理的法律和制度体系；③更加广泛地利用经济手段进行流域管理，如水价、水权和水交易等；④充分发挥科技在水资源管理中的作用，开源节流；⑤重视公众的参与。

6.5.3 启示

考查国外的流域管理，其中许多经验可以为我国流域管理的法律制度、水行政管理体制的完善所借鉴。但我国的流域管理不可能直接套用任何一种现有的流域管理模式，但可以根据流域的实际情况充分借鉴多个流域管理成功经验，形成一种最适合我国国情的流域管理模式。各国的水管理体制之间存在很大差异，但总体来说，水管理已从各自为政的行政区域管理向尊重水资源自然特性的流域管理发展，从多部门间的分割管理或者从单一部门的统一管理向以一个部门为主导与多部门合作管理相结合的模式发展。总体来说，从以下几个方面来借鉴学习：

第一，以流域水资源集成综合管理为基础，实行国家职能部门和地方政府监督、协调相结合的管理体制，强调部门间及区域间的合作与协调，实现跨部门与跨区域的综合管理，建立一种能够对水资源进行整体性分析和全局性分配的管理模式。

第二，将流域水资源管理由过去单纯的污染防治转向多角度、全方位的综合利用。注重流域水环境容量与经济发展的相互关系，更加强调水质与污染控制的管理。

第三，在加强流域宏观调控的基础上，逐步将水资源开发利用等资源性管理实现市场化，大幅度减少政府干预，在水资源配置中引入准市场机制。

第四，加强民主协商机制的建设，鼓励公众参与管理。为了弥补集中管理体制下决策管理内部化以至于使公共参与减少、地方投资积极性下降、对用户需求及变动缺乏及时调整措施等弊端，各国普遍设立了协调及咨询机构，以提高民主决策和公共参与的可能性。

6.6 对我国流域水资源管理研究的建议

尽管我国在流域水资源管理方面取得了显著进步，但随着社会经济的发展，我国现行的流域管理面临着诸多问题，主要表现在：①流域管理的理念落后，流域管理仍主要停留在水资源开发利用的单目标阶段，缺乏流域可持续管理的新理念；②流域管理的法律法规和政策体系不完善，流域管理的市场机制手段缺乏，制度建设滞后于实践应用；③流域管理相关部门的定位与职能不清，职能交叉与缺位并存，缺乏跨部门、跨地区的有效协调机制；④缺乏有法律地位和实践操作价值的流域多目标综合规划，流域管理的规划目标第一，流域管理的短期行为严重；⑤利益相关方及公众的参与度不够，流域公众往往是流域人为环境灾难的无助的直接受害者；⑥流域管理的科学研究和知识创新对流域管理实践的支撑不足。因此，要进行流域管理的知识创新，突破流域水资源管理研究的纯技术范畴，通过多源信息融合以及科研人员与利益相关者及实践工作人员之间的互动交流，协同促进水资源管理效率的提高。

6.6.1 加强流域水资源管理的综合规划

研究制定科学的流域水资源开发利用规划，是实现流域水资源可持续开发利用、维护流域生态系统健康的根本选择。科学的、可持续的流域综合规划能够对流域管理工作提供良好的指导方向；而高效的流域管理工作又是流域规划能够顺利实施的保障。我国已从 2007 年开始对各大小流域进行综合规划修编，目前国务院已批复了《长江流域综合规划（2012~2030 年）》和《辽河流域综合规划（2012~2030 年）》。新的规划在一定程度上体现了人水和谐，开发与保护并重。但理念上如何真正重视流域生态系统健康，组织上如何理清国家、省、地方和流域管理机构之间的关系，加强流域管理机构的权威，实现流域水资源可持续开发利用与流域生态系统健康的平衡，是值得高度关注的战略问题。墨累河-达令河流域的最新规划（2002年）除了提出有关水质和盐度的目标外，还对环境需水进行了规划，这也是该流域规划的重点内容。因此，在流域水资源规划方面需要借鉴国外的经验，不断更新规划思路，提出基于水生态安全的流域水资源分配方案，满足流域社会经济发展和生态环境保护的双重目标（贺缠生，2012）。

6.6.2 加强流域水资源管理问题的多学科与跨学科综合研究

一条河流就是一个复杂的生态系统。随着人口的增加、经济规模的扩大和社会需求的复杂化，流域所面临的人口、资源、环境与发展（PRED）问题日益复杂化，流域水资源管理的各种问题层出不穷，尤其是在人类活动日益对流域自然系统产生巨大干扰和破坏的情况下，其所面临的问题也比以往任何时期都更加严峻。对流域这样一种复合的水文、生态和经济系统，仅仅依靠水利科学的理论知识是不能满足实际需求的，必须加强水文水资源科学、社会经济学、生态学、环境科学、数学和化学等多学科之间的交叉运用和融合，加强先进技术与管理手段的支撑，才能在真正意义上提高综合管理的成效。

6.6.3 加强流域水资源管理的理念创新研究

"虚拟水"、"水足迹"、"需求管理"等一系列新的水资源管理理念，彻底改变了水管理的制度设计和管理框架。创新的、合理的水权、水价、税收、福利补贴、水交易等经济手段在流域水资源管理实践中发挥着重要的作用。但是，我国目前在流域水资源管理的理念创新上还有待提高。仅从水权制度来看，尽管2002年我国修订并完善了水法，但除了规定取水许可制度，真正的关于水权初始分配、水权交易、水权管理的内容几乎没有。省级政府也不愿意放弃权力去把水分配在其境内较低级别，或分配给流域管理机构。另外，当水权被分配时，由于缺乏测量和监测设备，很难去实施。可能需要几年时间去确立一个能支持省内和跨省的水权交易及水市场的政策框架、技术和工程的条件以及市场环境（Cenacchi et al.，2010）。因此，需要在流域层面上加强水权与水权交易制度的研究，研究水资源非市场属性价值估算方法，研究如何利用经济制度保护水资源公共物品属性价值等。在水价方面，应研究价格、定价体系和需求价格弹性的作用，研究如何提高供水定价的效率和公平性；在流域生态系统保护方面，应研究如何采取以市场为导向的生态补偿手段来保护流域生态系统；等等。

6.6.4 加强河流健康监测与评价研究

瑞士水利科研究院所的报告称，与欧洲大部分河流相反，长江中发现的污染物数量在不断上升。长江的污染情况反映了其他大江大河的类似情况。这些河流中都时不时有污染物集中增加的情况发生,并且这些污染物还被排放到了下游。这些污染物会给长江流域的生态系统造成巨大破坏,并影响到该地区的饮用水和地下水安全。不仅仅是长江,中国的其他很多河流也面临着类似的污染问题,一些流域的污染状况触目惊心,重大污染事件时常发生,一些河流与露天下水道无异。水污染不仅导致流域生态系统的健康每况愈下,流域的水生物种逐渐消失遁迹,而且或明或暗地影响到人类健康。同时,随着我国城镇化的快速推进,越来越多的人能够用到水卫生设施,随之而产生的数量庞大的污水处理问题正成为今后数十年里最大的问题之一。

如何维持现有河流生态系统的服务功能,修复受损流域生态系统,促进河流及其流域的经济、社会和环境的可持续发展已经成为流域管理的重要问题之一。研究河流健康状况及其评价和监测方法,不仅可应用于对河流现状的客观描述和评估,而且有助于管理决策者确定河流管理活动,对于河流的可持续管理及区域生态环境建设都具有非常重要的意义。

6.6.5 加强气候变化对流域水资源影响的研究

联合国第三次世界水资源开发报告指出,在气候变化的影响下,降雨模式、土壤湿度、冰川融化与水流都将发生变化,地下水的资源也随之发生变化。从现在到2030年,气候变化将会强烈影响到南亚及南部非洲的食品生产。到2070年,中欧及南欧也将感受到水资源压力,受影响人口将达到4400万。气候变化不仅影响到供水和需水,也影响到水资源的配置和调度。未来气候变化将极有可能对我国"南涝北旱"的格局和未来水资源分布产生更为显著的影响,对我国华北和东北粮食增产工程、南水北调工程、南方江河防洪体系规划等国家重大工程的预期效果产生不利的影响(夏军,2012)。因此,通过研究水循环与水系对气候变化的响应机制、评价气候变化对水利工程的影响、研究气候变化背景下的旱涝灾害管理、评价气候变化对水资源的配置和调度的影响等,提出应对气候变化的工程、管理和政策水系统调控方法,将为国家应对气候变化与水的可持续利用和管理提供科学依据(Liu,Xia,2011)。

6.6.6 加强流域水资源管理的法律和政策制度研究

运用法律法规对流域水资源进行管理是最有效且最重要的手段。我国近年来在改善流域管理的法律框架方面取得了很大进展,但其有效性还有待提高,很多方面仍需改进。首先,流域管理部门的职责不清。尽管我国的新水法明确了水资源实行流域管理与行政区域管理相结合的管理体制,规定了流域管理的原则和基本的管理制度,但是没有明确界定地方政府和流域管理机构的权限。其次,目前我国还没有全国性的关于流域的法律、法规,尽管一些地方针对所在流域制定了法规,但囿于我国的立法制度,通常难以突破法律和行政区域的限制。此外,现有的法律框架覆盖面仍有限,如缺乏全国性的有关水环境生态保护补偿机制的法律法规,也没有就水权和水交易出台专门的法律或法规。因此,我国在流域水资源管理的法律制度研究上应结合我国的实际情况,重视以下内容:第一,明确各管理机构职责，理顺行政管理体制；第二，针对不同的河流，研究制定流域管理法，如《黄河法》、《长江法》等；第三，加大有针对性的管理立法研究工作，如像莱茵河的"盐类协定"、"化学物协定"等；第四，明确流域水资源管理中公众的参与力度，完善协商机制。

致谢： 中国科学院陆地水循环及地表过程重点实验室/武汉大学水资源与水电工程国家重点实验室主任夏军研究员、中国科学院地理科学与资源研究所贾绍凤研究员、中国科学院新疆生态与地理研究所张捷斌研究员以及兰州大学贺缠生教授提出了许多重要而详尽的建设性意见和参考资料，为本报告的完善做出重要贡献，谨致谢忱！

参 考 文 献

曹建廷. 2010. 气候变化对水资源管理的影响与适应性对策. 中国水利，(1)：7-11.
成建国，杨小柳，魏传江，等. 2004. 论水安全. 中国水利，(1)：21-23.
国务院. 2012-02-16. 国务院关于实行最严格水资源管理制度的意见（国发［2012］3号）. http://www.gov.cn/zwgk/2012-02/16/content_ 2067664. htm.
贺缠生. 2012. 流域科学与水资源管理. 地球科学进展，27（7）：705-711.
李香云. 2009. 国外流域管理机构模式. 水利发展研究，1：71-75
夏军. 2012. 变化环境下水循环与水系统科学的研究与展望. 水资源研究，1：21-28.
杨恕，沈晓晨. 2009. 解决国际河流水资源分配问题的国际法基础. 兰州大学学报（社会科学版），37（4）：8-15.
中共中央. 2010-12-31. 中共中央国务院关于加强水利改革发展的决定（中发［2011］1号）. http://www.gov.cn/jrzg/2011-01/29/content_ 1795245. htm.
中华人民共和国中央人民政府. 2006-03-16. 中华人民共和国国民经济和社会发展第十一个五年规划纲要. http://www.gov.cn/ztzl/2006-03/16/content_ 228841. htm.
中央项目管理办公室. 2010-07-05. 水需求管理（上）——理念与策略. http://www.wrdmap.org/bqcg/201007/P020100705371688543802. pdf.
Asia Society. 2009-04-17. Asia's Next Challenge：Securing the Region's Water Future. http://asiasociety.org/files/pdf/WaterSecurityReport. pdf.
AusAID，中国水利，IWC. 2012-07-10. 桂江流域河流健康报告卡. http://www.watercentre.org/research/rhef/attachments/report-cards/gui-river-river-health-report-card-2012-chinese.
Australian Trade Commission. 2011-6-28. 充满活力的澳大利亚水行业. http://wateraustralia.org/wp-content/uploads/2012/05/Australias-Dynamic-Water-Industry-Chinese. pdf.
Barraqué B. 2008. Integrated and participative river basin management：A social sciences perspective. Paper presented at the Conference：River Basins from Hydrological Science to Water Management，Paris.
Cap-Net. 2008-06-24. Indicators for Implementing IWRM at River Basin Level. http://www.cap-net.org/node/1494.
Cenacchi N，薛云鹏，付新峰，等. 2010-04. 水权及水权交易：黄河流域的新选择. http://www.ifpri.org/sites/default/files/publications/yrbnote06_ ch. pdf.
CSIRO. 2011. Water：Science and Solutions for Australia. Collingwood：CSIRO Publishing.
EC. 2007-07-04. LIFE and Europe's rivers：Protecting and improving our water resources. http://ec.europa.eu/

environment/life/publications/lifepublications/lifefocus/documents/rivers. pdf.

Elsevier. 2011-03-16. Confronting the Global Water Crisis Through Research. http://info.scival.com/UserFiles/Water%20Resources_WP_lr.pdf.

EPA. 2011-08. Healthy Watersheds Initiative: National Framework and Action Plan. http://water.epa.gov/polwaste/nps/watershed/upload/hwi_action_plan.pdf.

European Commission. 2012-11-14. River Basin Management Plans. http://ec.europa.eu/environment/water/water-framework/pdf/COM-2012-670_EN.pdf.

Falkenmark M, Gottschalk L, Lundqvist J, et al. 2004. Towards integrated catchment management: increasing the dialogue between scientists, policy-makers and stakeholders. International Journal of Water Resources Development, 20 (3): 297-309.

FAO. 2006. The new generation of watershed management programmes and projects. FAO Forestry Paper 150. Food on Agriculture Organization of the United Nations. Roma. http://www.thewaterhub.org/wp-content/uploads/2012/06/Final-2 Frontier-Report-June2012 pdf.

France, Biswas A K. 2004. Integrated water resources management: A reassessment. Water International 29 (2), 248-256.

Frontier Economics. 2012-06-12. Exploring the links between water and economic growth. http://www.hsbc.com/1/PA_esf-ca-app-content/content/assets/sustainability/120606_water.pdf.

Gilbert N. 2010-10-4. How to avert a global water crisis. http://www.nature.com/news/2010/10/004/full/news.2012.4%.html.

GlobeScan. 2010-01-28. Globescan Sustainability Survey 2009. http://www.ethicalmarkets.com/2010/01/28/globescan-sustainability-survey-2009-2/.

GWP. 2000. Integrated Water Resources Management. TAC Background Paper No. 4. Global Water Partnership: Stockholm, Sweden.

GWSP. 2009-10-19. The Global Catchment Initiative. http://www.gwsp.org/fileadmin/outlook/_Alcamo_GWSP_GCI.pdf.

Hoekstra A Y, Aldaya M M, Chapagain A K, et al. 2012. Global Monthly Water Scarcity: Blue Water Footprints versus Blue Water Availability. PLoS ONE 7 (2): e32688. doi: 10.1371/journal.pone.0032688.

Hoekstra A Y, Chapagain A K, Aldaya M M, et al. 2011. The water footprint assessment manual: Setting the global standard. London: Earthscan.

Hoekstra A Y. 2003. Virtual water trade. Proceedings of the International Expert Meeting on Virtual Water Trade. Value of Water Research Report Series No. 12. Delft, Netherlands: UNESCO-IHE.

Hoff H. 2009. Global water resources and their management. Current Opinion in Environmental Sustainability 2009, 1 (2): 141-147.

Hooper B P. 2003. Integrated Water Resources Management and River Basin Governance. Water Resources Update, 126: 12-20.

ICPDR iksd. 2008-03-11. Significant Water Management Issues in the Danube River Basin District. http://www.icpdr.org/main/activities-projects/river-basin-management.

IISD. 2009-03-26. World Water Forum Bulletin. http://www.iisd.ca/download/pdf/sd/ymbvol82num23e.pdf.

IWMI. 2009-01-08. Strategic Plan 2009-2013—Water for a Food-secure World. http://www.iwmi.cgiar.org/About_IWMI/PDF/Strategic_Plan_2009-2013.pdf.

IWMI-FAO. 2009-08-19. Revitalizing Asia's Irrigation: To sustainably meet tomorrow's food needs. http://www.adb.org/sites/default/files/Revitalizing-Asia-Irrigation.pdf.

6 流域水资源管理研究国际发展态势分析

Kampragou E, Eleftheriadou E, Mylopoulos Y. 2007. Implementing Equitable Water Allocation in Transboundary Catchments: The Case of River Nestos/Mesta. Water Resources Management, 21 (5): 909-918.

Liu C, Kroeze C, Hoekstra A Y, et al. 2012. Past and future trends in grey water footprints of anthropogenic nitrogen and phosphorus inputs to major world rivers. Ecological Indicators, 18: 42-49.

Liu C, Xia J. 2011. Detection and attribution of observed changes in the hydrological cycle under global warming. Advances in Climate Change Research, 2 (1): 1-7.

MDBA. 2012-11-22. Murry-Darling River Basin Plan. http://www.mdba.gov.au/basin-plan.

Norgaard, R B. 1994. Development betrayed: The end of progress and a coevolutionary revisioning of the future. London: Routledge.

PBL. 2012-12-17. Water Footprint: Useful for Sustainability Policies? http://www.pbl.nl/en/publications/2012/water-footprint-useful-for-sustainability-policies.

Quevauviller P. 2011. WFD river basin management planning in the context of climate change adaptation-policy and research trends. European Water, 34: 19-25.

Sacramento River Watershed Program. 2010-10-30. The Sacramento River Basin: A Roadmap to Watershed Management (Executive Summary). http://www.sacriver.org/files/documents/roadmap/SRWP_ExecSummary.pdf.

Tabara J D, Llhan A. 2008. Culture as trigger for sustainability transition in the water domain: The case of the Spanish water policy and the Ebro river basin. Regional Environmental Change 8 (2): 59-71.

TVA. 2011-07. Natural Resource Plan. http://www.tva.gov/environment/reports/nrp/index.htm

UK EA. 2008-06-01. Using Science to create a better place. Integrated Catchment Science Programme. http://a0768b4a8a31e106d8b0-50dc802554eb38a24458b98ff72d550b.r19.cf3.rackcdn.com/scho0508bocpe-e.pdf.

UNECE. 2000-03-28. Guidelines on Monitoring and Assessment of Transboundarg Groundwaters. http://www.unece.org/fileadmin/DAM/env/water/publications/documents/guidelinesgroundwater.pdf.

UNEP. 2009-05-13. Fresh water under threat: Northeast Asia. http://reliefweb.int/sites/reliefweb.int/files/resources/E86D0AA83E057B16C12575B5004F3619-UNEP_May2009.pdf.

UNESCO. 2006-03-22. Water, a Shared Responsibility—The United Nations World Water Development Report 2. http://unesdoc.unesco.org/images/0014/001444/144409e.pdf.

UNESCO. 2010-01. HELP: Hydrology for the Environment, Life and Policy. http://unesdoc.unesco.org/images/0021/002145/214516E.pdf.

USDA ARS. 2011-10-27. Water Availability and Watershed Management National Program 211: Water Availability and Water Management. National Program 211: Water Availability and water Management strategic Vision. http://www.ars.usda.gov/research/programs/programs.htm?NP_CODE=211.

Varady R G, Meehan K, McGovern E. 2009. Charting the emergence of 'global water initiatives' in world water governance. Physics and Chemistry of the Earth, 34: 150-155.

Vollmer R, Ardakanian R, Hare M, et al. 2009. Institutional capacity development in transboundary water management, UN Water Decade Programme on Capacity Development (UNW-DPC), United Nations World Water Assessment Programme, Insights.

Vörösmarty C J, McIntyre P B, Gessner M O, et al. 2010. Global threats to human water security and river biodiversity. Nature, 467: 555-561.

Wit M, Stankiewicz J. 2006. Changes in surface water supply across Africa with predicted climate change. Science, 311 (5769): 1917-1921.

WWAP. 2009. The United Nations World Water Development Report 3: Water in a Changing World. Paris:

UNESCO, London: Earthscan.

WWF. 2008-08-12. Water for life: Lessons for climate change adaptation from better management of rivers for people and nature. http://assets.wwf.org.uk/downloads/pol_ 21499.pdf.

Xia J. 2012. Guest editor's introduction. Water International, 37: 5, 509-511.

Zeng Z, Liu J, Koeneman P H, et al. 2012. Assessing water footprint at river basin level: A case study for the Heihe River Basin in northwest China. Hydrology and Earth System Sciences, 16: 2771-2781.

7 新型原子钟国际发展态势分析

杨 帆 韩 淋 王海名

(中国科学院国家科学图书馆)

> 2012年,时间频率标准计量和原子钟研究界迎来第13个诺贝尔物理学奖。这样一个令人陌生、相对狭窄的领域屡屡得到诺贝尔奖的垂爱,相关研究的重要性不言而喻。原子钟是时间频率标准的测量基础,它的发明得益于量子力学和微波波谱学的进展。现在,"秒"长定义的复现和时间频率的精确测量都是依靠原子钟来实现的。经过半个多世纪的研究,全球基准频标(微波钟)的准确度提高了5个数量级。随着在卫星导航系统中的应用,微波钟在近年来世界上发生的几次局部战争中都发挥了至关重要的作用。最近20多年,随着半导体激光技术、激光冷却技术和囚禁原子技术的发展陆续融入原子钟技术,原子钟研究不断取得新的突破,各种新型原子钟先后问世,特别是光钟业已浮出水面。未来光学频率标准可能逐渐取代微波频率标准,时间和空间的单位和标准极有希望通过光钟来进行定义,革命性的变化正在发生。原子钟技术对推动科学技术的发展、提高国防能力乃至综合国力都具有重要的战略意义。
>
> 本报告利用文献计量学手段和文本挖掘方法,描述了原子钟研究的全球发展概貌,重点分析了离子光钟、光晶格钟、光学频率梳、空间原子钟等新型原子钟及相关前沿技术和基础研究的进展和水平,结合美国、欧洲和日本的发展战略和主要计划,探讨了新型原子钟的未来发展趋势,并对开展相关研究的战略意义进行了初步分析,建议我国相关科技规划部门加强原子钟基础科学和共性技术研究,全面部署地面和空间原子钟项目,平行开发主要系统。

7.1 引言

时间是描述事物运动和变化的最普遍和最重要的基本物理量,对时间的计量一般以某种做周期运动的事物的周期为单位。由于在数学上时间与频率互为倒数,因此时间计量与频率计量的标准是统一的。早期人们主要依靠天文观测进行时间计量。随着科学进入量子时代,人们发现自由的、孤立的原子和分子的内部运动非常稳定,可以将其内部能级跃迁所发射或吸收的电磁振荡作为频率的标准,并据此研制出新的频率标准测量设备——原子钟。在科学界,原子钟是对利用原子、离子或分子的能级跃迁的辐射频率来锁定外接振荡器频率的频率标准测量装置的俗称,通称为量子频率标准或原子频标。最早的原子钟装置于1948年问世。

60多年来,原子钟研究领域重大的理论成果和技术突破不断涌现,先后有13个诺贝尔物理学奖被授予从事与原子钟相关的研究工作的科学家(表7-1)。其中,原子核磁性

表7-1 与原子钟研究密切相关的诺贝尔物理学奖概况

年份	获奖者	国家	主要贡献及对原子钟研究的影响
1943	Otto Stern	美国	发展分子束方法，发现质子磁矩，二者都是直接用于原子钟的技术
1944	Isidor Isaac Rabi	美国	发明原子核磁性的共振记录方法，成为毫束频标的共振探测基础
1952	Felix Bloch Edward Mills Purcell	美国 美国	开发出核磁精密测量的新方法，即核磁共振，成为微波频标的基本探测方法
1955	Willis Eugene Lamb Polykarp Kusch	美国 美国	用原子束方法发现氢原子光谱的精细结构，精密测定了电子磁矩，这是频率精密测量在科学上的首次重要应用
1964	Charles Hard Townes Nicolay Gennadiyevich Basov Aleksandr Mikhailovich Prokhorov	美国 苏联 苏联	发明微波量子放大器和振荡器，首次实现了分子钟，并奠定了激光器的基础，开辟了量子电子学研究领域
1966	Alfred Kastler	法国	发现光抽运和光磁共振方法，是频标物理工作常用的基本方法
1981	Nicolaas Bloembergen Arthur Leonard Schawlow Kai M. Siegbahn	美国 美国 瑞典	激光光谱和精密电子谱研究，二者共同构成光学频率标准和微波频标的基础
1989	Norman F. Ramsey Hans G. Dehmelt Wolfgang Paul	美国 美国 德国	发明艳束频标分离振荡场方法，并将其用于氢激射器（氢脉泽）及其他原子钟；发明可用于频标的离子阱技术
1993	Russell A. Hulse Joseph H. Taylor Jr.	美国 美国	发现一类新的脉冲星，可用于精密天文钟和精密时间测量
1997	Steven Chu Claude Cohen-Tannoudji William D. Phillips	美国 法国 美国	原子的激光冷却与囚禁方法
2001	Eric A. Cornell Wolfgang Ketterle Carl E. Wieman	美国 德国 美国	将稀薄原子蒸气冷却，实现冷原子的玻色-爱因斯坦凝聚
2005	Roy J. Glauber John L. Hall Theodor W. Hänsch	美国 美国 德国	量子光学理论，高精度激光光谱和光频测量技术
2012	Serge Haroche David J. Wineland	法国 美国	发明可以测量和操控单个量子系统（粒子）的开拓性实验方法

的共振记录方法奠定了原子钟的理论和实验基础；分离振荡场方法将原子钟的鉴频特性改善了几十倍，精确程度提高到前所未有的水平；激光冷却和囚禁原子新方法的发明解决了在原子运动的状态下对原子跃迁频率测量不准确的问题，被应用于激光冷却铯原子喷泉钟的建立；飞秒光梳技术的发明极大地简化了激光频率的测量工作，推动了光钟的研究，并为光钟未来的应用奠定了技术基础；离子光钟的最新进展有望进一步推动具有空前准确度的光钟成为未来新型时间标准的基础。

从电磁频谱波段的角度看，迄今为止，时间和频率的计量主要集中在微波频率标准。铯微波原子钟的准确度在过去的 50 多年间提高了 5 个数量级，目前最好的铯喷泉钟的系统不确定度优于 10^{-15}，已经日渐接近其理论上或现实可达到的极限，即 10^{-16} 量级。近年来，对工作在光学波段的原子钟，即光学频率标准的研发进展迅速，目前最好的光钟其绝对频率测量不确定度已超过铯基准的不确定度，且光学频率标准之间直接比对的可重现性更高（图 7-1）。

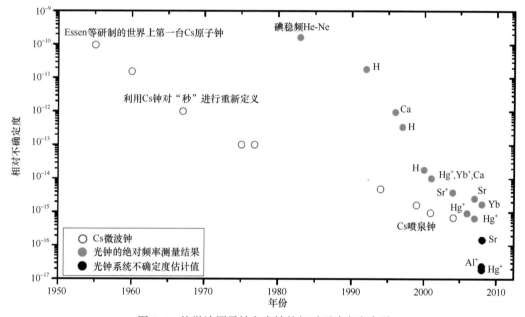

图 7-1 铯微波原子钟和光钟的相对不确定度水平

随着原子钟的快速发展，测量的精密度迅速提高，极大地推动了物理学的发展，由此也孕育、诞生出日益广泛的应用：一方面为精密的科学测量提供了性能卓越的可靠手段，如确定物理常数和原子分子结构、验证物理理论、进行天文观测、开展大地测量等；另一方面提高了工程技术的精确度水平，如在信息通信、导航定位、空间飞行、火箭导弹制导、卫星发射、地质勘探、电网调节、交通管制、精密仪器制造等领域的应用。

7.2 原子钟研究概况

公开发表的原子钟重要研究成果，一方面体现在高水平学术论文（包括期刊论文、会议论文等）上，另一方面体现在各国基准频标的制定和更新上。本节主要针对这两类成果进行分析。论文分析数据来源于 ISI Web of Science-Science Citation Index Expanded（SCI-E）数据库；利用关键词进行检索，数据更新时间为 2013 年 1 月 23 日；对论文数据集进行清理，得到有效数据 3454 条；利用汤森路透集团开发的数据分析器对论文数据进行文献计量分析、数据挖掘以及可视化分析。各国基准频标分析主要参考各国公布的相关信息及有关文件。

7.2.1 高水平学术论文产出态势

7.2.1.1 1991～2012 年论文数量增长显著

从图 7-2 可以看出，从 20 世纪 30 年代末第一篇论文"An experimental study of the rate of a moving atomic clock"发表至 80 年代末，每年发表的论文数量都较少，但从 1991 年开始论文数量急剧攀升，1991～2012 年论文数量整体呈指数型增长趋势。结合原子钟发展过程中的重要里程碑，1991 年和 2003 年论文数量激增的两个重要转折点应该与离子阱技术和原子激光冷却技术的发明密切相关。

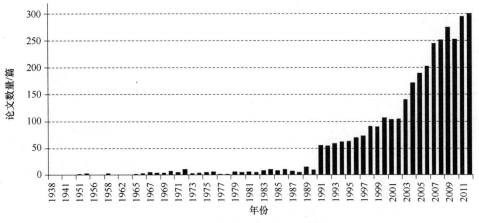

图 7-2　原子钟论文数量的年度变化趋势

7.2.1.2 主要国家论文影响力分析

论文影响力可以从多个方面反映：论文总量可以反映科研生产力水平，总被引频次可以反映对学科领域的整体影响能力，篇均被引频次可以反映对学科领域的相对影响力，H 指数的高低则可以从高被引频次的角度评价学术成就。

从表 7-2 可以看出，美国在各个文献计量学指标上都独占鳌头，这与美国最早在原子钟理论方面取得突破并且一直以来全力担当技术先锋的角色不无关系。德国、英国、澳大利亚、法国、俄罗斯、日本在整体影响力方面各有不俗表现。中国大陆虽然在论文总量方面排名第五，但在其他影响力指标方面与其他国家相比均有明显差距。

7 新型原子钟国际发展态势分析

表7-2 主要国家的文献计量学指标表现

国家	论文数量/篇	总被引频次/次	篇均被引频次/次	H指数	SCIE收录的首篇论文发表年份
美国	1 068	27 162	25.4	77	1938
日本	452	6 511	14.4	38	1980
德国	368	8 983	24.4	49	1989
法国	355	6 513	18.3	40	1976
中国大陆	355	1 628	4.6	17	1980
英国	250	5 054	20.2	37	1984
意大利	168	1 979	11.8	23	1987
俄罗斯	158	2 670	16.9	26	1990
澳大利亚	126	2 407	19.1	28	1993
韩国	110	972	8.8	17	1992

7.2.1.3 顶级机构论文影响力和研究特色分析

论文总数排名前15位的机构（含并列共计17家）中有5家美国机构、2家德国机构、2家法国机构、3家日本机构和3家中国机构，英国国家物理实验室和俄罗斯科学院也名列前茅。中国科学院排名第三位，北京大学和华中科技大学也榜上有名。从表7-3中可以看出，顶级机构在不同指标上的表现各有特色。美国国家标准和技术研究所（NIST）在论文数量、总被引频次和H指数方面表现最优，在篇均被引频次方面排名第三，整体研究实力和论文影响力最强。科罗拉多大学在论文数量、总被引频次、篇均被引频次和H指数方面均排名第二，实力强劲。德国马普学会在篇均被引频次方面排名第一，在总被引频次方面排名第二，对相关研究的影响力也不容小觑。

表7-3 顶级机构的文献计量学指标表现

机构	论文数量/篇	总被引频次/次	篇均被引频次/次	H指数	所属国家
美国国家标准和技术研究所	246	11 225	45.6	55	美国
科罗拉多大学	141	6 618	46.9	41	美国
加利福尼亚理工学院	140	2 281	16.3	26	美国
中国科学院	100	316	3.2	8	中国
德国马普学会	87	4 272	49.1	29	德国
巴黎天文台	86	2 671	31.1	28	法国
德国联邦物理技术研究院	78	952	12.2	23	德国
英国国家物理实验室	65	762	11.7	17	英国
东京大学	56	1 276	22.8	16	日本
日本先进工业科技研究所	51	580	11.4	12	日本
俄罗斯科学院	47	289	6.1	10	俄罗斯
北京大学	40	142	3.6	7	中国
美国麻省理工学院	39	1 714	43.9	17	美国
法国国家科学研究中心	39	330	8.5	9	法国
马里兰大学	37	724	19.6	15	美国
日本情报通信研究机构	37	271	7.3	9	日本
华中科技大学	37	133	3.6	6	中国

美国国家标准和技术研究所先后有 4 位科学家获得过诺贝尔物理学奖,他们的工作都与原子的激光冷却有关。该机构在原子钟方面的相关研究领域包括中性原子光钟(钙光学频标、镱光晶格钟)、飞秒激光频率梳及其应用等。其中,657 纳米钙光学频标已经得到验证,相对频率不稳定度小于 4×10^{-15} 秒$^{-1}$,绝对频率不确定度为 7.5×10^{-15},并在帮助光晶格钟评估其在 10^{-16} 量级的系统不确定度方面得到应用。研究人员采用镱(^{171}Yb)光晶格钟得到了绝对频率不确定度小于 4×10^{-16} 的系统。2010 年开发的第二个量子逻辑钟利用激光来检测铝离子两个超精细能级间跃迁的谐振频率,实现了 8.6×10^{-18} 的相对频率不稳定度,每 37 亿年的误差不超过 1 秒。科罗拉多大学在原子钟研究领域的表现也异常耀眼,主要贡献来自与美国国家标准和技术研究所合建的实验天体物理联合研究所(JILA),该机构在光学频率梳、光晶格钟、离子光钟等几乎全部原子钟研究领域都拥有很强的研究实力。加利福尼亚理工学院致力于离子光学频率标准(主要为汞离子光学频率标准)、芯片级原子钟以及原子钟在空间中的应用的研究。麻省理工学院的研究重点是原子钟的小型化及其相关技术。马里兰大学在原子钟领域的研究主要集中在光学频率标准误差产生理论。

德国马普学会在光学频率梳领域拥有较强实力,此外还开展离子光学频率标准研究。德国联邦物理技术研究院在大型磁选态铯束原子钟、铯原子喷泉钟等领域拥有很强的实力,是国际原子时(TAI)的重要组成部分,目前该机构还致力于冷原子光钟、离子光学频率标准的研发。

巴黎天文台下属法国国家计量与时空基准测量系统实验室(LNE-SYRTE)在时频方面的研究领域包括微波频率、光学频率、时间计量以及原子干涉仪和惯性传感器,实验室的三台喷泉原子钟——从 1994 年运行至今的铯(^{133}Cs)喷泉钟 FO1,原为欧洲空间局(ESA)PHARAO 空间冷原子钟计划的原型、后被改造为可搬运喷泉钟的 FOM,以及同时使用铷(^{87}Rb)和铯(^{133}Cs)的双喷泉钟 FO2 都已运行 10 多年。法国国家科学研究中心主要研究冷原子喷泉、光晶格钟、空间原子钟以及时间标准传递技术。

日本东京大学是世界上第一台光晶格钟的诞生地,目前日本东京大学在光晶格钟研究领域处于领先地位。日本先进工业科技研究所主要进行光晶格钟研究。日本情报通信研究机构主要开展离子光学频率标准、光晶格钟以及时频传递技术的研究。

英国国家物理实验室的研究重点为冷原子喷泉钟和离子光学频率标准。

俄罗斯科学院重点研究光晶格钟、相干布居囚禁原子钟以及飞秒激光器,最近还开展了钍核原子钟的基础理论研究。

在中国科学院方面,上海天文台是我国最早开展时间频率研究的单位,时间频率、原子频标理论和技术研究工作主要由上海天文台时间频率技术研究室负责;1989 年,量子光学重点实验室(设于上海光学精密机械研究所)成立,其前身"原子频标研究小组"是国内最早从事量子频标研究的单位之一;2009 年,时间频率基准重点实验室(设于国家授时中心)成立,重点围绕量子频标研究、守时理论与方法研究、精密时间频率测量与控制技术研究以及时间频率基准的建立和保持技术研究等方面开展工作;2010 年,原子频标重点实验室(设于武汉物理与数学研究所)成立,是国内最早从事原子频标研究的少数单位之一;中国科学院这几个重点实验室和研究室均是我国原子频标的重要研究单位,在原子频标科研方面各具特色。北京大学主要致力于光抽运原子钟、相干布居囚禁原子钟、光钟、光晶格钟等研发。华中科技大学主要进行相干布居囚禁原子钟微型化研究。

7.2.1.4 机构合作态势

图 7-3 中排名前 15 机构之间的论文合著情况表明,除了本身有共建关系的美国国家标准和技术研究所、科罗拉多大学之外,跨国、跨机构合作仍属鲜见。美国国家标准和技术研究所、科罗拉多大学之间的合作非常密切,科罗拉多大学 80% 的论文是与美国国家标准和技术研究所共同完成的,其中的桥梁和纽带自然当属美国实验天体物理联合研究所。该机构是美国领先的物理科学研究机构,在精密光学频率计量方面,以 John Hall(2005

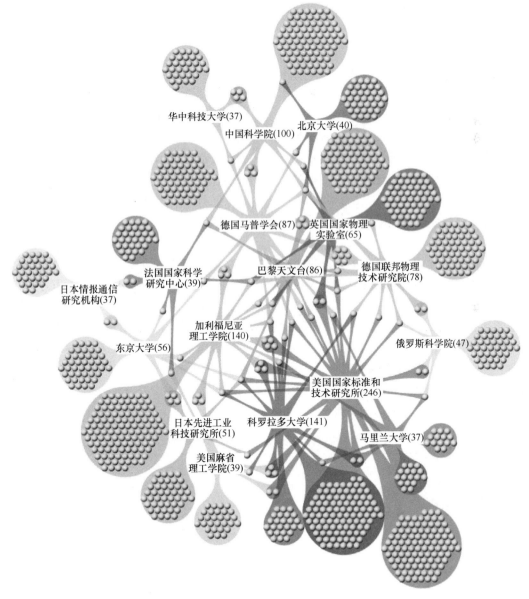

图 7-3　顶级机构在原子钟研究领域的论文合作情况（见彩图）

年诺贝尔物理学奖获得者)、Jun Ye 和 Steve Cundiff 为首的科学家使其成为稳频激光器和精密光学频率计量方面的世界级领先机构。加利福尼亚理工学院的合作触角较为广泛,但合著论文的总数仍很少。欧洲德国联邦物理技术研究院、马普学会和法国巴黎天文台之间也有少量合作。中国科学院、北京大学和华中科技大学与本国之外的合作者共同完成的论文数量和百分比更低。

之前有文献计量学分析结果表明,物理学领域研究整体的国际合作比例超过40%;但是在原子钟研究界,机构之间的合作明显较少。这与原子钟的理论和技术本身属于基础研究,但在高技术领域极具应用价值密切相关。目前主要发达国家都严禁原子钟核心和关键技术外流,客观上也造成了各国主要机构之间研究相互独立、平行发展,实质性合作明显弱化,同时本国机构之间强调优势互补、协同发展的态势。

7.2.1.5 主要的研究主题和学科领域

在论文的研究主题方面,光学频率标准和光学频率梳是最受关注的研究热点,光晶格钟、相干布居囚禁原子钟、光学频率梳发生器以及半导体激光放大器受到研究人员的极大关注,这与原子钟研究领域整体的发展前沿及热点密切相关。同时,绝对频率测量、实验研究、基本常数测量、广义相对论验证和空间应用方面的研究相对集中。空间光钟的开发日渐成为一大重点。此外,研究人员在激光冷却研究方面目前仍保持较高的热情。

从学科领域的角度,论文研究主要集中在物理学、光学和工程学三大领域。

7.2.2 各国基准频标发展态势

各国基准频标的不确定度大幅降低。以美国国家标准和技术研究所为例,其拥有多台用做美国国家基准频标的铯束装置和铯喷泉,在铯束基准频标方面的改进情况见表7-4,其中包括已经公布的最高的铯束准确度,铯基准频标不确定性的改进与推出时间呈函数关系(图7-4)。从全球的角度看,向国际计量局汇报的铯喷泉钟的精度水平也持续改进,数量逐年增加,促使国际计量局发布的地球时(TT)的不确定度不断改善。从图7-5的统计结果可以看出,TT 的不确定度日渐趋近 10^{-16}(但系统性的时间转换和自由原子时间尺度的不稳定度会对其形成限制)。2011 年向国际计量局汇报的主要频标包括 10 个喷泉钟和 2 个铯束原子钟,详细指标见表7-5。

表7-4 美国国家标准和技术研究所的铯束基准频标

铯频标	设备运行时间	作为美国国家基准频标的时间	线宽/赫	拉姆齐腔长/厘米	最高精度
NBS-1	1952~1962 年	1959~1960 年	300	55	1×10^{-11}
NBS-2	1959~1965 年	1960~1963 年	110	164	8×10^{-12}
NBS-3	1959~1970 年	1963~1970 年	48	366	5×10^{-13}
NBS-4	1965~20 世纪 90 年代	无	130	52.4	3×10^{-13}
NBS-5	1966~1974 年	1972~1974 年	45	374	2×10^{-13}
NBS-6	1974~1993 年	1975~1993 年	26	374	8×10^{-14}
NIST-7	1988~2001 年	1993~1998 年	62	155	5×10^{-15}

7 新型原子钟国际发展态势分析

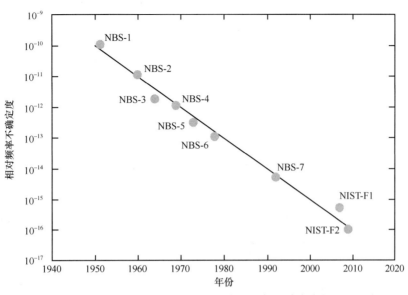

图 7-4 美国国家标准和技术研究所铯主要频标不确定度的发展历史

NBS（1901~1988 年）是美国国家标准和技术研究所的前身——国家标准局

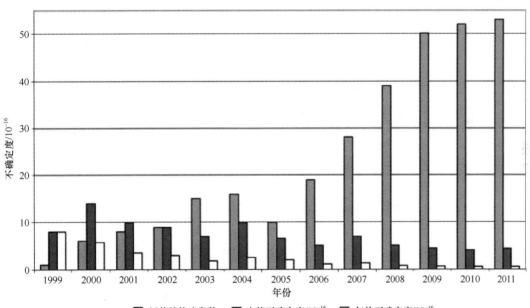

图 7-5 对国际计量局确定国际原子时参考的铯喷泉钟的评估

表 7-5 2011 年各国的基准频标

主要标准	来源机构	类型	B 类不确定度/10^{-16}	运行方式	对比钟	数量	典型比较周期/天
IT-CSF1	意大利国家计量院	铯喷泉	0.7	非连续	氢脉泽	1	25
NICT-CSF1	日本情报通信研究机构	铯喷泉	1.0~1.2	非连续	协调世界时（NICT）	2	10~22

— 259 —

续表

主要标准	来源机构	类型	B类不确定度/10^{-16}	运行方式	对比钟	数量	典型比较周期/天
NIST-F1	美国国家标准和技术研究所	铯喷泉	0.31	非连续	氢脉泽	5	15~30
NMIJ-F1	日本国家计量院	铯喷泉	3.9	非连续	氢脉泽	2	30
NPL-CSF2	英国国家物理实验室	铯喷泉	0.4，后变为0.23	非连续	氢脉泽	7	15~25
PTB-CS1	德国联邦物理技术研究院	铯束/磁选态	8	连续	国际原子时	12	30
PTB-CS2	德国联邦物理技术研究院	铯束/磁选态	12	连续	国际原子时	7	30
PTB-CSF1	德国联邦物理技术研究院	铯喷泉	0.74~0.79	近连续	氢脉泽	10	15~25
PTB-CSF2	德国联邦物理技术研究院	铯喷泉	0.36~0.56	非连续	氢脉泽	6	15~25
SYRTE-FO1	法国巴黎天文台LNE-SYRTE实验室	铯喷泉	0.42~0.49	非连续	氢脉泽	6	10~25
SYRTE-FO2	法国巴黎天文台LNE-SYRTE实验室	铷/铯双喷泉	0.26~0.39	近连续	氢脉泽	12	15~35
SYRTE-FOM	法国巴黎天文台LNE-SYRTE实验室	铯喷泉	0.82~0.92	非连续	氢脉泽	6	20~30

7.3 新型原子钟研究进展及水平分析

最近20多年来，随着新物理理论和新技术成果的应用，人们不断研制出特色各异的新型原子钟，整个原子钟研究领域始终保持着勃勃生机。本节对2010~2012年发表的被引频次位于TOP 1%的高被引研究论文（包括期刊论文和会议论文，被引频次24~120次）和高被引综述论文进行内容分析，同时结合已有空间原子钟任务和计划的目标和进展，跟踪原子钟的研究前沿，特别是各种新型原子钟的研究进展，测度其主要技术指标水平。

从研究主题分布来看，TOP 1%的高被引论文主要集中在光钟和光学频率梳领域，同时表现出基础研究、技术研究与应用研究并重的鲜明特征；从机构角度看，美国国家标准和技术研究所及美国实验天体物理联合研究所是其中的佼佼者，二者在技术与应用方面的研究异常突出。下面结合高被引论文探讨新型原子钟研究前沿及热点方向。

7.3.1 离子光钟

对于离子光钟，由于囚禁的离子被激光冷却到极低的温度，接近于它运动的零点，因此其多普勒频移和碰撞频移大为减小，而且离子在被囚禁的同时可以被长时间地探测，这些都使得离子光钟的准确度大大提高，目前已达 10^{-18} 数量级。但是由于数个离子之间会产生相互作用，为了使离子光钟有好的性能，一般采用单离子为工作物质。常见的离子光钟包括 Ca^+、Yb^+、Sr^+ 和 Hg^+ 等（翟造成等，2009；Margolis，2009）。

1978 年，美国国家标准和技术研究所的 Wineland（2012 年诺贝尔物理学奖得主）团队在全球首次提出了离子光钟的概念。目前，美国国家标准和技术研究所、德国马普学会量子光学研究所、联邦物理技术研究院等研究机构都在应用离子囚禁和激光冷却技术研制离子光学频率标准。表 7-6 列出了全球主要离子光钟的相关参数和研究现状。当前，世界最精确的原子钟是美国国家标准和技术研究所开发的 Al^+ 光钟，其相对频率不准确度已达到 8.6×10^{-18}，超越了冷原子喷泉钟，基本达到了目前人类时间测量精度的极限。该工作的相关论文 "Frequency comparison of two high-accuracy Al^+ optical clocks"（Chou et al.，2010a）也是原子钟领域近三年被引频次最高的论文，研究成果获得极大关注。该 Al^+ 光钟采用量子逻辑谱（QLS）技术，被俘获的"逻辑离子" Mg^+ 与 Al^+ 协同被激光冷却，Al^+ 的量子态传递给 Mg^+ 后被测量。Chou（2010b）在《科学》发表论文 "Optical clocks and relativity"，利用美国国家标准和技术研究所的两台 Al^+ 光钟开展相对论研究：实验通过比较两台 Al^+ 光钟，分别探测由每秒数米的速度和由 0.33 米的高度变化引起的相对论时间膨胀。Hg^+ 光钟也是一种准确度较高的离子光钟，美国国家标准和技术研究所开发的 Hg^+ 光学频率标准，其不确定度已达 1.9×10^{-17}（Rosenband et al.，2008），十分接近 Al^+ 光学频率标准的不确定度。开展 Yb^+ 光学频率标准研究的机构较多，德国联邦物理技术研究院研制的 Yb^+ 光学频率标准其最高的不确定度为 7.1×10^{-17}（Huntemann et al.，2012）。

表 7-6　主要离子光钟的相关参数和核心研究机构

离子类型	跃迁能级	波长/纳米	最高不确定度	主要研究机构
$^{40}Ca^+$	$^2S_{1/2}-^2D_{5/2}$	729	2.4×10^{-15}（Chwalla et al.，2009）	日本情报通信研究机构（Matsubara et al.，2008），因斯布鲁克大学（Chwalla et al.，2009），中国科学院武汉物理与数学研究所（Huang et al.，2011）
$^{88}Sr^+$	$^2S_{1/2}-^2D_{5/2}$	674	3.8×10^{-15}（Margolis et al.，2004）	英国国家物理实验室（Margolis et al.，2004），加拿大国家研究理事会（Madej et al.，2004）
$^{171}Yb^+$	$^2S_{1/2}-^2D_{3/2}$	436	3.8×10^{-16}（Schneider et al.，2005）	德国联邦物理技术研究院（Schneider et al.，2005）
$^{171}Yb^+$	$^2S_{1/2}-^2F_{7/2}$	467	7.1×10^{-17}（Huntemann et al.，2012）	英国国家物理实验室（Hosaka et al.，2009），德国联邦物理技术研究院（Huntemann et al.，2012）

续表

离子类型	跃迁能级	波长/纳米	最高不确定度	主要研究机构
^{199}Hg$^+$	$^2S_{1/2}-^2D_{5/2}$	282	1.9×10^{-17}（Rosenband et al.，2008）	美国国家标准和技术研究所（Rosenband et al.，2008）
^{27}Al$^+$	$^1S_0-^3P_0$	267	8.6×10^{-18}（Chou et al.，2010a）	美国国家标准和技术研究所（Chou et al.，2010a；Rosenband et al.，2008）
^{115}In$^+$	$^1S_0-^3P_0$	237	1.8×10^{-13}（von Zanthier et al.，2000）	马普学会量子光学研究所（von Zanthier et al.，2000；Wang et al.，2007）

相对于美国、德国、英国等处于一流研究水准的国家，我国在离子光钟研制方面还处于跟踪研究阶段。2012年7月，中国科学院武汉物理与数学研究所高克林研究组成功研制出我国首台基于单个囚禁Ca$^+$光钟，并被国际计量委员会时间频率咨询委员会（CCTF）采纳参与国际推荐值的计算，这是中国光学频率标准的频率测量值首次对国际推荐值作出贡献。

7.3.2 光晶格钟

虽然在理论上单离子光钟的不确定度可以达到10^{-18}，但是由于离子光钟只能囚禁一个离子，因此离子光钟的稳定度受限于单个离子的量子投影噪声。为了达到预期精度，需要进行很长时间的测量（蔡寅，2011；蒋海灵，2012；Lemonde，2009；Margolis，2010），这成为限制光钟精度提升的一大瓶颈。在光晶格钟中，大量中性原子被同时囚禁在驻波场形成的光晶格阱中，极大地提高了光钟的稳定度，因此光晶格钟可以同时实现光钟的高稳定度和高精度。2005年第一台光晶格钟在日本东京大学诞生（Takamoto et al.，2005）之后，光晶格钟相关研究迅速成为原子钟研究的热点之一。

可以用来研制光晶格钟的原子为第二主族和第二副族原子，如钙、镱和汞等。由于具有超窄线宽，第二主族原子如锶、钙以及具有类似价电子结构的镱原子是目前的研究热点。目前精度最高的光晶格钟是由日本情报通信研究机构开发的^{171}Yb光晶格钟，其频率不确定度为3.4×10^{-16}，这一结果与光钟的理论预期不确定度10^{-18}还差两个数量级，因此还有待改进。

在有关光晶格钟的高被引论文方面，内华达大学的论文"Physics of optical lattice clocks"（Derevianko et al.，2011）回顾了光晶格钟的理论和实验发展，总结称锶和镱晶格钟受到最多关注，同时汞钟具有很好潜力，相对准确度预期可达到3×10^{-19}，微波晶格钟目前还处于概念研究。由来自美国实验天体物理联合研究所和中国国家计量研究院的科学家合作完成的论文"Suppression of collisional shifts in a strongly interacting lattice clock"（Swallows et al.，2011）演示了一种锶晶格钟，利用晶格钟中多个原子强烈的相互作用抑制碰撞频移，使不确定度降至10^{-17}量级，这一结果消除了在多粒子系统中精度与准确度之间的互相折中，随着粒子数增加，两者都会继续提升。由来自美国国家标准和技术研究所、华东师范大学和科罗拉多大学的科学家合作完成的论文"Making optical atomic clocks more stable with 10^{-16}-level laser stabilization"（Jiang et al.，2011），利用578纳米低噪声窄线宽激光器作为稳定光源，探测因禁在光晶格中的冷镱原子，通过降低本地振荡器激光频率噪声、提高激光频率稳定度，延长了激光对原子的探测时间，从而减小了Dick效应对光钟频率稳定性的影响，提高了光钟的频率稳定度，光钟频率不稳定度达到$5\times10^{-16}/\sqrt{\tau}$（$\tau$为平均时间）。

从世界范围来看，美国、日本、法国等国都在开展光晶格钟实验研究。华东师范大学、中国计量科学研究院、中国科学院武汉物理数学研究所、中国科学院国家授时中心和北京大学等单位也开展了光晶格钟的相关研究。表7-7列出了国际上光晶格钟的研究现状。

表7-7 主要光晶格钟的相关参数和核心研究机构

原子类型	跃迁能级	波长/纳米	最高频率不确定度	主要研究机构
^{87}Sr	$^1S_0$–$^3P_0$	698	5.0×10^{-16}（Matsubara et al.，2012）	日本情报通信研究机构（Matsubara et al.，2012），美国实验天体物理联合研究所/美国国家标准和技术研究所（Campbell et al.，2008）
^{88}Sr	$^1S_0$–$^3P_0$	698	7.0×10^{-14}（Baillard et al.，2007）	法国巴黎天文台
^{171}Yb	$^1S_0$–$^3P_0$	578	3.4×10^{-16}（Lemke et al.，2009）	美国国家标准和技术研究所
^{174}Yb	$^1S_0$–$^3P_0$	578	1.7×10^{-15}（Poli et al.，2008）	美国国家标准和技术研究所
^{199}Hg，^{201}Hg	$^1S_0$–$^3P_0$	266	5.0×10^{-12}（Petersen et al.，2008）	法国巴黎天文台

7.3.3 光学频率梳

目前世界上还没有一个计数器可对光波这样快的振荡周期进行计数。因此，在光学频率梳发明以前，人们只能通过频率链实现光的绝对频率测量，而频率链不仅体积庞大、结构复杂，而且测量的次数与结果也差强人意（蒋燕义，2012）。20世纪70年代，Hänsch团队利用同步抽运染料激光所产生的皮秒激光脉冲首次制备出500吉赫的光学频率梳，成功地连接了微波频率和光学频率（Eckstein et al.，1978）。1996年基于掺钛蓝宝石激光器所产生的飞秒激光光学频率梳的研制成功，实现了微波频率和光学频率的精密连接，但掺钛蓝宝石飞秒激光器存在成本高、结构复杂等缺点（Baltuska et al.，1997）。近年来，由于光纤激光器具有光束质量好、成本低等众多优点，基于飞秒锁模脉冲光纤激光器的光学频率梳的研究逐渐成为研究热点（黄保等，2009）。

光学频率梳通过光学频率与微波频率的精密传递关系，能够实现不同光学频率标准间以及光学频率标准与微波频率标准间超高精度的连接，满足科学研究应用的需求。光学频率梳实现了光学频率标准（$10^{14} \sim 10^{15}$ 赫）向微波频率（约 10^{10} 赫）的精密传递，是研究光钟的关键技术之一（毕志毅，马龙生，2005；Udem et al.，2009）。由于光学频率梳作为高精度的光尺，可以对任意光学频率进行直接的精密测量，因此在涉及频率和微小距离变化的科学研究和技术应用领域，如超精细光谱学、阿秒（10^{-18} 秒）激光物理、全球定位系统、空间望远镜、光通信等领域有着重要的应用。此外，超高精度的时间基准也可能用于研究物质和反物质的关系，以及检测基本物理常数，如里德堡常数、精细结构常数等是否会随时间发生变化（魏志义，2006；高克林，2008；Diddams，2010）。

总体来看，光学频率梳的研究在结构上进一步朝着全光纤及微腔等方向发展，功能上朝着极紫外、红外波段及高重复频率等方向发展，技术上采用自差频和前向反馈控制等方法，稳定性也得到进一步的提高。应用则已从初期的频率测量，覆盖到基本物理常数的精确测定、新一代全球定位系统、超高精度分子动力学、地外生命探测、宇宙膨胀的验证等方面。

华东师范大学马龙生研究小组研发的光学频率梳具有国际先进水平，他们和国际计量局、美国国家标准和技术研究所之间的合作研究表明：光学频率梳可以高精度地对光频进行合成与传递，不确定度达 10^{-19}，可以满足高精度（10^{-18}）光钟的需求（Ma et al.，2004）。另外，飞秒光频梳技术推进到极紫外和软 X 射线超短波段，最终可能产生 X 射线区域的原子钟。美国实验天体物理联合研究所 Jun Ye 研究团队已开发出一种新型超高频真空紫外频率梳，为实现 X 射线频率梳这一长期目标迈出了关键的一步。未来基于 X 射线频率梳技术可能开发出新一代 X 射线原子钟。

有关光学频率梳的高被引论文主要集中在光学频率梳的产生技术方面，包括：美国国家标准和技术研究所与科罗拉多大学科学家合作完成的论文 "A 12.5 GHz-spaced optical frequency comb spanning > 400nm for near-infrared astronomical spectrograph calibration"（Quinlan et al.，2010）、普渡大学科学家完成的论文 "Generation of very flat optical frequency combs from continuous-wave lasers using cascaded intensity and phase modulators driven by tailored radio frequency waveforms"（Wu et al.，2010）、加利福尼亚理工学院喷气推进实验室科学家完成的论文 "Spectrum and Dynamics of Optical Frequency Combs Generated with Monolithic Whispering Gallery Mode Resonators"（Chembo et al.，2010）等。

7.3.4 基础研究与应用研究热点

基础研究方面的高被引论文包括：由来自慕尼黑大学、马普学会量子光学研究所、慕尼黑理工大学、希腊国家研究基金会理论与物理化学研究所、维也纳技术大学、哈佛-史密森天体物理学中心和沙特阿拉伯国王大学的科学家合作完成的 "Delay in photoemission"（Schultze et al.，2010）、由来自哈佛大学、科罗拉多大学、美国国家标准和技术研究所与马里兰大学联合量子研究所、实验天体物理联合研究所、因斯布鲁克大学、奥地利科学院和哈佛-史密森天体物理学中心的科学家合作完成的 "Two-orbital SU（N）magnetism with ultracold alkaline-earth atoms"（Gorshkov et al.，2010）、由剑桥大学科学家完成的 "A trapped single ion inside a Bose-Einstein condensate"（Zipkes et al.，2010）以及由麻省理工学院科学家完成的"States of an ensemble of two-level atoms with reduced quantum uncertainty"(Schleier-Smith et al., 2010) 研究等。

在原子钟的应用研究方面,来自加利福尼亚大学伯克利分校、劳伦斯伯克利国家实验室、柏林自由大学和美国能源部的科学家合作完成的论文"A precision measurement of the gravitational redshift by the interference of matter waves"(Müller et al., 2010) 利用原子的量子干涉测量引力红移,在实验室中精度达到 7×10^{-9},并将该结果与现有在引力测量中最精确的、利用铯原子喷泉钟干涉仪测量的结果进行了对比。来自巴黎天体物理研究所、开普敦大学和南非理论物理国家研究所的科学家完成的论文"Varying constants, gravitation and cosmology"(Uzan, 2011) 对原子钟、太阳系观测、陨石测年等基本常数测量方法进行了回顾。在与原子钟相关的激光技术方面,来自加拿大国家科学研究院、帕维亚大学(Università di Pavia)、Infinera 公司和悉尼大学的科学家合作完成的论文"CMOS-compatible integrated optical hyper-parametric oscillator"(Razzari et al., 2010) 实现了一种可用于光谱学、原子钟和阿秒物理学等领域的集成多波长激光光源。

值得一提的是,尽管光钟和光学频率梳无疑是当今原子钟研究领域最耀眼的"明星",作为目前真正实用化的原子钟,微波原子钟由于其准确度高、体积小、耗电少等诸多优点,仍然持续得到研究界的重视和关注。世界上有大批科研人员一直在努力寻找新物理和新机制,以期精益求精地改善微波原子钟的技术性能,满足实际应用的要求。例如,在强相互作用下通过延长相干时间实现自复相是频标研究中的重要问题,它是在微波钟研究中得到的新结果,并已延伸到光学频率标准。又如,脉冲光抽运微波钟利用光束偏振面旋转探测技术将原子钟的频率稳定度提高了1个数量级,使其拥有汞钟的稳定度性能,但体积更小、质量更轻、耗能更少,因此在实用方面更具竞争力。

7.3.5 空间原子钟

据统计,自从1974年最初两台原子钟升空以来,截至2006年,向空间发射的原子钟已逾500台,这其中还不包括1997年发射失败的首颗GPS-2R卫星和1999年发射失败的第三颗Milstar卫星。1989年末1990年初,即美国GPS和俄罗斯GLONASS系统建设阶段,原子钟的发射最为密集;最近10年,随着两大导航系统的系统更新,平均每年发射的空间原子钟约13台;预计未来随着欧洲GALILEO系统、俄罗斯GLONASS星座、我国"北斗"系统建设以及印度、日本的导航系统需求扩大,空间原子钟的发射会增加到每年超过20台。

7.3.5.1 卫星导航系统原子钟研究进展

卫星导航系统精确导航定位的关键在于高精度、高稳定性的星载原子钟。星载原子钟作为导航信号生成和系统测距的星上时间基准,为导航系统提供了精确稳定的频率源,是卫星导航系统有效载荷的核心部分,其性能直接决定了用户的导航定位精度。

星载原子钟主要有氢脉泽钟(简称氢钟)、铯钟和铷钟3种。表7-8列出了各导航系统中应用的不同类型的星载原子钟,其中GPS采用铯钟和铷钟,GLONASS以铯钟为主,

GALILEO 星载钟的选择考虑到可靠性（技术多样性）和任务的寿命要求，采用了双钟技术。

表 7-8 不同卫星导航系统中的星载原子钟

美国 GPS	俄罗斯 GLONASS	欧洲 GALILEO	中国北斗	日本 QZSS	印度 IRNSS
铷钟、铯钟（未用于 GPS-2R）	铯钟	氢钟、铷钟	铷钟	铷钟	铷钟

1）GPS 系统

GPS 系统始建于 20 世纪 70 年代，1994 年建成。它由 24 颗位于 6 个不同轨道平面的卫星组成（21 颗工作星，3 颗备用星），是具有海、陆、空全方位实时三维导航定位能力的全球卫星导航定位系统。表 7-9 和表 7-10 列出了 GPS 卫星星载铷钟和铯钟的基本参数。

表 7-9 GPS 星载铷钟的主要参数

搭载铷钟的卫星	GPS-1	GPS-2，GPS-2A	GPS-2R，GPS-2RM	GPS-2F
生产商	Efratom	Rockwell	EG&G	PerkinElmer
功率/瓦	37	37	39	≤39
质量/千克				≤6.8
稳定度/天$^{-1}$	$<1\times10^{-13}$	$<1\times10^{-13}$	$<5\times10^{-14}$	$<6\times10^{-14}$
寿命/年	0.5	2	6	15

表 7-10 GPS 星载铯钟的主要参数

搭载铯钟的卫星	GPS-1	GPS-2	GPS-2A	GPS-2F
生产商	FTS	FEI	Kernco	FTS
功率/瓦	25	21.2	29.7	<25
质量/千克	11.4	14	12.7	12.23
稳定度/天$^{-1}$	2×10^{-13}	$<1\times10^{-13}$	3.8×10^{-14}	$<1\times10^{-13}$
寿命/年		6	6	10

从 1978 年起，美国先后发射了 10 颗 GPS-1 卫星，前 3 颗卫星上都装载了 3 台铷钟，可靠性很低，其余 7 颗 GPS-1 各装载 1 台铯钟和 3 台铷钟，但总体性能仍然不高。为了提高性能，曾对铷钟设计进行多项改进，如为铷钟温度基板提供温控装置。1989～1997 年，共发射 28 颗 GPS-2 和 GPS-2A 卫星，每颗卫星上装载 2 台铯钟和 2 台铷钟，铷钟全部采用 Rockwell 公司的产品，而铯钟分别由 FEI 公司、Kernco 公司及 FTS 公司提供。GPS-2R 和 GPS-2RM 卫星采用了 3 台铷钟的配置，由 EG&G 公司（即现在的 PerkinElmer 公司）提供。GPS-2F 卫星上装载有 PerkinElmer 公司提供的 1 台铷钟，其性能相对于 GPS-2R 卫星上的铷钟显著提高；同时还装载有 3 台 FTS 公司提供的铯钟。下一代 GPS 卫星 GPS-3 预计 2014 年开始，计划使用 PerkinElmer 提供的铷钟和 Datum-Beverly 公司提供的光抽运铯

钟，其他各种星载钟包括铷充气囊、CPT 微波激射器及光抽运铯钟也在研发中。

2）GLONASS 系统

GLONASS 是俄罗斯的全球导航卫星系统，它由位于 3 个轨道平面上的 24 颗卫星（1996 年）组成，由于卫星寿命问题，该系统的卫星一度老化，最严重时曾只剩 6 颗卫星运行。到了 21 世纪初，GLONASS 逐步填满了空缺卫星。据 GLONASS 中心 2013 年 1 月 18 日提供的数据，目前有 23 颗卫星正常工作，3 颗维护中，2 颗备用，1 颗测试中。

1982～1985 年俄罗斯发射的 GLONASS 卫星设计寿命 1 年，每颗卫星上装载了 2 台 ABT87 铷钟。后来的每颗卫星上装载了 2 台 BERYL 铷钟，质量较大。在 1985～1995 年发射的 GLONASS 卫星上，每颗卫星装有 3 台 GEM 铯钟。这些原子钟表现出极好的在轨性能。GLONASS-M 卫星于 2003 年开始发射，每颗卫星携带 3 台 MALACHITE 铯钟，其性能和可靠性指标与 GPS 卫星上的铯钟性能相当。新型的 GLONASS-K 卫星已于 2011 年发射第一颗卫星，同时携带有铷钟和铯钟。表 7-11 列出了俄罗斯生产的原子钟性能指标。

表 7-11 俄罗斯原子钟的性能指标

原子钟	星载铷钟 ABT87	星载铯钟 GEM	星载铯钟 MALACHITE	地面铯钟 SAPPHTRE	星载铷钟 BERYL
稳定度/天$^{-1}$	5×10^{-12}	5×10^{-13}	1×10^{-13}	5×10^{-13}	
功率/瓦		<80	90	110	20
质量/千克		39.6	52	65	<8
寿命/年	0.5	2	3.3	10	3.8

俄罗斯的星载原子钟都由俄罗斯无线电导航与时间研究所（RIRT，原名列宁格勒无线电技术研究所）研制生产。目前，该研究所开发出一种 Q 增益型磁控管谐振腔空间小氢钟，当磁场强度变化 0.5×10^{-5} 特时，磁屏蔽因子为 10^5。氢钟的稳定度为 1.5×10^{-14}～2×10^{-14} 天$^{-1}$，质量为 10.5 千克，满足 GLONASS 卫星的各项要求。RIRT 计划在新的 GLONASS 卫星上搭载 1 台这种氢钟。

3）GALILEO 系统

GALILEO 卫星导航系统是欧盟和欧洲空间局的一项联合计划，设计为全球提供定位服务，可与 GPS 和 GLONASS 系统兼容。该系统计划由 30 颗卫星组成（27 颗工作星和 3 颗备用星）。

GALILEO 系统使用的星载钟是铷钟和被动型氢钟，按目前的计划每颗卫星携带 2 台铷钟（热工作状态）和 2 台氢钟（冷备份）。这种星载钟计划是为保证充分的可靠性和满足 GALILEO 卫星 12 年的寿命要求而设计的。表 7-12 列出了 GALILEO 星载原子钟性能指标。两种星载钟设计基于瑞士 Neuchatel 天文台和 Temex Neuchatel Time（现 SpectraTime）的研究工作，这些研究持续得到欧洲空间局技术项目和欧洲卫星导航系统计划的支持。另据论文研究成果披露，目前意大利国家计量院研制的脉冲光泵浦铷原子钟原理样机 12 天（约 10^6 秒）测试时间的中短期频率稳定度已达到 1.7×10^{-13} 秒$^{-1}$、6×10^{-15} (10^4 秒)$^{-1}$，创造了目前国际上热原子钟的最高纪录。GALILEO 在轨验证阶段任务已于 2008 年 4 月成功完成。第一颗验证卫星 GLOVE-A 携带了 Temex 公司生产的 2 台铷钟，第二颗验证卫星 GLOVE-B 则携带了 SpectraTime 公司提供的 1 台被动型氢钟和 2 台铷钟。

表 7-12　GALILEO 星载原子钟性能指标

原子钟	星载铷钟	被动型氢钟
稳定度/天$^{-1}$	<4×10^{-14}	<1×10^{-14}
功率/瓦	<20	<60
质量/千克	1.3	15
体积/升	<1.3	<25

4)"北斗"系统

中国计划按照"三步走"的发展规划部署"北斗"卫星导航系统。第一步,在 1994 年启动"北斗"卫星导航试验系统(第一代系统),2000 年形成区域有源服务能力。第二步,在 2004 年启动"北斗"卫星导航系统(第二代系统)建设,2012 年形成区域无源服务能力。至 2012 年底"北斗"亚太区域导航正式开通时,已发射了 16 颗卫星,其中 14 颗组网并提供服务,分别为 5 颗静止轨道卫星、5 颗倾斜地球同步轨道卫星和 4 颗中地球轨道卫星。第三步,在 2020 年"北斗"卫星导航系统实现全球无源服务能力,届时"北斗"系统将由 27 颗中地球轨道卫星、5 颗地球同步轨道卫星和 3 颗倾斜地球同步轨道卫星组成,每颗卫星都将携带多台原子钟。

"北斗"工程建设之初,星载铷钟采用国外进口的方案,但由于供货商涨价和禁运等问题,铷钟成为制约工程建设的最大瓶颈。为了彻底破除西方的技术封锁,我国启动了星载铷钟的国产化工作。中国航天科技集团公司用了不到三年的时间即攻克了星载铷钟的国产化难题。2007 年 2 月 3 日和 4 月 14 日分别发射了两颗中地球轨道卫星,各携带 4 台国产铷钟,产品得到在轨验证,指标甚至优于国外引进产品。目前,航天二院 203 所正在进行新一代高精度星载铷原子钟的开发工作。新一代星载铷钟的性能指标相对于北斗二代一期卫星搭载的产品大大提高,其长期频率稳定度指标提高了 5 倍以上(频率准确度优于 3×10^{-12}),产品体积、质量大大降低(降低达 30% 以上),产品寿命从 8 年提高到 12 年以上。我国高精度星载铷钟性能目前已达到国际先进水平。

5)QZSS 系统

QZSS 系统是日本在建的高椭圆轨道 GPS 增强系统。原计划携带氢钟、铷钟和铯钟。铷钟和铯钟分别由美国 PerkinElemer 公司和 Symmetricom 公司制造,氢钟由日本国家情报通信技术研究机构和 Anritsu 公司合作研制。但在 2006 年日本终止了被动式氢钟的开发。QZSS 系统的首颗卫星已于 2010 年发射,卫星携带了数台铷钟。

6)IRNSS 系统

IRNSS 系统是印度正在建设的一个独立区域性卫星系统。该系统计划在 2013 年发射其第一颗卫星,2014 年投入运行。据称该卫星系统将使用铷钟,由 Astrium GmbH 公司应用 SpectraTime 的原子钟技术制造。

7.3.5.2　空间基础物理研究任务进展

在过去的几十年间,对爱因斯坦广义相对论进行实验验证成为无数科学家孜孜不倦的追求。远离地球的宇宙空间由于其自身的特征,为精密测量提供了理想的环境。美国、欧洲、日本均先后启动空间微重力原子钟计划,并取得显著进展,见表 7-13。

7 新型原子钟国际发展态势分析

表 7-13 部分空间钟的特点与比较

空间钟计划	ACES	PARCS	RACE	SUMO	SHM
空间钟类型	冷铯原子钟	冷铯原子钟	冷铷原子钟	超导微波振荡器	氢脉泽原子钟
预期性能与特点	采用冷铯原子工作，性能指标高，准确度 5×10^{-17}，短稳 7×10^{-14} 秒$^{-1}$，长稳 1×10^{-16} 天$^{-1}$。缺点是需配其他高稳定度的钟（如氢等）作本振方能体现它的性能，因而使整个空间钟系统变得复杂且笨重	与 ACES 的空间钟类似，性能指标也相当。不同的是配套本机振荡器为超导微波振荡器（SUMO）而不是 SHM。缺点除与 ACE 类似外，因 SUMO 需液氦冷却，系统的复杂性增加	采用冷铷原子工作，双磁光阱和双谐振腔。由于铷原子碰撞频移小以及双磁光阱的冷原子高产出，从而使它拥有比冷铯钟更高的性能指标。短稳 3×10^{-15} 秒$^{-1}$，准确度 1×10^{-17}。另外 RACE 需配 SUMO 作本振，其缺点与 PARCS 相似，但可连续工作，这与 ACES、PARCS 不同	工作于液氦和液氢的低温下，噪声低，有很好的短稳，从 3 秒到 1000 秒期间提供 5×10^{-16} 的稳定度，正好弥补冷原子钟 PARCS 和 RACE 的不足，因此它在空间钟系统中作为本振使用。另外，SUMO 作为一个不同物理机制的钟参与相对论验证具有重要意义。缺点是需液氦冷却系统，使系统繁重且不能长期工作	是传统的原子频率标准。在传统原子频标中稳定度最高，与冷原子钟相比，具有优秀的中期稳定度：5×10^{-15}（100 秒）$^{-1}$，5×10^{-16}（$10^3 \sim 10^4$ 秒）$^{-1}$，因此作为 ACES 空间钟的配套钟作本振用。另外，它的频率调节分辨率为 7×10^{-17}，为 ACES 作精细的频率调节。缺点是长稳和漂移较大，因此需通过 ACES 钟控制予以消除
配套组合钟及其作用	与 SHM 一起飞行，作为本振，提供中期稳定度及精细频率调节	与 SUMO 一起飞行	与 SUMO 一起飞行	与冷铷原子钟和冷铯原子钟一起飞行	与 ACES 的冷铯原子钟一起飞行

1）空间原子钟组合

空间原子钟组合（ACES）是欧洲空间局与法国航天局合作开发的一项基础物理研究任务，主要内容是高稳定、高精度原子钟在国际空间站微重力环境下的运行。ACES 在国际空间站上生成的时间标准可以通过高性能双向时频传输链路传回地球。时钟信号可以用于空对地和地对地原子频标比对。

ACES 的科学目标涵盖了基础物理及应用。在该任务中将以更高的精度验证狭义相对论和广义相对论，寻找基本物理参数随时间变化的情况。在应用方面，将在全世界范围内，以前所未有的分辨率对相距遥远的原子钟进行空对地和地对地时频比对。ACES 还将对基于对爱因斯坦的重力学红移的精确测量的新型相对论大地测量学进行验证，对地球重力势能的分辨率可达 10 厘米。最后，ACES 还有助于改进全球导航卫星系统（GNSS），促进该系统未来的发展。ACES 还计划对基于 GNSS 信号散射测量的新型海平面监测技术进行验证，并通过无线电掩星实验开展地球大气监测。预期性能方面：时间稳定性可达 10 皮秒/10 天，频率精度优于 3×10^{-16}。

ACES 的有效载荷中最关键的仪器是两台原子钟——冷铯原子钟 PHARAO 和空间氢脉泽

(SHM)。冷原子钟决定准确度和长期稳定度指标,而氢钟决定短、中期稳定度指标并提供有用输出。PHARAO 由法国国家科学研究中心开发,目前已对 PHARAO 工程模块进行了全面测试,测试结果良好。SHM 由欧洲空间局委托瑞士的 SpectraTime 公司开发制造。ACES 可能将在 2013 年被运往国际空间站,安放在哥伦布实验舱的外部载荷平台上,项目期为 18~36 个月。

2)超导微波腔振荡器实验

超导微波腔振荡器实验(SUMO)是为狭义相对论测试而设计的,它与空间原子基准钟(PARCS)计划联合在一起进行狭义相对论测试,由斯坦福大学开发。SUMO 将作为一个稳定的本机振荡器,在短时间尺度上对 PARCS 进行支持。SUMO 实验原计划利用国际空间站的低温微重力设施开展工作,但目前已无最新进展报道。

3)空间原子基准钟计划

空间原子基准钟(PARCS)计划是一项由美国国家航空航天局、国家标准和技术研究所资助开发的项目,在喷气推进实验室开发建造,原定于 2008 年在国际空间站开展,2005 年有报道称项目被取消。PARCS 的有效载荷与 ACES 相似,包括一台激光冷却的铯原子钟,以及一个应用仪器内的 GPS 接收机来提供位置、速度和定时信息的时间传递系统。PARCS 计划与 SUMO 一起飞行。SUMO 将作为稳定的本机振荡器,并用作结构完全依赖不同物理现象的钟。

4)铷原子钟实验计划

铷原子钟实验(RACE)曾计划在国际空间站进行空间实验,但目前已无相关进展报道。与 PARCS 一样,RACE 计划与 SUMO 一起飞行,所不同的是,RACE 基于铷原子而不是铯原子。在激光冷却的温度下,量子力学效应主要是冷原子之间的碰撞。这种碰撞在激光冷却的原子钟里会产生一个很大的频率偏移。碰撞偏移是铯喷泉钟最大的系统误差。在铷原子喷泉钟里,这个偏移要比铯钟小得多。实现 RACE 的高准确度的根本是高的短期稳定度。为了实现高稳定度,原子必须增加发射。也就是说,一方面利用微重力所提供的长探询时间(如 10 秒),另一方面以高速度(5 个球/秒)发射原子。与 PARCS 不同,RACE 将应用双磁光阱增加发射原子。这种设计使冷原子高产出,并因此获得高的短期稳定度。与 PARCS 的另一个不同是,RACE 采用两个腔。当使用振荡器的微波频率对一个腔进行探询时,可用另一个腔监视这个振荡器,这样,RACE 铷钟的稳定度就不会被本机振荡器的不稳定性所影响,大大减小了对本机振荡器的要求。RACE 激光冷却的铷原子以及双磁光阱和双腔设计,使它成为准确度和稳定度最高的频率标准。

7.4 主要国家和国际组织发展战略及重要计划

7.4.1 美国

7.4.1.1 NSF 资助的原子钟基础研究项目

从表 7-14 中可以看出,美国国家科学基金会(NSF)对原子钟研究领域的资助多集中在原子理论、原子与分子动力学、原子核精确测量等基础研究领域。

7 新型原子钟国际发展态势分析

表7-14 美国国家科学基金会与原子钟相关的在研项目（部分）

项目名称	承担机构	资助额/万美元	项目起止时间
美国国家科学基金会对交叉学科研究和教育的综合支持：原子介导中机系统的宏观量子控制与检测	康奈尔大学	70	2012年9月15日至2016年8月31日
玻色-爱因斯坦凝聚的量子多体自旋动力学	佐治亚理工研究公司	15	2012年9月15日至2015年8月31日
空中抛球原子钟散射相移的精确测量	宾夕法尼亚州立大学	2.5	2012年9月15日至2013年8月31日
重大研究仪器：开发用于原子核结构和基本对称性测量的高准确性、高精度激光系统	密歇根州立大学	22.3	2012年9月1日至2013年8月31日
原子系光光纠缠用于标准量子极限下的测量	麻省理工学院	15	2012年8月15日至2015年7月31日
基础中子物理	密歇根大学安娜堡分校	18	2012年8月15日至2015年7月31日
合作研究：用于复杂相关性精确处理的相对论原子规则开发	特拉华大学	31.5	2012年7月15日至2015年6月30日
极化自旋精密测量	史密森学会天体物理天文台	30	2011年9月15日至2014年8月31日
旋量玻色-爱因斯坦凝聚中的压缩	佐治亚理工研究公司	14.5	2011年9月1日至2013年8月31日
稳健的中性原子量子比特	佐治亚理工研究公司	15	2011年9月15日至2013年8月31日
超冷原子中心	麻省理工学院	667.5	2011年9月1日至2016年8月31日
原子宇称不守恒（PNC）的新研究方向	特拉华大学	15	2011年9月1日至2014年8月31日
从激光到稳定状态超辐射的转变理论	科罗拉多大学博尔德分校	17.6	2011年9月1日至2014年8月31日
超冷样品的散射	康涅狄格大学	17.4	2011年9月1日至2014年8月31日
研究人员早期职业发展奖：通过偶极原子的量子调控探索外来物质	斯坦福大学	10.2	2011年9月1日至2014年1月31日
量子光学和原子干涉测量	路易斯安那州立大学及农业与机械学院	21	2010年9月1日至2013年8月31日
钍（^{229}Th）同质异能素的激光激射	佐治亚理工研究公司	62.3	2010年8月15日至2013年7月31日
超冷原子气体中的少体相互作用	科罗拉多大学博尔德分校	30	2010年8月1日至2013年7月31日
原子干涉测量与纳米光栅的新应用	亚利桑那大学	45.4	2010年7月15日至2013年6月30日

续表

项目名称	承担机构	资助额/万美元	项目起止时间
镧系和锕系元素原子的束缚态和连续性	密歇根理工大学	21	2010年7月15日至2013年6月30日
重大研究仪器-R2：用于量子科学与工程的激光获取和现代化计划	麻省理工学院	229.3	2010年3月15日至2013年2月28日
冷极化中子的基础物理	密歇根大学安娜堡分校	54	2009年9月1日至2013年8月31日
超冷原子的共同冷却和原子与分子离子的碰撞	康涅狄格大学	30.5	2009年8月1日至2013年7月31日
本科院校研究项目：玻色-爱因斯坦凝聚实验	阿默斯特学院	46.9	2009年7月15日至2013年6月30日
碱土金属原子的量子信息	科罗拉多大学博尔德分校	48	2009年7月15日至2013年2月28日

7.4.1.2 NASA 原子钟发展战略和计划

1）空间钟技术开发路径选择与面临的挑战

定位、导航和授时（PNT）是美国国家航空航天局（NASA）一体化《空间技术发展路线图》中通信和导航领域的六大主要方向之一，而导航依赖于精确的时间/频率分配和同步，NASA 在这方面的现状为：近地基于全球定位系统（GPS）的时间/频率基准和时间传递能力分别为纳秒级和毫秒级。将石英振荡器用于星载时间/频率生成很普遍。GPS 卫星使用铷原子钟和铯原子钟来保证极稳定的授时。现在这一代空间钟的短期和中期稳定性能，从阿伦方差的角度描述，对于 1~10 秒间隔，普遍为 $10^{-13} \sim 10^{-14}$；对于 100 秒的较长间隔，为 $10^{-13} \sim 10^{-15}$。对大于 1000 秒的时间间隔，目前空间钟的长期稳定性能为 $10^{-12} \sim 10^{-13}$。

NASA 在 PNT 方向的重点工作首先是提高 PNT 的准确性和精确性，其次是自主。在授时方面，考虑开发具有超高精确性和频率稳定性的新一代综合性航天授时系统，这不仅是为了 PNT 的功能，也是为了在基础物理、时间和频率计量学、测地学和重力测量学以及超高分辨率甚长基线干涉测量等领域的科学应用。先进的授时系统研究将基于高稳定的石英晶体振荡器或原子跃迁测量技术为授时系统建立频率标准——包括光钟。使用石英振荡器的空间钟面临的主要技术挑战包括：降低其对星上热环境条件的灵敏度，以及对磁场、电场、重力和电离辐射效应的易感性。基于原子的空间钟面临的主要技术挑战是：降低其复杂度和成本，同时保持高端性能。共有的技术挑战包括：降低整个授时系统的大小、重量及功耗资源需求；辐射强化低噪声时钟读出电子器件；改进处理时钟测量、评估/传播授时模型的软件算法。同时还要研究新的授时系统架构，对组合钟的输出进行权衡，并合成最优化的时间估计。

在时间/频率分配方面，拥有一个稳健可靠的公共时间/频率基准，并且该时间/频率基准能在整个太阳系中精确共享，将使 NASA 在导航能力和基础科学领域的任务应用都受益。同时，精确的时间/频率传递能力要与预期的空间钟技术开发相结合。随着空间钟频率稳定度的提高，对精确时间/频率传递的需求将日益显露，成为重要的授时问题。为提供多种服务功能，具体包括采集、格式化到一个公共接口标准以及在不同种类的天基和地基平台网络节点间传输 PNT 数据等，需要进行技术投资。所需的研究和开发分属于系统研究、硬件部件开发和软件部件开发三个级别。横跨太阳系的纳秒级时间传递能力是一个长期目标。还需开发在空间联网环境下的精确时间/频率分配方法，特别是在没有实时的直接路径返回地球时。

2）深空原子钟前沿技术验证

2011 年 8 月，NASA 宣布支持三项技术验证项目，"深空原子钟"（DSAC）位列其中。该技术验证项目由加利福尼亚理工学院喷气推进实验室主导，计划开发一款以汞离子阱技术为基础、精度比现有系统高 10 倍的小型化轻质型原子钟，并验证该原子钟的超高精度空间授时性能，及其为单向无线电导航带来的好处，旨在为下一代深空导航和无线电科学提供必需的前所未有的稳定性能，加快轻质、高稳定性原子钟进入飞行就绪状态的进程。

在过去的 20 年里，NASA 喷气推进实验室的工程人员一直在持续地对汞离子阱原子钟进行改进和小型化，为其在深空极端环境中的运行做准备。根据实验室的设计，DSAC 的精度已被优化至 10 天内的变化不超过 1 纳秒。目前，DSAC 团队正在开发一款用于低地球轨道飞行测试的微型轻质原子钟，其尺寸比目前在空间运行的任何原子钟都小几个数量级，且质量更轻、稳定性更好。

DSAC 计划在 2013 年进行初期设计评审，并将在 3 年内做好飞行准备。DSAC 技术验证项目包括飞行测试验证的所有环节，包括规划、飞行硬件、发射、地面运行、测试后的评估和报告。DSAC 团队已经就空间飞行运行和数据分析制定出时间表。为了降低成本，所有技术验证项目均将与商业发射火箭上的其他有效载荷一起发射，预计将于 2015 年随铱星公司的"下一代"（NEXT）卫星发射升空。如果 DSAC 飞行验证任务获得成功，将使这项经过实验室测试的技术达到 7 级技术成熟度，满足各种空间任务对实用型原子钟的要求。

7.4.1.3 DARPA 芯片级原子钟计划

美国国防部高级研究计划局（DARPA）"微型定位、导航、授时技术"（Micro-PNT）计划的主要目标之一是开发可以安装在微芯片上的惯性导航和授时元件。为了达到非 GPS 导航的目标，Micro-PNT 将若干 DARPA 的项目整合在一起，以形成单芯片系统。这些子项目处于不同的开发阶段，其中最为成熟的是"芯片级原子钟"（CSAC）项目。CSAC 项目的目标是制造小型化、低功耗的原子时间频率标准设备，这种原子钟将在安全性要求非常高的超高频率通信、抗干扰 GPS 接收器、传感器和制导武器领域发挥关键作用。芯片级原子钟本身即 DARPA 投入很多精力开发的项目的一部分，现在已经有商业化产品问世。CSAC 项目的目标是把微型原子钟的体积降至 1 厘米^3，功耗下降到 30 毫瓦，稳定度达到 σ_y（$\tau=1$ 小时）小于 1×10^{-11}。

尺寸的锐减归功于垂直腔表面发射激光器的使用，它取代了商用原子钟中使用的灯。微型原子钟的物理封装是一个体积为 1 毫米^3 的气室，里面含有铯或铷等碱金属原子。利用激光器，仅需 5 毫瓦功耗就可以将这些金属原子加热至 90℃，并对受激原子的谐振进行检测。而商业化原子钟需要 3 瓦或 4 瓦功耗才能将金属加热到相同的温度。

DARPA 的微型原子钟不会向周围的电路散发任何热量。这种热阻尼是通过长而细的"系绳"将 CSAC 与周围的电子电路隔离开而实现的。这些微小的支撑结构，其横截面只有 5 微米×5 微米，比人的头发直径还要细 20 倍。利用系绳将立方体气室连接到芯片上。当这个立方体被加热时，由于系绳极其纤细，因此可防止热量从气室的物理封装中传导出来。

微细加工工艺是推动 CSAC 项目的一项关键技术。黏接玻璃和硅片的技术使得科学家能够精确地控制原子钟的内部特性。原子钟的内部涂层技术至关重要，因为它将长年累月暴露在高活性金属环境中，而铯或铷一旦接触氧气就会燃烧。

CSAC 计划目前已进入研发的第 4 阶段——运行测试阶段。第 4 阶段的测试原计划大约持续一年时间，测试结果成功与否将决定着原子钟是否适合转入制造计划，还是需将整个项目返回 DARPA 继续进行优化调整。如果能够证明这种微型原子钟已经做好了部署的准备，DARPA 将开展产品化研究，以解决大规模生产的工艺问题，进而将单个 CSAC 的价格降至 100 美元以下。2011 年，CSAC 在国际空间站上开展了一项技术演示验证实验，利用美国国防部同步定位、保持、轨道预定与再定向实验卫星作为实验平台，检验 CSAC 在长期微重力环境下的性能。

DARPA 还借鉴 CSAC 计划所取得的科学与技术成果开展集成微型基准原子钟技术计划。计划共包括三个阶段，目前处于第二阶段，该阶段的目标是实现体积 20 厘米^3、功耗 250 毫瓦、工作一个月误差不超过 160 纳秒的原子钟。

7.4.1.4 NIST 原子钟研究项目

美国国家标准和技术研究所（NIST）前身为美国国家标准局（NBS），是属于美国商务部的非监管机构，致力于通过推进测量科学、标准和技术以增强经济安全并改善生活质量，促进美国的创新和产业竞争力。NIST 下设工程实验室、物理测量实验室、信息技术实验室、材料测量实验室、纳米尺度科学与技术中心和 NIST 中子研究中心。物理测量实验室下设的时间与频率部负责维护频率标准和时间间隔，为美国提供官方时间，并在时间和频率计量学方面开展广泛的研究和服务活动。物理测量实验室同时开展与原子钟相关的研究项目。"超冷原子的量子态操控和超导器件"项目 2010 年启动，关注激光冷却量子调控、玻色-爱因斯坦冷凝原子和超导器件（如约瑟夫森结）等方面的研究，以及将原子与超导器件结合的混合器件。"超冷原子和分子"项目 2010 年启动，研究超冷原子和分子碰撞与相互作用的理论，利用可调磁场、电场或电磁场实现对这些相互作用的精确控制，应用领域包括量子信息、量子模拟和原子钟等。

7.4.2 欧洲

欧洲在原子钟建造方面历史悠久，成就显著，2011 年国际计量局用于国际原子时（TAI）的 12 个基准频标中有 9 个来自欧洲的实验室。

7.4.2.1 欧盟第七框架计划重点投资领域

在欧盟第七框架研究计划（2007~2013 年）中，与原子钟技术的科学研究、应用以及开发相关的 10 个项目（表 7-15）预算总额 1672 万欧元，欧盟出资总额 1375 万欧元，涉及科学研究、电子、微电子、通信、信息处理、信息系统、空间科学、卫星研究、运输与航天技术等众多主题领域。主要研究内容包括新型原子钟、光钟的开发与应用以及相应的激光系统和控制系统等。在科学研究方面，侧重研究可用于卫星导航系统的可移动原子钟或是原子钟部件，以实现更高的可移动性、超高的精度以及更低的能耗。芯片型原子钟和地面使用的超高精度新型原子钟也是其资助的重点研究主题之一。下面简要介绍几个侧重于新型原子钟开发项目的基本情况。

表7-15 欧盟第七框架研究计划资助的原子钟研究项目（部分）

起始年	项目名称	时间/月	主题领域	总预算/万欧元	欧盟出资/万欧元	组织国	主要研究内容	状态
2012	基于太赫兹频率梳的量子级联激光器（TERA-COMB）	36	信息与通信技术运用	287	219	奥地利	建立一个新的技术平台，使新一代高功率、高带宽的基于太赫兹频率梳的量子级联激光器具有较高的频率稳定度	在研
2012	用于光钟的光源（CLOCK-LIGHT）	35	科学研究	7	7	芬兰	为可移动光钟建立一个新型的稳定光源，通过为学术机构运行的光钟提供低不确定度连续度的方式，为未来重新定义"秒"的概念做出贡献	在研
2011	中性原子空间光钟：开发高性能的可移动试验光钟及其先进子系统（SOC2）	48	空间与卫星研究、运输与航天技术	272	200	德国	以镱和锶为核心构建两种新型可移动光晶格钟（其精度比现有可移动光钟提高1~2个数量级）并为其开发相应的激光和控制等系统	在研
2011	分子的多维激光频率梳光谱学（MULTICOMB）	60	科学研究	239	239	德国	通过傅里叶多外差光谱与频率梳的结合建立一种新兴光谱工具。相比传统的傅里叶光谱，两者结合后测量时间从秒缩短至微秒	在研
2010	核原子钟（NAC）	60	科学研究	125	125	奥地利	开发钍（^{229}Th）核原子钟。利用钍（^{229}Th）代替现有的铯为基准的时间定义，有望将时间定义的定位精度提高数个数量级，将至高卫星导航等应用的精度	在研
2010	频率梳的量子计量（FRECQUAM）	60	科学研究	113	113	法国	基于模型试验好的绝对时空灵敏度，将量子光技术运用到频率梳以实现最敏度测量领域，拓展这些技术至其他高灵敏度测量领域，并利用量子频率梳验证基础量子物理定律	在研

续表

起始年	项目名称	时间/月	主题领域	总预算/万欧元	欧盟出资/万欧元	组织国	主要研究内容	状态
2010	可移动蓝光光晶格中性原子光钟（MOBILE OPTICAL CLOCK）	24	科学研究	23	23	英国	利用失谐蓝光3D光晶格开发一种新型的可移动锶光钟。该光钟有望达到有史以来最低的 2×10^{-19} 不确定性。项目的第二阶段还会把这种光钟拓展至不同的应用领域	完成
2009	氢原子 $^1S-^2S$ 光钟跃迁的精密光谱学（HYDROGEN $^1S-^2S$）	36	科学研究	5	5	德国	通过构建一种新型磁性线圈枪，提高氢离子的 $^1S-^2S$ 光跃迁频率的精度	在研
2008	用于授时、频率控制和通信的MEMS原子钟（MAC-TFC）	36	电子、微电子、通信、信息处理与信息系统	492	335	法国	开发和演示一种超小型、低功耗的铯原子钟，其短期稳定度为 5×10^{-11} 小时$^{-1}$，依靠一节AA电池就可以运行，功耗小于200毫瓦	完成
2008	分子喷泉中冷分子的精确测量（MOLFOUNTAIN）	60	科学研究	110	110	荷兰	利用氨分子开发一种分子喷泉，其有效检测时间有望达到1秒。超长的有效检测时间使得对分子结构的极精细测量成为可能，基础物理的相关理论也将因此得以验证	在研

1）用于授时、频率控制和通信的 MEMS 原子钟

该项目的总体目标是：开发和演示一种超小型化、低功耗的铯原子钟，其短期稳定度为 5×10^{-11} 小时$^{-1}$，依靠一节 AA 电池就可以运行，功耗小于 200 毫瓦。为了实现这一目标，MAC-TFC 项目集合了数所大学、研究所以及工业伙伴进行协同开发。

项目被分为四个阶段。第一阶段的重点是建立 MEMS 原子钟的理论极限，展示在设计和制造可行性方面的限制，优化原子谐振器的性能。第二阶段将演示并开发用于构建小型化原子钟模块的技术，包括完全定制的半导体激光器、为原子钟填充碱金属蒸气的创新方法以及低功耗特定用途集成电路。第三阶段集中在使用低温共烧陶瓷技术，对两种可供选择的原型 MEMS 原子钟进行最终的芯片级集成和封装。物理封装将包括控制良好的包含碱金属蒸气的微机械模块、半导体激光器、校准/偏振微光学元件和光检测器。第四阶段将致力于原子钟的测试工作，并为未来的技术转移和工业化前的潜在应用打好基础。

2）核原子钟

该项目的目标是开发钍（^{229}Th）核原子钟，并将之运用于基础物理研究。不同于通常的原子核物理研究（需要利用加速器来开展研究，如欧洲粒子物理研究所），钍的放射性同位素^{229}Th 原子核在激光照射后即跃迁至罕见的低能原子核激发态。项目将研究这种激光导致的原子核跃迁。

在现行国际单位制下，对秒的定义是铯（^{133}Cs）原子基态的两个超精细能级间跃迁电磁辐射周期的 9 192 631 770 倍所持续的时间。如果利用钍（^{229}Th）的原子核跃迁对秒进行定义，时间标准的精确性将提高数个数量级，同时也会极大降低实验的复杂性。因此，该项目将致力于开发钍（^{229}Th）核原子钟，这将直接导致卫星导航精度和通信网络带宽的大幅提高。此外，应用钍核原子钟还有望解答最为基础的一个物理问题："自然常数是否保持恒定？"

3）中性原子空间光钟：开发高性能的可移动试验光钟及其先进子系统

该项目的目标包括：以镱和锶为核心构建两种超高精度的新型可移动光晶格钟工程样机，频率不稳定度小于 $10^{-15}\tau^{-1/2}$，不确定度小于 5×10^{-17}，其性能比现有可移动光钟高 1~2 个数量级。样机的表现将与在实验室环境（技术成熟度 4 级）中运行的光钟和频率标准进行比较，并开发相应的激光系统（在其能源、线宽、频率稳定度、长期可靠性以及精度方面做出调整）和带有控制系统的原子封装方法。新型的技术解决方案将有效地降低光钟对空间、能量和质量的要求。一些激光系统将朝着超高的紧凑性和鲁棒性发展。

4）可移动蓝光晶格中性原子光钟

该项目的目标是利用失谐蓝光 3D 光晶格开发一种新型的可移动锶光钟，有望达到有史以来最低的 2×10^{-19} 不确定性。

项目的第一阶段将致力于开发光钟，演示并探讨其在相对论测地学等领域的应用。下一阶段项目还会把这种光钟拓展至不同的应用领域，如用于石油和矿物勘探的力传感器。

7.4.2.2 实施欧洲计量研究计划路线图

2012 年，欧洲国家计量协会（EURAMET）技术委员会在专家讨论的基础上推出了三个"实施欧洲计量研究计划"（iMERA）路线图，涉及地面钟、空间应用以及时间和频率传递三大领域，见图 7-6 ~ 图 7-8。

7 新型原子钟国际发展态势分析

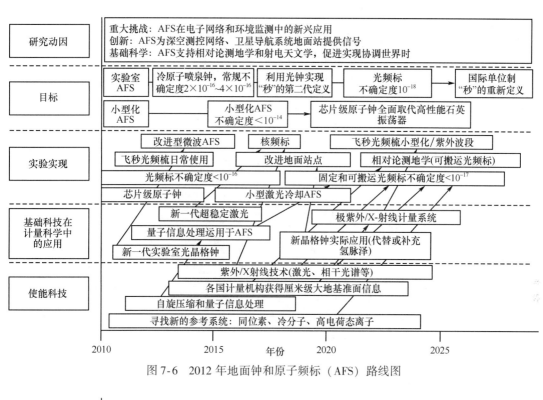

图7-6 2012年地面钟和原子频标（AFS）路线图

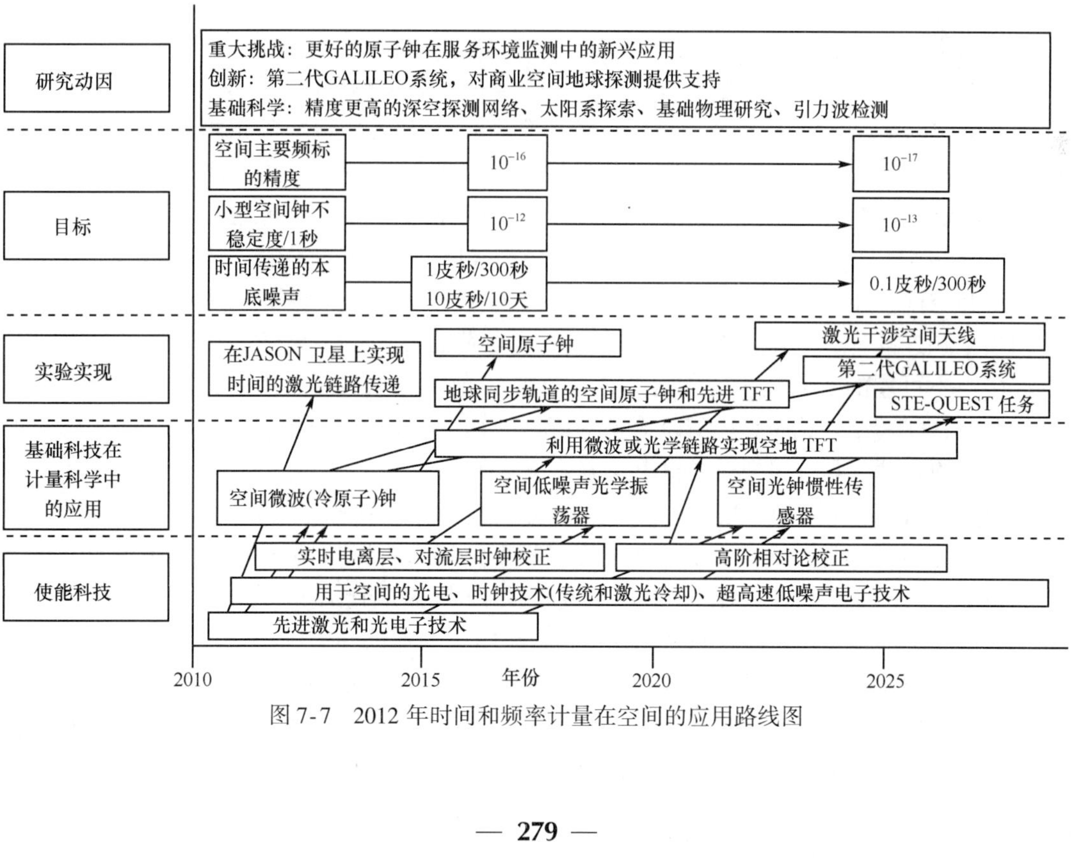

图7-7 2012年时间和频率计量在空间的应用路线图

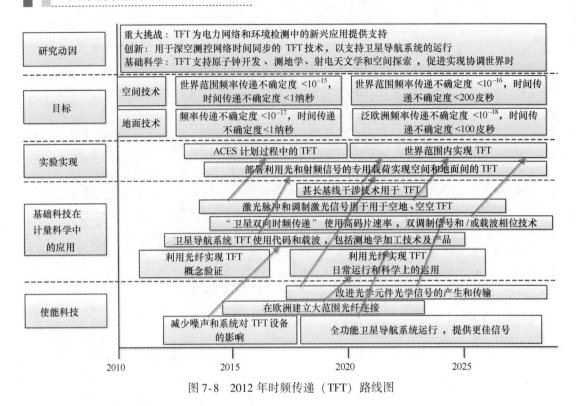

图 7-8　2012 年时频传递（TFT）路线图

1) 地面钟和原子频标

路线图的主要目标有两个：在实验室中运行原子频标，以及原子频标的小型化。

未来的主要举措包括：①达到目前基于微波频率的频标极限，显著改进本地振荡器、激光器稳频以及原子操控技术，并在欧洲和全球范围内提高频率梳光频测量的次数和质量，保证各个国家计量研究院之间可以最高的准确度保持一致；②开发准确度优于 10^{-17} 的光钟，研究理论上可达到的极限，探讨未来进行钟比对的关键问题，说明这些钟的时间尺度（重力和相对论），研究光钟的新用途（相对论大地测量学、地球科学、量子信息处理和空间科学等）；③未来有潜力的方法的基础研究，如将研究基于核子跃迁等高平均频率跃迁的钟，其他有趣的可能还包括高电荷态离子或冷分子等，但是必须先行开发许多尚不可用的实验技术，如合适的紫外或 X 射线测量技术、本地振荡器、分频器和鉴频器等；④总结理论工作，寻求合适的可靠的体系；⑤在上述研究行动的同时加强小型化原子钟的开发，同时加强对微机电系统等技术研究的支持。

2) 时频计量的空间应用

路线图的目标是：假定 ACES 任务即将发射，那么可以预期在未来 20 年里空间主频标，如零重力冷铯频标 PHARAO 的准确度将从 10^{-16} 提高到 10^{-17} 数量级。同时，微型钟在 1 秒内的平均频率稳定度也将从 10^{-12} 提高到 10^{-13}。目前在空间应用的基于微波原子共振器的铷钟和氢钟正在向质量更轻、能耗更低、性能更优异的方向发展。相距遥远的原子钟之间远程时间传递的噪声将从"空间实验原子钟"（ACERS）预期的稳定度 1 皮秒/300 秒至 10 皮秒/10 天提高到 0.1 皮秒/300 秒。

未来的主要举措包括两方面。①激光器和光子学技术的进展预计将为光学频率标准研究开辟新的道路。目前的微型空间原子钟包括传统光抽运铷钟和被动型氢钟，两种技术都采用微波原子共振；预期激光器和光子学技术的进展，一方面将在原子激光冷却和激光探测的基础上开发出改进型微波频标，另一方面将推动高稳低噪光频振荡器的发展。②通过在 GALILEO 星座中增加更多装配有高性能在轨仪器（如冷原子钟、惯性传感器、星地射频和激光链路）的地球同步轨道或低地球轨道卫星，本地的 GALILEO 信号将得以增强，但同时到达时频传递目标的基础也可能受到攻击。技术委员会已经向欧洲空间局提议，有必要在 GALILEO 的演变过程中发送一个码片速率更高的开放式服务信号，通过载波相位测量来识别。此外还需要建立更密集的传感器站点网络和上行链路，通过光纤传递等独立方式建立独立的同步。这将成为提供实时的、空间和时间分辨率较高的电离层和对流层参数的基础，精确的轨道和时钟校准将为实时精确定位铺平道路。

3）时频传递

时频传递（TFT）路线图的目标分为地基时频传递技术和天基时频传递技术两部分。欧洲的研究计划一方面支持提高时钟性能，另一方面支持时频传递研究。未来欧洲必须平衡分配这两类项目，否则就无法实现时频传递的应用。

7.4.2.3　ESA 空间原子钟研究部署

冷原子物理、新型频率标准以及量子技术是欧洲空间局《宇宙愿景 2015～2025》计划框架之下的《空间基础物理路线图》的六大科学领域之一。路线图咨询专家组强烈建议在《宇宙愿景 2015～2025》的中型任务部分考虑一项频率不确定度达 10^{-17} 的光钟任务，同时任务中还包括将光钟与具有同样不确定度的地基光钟进行比对的链路，从而使得地面钟比对达到 10^{-18} 量级。该系统除了可以将基本常数的空间变化限定在一定范围内之外，还可以以约 10^{-9} 的不准确度测量引力红移，进而对时空结构进行高精度测量。这意味着与 ACES 或其他未来可能的地面测量结果相比，新任务的测量精度至少可以提高 3 个数量级。任务的运行轨道既可以选择高地球轨道，也可以选择内太阳系轨道。

同时，国际空间站已经并将继续在原子钟（光钟和微波钟）及原子干涉测量传感器的开发工作中发挥关键作用。委员会强烈建议继续开发国际空间站任务"空间光钟"（SOC）和"空间原子干涉仪"（SAI），并要求在欧洲现有的经过实验室、产业界、特别是 ACES 计划验证的成熟技术基础上，重点关注可实现上述性能水平的最有潜力和最可行的原子钟技术开发：首先将经过验证的光学和激光元件及子系统用于空间，接下来开发原子钟和频率梳，同时并行推动原子干涉测量传感器和其他技术的发展。

1）科学方面

未来 10 年：在地面原子钟方面将重点开展局部位置不变性（Local Position Invariance，LPI）测试和地球场的引力红移测量，在空间原子钟方面将重点进行引力红移测量、LPI 测试、尺度效应重力（Scale Dependent Gravity）和光的传播测试。表 7-16 列出了与其他计划及可能的实验相比，预期 10^{-17} 空间钟的改进情况。专家认为未来 10 年地面钟的不准确度将逐步达到 10^{-18}。

表 7-16 部分使用原子钟的地面和空间基础物理实验概况

测试类型	引力势差 ($\Delta U/c^2$)	2009年不确定度	计划中的任务 ACES(2012)(d)(e)	计划中的实验 地面实验(2020)(e)(f)	提高因子 国际空间站或低轨道(d)(e)	高椭圆地球轨道(d)(e)	未来空间光钟任务 内太阳系(水星)	近距离飞跃太阳(6个太阳半径)	外太阳系
在地球引力场			4×10^{-11}	$4\times10^{-13(c)}$	4×10^{-11}	5×10^{-10}			
在太阳引力场			$4\times10^{-13(d)(e)}$	$3\times10^{-10(f)}$	$4\times10^{-13(d)(e)}$	$4\times10^{-13(d)(e)}$	2×10^{-8}	4×10^{-7}	9×10^{-9}
基本常数的时间不变性		$10^{-2(c)}$		$\times40^{(a,b)}$					
局部位置不变性I：地球引力与基本常数的耦合		$10^{-7(n)}$		$\times4000^{(a,c)}$	$\times40000^{(k)}$	$\times5\times10^{6(k)(j)}$		$\times100^{(k)}$	
局部位置不变性II：太阳引力与基本常数的耦合		$3\times10^{-6(o)}$		$\times10^{(a,b)}$			$\times70^{(k)}$	$\times100^{(k)}$	
地球引力场红移测量		$7\times10^{-5(m)}$	$\times35^{(i)}$	$\times35^{(p)}$	$\times350$	$\times40000^{(j)}$			
太阳引力场红移测量		$10^{-2(l)}$	$\times600$（空测试）(e)(g)	$\times6000$（空测试）(e)(j)	$\times60000$（空测试）(e)(j)	$\times2\times10^{7}$	$\times3\times10^{6(h)}$	$\times9\times10^{6}$	

续表

测试类型	2009年不确定度	计划中的任务 ACES(2012)(d)(e)	计划中的实验 地面实验(2020)(o)(f)	提高因子				
				国际空间站低轨道(d)(e)	高椭圆地球轨道(d)(e)	内太阳系（水星）	近距离飞跃太阳（6个太阳半径）	外太阳系
其他		绘制10厘米级局部地球引力场图		绘制1厘米级地球局部实时地图,引力场图,洛伦兹不变性	绘制1厘米级地球局部实时地图,引力场图,洛伦兹不变性	2阶红移测试,夏皮罗时间延迟×100	2阶红移测试,或许会结合夏皮罗时间延迟测量	大尺度重力测量,或结合会结合罗时间延迟测量

注：重力势差与钟比对时有关，如航天器与地面之间或轨道极点之间的比对。其他列为计划中的空间任务和规划中的未卫星任务中的地面实验以及可能的未卫星任务中有望改进的因子（即表中的"x"）。未来卫星飞行任务所采用的钟的不准确度将达 10^{-17}。其中，一台钟将用于红移测量，结果将与目前的结果进行对比，另外两台将用于 LPI 测试。预计到 2020 年，未来的地面钟的不确定度将逐步达到 10^{-18} 水平。ACES 任务中 PHARAO 原子钟的不准确度目标为 10^{-16}。规划中的地面实验（高度差 1 千米，原子钟不确定度 10^{-15}）进行对比估计。

(a) 地面钟的不确定度和测量时间均得到提高
(b) 钟的精度和测量时间均得到提高
(c) 通过高度差为 4 米的两台 10^{-18} 原子钟比对结果与地面钟进行对比
(d) 航天器上搭载的原子钟比对结果将与地面的两台原子钟进行对比
(e) 通过空间链接对比距离为 1 个地球半径与地面原子钟
(f) 由于地球的轨道运动，用于测量局部性
(g) ACES 结果与地面 10^{-16} 不确定度原子钟结果对比，并重复多次
(h) 受限于航天器位置的测量精度，假定在 6 个太阳半径处精度为 10 米
(i) ACES 结果与地面原子钟结果对比
(j) 假定任机长时间多次重复测量将令不确定度降低为原来的十分之一
(k) 采用多种类型的钟，这些原子钟对基本常数的敏感度大不相同
(l) 伽利略红移实验（1990）
(m) "引力探测器-A"（Gravity Probe-A）
(n) 从检出限到光钟频率比值 Al^+/Hg^+ 年变化
(o) 从检出限到光钟频率比值 (Hg^+/Al^+)/Cs 年变化
(p) 不确定度为 1×10^{-18} 的原子钟在高度差为 4 米的情况下进行结果比较

2）技术方面

空间光钟的开发也是一大重点。有关空间光钟的既有经验及目前的开发行动主要包括六个方面。①参与 ACES 计划特别是 PHARAO 开发的团队和公司掌握了大量的相关知识和经验，可以将这些重要的经验用于光钟研究，并且这也是节约成本和时间的必要途径。②ESA 成员国的航天企业业已开发的、经过空间验证的用于其他领域的子系统（光纤激光器稳频部件）也可用于满足光钟所需。③近年来地面工业激光器技术的快速发展推动高可靠成品元件及不同光钟所需的激光器技术手段走向实用化，也为空间钟的研发铺平了道路。④在空间光学原子钟所需的新技术开发方面（如高功率半导体激光器、超稳光学腔、频率稳定性、频梳和光频转换等），很好地实现了各种原子或离子的独立发展。⑤欧盟在基于晶格囚禁中性原子技术开发紧凑型可搬运光钟示范方面开展了大量工作，开发出紧凑型可搬运锶钟试验模型，及可搬运镱钟装置和相应的紧凑型钟激光器子系统，两台钟都计划在 2010 年底投入运行。这项工作得到 ESA "欧洲生物和物理学及其在国际空间站的应用计划"（ELIPS）下的"空间光钟"任务资助，该任务目前正在开发中，拟争取 2020 年登上国际空间站。其目标是开发一个不准确度和不稳定度为 10^{-17} 水平的光钟以及高性能链路，可以 10^{-18} 准确度对未来的地面钟进行比对，引力红移的测量精度比 ACES 高 10 倍。空间光晶格钟的开发工作将在第七框架计划中延续，目标是在 2014 年前对不稳定度为 $1\times10^{-15}/\tau^{1/2}$、不准确度小于 5×10^{-17} 的光钟试验模型进行验证。⑥欧洲的空间光钟开发工作将从众多机构内实验室钟的非空间开发之中获得极大的利益，大量从事光钟验证工作的欧洲团队都对这种仪器抱有深切和广泛的兴趣，确保了研究迅速进步，并为空间钟的产业开发培养了大量的科学家。

为了实现上述在未来短时间内最有希望和最现实的系统，专家组建议有效利用可获得的知识资源和以往的投资，并对各国和 ESA 等研究团体的行动进行有效协调，实现快速推进：首先开发已经经过实验室验证和商业化的技术以及将光钟用于空间的技术，包括半导体激光器、光纤、晶体和钟的外壳、冷却和操控激光器的空间试验，不稳定性小于 5×10^{-16} 的钟激光器子系统，激光器的稳频部件、频率控制和功率控制部件等；接下来开发原子封包，充分利用实验室中为了达到高性能目标而进行的概念、测试和验证方面的进展；第三步，需要开发与上述钟性能指标相当的空间频率梳技术。上述技术开发要考虑实验室在新型激光器技术方面的进展，包括小型化高功率激光器、微型光学、集成光学和微型频梳等。

在路线图的积极酝酿和专家的大力支持下，在 2011 年 2 月 25 日 ESA 选出的《宇宙愿景 2015～2025》长期科学规划第三项中级任务的 4 项候选方案中，"时空探测器与量子等效原理空间试验"（STE-QUEST）榜上有名。该任务将利用原子钟和原子干涉仪精确测定重力对时间和物质的影响，包括通过对位于地面和空间的两台高精密钟的比对进行引力红移测试，通过自由下落的超冷原子云的变化进行量子自由落体测试，以此来检验爱因斯坦广义相对论的一条基本假设和最基本的预测，即等效原理。在地球引力红移的测量方面，1976 年 Gravity Probe-A 实验通过地面钟和火箭上搭载的钟的比对获得 7×10^{-5} 的准确度；计划于 2014～2015 年随国际空间站飞行的"空间原子钟组合"（ACES）任务拟通过 PHARAO 冷原子钟将测试的准确度提高 10%～30%；STE-QUEST 任务则计划借助近来进步神速的原子钟技术,利用最先进的原子钟和最佳的轨道条件,将测试的灵敏度提高1~3个数量级。此外STE-QUEST还将通过测量太阳重力磁场中红移效应的日变化,进行地面钟的比对。

7.4.2.4 ESA空间光钟研究路线图

2008年ESA下属欧洲空间研究和技术中心(ESTEC)位于英国的国家物理实验室发布SOC技术支持文件,悉述科学(基础物理)、对地观测(地球科学)、空间光学脉泽钟、全球导航卫星系统(GNSS)技术开发等领域的要求,对本地光学振荡器、囚禁离子光钟、中性原子光晶格钟、光学频率梳、光频比对技术进行了评论,概述了光学原子钟硬件技术开发和系统集成情况,还对光学模块设计和规划、基础设施准备以及人员情况进行了总结。报告建议为了达到较高的技术成熟水平并满足特定任务的要求,应该对 $^{88}Sr^+$ 囚禁离子光钟、锶原子光晶格钟、基于量子逻辑囚禁离子的 $^{27}Al^+$ 光钟以及汞原子光晶格钟四个光学原子钟系统进行平行开发,具体的开发计划见图7-9,图中特别显示了各系统之间的协同作用,凸显多种开发方案在获得高性能参数方面的互补价值。此外在光学原子钟开发战略(图7-10)中还规划了工程模块和飞行模块的开发路线图。整个光学原子钟开发战略的重要时间节点是:在2013年末之前完成原子频标的选择。整体的技术开发规划见表7-17。

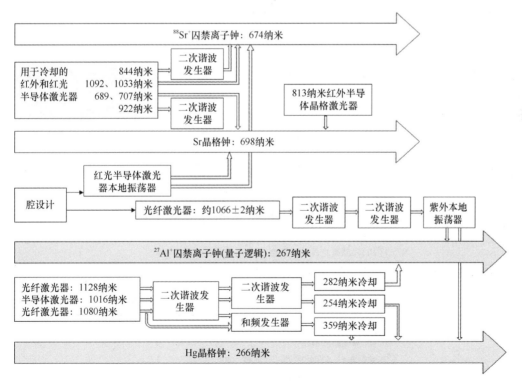

图7-9 欧洲空间研究和技术中心的光钟开发计划
由于飞秒频率梳开发计划各系统通用,因此没有列在图中

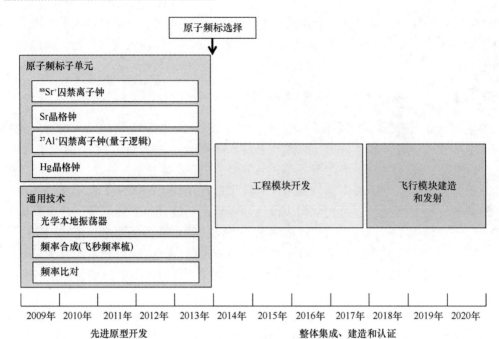

图 7-10　ESTEC 的光学原子钟开发战略

表 7-17　光学原子钟子单元的体积、质量和功率规划指南

光钟	子单元	体积/升	重量/千克	功率/瓦
锶离子（$^{88}Sr^+$）光钟	囚禁部分	7	10	20
	冷却/辅助激光器（半导体激光器）	10	20	20
	本地振荡器（红光半导体激光器：674 纳米）	8	10	10
	光纤传输	7	5	5
	合计	32	45	55
锶晶格钟	磁光阱/晶格腔部分	27~37	45	30
	冷却/辅助激光器	22~37	40	40
	本地振荡器（红光半导体激光器：698 纳米）	8	10	10
	晶格激光器：813 纳米	10	5	10
	光纤传输	7	7	5
	合计	74~99	107	95
量子晶格钟（Al^+/Mg^+）	囚禁部分	13~20	25	30
	冷却/辅助激光器（光纤激光器）	8	25	40
	本地振荡器（四倍频光纤激光器：267 纳米）	18	20	30
	光纤传输	7	7	5
	合计	46~53	77	105
汞晶格钟	磁光阱/晶格腔部分	23~27	40	25
	冷却/辅助激光器	8	20	40
	本地振荡器（四倍频光纤激光器：266 纳米）	13	20	30
	晶格激光器：360 纳米	15	20	30
	光纤传输	7	7	5
	合计	66~70	107	130

续表

光钟	子单元	体积/升	重量/千克	功率/瓦
频率梳	掺铒飞秒光纤激光器	5		
	掺镱钨酸钇钾晶体飞秒固体激光器	3		
	放大器（可能需要）	3		
	总预估值	6~8	5	10

注：表中只包括物理部分，不含支持结构及电子器件的质量和体积

2009年3月，SOC联合研究团队制定了空间中性原子光钟的开发路线图，总体目标细分为四个阶段：①开发阶段：2010~2012年完成紧凑型可搬运试验模型的开发，2010~2015年完成关键的子系统工程模块；②原型和组件工程模块的地面和空间测试和验证阶段：2011~2017年进行原型测试和验证，2013~2016年进行组件工程模块测试；③整体工程模块开发阶段（2015~2017年）；④任务阶段：2018~2020年开发利用国际空间站或卫星开展专门任务的飞行模块，争取在2020年获得首次任务机会。

7.4.3 日本

日本学术振兴会（JSPS）在近10年间一共资助了10项与原子钟相关的研究项目，累计资助金额达3.84亿日元，项目的研究领域主要集中于原子、分子、量子与等离子以及应用光学与量子光学工程研究方向，两者获资助项目数累计达7项。获资助项目的主要研究内容集中在新型原子钟尤其是光晶格钟的开发以及与新型原子钟相关的各种技术，如光源、冷原子喷泉等的研究。值得注意的是，基础物理研究领域的项目"用于研究基本物理常数随时间变化情况的离子光钟"是受资助力度最大的研究项目，项目预算达1.6亿日元，该项目旨在开发基于钡离子和镱离子的光钟，以验证基本物理常数是否保持恒定。这表明JSPS在重视资助原子钟相关技术的研发的同时，还关注原子钟在基础物理研究中的重要应用。

日本的其他两家学术资助机构——总务省和科学技术振兴机构（JST）在近期也资助了一系列与原子钟相关的研究项目。总务省资助了两项研究，其研究内容均为新型超高精度光晶格钟的开发。在受JST资助的四个研究项目中，有三项的研究主题和新型原子钟尤其是光晶格钟的开发有关，另外一项研究项目旨在发展可用于原子钟的相关技术，试图开发超窄线宽的稳定激光光源，以用于未来的光晶格钟之上。

除此之外，日本文部科学省（MEXT）从2008年开始进行一项持续时间达10年的名为"光子学前沿网络"的计划。该计划试图将分属不同机构、不同领域的众多科学家联系在一起，在工业界的参与下，为日本的光学科学和技术建立强大的研究和教育基地。目前该计划正在资助数项与光晶格钟相关的研究项目。

表7-18列出了日本主要学术资助机构资助原子钟研究项目概况。

表 7-18 日本主要学术资助机构资助的原子钟研究项目（部分）

起始年	资助机构	项目名称	主题领域	总预算/万日元	研究机构	主要研究内容	状态
2011	JSPS	镱光晶格钟	原子、分子、量子与等离子	533	日本先进工业科技研究所	无	在研
2010	JSPS	超小型原子振荡器的研究与实现	电子设备	312	首都大学东京	开发具有优良的频率稳定度和低功耗的超小型原子振荡器，预期其短期平均不稳定度将低于 10^{-12} 秒$^{-1}$	完成
2009	JSPS	用于研究基本物理常数随时间变化情况的离子光钟	基础物理研究	16406	京都大学	开发基于锂离子和镝离子的光钟，以验证基本物理常数是否会随着时间的变化而变化	在研
2009	JSPS	吉赫频带锁模激光脉冲的稳定复现及其应用	应用光学与量子光学工程	15262	东北大学	原子钟光源相关技术	在研
2009	JSPS	连续链接级联光梳对长距离绝对精度的离距研究	应用光学与量子光学工程	1898	日本先进工业科技研究所	原子钟光源相关技术	完成
2009	JSPS	高精密光晶格钟的信息处理及其应用	原子、分子、量子与等离子	210	东京大学	开发新的光晶格钟构建方法，并评估其性能和可行性	完成
2008	JSPS	基于冷原子喷泉的频率标准的开发	应用光学与量子光学工程	442	日本先进工业科技研究所	冷原子喷泉的基础理论研究	完成
2008	JSPS	下一代信息系统的芯片级原子钟	计算机系统网络	330	国立情报学研究所	原子钟的时间同步算法研究	完成
2008	JSPS	光晶格陷阱中的量子操作研究	原子、分子、量子与等离子	180	东京理科大学	优化玻色-爱因斯坦凝聚的一维光晶格捕捉，微波-射频跃迁与 Ramsey 干涉	完成

7 新型原子钟国际发展态势分析

续表

起始年	资助机构	项目名称	主题领域	总额算/万日元	研究机构	主要研究内容	状态
2002	JSPS	用于光学频率标准的超精密锶原子光晶格钟研究	原子、分子、量子与等离子	2834	东京大学	开发用于光学频率标准的超精密锶原子光晶格钟	完成
2005	总务省	铯光钟的开发			东北大学	利用稳定的皮秒脉冲激光（光微波振荡器）开发一种新型铯光钟，而且该光钟可以直接通过光纤网络为世界各地提供超稳定的标准时间信号	完成
2003	总务省	光晶格钟的开发			东京大学	利用锶（^{87}Sr）构建光晶格钟，其不稳定度 5×10^{-16} (2000 秒)$^{-1}$，有望在未来成为"秒"的定义基准	完成
2010	JST	创新——时空			东京大学	研发高精度光晶格钟	在研
2008	JST	利用超窄线宽激光器开发新的量子操作和测量方法			京都大学	开发超窄线宽（仅数赫）的稳定激光，未来有望用于更高精度光晶格钟的开发	在研
2005	JST	超冷原子的量子计量			东京大学	研发基于锶、镱、汞的光晶格钟洋评估它们是否可以作为下一代的时间标准	在研
2005	JST	利用相位相干真空紫外脉冲实现精密原子光谱	光的生成与操控		情报通信研究机构	研发可用于原子钟的新技术	完成

7.5 新型原子钟未来发展趋势分析

随着基础研究和技术发明的不断进步,特别是在激光冷却和囚禁原子物理与技术的发展以及以离子阱和飞秒光梳为代表的光学频率精密测量技术的发明推动下,近年来国际上以原子钟研究为主题的论文数量呈指数增长,未来发展势头强劲。从各国发表论文的数量和质量上看,美国占据绝对领先的地位,德国、英国、澳大利亚、法国、俄罗斯和日本等国在原子钟研究领域也拥有较强的实力,中国机构目前主要处于跟踪研究阶段,尤其在论文影响力上,与其他国家之间仍存在较大差距。机构层面,美国国家标准和技术研究所无论在原子钟的理论基础研究,还是先进原子钟和相关技术的开发与应用方面,都处于世界领先水平,其开发的 Al^+ 光钟是当前最精确的原子钟。从机构合著的角度看,目前在基础研究方面合作密切的机构主要存在于美国机构之间和德国机构之间,跨国合作的情况尚不多见,反映出各国都竭力抢占先机,实力角逐、技术对抗的火药味可见一斑。

原子钟研究的热点领域包括离子光钟、光晶格钟、光学频率梳以及原子钟相关技术与应用等。近来光学频率标准开发进步很快,自从引进飞秒光学频率梳以来,在性能水平方面提高了数个数量级,同时涌现出各种本身具有很窄的光跃迁属性的冷离子和中性原子候选元素,它们在原子频标冷却和测量所需的激光器技术方面,各有优势和不足,对系统性频移的灵敏度也互不相同。最佳光学频率标准的性能已经超过微波频标。

常见的离子光钟包括 Ca^+、Yb^+、Sr^+ 和 Hg^+ 等,美国国家标准和技术研究所开发的 Al^+ 光钟的不确定度达到 8.6×10^{-18};Hg^+ 光钟也是准确度较高的一种离子光钟,目前不确定度达到了 1.9×10^{-17} 的水平。未来进一步提高离子光钟性能可以通过采用更好的冷却系统和更佳的抑制黑体辐射频移的方法来实现。

2005 年世界第一台光晶格钟诞生(Takamoto et al.,2005)以来,由于光晶格钟使用了大量中性原子作为工作物质,因此可以同时实现光钟的高稳定度和高精度,相关研究迅速成为目前世界原子钟研究的热点之一。常见的光晶格钟原子包括钙、镱、锶和汞等,锶和镱晶格钟都极受关注。目前光晶格的最好不确定度虽然已经达到 10^{-16} 数量级,但是距离理论预期的 10^{-18} 不确定度仍有很大距离,因此如何进一步提高光晶格钟的不确定度将成为未来光晶格钟的研究重点。汞钟最具潜力,相对准确度预期可达 3×10^{-19}。

光学频率梳的发明使得人们第一次能够用微波频标直接测量光学频标,进而为发展更高精度的光钟、实现用光学频标标定微波频标提供了可能,并在精密光谱学、阿秒激光物理、基本物理常数的精确测定、新一代全球定位系统等领域获得重要应用。目前,光频梳正在向极紫外、红外波段及高重复频率等方向发展,已开发出超高频真空紫外频率梳。未来,基于 X 射线频率梳技术可能开发出新一代 X 射线原子钟。

此外,关于原子钟的基础研究、在引力红移和基本常数测量等方面的应用研究和相关激光技术研究等也都在蓬勃开展,未来有望持续推动原子钟研究不断发展。

几类高精度原子钟的主要参数列于表 7-19 中。

7 新型原子钟国际发展态势分析

表7-19 新型原子钟主要性能指标的最优水平

频率标准	铯基准频标	铝离子光钟	汞离子光钟	锶光晶格钟	钍(^{229}Th)核原子钟*
开发机构	美国国家标准和技术研究所/德国联邦物理技术研究院	美国国家标准和技术研究所	美国国家标准和技术研究所	美国实验天体物理联合研究所	维也纳工业大学
跃迁频率	9.2吉赫（微波）	1121太赫（紫外）	1064太赫（紫外）	430太赫（可见）	1800太赫（真空紫外）
跃迁自然线宽	约0	8毫赫	1.6赫	10毫赫	10~1000微赫
实际线宽	1赫	2.7赫	1.6赫	300毫赫	10~1000赫
质量因子Q	10^{10}	10^{14}	10^{15}	10^{15}	10^{13}~10^{15}
振子数目	10^8	1	1	4000	10^{12}
时钟相对统计不确定度	4×10^{-16}	8.6×10^{-18}	2×10^{-17}	1×10^{-18}（估算值）	$\geq10^{-21}$

* 预期值

另据报道，最近美国加利福尼亚大学伯克利分校提出一类新型原子钟——"康普顿原子钟"（Conpton Clock）（Lan et al., 2013），有望成为原子钟未来的重要发展方向之一。"康普顿原子钟"的基本原理是基于单个粒子具备波的特质，拥有一个特定的、正比于其质量的频率，也被称为康普顿频率（Compton frequency）。康普顿频率相当之高，以铯原子为例，它的振荡频率为3×10^{25}赫。将铯原子囚禁在一台Ramsey-Bordé原子干涉仪中，通过改变脉冲时长及其中所包含的光子数量，即可获得实验可测的铯原子康普顿频率的分量。利用这个分量，即可构建出单个原子的原子钟。尽管目前该原子钟的精确度仅达到10^{-9}，但由于质量是自然界最稳定的量，未来这种原子钟可能成为最稳定和最准确的原子钟。康普顿原子钟把时间、长度和质量的标准完全统一起来，将对验证基本理论的实验研究产生巨大的推动作用。康普顿原子钟的优质系数Q值近于无穷大。由于康普顿原子钟是一类全新的原子钟，它的极限精确度究竟有多高尚不清楚。随着科学技术的发展和对康普顿原子钟的深入认识，它的精确度问题会逐渐明朗化。

结合各国未来发展布局，美国国家科学基金会重点资助原子理论、原子与分子动力学、原子核精确测量等基础研究领域；美国国家航空航天局（NASA）重点考量在保持空间原子钟高端性能的同时降低其复杂程度和成本，NASA正在进行中的"深空原子钟"项目将开发以汞离子阱技术为基础、精度比现有系统高10倍的小型化轻质型原子钟，并验证该原子钟的超高精度空间授时性能，计划于2015年发射升空；美国国防部高技计划研究局"芯片级原子钟"项目将把微型原子钟的体积降至1厘米^3，并将功耗下降到30毫瓦，计划目前已进入运行测试阶段并在国际空间站开展演示验证研究。

欧盟第七框架重点支持可用于卫星导航系统的可移动原子钟或是原子钟部件，以实现更高的可移动性、超高的精度以及更低的能耗。芯片型原子钟、地面使用的超高精度新型原子钟以及原子钟在基础物理研究中的应用也是其资助的重点研究主题。欧洲国家计量协会计划开发准确度优于 10^{-17} 的光钟和准确度优于 10^{-13} 的星载空间钟。欧洲空间与法国航天局合作开发的"空间原子钟组合"基础物理研究任务采用冷铯原子钟和空间氢脉泽组合实现短期、中期和长期的稳定度和准确度,据报道将于 2013~2015 年择机运往国际空间站。意大利国家计量院开发的脉冲光泵浦铷原子钟原型在中短期频率稳定性能方面超越了目前所有的星载原子钟。此外,欧洲空间还在考虑将一项旨在进行基础物理测试的频率不确定度达 10^{-17} 的光钟任务纳入重点支持行列,按计划 2013 年底之前将最终确定未来光钟的具体类型。

  美、欧资助计划中有一项双方共同关心的工作特别引人关注,即开发精度更高的钍(^{229}Th)核原子钟。钍的放射性同位素^{229}Th 具有特殊的性质,无需使用大型加速器来激发其原子核,因此^{229}Th 在激光照射后即可跃迁至罕见的低能级原子核激发态。这一跃迁的频率位于真空紫外波段,在克服一些现有的技术难题后,有望以该跃迁为基础,构建唯一核原子钟。据奥地利维也纳工业大学的研究小组估计,^{229}Th 核原子钟的不确定度将大大超越现有的任何一种原子钟,有望达到 10^{-21} 数量级。这种超高精度的原子钟的研发对于基础物理研究以及实际应用研究如 GPS、空间探索等活动具有极其重要的意义。目前,国际上已经有一些机构开展了^{229}Th 核原子钟研究。奥地利维也纳工业大学的研究工作得到了欧盟第七框架 NAC 项目的资助;美国佐治亚理工学院、美国内华达大学和澳大利亚新南威尔士大学对^{229}Th 核原子钟的研究则得到了美国海军研究办公室、美国国家科学基金会和戈登·戈弗雷研究基金的支持;此外,俄罗斯科学院、乌克兰国家科学院等机构也正在开展该领域研究。

  与美欧空、地兼顾的路线不同,日本在原子钟研究方面独树一帜。日本目前进行的原子钟研究项目几乎全部为地面原子钟,尤其是光晶格钟相关技术的开发,可搬运原子钟开发计划暂未见报道。除了光晶格钟相关技术的开发,日本也资助了数项运用了原子钟的基础物理研究项目。

  需要注意的是,尽管新型原子钟的技术不断取得突破,一些原子钟如 Al$^+$ 光钟的不确定度已经远超传统微波原子钟,但由于新型原子钟的某些技术仍不够成熟,如光钟的连续工作时间受限等,各国基准频标仍采用微波频标。冷原子喷泉钟在提高准确度、实现小型化方面都取得了令人瞩目的进展,未来还将在关联光钟和传统微波钟方面扮演不可或缺的重要角色。

  总而言之,根据目前的发展趋势看,新型原子钟取代传统的原子喷泉钟和铯束原子钟,成为各国基准频标,已为时不远,未来国际单位"秒"终将在光学共振频率上进行重新定义。

7.6 开展新型原子钟研究的战略意义简析

  原子钟作为当代精密度、准确度和稳定度最高的计量标准,是物理学前沿基础研究与高新技术研发应用相结合的产物。开展以高性能冷原子钟、光钟为代表的新型原子钟研究,对科学和技术的发展都具有重要意义。

在基础科学领域，时间是目前测量精度最高的物理量之一。频率标准在基础物理定律的定量验证领域发挥着越来越重要的作用。大地测量学、射电天文学以及空间探索等科学领域都需要持续提高时间标准的准确度。对时间标准的研究构成了理解量子力学和基础物理的基石。例如，验证广义相对论和量子场论的一些结论、探测引力波等，必须以高精度、高准确度的原子钟为基础。有科学家曾形象地比喻"广义相对论已不再是理论学家的天堂，而是实验学家的地狱了"，进一步提高原子钟的准确度和稳定度在未来相当长的时间内都将是科学界的极致追求。

在高技术领域，频率标准是导航系统运行所需的重要设备，原子钟的性能直接决定着导航定位精度和授时精度。包括"北斗"在内的各大导航系统的部署和升级都对性能更优越的原子钟提出明确需求。地基和天基频率标准的进步不仅将提升地球观测服务的水平，还将提高导航系统卫星的测控和轨道确定的精度。同时，用于太阳系探索任务的深空测控技术水平将严重依赖于原子钟的频率稳定性以及时间频率的远程比对技术。可以预见，高精度振荡器和原子钟将在天基环境监测领域发挥传感器的作用。例如，在重力场中移动的钟受广义相对论效应的影响，其频率将会发生变化，因此冷原子钟可以被用作高精度重力计。此外，原子钟还可被用作高精度磁力计。

在社会生活领域，原子钟在电力网络的同步和监测以及电信网络和大地测量观测站的运行方面也发挥着重要的作用。特别是对前两者而言，原子钟在成本效益和可靠性方面的改进可能比其精度的进一步提高更受关注。

原子钟还是精确打击系统的核心部件，是强国强军的关键技术，有专家认为："在精确打击时代，原子钟的威力不亚于原子弹。"

总而言之，开展新型原子钟研究对于推动前沿科学、带动高新技术、改善社会运行乃至维护国家独立和国防安全都十分必要。

7.7 启示与建议

原子钟理论和技术日新月异，性能水平迅速提高，应用领域不断扩展。新型原子钟的快速发展对科学家提出了巨大挑战，同时也不可避免地成为各国竞争的焦点。加强原子钟的科学研究和技术开发，对于打破西方工业化国家在该领域的技术垄断、满足国家重大战略需求、带动相关科学研究的发展、推动信息产业的优化升级具有十分重要的意义。为此，针对我国相关科技规划部门提出三点建议：

（1）加强基础科学和共性技术研究。

纵观60多年的原子钟研究历史，从最初理论概念的提出到技术开发、试验应用，基本上没有出现大起大落的现象，而是一直迅速发展。按照专家的说法，究其原因在于原子钟是当今最精密、最准确的测量标准，因此所涉及的物理问题极具前沿性；更由于一些重要应用要求原子钟能够在保证高性能的基础上持续、稳定运转数年甚至更久。因此，从根本上加强原子钟（包括光钟等新型原子钟和改进型微波钟）的基础科学和共性技术研究无疑是确保该领域持续发展的必要基础和重要保障。同时，作为国际公认的战略高技术，发达国家严禁原子频标技术向国外转让,因此我国必须走独立自主的发展道路,夯实基础是第一要务。强强联合可能是一种很好的选择,例如通过本研究发现,美国国家标准和技术研究所与科罗拉多大学通过共建机构、合作研究充分实现了国立科研机构和大学的优势互补,这一模式非常值得我们借鉴。

(2)地基、空间原子钟双管齐下。

从美、欧的经验来看,应该在地面和空间全面部署原子钟研究。一方面,通过地面研究可以建立前沿理论,开发尖端技术,获得性能领先的设备,满足相关应用需求;另一方面,成熟技术在空间环境中的应用将有效验证基本理论,反过来指导基础研究,并发挥战略制高点的重要作用,二者相辅相成。

(3)主要系统平行开发。

以光钟为例,由于目前研究中的各种光钟系统处于不同的开发阶段,各系统的新成果频繁问世,预计未来还将取得更大的显著进展。因此,为了达到较高的技术成熟水平并满足特定任务的要求,对囚禁离子、中性原子等各种光学原子钟系统进行平行开发是可取的。在具体的研究过程中,则可以根据研究进展实施重点突破。

致谢:中国科学院上海光学精密机械研究所王育竹院士、邓见辽研究员,中国科学院上海天文台翟造成研究员等专家学者审阅了本报告初稿,并提供了宝贵的修改意见,谨致谢忱!

参 考 文 献

毕志毅,马龙生.2005.光学频率梳状发生器和光钟研究.自然杂志,27(3):145-147.
蔡寅.2011.应用于中性原子光钟的光晶格理论研究和金刚石激光器理论探究.上海:华东师范大学硕士学位论文
高克林.2008.离子光频标的研究进展和空间应用展望.物理,37(10):720-728.
黄保,冯鸣,陈新东,等.2009.基于锁模光纤激光器的光学频率梳.激光杂志,30(2):16-19.
蒋海灵.2012.应用于镱原子光钟的光晶格研究.上海:华东师范大学博士学位论文.
蒋燕义.2012.超窄线宽激光及其在光钟中的应用.上海:华东师范大学博士学位论文.
人民网.2013-01-05.马兴瑞专访:北斗导航的战略意义与原子弹"齐名".http://scitech.people.com.cn/n/2012/1228/c1007-20042583.html.
王义遒.2009.原子钟与相关物理学的研究.物理,38(5):328-338.
王义遒.2012.原子钟与时间频率系统(文集).北京:国防工业出版社.
魏志义.2006.2005年诺贝尔物理学奖与光学频率梳.物理,35(3):213-217.
魏志义.2011-11-17.光学频率梳的新进展与新应用.http://info.phys.tsinghua.edu.cn/colloquium/20111117_WeiZ.pdf.
翟造成.2007.国外空间钟计划与基础物理测试的波浪.世界科技研究与发展,29(5):67-74.
翟造成.2010.下一代星载原子钟的新发展.全球定位系统,25(5):1-5.
翟造成,杨佩红.2009a.国外空间微重力钟计划及其应用前景.空间电子技术,(2):51-56.
翟造成,杨佩红.2009b.新型原子钟及其我国的发展.激光与光电子学进展,46(3):21-31.
翟造成,张为群,蔡勇,等.2009.原子钟基本原理与时频测量技术.上海:上海科学技术文献出版社:

1-152.

张首刚. 2009. 新型原子钟发展现状. 时间频率学报, 32 (2): 81-91.

Baillard X, Fouche M, Le Targat R, et al. 2007. Accuracy evaluation of an optical lattice clock with bosonic atoms. Optics Letters, 32 (13): 1812-1814.

Baltuska A, Wei Z Y, Pshenichnikov M S, et al. 1997. Optical pulse compression to 5 fs at a 1-MHz repetition rate. Optics Letters, 22 (2): 102-104.

Campbell G K, Ludlow A D, Blatt S, et al. 2008. The absolute frequency of the ^{87}Sr optical clock transition. Metrologia, 45 (5): 539-548.

Chembo Y K, Strekalov D V, Yu N. 2010. Spectrum and dynamics of optical frequency combs generated with monolithic whispering gallery mode resonators. Physical Review Letters, 104 (10).

Chou C W, Hume D B, Koelemeij J C J, et al. 2010a. Frequency comparison of two high-accuracy Al$^+$ optical clocks. Physical Review Letters, 104 (7).

Chou C W, Hume D B, Rosenband T, et al. 2010b. Optical clocks and relativity. Science, 329 (5999): 1630-1633.

Chwalla M, Benhelm J, Kim K, et al. 2009. Absolute frequency measurement of the ^{40}Ca$^+$ $4s^2\ S_{1/2}-3d^2\ D_{5/2}$ clock transition. Physical Review Letters, 102 (2).

DARPA. 2013-02-21. Micro-PNT - Clocks. http: //www. darpa. mil/Our _ Work/MTO/Programs/Micro-Technology_ Positioning, _ Navigation_ and_ Timing_ (Micro-PNT) /Clocks. aspx.

Database of Grants-in-Aid for Scientific Research. 2013-01-21. 単一イオン光時計による基礎物理定数の時間変化の探索. http: //kaken. nii. ac. jp/en/p? q =% E5% 8D% 98% E4% B8% 80% E3% 82% A4% E3% 82% AA% E3% 83% B3% E5% 85% 89% E6% 99% 82% E8% A8% 88% E3% 81% AB% E3% 82% 88% E3% 82% 8B% E5% 9F% BA% E7% A4% 8E% E7% 89% A9% E7% 90% 86% E5% AE% 9A% E6% 95% B0% E3% 81% AE% E6% 99% 82% E9% 96% 93% E5% A4% 89% E5% 8C% 96% E3% 81% AE% E6% 8E% A2% E7% B4% A2.

Derevianko A, Katori H. 2011. Colloquium: Physics of optical lattice clocks. Reviews of Modern Physics, 83 (2): 331-347.

Diddams S A. 2010. The evolving optical frequency comb [Invited]. Journal of the Optical Society of America B—Optical Physics, 27 (11): B51-B62.

Eckstein J N, Ferguson A I, Hansch T W. 1978. High-resolution 2-photon spectroscopy with picosecond light-pulses. Physical Review Letters, 40 (13): 847-850.

ESA. 2010. A Roadmap for Fundamental Physics in Space. http: //www. sci. esa. int

ESA. 2012-12-30. ACES Payload. http: //www. esa. int/Our_ Activities/Human_ Spaceflight/Human_ Spaceflight_ Research/ACES_ Payload.

ESA. 2013-1-28. STE-QUEST. http: //sci. esa. int/science-e/www/object/index. cfm? fobjectid=49265.

ESTEC. 2008. Optical Atomic Clocks for Space. http: //www. npl. co. uk

EURAMET. 2012. TC-TF Roadmaps 2012. http: //www. euramet. org

European Commission. 2013-01-21a. Community Research and Development Information Service. http: //cordis. europa. eu/home_ en. html.

European Commission. 2013-01-21b. MEMS atomic clocks for timing, frequency control and communications. http: //cordis. europa. eu/search/index. cfm? fuseaction=proj. document&PJ_ LANG=EN&PJ_ RCN=10131097&pid=1&q=16AB65541A4114853D8E82E242B00564&type=sim.

European Commission. 2013-01-21c. Mobile Optical Clock with Neutral Atoms in a Blue Magical Optical

Lattice. http://cordis.europa.eu/search/index.cfm?fuseaction=proj.document&PJ_LANG=EN&PJ_RCN=11369565&pid=20&q=5AF8C2D7E405D823427760482780A6B7&type=sim.

European Commission. 2013-01-21d. Nuclear Atomic Clock. http://cordis.europa.eu/search/index.cfm?fuseaction=proj.document&PJ_LANG=EN&PJ_RCN=11544581&pid=0&q=16AB65541A4114853D8E82E242B00564&type=sim.

European Commission. 2013-01-21e. Towards neutral-atom space optical clocks: Development of high-performance transportable and breadboard optical clocks and advanced subsystems. http://cordis.europa.eu/search/index.cfm?fuseaction=proj.document&PJ_LANG=EN&PJ_RCN=11838235&pid=9&q=16AB65541A4114853D8E82E242B00564&type=sim.

Gorshkov A V, Hermele M, Gurarie V, et al. 2010. Two-orbital $SU(N)$ magnetism with ultracold alkaline-earth atoms. Nature Physics, 6 (4): 289-295.

Guéna J, Abgrall M, Rovera D, et al. 2012. Progress in atomic fountains at LNE-SYRTE. IEEE Transactions on Ultrasonics, Ferroelectrics, and Frequency Control, 59 (3): 391-420.

Hosaka K, Webster S A, Stannard A, et al. 2009. Frequency measurement of the $^2S_{1/2}$-$^2F_{7/2}$ electric octupole transition in a single ^{171}Yb$^+$ ion. Physical Review A, 79 (3).

Huang Y, Liu Q, Cao J, et al. 2011. Evaluation of the systematic shifts of a single-^{40}Ca$^+$-ion frequency standard. Physical Review A, 84 (5).

Huntemann N, Okhapkin M, Lipphardt B, et al. 2012. High-accuracy optical clock based on the octupole transition in ^{171}Yb$^+$. Physical Review Letters, 108 (9).

Japan Science and Technology Agency. 2013-01-21a. Evolution of Light Generation and Manipulation. http://www.light.jst.go.jp/e_scholor/e_phase01/scholor003e.htmlJHJc.

Japan Science and Technology Agency. 2013-01-21b. KATORI Innovative Space-Time. http://www.jst.go.jp/erato/en/research_areas/ongoing/ksk_P.html.

Japan Science and Technology Agency. 2013-01-21c. Quantum Metrology with Ultracold Atoms. http://www.jst.go.jp/kisoken/crest/en/area01/3-03.html.

Jiang Y Y, Ludlow A D, Lemke N D, et al. 2011. Making optical atomic clocks more stable with 10^{-16}-level laser stabilization. Nature Photonics, 5 (3): 158-161.

JILA. 2012-12-30. Precision Optical Frequency Metrology. http://jila.colorado.edu/content/precision-optical-frequency-metrology.

JST. 2013-01-21. Development of Novel Quantum Manipulation and Measurement Methods using Ultranarrow-Linewidth Lasers. http://www.jst.go.jp/kisoken/crest/en/area01/1-05.html.

Kato Y, Gonokami M, Kodama R, et al. 2009. Photon frontier network. X-Ray Lasers 2008, 130: 71-78.

Kenyon H S. 2008-04. Small Atomic Clocks Chart New Horizons. http://www.afcea.org/signal/articles/templates/Signal_Article_Template.asp?articleid=1551&zoneid=231.

Kenyon H S. 2011-08-16. DARPA at work on satellite-free navigation system. http://gcn.com/articles/2011/08/16/darpa-develops-satellite-free-navigation-systems.aspx.

Lan S Y, Kuan P C, Estey B, et al. 2013. A clock directly linking time to a particle's mass. Science, 339 (6119): 554-557.

Lemke N D, Ludlow A D, Barber Z W. et al. 2009. Spin-1/2 optical lattice clock. Physical Review Letters, 103 (6).

Lemonde P. 2009. Optical lattice clocks. European Physical Journal-Special Topics, 172: 81-96.

Lombardi M A, Heavner T P, Jefferts S R. 2007. NIST primary frequency standards and the realization of the SI second. Measure, 2 (4): 74-89.

Ma L S, Bi Z Y, Bartels A, et al. 2004. Optical frequency synthesis and comparison with uncertainty at the 10^{-19} level. Science, 303 (5665): 1843-1845.

Madej A A, Bernard J E, Dube P, et al. 2004. Absolute frequency of the $^{88}Sr^+$ $5s^2S_{1/2}$-$4d^2D_{5/2}$ reference transition at 445 THz and evaluation of systematic shifts. Physical Review A, 70 (1).

Margolis H S. 2009. Frequency metrology and clocks. Journal of Physics B-Atomic Molecular and Optical Physics, 42 (15): 154071.

Margolis H S. 2010. Optical frequency standards and clocks. Contemporary Physics, 51 (1): 37-58.

Margolis H S, Barwood G P, Huang G, et al. 2004. Hertz-level measurement of the optical clock frequency in a single $^{88}Sr^+$ ion. Science, 306 (5700): 1355-1358.

Matsubara K, Hachisu H, Li Y, et al. 2012. Direct comparison of a Ca^+ single-ion clock against a Sr lattice clock to verify the absolute frequency measurement. Optics Express, 20 (20): 22034-22041.

Matsubara K, Hayasaka K, Li Y, et al. 2008. Frequency measurement of the optical clock transition of $^{40}Ca^+$ ions with an uncertainty of 10^{-14} level. Applied Physics Express, 1 (6).

Micalizio S, Calosso C E, Godone A, et al. 2012. Metrological characterization of the pulsed Rb clock with optical detection. Metrologia, 49, 425-436.

Ministry of Internal Affairs and Communications. 2013-01-21a. Development of Cs Optical Atomic Clock. http://www.soumu.go.jp/main_sosiki/joho_tsusin/scope/event/h20yokousyu/session6/sangakukan6.pdf.

Ministry of Internal Affairs and Communications. 2013-01-21b. Development of high performance optical lattice clock. http://www.soumu.go.jp/main_sosiki/joho_tsusin/scope/event/h20yokousyu/session2/device1.pdf.

Müller H H, Peters A A, Chu S. 2010. A precision measurement of the gravitational redshift by the interference of matter waves. Nature, 463 (7283): 926-930.

NASA. 2011-08-22a. Communications, Navigation And In-Space Propulsion Technologies Selected For NASA Flight Demonstration. http://www.nasa.gov/home/hqnews/2011/aug/HQ_11-272_TDM_Selections.html.

NASA. 2011-08-22b. NASA Announces Technology Demonstration Missions. http://www.nasa.gov/offices/oct/crosscutting_capability/tech_demo_missions.html.

NASA. 2012. NASA's integrated technology roadmap, Communication and Navigation Systems Roadmap.

NASA. 2012-12-30. Deep Space Atomic Clock (DSAC). http://www.nasa.gov/mission_pages/tdm/clock/clock_overview.html.

NIST. 2010-02-04. NIST's Second Quantum Logic Clock Based on Aluminum Ion Is Now World's Most Precise Clock. http://www.nist.gov/pml/div688/logicclock_020410.cfm.

NIST. 2012-12-30a. Calcium optical frequency standard. http://tf.nist.gov/ofm/calcium/cahome.htm.

NIST. 2012-12-30b. Chip-scale atomic clocks (CSAC). http://tf.nist.gov/ofm/smallclock/CSAC.html.

NIST. 2012-12-30c. Quantum State Manipulation of Ultra-cold Atoms and Superconducting Devices. http://www.nist.gov/pml/div684/grp02/eite-tiesinga.cfm.

NIST. 2012-12-30d. Ultracold Atoms and Molecules. http://www.nist.gov/pml/div684/grp02/paul-julienne.cfm.

NIST. 2012-12-30e. Yb Lattice-Based Optical Clock. http://tf.nist.gov/ofm/calcium/ybhome.htm.

Petersen M, Chicireanu R, Dawkins S T, et al. 2008. Doppler-free spectroscopy of the $^1S_0 \rightarrow ^3P_0$ optical clock transition in laser-cooled fermionic isotopes of neutral mercury. Physical Review Letters, 101 (18).

Petit G, Arias E F. 2012-12-30. Long-term stability of atomic time scales. http://www.referencesystems.info/uploads/3/0/3/0/3030024/jd7_2-02.pdf.

Poli N. Barber Z W, Lemke N D, et al. 2008. Frequency evaluation of the doubly forbidden $^1S_0 \to {}^3P_0$ transition in bosonic ^{174}Yb. Physical Review A, 77 (5).

Quinlan F, Ycas G, Osterman S, et al. 2010. A 12.5 GHz-spaced optical frequency comb spanning > 400 nm for near-infrared astronomical spectrograph calibration. Review of Scientific Instruments, 81 (6).

Razzari L, Duchesne D, Ferrera M, et al. 2010. CMOS-compatible integrated optical hyper-parametric oscillator. Nature Photonics, 4 (1): 41-45.

Riedel M F, Böhi P, Li Y, et al. 2010. Atom-chip-based generation of entanglement for quantum metrology. Nature, 464 (7292): 1170-1173.

Rosenband T, Hume D B, Schmidt P O, et al. 2008. Frequency ratio of Al$^+$ and Hg$^+$ single-ion optical clocks: Metrology at the 17th decimal place. Science, 319 (5871): 1808-1812.

Schleier-Smith M H, Leroux I D, Vuletic V. 2010. States of an ensemble of two-level atoms with reduced quantum uncertainty. Physical Review Letters, 104 (7).

Schneider T, Peik E, Tamm, C. 2005. Sub-hertz optical frequency comparisons between two trapped ^{171}Yb$^+$ ions. Physical Review Letters, 94 (23).

Schultze M, Fiess M, Karpowicz N, et al. 2010. Delay in Photoemission. Science, 328 (5986): 1658-1662.

Swallows M D, Bishof M, Lin Y G, et al. 2011. Suppression of collisional shifts in a strongly interacting lattice clock. Science, 331 (6020): 1043-1046.

Swallows M D, Bishof M, Lin Y G, et al. 2011. Suppression of Collisional Shifts in a Strongly Interacting Lattice Clock. Science, 331 (6020): 1043-1046.

Takamoto M, Hong F L, Higashi R, et al. 2005. An optical lattice clock. Nature, 435 (7040): 321-324.

The National Institute of Informatics. 2012-12-30. Database of Grants-in-Aid for Scientific Research. http://kaken.nii.ac.jp/en.

The SA. 2011. 45S Chip-Scale Atomic Clock. Stanford PNT Symposium. 2011-11-18.

The "Space Optical Clocks" Consortium. 2009. A Development Roadmap for Neutral Atom Optical Clocks for Space.

Udem T, Holzwarth R, Hansch T. 2009. Femtosecond optical frequency combs. European Physical Journal-Special Topics, 172: 69-79.

Uzan J P. 2011. Varying constants, gravitation and cosmology. Living Reviews in Relativity, 14: 2-155.

von Zanthier J, Becker T, Eichenseer M, et al. 2000. Absolute frequency measurement of the In$^+$ clock transition with a mode-locked laser. Optics Letters, 25 (23): 1729-1731.

Wang Y H, Dumke R, Liu T, et al. 2007. Absolute frequency measurement and high resolution spectroscopy of ^{115}In$^+$ $5s^{21}S_0$-$5s\,5P^3P_0$ narrowline transition. Optics Communications, 273 (2): 526-531.

White J, Rochat P, Mallette L A. 1996 Historical review of atomic frequency standards used in space systems—10 year update. 38th Annual Precise Time and Time Interval (PTTI) Meeting. 69-80.

Wu R, Supradeepa V R, Long C M, et al. 2010. Generation of very flat optical frequency combs from continuous-wave lasers using cascaded intensity and phase modulators driven by tailored radio frequency waveforms. Optics Letters, 35 (19): 3234-3236.

Zipkes C, Palzer S, Sias C, et al. 2010. A trapped single ion inside a Bose-Einstein condensate. Nature, 464 (7287): 388-391.

8 药用植物资源科技国际发展态势分析

郑 颖 丁陈君 陈云伟 陈 方 邓 勇

(中国科学院国家科学图书馆成都分馆)

药用植物作为重要战略资源,在科技发展与产业进步方面对国家的经济发展和人口健康具有重要意义。随着国际社会对天然药物需求的不断增加,药用植物正面临日益严重的资源危机。本报告收集整理了世界自然保护联盟(IUCN)、世界卫生组织(WHO)、美国、欧盟、英国、日本、印度和中国近期制定的药用植物资源的相关政策、规划和举措。各个国家/组织的政策规划各有特色,英国侧重科研基础设施建设,美国和日本均强调技术开发,欧盟更重视整体布局。它们的共同特点是都十分重视药用资源的可持续利用,进而推动本国药用植物产业合理发展。

本报告对金丝桃属和蒿属两种全球范围内的重点药用植物属种和植物成分药品青蒿素进行文献定量分析,以期反映整体药用植物资源科技的发展态势。近年全球药剂植物研究的文献数量和质量均有较大幅度的增长,特别是在植物学、化学、药理和药剂学领域的文献量增长较快。金丝桃属植物是西方传统的药用植物来源,蒿属植物是重要的中药来源。本报告对选取的两类药用植物分别进行调研,它们的共性在一定程度上可以代表全球植物药共同的发展趋势,而它们的差异则可以展示两种历史渊源下药用植物的研究特点。从金丝桃属植物的文献发表情况可以看出,以德国为首的西方发达国家对金丝桃属植物的研究已经形成产学研一体的集约化发展模式,其研发工作主要在企业完成,其研究领域近年也有较明显的扩展,从抗抑郁朝抗菌、抗氧化、抗肿瘤等多方向发展。蒿属植物的研发在中国起步最早,因而发表论文总数紧随美国之后,处于世界第二位,深受中医文化影响的韩国排在第三位。中国学术论文数量的增长最为快速,2010年排名上升到第一位。从引文分析结果可以看出,中国虽然在此领域的研究文献数量众多,但引用率却未能跻身前列,仍落后于欧美。从我国唯一被全球公认的植物来源化学药品青蒿素的专利文献分析可以看出,我国的专利申请数量已位居世界前列。但近年来我国的重要竞争对手(如印度)的专利申请量也有明显的增加。印度国家科研机构科学与工业研究理事会的专利申请数量位列全球第一,这与近年来印度政府提高对生物制药产业的重视程度,并加大对药用植物科研的投入密切相关。中国科学院的专利申请量在全球排名第二,上海交通大学和上海柏泰来生物技术有限公司进入全球前10。说明,中国植物药的整体研发实力已逐步形成。从国际专利分类、专利数量比较分析看出,除利用化学方法从植物原料中提取有效成分的专利仍占主流外,由于野生植物资源的日益减少,为了保障植物药原料的充足供应,利用现代生物技术,如基因工程和微生物发酵工艺,人工合成生物活性成分,已经成为植物药研发的主攻方向之一。

本报告还对国内外药用植物研究领域引入的创新技术和研究方法进展进行了文献调研,包括分子生药学在药用植物种质资源研究中的应用、现代色谱技术和细胞生物学方法在植物药有效成分辨识中的应用、高通量筛选技术和分子生物学技术在药用功效的功能基因发掘中的应用、各种新型生物活性分子资源库和功能基因库的建设、转基因技术和分子标记技术在药用植物培育中发挥的作用、DNA条形码用于药用植物分类和鉴定等研究前沿热点。

本报告通过定性调研和定量分析发现,我国药用植物科技发展面临主要挑战,建议结合我国的实际情况,构建和完善野生药用植物资源保障体系,加大创新研发投入,提高市场竞争力,加强我国植物药的知识产权保障力度,以促进我国药用植物产业可持续健康发展。

8.1 引言

生物资源是人类赖以生存和发展的最重要物质基础,也是国家战略资源。作为生物资源的重要组成部分,药用植物资源在科技发展与产业进步方面对国家的经济发展和人口健康具有重要意义。近年来,国际社会对植物来源药品的兴趣日益增长。据统计,目前美国和欧盟的处方药中约有25%是植物制品。随着科学技术的进步,尤其是各种高通量筛选技术、层析分离技术的发展,发达国家越来越重视从药用植物中筛选有效成分作为新药和保健品的开发前体,尤其关注癌症、HIV和心血管疾病的新药开发。世界各国对天然药物的需求和开发不断增加,极大地提高了药用植物资源的利用度,也使药用植物面临着日益严重的资源危机。如何在保护药用植物资源可持续性发展的基础上,合理开发利用药用植物资源,成为世界各国共同面临的重要难题。

近年来,在化学与生物学科技进步的带动下,药用植物资源研究手段分化出许多新的学科分支与方向:药用植物资源的种质调查与保藏、药用植物分子育种研究、药用植物功能基因组研究、药用植物代谢动力学研究、药用植物生态学研究等。这些研究领域均有力地带动了药用植物资源的开发与利用,并在一定程度上保障了药用植物资源的可持续发展。

本报告以药用植物资源研发技术为分析对象,采用定性调研与定量分析相结合的分析方法,对美国、欧盟、日本等国家/组织的战略规划、科研项目和技术进展进行梳理,利用文献计量分析方法对科学研究论文和专利文献进行分析,较全面地反映目前药用植物资源研发技术的发展态势、应用领域以及未来的研究前沿与重点。

8.2 药用植物资源科技领域的重要政策规划

为了保护包括植物资源在内的现有生物资源的可持续发展，近年来世界各国共同签署了多个战略协议。其中，2010年10月在日本名古屋召开的第十届全球生物多样性大会期间签订的《名古屋协定》，是继《生物多样性公约》之后的又一具有里程碑性质的全球公约。其目的是通过适当的资金援助和技术合作来保护生物多样性，实现生物遗传资源的可持续利用，同时保障生物遗传资源利益的公平分配。2012年，联合国在里约热内卢举办的可持续发展大会（Rio+20）上，各国代表集中围绕绿色经济在可持续发展和消除贫困方面的作用以及可持续发展的体制框架等议题开展了广泛的协商探讨，通过了共同文件——《我们憧憬的未来》。会议期间，世界经合组织（OECD）提出了一份"绿色增长和发展中国家的讨论草案"，该草案指出绿色增长战略可用于考察自然资源、社会经济发展水平、经济增长等政策，认为"绿色增长"为发展中国家在保护环境的同时发展经济提供了真正的机会，从而将生物资源的可持续发展纳入全球可持续发展战略当中，成为其不可分割的重要组成部分。

8.2.1 国际组织的药用植物资源战略规划

8.2.1.1 全球植物保护战略

在2010年举行的《生物多样性公约》第十次（名古屋）缔约方大会上通过了《2011～2020年全球植物保护战略》，并于2012年4月蒙特利尔会议对其进行了综合增订。该战略包括了16个以成果为导向、预计能在2020年得以实现的全球目标，提出了旨在促进现有植物保护行动间的协调一致、找出空白点发展的新举措，以及促进必要资源的调集使用的整体发展框架，并在全球目标的整体框架下，依据国家的优先事项和能力水平，考虑国家间植物多样性的差异，来制订国家或区域目标。

《2011～2020年全球植物保护战略》的五个主要目标是：

(1) 对植物多样性的充分理解、记录和认识；
(2) 对植物多样性的紧急而有效的保护；
(3) 以可持续和公平的方式利用植物多样性；
(4) 促进教育和提高意识，认识到植物多样性在可持续生计中的作用及其对地球上所有生命的重要性；
(5) 提高能力建设和公众参与来实施该战略。

2011年9月，世界自然保护联盟（IUCN）在韩国仁川举办的第五届亚洲区域保护论坛上发布了《亚洲植物保护进展（2010）——评估全球植物保护战略的实施进展》报告，提出了亚洲植物保护战略建议，认为在制定植物保护战略和确定植物保护的目标时，不同国家的侧重点应该不同；特别强调植物资源的可持续利用，考虑气候变化的影响；加强技术创新,通过区域合作来开展植物保护工作。

8.2.1.2 世界卫生组织传统医药标准化战略

世界卫生组织(WHO)的调查表明,除了广泛使用自己传统医药的国家外,植物药的使用范围已经遍布西太平洋、东南亚、非洲和拉丁美洲等地区,传统医药已经成为卫生保健的主要来源。在欧洲和北美洲等其他地区,对草药、针灸等传统医疗的使用也日益增多,目前全球已有许多国家自行建立了有关传统医药的国家标准。鉴于传统医药的蓬勃发展,为进一步规范各国发展传统医药的市场,由世界卫生组织于2011年在全球范围发起创建国际统一的传统医药标准化分类的计划,规范世界范围的传统医学术语信息。WHO希望通过该计划,实现传统医药市场管理的系统化、标准化,这将有助于从事传统医药的临床医生、研究人员和政策制定者全面监控卫生保健的安全性和有效性,并正确引导全球主要传统医药的广泛使用与发展趋势。为统一全球对传统药用资源的开发利用,2012年5月,WHO委任香港特区政府卫生署中医药事务部在港成立"传统医药合作中心",该中心是全球首家重点协助WHO制定传统医药的政策、策略及管理标准的机构。

在这些全球战略的指导下,世界各国和一些重要国际组织纷纷制定各自的战略规划,通过对药用植物遗传资源的深入分析,发现可持续开发利用的新途径,进而深度发掘药用植物资源的利用价值。

8.2.2 美国

美国植物领域的研究主要由美国国家科学基金会、农业部(USDA)和国立卫生研究院资助,它们共同向植物基因组学研究的投入至今已持续了14年。1998年美国国家科学基金会公布了国家植物基因组计划(National Plant Genome Initiative,NPGI),其主要内容分为三部分:一是结构基因组(Structural Genomics)研究,即研究基因组的结构和组织;二是功能基因组(Functional Genomics)研究,即鉴定基因组序列的作用,研究基因组结构和组织与植物功能在细胞、有机体和进化上的关系;三是将基因组的信息和知识用于开发改良植物和以植物为基础的新型产品(杜艳艳,2010)。

8.2.2.1 美国国家科学基金会"国家植物基因组"和"生物科学重大挑战"项目

2013年1月4日,美国国家科学基金会启动新一轮植物基因组研究项目(Plant Genome Research Program,PGRP)(IVSF,2013a),这是对1998年美国国家植物基因组计划的后续资助。自该计划实施以来,已经发现了大量用于关键农作物及其模型研究的功能基因组工具和遗传资源。PGRP鼓励在这些资源基础上发展出新概念、不同的观点和战略,以解决各类重要经济植物的基因组研究难题。同时,PGRP将继续支持用于改进实验方法的创新性工具和分析基因组数据的新方法研发,鼓励各类相关研究计划尤其是跨领域计划所需培训的提议,包括但不局限于植物生理学、数量遗传学、生物化学、生物信息学和工程学等领域。

该计划将在 2013 年开展四项行动：

（1）支持基因组学基础上的植物研究，以解决植物科学全基因组规模的根本问题；

（2）开发植物基因组研究工具和资源，包括用于发现的新技术和分析工具；

（3）给予从事植物基因组研究的科研人员（MCA-PGR）经费，支持他们参加植物基因组领域及相关领域的研究与职业培训；

（4）寻找构建有重要经济价值的植物基因组（GPF-PG）的低成本创新方法。

计划还将拨出专门经费（NSF，2013b），支持美国科学家与发展中国家的科学家合作开展研究，这些合作研究将致力于解决双方共同感兴趣的农业、能源和环境问题，使美国和全球科研人员汇聚于卓越科学家全球网络中心。

2012 年 2 月 13 日，NSF 向国会提交了额度达 73.7 亿美元的 2013 财年预算请求。其中，生命科学学部（BIO，2012）申请 7.34 亿美元，比 2012 年实际执行预算额增加 3%。

2013 财年，BIO 将重点解决生物学面临的五大挑战（NSF，2012）：合成类似生命的系统；认识大脑；根据生物 DNA 预测生物特性；阐明地球、气候和生物圈之间的互相作用；认识生物多样性。其中，环境生物学领域申请预算 1.44 亿美元，增长 0.8%，重点支持解决后两项挑战。同时，继续加强与巴西、中国在生物多样性项目活动方面的国际合作。

8.2.2.2 美国农业部植物基因改良国家计划

转基因技术是人类改良动植物各项性能的一种最为有效的技术途径。转基因技术可以打破物种界限，实现更为精准、快速、可控的基因重组和转移，提高育种效率，引领现代农业发展的新方向。因而，转基因技术在抗病虫、抗逆、高产、优质等性状改良方面具有不可替代的作用，同时在缓解资源约束、保障粮食安全、保护生态环境、拓展农业功能等方面应用前景广阔。2011 年，全球 29 个国家种植转基因作物 1.6 亿公顷，占全球作物种植总面积（15 亿公顷）的 10.7%。

美国农业部农业研究服务局（USDA ARS）是美国农业部下属的首席科研机构，负责 800 个农业部研究项目的合作、交流和许可。这些项目分别归入四个方向：营养品、食品安全和质量，自然资源和可持续农业系统，动物生产和保护，农作物产量和保护。其中，农作物产量和保护方向包括了植物遗传资源、基因组学和基因改进，植物生物和分子过程，植物病害等与植物分子育种、基因组学相关的研究项目。

2012 年 4 月，ARS 发布了植物遗传资源、基因组和基因改良 2013~2017 国家行动计划（USDA ARS，2012）。该计划旨在解决：

（1）保障农业有价值遗传资源的收集和新技术信息的长期安全性和完整性；

（2）开发分析复杂性状，识别优良基因复杂性状，寻求改良品种的新方法；

（3）开发可提升传统基因改良技术的新方法；

（4）从遗传角度提升主要、特定和新作物的特性；

（5）加深对农作物和微生物的基因组、植物生物和分子过程的结构和功能的了解，并将分析获取的信息资源传递给公众。

8.2.2.3 美国国立补充替代医学中心探索补充和替代医学 2011~2015 年战略计划

随着医疗保健观念与模式的转变,药用植物的研究与利用受到世界各国的普遍关注,植物药已成为美国最有发展前景的药物之一。从 2000 年版《美国药典》收载 45 种植物来源药开始,植物来源药正式进入美国药品市场。2004 年美国食品和药品管理局颁布了《植物药研制指南》,同年在网上发布《美国植物药产业指南》,2006 年批准第一个植物药 Veregen™,随后美国植物药产业快速发展起来。

为加强对传统医药方法的研究,1992 年美国议会宣布成立替代医学办公室,1999 年更名为美国国立补充替代医学中心(NCCAM)。该中心是隶属于美国联邦政府的一家国立研究机构,是国立卫生研究院的重要组成部分。主要研究对象为除正规西方医疗体系之外的所有医药和健康系统、实践方法和传统医药产品,统称补充替代疗法。1999~2005 财年,美国政府向 NCCAM 投入的研究经费预算迅速增长:从最初的 5000 万美元增长到 1.23 亿美元,增长了 1 倍多;2012 财年预算达 1.28 亿美元,成为 NIH 研究经费预算最高的部门之一,这证明该领域的研究已经成为美国医药科研领域最受关注的热点前沿(图 8-1)。

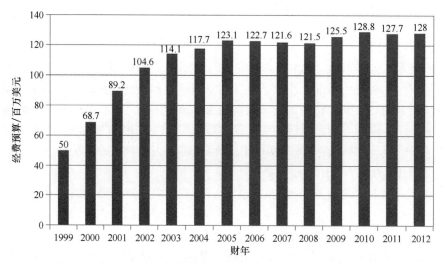

图 8-1 美国 NCCAM 研究经费年度分布(NCCAM 历年网站数据)

2011 年 2 月 4 日,NCCAM 宣布了"探索补充和替代医药:第三次战略计划 2011~2015"(NIH,2011a)。该计划展示了 NCCAM 的系列目标、未来在补充和替代医药领域研究的优先发展目标:

1)战略目标 1:开展脑和身体干预、实践和训练的先进研究

利用目前的神经生物学、生物力学、行为学和生物学的先进技术手段开展转化研究,为研究人脑效率和效力及人体干预方面的研究打下坚实基础,支持进行人脑和人体干预临床评估和干预研究。

2)战略目标 2:对替代疗法使用的天然产物展开深入研究

补充与替代医学(CAM)包含大量不同类别的口服或局部用药,如草药、植物制剂和益生菌。这些药物通常被用做膳食补充剂，有广阔的市场，但其产品的有效性与安全性还有待进一步论证。其中，草药和植物制剂在传统医学中拥有举足轻重的地位，大量的历史资料都可用于进一步的科学研究。考虑到 CAM 天然产物对药理学和生药学方法和工具的依赖，该方案将综合利用这些方法，对以下几类 CAM 天然产物进行研究：膳食补充剂、草药与植物制剂、传统医疗制剂、民间医药、顺势疗法、益生菌以及与食品相关的植物化学。

CAM 天然产物研究的最主要科学挑战在于寻找合适的工具、技术以及用于化学和生物学研究的药理学、生药学方法。越来越多的研究者习惯于利用尖端技术和系统生物学方法来更好地理解这些产品的生物效应，并更有效地研究其对健康的潜在贡献。

（1）利用组学等高通量技术和药理学、生理学方面的系统生物学方法来完成以下工作：其一，解释 CAM 天然产物的生物效应、作用机理和安全特性；其二，研究各组分之间及其与作为主体的生物之间的相互作用；其三，为临床研究所需的转化研究建立坚实的生物学基础。

（2）支持转化研究，以便为 CAM 天然产物研究建立坚实的生物学基础，进而完成如下工作：开发出有效、灵敏且可靠的转化工具，用于探查和测量与机理相关的生物效应，并衡量其效力和其他产出；引导安全性、毒性、剂量、黏附、控制验证、效果/样品尺寸、ADME（吸收、分布、代谢、排泄）和药物动力学的初步研究；建立经过验证的产品完整政策与处理流程。

数百年来，植物制药一直都是民间医学和传统医疗体系的基础。虽然这种药物的益处和风险一直少有文献探讨，但其有效性已经被认可，也为发展新的疗法提供了基础。大部分重要的现代药剂也根植于此。此外，由于基因表达会影响这类化合物的效果，对其进行研究可以更好地设计临床研究方案。

按照经验来分类、识别其他可用于研发的化合物是一项战略性挑战。目前，代谢组学、基因组学、化学分离、分子特性和高效筛选方面取得的进展为其提供了新工具，可用于描述化学与生物学特性，进而设计出更好的临床研究方案。

（3）支持针对所选 CAM 天然产物而进行的大规模临床评价与干预，NCCAM 对于 CAM 天然产物的大型临床试验是经过谨慎选择的，需要有大量的科学论据且对公共健康有益。这就要求对重点设置和主要驱动因素有明确定义与处理流程，在临床试验的各个阶段也要有确切的监测方式。

3）战略目标3：加深对替代疗法"真实世界"模式和产出的理解，与保健和护理方法联合应用

在全美范围内的特殊人口亚种群中开展成人和小儿的补充替代疗法应用模式的研究；深入研究个人患者在补充替代疗法使用过程中的决策过程；调研成人和小儿补充替代疗法的使用风险和安全性；开发用于未来研究预测的研究数据库；调查补充替代医疗方法提升治疗水平、改善健康状态所做的贡献，开发提高观察、生产、健康服务水平和研究效率的工具；挖掘补充替代疗法在转变人类行为和健康生活方式方面的潜力。

4）战略目标4：提升本领域研究水平和质量

支持本领域多方位高质量的研究培训，为本领域的工作人员提供更多更好、多样化的

职业拓展机会；与其他领域，或其他国家的高水平研究机构开展合作；促进多领域的交流合作。

5) 战略目标5：加强替代干预医药产品的开发，并促进事实信息的传播

该目标包括三个方面：①向公众提供可靠、确实和以事实为基础的信息帮助公众正确使用补充替代医疗手段和产品。②向医疗产品供应商提供补充替代医疗的可靠、确实和以事实为基础的信息，以帮助他们管理保健产品和开展健康咨询。③向患者和医疗产品供应商提供补充替代医疗产品的使用信息以及有利于支持健康生活方式的综合建议。

2011年4月26日NCCAM网站（National Center for Complementary and Alternative Medicine）正式开通，它可帮助临床医务人员方便地获取有关辅助及替代医学方面的循证医疗信息。医务人员通过网站，可以补充替代医学方面的实践经验和知识，更好地与病人讨论治疗效果和安全性。

8.2.2.4 美国饮食改善办公室植物制剂研究中心计划

自1999年以来，美国饮食改善办公室（ODS）已资助多个多学科中心开展全美各学术研究机构开发的植物制剂（来源于植物的产品）对健康影响的调研。这些中心的工作包括鉴定和表征植物成分，评估其生物活性和生物利用度（身体可利用的量），评价其对细胞、动物和人类所起的作用，帮助选择用于临床试验的植物制剂，并提供培训和职业发展的良好环境。

ODS于1999年和国家补充替代医学中心（NCCAM）联合启动植物制剂研究中心计划。此外，ODS还与NCCAM和国立卫生研究院下属的机构、办公室一起推进生物资源中心（BRC）项目。目前正处于第三个5年的项目周期，美国国家癌症研究所（NCI）首次加入ODS和NCCAM共同发起的项目。

BRC项目旨在促进植物制剂，尤其是作为膳食补充剂成分的综合性跨学科的协作研究，以及引导对人类健康真正具有实际益处的研究（NIH，2012b）。该项目主要关注为未来临床试验打下良好基础的前期研究。ODS希望通过BRC项目来推动植物制剂安全性、有效性和作用机制（或生物作用）等问题的相关科学基础知识的积累。安全性是其中最重要的主题之一。2010~2015年BRC项目资助情况如表8-1所示。

表8-1　2010~2015年BRC主要资助五个子中心的项目

主题	负责机构	研究内容	项目说明	项目链接
植物制剂和代谢综合征	彭宁顿生物医学研究中心	1. 蒿属植物和胰岛素功能 2. 脂肪细胞和植物药 3. 孕烷苷和肥胖	该中心前期已获得5年的资助，新的5年中旨在提供有关植物制剂调节和减缓代谢综合征基础病理生理机制发展的分子、细胞和生物机制的综合评估	http://www.botanical.pbrc.edu

续表

主题	负责机构	研究内容	项目说明	项目链接
有助于妇女健康的植物膳食补充剂	伊利诺伊大学芝加哥分校（UIC）	4. 植物化学的代谢组学表征与协同作用 5. 植物调节雌激素癌变 6. 代谢机制、安全性和有效性	UIC负责的分中心已被资助15年，是连续资助最长的分中心。新的5年周期内，该中心专注研究妇女广泛使用的植物性膳食补充剂的安全性问题。研究人员正在研究多组分混合物的协同作用、作用机制、代谢过程、药代动力学及其与处方药的相互作用，以及植物成分对内源性雌激素的影响	http：//www.uic.edu/pharmacy/centers/uic_nih_botanical_dietary_supplement_research
机制、剂量和靶组织	伊利诺伊大学香槟分校（UIUC）	7. 植物雌激素活性的分子机制和细胞途径 8. 植物雌激素作用于骨组织、子宫、乳腺以及乳腺癌的转移 9. 植物雌激素的认知功能	UIUC负责的是一个新中心，旨在弄清妇女使用植物雌激素的安全性、有效性和作用机制等问题，探究植物雌激素的分子机制和细胞途径及其对骨组织、子宫组织、乳腺组织所起的作用以及植物雌激素对乳腺癌转移和认知能力的改善作用	http：//vetmed.illinois.edu/botanical/index.html
植物成分之间的互作研究	密苏里大学	10. 有助于前列腺癌治疗的植物制剂靶向信号传导途径 11. 植物酚类物质的氧化/硝化靶向信号传导途径及其对脑缺血的作用 12. 抗氧化植物成分和抗菌防御	该新中心主要调研5类植物膳食补充剂的安全性和有效性，关注抗氧化信号途径及其和其他途径的联系，建立预防前列腺癌和神经退行性疾病的机制，开展提高抗传染病能力的行动	http：//www.phyto-research.org
植物脂质和炎症性疾病预防	维克森林大学	13. 紫草科和蓝蓟油预防动脉粥样硬化机制 14. 植物脂质对哮喘效应细胞的作用机制 15. 脂肪酸去饱和酶基因多态性在决定基于多不饱和脂肪酸多不饱和脂肪酸（PUFA）人体植物补充剂有效性方面的作用	该中心在其第二个5年资助期内的目标是描述植物脂质对防止心血管疾病，哮喘和代谢综合征等疾病的分子机制，尤其是对患者的免疫力和炎症。该中心将以不同人群为研究对象以确定植物脂质对于哪类人最有效	http：//www.mydietaryfats.org

8.2.3 欧盟

2011年11月30日，欧盟委员会发布了金额逾800亿欧元的"地平线2020"（Horizon 2020）科研和创新计划提案（2014~2020年）。该计划是欧盟第七框架计划（FP7）的延续，更首次将欧盟所有的科研和创新资金汇集于一个灵活的框架，统一了欧盟科研框架计划、欧盟竞争与创新计划（CIP）、欧洲创新与技术研究院（EIT）等，主要包括基础研究（预算246亿欧元）、产业应用技术研发（179亿欧元）和社会挑战应对（318亿欧元）三大部分。涉及的重点创新性和竞争性平台技术有基因组学、宏基因组学、蛋白组学、分子生物学工具等。这些平台技术的研究将成为生物资源的性能优化与应用开发，陆地与海洋生物多样性的勘探、研究与开发，基于生物技术的医疗解决方案（如诊断、生物制剂和生物医疗设备）发展等的研究基础。

2012年2月13日，欧盟委员会发布题为"欧洲生物经济的可持续创新发展"（EC, 2012）的生物经济战略报告。该报告是在欧盟第七框架计划（FP7）、欧洲"地平线2020"科研和创新计划的基础上制定的。该报告指出，欧盟需要借助可再生自然资源来获得安全和健康的食品、饮料及能源、材料和其他产品。欧洲生物经济战略提出的政策目标包括实施更加创新、资源高效利用和更低排放的经济发展模式，提高欧洲经济竞争力，实现以可再生生物资源为基础的工业可持续发展，使粮食安全与生物基工业应用相协调，同时确保生物多样性及保护环境。生物经济战略的目标是在保障资源可持续利用和减轻对环境压力的同时，改进知识基础和培育创新，以促进生产力增长。

8.2.3.1 未来植物技术平台

为推进欧洲生物经济的发展，欧盟推出了一系列欧洲技术平台（The European Technology Platform，ETP），并要求每一类技术平台都应致力于：①设立共性的远景目标，以达成政策制定的内在一致性；②克服各层面的障碍，加速新技术进入市场的进程；③激励创新，提高生产力和竞争力，并使得投资环境更具吸引力；④鼓励公众对技术风险和收益展开争论，以促进技术接受程度。

欧盟于2003年创建欧洲技术平台"未来的植物"（The European Technology Platform 'Plants for the Future'），涉及植物领域的植物基因组和各类生物技术，协调欧洲植物领域的研究活动。平台成员包括相关产业、农业机构、学术和其他利益相关集团，并获得欧盟FP6和FP7特别行动的支持。平台发布的《战略研究议程2025》（Strategic Research Agenda 2025）指出欧洲社会和经济在植物领域的5大战略目标：健康、安全和充足的食品及饲料供应；来源于植物的化工产品和能源，可持续性农业、林业和观光业，有活力和竞争力的基础研究，用户选择和管理。该技术平台的目标是将欧洲工业界、学术界和农业协会的利益相关者组织集中在一起，并由欧洲种子协会和独立的公司、欧洲植物科学组织（EPSO），代表欧洲农民和农业合作者的农民游说组织（Copa-Cogeca）共同支持。它为所有植物利益相关者提供评述和在公共讨论中代表他们的利益。它还为欧洲植物业界提供了未来20年以及短期、中期和长期战略研究议程。2009年3月1日，包括未来植物技术平台在内的 9 个欧洲技术平台合并为欧盟委员会第七框架计划支持的"以知识为基础的生物经济"(KBBE)网络。

8.2.3.2　第七框架计划第二主题：食品、农业和渔业生物技术

2012 年 7 月 9 日欧盟颁布了第七框架合作工作项目第二主题：食品、农业和渔业生物技术项目。该项目计划在生物质和生产产品的创新来源领域开展深入的系列研发活动，包括对植物高价值产品的发现和市场化（EC，2012）。该项目旨在开发陆生植物的生物多样性资源，开发其工业应用，如高价值的农业产品、药品、生物材料、香料、食品及其添加剂等。并且通过优化、野生驯化、人工培养等方法来提升生物化学品的产量和实现产品的市场化。该项目将融入整个产品创新的研发链条，以打破生物工业的瓶颈。

项目的重点是高效发掘新的生物活性物质来源，特别是不常见或未被充分利用的植物种类或生态类群，包括可持续性原材料的获取（特别是濒危、受保护或者难以收集、培育的植物品种的获取）、对新陈代谢工程技术的改进（如新陈代谢学、新基因挖掘概念、生物分子的分离和纯化及其植物或替代生物系统中的可持续性生产）。预计该项目的最大经费投入为 2000 万欧元。

8.2.3.3　植物科学网促进计划

2012 年 2 月，欧盟委员会宣布投资建立植物科学网 ERA-CAPS，旨在协调和整合欧洲以及其他国家和地区的植物科学研究信息。来自 23 个国家（除 17 个欧洲国家外，还有加拿大、印度、以色列、日本、新西兰和美国）的 26 家参与单位将为其提供自己的资源和专业知识，以帮助解决诸如保障食物安全、提供可持续的生物能源等全球性挑战。ERA-CAPS 于 2012 年 1 月底开始运行，由英国生物技术与生物科学研究理事会协调并将运行至 2014 年。

ERA-CAPS 在运行期间预计将资助两个国际合作项目，涉及将植物生物学基础研究应用于粮食、能源和工业生物技术领域的作物改良。项目将定期举办战略研讨会以讨论数据共享和开放获取的实施情况。

除发展联合研究项目外，为协助成员国建立伙伴关系，促进科学家国际合作网络化，ERA-CAPS 还将帮助研究人员跨越国界限制，共享数据和资源。同时，该网络还可以为各个国家寻找研究重点和方向，提供资源共享的机会。

8.2.4　英国

英国有使用药用植物的悠久历史，是欧洲第二大植物药市场。1983 年英国草药协会出版了《英国草药药典》，1990 年修订作为第 1 卷，共收载英国常用草药 84 种，每个品种都描述了分析标准和治疗作用。1996 年再次修订增收至 169 个药用植物。英国伦敦皇家学院还建立了天然产物中心，目标是对从植物、微生物和其他天然来源的提取物和化合物提供广泛和高效率的筛选。近年来，英国出台了众多与生物资源、技术研发相关的规划与政策，以扶持英国生物技术领域科研力量的发展，确保英国在生物科学研究领域在全球竞争

中地位，应对未来社会将面临的科技前沿的各种挑战。2012年5月，英国政府宣布实施2.5亿英镑生物领域科研投资计划，共包含了26个战略科学项目和14个关键国家研究能力项目，包括与植物研究密切相关的两个重点项目——大型生物学设施和研究中心建设。

8.2.4.1 英国建设生物大数据设施

2012年6月，英国在剑桥创建一个开创性的生物信息学大数据设施（Big-data Facility）。用于快速、高效获取海量生物数据集。先期建成的一所全新的生物信息技术中心的部分经费来源于英国生物技术与生物科学研究理事会。在英国政府提供的7500万英镑的经费支持下，欧洲分子生物实验室的欧洲生物信息研究所（EMBL-EBI）将进一步扩展职能，与生命科学数据初期研究机构（ELIXIR）共同发展相互协同工作。

生物科学的研究将持续产生大量使英国和欧洲学术社团受益的数据。随着英国对高通量DNA测序技术的投入增长，大量有价值的数据和遗传信息正在逐步累积。这些增加的数据集也提高了保障这些资源能被高效获取和利用的要求。新的生物信息学设施的经费将帮助EMBL-EBI发展成为欧洲所有学术和产业机构的分子生物学数据的主要服务机构。它将有助于提升英国生物制药和生物技术产业的研究能力，进一步巩固英国作为欧洲生物技术研究基础设施中心的地位。

8.2.4.2 英国国家植物表型组学中心正式开放

2012年5月14日，以拥有先进的研究温室为特色的英国国家植物表型组学中心(Phenomics Centre)正式开放。该中心位于阿伯雷威斯大学，获得了来自BBSRC的680万英镑经费资助。中心的开放将促进英国植物和农作物的开发，有助于气候变化、食品安全和替代石油基产品等重大问题的解决。

中心装备有一条长达300多米的传送带，上面可容纳850份不同品种的盆栽植物，当研究个体基因的影响时，科学家们可针对植物个体分别采用不同的培育和浇灌管理系统。中心拥有10台由电脑控制的运用荧光、红外和近红外、激光和根成像技术的照相设备，若联合应用可以提供植物的三维影像，还可监测植物的每日生长情况。现有研究方法是无法获知上述的研究细节的，而对细节的了解将有助于研究人员快速辨识有价值的基因。这些有价值的基因将有助于人们寻找可解决气候变化、食品安全和石油替代产品问题的植物新品种。

8.2.5 日本

在日本，受中国传统医药的影响，植物来源药物被称做汉方药。目前日本每年植物药制剂市场总规模高达1000亿日元，需求量日益增加。日本6万家药店中，经营汉方制剂的在80%以上。由于临床使用汉方制剂日趋增加，近年来汉方制剂的生产发展迅速，每年以50%~60%的速度递增。为保证植物药有充足的原料来源，日本从20世纪70年代开始利用植物生长技术进行药用植物的大量快速繁殖，利用基因导入技术进行植物基因转换，利用细胞培养和性状转换产生药用有效成分，取得了大量科研成果。

目前日本厚生劳动省为保持日本在国际植物药研究方面的国际领先地位，在政策方面给予了倾斜，厚生劳动省规定大部分汉方制剂可以享受医疗保险，同时还同意在西医院内开设东洋医学科。在教育方面，日本现有汉方医学专业研究机构 10 余个，有 44 所公立或私立的药科大学或医科大学的药学部也都建立了专门的生药研究部门，还有 20 余所综合性大学设有汉方医学研究组织，文部科学省已经将汉方医学纳入国家教育行列。此外，还在大学中设立汉诊疗所和研究所。另外作为负责日本科研战略规划决策机构的文部科学省还为植物药发展制定相关的研究计划。

8.2.5.1 文部科学省国家生物遗传资源计划

日本国家生物遗传资源计划（马燕合，杨哲，2009）是为了支持生命科学研究，进一步完善对实验动植物、各种细胞、各种生物基因材料等生物遗传资源的研究。作为日本的战略重点，必须进行资源系统性收集、保存和提供，进一步提高生物遗传资源的质量，进而推动研究开发工作。

主要责任机构日本生理化学研究所的目标是，有效利用生物遗传资源，推进日本的生命科学研究，进一步完善生命科学研究的基础。在国家生物遗传资源计划中，以"收集、保存、提供"为目的的核心机构发挥着作用。

同时，生理化学研究所还负责日本生命科学研究计划中植物科学事业项目的开展，以解析代谢物和探索基因为重点，进行植物的生长、形态形成、环境应答等植物特有的控制、应答机制的解读研究，提高植物质和量的生产力。

8.2.5.2 厚生劳动省医药食品局药品生产质量管理规范指南

2012 年 2 月，日本厚生劳动省医药食品局在就如何使用国际药品认证合作组织的《药品生产质量管理规范》（PIC/S GMP）（厚生劳働省，2012）制定了相关指南，包含对植物药的生产准则。指南涉及植物药的生产原则、生产场所管理（存储区、生产区）、操作规范（初始原料、处理说明）、质量控制等多方面内容，特别指出植物药制剂以及成品的特性和质量控制试验，对成品的质量控制试验必须包含混合物中各活性组分的定性和定量测定。如果具有治疗活性的是未知组分，还需要说明通过使用标记物来做什么。含有已知治疗活性成分的植物药或植物药制剂，其中的成分必须精确鉴定和定量。如果配方包含几种植物药或植物制剂，且每种活性组分无法完成定量测定，可以将几种活性成分一起进行测定试验，但这个操作流程的使用必须合理。

8.2.6 印度

印度是世界主要药用植物生产大国。印度国土面积虽然只占全球陆地总面积的 2.4%，但印度却拥有全球 8% 的植物资源数量。与中国一样，印度是联合国评定的全球 12 个"生物多样性国家"之一。据介绍，印度森林覆盖率约占其国土总面积的 80%。而且印度的药用植物资源基本上分布在森林里，仅有不到 10% 分布在非森林地区。印度的植物资源中，至少有 1/5 可供药用，这一比例大大高于世界植物资源中药用植物所占的比例

(12.5%)。

据波士顿咨询集团（BCG）近日发布的《生命科学研发现状：印度创新方式的改变》(Life Sciences R&D: Changing the Innovation Equation in India) 报告显示，印度吸引了全球大量的生物技术和制药企业的研发投入，现其生物技术产业产值在亚洲排名第二。印度已通过增强本国研发能力和促进学术成果商业化，逐渐成为生物技术行业的主要力量和亚洲新兴市场最主要的竞争者。

药用植物对于印度医药系统中的阿育吠陀和尤那尼具有非常重要的作用。印度政府制定了一系列政策来促进和鼓励本国药用植物的加工、提取及海外市场的开拓。2004年在印度博帕尔市召开了"全球药用植物研讨会"，从而使欧美制药业界人士及各国科学家能充分了解印度丰富的药用植物资源情况。印度国家生物资源开发局实施一项全面研究计划，旨在开发建立印度的植物、动物和微生物资源的数字化详细目录。其中，Sasya Sampada就是一个详细记载了700种药用植物和其他2200种经济植物的数据库，植物的名称、产地、生物化学成分、繁育技术和增产技术、再加工过程以及在经济和科学方面的用途都记录在数据库中。经过印度政府多年来坚持不懈的努力，来自印度的多种古老吠陀药材已在欧美广为人知，销量逐年递增。印度政府拨出专款成立印度"国立药用植物研究开发院"（NBRI），聘请了一批欧美一流的植物药研究人员到印度从事天然药物开发工作，以期加快该国植物新药的开发速度。

印度国家植物研究所植物药研究项目

印度科学与工业研究理事会下属的国家植物研究所（CSIR- National Botanical Research Institute, CSIR-NBRI）是一个享誉国际的多学科植物研究中心，承担着植物科学领域数个重要战略方向的基础与应用研发项目。植物分类学、植物多样性、保护生物学、环境生物学、园艺学与花卉栽培、植物-微生物相互作用、植物生物技术与遗传工程、生物信息学、植物多样性数据库、健康方面的植物与微生物资源生物勘探，以及环境与工业相关产品与技术等都包括在内。尤其是在植物多样性、植物-微生物相互作用、生物技术和生物信息学方面，该所拥有丰富的经验。他们为丰富印度在植物多样性方面的知识，做出了卓越的贡献，重点增强了印度在生物和微生物技术、草药产品与植物资料库领域的全球竞争力。

目前，该所正在负责数个权威的国家级、国际级植物资源库和网络方案的协调工作，如CSIR的传统知识数字图书馆（CSIR-TKDL）和国际豆科数据库及信息服务（International Legume Database and Information Service, ILDI）。按照2002年制定的生物多样性法案，印度政府将其看作生物多样性国家管理局（National Biodiversity Authority）下属的植物国家级仓库，针对印度国内发现的各种植物设立。

CSIR-NBRI拥有植物多样性记录、微生物学、基因组学、转基因技术、植物生理学、细胞与组织培养、病毒学、植物化学、药理学、毒理学和环境生物学领域等多个实验室，支持创新研发。此外，该所还有：一个占地面积达25公顷的植物园，种植了约5000种本土和国外引进植株；一个干燥标本集，收集了253103种印度国内发现的开花和不开花植物；两个位于Banthra的野外研究站；配备了网络设施的图书馆和IT服务部门。NBRI近期与药用植物相关的科研项目如表8-2所示（NBRI Projects, 2012）。

表 8-2 NBRI 于 2012 年启动的药用植物相关研究项目

项目名称	开始时间	结束时间	资助机构	主要研究者（博士）
印度喜马拉雅地区棘豆属（豆科）的分类学与生态学研究	2012-2-15	2015-2-14	印度环境与森林部（MEn&F）	L. B. Chaudhary
印度古吉拉特邦红树林地衣的多样性评估	2012-4-9	2015-4-8	印度环境与森林部，新德里	Sanjeeva Nayaka
美人蕉的生物学研究	2012-4-1	2017-3-31	CSIR-NBRI	S. K. Raj
在传统知识中有工业应用（制药、保健、化妆）价值与作为草药产品开发的印度本土药用植物的质量评估与科学验证	2012-4-1	2017-3-31	CSIR-NBRI	A. K. S. Rawat
药用和芳香植物的植物化学研究	2012-4-1	2017-3-31	CSIR-NBRI	S. Malhotra

8.2.7 中国

"十二五"时期，是我国大力培育和发展战略性新兴产业、加快建设中关村国家自主创新示范区的战略机遇期。生物医药产业作为国家战略性新兴产业的重点发展领域，是既符合我国资源环境特点又充分发挥科技智力优势的高技术产业。以植物药为主的中医药研发体系是我国生物医药体系的重要组成部分，其科研与产业的健康发展关系到国家整体发展进程，是我国医药产业的重要支柱之一。为促进我国生物医药产业持续健康发展，根据我国"十二五"时期产业发展总体部署，国务院、工业和信息化部、科技部分别制订了《生物产业发展规划》、《医药工业"十二五"发展规划》和《生物种业科技发展"十二五"重点专项规划》。

8.2.7.1 国务院印发《生物产业发展规划》（国务院，2013）

国务院于 2013 年 1 月向各省（自治区、直辖市）人民政府，各部委、各直属机构印发了《生物产业发展规划》。中药产业作为规划中的重点领域，今后的主要任务是提高中药标准化发展水平，以中药标准体系建设和推广应用为核心，加速规范化中药材基地建设，推动道地中药材优良品种的选育和无公害规范种植，促进中药资源的保护和可持续利用。建立健全中药材种植（养殖）、加工、运输的工艺标准、质量标准和操作规范，形成多层次、全方位的中药材现代质量控制体系。加大中药制药过程的关键技术开发和推广，提升装备制造水平，打造一批从原料药材到药品的中药标准化示范产业链，加快作用机理明确、物质成分可控、临床疗效确切、使用安全的中药品种的开发，培育现代中药大品种。

开展中药标准化行动，目标是形成中药标准化支撑体系，推动一批重点产品的标准化。主要内容包括：①支撑体系建设。建设常用中药材的基因库、标准实物库、化学成分库和指纹图谱库，构建质量检测技术平台。②重点产品标准化示范。建设中药材无公害种植与产地规范加工、中成药生产过程质量控制标准化的产业链，开展中药溯源检定和过程控制技术的应用，推动质量提升和标准统一的重点产品示范，建立系统、规范、严格的质量体系，提高中药行业标准化水平，促进中药国际化发展。③政策配套。对质量标准提高、用药安全显著改善的中药，研究制定优先纳入医疗保险目录等优惠政策。

8.2.7.2 工业和信息化部统筹实施《医药工业"十二五"发展规划》（工业和信息化部，2012）

2012年1月，由工业和信息化部牵头制定的《医药工业"十二五"发展规划》正式出台，规划再次强调了植物药在我国医疗保障体系中的重要地位，提出"十二五"期间将重点提升包括植物药在内的生物医药产业水平，持续推动创新药物研发。坚持原始创新、集成创新和引进消化吸收再创新相结合，在恶性肿瘤、心脑血管疾病、神经退行性疾病、糖尿病、感染性疾病等重大疾病领域，呼吸系统、消化系统等多发性疾病领域，罕见病和儿童用药领域，加快推进创新药物开发和产业化，着力提高创新药物的科技内涵和质量水平，不断提高质量标准，健全以《中国药典》为核心的国家药品标准体系，继续推进药品标准提高行动计划，重点提高基本药物、中药、民族药、高风险品种、药用辅料和包装材料的质量标准，坚持继承和创新并重，针对中医药具有治疗优势的病种，发展适合中医治疗特色的新品种，重视中成药名优产品的二次开发，加快现代科技在中药研发和生产中的应用，提高和完善中药全产业链的技术标准和规范，培育疗效确切、安全性高、剂型先进、质量稳定可控的现代中药。

8.2.7.3 科技部拟定《生物种业科技发展"十二五"重点专项规划》（科技部，2012）

规划以《国家中长期科学和技术发展规划纲要（2006—2020年）》、《国家粮食安全中长期规划纲要（2008—2020年）》、《国务院关于加快推进现代农作物种业发展的意见》和《"十二五"农业与农村科技发展规划》为依据，以农作物、农业动物、林果花草种业科技创新为重点，提出"十二五"期间生物种业科技发展的总体思路、发展目标和主要任务。规划将围绕国家生物育种战略性新兴产业发展需求，坚持政府引导与市场导向相结合，强化产学研紧密结合，推动生物种业科技创新；以农作物、农业动物和林果花草三个领域为重点，突破种质资源创新、新品种创制、制繁种、种子加工和质量保障等关键技术，推进种业科技人才、基地、平台一体化建设，创新种业科技服务体系，实施种业科技特派员专项行动，全面提升我国生物种业自主创新能力、成果转化能力、持续发展能力和国际竞争力；力争在"十二五"末，使我国生物种业科技总体水平进入先进国家行列，力争若干个优势企业在与国际企业的市场竞争中占有一席之地；创制一批具有重要应用价值的动植物新种质、新材料；培育一批具有自主知识产权的新品种；突破一批对种业发展有重大影响的分子育种等核心技术，制定和形成一批生物育种产业新标准、新专利，扶持一批"育繁推一体化"的龙头企业和专业性中小型优势企业；培养一批具有国际竞争力的科技创新人才和优势团队；建立健全新型种业科技创新体系。

8.2.7.4 《中国植物保护战略》（中国国家生物多样性信息交换所，2010）

为响应《全球植物保护战略》，我国于2008年提出了《中国植物保护战略》

(CSPC)。2011年底中国科学院、国家林业局、环境保护部与国际植物园保护联盟(BGCI)合作共同对《中国植物保护战略》执行情况进行了评估。评估结果显示,《中国植物保护战略》各利益相关方在拯救中国丰富多样的植物财富方面付出了巨大的努力,同时也为今后战略的深入实施提出了几项重要建议:

(1) 加强物种和生态系统迁地与就地保护以及利益相关者和政策水平之间的联系;

(2) 提高迁地收集政策和管理工作之间的国家协作,以确保保护和研究价值;

(3) 提高科学家、保护者和教育专家之间的合作关系,以促进新一代业余植物学家和博物学家的发展;

(4) 确保CSPC利益相关者、致力于国家和全球保护与发展目标谈判的政策决策者之间的密切联系。

8.2.7.5 中国植物基因组研究计划

2010年由深圳华大基因研究院发启了"千种动植物基因组计划",计划旨在构建一个全球最大的基因组数据库,为各物种的进一步研究提供重要基础和依据。目前该研究院已经与其合作伙伴共同启动了505种动植物基因组测序项目,其中植物基因组项目有152个,动物基因组项目有353个。众多动植物基因组项目的完成,将为生物多样性、动植物进化机制、分子育种研究等,建立丰富的遗传信息数据库,为全球动植物研究者提供前所未有的基础资源(中国新闻网,2010)。

同年,中国医学科学院药用植物研究所领衔启动本草基因组计划(Herb Genome Program)(陈士林等,2010),宣布将完成人参、丹参、灵芝、茯苓等多种本草的全基因组测序工作,这将为中药科学研究开拓新的基础平台,为开展本草功能基因组学、蛋白组学、代谢组学、遗传代谢工程和分子遗传育种等研究奠定基础,使选育高品质、高产量、抗胁迫的药用植物,建立现代中药有效成分生物工程体系成为可能。本草基因组计划采用第二代高通量测序技术对药用植物全基因组进行测序和研究,充分发挥不同测序平台的优势,实现不同平台数据的相互补充和校正,从而获得高质量、高精度的多种药用植物全基因组框架图,结合已经获得的人参、西洋参等药用植物转录组分析结果,开展药用植物后基因组学研究。以人参、丹参、灵芝、茯苓等为代表的本草基因组计划将为中医药现代化开辟新的视野与思路,提供新的研究与分析平台,对其他药用植物的研究具有很好的借鉴和示范作用。本草基因组计划的实施和完成将会对中药研究与发展产生深远影响。

8.3 药用植物研究文献与专利分析

8.3.1 文献计量分析

本研究选取两类全球研究较为集中的药用植物种属金丝桃属植物和蒿属植物为研究对象,通过对汤森路透集团出版的科学引文索引扩展数据库(Science Citation Index Expanded,SCI-E)收录的近年来发表的两类植物的科学文献进行分析,从文献角度看药用植物研究的发展态势,检索日期为 2012 年 11 月 12 日。计量分析采用的主要分析工具为 TDA 等。

8.3.1.1 金丝桃属药用植物研究文献分析

随着近年来社会压力和环境气候变迁,精神类疾病患者逐年激增,抗抑郁等精神科药物的研发已经成新药研发热点。金丝桃属(*Hypericum* Linn.)全球约有 400 余种植物,许多品种在世界各国,特别是欧美的民间广泛被作为药用。其中,最为著名的是贯叶连翘(*Hypericum perforatum* Linn.)(又名贯叶金丝桃),其含有的金丝桃素类成分(黄林芳,陈士林,2012)有很强的抗精神抑郁作用。贯叶连翘浸膏制剂在德国已得到广泛应用,占据了德国抗中、轻度抑郁症药物 50% 的市场(America Botanical Council,1997)。在美国,以金丝桃素为主要成分的抗抑郁药物也已通过 FDA 临床检验。近年来的研究还证实该类植物的成分还具有抗氧化、抗肿瘤等其他活性作用(Mortensen et al.,2012;Galla. et al.,2011),引起了医药学界的广泛关注与重视。

1) 论文产出及年度变化趋势

本研究运用关键词检索方法,对 WOS 数据库收录的 1998~2012 出版年共 15 年的金丝桃属植物的研究文献进行分析,从文献角度看金丝桃属植物研究的国际发展态势。从图 8-2 可以看出,近年来金丝桃属植物的研究文献数量基本呈逐年递增态势,尤其是 2000 年有较大幅度增长,增长率达 42%。自从 1998 年在美国召开第一届金丝桃属植物研讨会以来,参与金丝桃属研究的国家和机构也在逐年增加,研究领域更加广泛。美国国家精神病研究院(NIMH)和国立卫生研究院药物更新办公室于 1998 年投入 4300 万美元,对金丝桃属植物开展为期 3 年的抗抑郁临床效果和机理研究,也促进了该类植物研究文献数量的快速增长。

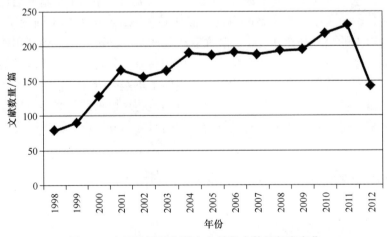

图 8-2 金丝桃属植物研究文献发表数量年度变化

2012 年文献量可能因文献登入数据库的时间滞后而统计不完全

2) 论文产出国家分布

由图 8-3 可以看出,截至 2012 年 11 月 12 日,美国、德国、意大利、英国、土耳其与中国的发文量位居前6，占总发文量的51%。其中，美国和德国优势明显，远远多于其他国家，意大利、土耳其、中国、英国和日本排在其后。亚洲的中国和日本共占总发文量的8%。这说明，作为欧美传统药物的金丝桃属植物的技术与药物研发一直备受西方国家重视，但近年来亚洲国家在此方向的研究实力也有了长足进步。据 Information Resource Inc 统计，2009年美国贯叶连翘产品的年销售额已达875.82万美元，在草药类膳食补充剂中排名第八位。

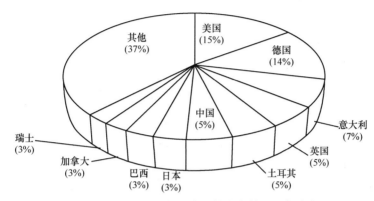

图8-3　金丝桃属植物研究文献发表数量国家分布

分析文献量排名前10位国家的总被引频次和篇均被引频次（表8-3），可以看出美国、德国、英国的总被引次数分别列第1、2、3位，美国、德国、英国、加拿大和瑞士篇均被引次数均在20次以上，瑞士发文量虽少，但其篇均引用率仅次于美国。中国虽然在该领域的发文量并不领先，但其篇均被引次数与日本相似，高过了发文量处于第五位的土耳其。

表8-3　金丝桃属植物发文量排名前10位国家论文被引用情况

排名	国家	文献量/篇	总被引次数/次	篇均被引次数/（次/篇）	H指数
1	美国	482	13949	28.9	55
2	德国	440	9837	22.4	51
3	意大利	221	4086	18.5	35
4	英国	176	4462	25.4	38
5	土耳其	164	1277	7.8	19
6	中国	153	1817	11.9	23
7	日本	112	1387	12.4	21
8	巴西	94	1052	11.2	20
9	加拿大	85	1482	21.7	24
10	瑞士	83	2248	27.1	23

3）重要研究机构论文产出及主题分析

由表8-4可以看出，作为最早开展金丝桃属植物研发的德国在研发力量上占据绝对优势，前20位机构中五家德国机构；美国、英国、土耳其、意大利各两家。中国科学院位居第6位，说明中国科学院在此类植物药的研发方面已经有一定的实力。从机构分布也可以看出该属植物的研究并不局限于植物研究传统强国，而是分布极广，如土耳其 Ondokuz Mayis 大学和安那多鲁大学、斯洛伐克 Šafárik 大学、伊朗伊斯兰阿萨德大学在此研究领域均排名靠前。

表 8-4　金丝桃属植物研究文献发表数量最多的前 20 位机构

排名	机构名	文献数量/篇	排名	机构名	文献数量/篇
1	德国 Lichtwer 制药公司	45	11	美国佛罗里达大学	25
2	德国威玛舒培博士公司	43	12	德国弗莱堡大学	25
3	土耳其 Ondokuz Mayis 大学	39	13	美国爱荷华州立大学	25
4	斯洛伐克 Šafárik 大学	37	14	意大利 Indena SPA 公司	23
5	巴西 Fed do Rio Grande do Sul 大学	34	15	德国慕尼黑工业大学	22
6	中国科学院	33	16	英国埃克塞特大学	22
7	德国法兰克福大学	30	17	加拿大圭尔夫大学	22
8	葡萄牙米尼奥大学	27	18	日本德岛大学	22
9	英国伦敦大学	26	19	伊朗伊斯兰阿萨德大学	21
10	土耳其安那多鲁大学	25	20	意大利卡美日诺大学	21

近年来该类植物的研究领域扩展较快，根据 WOS 主题分类可以看出除传统的药学与药理学、植物学和化学仍为植物研究的主要研究领域外，现代分子生物学、应用微生物学、进化生物学和细胞生物学也已经成为该领域研究的主要方向。这些生物技术的引入，也使得药用植物的研究效率和深度有了进一步的提升。此外，位于前 20 的领域中除包括精神病学外还新增了毒理学、普通内科和肿瘤学，提示该属植物潜在药物开发方向：如抗肿瘤药物、抗炎和抗病毒药物等（表 8-5）。

表 8-5　金丝桃属植物研究文献发表数量最多的前 20 个研究领域

排名	主题	文献数量/篇	排名	主题	文献数量/篇
1	药学与药理学	1106	11	普通内科	94
2	植物学	748	12	生物技术及应用微生物学	64
3	化学	517	13	研究与实验医学	52
4	生物化学与分子生物学	344	14	毒理学	49
5	精神病学	260	15	进化生物学	43
6	神经科学与神经学	190	16	细胞生物学	42
7	环境科学和生态学	164	17	医学实验室技术	40
8	结合医学与补充医学	146	18	生命科学和生物医学——其他主题	38
9	食品科学与技术	135	19	肿瘤学	34
10	农学	116	20	昆虫学	30

4)合作关系分析

借助 TDA 工具的 Correlation-Map 功能,绘制出了发文量前 10 位国家的合作关系图(图 8-4)。可以看出,重点研究国家已经基本结成一个合作研究网络。其中中国与加拿大、英国形成三方合作关系,而以英国为节点将意大利、土耳其、瑞士、德国、巴西连接起来。其中,日本的合作研究比例较少。加拿大与美国的合作关系较为密切。

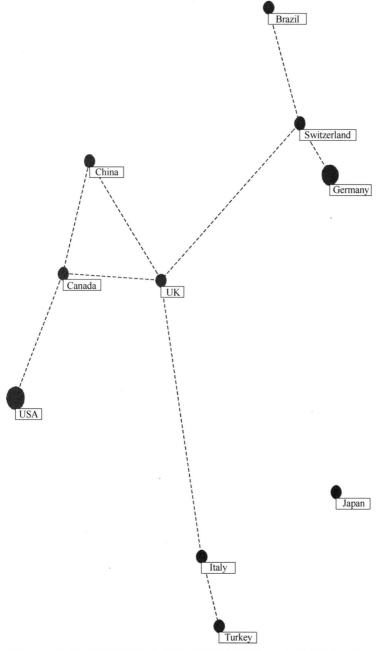

图 8-4　金丝桃属植物研究文献发表数量最多的前 10 位国家合作网络

通过对重点机构的分析（图 8-5）发现，前 20 位研发机构中多数机构间的合作较少，以散点存在。德国 Lichtwer 制药公司、威玛·舒培博士公司（Dr. Willmar Schwabe GmbH & Co）、法兰克福大学、弗莱堡大学和慕尼黑工业大学的几家机构间呈现较为密切的合作关系，形成了较为完整的产学研一体的集团，这种模式使得德国在植物药研发的实力得到了强有力的保障。跨国合作团队以中国科学院与加拿大圭尔夫大学，土耳其安那多鲁大学和意大利卡美日诺大学较为突出。德国威玛·舒培博士公司是德国最古老的医药公司，有 134 年历史，它也是当今用天然产物制药的主要厂家之一。该公司与德国的重点医药科研机构都保持着密切的协作关系，通过合作不但使企业的科研实力得到提升，同时也促进了科研机构科研成果的市场化。

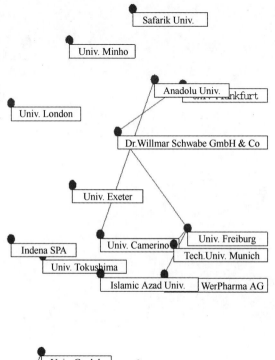

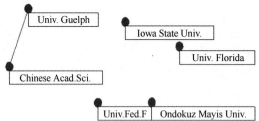

图 8-5 金丝桃属植物研究文献发表数量前 20 位机构合作网络

8.3.1.2 蒿属药用植物研究文献分析

我国古人很早就将青蒿（黄花蒿）属的多种植物作为治疗疟疾等流行性疾病的常用药材，如黄花蒿清热凉血、退虚热、截疟，用于治疗疟疾、伤暑潮热等；艾蒿散寒除湿，温经止血，用于治疗湿疹；茵陈蒿和滨蒿则有清热利湿、利胆退黄等功效，临床常用于治疗

8 药用植物资源科技国际发展态势分析

黄疸型肝炎。现代研究表明,蒿属植物含有挥发油、生物碱等多种生物活性物质,具有较高的药用价值,因而已成为药用植物研究的热点之一(Wu et al., 2011),(Irfan et al., 2005),(Zeng et al., 2011)。

1) 论文产出及年度变化趋势

从图 8-6 可以看出,近年来蒿属植物的研究文献数量基本呈逐年递增态势,由 2003 年的 196 篇上升到 2011 年的 465 篇,发表文献总数达 3167 篇。

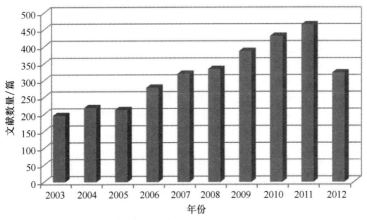

图 8-6 蒿属植物研究文献发表数量年度变化

2) 论文产出国家分布

从文献量来看,近 10 年在蒿属植物研究领域发文量领先的 10 个国家分别是:美国、中国、韩国、德国、印度、伊朗、西班牙、英国、日本和意大利。前两位国家中,美国文献量占据世界文献数量的比例达 25%,中国所占比例达 20%,其他国家发文量所占比例均在 10% 以下(图 8-7)。从国家年度分布来看,2003~2012 年美国的发文量波动变化不大,而中国的文献量一直保持稳步增长态势,在 2010 年有较明显的增幅,年发文量一举超过了 100 篇达 102 篇,较 2009 年增长了 41%。其余国家的发文量也均呈现小幅波动,变化不明显(图 8-8)。

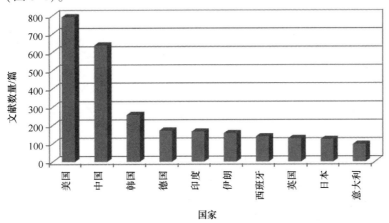

图 8-7 2003~2012 年蒿属植物研究文献发表数量最多的前 10 位国家

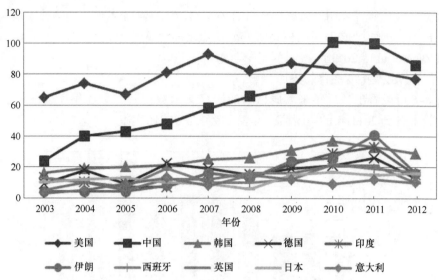

图 8-8 蒿属植物研究文献发表数量最多的前 10 位国家发文量年度变化（见彩图）

分析文献量排名前 10 位国家的总被引频次和篇均被引频次（表 8-6），可以看出美国和中国的总被引次数分别列第 1、2 位，但篇均被引次数排名前 5 位的国家分别为英国、德国、美国、西班牙和日本，其篇均被引次数均在 10 次以上，而中国的篇均被引次数为 7.5 次，排名第 6 位，其他国家的篇均被引次数也均在 10 次以下。

表 8-6　2003~2012 年蒿属植物发文量排名前 10 位国家论文被引情况

排名	国家	文献量/篇	总被引次数/次	篇均被引次数/次	H 指数
1	美国	792	10 416	13.2	43
2	中国	637	4 780	7.5	30
3	韩国	257	1 724	6.7	20
4	德国	171	2 329	13.6	26
5	印度	165	1 160	7.0	17
6	伊朗	156	609	3.9	14
7	西班牙	139	1 743	12.5	21
8	英国	128	2 025	15.8	21
9	日本	123	1 352	11	16
10	意大利	96	720	7.5	14

3）发文机构分布

从发文量看，在排名前 10 机构中，美国有农业研究所、犹他州立大学、怀俄明大学三所机构，中国有中国科学院、兰州大学两家机构。韩国庆熙大学和国立首尔大学两所高校分别位居第四和第八位。虽然俄罗斯国家总发文量并未列入前 10，但俄罗斯科学院的发文总量在机构发文量排名中位居第 10 位。所有机构中中国科学院的发文量远远领先，共 270 篇约占世界总文献量的 8.5%，占中国发文总量的 42%（图 8-9）。

8 药用植物资源科技国际发展态势分析

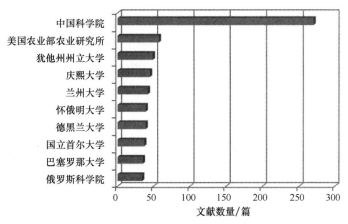

图8-9 蒿属植物研究文献发表数量最多的前10位机构

4)热点领域发文量分析

分析2003年至今该属植物研究论文的研究领域(表8-7),发现主要集中在植物学、环境科学和生态学、药理学和药剂学、化学、农学、生物化学和分子生物学等20个热点领域。研究表明,蒿属多种植物如黄花蒿、野艾蒿、苦艾等所含的桉树脑、龙脑、樟脑、石竹烯、异石竹烯和β-法呢烯等挥发油成分具有很强的杀虫、杀螨、杀菌、除草、杀线虫和杀软体动物活性,因而近年来农业专家也对该属植物表现出极大的兴趣。

表8-7 蒿属植物研究文献发表数量最多的前20个研究领域

排名	主题	文献数量/篇	排名	主题	文献数量/篇
1	植物学	703	11	综合和补充医学	98
2	环境科学和生态学	578	12	免疫学	87
3	药理学和药剂学	565	13	动物学	78
4	化学	460	14	其他科技主题	60
5	农学	328	15	昆虫学	58
6	生物化学和分子生物学	280	16	林学	58
7	食品科技	255	17	生物多样性保护	57
8	地质学	153	18	过敏症	56
9	生物技术和应用微生物	147	19	古生物学	54
10	自然地理学	110	20	毒理学	47

各研究主题发文量的年度变化如图8-10所示,可以看出植物学的文献数量增长最快,于2011年达到顶峰共118篇,另一个增长较快的主题领域是药理学和药剂学,在2007年后的文献数量超过化学领域达到第二位。而环境科学和生态学领域的发文量则于2008年有所减少。

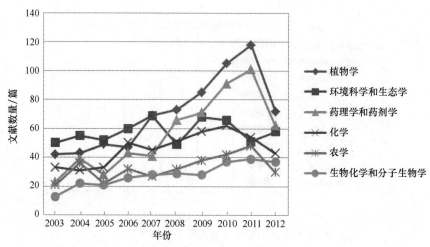

图 8-10 蒿属植物研究文献发表数量最多的前 6 个研究主题发文数量年度变化

8.3.2 专利计量分析

本研究选取我国最早拥有自主知识产权的植物药品种青蒿素作为研究对象，运用国际专利分类体系分类号结合关键词分类进行检索，以基本专利年（DII 数据库首次收录专利家族成员专利的公开年）为年度划分依据，对 1986 年以来国际范围内青蒿素相关专利申请情况进行全面分析。

青蒿素相关专利分析

青蒿素（Artemisinin）是中国科学家于 20 世纪 70 年代从传统中草药青蒿或称黄花蒿（*Artemisia annua* L.）中分离提纯的抗疟有效单体，其化学本质是含有"过氧桥"结构（1，2，4-三噁烷环）的倍半萜内酯（Hsu，2006）。由于其对氯喹抗性疟疾及致命性脑型疟有特效，已成为世界卫生组织（WHO）倡导的"基于青蒿素的联合疗法"（Artemisinin-Based combination Therapies，ACT）首选的抗疟新药（Bhattarai et al.，2007）。其主要发明人我国科学家屠呦呦于 2011 年 9 月获得被誉为诺贝尔奖"风向标"的拉斯克奖。青蒿素也是至今为止由我国发明的唯一被世界公认的植物来源化学药品。近年来，青蒿素药物研发的方向更加多样化，从药用植物的培育、药用植物成分的人工合成到药用活性作用机理的探究等多个方面（Weathers et al.，2005；Feng et al.，2009；Zheng et al.，2007；Zhang et al.，2005；Yang et al.，2010；Guo et al.，2010）。

1）专利申请国家/地区/组织分布

通过研究专利家族成员国的分布情况，可以了解青蒿素相关专利的国家/地区/组织分布情况。统计发现，453 件专利总计拥有的专利家族成员数为 1232 个，平均每件专利在 2.7 个国家/地区/组织提出申请。受理青蒿素专利最多的 10 个国家/组织是中国、美国、世界知识产权组织（WO）（通过 PCT 提出国际申请）、欧洲专利局、澳大利亚、日本、印度、加拿大、德国和南非（图 8-11）。

8 药用植物资源科技国际发展态势分析

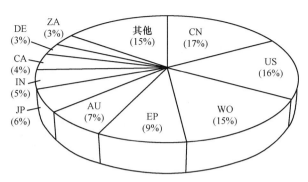

图 8-11 青蒿素国际专利申请数量分布

上述数据显示，中国、美国、欧洲、澳大利亚和日本已经成为青蒿素专利受理最多的国家/地区。其中，中国受理的专利数量最多，在一定程度上反映了中国市场在国际植物药市场中的重要地位。

图 8-12 为 2003～2012 年受理青蒿素专利前 10 名国家/组织年均分布。中华人民共和国国家知识产权局 2003 年以来年均受理的专利申请为 14.5 件，2006 年以后每年的专利申请数量均在 10 件以上。世界专利商标局年均受理的专利申请量为 11.4 件，2006 年以后年受理专利申请量也维持在 10 件以上，其受理量与中国专利受理数量同步增长。而其他几个国家的年均专利受理量均在 10 件以下。

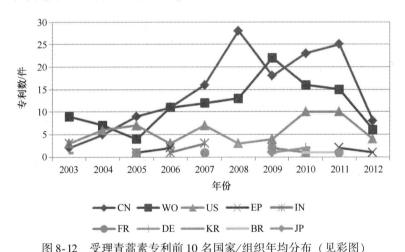

图 8-12 受理青蒿素专利前 10 名国家/组织年均分布（见彩图）

2）专利申请机构分析

表 8-8 列出了青蒿素相关专利申请量前 10 家机构。其中，中美两国各自有三家，法国两家，印度和南非各一家。印度虽只有一家机构但其申请总量排名第一，科学与工业研究理事会（CSIR）是印度全国最大的研发机构。目前，理事会共建有 37 个国家级研究所实验室和 37 个地方科研分支机构，包括中央生物化学研究所、中央细胞与分子生物学研究所、中央药物研究所、中央食品研究所、中央药用与芳香植物研究所、国家植物研究所、国家化学实验室等与药用植物研究与开发相关的研究机构，有较强的工业技术开发能

力。近年来,随着印度政府对生物制药行业的重视程度逐步加强,对该领域的投入力度加大,其科研实力有了很大幅度的提高。中国的科研机构以中国科学院为首,其次是上海交通大学和上海柏泰来生物技术公司,可分别代表医药研发链条中产、学、研三个环节。美国三家机构均为高校。据报道,加利福尼亚大学伯克利分校开展的青蒿素"发酵-半合成"新工艺研究已经进入实用阶段(Paddon et al., 2013)。

表8-8 青蒿素相关专利申请数量前10专利权人分布

排序	专利权人	所属国家	专利申请量/件
1	科学与工业研究理事会	印度	25
2	中国科学院	中国	18
3	上海交通大学	中国	12
4	加利福尼亚大学	美国	8
5	约翰·霍普金斯大学	美国	8
6	华盛顿大学	美国	8
7	法国国家研究中心	法国	7
8	赛诺菲制药公司	法国	7
9	DAFRA制药公司	南非	6
10	上海柏泰来生物技术有限公司	中国	6

值得关注的是南非的DAFRA制药公司也位居前列。目前世界上疟疾风行区主要集中在非洲撒哈拉以南地区和东南亚地区。由于经济水平低下,非洲的疟疾患者基本上无钱购买从发达国家进口的青蒿素制剂,多数只能依赖WHO等国际组织的援助。作为疟疾多发国家,南非在本地开发具有自主知识产权的青蒿素药品,对非洲疟疾的防治具有极其重大的意义。

表8-9列出了前10位专利权人机构申请数量和前10位的国际专利分类号。可以看出,所有机构的专利申请主要集中在A61K、A61P、C07D三类。其中,印度科学与工业研究理事会的IPC分布最广,共计9类。仅次于它的有中国科学院与美国华盛顿大学两家机构,分为7类。从C07小类号的不同可以分辨出各机构侧重于青蒿素不同化学结构的研究:除上海柏泰来生物技术有限公司以外,所有机构对青蒿类杂环化合物均展开技术研发;科学与工业研究理事会、加利福尼亚大学和约翰·霍普金斯大学三家机构注重研发青蒿素的糖苷衍生物;法国研究中心、赛诺菲制药和科学与工业研究理事会则注重于青蒿素无环或碳环衍生物研发。中国科学院、上海交通大学、加利福尼亚大学、华盛顿大学、DAFRA制药公司、上海柏泰来生物技术有限公司6家机构均申请了C12N类的专利权,说明这6家都在着手发展生物合成青蒿素的技术工艺。

8 药用植物资源科技国际发展态势分析

表8-9 青蒿素相关专利申请数量前10专利权人机构的专利申请技术方向分布（单位：件）

国际专利代码	科学与工业研究理事会	中国科学院	上海交通大学	加利福尼亚大学	约翰·霍普金斯大学	华盛顿大学	国家研究中心	赛诺菲制药公司	DAFRA制药公司	上海柏泰来生物技术有限公司
A61K	16	10	2	2	8	7	7	5	5	
A61P	8	8	1		4	6	7	5	5	
C07D	11	12	1	1	7	4	7	5	4	
C12N		2	8	7		1			1	3
A01N	1	1	1		3					3
C12P	1	1		7		1			1	
C07C	3						2	3		
C07H	1			6	1					
C12Q	1		5							1
A01H	2	2	1	1	1					1

通过专利权授权国家分析，可以看出各专利权人机构的专利战略布局（表8-10）。印度科学与工业研究理事会申请专利的授权机构分布最为广泛，IN、US、CN、WO、AU、NL、ZA 在国外申请的专利数量甚至超过了国内申请数量。可见其对海外市场非常重视。另外几家外国机构除在本国申请以外多数都申请了PCT专利。中国的三家机构除中国科学院申请了4项PCT专利和1项美国专利保护以外，均只申请了中国专利，说明这两家企业仅注重本国专利的保护，其尚未有意开拓国际市场。

表8-10 青蒿素相关专利申请数量前10专利权人机构申请专利授权国家分布（单位：件）

专利权人	CN	WO	US	EP	IN	FR	AU	NL	ZA
科学与工业研究理事会	2	4	9		6		2	1	1
中国科学院	13	4	1						
上海交通大学	12								
加利福尼亚大学		2	6						
约翰·霍普金斯大学		6	2						
华盛顿大学		6	2						
国家研究中心		2				5			
赛诺菲制药公司		2		1		4			
DAFRA制药公司		5					1		
上海柏泰来生物技术有限公司	6								

3) 专利涉及的技术领域分析

《国际专利分类表》将专利按照技术主题划分为各种层次的类目。本研究对青蒿素相关专利进行基于国际专利分类号的统计分析（表8-11）。可以看出青蒿素相关专利主要集中在 A61（医学或兽医学、卫生学）、C07（有机化学）、C12（生物化学、啤酒、烈性酒、果汁酒、醋、微生物学、酶学、突变或遗传工程）和 A01（农业；林业；畜牧业；狩猎；诱捕；捕鱼）几个学科；尤以 A61K（医用、牙科用或梳妆用的配制品）、A61P（化合物或药物制剂的特定治疗活性）这两个技术方向专利数量最多，占全球专利申请数量的60%，说明青蒿素的研究热点还是主要集中在医药卫生领域（对应分类号 A61）。而除利用化学方法（对应分类号 C07）从植物原料中提取有效成分以外，由于野生植物资源的日益减少，为了保障植物药原料供应的充足，利用现代生物技术，如基因工程和微生物发酵工艺（对应分类号 C12）来人工合成生物活性成分已经成为植物药研发的主攻方向之一（Maes et al., 2011; Pu et al., 2009）。

表8-11 青蒿素相关专利申请数量前10技术方向

排名	国际专利分类号	专利数/件	技术方向
1	A61K	322	医用、牙科用或梳妆用的配制品
2	A61P	219	化合物或药物制剂的特定治疗活性
3	C07D	169	杂环化合物
4	C12N	47	微生物或酶及其组合物
5	A01N	36	人体、动植物体或其局部的保存
6	C12P	27	发酵或使用酶的方法合成目标化合物或组合物或从外消旋混合物中分离旋光异构体
7	C07C	23	无环或碳环化合物
8	C07H	23	糖类及其衍生物、核苷、核苷酸、核酸
9	C12Q	18	包含酶或微生物的测定或检验方法
10	A01H	16	新植物或获得新植物的方法、通过组织培养技术的植物再生

前10个技术方向最早出现的是 A61K 和 C07D 两类，说明该类药用植物的研究重点最早是对其配方和化学成分的研究，它们在2000年以后进入快速增长期，2005年以来 A61K 的申请数量均在15件以上。而植物的组织培养（A01H）技术研究方向出现于20世纪90年代初期，其发展波动较大，于1993~2000年进入低谷，到2000年后又进入新一轮发展期。金丝桃属植物药物活性（A61P）所申请的第一件专利出现于1998年，此后该技术领域申请数量增速较快，至2011年其年申请量已达30件。与现代生物技术密切相关的 C12 的3个小类（C12N、C12P 和 C12Q）的专利技术发展起步较晚，但在近年来均有一定程度增长（图8-13）。

8 药用植物资源科技国际发展态势分析

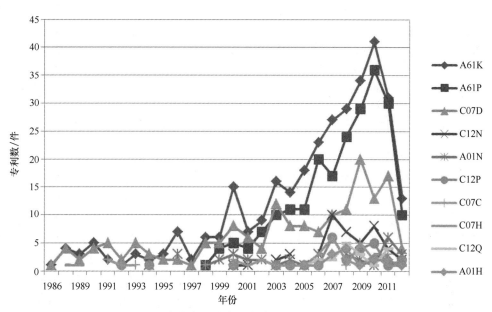

图8-13 青蒿素相关专利申请技术领域的年度分布

8.3.3 小结

针对上述两类药用植物种属文献分析,以及活性成分青蒿素的专利分析发现:

近年全球药用植物研究文献数量和质量均有较大幅度的增长,特别表现在植物学、化学、药理和药剂学领域的文献量增长较快。其中以中国的文献数量增长最快,但相对文献数量的增长,中国作者发表文献的引用率却相对偏低。另一个发文量增长较快的是印度,其发表文献的数量虽然还少于中国,但其引用率却与中国处于相近水平。

因金丝桃属植物为西方传统的药用植物品种,而蒿属植物为重要的中药来源植物,本报告选取两类药物进行分别研究,它们的共性可以代表全球植物药的共同发展趋势,而它们的差异可以展示两种文化背景下药用植物的研究特点。从金丝桃属植物的文献发表情况可以看出,以德国为首的西方发达国家对金丝桃属植物的研究已经形成产学研一体的集约化发展模式,其研发工作主要在企业完成,而其研究方向也有较明显的扩展,从最初的抗抑郁向抗炎,抗肿瘤等多方向发展。就蒿属植物的研发而言中国的起步最早,因而发文数量紧随美国之后处于第二位,而深受中医文化影响的韩国排第三位。中国文献数量的增长也很快,于2010年排名上升到第一位。从引文分析结果可以看出,中国虽然在此领域的研究文献数量众多,但引用率却未能跻身前列,仍落后于欧美。

从我国唯一被全球公认的植物来源化学药青蒿素的相关专利分析可以看出,我国的专利申请数量居于世界前列。近年来,我国的重要竞争对手印度的专利申请量也有明显的增加,其国家科研机构科学与工业研究理事会在专利申请量机构排名中位列第一。随着印度政府对生物制药行业的重视程度逐步加强,对该领域的投入力度加大,其科研实力有了很大幅度的增长。中国科学院专利申请在全球排名第二,上海交通大学和上海柏泰来生物技术有限公司也进入全球前10，这说明中国植物药的整体研发实力逐步形成。基于专利国际分类号的专利数量分析看出，除利用化学方法从植物原料中提取有效成分以外，由于野生植物资源的日益减少，为保障植物药原料的充足供应，利用现代生物技术如基因工程和微生物发酵工艺来人工合成生物活性成分，已经成为植物药研发的主攻方向之一。

8.4 国际药用植物科技领域主要技术的研究进展

8.4.1 药用植物资源核心种质资源的发掘与评价

"种质资源"通常也称遗传资源、品种资源或基因资源，在不同专业领域有不同的含义。广义的天然药物或中药的种质资源是指一切能用于药物开发的生物遗传资源，是所有药用物种的总和。狭义的种质资源通常是就某一具体的物种而言，是包括栽培品种、野生种、近缘种和特殊可遗传材料在内的所有可利用的遗传物质的载体。种质资源研究所用材料可来源于栽培和野生的类型，它包括地方品种、选育的良种、突变种、稀有种、野生种等。由于种质资源是提高中药材质量的关键和源头，故种质的优劣对植物药的产量和质量有决定性的影响。

8.4.1.1 资源收集与编目

2012年6月，纽约植物园与其他三个全球知名的植物园签署了在2020年前建立首个在线植物目录的协定，该研究项目名为"世界植物群"（the World Flora），植物目录将涵盖全球40万种植物的复杂信息。2011年所发现的新种、新属和新目都已发表在当年年底的科学杂志和书籍上。这些研究多数是纽约植物园与其他机构的研究人员合作完成的。

我国正在开展第四次全国范围内的中药资源普查，目的是全面掌握我国中药资源情况，提出中药材资源管理、保护及开发利用的总体规划，建立中药资源动态监测机制，促进中药资源的可持续发展，满足人们健康需要。通过第三次普查，确认我国有中药资源12 000多种，野生药材总蕴藏量为850万吨，家种药材年产量达30多万吨。

8.4.1.2 种质资源的保存

近年来，随着物种保护意识的提升和基因研究的深入，有关植物种质资源的研究也越来越为各科技大国所重视。目前药用植物种质资源研究主要致力于解决以下几个方面的问题：确保药材质量、选育新品种、保存生物多样性、确保药用植物资源的可持续利用、保护濒危药用植物资源。目前全球已经建立了多个大型植物种质资源库，为全球植物种质资源的保存与信息交流提供服务。美国国家种质资源实验室（NGRL）数据库管理组（DBMU）维护着一个大型计算机网络美国种质资源信息网络（http://www.ars-grin.gov），该网络提供美国国家植物种质体系（NPGS）中所有种质的信息，同时也提供美国农业部农业研究服务局（USDA-ARS）的动物、微生物等种质信息。GRIN是世界上最大的种质资源信息网络之一。

8 药用植物资源科技国际发展态势分析

2010年，由科技部主持的国家科技攻关项目"主要农作物和林木种质资源评价与利用研究"顺利完成，使国家种质库增加了34种作物、超过2.2万份种质，加上以前入库的数量，贮存的种质数量达33.3万份，成为世界上最大的种质资源宝库，保存了许多具有重要经济和科研价值的珍稀植物的"血脉"，为它们解除了"绝后"之忧。同时，国家资源圃保存种质数达到3.8万份，国家拥有种质资源总数达到37万份。这一数量仅次于美国贮存的55.5万份种质资源，位居世界第二。截至2012年5月，国家重大科学工程"中国西南野生生物种质资源库"共采集整理了约188科1638属7271种，54 292条记录。其中，DNA库1311种，共计12 155份；离体材料84种，共计9123份；大型真菌319种，共计330份；微生物815种，共计8235份；动物种质354种，共计13 805份；苗圃437种，共计45 980份（中国科学院昆明植物研究所，2012）。

8.4.1.3 种质资源的评价

通常，评价种质资源的主要内容包括一般性状记载和特定性状评价。一般性状记载指对农艺性状和植物形态学性状如形态特征、生育期及产量性状的描述。特定性状评价是针对育种需要对某种抗性或品质进行系统鉴定和基因分析。药用植物的种质资源评价与普通植物品种不同，还应包括对植物品种所含有效成分的数量和质量的鉴定。因此，需要建立全面的药用植物种质资源评价体系。

近年来，分子生药学和资源生态学是为解决植物药可持续发展问题诞生的新学科，针对目前的植物资源鉴定的实际问题，采用现代分子生物学的方法和手段，从遗传（内因）和环境（外因）两个方面来阐明各种药材的性状，较传统方法能得出更为清晰和创新的客观评价（黄璐琦等，2011）。

1）DNA条形码用于药用植物分类与鉴定

DNA条形码（DNA barcoding）技术是分子鉴定的最新发展，即通过比较一段通用DNA片段，对物种进行快速、准确的识别和鉴定，是近年来生物分类和鉴定的研究热点，在物种鉴定方面显示了广阔的应用前景。

药用植物是传统草药和药用产品的重要来源，相关的国际贸易正在迅速增加。在日益扩大的国际贸易中，准确快速鉴定药用植物及其混伪品是一个比较困难的工作。DNA条形码技术为中药鉴定提供了一个强大的工具，大大加快了中药鉴定标准化的进程（陈士林等，2011）。

一种来自于安第斯山云雾森林的显花灌木于4月被正式分类命名。现被称做 *Brunfelsia plowmaniana* 的这种植物曾经在以往数十年间给许多植物学家带来困惑，因为无法确定其是否为新的进化种。如今它的DNA揭示了其为进化新种的真实性，被科学家正式鉴定为番茉莉属（*Brunfelsia*）植物。*B. plowmaniana* 的遗传密码证明它是一个植物新品种，这一成果发表在近期的 PhytoKeys 杂志上。这一发现开创了DNA条形码定义新植物种类的先河，填补了植物学中这一领域的空白（Yuhas，2012）。

近日经加拿大圭尔夫大学的研究人员证实，运用他们开发的DNA条形码验证天然保健品的准确率已达88%。当今世界保健品仍处于缺乏管制的无序状态，对经济、卫生、法律和环境已造成严重的不良影响，因而这是一项非常有意义的发明。发达国家80%的民众在使用包括维他命、矿物制品和草药在内的天然保健品。2004年加拿大开始对此类产品进行监管，但很多监管工作和使用注册仍严重滞后于市场发展，成千上万的市场在售保健品都没有经过产品注册。美国和英国的管理问题甚至影响了天然保健品的稳定性和安全性。检测胶囊和片剂中干粉颗粒通常比检测液体样品的难度要大得多。DNA条形码使科研人员可以通过遗传材料的标准化区域片段来鉴别品种，并与对照组基因序列进行比对。该技术适用于所有生命阶段，甚至生物碎片皆可。科研人员可很方便地使用此技术来检测药丸的干粉成分（Physorg，2012）。

2）种质资源遗传图谱的构建与遗传多样性研究

近年来，药用植物遗传图谱的构建研究也在逐步兴起（黄璐琦，王永炎，2008），但因影响因素众多而进展较为缓慢：①相关研究积累少，缺乏可被直接用于遗传作图的良好材料。这是由于大部分药用植物源于野生资源，栽培和育种研究工作相对滞后。②由于有性繁殖方式限制和后代繁殖困难，构建作图群体难度大。③自然分布具有明显区域性，研究地域和生境要求高。④研究受人才缺乏及研究费用昂贵的限制。

而药用植物资源遗传多样性研究已成为目前药用植物资源研究的热点之一。利用各种DNA分子标记开展的大量药用植物资源遗传多样性研究，可为药用植物遗传图谱的构建建立成熟的技术体系。遗传多样性是种内所有生物个体全部基因和染色体变异的总和。种内遗传分化即基因或染色体的变异有不同的表现形式，即有不同结构水平的遗传多样性。遗传图图谱显示的是DNA水平遗传变异多态性，构图所用的群体为分离群体，样本量也比通常的DNA分子标记分析大。构建高密度的药用植物遗传图谱，可以进行比形态和化学方法更细微的药用植物种质资源遗传多样性分析和种质鉴定，了解其更详尽的遗传多样性结构。

高密度药用植物遗传图谱的构建，将对药用植物种质资源研究与利用产生重要影响和巨大的推动作用。此外构建药用植物种质资源高密度遗传图谱，对于药用植物种质资源的收集、保存也有重要意义，可为基因资源收集计划与策略的制定、群体样本大小的确定、核心种质遴选与构建提供科学依据。

3）药用植物资源生态学

资源生态学是研究药用动植物的生长发育、分布、产量和质量与其周围环境之间相互关系的学科（黄璐琦，王永炎，2008）。它以现代生态学的理论方法为基础，融合了传统医药理论对药用动植物的认识，目标在于用生态学的思想解决药用资源研究及生产中特有的生态学问题。其研究领域包括，资源生态的理论和方法，生态环境对药材品质的影响，药材生产中的生态学问题，资源可持续发展的生态学方法及策略等。

近来科研人员把空间分析技术（3S技术）也引入了药用植物资源的研究中，探索了不同目标、不同药材、不同生态因子的区划方法，并用青蒿、甘草、人参、苍术、银杏、三七等植物资源进行了示范，实现了以苍术有效成分积累为目标的道地药材生产适宜性区划（丁常宏等，2011）。

8.4.2 药用植物有效成分辨识与功能验证关键技术

药用植物经过传统或优化工艺加工后制备成中药制剂，但由于其化学成分复杂，有效成分难以确定,仅单方制剂亦为多种成分的混合物,且需要严格按中医理论和用药原则组方,十分强调整体效应及各成分之间的协同作用,因此要求更严格和更先进的分离分析手段进行鉴定和含量测定。近年来,随着科学技术的发展,各种先进技术和仪器的引进和应用,同时经过药学工作者的努力,现代仪器分析技术已大量应用于中药成分分析,为保证药品质量发挥重要作用。

目前,这方面应用较为普遍的是色谱、质谱技术及其与生物医学相结合的生物色谱技术等。以下简介这些技术在中药效应成分尤其是活性成分辨识方面的应用。

(1) 具有自由基清除能力的化合物是一类重要的中药活性成分,且可利用自由基清除前后吸光度等变化,利用质谱检测器等在线检测色谱分离物的自由基清除能力,进行中药活性成分的辨识。

(2) 利用化合物与药物靶标的亲和性及其与靶标结合后引起的活性,进行中药活性成分的辨识,具有作用明确、特异性好的特点,有助于揭示中药药效物质基础和发现活性先导化合物。色谱分离和药物靶标技术的结合为中药活性成分的辨识提供了一种快速的方法。

(3) 现代细胞生物学发现,细胞膜上存在多种受体,是多靶标的理想材料,一般单个细胞的受体密度可达 $10^3 \sim 10^4$ 数量级。基于靶标与化学成分的亲和性,各种细胞膜和活体细胞均被用于中药活性成分的筛选,需针对不同药理效应指标选择特定的体外细胞作为筛选工具。根据利用的色谱方式划分,主要有固定化生物膜色谱法和生物特异萃取法等。

(4) 中药提取物往往活性成分不清,协同活性成分作用的辅助物质不明,进而限制了中药科学性的表征。因此,现代中药研究应在揭示中药作用核心物质基础(活性成分)的同时,着力弄清影响活性成分作用的关键成分,才能在整体(多成分相互作用)水平下揭示中药的科学内涵,保证用药的有效性。通过对同一中药采用不同提取方法,或对相近中药采用同一提取方法,得到部分化学组分相似、含量各异的系列提取物,再对提取物进行化学分析和活性评价,通过对各提取物中化学成分的含量与其活性关系的比较分析,明确影响活性的关键物质(李绍平等,2010)。

近年来我国植物药研究的重点科研机构中国科学院在将先进色谱技术和计算化学方法用于植物有效成分发现的方向上取得了许多重要的研究成果,发现了许多新结构或新功能的活性化合物,为今后新药和新功能化合物的开发提供了新的来源。

例如,中国科学院植物研究所王亮生研究组以热带睡莲 35 个不同花色品种为材料,利用高效液相色谱-二极管阵列检测器联用(HPLC-DAD)和液质联用技术(HPLC-ESI-MSn),共检测到 34 种类黄酮化合物,其中 17 个组分是首次在热带睡莲花瓣中报道。该论文于 2012 年 4 月 2 日在线发表在著名学术期刊 PLoS ONE(Zhu et al.,2012)上。

又如,中国科学院昆明植物研究所郝小江研究员、张于博士等从采自高黎贡山的西藏虎皮楠中发现了两个具有罕见 14R,15S 构型的 yuzurine 类型虎皮楠生物碱,作者通过 NMR、X 射线以及量子计算化学方法确定了此类化合物的结构及绝对构型,并对这些结构新颖的虎皮楠生物碱的生源途径进行了推测。相关研究结果已经在线发表于 SCI 刊物《欧洲有机化学》(European Journal of Organic Chemistry)(Zhang et al.,2011)上。此类化合物的发现丰富了虎皮楠生物碱生源途径中碳碳键形成时的立体选择性问题,为研究该类生物碱的仿生合成以及全合成提供了思路。该化合物发表后被天然产物化学领域的权威期刊 Natural Products Reports（Robert，2011）"Hot off the Press"列为热点化合物。

8.4.3 与药用功效相关的功能基因的发掘

DNA 测序技术是分子生物学领域最为常用的研究方法之一。DNA 测序及序列分析是研究基因功能和基因改造的基础。1986 年，美国科学家 Thomas Roderick 提出了基因组学（Genomics）（李伟，印莉萍，2000），衍生出的功能基因组学（Functional Genomics）通常又被称为后基因组学（Postgenomics），它将生物学研究从单个基因或蛋白质提升至基因组，并应用高通量、大规模分析方法，同时对多个基因和蛋白质进行系统研究，阐明药用植物生物活性成分的次生代谢途径及其调控是药用植物功能基因组学的主要内容之一。

目前，世界范围内对药用植物基因组的研究十分有限。第二代测序技术，即高通量测序技术的出现和不断发展给药用植物转录组学的发展带来了前所未有的契机。已有研究者应用高通量测序技术获得了西洋参的 20 万条表达序列标签（EST），发现了 3 万多个重要的基因，从中鉴定出数百个参与人参皂苷生物合成以及调节人参属植物生长发育的基因（Sun et al.，2010）。青蒿（*Artemisia annua*）可产生出一种可用来抗疟疾的天然物质。英国研究者对青蒿转录组进行高通量转录测序，构建青蒿遗传图谱，发现控制青蒿产量的关键数量性状基因（Graham et al.，2010）。该遗传图谱可为人们带来更多的抗疟药储备。

李滢等应用新一代高通量测序技术 454 GS FLX Titanium 对 2 年生丹参根的转录组进行测序，研究基因表达谱，挖掘其功能基因，获得编码丹参酮合成和丹酚酸合成的关键酶基因，为丹参酮和丹酚酸类化合物的生物合成研究奠定了基础（李滢等，2010）。2011 年 4 月，以中国医学科学院药用植物研究所为主体的研究团队在国际著名植物学期刊《植物细胞报告》上发表研究论文，他们利用新一代高通量测序技术（454 测序技术）对人参根的转录组进行了测序，共获得约 3.1 万条独立基因，其中 69.9% 的基因获得了功能注释。通过生物信息学分析，新发现的基因中几乎包含了所有参与人参皂苷骨架合成的酶基因，同时研究人员还发掘出数百个可能参与皂苷骨架修饰的潜在基因，相关基因的功能验证工作正在进行中。据悉，该研究团队还进行了人参根、茎、叶和花的转录组测序（Chen et al.，2011）。上述研究成果为通过分子育种获得高皂苷含量的人参新品种及通过代谢工程生物合成人参皂苷奠定了坚实的基础。大麻中提取的四氢大麻酚（THC）对中枢神经系统有抑制、麻醉作用，可用于临床，在美国和一些欧洲国家可用来治疗晚期癌症、多发性硬化症等。2011 年 10 月 20 日，加拿大多伦多大学、萨斯喀彻大学等研究机构在《基因组生物学》（Genome Biology）发表论文，对大麻的两个品种进行了转录组测序，并比较分析其 THC 的前体 THCA 的合成酶的表达情况（van Bakel et al.，2011）。

随着测序技术的不断进步和测序成本的大幅下降，未来必将有越来越多的研究人员关注药用植物的转录组和功能基因组研究，EST 技术也将应用于多种重要的药用植物基因资源的保护和可持续利用的研究。

8.4.4 生物活性分子资源库和功能基因库建设

8.4.4.1 国内相关数据库

1）药用天然产物提取物活性数据库（国家药学科学数据中心，2012a）

药用天然产物提取物活性数据库由国家药学科学数据中心建立。该数据库整合了9000多个药用天然产物提取物的原材料信息、提取方法信息、生物活性评价方法和生物活性数据活性评价相关人员信息等。活性结果涉及抗肿瘤、抗炎、心血管、脑神经等多方面的药理活性评价，为中药的科学研究和临床应用提供参考依据。所含数据量在50 000 条以上。

2）中国天然产物化学成分库（国家药学科学数据中心，2012b）

中国天然产物化学成分库由国家药学科学数据中心建立。该数据库主要收集了目前研究较为深入的中草药化学成分的相关信息，包括化学名称，化学结构，物化性质，生物活性等。目前整合的数据量为7000条（邢美园，苏开颜，2003）。

8.4.4.2 国外相关数据库

目前国际上比较重要的核酸（含蛋白质）一级数据库有美国的 GenBank、欧洲的 EMBL 和日本的 DDBJ。三个数据库信息共享，分别在全世界范围内收集核酸序列信息，每天都将新发现或更新过的数据相互交换，故资料是一样的，唯格式有所不同。

就地域而言，EMBL 主要负责收集欧洲的数据，DDBJ 则负责亚洲，GenBank 负责美洲。但是由于国际互联网的发展，用户可以任意地向其中任意一个数据库提交序列，所提交的序列也将从公布之日起同时在该三大数据库中出现。

1）EMBL

EMBL 是由欧洲生物信息学研究所（The European Bioinformatics Institute，EBI）创建的一个核酸序列数据库。其数据来源主要有两部分，一部分由科研人员或某些基因组测序机构通过计算机网络直接提交，另一部分则来自科技文献或专利。EMBL 的研究主要集中在以下几个方面：

生化实验技术质谱分析（Mass Spectrometry）；细胞生物学（Cell Biology），研究细胞膜上蛋白和脂肪的分布，包括膜运输、微管网络、细胞核及细胞周期，焦点是 Rab 蛋白；细胞生物物理学（Cell Biophysics），重点是理论创新和实际应用的研究，尤其是光学显微镜的完善使用；分化（Differentiation），集中研究果蝇的早期发育；基因表达（Gene Expression），研究基因到蛋白质信息传递的过程，尤其是核糖体合成在整个细胞生命过程中的重要作用；结构生物学（Structure Biology），在过去9年中建立了 cDNA 测序技术、生物计算、蛋白工程、晶体学、电子显微镜（EM）及核磁共振（VMR），研究肌肉巨型蛋白分子 Titin；Grenoble 研究分部，主要研究蛋白质合成过程，尤其揭示了 G-蛋白-鸟苷酸交换因子偶联物的结构；Hamburg 研究分部，有关长期的分子生物学国际合作研究历史，着重于结构生物学研究，如光学测量系统、晶体学、X 射线吸收光谱及小角散射；Hinxton 研究分部欧洲生物信息学研究所，重点是与世界上其他分子生物学数据库进行合作研究，最主要的有EMBL核酸序列数据库，于1980年开始建立，随后参与和日内瓦大学共同进行的SWISS-PROT建设。在SWISS-PROT与EMBL核苷酸序列库之间数据转移的基础上，产生了新的数据库TREMBL（Translation from EMBL），即，使核苷酸序列库的核苷酸序列自动翻译成SWISS-PROT蛋白序列库中的蛋白序列；放射性杂交数据库（Radiation Hybrid Database）；Monterotondo研究中心组，EMBL和欧洲其他研究组一起，加入哺乳类生物学和生物医学的研究行列，中心位于意大利罗马北部的Monterotondo。

2012年12月21日，EMBL发布了114版本，共有序列266 255 715，所含核苷酸量达499 882 374 645（EMBL-EBI，2012）。

2）DDBJ

DDBJ（DNA Data Bank of Japan）始建于1986年，由日本国立遗传学研究院（National Institute Of Genetics，NIG）负责数据库的建设、维护及数据的传播；可以从世界各地通过网络把序列直接提交该数据库。DDBJ网页上也提供了包括FastA和BLAST在内的数据库查询工具。

DDBJ主要向研究者收集DNA序列信息并赋予其数据存取号，其信息来源主要是日本的研究机构，亦接受其他国家呈递的序列。他们开发了SQmateh工具，用来搜索基因或蛋白质中短的碱基或氨基酸序列区域，并建立了易操作的简单对象访问协议（Simple Object Access Protocol，SOAP）服务器。它的数据主要通过Sakura和MST工具来完成。

2012年，DDBJ扩展了其数据库的活动，从信息生物中心（CIB）独立出去，重组成为NIG的一个知识基础设施项目中心（Intellectual Infrastructure Project Centers）（DDBJ，2012）。

3）GenBank

GenBank是美国国家生物技术信息中心（National Center for Biotechnology Information，NCBI）建立的DNA序列数据库，从公共资源中获取序列数据，主要是科研人员直接提供，或来源于大规模基因组测序计划。

GenBank的宗旨是鼓励科研团体对DNA序列的获取，从而促进数据库中DNA序列的丰富和更新，所以NCBI对GenBank的数据使用与发送没有任何限制。

1982~2007年，GenBank的碱基数量每18个月翻一倍。在2012年12月15日发布的193.0版本，所含基因座数量为161 140 325，碱基148 390 863 904（Wikipedia，2012）。

8.4.5 现代繁殖育种技术在药用植物科技领域的应用

8.4.5.1 转基因技术的应用

近年来，随着基因组测序等多种技术实现突破，基因组学、表型组学等多门"组学"及生物信息学得到迅猛发展，作物育种理论和技术也发生了重大变革。以分子标记育种、转基因育种、分子设计育种为代表的现代作物分子育种技术逐渐成为了全世界作物育种的主流，在我国也正在成为作物遗传改良的重要手段。

2011年6月，欧洲科研人员利用转基因烟草叶片生产的抗艾滋病新药获准开始进行I

期的临床试验。这是首个来源于转基因植物的药物临床试验。这也为植物用于保障人类生命健康开辟了一条崭新途径。

我国的药用植物转基因技术研究还在起步阶段，但其发展潜力十分巨大。目前，根据目标导向该类技术可分为以下三个研究方向：

①抗病、抗虫药用植物的研究。利用转基因技术可以提高药材的抗逆性，将对提高药材产量、降低管理成本、增加农民收入等发挥重要作用。②高品质药用植物的研究。利用转基因技术可以提高药材的品质，如利用基因工程技术可以抑制金银花的开花，最大程度地获得高品质的药用部位（花蕾）的产量；利用基因工程技术定向提高丹参中脂溶性成分的含量。③转基因药用植物安全性研究。包括有效性、毒性和副作用等（袁媛，黄璐琦，2012）。

根据研究对象不同则可分为转基因器官培养、模式基因工程、药用植物基因克隆等研究方向：

（1）转基因器官培养。①毛状根培养。毛状根培养被认为是颇具前景的培养方法，与传统的细胞培养技术相比，毛状根具有生长迅速、遗传性状稳定及激素自养型等特点；克服了植物细胞培养中对外源植物生长物质的依赖性，是生产次生代谢产物较理想的培养体系。十几年来，毛状根培养已发展成继细胞培养后又一新的培养系统。目前毛状根培养已经在许多药用植物上获得成功，包括银杏、红豆杉、长春花、烟草、何首乌、紫草、人参、曼陀罗、颠茄、毛地黄、绞股蓝、半边莲、罂粟、露水草、桔梗、丹参、黄芪、决明、大黄、黄连、甘草、茜草和青蒿等 26 科 100 多种药用植物建立的毛状根培养系统。应用毛状根培养生产的许多重要药物次生代谢产物有生物碱类（如吲哚类生物碱、喹啉生物碱、莨菪烷生物碱、托品烷生物碱、喹嗪生物碱等）、苷类（如人参皂苷、甜菜苷等）、黄酮类、醌类（如紫草宁等）、噻吩、蒽醌以及蛋白质（如天花粉蛋白）。②冠瘿瘤和畸状茎组织培养。由于冠瘿瘤具有激素自主性、增殖速率较常规细胞培养快等特点，利用冠瘿瘤组织培养不仅能产生原植物根中合成的有效成分，而且还能产生原植物地上部分特别是叶中合成的成分，而且次生代谢产物合成的稳定性与能力较强，因此冠瘿瘤离体培养生产有用次生代谢产物有着良好的开发前景。冠瘿组织培养目前已被用在石刁柏、鬼针草、长春花、金鸡纳、毛地黄、羽扁豆、柠檬留兰香、辣薄荷、丹参、短叶红豆杉、欧洲红豆杉等多种药用植物上来生产次生代谢产物，宋经元等利用诱导的丹参冠瘿组织培养生产丹参酮，筛选出的高产株系丹参酮的含量已超过生药的含量。Hank 等用根癌农杆菌 B0542 和 C58 感染成年短叶红豆杉和欧洲红豆杉幼茎切段，诱导出了可在不含植物激素培养基上快速生长的冠瘿瘤。经质谱和酶联免疫证明瘤状组织中含有紫杉醇及其类似物，含量为干重的 0.00004% ~ 0.00008%。

（2）模式基因工程。药用植物转化目前主要是利用农杆菌转化系统，其外植体选择很广泛，包括以下几类：叶盘、叶柄、叶主脉、子叶；茎类：茎的节间薄片、茎段共培养、茎段末端接种、无菌苗的茎穿刺接种；下胚轴和芽以及种子等。药用植物转化一般通过不定芽发生途径再生植株，也有经过愈伤组织途径再生。已获得的转基因药用植物在理论研究和实际应用上已显示出巨大潜力。

（3）药用植物基因克隆。通过基因工程改良药用植物，其前提是要具备有良好应用价值的目的基因，但是由于中药材分子生物学研究相对滞后，加之药物代谢过程相当复杂，目前可供利用的基因十分有限，限制了基因工程在药材改良中广泛应用，所以调控次生代谢产物的关键酶及其基因与抗病基因的定位分离和克隆表达将尤为引人注目，并将成为分子生物学研究中最富挑战和前景的方向之一。

迄今为止，国外已有几十种来自细菌、动物和人类的某些为抗原、抗体和特异蛋白编码的外源基因在转基因植物中得到表达。如血管紧张素转化酶抑制剂、抗体、细菌和病毒的抗原、脑啡肽、表皮生长因子、促红细胞生成素、生长激素、人血清蛋白、干扰素等。利用转基因植物生产药物的研究刚刚兴起，相信不久的将来，会有越来越多的用植物基因工程生产的药物问世。

虽然利用转基因技术获得药用植物的次生代谢产物已显示出十分诱人的发展前景，但由于大部分药用植物的次生代谢途径仍不十分清楚，因此代谢产物基因工程成功的例子尚不多见。当前工作的重点是要加深对药用植物有效成分生物合成途径的认识，并通过分子生物学技术获得控制这些药用成分合成的关键酶基因，最终在分子水平上控制细胞代谢，使培养细胞或器官成为一座"生物工厂"，生产出人们所需要的成分。植物基因工程用于生产植物药用成分才刚刚开始，还有很大的发展空间，要完全实现药用植物资源的可持续开发利用还有很长的路要走（冀玉良，冀文良，2008）。

8.4.5.2 分子标记技术的应用

伴随着分子生物学的发展，诞生了许多分子标记技术。与形态标记相比，DNA 分子标记具有以下多种优点：①直接以遗传物质 DNA 的形式表现，在生物体的不同组织和发育时期均可检测，受季节和环境的影响较少；②数量多、分布广，遍及整个基因组；③多态性高，自然存在着许多等位变异，不需专造特殊的遗传材料；④表现为"中性"，即不影响目标性状的表达，与不良性状无必然的连锁；⑤有许多分子标记表现为共显性，能够鉴别出作物品种或品系的纯合基因型与杂合基因型，为育种利用提供极大的便利。

目前该技术多用于农作物品种的改良，而在药用植物中的应用报道较少。近年来国内外新药研制开发的重点日益趋向传统中药及天然产物的开发和利用。药用植物是传统中药的重要来源，其研究必须现代化才能满足新药开发的需要。将先进的分子生物学技术与传统药用植物的研究结合起来，是药用植物研究现代化的重要手段，所以应该在传统的生物学和药学的基础上，应用现代生物技术和方法，对药用植物种质资源开展植物物种、遗传基因和生态系统3个层次的基础评价与开发利用的研究。DNA 分子标记技术已被广泛应用于药用植物的遗传多样性研究、品种鉴别、良种选育、基因定位及资源分类等方面，大大推动了这些领域的发展。

运用 DNA 分子遗传标记技术直接分析药用植物种质的遗传，物质 DNA 在不同生物个体间的差异，如欧立军等采用单因子试验和正交设计法，建立了天门冬（苗药：Zend Jab Ngol Hvuk，正加欧确）ISSR（简单重复序列间区）的反应体系，经过对17份天门冬种质检验，证明该体系稳定可靠，可用于天门冬的遗传分析（欧立军等，2011）。

陈美兰等采用 ISSR 分子标记方法研究贵州苗药大果木姜子（苗药：Migao，米槁）的遗传结构。结果显示，大果木姜子种群的遗传变异多存在于种群内，种群间的遗传分化较小，化学成分与遗传多样性的相关性不明显，但环境因素对化学成分的形成有一定影响；GIS 分析结果显示，分布区内的气候在一定程度上影响了果实挥发油的形成与变化，太阳辐射和日照时数是其主要影响因素，提示在药材采收以及栽培育种时需要考察药源产地的环境因素（陈美兰等，2011）。

DNA 分子遗传标记不受生长发育阶段的影响，且具有特异性强、稳定性好、微量、便捷、准确等特点，特别适合近缘种、易混淆种、珍稀种、动物药材、破碎药材、陈旧药材及样品量极为有限的植物模式标本等样品的鉴定，成为药材鉴定方法的有力补充。例如，刘静等运用 ITS 序列完成了 17 种药用石斛的鉴别分析（刘静等，2009）。

8.5 我国药用植物资源科技发展的主要挑战与建议

8.5.1 我国药用植物资源科技发展的挑战

综合上述定性调研与定量分析的结果可以看出，我国药用植物产业发展已经到了一个历史关键时刻。

8.5.1.1 药用植物资源保障体系不完善

虽然我国政府一直重视野生资源的保护问题，也采用了大量卓有成效的政策与措施来挽救正在大量流失的野生植物资源，但是现有野生植物资源的保障体系仍存在诸多问题：①一些药用植物野生近缘种的生存环境遭受破坏，栖息地丧失，野生濒危程度仍在加剧。据统计，野生高等植物濒危比例达 15%～20%，其中，裸子植物、兰科植物等高达 40%以上，这当中包括了许多珍稀的药用植物资源。②伴随着生态系统功能不断退化，许多草原和湿地环境处于被损毁边沿，而栖息于这些地区的植物生存也日益艰难。③城镇化、工业化加速使物种栖息地受到威胁，生态系统承受的压力在逐年增加，而气候变化对生物多样性的影响有待评估。

8.5.1.2 研发力量较为薄弱

从文献计量分析结果可以看出，我国在药用植物学领域的科研论文发表数量已经占据全球领先地位，但文献引用量却远远落后于世界发达国家。从对青蒿素专利申请情况也可以看出，专利数量、质量仍然与先进国家有一定差距。

药用植物的有效成分多为植物的次生代谢产物，含量甚微，且天然来源植物具有绝对的不均一性，因而如何以有效成分评价药用植物的质量难度颇大。建立能够全面反映药材临床疗效的质量评价体系是植物药科研领域需要重点解决的基础研究问题。植物药药效物质基础研究是植物药研发的基础和关键。目前植物药（包括药材、饮片、中成药）有效物质基础不清，导致植物药有效成分易流失，质量难以控制，药理机制不明确，缺少以中医理论指导的药理模型，因此不能正确评价植物药药效。这些环节研发力量的薄弱是造成我国植物药的有效性和安全性在国内外市场受质疑的根本原因。

8.5.1.3 知识产权保护力度有待加强

植物药产业是我国新经济增长点的朝阳产业之一,其技术领域特征随着越来越多学科的参与、交融、汇流,正向着现代化、产业化和国际化发展。但我国对植物药知识产权的保护还刚刚起步,国家实行中药品种保护制度,而现行的中药品种保护制度存在着诸多不足,在一定程度上制约了我国植物药产业的可持续发展(中国药学会,2006)。

1)知识产权意识薄弱

据统计,我国已有 900 多种植物药项目被外国公司在海外申请了专利。许多发达国家的公司利用先进技术肆无忌惮地仿制我国中药,造成我国植物药的无形资产流失。我国植物药知识产权在发达国家难以得到有效保护。

从青蒿素的专利分析可以看出,在这种我国最具代表性的植物药专利申请过程中,多数机构只申请了本国专利或世界专利,而他国专利机构则多数将其专利的申请与市场战略相结合。作为我国唯一申请化学药品种,青蒿素由于我国的专利意识淡薄而没有及时得到专利保护,被国外企业进行结构改造后申请了专利,从而造成大量的经济损失。

2)专利创新性不足

我国专利申请量在逐年增加,但从定性研究和专利分析结果可以看出其数量和质量与科技发达国家仍有不小的差距。主要表现在:申请主要是化学成分分析、制剂改型、配方变化,所用工艺和方法大多数是本领域中的常规惯用技术,而化学成分提取分离方法、剂型改变过程中的技术改良、药效学研究方法等方面的发明较少,这同样反应了我国植物药开发方面的基础研究实力不强。

3)知识产权保护力度不足

尽管国家于 1993 年颁布了《中药品种保护条例》,但中药品种保护条例主要出于政策性考虑。这种保护主要着眼植物药品种,而不是植物药的有效成分;主要保护生产者,通过控制植物药生产来控制中药的流通,对销售者的保护比较弱;给予植物药专利权人的主要是制造的专有权,而销售权、使用权等权利则比较弱。因此,如何保护好我国的植物资源和药物资源,是我国政府需要慎重考虑的问题,这涉及我国植物药产业的可持续发展,涉及民族产业的生死存亡。

8.5.2 促进我国药用植物资源科技发展的建议

8.5.2.1 健全野生药用植物资源的保障体系

应进一步完善野生药用植物资源及其相关资源的保障法律和政策体系建设,加快对药用植物资源的普查和编目工作,建立起立体全面的药用植物资源监测和预警体系。政府应加大在维护药用野生植物资源环境的投入,提高管理水平,加强基础科研能力。在经济发展过程中,应避免过度开发和环境污染对生态系统造成大规模的破坏,预防外来入侵物种和转基因生物给生物安全带来的隐患,在有效利用野生药用植物资源的同时兼顾资源本身的生存环境和遗传信息的保护。

政府还可利用各种调控机制来加强对药用植物资源利用的管理，如征收野生药用植物资源使用税，或对资源保护有功者采用一定的激励机制使其在野生药用植物资源的保障体系建设中发挥更加重大的作用。应使野生药用植物资源的保护规划逐步纳入国民经济和社会发展规划及部门规划，推动药材主产区编制生物多样性保护战略与行动计划，并建立相关规划、计划实施的评估监督机制，促进其有效实施。

8.5.2.2 加大创新研发投入，提高自主研发能力

为满足国家经济社会发展和人民健康的需求，建设小康社会，实现中华民族的伟大复兴，进一步加快中医药现代化和国际化进程，根据《国家中长期科学和技术发展规划纲要（2006—2020年）》（国务院，2006）提出的推动"中医药传承与创新发展"的要求，科技部、卫生部、国家中医药管理局、国家食品药品监督管理总局特制定《中医药创新发展规划纲要》。核心内容是：国家和地方将加大中医药科技经费投入，引导企业增加研究开发的投入，积极吸引社会投资和国际合作资金，形成支持中医药创新发展的多元化、多渠道的投入体系。制定若干鼓励中医药发展的政策法规，推动适合中医药特点的标准规范的建立与完善，加强中医药知识产权和资源的保护与利用；建立成果和信息管理，及推广共享机制；制定积极的人才政策，吸引跨学科人才和海内外人才。加强中医药发展战略和机制研究，协调相关部门和各级政府推动纲要的实施，充分发挥区域资源特色和优势条件，积极支持组建以中医药现代化为目标的区域科技协作共同体，引导企业和社会参与，促进纲要目标的实现。

我国的植物药主要以中药配方进入临床，并在中医理论体系指导下应用。目前我国的中药研究已经引入了许多先进的生物学技术和方法，但如何将这些先进方法与技术与我国传统医药系统紧密结合起来，仍是我国科研和企业界面临的重大难题。建议在借鉴日韩和印度的传统药物研究体系和美欧的先进产品开发模式的基础上，创建我国特有的植物药技术平台和研发管理体系。

8.5.2.3 加强我国中药知识产权保障体系建设

随着科学技术的进步，知识经济的兴起和经济全球化进程的加快，在世界范围内知识产权的重要性日益突显。药用植物作为重要的战略资源，针对其制定知识产权战略有利于加快建立公平竞争的市场环境，增强我国在该领域的自主创新能力和核心竞争力，是维护我国企业利益和经济安全的紧迫任务。

1）开展中药专利战略研究

目前国外在我国申请的植物药专利在逐年递增，已在我国专利授权量中占有相当的比例，这一现象应该引起相关部门的重视。为保持我国植物药的优势地位，不断提高植物药技术和产品在国内外市场的竞争力，有必要开展植物药领域的专利战略研究，结合中药行业整体发展目标，系统部署我国植物药的全球市场战略。

2）完善知识产权法规建设

专利被认为是保护发明创造最有效的手段。而作为我国主要创新药物来源的植物药还存在管理体制不完善，专利导向性不强；研发投入较低，专利创新源头不足；科研人员专

利意识不强；专利激励机制不完善，产权流失较严重；企业专利工作落后，专利交易障碍大，专利技术产业化水平低，产业化环境亟待改善等问题。因此，建议我国应从国家和地方各级建立起完善的中医药知识产权保护战略，以专利保护主导和捍卫植物药核心技术；以商标保护为形象，树立中国植物药的国际品牌，并确保国内品牌在国际竞争中的优势，以形成一个中国植物药知识产权保护技术壁垒。

8.5.2.4　提高公众参与意识，加强国际合作与交流

从文献和专利分析可以看出，近年来我国与国际先进科研机构的交流合作已经有所加强，但是相较于其他发达国家的合作来说数量较少，而且科研机构与产业之间的结合较弱。应进一步深化国际交流与合作，引进国外先进技术和经验。

广泛调动全社会来关注药用植物的保护，共同推进药用植物资源的产地保护和可持续利用。开展多种形式的药用植物资源的保护教育活动，引导公众积极参与资源保护行动，建立药用植物资源产地保护体系和基地，建立和完善药用植物资源国家和地方监测网络，建立举报制度，完善公众参与机制。

总之，我国药用植物资源的持续发展，涉及包括政策法规、科学技术、社会文化和公众认识等诸多方面的问题。在全球战略和国家政策的激励下，在社会和经济需求快速增长的巨大机遇面前，需从全局出发、多方兼顾、综合考虑，寻求一条符合我国科技与产业自身特点的协调发展道路。

致谢： 感谢中国科学院成都生物研究所丁立生研究员和中国科学院昆明植物研究所刘锡葵副研究员等专家在本报告撰写过程中给予的指导与建议！

参 考 文 献

百度百科. 2012-12-25a. DNA 数据库. http：//baike. baidu. com/view/1603921. htm.

百度百科. 2012-12-26b. DDBJ. http：//baike. baidu. com/view/568706. htm.

百度百科. 2012-12-26c. EMBL. http：//baike. baidu. com. cn/view/904464. htmJHJ3.

百度百科. 2012-12-26d. GenBank. http：//baike. baidu. com/view/250709. htm.

陈美兰，周涛，江维克，等. 2011. 苗药大果木姜子的遗传分化及其化学变异的相关性分析. 中国中药杂志，36（11）：1409-1415.

陈士林，何柳，刘明珠，等. 2010. 本草基因组方法学研究. 世界科学技术——中医药现代化，12（3）：316-324.

陈士林，庞晓慧，姚辉，等. 2011. 中药 DNA 条形码鉴定体系及研究方向. 世界科学技术——中医药现代化，13（5）：747-754.

丁常宏，孙海峰，马微微，等. 2011. 3S 技术在药用植物资源调查中的应用. 牡丹江师范学院学报（自然科学版），1：13-15.

杜艳艳. 2010. 美国国家植物基因组计划资助情况分析，中国生物工程杂志，30（4）：131-134.

工业和信息化部. 2012-11-29. 医药工业"十二五"发展规划发布. http：//www. miit. gov. cn/n11293472/n11293877/n13434815/n13434832/14445003. html.

国家药学科学数据中心. 2012-12-25a. 药用天然产物提取物活性数据库简介. http：//www.pharmdata.ac.cn/extractivity/index.asp.

国家药学科学数据中心. 2012-12-25b. 中国天然产物化学成分库简介. http：//www.pharmdata.ac.cn/cnpc/index.asp.

国务院. 2006-02-09. 国家中长期科学和技术发展规划纲要（2006—2020 年）. http：//www.gov.cn/jrzg/2006-02/09/content_183787.htm.

国务院. 2013-01-06. 国务院关于印发生物产业发展规划的通知. www.gov.cn/zwgk/2013-01/06/content_2305639.htm.

黄林芳, 陈士林. 2012. 金丝桃属植物中的金丝桃素：化学、植物来源和生物活性（英文）. Journal of Chinese Pharmaceutical Sciences, 5：388-400.

黄璐琦, 王永炎. 2008. 药用植物种质资源研究. 上海：上海科学技术出版社：105.

黄璐琦, 肖培根, 王永炎. 2011. 中药资源持续发展的研究核心与关键——分子生药学与中药资源生态学. 中国中药杂志, 36（3）：233.

冀玉良, 冀文良. 2008. 药用植物转基因研究进展. 陕西农业科学,（2）：103-105, 127.

科技部. 生物种业科技发展"十二五"重点专项规划.［2012-11-29］http：//www.most.gov.cn/tztg/201206/W020120608407720629329.doc.

李绍平, 赵静, 钱正明, 等. 2010. 色谱技术在中药有效成分辨识中的应用进展. 中国科学（B 辑化学）, 40（6）：651-667.

李伟, 印莉萍. 2000. 基因组学相关概念及其研究进展. 生物学通报, 35（11）：1-3.

李滢, 孙超, 罗红梅, 等. 基于高通量测序 454 GS FLX 的丹参转录组学研究, 药学学报, 2010, 45（4）：524-529.

刘静, 何涛, 淳泽. 2009. 基于 ITS 序列的中国药用石斛及其混伪品的分子鉴定. 中国中药杂志, 34（22）：2853-2856.

马燕合, 杨哲. 2009. 生物医药发展战略报告. 北京：科学出版社：134-135.

欧立军, 颜旺, 廖亚西, 等. 2011. 天门冬 ISSR 分子标记技术的建立与体系优化. 中草药, 42（2）：353-357.

邢美园, 苏开颜. 2003. 生物信息学数据库——日本 DDBJ 数据库及其检索应用. 情报检索,（5）：59-614.

杨芳. 2012. 贯叶连翘中黄酮类化合物的提取、分离及结构鉴定. 西安：陕西科技大学硕士学位论文.

袁媛, 黄璐琦. 2012-12-26. 中药资源可持续利用博士论坛：发展转基因药用植物有前景. http：//zhongyibaodian.com/zs/50276.html.

中国国家生物多样性信息交换所. 2012-11-29. 中国植物保护战略. http：//www.biodiv.gov.cn/2010sdn/bhcj/201001/P020100119491442220084.pdf.

中国科学院昆明植物研究所. 2012-06-25. 中国西南野生生物种质资源库. http：//www.genobank.org.

中国新闻网. 2010-05-14. "千种动植物基因组计划"一期启动 100 多种测序. http：//news.sciencenet.cn/htmlnews/2010/5/232132.shtm.

中国药学会. 2006. 中国医药领域知识产权保护学术研讨会报告和论文集. 77-95.

厚生劳働省. 2012-11-29. 厚生劳働省医药食品局监视指导. www.pmda.go.jp/operations/shonin/info/iyaku/file/jimu20120201_1.pdf.

America Botanical Council. 1997. American herbal pharcopepea and therapeutic compendium herbal gram, 37-45.

BBSRC. 2012-02-13a. New international plant science network will boost collaborative research. http：//www.bbsrc.ac.uk/news/policy/2012/120213-n-international-plant-science-network.aspx.

BBSRC. 2012-05-14b. £ 6.8M phenomics centre opens. http：//www.bbsrc.ac.uk/news/industrial-biotechnology/2012/120514-pr-phenomics-centre-opens.aspx.

BBSRC. 2012-06-14c. Work begins on groundbreaking big-data facility. http：//www.bbsrc.ac.uk/news/research-technologies/2012/120614-n-work-begins-on-facility.aspx.

Bhattarai A, Ali A S, Kachur S P, et al. 2007. Impact of ga-based combination therapy and insecticide-treated nets on malaria burden in Zanzibar. PLoS Med. 4：e309.

Chen S, Luo H, Li Y, et al. 2011. 454 EST analysis detects genes putatively involved in ginsenoside biosynthesis in Panax ginseng. Plant Cell Reports. 30（9）：1593-1601.

DDBJ. 2012-12-25. Introduction of DDBJ. http：//www.ddbj.nig.ac.jp/intro-e.html.

EC. 2012-01-17. Innovating for Sustainable Growth：A Bioeconomy for Europe, http：//ec.europa.eu/research/bioeconomy/pdf/201202_ innovating_ sustainable_ growth.pdf.

EMBL-EBI. 2012-12-25. EMBL-News. http：//www.ebi.ac.uk/embl/News/news.html.

Feng L L, Yang R Y, Yang X Q, et al. 2009. Synergistic re-channeling of mevalonate pathway for artemisinin overproduction in transgenic Artemisia annua. Plant Sci, 177：57-67.

Galla G, Barcaccia G, Schallau A, et al. 2011. The cytohistological basis of apospory in Hypericum perforatum L. Exula Plant Reproduction, 24（1）：47-61.

Graham I A, Besser K, Blumer S, et al. 2010. The genetic map of Artemisia annua L. identifies loci affecting yield of the antimalarial drug artemisinin. Science, 327（5963）：328-331.

Guo X X, Yang X Q, Yang R Y, et al. 2010. Salicylic acid and methyl jasmonate but not Rose Bengal enhance artemisinin biosynthetic genes production through invoking burst of endogenous singlet oxygen. Plant Science, 178（6）：390-397.

Hsu E. 2006. The history of qing hao in the Chinese materia medica. Trans R Soc Trop Med Hyg, 100：505-508.

Irfan Q M, Israr M, Abdin M Z, et al. 2005. Response of *Artemisia annua* L. to lead and salt-induced oxidative stress. Environ Exp Bot, 53：185-193.

Maes L, Van Nieuwerburgh F C W, Zhang Y S, et al. 2011. Dissection of the phytohormonal regulation of trichome formation and biosynthesis of the antimalarial compound artemisinin in Artemisia annua plants. New Phytologist, 189（1）：176-189.

Mortensen T, Shen S J, Shen F A, et al. 2012. Investigating the Effectiveness of St John's Wort Herb as an Antimicrobial Agent against Mycobacteria, Phytotherapy Research, 26（9）：1327-1333.

NBRI. 2012-11-29. Projects. http：//www.nbri.res.in.

NIH. 2012-06-29a. NCCAM Third Strategic Plan：2011-2015 http：//nccam.nih.gov/about/plans/2011JHJpdf.

NIH. 2012-11-29b. NIH Botanical Research Centers Program http：//ods.od.nih.gov/Research/Dietary_ Supplement_ Research_ Centers.aspx.

NSF. 2012-06-26. Directorate for Biological Sciences（BIO）. http：//www.nsf.gov/about/budget/fy2013/pdf/05-BIO_ fy2013.pdf.

NSF. 2013-01-07a. The Plant Genome Research Program, PGRP. http：//www.nsf.gov/funding/pgm_ summ.jsp? pims_ id=5338&org=BIO&from=home.

NSF. 2013-01-07b. Developing Country Collaborations in Plant Genome Research（DCC-PGR）http：//www.nsf.gov/funding/pgm_ summ.jsp? pims_ id=12789.

Paddon C J, Westfall P J, Pitera D J, et al. 2013-04-10. High-level semi-synthetic production of the potent antimalarial artemisinin. http：//www.nature.com/nature/journal/vaop/ncurrent/full/nature12051.html.

Physorg. 2012-09-19. DNA barcoding can ID natural health products, study says. http：//phys.org/news/2012-

09-dna-barcoding-id-natural-health.html—jCp.

Pu G B, Ma D M, Chen J L, et al. 2009. Salicylic acid activates artemisinin biosynthesis in Artemisia annua L. Plant Cell Reports, 28 (7): 1127-1135.

Robert A. 2011. Hill and Andrew Sutherland. Hot off the Press, Nat. Prod. Rep., 28, 1621-1625.

Sun C, Li Y, Wu Q, et al. 2010. De novo sequencing and analysis of the American ginseng root transcriptome using a GS FLX Titanium platform to discover putative genes involved in ginsenoside biosynthesis. BMC Genomics. 11: 262.

USDA ARS. 2012-06-29. National Program 301 —Plant Genetic Resources, Genomics, and Genetic Improvement Action Plan 2013-2017. http://www.ars.usda.gov/SP2UserFiles/Program/301/NP% 20301% 20Action% 20Plan% 202013-2017% 20FINAL.pdf.

van Bakel H, Stout J M, Cote A G, et al. 2011. The draft genome and transcriptome of Cannabis sativa. Genome Biology, 12 (10): R102.

Weathers P J, Bunk G, McCoy M C. 2005. The effect of phytohormones on growth and artemisinin production in Artemisia annua hairy roots. InVitro Cell. Dev. Biol -Plant, 41 (1): 47-53.

Wikipedia. GenBank. 2012-12-25. http://en.wikipedia.org/wiki/GenBank.

Wu W, Yuan M, Zhang Q, et al. 2011. Chemotype-dependent metabolic response to methyl jasmonate elicitation in Artemisia annua. Planta Mediga, 77 (10): 1048-1053

Yang R Y, Zeng X M, Lu Y Y, et al. 2010. Senescent leaves of Artemisia annua are the most active organs for over-expression of artemisinin biosynthesis responsible genes upon burst of singlet oxygen. Planta Med, 76: 734-742.

Yuhas D. 2012-04-24. Genome Run: Andean Shrub Is First New Plant Species Described by Its DNA, http://www.scientificamerican.com/article.cfm?id=new-plant-described-dna.

Zeng Q P, Zeng X M, Yang R Y, et al. 2011. Singlet oxygen as a signaling transducer for modulating artemisinin biosynthetic genes in Artemisia annua. Biologia Plantarum, 55 (4): 669.

Zhang Y, Di Y T, He H P. 2011. Daphmalenines A and B: Two New Alkaloids with Unusual Skeletons from *Daphniphyllum himalense*. Eur. J. Org. Chem. 4103-4107.

Zhang Y S, Ye H C, Liu B Y, et al. 2005. Exogenous GA3 and flowering induce the conversion of artemisinic acid to artemisinin in *Artemisia annua* plants. Russ J Plant Physiol, 52: 58-62.

Zheng L P, Guo Y T, Wang J W, et al. 2007. Nitric oxide potentiates oligosaccharide-induced artemisinin production in Artemisia annua hairy roots. J. Integr. Plant Biol. 50 (1): 49-55.

Zhu M L, Zheng X C, Shu Q Y, et al. 2012. Relationship between the Composition of Flavonoids and Flower Colors Variation in Tropical Water Lily (Nymphaea) Cultivars. PLoS ONE, 7 (4): e34335.

9 类人机器人研究国际发展态势分析

唐川 张娟 徐婧 张勐 房俊民

(中国科学院国家科学图书馆成都分馆)

> 类人机器人(Humanoid Robot)广泛涉及人工智能、计算机视觉、自动控制、精密仪器、传感等一系列学科的创新研究和综合集成,代表着一个国家的高科技发展水平,发达国家对此不惜投入巨资进行研究。美国国防部高级研究计划局(DARPA)的"阿凡达"(Avatar)类人机器人项目、"DARPA机器人挑战赛"、日本本田公司研发的ASIMO类人机器人、日本产业技术综合研究所的HRP类人机器人纷纷瞄准了最先进的类人机器人技术,意大利理工学院、韩国先进科学与技术研究所等研究机构也在努力推动本国类人机器人技术的发展。我国相关研究起步较晚,大多属于跟踪研究,处于相对落后的位置。为了把握类人机器人的发展态势与前沿方向,本报告分析了美国、日本、欧盟、韩国等关于类人机器人的相关研发计划,包括其战略目标、项目部署、经费投入、技术特点等;通过文献计量分析和知识图谱分析对类人机器人的研究态势、热点与前沿进行了挖掘,认为类人机器人研究受到了越来越多的关注,日本在类人机器人研究领域拥有超强的技术研发能力;类人机器人的运动问题是最大研究热点,研究内容包括步态规划、模式生成、机器腿与关节、平衡技术等;人机交互也是一大热点,涉及类人机器人的观察学习技术、语言能力等;类人机器人的社会性问题也是一大研究重点,包括与机器人相关的性别、心理问题;对于未来发展,类人机器人研究需要在传感器系统、驱动方式、控制系统、集成平台、计算需求等诸多研究领域实现突破和创新。最后对我国开展类人机器人研究提出了几点建议:①以国家级机器人发展战略部署与协调研发活动;②瞄准前沿方向,组织重大实验性项目寻求突破;③建立国家机器人创新平台,促进多方合作与技术集成;④发展基础产业;⑤形成广大的群众基础。

9.1 引言

机器人技术作为信息技术和先进制造技术的典型代表和主要技术手段,已成为世界各国竞相发展的技术。目前最尖端的机器人是类人机器人。类人机器人(Humanoid Robot,也称仿人机器人)是一种外形拟人的机器人,它具有类人的感知、决策、行为和交互能力,即有类人的外形外观、类人的感觉系统、类人的智能思维方式、控制系统及决策能力,更重要的是最终表现出"行为类人"。与其他机器人(工业机器人、蛇形机器人、轮式移动机器人等)相比,类人机器人具有三个基本特征:具有人的形状,能在人们所处的现实环境中工作,能使用人们所用的工具。

类人机器人广泛涉及人工智能、计算机视觉、自动控制、精密仪器、传感和信息等一系列学科的创新研究和综合集成,是一门综合性很强的学科,代表着一个国家的高科技发展水平。因此,世界发达国家都不惜投入巨资进行开发研究。日本、美国等国在研制类人机器人方面做了大量的工作,中国的高校和研究所也在积极研究。目前类人机器人的关键技术包括机器人自由度配置、步态规划的分类、基于零力矩点(ZMP)的稳定性判据、传感器的分类和应用以及机器人控制系统等。

日本类人机器人研究始于20世纪60年代的双足步行机器人,迄今已成功研制出多种能静态或动态步行的双足机器人样机,并在双足机器人理论研究方面取得重要成果,推动类人机器人的快速发展。日本本田公司研制出的ASIMO机器人就是最杰出的代表之一。

美国在宇航与军事领域积极探索类人机器人技术。由美国国家航空航天局和通用汽车公司联合研制的"机器人宇航员"R2(Robonaut 2)于2011年2月26日搭乘"发现"号航天飞机进入太空,并开始执行其太空任务。2012年,美国国防部高级研究计划局(DARPA)宣布正在进行一项绰号"阿凡达"的研究项目,研制像电影《阿凡达》中一样可用人脑远程控制的机器人军团。DARPA已经为该项目拨款700万美元,其最终目标是实现:人类士兵用思维控制类人机器人参战,使真人能够远离危险的战场。

相比国外而言,我国从20世纪80年代中期才开始研究双足步行机器人。2000年11月29日,国防科学技术大学研制出我国第一台类人双足步行机器人"先行者"。863计划在2010年设立项目"高性能四足仿生机器人",旨在开展新型仿生机构、高功率密度驱动、集成环境感知、高速实时控制等四足仿生机器人核心技术研究,建立高水平四足仿生机器人综合集成平台。中国科学院在"十二五"规划和"一三五"规划中将先进机器人技术列为突破方向,高技术局也在策划"类人机器人"战略先导专项研究项目。

类人机器人研究能产生极大的带动效益,首先能更好地帮助人类了解自身的移动机理。2005年,《科学》杂志上连续刊登了三篇关于机器人行走的文章,这三篇文章最核心的价值在于类人机器人研究的第一个带动效益:通过对机器人的研究来了解人类。研究类人机器人的第二个带动效益是辅助医疗或者说医疗康复,如动力学假肢,这在医学上具有非常重要的作用。同时,假肢另外一个重要用途,就是军事用途。例如,战士将增力装置穿在身上,用于大规模负重和长距离跋涉。研究类人机器人的第三个带动效益是类人机器人作为研究对象的学术价值。类人机器人的变拓扑特性、无根性、混杂特性和不稳定特性使得类人机器人研究成为一个富有挑战的课题,对其研究很可能导致力学或控制领域新的理论或方法的出现,同时也会推动机构学、仿生学、人工智能等学科的发展。此外,类人机器人还能应用于娱乐等多方面。

研究类人机器人对于提高我国科技发展水平具有重要意义,不仅能够促进机械、传感控制、人工智能等多学科发展,而且将极大提高我国机器人技术的系统集成能力和控制水平。通过提高机器人的智能化、机动性、可靠性和安全性以及与人类环境的完美的融入性，使得类人机器人融入人类的生活，和人类一起协同工作，从事一些人类无法从事的工作，以更大的灵活性给人类社会带来更多的价值。

因此，为了把握类人机器人研究的国际发展态势，了解相关机构的研发动态，明确其关键技术与挑战，国家科学图书馆成都分馆信息科技团队通过定性与定量的科技情报研究方法，完成了本报告，为中国科学院相关领域的工作者提供有益参考。

9.2 各国机器人发展战略与计划分析

9.2.1 美国

9.2.1.1 美国国家机器人计划

2011年6月24日，美国启动了跨机构的"国家机器人计划"（National Robotics Initiative，NRI）。该计划第一年预计将投入4000万~5000万美元，由国家科学基金会牵头，并联合国立卫生研究院、国家航空航天局和农业部（USDA）共同开展。

1）计划的目标

NRI计划的目标是开发下一代机器人，提高机器人系统的性能和可用性，鼓励现有和新的研究团体重点关注创新的应用领域。该计划将解决机器人从基础研发到产业制造和部署整个生命周期的所有相关问题。NRI计划大力鼓励学术界、产业界、非营利组织和其他机构的合作，以在基础科技研究、部署和利用方面建立更密切的联系。

为实现这些目标，NRI计划将：
- 开展机器人科学与技术的基础研究，支持机器识别、人-机互动、感知以及与智能机器人相关的其他学科的基础研究；
- 建立开放系统机器人架构，构建通用的硬件与软件平台；
- 创建软件、硬件和数据仓库，以鼓励研究成果的共享和软硬件开发工作的协调，并创建实现云机器人的网络基础设施。数据应包括针对算法和系统的通用性能的标准测试集和规范，以鼓励使用符合特定领域需求的指标；
- 资助多方面合作开展的项目，包括核心技术领域的学术和产业科学家、应用领域的专家、教育人员、社会人文学家和经济学家；
- 深刻理解智能机器人可能对所有人类活动领域产生的长期社会、行为和经济意义；
- 创建用于集成、测试、示范和评估多项目成果产出的测试床；
- 在所资助的项目间建立竞争机制，优化项目；
- 总结利用机器人来推动理工科学习的经验。

2）计划的主要内容

NRI包括以下几方面主要内容。

（1）研究主题。

①泛领域的研究主题。

为使新的智能机器人系统更加灵活、足智多谋、能实时利用现实世界数据,人类认知、感知和行为方面的研究至关重要。NRI 项目非常需要人文和社会科学、教育、计算机科学和工程领域人员的跨学科参与。因此,NRI 资助的相关研究方向包括:能从已有经验中汲取教训并整合推理、感知、语言能力的问题解决框架;整合推理、概率论等不同方法的混合架构;涉及认知优化、安全和柔软结构、人类认知、感知、交流的计算模型;认知预测等。

②各资助机构的特殊研究主题。

根据《NASA 空间技术路线图与优先研发技术》,NASA 所需的机器人关键技术包括:感应与感知、移动性、操作性、人与系统的互动、自动化、系统工程。

NIH 重点支持机器人在手术、医疗干预、假肢、康复、行为治疗、个性化护理和提高健康水平方面的应用。最大的挑战在于解决安全问题,尤其是在家庭环境和手术环境中的安全问题。

USDA 鼓励可提高食品生产、处理和分配的机器人研究、应用和教育,以使消费者和农村群体从中受益,因而尤其关注以下主题的机器人项目:高通量机器人技术,多代理命令、协作和通信。

(2) 测试床和应用。

NRI 计划支持智能机器人测试床和技术测试、示范以及验证。将支持的相关活动包括:提高现有和未来智能机器人系统功能的应用,为其开发和评估提供新的概念和工具;用于特定知识领域和团体(制造、国防、医疗、农业、辅助技术等)的专业智能机器人应用。

(3) 为 K-16 教育规划测试床和应用。

为探索机器人研究工作和测试床对美国幼儿到大学教育(K-16)过程可能产生的作用,美国国家科学基金会将为此类规划、研究和原型建立项目提供小规模的支持。将支持的相关活动包括:设计创新的机器人技术,将其作为工具,推动在正式和非正式学习环境中的理工科学习;进一步探索利用智能机器人系统支持个性化学习等。

(4) 基础设施需求和支持。

这部分工作主要包括两部分:一是软件和机器人操作系统的共享计划,即项目申请必须包括有关利用和共享软件与机器人操作系统的宣传计划,并制定详细的时间进度;二是支持通用机器人平台,即申请人可以申请一定的经费,以获取开展其研究、开发和教育活动所需的通用机器人平台。

9.2.1.2 DARPA 类人机器人挑战赛

2012 年 4 月 10 日,美国国防部高级研究计划局(DARPA)战略技术办公室(TTO)通过广泛机构公告(BAA)正式公布了一项名为"DARPA 机器人挑战赛"(DARPA Robotics Challenge)的计划,旨在开发救灾用类人机器人。DARPA 将为该计划提供总计 3400 万美元的资助,在推进先进机器人技术方面有着突出表现的参赛团队每队将获得 200 万美元奖励。DARPA 要求申请者采用创新性方法,以在科学、设备、系统等方面取得革命性进展。

1) 救灾机器人的研发初衷

美国国防部战略计划需要联合部队开展人道主义援助、救灾和其他行动,为自然或人为灾难的受害者提供长期帮助,并进行疏散行动。

"DARPA 机器人挑战赛"计划将开发机器人救灾技术，使机器人在灾害发生时能在崎岖地形和严峻条件下作业，并在人口密集区域使用车辆和工具，向有需要的人提供直接帮助。该技术还能让人在几乎没有经过培训的情况下直接操作机器人。

该计划还将为全球应对自然灾害和工业事故（如福岛核事故）提供帮助，并提高基础设施对付恐怖主义行为的应变能力。

2）计划目标

"DARPA 机器人挑战赛"计划的首要目标是开发能在危险的人造环境中执行复杂任务的地面机器人技术，重点是能利用手工工具、车辆等已有的人造工具的机器人。该计划旨在推动关键机器人技术的发展，以实现机器人在人工指导下的自主性、骑乘灵活性（Mounted Mobility）、徒步灵活性、敏捷性、力量、平台续航能力。在人工指导下的自主性是指机器人能在非专业操作员的控制下工作，以减少操作员的工作量，并保证在弱通信环境中能有效工作。

该计划的次要目标是使地面机器人的软件开发更加方便，在降低软件成本的同时提高性能。DARPA 将建立"政府供应装备"（GFE）渠道，向软件开发团队提供机器手、脚等机器人硬件，从而使不具备硬件专家或硬件的软件开发团队也能参与项目。

另一次要目标是使地面机器人系统（包括硬件和软件）的开发更加方便，在降低成本的同时提高性能。DARPA 将创建开源、实时、能与操作员交互的虚拟测试模拟器——GFE 模拟器，向开发者提供支持。GFE 模拟器由机器人、机器人组件和实战环境等模型组成，这些模型的准确性将接受物理测试床的严格验证。该模拟器将帮助企业以最低的成本快速开发和测试新的设计方案，以降低机器人市场的准入门槛。它还能促进机器人软件、硬件和组件的供应从集中供应转向分散供应，加强竞争性、促进创新、降低成本。

DARPA 认为 GFE 将促进理工科教育的发展。比如通过让学生进行虚拟化的机器人原型设计与控制，再比较试验结果与模拟结果，可以培养学生的工程建模技巧。

3）救灾示例场景

"DARPA 机器人挑战赛"计划从 2012 年 10 月 1 日正式启动，分两阶段进行，第一阶段到 2013 年 12 月 31 日为止，为期 15 个月，前 9 个月是虚拟救灾挑战赛，后 6 个月是实际的救灾挑战；第二阶段预计从 2014 年 1 月 1 日至 2014 年 12 月 31 日，主要是实际的救灾挑战。参加虚拟救灾挑战赛的团队只需专注于控制软件的开发。该计划要求各团队开发的机器人能在以下场景中展现其救灾能力。

场景 1：驾驶越野车。机器人必须证明其车上移动能力，包括进入汽车、驾驶汽车，最后从汽车上下来。同时也必须掌握对方向盘、油门、刹车和点火装置的操作控制。机器人驾驶的车辆将是约 1000 磅（合 453.6 千克）载荷的越野车，它们必须进行转向、加速和刹车操作。行驶道路是设定好的沥青、水泥、沙石或泥泞的路面，并有适度的弯曲，最高时速为 15 千米/小时。上下车时，机器人不能携带任何夹具，也不得对车辆进行改装。在计划初期，道路上不会设置障碍物，但到了后期，道路上将会出现静态和动态的障碍物。

场景 2：在瓦砾间自由活动。机器人需要穿越不同地形，包括水平光滑到粗糙倾斜的环境，以及具有松散的泥土和岩石的环境，以展示其徒步移动能力。其次，地形将包括分散的障碍物，如岩石、草丛、树木、沟渠等单人很难通过的环境。机器人必须避开这些障碍物，否则不能安全通过。

场景3：清除堵住入口的杂物。机器人必须运用其灵活性和力量来清除杂物。杂物的重量预计不超过5千克，但其类型并不确定，一般为坚硬之物，如岩石或煤渣块，并且其形状也不规则。

场景4：打开门并进入建筑物。机器人必须灵活地操作门把，并有力气推开门。门及门把都是标准市价销售的商品。

场景5：攀爬工业梯架并穿过工业通道。机器人必须运用徒步移动能力穿过工业高架行人道。该通道（或称为伸展台）具有磨砂表面和扶手。在攀爬工业梯架时，机器人需具备徒步移动能力和操作能力。对人来说需要手脚并用才能完成攀爬梯架。

场景6：使用工具破坏混凝土面板。机器人需要借助电动工具来完成。电动工具最好是空气或电动冲击锤和凿子，或者是电动往复锯。

场景7：找到泄露管道附近的阀门并关闭。机器人需要依靠感知能力找到泄露管道及其附近的阀门，再依靠徒步移动靠近阀门，最终将其关闭。这里会设置多根管道和阀门，但只有一根是泄露管道，也只有一个阀门在其附近。当然，泄露管道处可以看见气体冒出，并听到嘶嘶声。对人来说需要双手同用才能关闭阀门。在机器人定位阀门的途中，不会出现障碍物。

场景8：更换冷却泵。机器人需要依靠感知能力定位冷却泵，并拧松一个或多个紧固件，双向手动操作从配件中抓取泵，再按倒序步骤对泵进行更换。泵结构紧凑，大小适合个人单手处理。泵机组将包括可以用作天然"把手"的法兰盘和可以排除错扣可能性的紧固件。

这些都是比较有代表性的任务，需要对未来的具体计划进行考虑，包括成本、性能、操作能力和需求。DARPA将根据机器人所表现出的能力和实际情况对场景进行调整。DARPA还将有意地使场景多样化，以在小范围情况下鼓励普遍性，并不倾向对参数的调整和优化。

9.2.1.3 DARPA"阿凡达"项目

2012年2月，美国国防部向国会提交了2013年度的预算案。DARPA为其机器人技术研发项目"阿凡达"（Avatar）预置了700万美元的预算。

地面系统在远程呈现和远程操作方面取得的重大进展使得开发能在徒步环境中作业的远程可操控机器人系统的终极目标逐步得以实现。为了证明双足机器人在实际任务的实用性并加快其发展，必须利用机器人和操作员之间的协同合作。"阿凡达"项目将开发相应的接口和算法，使士兵能够与半自主双足机器人合作，并允许它成为士兵的替身。一旦开发成功，"阿凡达"将让士兵免于伤害，同时还可以利用士兵的经验和优势来完成重要的任务，如放哨和外围控制、房间搜查、徒步作战演习等。预计的服务用户包括陆军、海军陆战队和特种部队。

2013年，"阿凡达"项目将关注以下两个方面的研究：研究双足机器人平台的能量、运动、感知和控制；初步进行算法的开发，实现人类用户和远程双足机器人之间的双向主控制器的功能。

9.2.1.4 NASA 的类人机器人宇航员 Robonaut 2

2011 年 2 月 24 日，由美国国家航空航天局和通用汽车公司联合研制的全球首个类人机器人宇航员 Robonaut 2（R2）正式登陆国际空间站。Robonaut 2 具有躯干和四肢，头戴金色头盔，重约 300 磅，它将帮助人类宇航员完成一些过于危险和简单琐碎的工作，方便宇航员从事其他太空研究工作。

NASA 的机器人宇航员（Robonaut）计划始于 1996 年，2000 年第一代 Robonaut 正式亮相。2006 年，NASA 约翰逊空间中心与通用汽车公司开始联合研制第二代机器人宇航员 Robonaut 2，以促进下一代机器人及相关技术的研发，使它们可以为汽车和宇航业服务。

Robonaut 2 接受的首项任务是监测空气流速。在国际空间站工作的宇航员通常需要测量站内通风口前面的气流，以确保通风管道没有被堵塞。具体的工作内容是每隔 90 天在站内五个不同地点的通风口前，手持测量仪测试与气流相关的几项数据。对于人类而言，在微重力下保持测量仪的稳定是一个挑战，而且，人类的呼吸会干扰到气流的测试。这两点却是 Robonaut 2 的优势。根据宇航员的指示，Robonaut 2 成功完成了这项任务。

9.2.1.5 美国五大部门联合资助机器人技术研发

2010 年 7 月，美国行政管理和预算局、科技政策办公室将机器人技术确定为美国 2012 财年经费资助的优先研发领域之一。2010 年 9 月 14 日，美国国立卫生研究院、国防部高级研究计划局（DARPA）、国家科学基金会、农业部（USDA）和国土安全部（DHS）联合发布机器人技术开发和部署（Robotics Technology Development and Deployment，RTD2）资助招标公告，将资助小企业研究用于药物发现和爆炸装置拆除等的机器人。

1）NIH 关注的领域

（1）对有特殊需要的群体提供家庭护理和个性化关怀，利用机器人促进健康。机器人技术支持和改善生活质量和幸福度，并为老年人或行动不便的人提供独立在家安全生活的便利，包括：用于改善面向年长者的健康服务，为他们独立生活提供支持的系统、辅助技术和设备；照顾慢性心脏、肺或血液疾病患者的机器人。

（2）机器人辅助恢复、康复和行为治疗。

（3）手术和介入治疗机器人。

（4）高通量机器人技术。

2）DARPA 关注的领域

DARPA 关注于开发和演示新型机器人执行器，使其安全性和效用超过人类肌肉。DARPA 认为要使机器人成为令人类信服的合作伙伴，它们必须具备与人类相同的安全性和有效性。其中最具挑战性的机械化零件设计就是执行器。尽管目前的机器人执行器已经能够满足一些安全性和有效性的性能指标要求，但与人体肌肉相比，目前的执行器还不能充分履行其职责。DARPA 寻求开发新型执行器，其安全性能够达到或超过人体肌肉。此外，DARPA 希望找到新方法，摆脱对外来的、昂贵的材料或工艺的依赖，并实现低成本制造。

3）美国国家科学基金会关注的领域

美国国家科学基金会关注于帮助病人行动和康复的机器人。

4）USDA 关注的领域

USDA 关注高通量机器人技术、拥有触觉反馈能力的灵巧机械手等。

5）DHS 关注的领域

（1）能更好应对和解除爆炸威胁的项目。这些项目通过基础和应用型国土安全技术研究，促进突破性创新，为国家和地方拆弹部队提供先进的工具和技术，提高其作战能力，以降低简易爆炸装置带来的威胁。特别重视的技术是远程或自动访问、诊断和安全处理简易爆炸装置的技术。

（2）用于跨境隧道的监测、检测、利用和减灾的机器人技术，包括但不限于：用于法庭取证和减少灾难性事故的机器人、检查现有地下基础设施的机器人。

9.2.1.6 NASA"机器人、远程机器人及自动化系统路线图"

2012 年，美国国家航空航天局发布了《NASA 空间技术路线图与优先研发技术》。其中，"机器人、远程机器人及自动化系统路线图"部分主要针对传感与感知、移动性、操作性、人机集成、自治性、自动会合与对接、机器人和自动化系统等二级技术领域分析了满足未来任务需求所需的能力，并重新定义了多传感器数据融合、极端地形下的移动性、接触动力学建模等三级技术领域。该路线图确立了机器人及自动化系统领域的六大技术挑战，按优先顺序罗列如下：

（1）会合。开发具备高度可靠性，能自发会合、完成接近操作、捕捉自由飞行的空间物体的机器人技术。

具备自主会合、安全接近操作和对接/锚定能力对未来完成卫星服务、火星样品返回、空间残骸主动清除及其他合作型空间活动等任务而言至关重要。主要的技术挑战包括提高会合的稳定性，改进捕捉过程，使机器人即使身处不同的照明环境和相对运动中，面临不同特性的目标物也能成功完成捕捉任务。

（2）机动性。使机器人系统在与 NASA 任务相关的各种环境中，在各种重力、地表、地下环境都能进行作业。

具备在极端地形中的机动性可以使漫游机器人获取更多有科学价值的样品。目前的载人飞船和漫游机器人无法到达极端的月球或火星地形，也不具备在失重状态下在小行星和彗星上或附近移动的能力。技术挑战包括开发能进入极端地形或禁入区的机器人，开发能捕捉和锚定小行星与非合作目标的技术，或者制造能将人类送往这些挑战性区域的载人机动性系统。

（3）现场分析与样品返回。开发地下取样与分析勘探技术，支持现场分析与样品返回的科学任务。

天体生物学的最高目标和 NASA 的一大根本探索驱动力是寻找太阳系的生命或曾存在过的生命迹象。行星科学的一大重要动力是获取未经改变的样品，进行现场分析或将其送回地球分析。一般使用机器钻探设备获取这些埋于地下的原始样品。由于机器钻探/取样需要一定的自主性，且成效不佳又受功率限制，陆地钻探技术的适用性极其有限。开发机器人行星钻探和样品处理技术是一项新的艰巨任务。

（4）避险。开发相关功能，使移动机器人系统能自主导航和避免危险，并予以核实。

人类驾驶员在从远距离感知地形危险上有着非凡的能力，但机器人系统却会滞后。因为机器人系统需要在维持高速的同时尽可能快地对地形几何与非几何特征进行精细分析，这需要庞大的计算通量。

（5）可允许延时的人机交互。使人类和机器人系统间的交互更有效、更安全，并能适应任何因延时出现的影响。

实现更加有效和安全的人机交互需要解决多个难题，包括空间距离的相互作用带来的潜在危险，延时或即时远程监控等。空间距离的相互作用需要机器人系统安全作业并将其行动和意图传达给附近工作的人类。同理，与机器人系统近距离互动的人类也必须将其方向和指示提供给机器人。远程人机交互不会立即产生和近距离人机交互同等的危险，但是，人类要完全理解远程机器人系统工作的环境及其当时的状态则变得更为困难，而通信时间的延迟会进一步加大复杂性。不恰当的人类指示通常会造成机器人的误解，必须开发出能适应长延时的机器人系统，使它们在没有即时获得人类指示的情况下也能自主行动。这种系统也必须确保能为远距离的人类提供相应工具，使他们一旦收到机器人系统传达的信息就能迅速掌握情况。

（6）目标物识别与操作。针对目标物识别与熟练操作开发相关方法，为科学与工程目标提供支持。

目标物识别需要传感技术，通常融合了多种传感模式，具备感知能力，能将被检测目标物与先验物体相关联。目前的传感方法结合了机器视觉、立体视觉、激光雷达、结构光和雷达等技术，感知方法则基于CAD模型或由同一传感器扫描创建的模型。主要的挑战包括：运用大型已知物体库，确认部分被遮挡住的目标物，在恶劣的照明条件下工作，估测快速旋转的目标物的位姿，处理近距离和远距离的目标物。解决这些挑战对操作、跟踪及回避目标物而言至关重要。

根据机器人捕捉的目标物的类型、范围，捕捉力量和可靠度可以衡量机器人操作的熟练程度。这方面的挑战主要包括：基础的执行和传感物理学；识别能力；接触定位；外在和内在驱动；用于处理粗糙、尖锐的目标物的坚固耐用的手部覆盖装备，同时不会影响传感器或目标物的动作。

9.2.1.7 NIST下一代机器人和自动化计划

2011年10月1日，美国国家标准和技术研究所启动了下一代机器人和自动化计划，旨在通过解决测量学及必要标准问题使智能机器人及自动化系统成为可能，并使其能在美国制造业中得以采用。该计划要解决的主要挑战包括感知、操纵、人机互动及安全问题。

NIST将与制造业用户紧密合作，了解其对机器人及自动化系统的需求，并与各类生产制造下一代机器人的组织协作，以满足制造业的需求。该计划将从4个攻关点推进相关工作，每个攻关点都包含一个及一个以上的项目，解决下一代机器人和自动化关键技术面临的不同方面的挑战。四大攻关点及相关的初期项目如下。

1）用于制造的传感及感知

项目1：人机协作系统的安全性。

人机协作系统的安全性是未来机器人发展的核心。当人类与机器人能够在同一空间协同工作时，整套任务将可以通过自动化完成，包括零部件协调组装、原料搬运及运输。要保证人的安全则需要能够监控到工作区的情况，并保证自动化设备能够快速意识到潜在的危险以避免危险发生。此项目需要达到以下目标：制定安全标准和性能评估措施，使人与机器人能够在同一空间协同工作；制定监控工作区传感器的性能评估措施，保证人、机器人及车辆的安全。

项目2：非结构化车间环境的感知。

制造生产中感知的目的是尽量少用固定的方式来保持零部件位置，使自动化系统适应零部件的变化，并能够进行进程检测，让机器人能够在狭小的、自动化程度低的设备上工作，此类设备不具备严格结构化的环境。车间感应项目将会解决如下问题：位置及力量感知算法的性能评估标准、传感器的校准及注册。

2）用于制造的操纵

项目1：自动化系统的灵活操纵。

当前自动化平台的灵活性远不及人，行业惯例是为每个任务定制操纵器。若要提高机器人的灵活性和适应性，则需要具有不同自由度的高性能操纵器，并能通过稳定控制使操纵器更具实用性。该项目目标包括：制定灵活操纵的性能评估措施，确定动力测量值及以力量为基础的操纵控制，制定安全的人机、机对机运转协作操纵战略，在机器人性能领域开展标准活动。

项目2：用于制造的微米和纳米级操纵。

微米/纳米级操纵需要不同于宏观操纵的策略，同时也需要研发可以控制操纵器的相关传感及驱动策略。该领域目前还缺乏相关的标准，测量值也是通过并不适用于生产制造环境的笨重庞大的设备来获取的。若要推广微米/纳米级的制造生产，则需要有能快速轻松使用的传感器，可靠的操纵器并扩大实用生产。项目目标包括：制定新的测量方法，研究传感器在微米和纳米级规模上的传感目标（距离、力量、运动、物理性质），逐步从微小规模上升到宏观规模，参与与标准活动相关的微制造。

3）制造应用的移动性

项目：自动化机动车。

自动化机动车在制造业中越来越常见，具备自动化能力的升降机也已出现。进一步推广此类设备面临的最大问题是安全。机动车的操作需要人和设备的紧密互动。此项目通过以下活动解决自动化机动车的使用问题：制定汽车制造安全标准；寻找在汽车上安装多种传感器的方法，让传感器相互协作，为操作者或控制系统提供综合信息；制定标准，让不同制造商生产的汽车能够在同一工作环境中相互协作。

4）制造应用的自动化

项目：智能规划和建模。

认识世界并通过规划来运转世界的能力让智能推理行为和高级自动化成为可能。规划常常包括评估"假设分析"的情景，要求在现有知识的基础上模拟未来。通过达成以下目标，该项目可以在一个更严密的基础上开展模拟和规划：为制造应用制定规划算法；制定标准的信息展示方式，为规划提供便利且能转入新的应用；制定标准方法验证模拟模型，保证其能准确反映现实生活；制定标准方法，实现现实与虚拟环境间信息的无缝整合；制定标准方法，快速建立新的模拟模型；为规划体系的准确性和完整性制定性能评估措施。

9.2.2 日本

9.2.2.1 经济产业省机器人领域技术战略地图

日本经济产业省发布的《技术战略地图》及相关路线图对了解日本各重要技术领域的发展战略具有典型的代表意义。该路线图自 2005 年首次发布以来，每年修订一次，目前最新的版本是 2010 年 6 月发布的《技术战略地图 2010》。2010 年版技术战略地图对八大领域的 31 个具体技术领域进行了现状分析与发展前景展望，旨在帮助经济产业省及其下属的新能源与产业技术综合开发机构（NEDO）实现更好的研发管理，促进不同领域和产业的合作与技术融合以及创新。

机器人领域的技术地图及相关技术路线图指出，目前日本市场上的机器人都是产业用机器人，服务型机器人的市场尚未确立，实用案例也很少。为了满足社会需求，增强日本机器人产业的竞争力，今后需要创建并扩大新一代机器人市场。经济产业省在技术路线图中展示了机器人领域未来 10 年的发展和部署方案，明确列出了经济产业省的研发项目及新一代机器人的普及方案（图 9-1）。

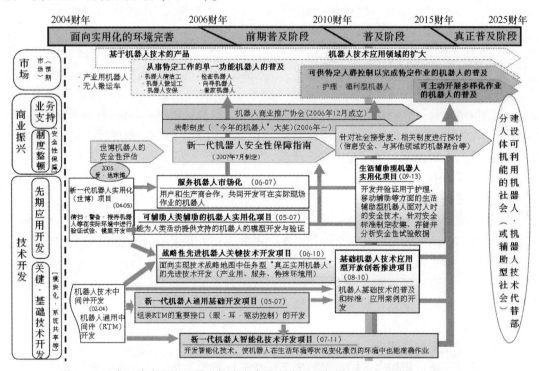

图 9-1　日本经济产业省机器人推广方案及研发项目部署（日本经济产业省，2010）

2010 年版的机器人领域技术战略地图将机器人分为"新一代产业用机器人"、"服务型机器人"和"现场作业机器人"，分别展望了这三类机器人未来 10 年的发展，分析了所需的技术规范和必须开发的技术，并按时间顺序在技术战略地图上列出了重要的技术。

1）机器人分类

（1）新一代产业用机器人领域：包括组装机器人和搬运机器人。组装机器人需要具备应付单元生产、与人类协同作业、操作工具、简单教训、灵活处理物体等功能；搬运机器人需具备在单元间移动、为各单元提供组件、从各单元回收产品等功能。

（2）服务型机器人领域：包括为个人提供服务的搬运/向导机器人、警卫机器人、监护机器人和机器人清洁工；提供信息支持、教育支持和娱乐服务的媒体服务型机器人；日常生活辅助型机器人；为护理/保健从业者提供辅助的机器人，可以在移动、检查和康复方面提供支持。

（3）现场作业机器人领域：包括建设用机器人（可从事土木建筑施工、结构分解、废弃物处理、结构组装和无人化施工等工作）、水下作业机器人（可从事环境测量和渔业资源养护等工作）、防灾机器人（可从事信息收集、援救支持、减灾等工作）、设备维护机器人（可从事设备点检与维修工作）、农业用机器人（为农田作业提供支持）。

2）必备功能

（1）环境结构化和标准化：适用于机器人的内容服务，能与其他机器人通信，能与信息家电通信，可与其他机器人的关键元素兼容，能被快速开发出来，具备高度再利用性，能与其他标准兼容，实现施工信息的共享（设计、施工对象、施工结果等），实现施工工程间的施工信息交流。

（2）通信：面向说话者的方向；能够对话；能够理解对方的手势；可提供数据库信息；能理解人类所处的境况及其意图；能学习与人类有关的知识、适应与人相处；可提供人性化的接口；能作为媒体工作；能辅助操作人员，为他们提供信息；能介绍工作目标的状况（视觉、触觉等）；可轻松操作复杂的工作装置（机械臂等）；可进行任务说明。

（3）操作：能握住各种形状的物体，如多个机械臂；安全、轻型；能进行组装和拆解作业；能使用道具完成工作；能快速处理多种形状的物体，且具备很高的精度和可信度；能放大人类动作的工作设备（尺寸、功率等）；根据需求安全处理重量级（大型）目标物；针对泥土等性质容易改变的物体，也能随心所欲地进行稳定的挖掘。

（4）移动：障碍物识别；开放区域定位；检测人类动作；步行、奔跑、跳跃等；能识别和理解环境；避免冲突；能学习并规划行动；能掌握自己所在位置；能根据情况所需以高精度停止作业；能在粗糙的地面、瓦砾上以稳定的姿势作业，并能在瓦砾上高效移动。

（5）能量来源/电源管理：节电；无需电源线；能搬运重型物体的执行器和电力系统。

（6）安全技术：在碰撞和挤压时确保安全的技术、健全性诊断和修复技术、基于人类识别功能的主动回避和制动、可反映风险评估的安全方针、安全防范分层结构的应用、事故案例数据库、可靠的连锁控制、基于软件的功能安全技术、基于环境支持的安全系统技术。

（7）技术应用：根据风险评估进行应用，人机接口（显示安全信息），制定保守的点检计划。

3）技术分类

（1）系统化技术：综合设计技术、集成技术（环境适应能力、小型化、轻型化）、服务科学、机器人处理器、机器人中间件。

（2）环境结构化：泛在传感器、面对个人的服务、机器人间的协作、机器简化、外部信息共享（施工信息）、移动物体高速通信基础设施、Ad-hoc 通信与超宽带通信基础设施。

（3）识别处理：音频处理和对话处理、手势和姿势识别、状况和意图推断/理解、学习/适应技术、工作目标物的状态识别、对工作指示的理解、提供最佳的信息、学习对话和动作并落实到实际行动、大脑活动状态传感。

（4）传感：面向说话者的传感器、视觉传感器、触觉传感器、传感器微型化、定位传感器、环境识别传感器、动作检测传感器。

（5）控制：操作控制、大型、重型机器臂控制、作业规划、路径规划、自主移动控制、全天候自主移动、多个机器人协作控制、人与机器人混合控制、自身能源管理、安全预测控制、接触安全控制、功能安全技术、环境安全技术。

（6）结构：机器臂，机器手，双足至多足，脚轮，在不平整地面、阶梯、狭窄空间的移动性。

（7）执行器：适用于机器人的执行器、过度负重控制、可搬运重物的执行器和电力系统。

（8）标准化：关键元素互操作性、标准互操作、能量供应、事故原因分析。

9.2.2.2 本田公司的类人机器人 ASIMO

本田公司从 1986 年开始研发可双足自律行走的类人机器人，目标是要创造出一个可以在人类的生活空间里自由移动、具有像人一样的极高移动能力和高智能的类人机器人，在未来为人类提供服务。2000 年 11 月 20 日，本田公司发布了可以像人类一样行走的小型类人机器人"阿西莫"（ASIMO），标志着本田公司在类人机器人研究领域竖起了第一块里程碑。

随后，本田公司不断地完善 ASIMO 的研发，如提高实用性，使其具有能理解人的姿势和动作并自觉行动的自动化技术，能在现实环境中迅速判断情况并采取相应动作。2005 年，本田公司对 ASIMO 进行了大幅度提升，实现了智能和身体技能的高度结合。和以往相比，ASIMO 可以和人手拉手走路，强化了与人配合的行动能力，而且增加了利用手推车搬运物品的功能。新开发出的对这些功能进行统一控制的综合控制系统，使 ASIMO 可以自行从事接待、向导、递送等服务。此外，ASIMO 的移动能力获得了大幅提高，实现了 6 千米/小时的奔跑及迂回行走。

2011 年 11 月 8 日，本田公司发布了拥有更高智能、更强大活动与作业能力的"新型 ASIMO"，再一次站上了机器人技术研发的顶峰。"新型 ASIMO"全新搭载自律移动控制技术，实现了机器人从"自动机器"到"自律机器"的进化。

1) ASIMO 的功能

（1）自由动作。

自在步行和上下台阶：ASIMO 采用了智能化、实时和灵活的行走技术（Intelligent Real Time Flexible Walking, i-Walk），即在早期行走控制技术的基础上增加了预测移动控制技术。因此，ASIMO 可以在平坦的地面上顺畅行走，调整步伐来保持上半身的平衡，并在步行中预测前方情况，遇到台阶时可自主上下台阶。

- 自动修正位置：通过搭载的多个传感器（视觉传感器、地面传感器、超声波传感器等），ASIMO 可自行判断和区分信息，对周围的环境做出反应，同时自动调整传感器的感应度，获得稳定的环境信息。由此，ASIMO 可在复杂的环境下迅速并平稳地移动。
- 直线行走：即使双脚离地，ASIMO 也可以积极控制姿势，保持直线行走。2005 年本田公司发表的新技术使 ASIMO 的最高时速从原来的 3 千米/小时提高至 6 千米/小时。
- 旋回奔跑：ASIMO 可自行控制姿势，保持稳定的旋回奔跑或 8 字形走动。
- 全身协调运动：ASIMO 可配合步行姿势来控制手腕的动作，还会跳舞。2005 年末本田公司发表的新技术提高了 ASIMO 的全身协调功能，在提高全身平衡性的同时实现动作的柔软和迅速。

（2）道具使用。

- 搬运托盘：运用视觉传感器和手腕力度传感器，ASIMO 可根据实际情况交接实物。例如，ASIMO 可通过手腕接触放置托盘的桌子，从而判断桌子高度和负荷大小。另外，还可协调全身动作来放置托盘，无论桌子高低，都可灵活应对。
- 推车前进：运用手腕的传感器，ASIMO 可调整左右手腕的推力，保持与推车之间的合适距离，一边前进一边推车。当推车遇到障碍时，ASIMO 还会自行减速并改变行进方向，直线或者转弯推车。

（3）信息交流。

- 识别声音和来源：ASIMO 可识别人的声音和其他响动，可进行简单的会话。另外，ASIMO 还可以识别声音的来源，当你叫它时，它还会把头转向你的方向，看着说话的人来交流。
- 面部识别：检测出由头部装载的摄像机提供的影像信息中的多个移动物体，能识别储存在记忆中的面部，称呼姓名、传达信息，可做向导。可识别 10 人左右。
- 识别移动物体：通过头部摄像头，ASIMO 可辨别出多个移动体，并判断出与其的距离、方向。凭借摄像头的信息，ASIMO 可跟着人步行。
- 情景和姿势的识别：ASIMO 可从影像信息中检测出手的位置和运动，识别姿势和动作。不仅仅可识别声音指令，也可以识别人的自然动作并作出反应。
- 认知环境：ASIMO 可识别周围的环境，把握障碍物的位置，可以避免碰撞并绕行。人或其他移动的障碍物突然出现在面前时会停下来，离开后继续步行。
- 新的 IC 通信卡：根据 IC 通信卡提供的客人信息，ASIMO 可判断出对方的属性和位置，与擦身而过的人打招呼，将客人引导至预定的场所，可根据顾客的信息进行适宜的接待和服务。

2）"新型 ASIMO" 的性能提升

2011 年发表的 "新型 ASIMO" 在智能、身体协调性与作业性能三方面均有提升。

(1) 智能提升。

全新开发的智能化基础技术系统可根据类似人类视觉、听觉、触觉等各类传感器获取的信息进行综合判断，由此推断周围的状况并决定自身的对应行动。采用这一技术后，即使在活动进行过程中，ASIMO 也可根据对方的反应随时改变活动方式，与人的活动、周围环境等相适应。同时，ASIMO 还可通过视觉与听觉传感器联动辨识人的脸部与声音，同时辨识多人的声音，而这一点即便是人类也很难做到。

此外，基于空间传感器提供的信息，ASIMO 可对数秒后人的行进方向进行预测。若发现与自身移动预测位置发生冲突，机器人将瞬间选择其他线路，确保行进时不与人相撞。

(2) 身体协调性提升。

全新控制技术可使机器人腿部力量提升，可动范围扩大，并能自由变换着地位置。引进该技术后，步行、奔跑、逆向奔跑、单腿跳跃、双腿跳跃等活动 ASIMO 均可自由、连续地完成。此外，机器人敏捷性大幅提升，即使在崎岖路面上仍可保持稳定姿势顺利行走，能够灵活应对外部的各种状况。

(3) 作业性能提升。

"新型 ASIMO" 具备全新研发的高性能小型多指手，手掌和五指中分别内置接触传感器与压力传感器，可对各节手指进行独立操控。采用融合视觉与触觉的物体认知技术使 ASIMO 可以进行握瓶、旋转瓶盖、握住装有液体的纸杯并保持其完好无损等灵巧的手部作业。此外，还能完成需复杂手指运动才可实现的手语表达。

9.2.2.3 产业技术综合研究所的类人机器人 HRP-4C

2009 年 3 月 16 日，日本产业技术综合研究所（AIST）宣布其下属的智能系统研究部研制出一个会说话、可行走、具有丰富表情、几乎可以以假乱真的"女性"类人机器人 HRP-4C。该机器人是由日本经济产业省（Ministry of Economy, Trade and Industry）以及新能源产业技术综合开发机构出资支持的"类人机器人"（Humanoid Robotics Project，HRP）项目的一项成果。

HRP-4C 基于以用户为中心的机器人开放架构（Centered Robot Open Architecture）开发而成，采用了 AIST 开发的实时 Linux、机器人中间件、机器人模拟器 OpenHRP3、语音识别、双足行走技术等基础的机器人技术。HRP-4C 全身共有 30 个马达来控制肢体移动，面部的 8 个马达可以使其做出喜、怒、哀、乐和惊讶的表情。此外，它还能够缓慢行走，眨眼睛和用细小的女性嗓音向大家问好。HRP-4C 的特征和功能如下：

(1) 身高接近 1.58 米，重约 43 千克（包括电池在内），身穿一套银白和黑色相间的太空服。它的身高、体重同日本普通女性基本相同。

(2) HRP-4C 的腰部和头部能向 3 个方向自由转动，而脸部可以向 8 个方向自由转动。

(3) HRP-4C 的步行动作和全身动作参考了通过动作捕捉技术测量的人类的步行动作和全身动作，并采用了双足行走机器人控制技术，因此 HRP-4C 可以完成几乎和人类一样的动作。

(4) 由于头部安装了语音识别机器人中间件，HRP-4C 可以识别人类的声音，并对语音识别的结果做出响应，实现了与人类的互动。

AIST 今后将在推进全身运动控制技术向高水平发展的同时，研发内容开发支援技术，以实现 HRP-4C 在娱乐领域中的应用。

HRP 类人机器人项目在经营模式方面也相当值得相当探讨。HRP 从 1998 年开始实行五年计划，最初由为期两年的前期计划（1998～1999 年）与为期三年的后期计划（2000～2002 年）组成。前期计划以基础平台建立为主，制作一远端遥控人形机器人之平台、动态模拟器以及动态模拟模型；后期则侧重机器人的应用，针对"工厂维护""保健服务""远程代理驾驶""户外共同作业"等领域进行研究。而此计划之开发方式与一般研究计划也稍有不同，采用"平台导向"的方式进行。就一般的机器人开发方式而言，通常先着重于重要技术的开发，而后在此基础上建立系统，并于最后阶段发展为成熟的常态技术；然而，这种开发方式往往使一开始开发的重要技术在最后阶段成为老旧而不实用的技术。有别于一般的技术开发与整合模式，HRP 计划首先开发各种可能应用之"通用基础平台"，其后再引进新技术更新，最后导入应用层面。这样可确保在计划开发的同时，使用的技术能持续更新。

9.2.2.4　NEDO 新一代机器人智能化技术开发项目

为了研制可实用的机器人，完善机器人基础技术，使机器人基础技术通用化，避免从零开始低效率地重复研发机器人，促进迅速而稳健的机器人研究开发，日本经济产业省下属的新能源与产业技术综合开发机构（NEDO）于 2007 年推出了"新一代机器人智能化技术开发项目"。

新一代机器人智能化技术开发项目（2007～2011 年）是一项实现机器人智能通用软件模块的研发计划，旨在创建可供各领域共同使用的智能模块系列和相应模块的智能软件通用平台。具体地来说，要使应用于工业、社会、个人等领域的机器人实现装卸搬运、移动、相互作用的智能化。在各领域中应用的详细情况如下：

（1）面向工业的智能领域：能够在不同场合，通过与人协作，准确地实现高级生产作业，主要应用于支持机器人单元生产等先进的机器人产业中；

（2）面向社会的智能领域：在城市或服务设施中提供准确的位置信息和向导信息，主要用于智能交通系统和服务机器人。

（3）面向个人的智能领域：能够为个人准确地提供物理或信息服务。主要应用于家庭机器人、福利机器人和服务机器人领域。

该项目的最终目标是确立能够在上述领域中可靠工作的新一代机器人系统所必需的基础技术，具体来说就是实现和集成多种有用的智能模块系列，使其能够容易应用在作为公共软件平台的机器人智能软件平台中，并且证实这些智能模块系列具有可靠性和再利用性。

在制定该项目时考虑到的基本策略如下：实现可靠智能，构建通用的智能模块，开发实用技术，包括智能模块划分方法在内的公开征集计划。

为了能使以上各条基本得到保证，又增加下面两条：通用平台的构建和统一是一种义务；每年度进行项目的公开和评价，由鉴证委员会作为第三方进行评价。

该项目涉及的研发项目包括：

（1）机器人智能软件平台的开发。

开发支持新一代智能机器人系统设计的智能模块系列中应用的通用软件框架（机器人智能软件平台）。为了实现这一开发工作，在元器件开发的模块化机器人智能技术和这种模块相应的机器人作业计划、适用、控制等研究开发的同时，开发以下功能：

①机器人元器件开发支援功能；

②应用软件开发支援功能；

③机器人系统设计支援功能。

（2）工业领域智能作业模块的开发。

机器人在生产线上必须能够长期稳定地工作，为此，一个重要的课题是，提前发现在作业中因发生临时故障引起工作停止的现象，并且能从故障状态中自动恢复。在这个研究项目中，研究开发即使周围的情况发生变化时，所指定的工作还能准确进行的通用作业的智能模块，也就是下面所指的智能模块：

①相关示教支援的智能模块系；

②应对临时停止运行的相关智能模块系；

③有关识别的智能模块系。

（3）社会和生活领域智能作业模块的开发。

协助日常生活中收拾整理、定购商品等作业的机器人和取代人在服务行业从事手工操作（快餐店收取餐具、自动售货机补充商品等）的实用机器人，在该项目中，开发研究能够应对作业内容、作业对象以及多样化作业环境的通用作业智能模块，开发以下智能模块：

①有关对作业对象跟踪、位置管理的智能模块系列；

②有关对作业对象识别的智能模块系列；

③有关对人作业的智能模块系列。

（4）服务产业领域智能移动模块的开发。

随着老龄化问题不断加重和劳动力日益短缺，研究在商业设施、交通设施、办公室等场所，和在人与障碍物混杂而且时间、空间不断发生变化的环境中，能以适当的速度安全移动，完成各种服务（清扫、向导、搬运等）的机器人。在该项目中，开发与人和障碍物混杂环境下周围的状况发生变化时也能准确地完成所规定工作的、具有高可靠性的通用移动智能模块。即研究开发下述智能模块：

①有关识别自身位置的智能模块系列；

②有关生成地图信息的智能模块系列；

③有关识别人或障碍物的智能模块系列；

④有关动态路径计划的智能模块系列；

⑤有关安全移动控制的智能模块系列。

（5）公共空间领域高速智能移动模块的开发。

以能在高速移动的瞬间对周围状态进行识别，通用控制技术实用化为目的，该项目中研究和开发高速移动体（机器人、汽车等）在瞬间对周围环境进行识别，在多种移动体共存下实现最佳判断和控制的通用高速移动智能模块。也就是实现以下智能模块：

①有关交通状况识别的智能模块系列；
②有关知识共有的智能模块系列；
③有关协助交通的智能模块系列。

（6）社会、生活领域智能移动模块的开发。

随着高龄化社会的发展，长期行走困难的人数不断增加，研究在购物中心或娱乐场所中，能够代替人步行、自由度高的移动平台，能够搭载人的交通机器人（运载机器人）的实用化。在本项目中，实现在人与障碍物共存下，让人能够安全乘坐移动功能的通用移动智能模块，也就是实现以下智能模块：

①有关安全行走的智能模块系列；
②有关躲避障碍物的智能模块系列；
③有关推测乘坐者意图，协助操作的智能模块系列；
④有关自主行走的智能模块系列；
⑤有关协助行走的智能模块系列。

（7）社会、生活领域情感交流智能模块的开发。

少子高龄化、劳动力不足等社会问题越来越严重，希望在与人进行情感交流的同时提供各种服务，这样有助于用于提高生活质量的新一代机器人走向实用化，并得到普及。开发可靠性高的情感交流智能模块，并让多种多样的机器人具有这种智能是极其重要的。在该项目中，研发复杂环境下，准确地能完成指定工作的通用情感交流智能模块，也就是以下智能模块：

①有关对环境和状态识别的智能模块系列；
②有关语音识别的智能模块系列；
③有关语音合成智能模块系列；
④有关行动理解的智能模块系列；
⑤有关对话内存管理的智能模块系列；
⑥有关对话控制的智能模块系列；
⑦有关对话对象同定的智能模块系列；
⑧有关对话履历管理的智能模块系列。

9.2.2.5　NEDO生活辅助型机器人实用化项目

随着出生率低下和老龄化社会的急速进展，日本面临着劳动力不足的问题，除了产业领域外，护理、家务、安全等生活领域也对机器人应用寄予了很高期望。然而，在生活辅助型机器人的安全性技术方面，还缺乏相关标准与规范，造成此类机器人的技术开发和产业化进展缓慢。为此，NEDO基于机器人领域的战略技术地图，于2009年启动了"生活辅助型机器人实用化项目"，旨在面对生活辅助型机器人的产业化，通过与利益相关方合作，开展与真正的安全性和功能安全相关的试验，获取、存储和分析安全性数据，研发安全性验证方法。

项目实施期限为2009~2013年。其中，2012年获得的经费为13.5亿日元。该项目的最终目标是确立生活辅助型机器人的风险评估方案，并提供给开发人员使用。就对人安全性方面的指标、机械和电力安全、功能安全的测试和评估方法及顺序等领域，提出相关的国际标准提案，最终确立与生活辅助型机器人相关的安全性标准可行性评估方案。

项目涉及的具体研发项目包括：

（1）生活辅助型机器人安全性验证方法的研发。

在对生活辅助型机器人进行安全性验证时，首先需要开发人员自己进行风险评估，然后在此基础上接受认证机构和试验机构的客观的安全性验证。在风险评估方面，由于缺乏针对真正安全设计的定量指标，也没有确立相应的方法论，因此需要开发风险评估方法。

此外，要尽早制定生活辅助型机器人安全性评估测试方法的框架，由于在机械、电气和功能安全测试方面已有现行标准，可以将其作为参考，获取、存储并分析与安全性和可信度相关的数据，最终制定所需框架。

（2）引入安全技术的移动作业型（以操控为主）生活辅助型机器人的开发。

移动作业型（以操控为主）生活辅助型机器人是指能在人类生活环境中，根据用户指示安全、高效地完成日常生活所必需的工作的机器人。为开发出此类机器人，需要开发以下安全技术：

①移动和作业技术：能根据用户指示高效、安全地完成相关移动和作业（操纵等）。

②用户接口技术：可凭直觉操作、减轻使用者负担，从而确保所操作的动作的安全，并通过向用户提供适当的信息确保机器人作业环境（包含人在内）的安全。

③用户适用的技术：使用方法简单、身体情况不同的用户都能安全使用的技术。

④安全的回避技术：即使机器人遭遇突然断电的情况，也能安全制动并回避。

⑤用户自由受限时能安全解脱的技术：即使用户或第三者的身体自由因机器人发生故障而被束缚，也能安全、轻松地获得解放。

此外，上述技术需要通过安全性测试和实际环境中的验证试验。

（3）引入安全技术的移动作业型（以自律为主）生活辅助型机器人的开发。

移动作业型（以自律为主）生活辅助型机器人是指能识别周围环境，并根据自主判断安全、高效地完成日常生活所必需的工作的机器人。所需开发的安全技术包括：

①降低风险的技术。稳定的行走和跑步技术、人类和障碍物回避技术、自主行走和跑步技术、自我诊断技术、危险预防技术。

②关键性安全技术。自我定位技术、安全环境识别技术、环境地图生成技术、动态动作规划技术。

此外，上述技术需要通过安全性测试和实际环境中的验证试验。

（4）引入安全技术的可佩戴生活辅助型机器人的开发。

可佩戴生活辅助型机器人是指可供人类随身佩戴，并能进行自主控制的实用型机器人。所需开发的安全技术包括：

①能确保稳定功能的技术：能自主处理人类在佩戴此类机器人步行和作业时可能出现的负重变化、外力、障碍物冲撞等情况，为人类进行的动作提供安全的支持。

②控制技术：能反映佩戴者的意愿，利用自主功能实现控制。

③安全管理技术：获取周围的环境信息，在此基础上实现安全保障。

④自我诊断技术：经常确认机器人的各项功能是否正常运作，自动检测故障和异常，

并进行报告和处理。

⑤关键性安全技术：与构成可佩戴生活辅助型机器人的基本组件（电机、电池、传感器等）相关的安全技术和风险降低技术。

此外，上述技术需要通过安全性测试和实际环境中的验证试验。

（5）引入安全技术的搭乘型生活辅助型机器人的开发。

搭乘型生活辅助型机器人是指能搭载人类、自主或根据操控人员的指令安全、自由移动的机器人。所需开发的安全技术包括：

①降低风险的技术。稳定的步行与跑步技术，人类和障碍物回避技术，自主步行和跑步技术，推测操控人员的意图、为其提供操控支持的技术，协调行走技术，自我诊断技术。

②关键性安全技术。自我定位技术、地图信息生成技术、动态路径规划技术、确保姿势稳定的技术。

此外，上述技术需要通过安全性测试和实际环境中的验证试验。

9.2.3 欧洲

9.2.3.1 欧盟FP7关注机器人技术

欧盟框架计划是当今世界上最大的官方科技计划之一。2007～2013年欧盟第七框架计划（FP7）一直将"认知系统与机器人技术"作为资助的重点，2009～2010年、2011～2012、2013年的经费分别为1.79亿欧元（European Commission，2012a）、1.55亿欧元（European Commission，2012b）和0.9亿欧元（European Commission，2012c）（表9-1）。

表9-1 欧盟FP7"认知系统、人机互动与机器人"资助情况

年份	研究主题	资助额度/百万欧元	总计/百万欧元
2009～2010	1. 认知系统与机器人	153	179
	2. 以语言为媒介的人机交互	26	
2011～2012	认知系统与机器人	155	155
2013	1. 机器人、认知系统与智慧空间、互动共生	67	90
	2. 机器人使用案例和补充措施	23	

在欧盟FP7支持的若干个机器人研发项目中，以类人机器人技术为重要目标项目包括：

（1）认知自主型机器人的运动智能实现（EMICAB）项目。

该项目目标是要在机器人的智能规划和电机行为控制中融入智能机体动力学。为了实现这个目标，项目将解决神经系统科学（如多感觉集成、内部机体模型、智能行动规划）和技术（如智能机体力学、分布式实体传感器和类人脑控制器）领域的相关问题。

(2) 现实世界中移动操作技能的获取和直觉机器人（First-MM）项目。

由于结合了机器人操控和移动机器人灵活性两方面的优势，灵活的移动操控系统是机器人产业中大有前途的领域。很多产业加工都高度依赖于机器人操控的可靠性和强壮性。该项目旨在在现实世界应用环境下集成这两个领域的研究成果，建立新一代自主移动操控机器人的基础。新一代机器人可以在灵活的指导下完成复杂的操作，并承担运输任务。项目将研发新颖的机器人设计环境，使得非专业用户也能在现实环境中完成专业复杂的操控任务。除了专门的任务说明语言之外，设计环境还包含了可能性推断以及从实例和经验中学习操作技巧的概念。

(3) 动作与操作的智能观察和执行（INTELLACT）项目。

该项目将试图指出让机器人模仿人类动作应该如何理解和利用对象、动作及其结果的处理方式（语义学）。这需要人和机器人相互协作，机器人必须懂得人的动作，并将它们转化成为自身的行为。项目将为这种转化提供途径，但并不是单纯地复制人的动作，而是将其转变为语义阶段。项目由三个部分组成：①学习，通过展示人类操作的一系列影像资料实现对操作过程的抽象语义描述；②指导，依靠学习到的语义模型对观测到的操作进行评估；③执行，在学习和语义模型的基础上，机器人将执行相同的操作。项目目前面临的主要科学挑战是对语义内容的分析（学习阶段）和与具体行为（执行阶段）的综合。

(4) 面向多元体现社交系统的联合运作（JAMES）项目。

该项目旨在开发一种社会智能类人机器人，该机器人结合高效的、基于任务的行为，以及在现实的、开放的和多方协作的情况下以合理的社交方式来理解和应对广泛的多元交际信号的能力。研究人员将关注5个核心目标：分析人类自然交流信号、建立社交互动模式、将模式扩展至学习管理和不确定性管理领域、在物理机器人平台上实现该模型，和对应用系统进行评估。

该项目将基于以下7个领域目前的成果及技术展开：社会机器人、社交信号处理、机器学习、多模式数据收集、规划和推理、视觉处理和自然语言交互。JAMES项目将把人类社会交际行为的分析、技术组件的开发和集成、集成系统的评价这三者集合起来。

欧盟委员会还在2009年7月发布了《欧洲机器人技术战略研究议程》，以促进所有成员组织的合作，并指导它们关注能推动实现工业创新和机器人产业发展的关键技术。

9.2.3.2 意大利理工学院"机器人技术平台"发展战略

意大利政府、公立研究机构、大学及企业研发中心都非常重视对机器人技术的研究。目前意大利已是世界上主要的机器人研究基地之一。意大利理工学院（IIT）在机器人研发方面投入很大，其"机器人技术平台"由3个部门组成：机器人脑部和认知科学部、先进机器人技术部、远程机器人及应用部。其中前两个部门对类人机器人研发都有项目部署（ITT，2012）。

1) 机器人脑部和认知科学部（RBCS）

RBCS平台将加强正在进行的"人"系统研究计划，包括类人机器人认知研究、人类行为研究、重点关注动作及感知、人机通信和交互，特别关注神经系统双向直连技术和科学进展。

类人机器人认知研究的重点是实现可靠的认知生物学模式，包括提升对人类脑部功能的理解和让机器人控制器能够从自身错误中吸取经验教训并改正。

研究活动主要遵循机器人硬件和软件两条主线。硬件方面，总体规划是推进"小电子人"（iCub）类人机器人平台的发展，同时增强基于柔性自适应材料（用于感知和加工）和混合系统（软机器人技术）的下一代类人机器人的研发。软件方面将着重推进认知能力的建设。虽然研究内容非常广泛，但在工业应用领域类人机器人有着清晰的目标，未来类人机器人在制造、办公或家庭环境中都将成为得力的帮手。在这方面，研究人员也在进行例如人机交互安全性方面的研究。此外，通过参与国际研发项目，将会给 iCub 平台增加语言方面的技能，同时也将推进用于驱动和处理的新型微电子传感器的发展。

软件研究主题包括：力量控制；电子学性能/网络方法、并行或分布式计算；改良驱动器、新型齿轮等的使用，以实现机器人活动的依从性和平滑性；机器学习和开发；复杂运动活动的规划和控制；操作和情景支持；感知：注意力、动机和行为选择；语言及表述；与人和机器人实现安全、自然的交互。

硬件研究主题包括：触摸传感器、基于高密度触觉传感阵列的氧化聚合物 FET、嵌入有机或弹性基板的薄膜晶体管、基于压电的微机电系统、基于电容方法的表面触摸传感器、用于机器人机械和电气转换的纳米光纤和线路、新型人工肌肉驱动机制——从纳米到宏观尺度、用于柔性电子设备和传感的碳材料透明薄膜、基于弹性体的电介质驱动器、神经形态的视觉传感器。

2）先进机器人技术部

先进机器人技术研究涵盖硬件（机械/电子设计和制造、传感器系统、驱动开发等）和软件（控制、计算机软件、人类因素等），其中硬件约占 70%。目前的研究活动与其他领域，特别是神经科学结合得越发紧密。其先进示范项目包括：类人机器人、先进触觉和远距临场接口、人体性能提高系统、先进医疗系统、四足机器人。

其中，类人机器人项目计划极大地提高机器人的硬件和控制性能，促进新一代类人机器人的发展。研究示范设备会开发出性能提高的新活动，包括微型机械手、模块化腿和手臂，复合结构，新型驱动器技术能够实现行走、最终可以跑跳（甚至可能是完全的运动机器人），主动感应皮肤、结构精准的脚等。

9.2.3.3 欧洲机器人地球（RoboEarth）计划

2011 年 2 月，欧洲科学家启动了 RoboEarth（机器人地球）计划，试图让机器人共享信息并存储它们的发现。这意味着机器人很快将拥有自己的互联网和维基百科。届时，当机器人执行任务时，它们能下载数据，并寻求其他机器人的帮助，更快地在新环境下工作。执行该计划的研究人员希望，该研究能通过给机器人装备人类创造出来的、不断丰富的知识库，让机器人更快地为人类服务。

1）计划目标

RoboEarth 计划的核心是实现一个机器人互联网，构建一个大型的网络和数据存储库，机器人可以在此共享信息，相互学习和借鉴彼此的行为与环境。RoboEarth 计划的目标是允许机器人系统能从其他机器人那里获取经验，推进机器人认知和行为的快速发展，最终实现更敏锐和复杂的人机交互。届时，当机器人执行任务时，它们能下载数据，并寻求其他机器人的帮助,更快地适应新环境中的工作。执行该计划的研究人员希望该研究能通过给机器人装备人类创造的、不断丰富的知识库,让机器人更快地为人类服务。

2)项目范围

RoboEarth 计划将包含机器人与 RoboEarth 之间的所需一切事物。RoboEarth 的存储信息包括对象识别(如图像、对象模型)、导航(如地图、世界模型)、任务(如行动守则、操作策略)和执行智能服务(如图像标注、离线学习)。研究人员表示 RoboEarth 既是一个通信系统,也是一个数据库。这个数据库中,将会有机器人工作地点的地图信息、机器人遇到物体的描述以及如何完成不同行为的指令。

学术界与产业界多学科的研究人员共同启动了 RoboEarth 计划。他们的目标是:证明与网络信息库的连接将大大提升机器人的学习速度,理顺适应过程,使机器人系统能执行复杂的任务;展示连接此类信息库的系统能够自主开展有用的任务,而这些任务在设计时并没有明确的规划。

大约 35 名研究人员在为欧盟资助的这个项目工作。现在,初期工作已取得一些阶段性成果。例如,科学家研发出了一种方式:让机器人可以下载要完成的任务,并执行该任务;机器人可以将修改后的位置地图上传到该数据库,供其他机器人分享。研究人员表示,因为机器人对人类的重要性与日俱增,诸如 RoboEarth 这样的系统必不可少。

9.2.4 韩国

9.2.4.1 韩国力图成为世界三大机器人强国之一

韩国政府决定积极推动清洁机器人和教育用机器人等服务型机器人产业的发展,并计划在 2018 年以前,使韩国发展成为世界三大机器人强国之一。韩国知识经济部 2010 年 12 月发布了"服务型机器人产业发展战略"(图 9-2)。

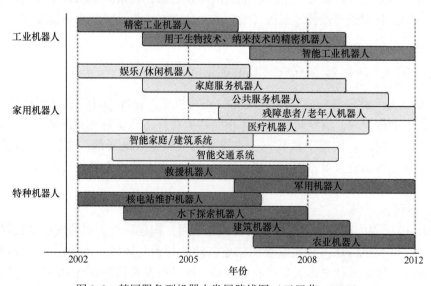

图 9-2 韩国服务型机器人发展路线图(王田苗,2012)

韩国知识经济部表示，目前韩国和发达国家的机器人研制水平大约有 2.5 年的差距，韩国将积极推行机器人产业发展战略，在 2018 年以前，将机器人研发技术，提高到发达国家的水平。知识经济部介绍说，韩国机器人制造业虽然落后于发达国家，但是韩国研制的服务型机器人却有很强的竞争力，韩国将积极研发服务型机器人，并将有关的扶持政策列为国家级发展战略。

机器人是高附加值产业，从 2000 年开始，在全球每年保持了大约 10% 的高速增长。预计到了 2020 年，世界机器人市场的规模将达到 1.4 万亿美元。在所有机器人项目中，服务型机器人的发展前景最好，预计其产值在机器人产业中所占比重将达 85%。2009 年，韩国国内机器人企业的生产总值超过 1 万亿韩元，与 2008 年相比，增长了 23.4%。目前，虽然多数机器人仍然主要是向工厂和企业提供，但是清洁机器人等服务型机器人的增长率却达到了 55.6%，由此可见，服务型机器人呈现出良好的发展势头（KBS World, 2010）。

9.2.4.2　泛部门机器人示范项目总体规划

2011 年 1 月 27 日，韩国知识经济部、教育科学技术部、环境部、国防部、保健福祉部、消防防灾厅、农业振兴厅等 7 个部门共同发表了旨在抢占机器人融合产业市场的《泛部门机器人示范项目总体规划》。按照该规划，2011～2013 年韩国政府在机器人示范项目共投入 1000 亿韩元（约合 6 亿元人民币），2011 年投入 300 亿韩元。

韩国政府从 2007 年开始实施了机器人示范项目，但其间实施的小规模示范项目在市场进军及出口产业化方面有所限制。因此 2012 年实施的项目应具备以下五个特征：大型化，各部门的工作协调与合作，促进出口，促进机器人与服务融合，大中小企业同步发展。

7 个有关部门发表总体规划之后，为机器人示范项目的顺利进行签署了合作谅解备忘录。其谅解备忘录主要内容包括：为了新增长动力产业——机器人产业的发展互相合作，为各领域顺利完成示范项目给予支持，每年进行监督并淘汰不符合标准的项目，为机器人产业的发展在政策和制度方面进行改善。

为推动该规划的实施，韩国知识经济部选定了 10 个机器人研发项目：进行人工关节移植手术的机器人；搬运血液、器官、手术工具的机器人；制作人工牙冠的机器人系统；医院用制控护理机器人；协助老人预防痴呆症的训练用机器人；外语教学用机器人；表演三维、动画片、IT 技术的机器人；可点餐结账或作为向导的机器人；监控公共场所闭路电视功能和行走功能的机器人；管理下水道的水中机器人。

韩国知识经济部决定，由主管方韩国机器人振兴院与 10 个项目执行单位签订合同，并在 2012 年内为每个项目提供 6 亿～20 亿韩元的项目经费，总预算规模为 150 亿韩元。若这些项目获得成功，预计截至 2014 年可在韩国开辟出 2300 亿韩元规模的市场，在国外则有望开拓 2.3 亿美元的新市场。

9.2.4.3　韩国 KHR 系列机器人

KHR 系列机器人是韩国先进科学与技术研究所（KAIST）开发的类人机器人，身高 1.2 米，重约 56 千克。KHR 系列机器人 2001～2008 年经历 6 代，如表 9-2 所示。

表 9-2　韩国 KHR 系列机器人

	KHR-0 (2001)	KHR-1 (2002)	KHR-2 (2004)	HUBO (KHR-3) (2005)	Albert HUBO (2005)	HUBO 2 (KHR-4) (2008)
重量/千克	29	48	56	56	57	45
高度/厘米	110	120	120	125	137	125
行走速度/（千米/小时）		1.0	1.2	1.25	1.25	1.5
连续工作时间/分钟				60	60	120
自由度	12	21	41	41	66	40

资料来源：Wikipedia，2010

HUBO 机器人是从 2002 年起研制的 KHR-1 和 KHR-2 之后研制出的新型智能机器人，HUBO 比起 KHR-2 具有更多和更稳定的功能。它不仅具有认知和合成声音的功能，还有两眼单独活动的完美的视觉功能。与日本 ASIMO 机器人相比，HUBO 虽然不能跑和上楼梯，但会做 ASIMO 不能做的"石头、剪子、布"，这是因为 ASIMO 只能把五个指头同时活动，而 HUBO 可以把每个指头单独活动。HUBO 有比 ASIMO 多得多的 41 个马达，可以做更轻柔的动作。HUBO 能与人共舞，能感知手腕的力度，所以和人握手时用适度的力量上下摇动。

HUBO Ⅱ 机器人原型开发于 2004 年，是非日本制造的第一批先进的完整人形机器人之一。机器人 HUBO Ⅱ 是 HUBO 的进化版，比 HUBO 更轻（重 45 千克），行走更快（快两倍）。HUBO Ⅱ 最大的改进是机器人行走步态。很多人形机器人行走时膝盖会弯曲，虽然这样可以更好地保持平衡，但确不像人行走时那么自然。而且行走时保持膝盖不弯曲，能减少能量消耗，走得更快。此外，HUBO Ⅱ 有 40 个电机（自由度），很多个传感器、摄像头和控制器，机器人的锂电池能让机器人持续运动 2 小时，待机 7 小时。HUBO Ⅱ 有两个相同的 PC104 主板，两个串口固态硬盘，分别用于控制机器人（如行走、保持平衡等）和装载视频、音频、导航算法等。HUBO Ⅱ 的另一个重大改进是手掌。机械手重 380 克，有 5 个电机、1 个转矩传感器，能够抓起很多东西，手腕也能灵活转动。

9.2.5　中国

9.2.5.1　服务机器人科技发展"十二五"专项规划

2012 年 4 月 1 日，我国科技部发布《服务机器人科技发展"十二五"专项规划》，指出："十二五"期间，我国服务机器人专项将始终围绕国家安全、民生科技和经济发展的重大需求，着力突破制约我国服务机器人技术和产业发展的关键技术，不断推出更具应用价值和市场前景的产品，积极探索新的投融资模式和商业模式，努力打造若干龙头企业，把服务机器人产业培育成我国未来战略性新兴产业（科技部，2012a）。

1）发展目标

以国家安全、民生科技与技术引领等重大需求为牵引，实施服务机器人重点专项计划，开展高端仿生科技引领平台前沿技术研究，攻克机器人标准化、模块化核心部件关键技术，研发公共安全机器人、医疗康复机器人以及仿人机器人等典型产品和系统，推进区域经济产业应用试点，形成国际化高水平研发人才基地，建设自主技术创新体系，培育服务机器人新兴产业。

通过专项的实施，预期将突破重点技术方向的重要基础理论和核心关键技术，实现仿人、四足高端仿生平台系统集成，引领服务机器人技术发展方向；开发出 5~10 种服务机器人新产品，形成 100 项以上发明专利，建设由国际标准、国家标准、行业标准组成的服务机器人标准体系；公共安全机器人在 10 个以上城市和国家重大安全工程中进行示范应用，模块化核心部件在国产工业、服务机器人产品应用推广 10 000 台套以上应用，多臂复杂微创外科机器人应用临床；建立产学研用结合的服务机器人技术研发基地与孵化平台，培养与吸引国际一流水平领军人才。

2）重点任务

服务机器人重点专项的重点布局立足在服务于国家安全与装备、服务于国家民生科技、服务于未来引领科技平台。科技研发方向的重点布局在重大前沿技术与原理创新、重大核心关键技术攻关、重大产业技术支撑。将重点围绕以下几方面的任务进行部署。

（1）开展前沿高技术探索研究。

前沿高技术的探索研究是推动机器人技术不断向前发展主要动力，主要包括：仿生材料与结构一体化设计、执行机构与驱动器一体化设计，非结构环境下的动力学与智能控制，精密微/纳操作，生机电激励与控制，多自由度灵巧操作，非结构环境认知与导航规划，故障自诊断与自修复，人类情感与运动感知理解，人类语义识别与提取，记忆和智能推理，多模式人机交互，多机器人协同作业，集成设计软件等。

（2）开展产业共性关键技术研究。

产业化关键技术是推动服务机器人实现产业化的重要力量，主要包括：产品创意与性能优化设计技术，模块化/标准化体系结构设计技术，标准化、模块化、高性能、低成本的执行机构、传感器、驱动器、控制器等核心零部件制造技术，高功率密度能源动力技术，信息识别与宜人化人机交互技术，人机共存安全技术，系统集成与应用技术，性能测试规范与维护技术等。

（3）推进国家公共安全领域的应用。

围绕国家公共安全领域的重大需求，专项重点推进以下相关机器人技术的研究开发：安全与救灾服务机器人（如面向地震、火灾、水灾等的救灾机器人，反恐排爆机器人，危险搬运与维护检修机器人等）、能源维护服务机器人（如核电站监测、缺陷修复、拆装、救援等遥控机器人、电力巡线检测与检修机器人、电站安全监控机器人等）、军民两用服务机器人（如大型高速全地域越野移动机器人平台、大型变结构海空航行器平台、核生化防护与作业机器人平台）等。

（4）推进国家民生科技领域应用。

围绕人工器官，将重点开发人工视觉、人工耳蜗、人工心脏、智能假肢等；围绕医疗康复，将重点开发微创外科机器人、精密血管介入机器人、肢系统体康复训练系统、重大疾病预警及诊断微系统等；围绕家政服务，将重点开发辅助高龄老人与残障人移动护理监控机器人、家庭生活清洁机器人、教育娱乐机器人、两轮自平衡电动代步车等机器人。

(5) 推进新兴技术领域的探索。

围绕高端仿生技术,将重点开发仿人形机器人、高负载高稳定高速机动仿生骡子、适应多环境的自变形模块化机器人等;围绕微纳系统技术,将重点开发介入人体或血管的微纳米机器人、脑生肌电认知与智能假肢控制技术等;围绕模块标准化平台技术,将重点研究模块标准化体系结构,开源机器人控制与软件系统,模块化互换性功能部件(传感器、驱动器、控制器等),接口协议等。

(6) 大力培育产业试点。

紧密结合地方经济发展,建立以企业为主体、产学研联合的技术创新联盟,支持服务机器人区域性产业和技术的建设,加强具有自主知识产权的民营企业的支持力度,鼓励优势企业的品牌运作和资本运作。接纳全球服务机器人产业链龙头企业的产业转移,通过对国际先进研发技术、创意理念和运营模式的消化吸收,带动本土中小企业集群的跨越式发展,促进我国服务机器人产业的稳步增长。以市场为导向,以企业为主体,以规模化应用为目标,建立重点产业园区和应用示范区;实施应用示范工程,引入风险投资,推进服务机器人产业快速发展。

(7) 加强研发服务平台建设。

建立高层次技术研发平台,攻克关键核心技术,建立高层次研发平台,加大对服务机器人基础技术研发的支持力度。建立公共服务平台,攻克应用技术和产业化技术,建立服务机器人标准化、模块化等共享技术公共服务平台,通过创新产学研联合机制和示范应用,推进成熟技术的产业化进程。

(8) 推进自主标准体系建设。

加快推进具有自主知识产权的行业标准体系建设,重点建立若干服务机器人硬件接口标准、软件接口协议标准以及安全使用标准,初步形成针对这些行业的服务机器人标准体系。以"国际标准和自主知识产权标准相结合"的原则,优先研究和制定服务机器人基础标准和安全标准,初步建立拥有自主知识产权的服务机器人标准体系,鼓励企业和科研院所参与国际标准的制定,为推进服务机器人产品走向国际市场奠定基础。

(9) 培养高素质人才。

建立服务机器人领域科研人才专家库,建立健全服务机器人科技人才激励机制,优化创新人才成长环境,着力培养一批高水平科研带头人。引进高层次人才。加大对留学人才回国的资助力度,提高从事服务机器人研究与开发领军人才引进的支持力度,引进和培养能够承担服务机器人产业发展重大项目的高层次人才和创新团队。

9.2.5.2 "十二五"国家战略性新兴产业发展规划

2012年7月,国务院印发《"十二五"国家战略性新兴产业发展规划》,指出战略性新兴产业是以重大技术突破和重大发展需求为基础,对经济社会全局和长远发展具有重大引领带动作用,知识技术密集、物质资源消耗少、成长潜力大、综合效益好的产业。规划明确了节能环保、新一代信息技术、生物、高端装备制造、新能源、新材料和新能源汽车这七大重点产业的发展方向及其主要任务,并确定了20个重大工程项目。

其中,"高端装备制造产业"中的"智能制造装备产业"(表9-3)强调重点发展具有感知、决策、执行等功能的智能专用装备,突破新型传感器与智能仪器仪表、自动控制系

表 9-3 智能制造装备产业发展路线图

时间节点	发展目标	重大行动	重大政策
2015年	传感器，自动控制系统，工业机器人，伺服执行部件为代表的智能装备实现突破并达到国际先进水平，重大成套装备及大型成套生产线系统集成水平大幅度提升。提高国内市场占有率，重点领域制造过程智能化水平显著提高	• 关键技术开发：加快实施高档数控机床与基础制造装备科技重大专项。加强新型传感、高精度运动控制、优化控制、系统集成等关键技术研究及公共服务平台建设；提高新型传感器，智能化仪表，精密测试仪器，自动控制系统，高性能液压件，工业机器人等典型智能装置的自主创新能力 • 产业化与应用示范：实施智能制造装备创新发展工程，推进智能仪器仪表，自动控制系统，传感器，工业机器人，中高档数控系统与功能部件，关键基础零部件产业化。提高重大智能成套装备集成创新水平，实现智能测控装置和高性能基础零部件在石化，冶金，汽车，电力，机械加工，环保与资源综合利用等重点领域的推广应用	在重大技术装备首台（套）示范应用中，支持智能制造装备首台（套）研发创新及产业化，探索首台（套）装备保险机制
2020年	建立健全具备系统感知和集成协调能力的智能制造装备产业体系，国内市场占有率达到50%，形成一批具有国际竞争力的产业集聚区和企业集团，整体水平进入国际先进行列		

资料来源：国务院，2012

统、工业机器人等感知、控制装置及其伺服、执行、传动零部件等核心关键技术，提高成套系统集成能力，推进制造、使用过程的自动化、智能化和绿色化，支撑先进制造、国防、交通、能源、农业、环保与资源综合利用等国民经济重点领域发展和升级。

9.2.5.3 国家自然科学基金"十二五"发展规划

2011年7月，国家自然科学基金委员会印发《国家自然科学基金"十二五"发展规划》，对"信息科学"的学科发展战略进行了阐述。指出，未来5年要鼓励紧密结合物理、材料等相关学科的基础研究成果，开展高效、节能、环保、安全与可靠的新型电子器件、光与微纳器件研究，发展信息获取与信息处理器件等薄弱学科的基础与集成研究，重点支持智能感知、下一代通信、新型计算模型与系统、复杂系统控制、协调与优化等领域的基础理论和关键技术研究，系统支持下一代网络及各种物联网络的应用基础研究，积极推动信息科学与物理、化学、数学、材料、工程、认知、生物、医学、地球及社会科学等领域的交叉研究。其中的机器人研究方向包括：多机器人协同与仿生机器人。其主要研究方向：多任务、多机器人协同规划与控制，高性能仿生机器人，不确定环境下机器人实时感知，机器人自主控制，微小机器人、水下机器人及应用（国家自然科学基金委员会，2012）。

9.2.5.4 国内类人机器人研究

与国外相比，我国从20世纪80年代中期才开始研究类人机器人。在"七五"期间，国防科学技术大学和哈尔滨工业大学等单位分别进行了研究。在863项目支持下，国内的机器人研究有了长足的发展。

1）哈尔滨工业大学机器人

哈尔滨工业大学是较早研制双足机器人的高校，它开始于1985年，早期的机器人没有头部和双臂，到1995年研制成功了HIT-I、HIT-II和HIT-III三个型号。1995年研制成功的HIT-III机器人双腿具有12个自由度，踝关节两电机正交，同时实现2个自由度。2004年6月，哈尔滨工业大学研制成功能用脚踢球的双足类人足球机器人。

哈尔滨工业大学1985~2000年研制出双足步行机器人：HIT-I、HIT-II和HIT-III。HIT-III实现了步距200毫米静态/动态步行，最快步行周期为3.2~4.0秒/步，能够完成前/后、侧行、转弯、上下台阶及上斜坡等动作。

2）国防科学技术大学机器人

国防科学技术大学于1988~1995年先后研制成功平面型6自由度双足机器人KDW-I，空间运动型KDW-II和KDW-III。KDW-III下肢有12个自由度，最大步距为40厘米，步速为4秒/步，可实现前进/后退和上/下台阶的静/动态步行和转弯运动。2000年11月29日，国防科学技术大学又研制出我国第一台类人型双足步行机器人"先行者"，高1.4米，质量20千克，可实现前进/后退、左/右侧行、左/右转弯和手臂前后摆动等各种基本步态，行走频率为2步/秒，能平地静态步行和动态步行。它具有人一样的身躯、脖子、头部、眼睛、双臂与双足，并具备了一定的语言功能。目前国防科学技术大学研制的新型仿人机器人有36个自由度。其中，两条腿各6个，两只胳膊各6个，两个手部各5个，头部2个。下肢各个关节有位置传感器，足部有多维力/力矩传感器，整个控制系统、电源集成在机器人本体上。

采用一种以 DSP 为核心，CAN 总线为通信标准的新型控制结构进行控制。

3) 上海交通大学机器人

上海交通大学于 1999 年研制仿人形机器人 SFHR，腿部和手臂分别有 12 个自由度和 10 个自由度，身上有 2 个自由度，共 24 个自由度，实现了周期 3.5 秒、步长 10 厘米的步行运动。机器人本体上装有两个单轴陀螺和一个三轴倾斜计，用于检测机器人的姿态信息，并配备了富士通公司的主动视觉系统，是研究通用机器人学、多传感器集成以及控制算法良好的试验平台。

4) 北京理工大学机器人

北京理工大学于 2002 年 12 月研制出仿人机器人"汇童"1 代（BRH-1），高 158 厘米，质量 76 千克，32 个自由度，步幅 0.33 厘米，步速为 1 千米/小时，能根据自身的平衡状态和地面高度变化实现未知路面的稳定行走和太极拳表演。除了行走，它还能蹲下、站起、原地踏步、打太极拳。这个机器人还会腾空行走，并能根据自身的平衡状态和地面高度变化，实现未知路面的稳定行走。汇童的成功研制标志着我国在拟人机器人的研制方面取得了突破性进展，是继日本之后成为第二个掌握集机构、控制、传感器、电源于一体的国家。此后，北京理工大学又在此基础上研制出了 BRH-2、BRH-3、BRH-4、BRH-5。其中，BRH-4 以真人为蓝本，身高 1.7 米，体重 65 千克，不仅可完成自主行走、打招呼、打太极拳、跳舞等动作，还可以逼真呈现人类面部喜怒哀乐等细致表情动作。BRH-5 身高 1.62 米，体重 63 千克，略显瘦小，但全身 30 个自由度的活动能力，突破了基于高速视觉的灵巧动作控制、全身协调自主反应等关键技术，采用自主研发的核心部件，最终实现了全身自由度人形双足机器人乒乓球对打的创新成果。

5) 清华大学机器人

清华大学于 2002 年 4 月 9 日研制出具有自主知识产权的仿人机器人 THBIP-I 样机。THBIP-I 共 32 自由度，头部 2 个，上肢 12 个，下肢 12 个，手部 6 个，采用独特传动结构，成功实现无缆连续稳定平地行走、连续上下台阶行走以及端水、太极拳和点头等动作。躯干部装有陀螺姿态传感器，脚底和手腕装有六维力传感器；各关节装有位置传感器。机器人采用模糊非线性控制。其平地行走速度为 4.2 米/分钟，步距为 0.35 米，跨越台阶高度 75 毫米，跨越速度 20 秒/步。并在仿人机器人机构学、动力学及步态规划、稳定行走理论、非完整动态系统控制理论与方法，以及总线通信、嵌入式系统、微电动机驱动、自载电源、环境感知技术等方面取得了一些创新成果和突破性进展（满翠华等，2006）。

9.3 类人机器人的研发态势、热点与前沿分析

总体来说，2003~2012 年类人机器人研究受到了越来越多的关注，日本在研发活动和论文产出方面大幅领先其他国家与地区，并拥有众多优秀的研发机构，在类人机器人研究领域拥有超强的技术研发能力。近 10 年的类人机器人研究广泛涉及了计算机技术、生物工程、材料、电子等诸多学科，表现出极强的跨学科性。在研究方向方面，受到最多关注的是类人机器人的运动问题，包括步态规划、模式生成、机器腿与关节、平衡技术等；人

机交互也是一大热点，涉及类人机器人的观察学习技术、语言能力等；此外，类人机器人的社会性问题也是一大研究重点，包括与机器人相关的性别、心理问题。而围绕动态运动（Dynamic Motion）、平衡考虑（Considering Balance）、静态关节力矩（Static Joint Torque）、人体模型（Human Model）和革命性中枢模式发生器（Evolutionary Central Pattern Generator）等内容的研究则是近年来类人机器人研究发展最快、最引人关注的方向。

9.3.1 类人机器人研究态势与热点分析

为了了解类人机器人的学科研究趋势、热点方向等情况，本节利用 ISI Web of Knowledge 平台的 Web of Science 数据库，对 2003~2012 年发表的相关论文进行检索分析。本次数据的采集时间为 2012 年 7 月 30 日，经过甄别和筛选后，共选取论文 3528 篇进行了文献计量分析。本次分析利用的数据挖掘和可视化工具是美国汤森路透公司开发的分析工具 TDA（Thomson Data Analyzer）。

9.3.1.1 论文数量的年度变化趋势

2003~2009 年，类人机器人研究论文的数量总体呈现增长趋势。其中，2005~2006 年的增长幅度最大，2009 年的论文数量为 547 篇，达到最高值。2010~2011 年论文数量则下降明显（2012 年的论文数量为 72 篇，但由于数据库收录滞后原因，不能确定最终数量）（图 9-3）。

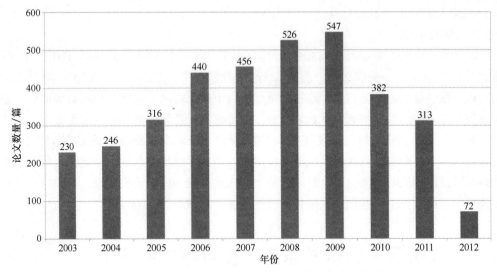

图 9-3　2003~2012 年类人机器人论文数量年度分布情况

9.3.1.2 主要国家/地区发文量对比

2003~2012 年，类人机器人发文量最多的前 10 位国家/地区依次是日本、美国、德国、中国内地、韩国、意大利、法国、英国、西班牙、中国台湾，这些国家/地区的发文量占世界总量的 85%。其中，日本的发文量占总量的 31%，大幅领先于其他国家（图 9-4）。

9 类人机器人研究国际发展态势分析

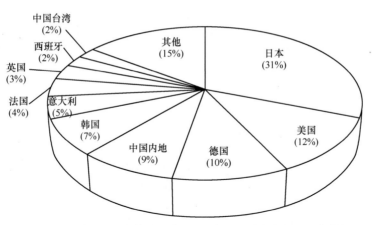

图9-4 2003~2012年各个国家/地区类人机器人发文量所占份额

9.3.1.3 主要研究机构发文量对比

2003~2012年,类人机器人发文量最多的前10家机构依次是东京大学、日本国立产业技术综合研究所、早稻田大学、大阪大学、韩国先进科技研究所、卡内基梅隆大学、京都大学、慕尼黑理工大学、北京理工大学、卡尔斯鲁厄大学。在前10家机构中,日本的研究机构占据半壁江山,共有5家,其中4家更是排名前4位,这在一定程度上说明日本在类人机器人研究领域拥有很强的技术研发能力(表9-4)。

表9-4 研究机构发文量(前10名)

排名	机构	发文量/篇
1	东京大学	190
2	日本国立产业技术综合研究所	109
3	早稻田大学	103
4	大阪大学	96
5	韩国先进科技研究所	77
6	卡内基梅隆大学	63
7	京都大学	61
8	慕尼黑理工大学	58
9	北京理工大学	50
10	卡尔斯鲁厄大学	48

9.3.1.4 热点技术主题分布

类人机器人技术所涉及的学科领域极为广泛,涵盖了计算机技术、生物工程、材料、电子等诸多学科,图9-5列出的是类人机器人论文主要的技术主题分布情况(基于关键词),各个技术主题的论文数量分布较为平均。其中,在移动(Locomotion)主题分布的论文数量最多，为 204 篇，占论文总量的 9%；步行（Walking）和模型（Model）主题分布的论文数量位居第 2、3 位，分别为 168 篇和 125 篇。其余技术主题包括系统、操纵、模拟、双足机器人、设计、感知、识别等。

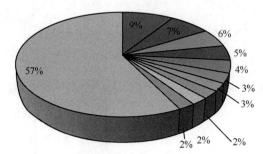

图 9-5　类人机器人论文主要的技术主题分布情况（基于关键词）（见彩图）

9.3.1.5　论文作者数量发展趋势

图 9-6 为类人机器人论文作者数量的年度分布情况。可以看出，2003～2009 年，作者人数总体保持增长态势。其中，新增作者人数的绝对数量增长也较快。2010～2011 年，伴随着论文数量的下降，作者人数也出现了较为明显的下滑，但每年新增作者人数占当年作者人数比例过半，这也说明近年来仍有大量新研究人员投入类人机器人的研发活动。

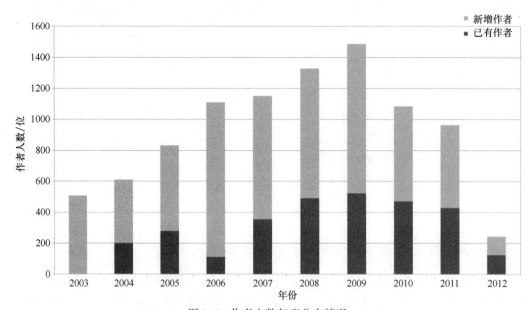

图 9-6　作者人数年度分布情况

9.3.2 类人机器人研究前沿分析

本节利用 CiteSpace 对类人机器人的相关文献进行关键文献、突现文献和共被引聚类分析，以探索类人机器人研究近年来的前沿发展方向。

共被引（Co-citation）是指两篇或以上的文献同时被其他文献引用，可以用来测度文献在内容方面的相关度。通常认为共被引文献具有相近或相似的研究主题。有共被引关系的文献又可以分别与其他文献产生共被引关系，一组具有共被引关系的文献就形成了共被引网络。根据网络节点联系的紧密程度可以讲共被引网络划分成不同的聚类，联系紧密的节点所形成的聚类代表着同一研究主题。

CiteSpace 提供了共被引文献分析功能，能够获取由共被引文献组成的知识图谱，并挖掘出其中的关键文献、突现文献和共被引聚类。这种知识图谱中的每个节点表示一篇被引文献，节点向外延伸的不同颜色的圆环描述该文献在不同年份的引文时间序列，圆环的厚度与相应年份引文数成正比，节点圆环越大就表示这篇文献被引用的次数越多，这篇文献就很重要，值得深入研究。节点间存在连线则说明相关文献存在共被引关系，连线的颜色表示文献首次达到所设定阈值的年份，连线的长度和宽度和相应的共引系数成正比。

在利用 CiteSpace 获得的知识图谱中，中心性大于或等于 0.1 的节点被定义为关键节点，用紫色标识。一般来说，关键节点文献通常是该领域中提出重要理论或创新概念的文献，也是最容易引起新的研究前沿热点的关键文献。CiteSpace 还能发现发表时间不长、被引次数在一段时间内突然增长的文献，并将其定义为突现文献，在知识图谱中用红色标识。突现文献可能代表正在兴起的研究方向。对于知识图谱中联系紧密的节点，CiteSpace 能够对其进行聚类，并从相关文献中提取能反映该聚类研究内容的聚类主题词。

此次分析对 CiteSpace 的参数设置如下：将网络节点（Node）设置为引用文献（Cited Reference），时间区间（Slice）为 1 年，将（C, CC, CCV）的阈值分别设为（6, 6, 10）(8, 8, 12)(9, 9, 14)（其中，C 为文献被引频次，CC 为两篇文献的共被引频次，CCV 为文献的共被引系数）。路径搜索算法选定为 Pathfinder。在这种参数设置下，得到了一个拥有 102 个节点、103 条边的图谱，其密度为 0.02，聚类系数为 $Q = 0.7013$（聚类系数为 0.4~0.8 的图谱比较有利于辨识关键信息）。

本部分分析所使用的数据来自 ISI Web of Knowledge 平台的 Web of Science 数据库，共包括 3528 篇类人机器人领域的文献，发表时间为 2003~2012 年，数据采集时间为 2012 年 7 月 30 日。

9.3.2.1 关键文献分析

知识图谱（图 9-7）中紫色节点的中心性大于 0.1，为关键节点。这些节点所代表的文献可能提出了重要理论或创新概念，最容易引起新的研究前沿热点。此外，圆环面积代表文献的被引频次，圆环面积越大的节点，对研究前沿的影响力也越大。在此我们结合节点中心性和被引频次,对一些重要的文献进行梳理(表9-5)。

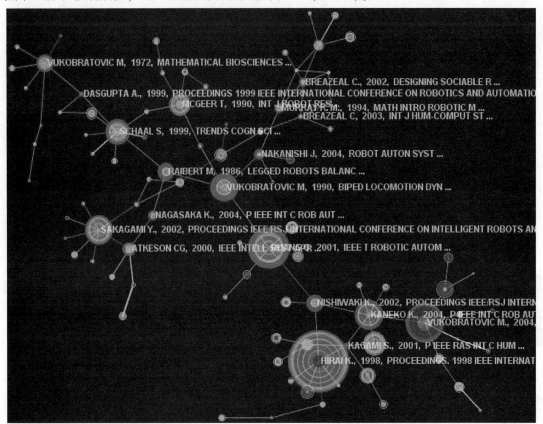

图9-7 类人机器人研究共被引文献知识图谱

表9-5 类人机器人研究共被引文献知识图谱关键节点(前5名)

关键被引文献	中心性	被引频次*
Huang Q, Yokoi K, Kajita s, et al. 2001. Planning walking patterns for a biped robot. IEEE Transactions on Robotics and Automation, 17 (3): 280-289.	0.88	134
Nishiwaki K, Kagami S, Kuniyoshi Y, et al. 2002. Online generation of humanoid walking motion based on a fast generation method of motion pattern that follows desired ZMP. Proceedings of the 2002 IEEE/RSJ International Conference on Intelligent Robots and Systems. 3: 2684-2689.	0.78	53
Raibert M. 1986. Legged Robots That Balance. Cambridge, MA: MIT Press.	0.75	59
Kaneko K, Kanehiro F, Kajita S, et al. 2004. Humanoid robot HRP-2. Proceedings of the 2004 IEEE International Conference on Robotics & Automation. 1083-1090.	0.56	109
Vukobratović M, Borovac B. 2004. Zero-moment point — thirty five years of its life. International Journal of Humanoid Robotics. 1(1):157-173.	0.34	149

*仅代表文献在类人机器人领域(2003~2012年)的被引频次

我们选择中心性以及被引频次较高的关键节点来研读:

(1) Huang 等（2001）在"IEEE Transactions on Robotics and Automation"上发表的"Planning walking patterns for a biped robot"具有 0.88 的中心性，是类人机器人研究知识图谱中最关键的节点。

"Planning walking patterns for a biped robot"围绕双足机器人（Biped Robot）在不同地形上行走时存在的不稳定问题，提出了一种双足机器人的步态模式，阐述了双足机器人腿部移动参数的制约因素；该文提出的方法能够仅使用两个参数便能以最大的稳定性实现平稳的下肢移动，并通过反复计算获得机器人的臀部运动轨迹（Hip Trajectory）。这篇文章探讨的关键点包括双足机器人的驱动器规格（Actuator Specification）、臀部运动轨迹（Hip Trajectory）、最大稳定裕量（Largest Stability Margin）、稳定性约束（Stability Constraint）、上体运动（Torso Motion）、步态模式（Walking Patterns）等。

2003～2012 年共有 134 篇类人机器人领域的相关文献引用了该文，其中影响较大的有：Huang 和 Nakamura（2005）发表的"Sensory reflex control for humanoid walking"（已被引用 41 次）、Fu 和 Chen（2008）发表的"Gait Synthesis and Sensory Control of Stair Climbing for a Humanoid Robot"（已被引用 19 次）。

"Sensory reflex control for humanoid walking"围绕如何确保双足机器人在行走过程中的稳定性与可靠性的问题，提出了一种包含前馈动态模式（Feedforward Dynamic Pattern）和反馈传感反射（Feedback Sensory Reflex）的步态控制系统。该前馈动态模式能够满足动态稳定性与地面条件的限制，而反馈传感反射则由 ZMP 反射、着陆段反射和身体知识反射组成。这篇文章探讨的关键点包括双足行走（Biped Walking）、模式产生（Pattern Generation）、传感反射（Sensory Reflex）等。

"Gait Synthesis and Sensory Control of Stair Climbing for a Humanoid Robot"讨论的主要内容是：该文旨在解决类人机器人的步态模式合成问题和爬楼梯时的传感反馈控制问题，设计了能够满足环境约束、动态约束和稳定性约束的楼梯爬越步态，以及由上体姿态控制器、ZMP 补偿器、碰撞减轻器组成的传感反馈控制器。这篇文章探讨的关键点包括级联控制（Cascade Control）、有腿移动（Legged Locomotion）、运动控制（Motion Control）、运动规划（Motion Planning）和多传感器系统（Multisensor Systems）等。

(2) Nishiwaki 等（2002）在"Proceedings of the 2002 IEEE/RSJ International Conference on Intelligent Robots and Systems"上发表的"Online generation of humanoid walking motion based on a fast generation method of motion pattern that follows desired ZMP"具有 0.78 的中心性，被引用 53 次，是类人机器人研究知识图谱中重要关键节点。

"Online generation of humanoid walking motion based on a fast generation method of motion pattern that follows desired ZMP"提出了一种高效的在线方法，能够产生类人机器人的行走运动安排，以满足类人机器人上体运动轨迹的需求，并能同时搬运物体。该方法采用了一种能满足所需 ZMP 的快速移动模式产生技术，并能根据硬件的性能局限自动检查和调整运动参数。这篇文章探讨的关键点包括 ZMP 运动轨迹（ZMP trajectory）、控制输入满意度（Control Input Satisfaction）、快速运动模式产生技术（Fast Motion Pattern Generation Technique）、运载物体（Object Carrying）、一步循环控制系统（One Step Cycle Control System）、上体运动控制（Upper Body Motion Control）等。

2003～2012年共有53篇类人机器人领域的相关文献引用了该文。其中，影响较大的有：Huang和Nakamura（2005）发表的"Sensory reflex control for humanoid walking"（已被引用41次，其内容已在本节前面部分阐述）、Harada等（2006）发表的"An Analytical Method for Real-Time Gait Planning for Humanoid Robots"（已被引用17次）。

"An Analytical Method for Real-Time Gait Planning for Humanoid Robots"主要讨论了类人机器人的实时步态计划问题。文章称通过同时对重心和ZMP的轨迹进行计划，可以快速和平稳地改变步态。在从当前轨迹向新轨迹过渡的问题方面，文章提出实时过渡和准实时过渡两种方法，并证明即使在步态改变幅度较大的情况下，准实时方法也能实现平稳的步态改变。这篇文章探讨的关键点包括双足机器人步态（Biped Gait）、零力矩点（ZMP）、实时（Real-Time）等。

（3）Raibert（1986）出版的"Legged Robots That Balance"（MIT Press）具有0.75的中心性，共有59篇类人机器人领域的相关文献引用了该书，是类人机器人研究知识图谱中重要关键节点。

该书旨在介绍Legged Locomotion的理论进展与相关的实验活动，从而促进该领域的发展。该书探讨了与Legged Robots相关的设计、建模、试验等问题。该书共8章。第1章介绍Legged Locomotion的概念及其重要性。第2章介绍了二维单足跳跃（Bidimensional Hopping）和单平面、单足跳跃机器人。第3章将跳跃推进到三维。第4章把研究对象扩展到了双足机器人和四足机器人。第5章主要探讨机器人在奔跑过程中的对称问题。第6章介绍了若干种可用的步态控制方法。第7章说明了如何利用Tabulation来解决运动方程。第8章将有足机器人的研究成果应用于动物运动研究。

2003～2012年共有59篇类人机器人领域的相关文献引用了该书。其中，影响较大的有：Katic和Vukobratovic（2003）发表的"Survey of Intelligent Control Techniques for Humanoid Robots"（已被引用31次）和Kajita等（2007）发表的"ZMP-based Biped Running Control"（已被引用22次）。

"Survey of Intelligent Control Techniques for Humanoid Robots"重点评述了智能控制技术（神经网络、模糊逻辑与遗传算法）及其混合技术（神经-模糊网络、神经-遗传、模糊-遗传算法）在类人机器人领域的应用情况。该文所关注的关键点包括神经网络（Neuro Network）、复杂逻辑（Complex Logic）、遗传算法（Genetic Algorithm）等。

"ZMP-based Biped Running Control"介绍了一个名为HRP-2LR的类人机器人，及其跑步模式生成、控制器和实验结果。HRP-2LR能够以0.16米/秒的平均速度奔跑。该文所关注的关键点包括ZMP双足机器人跑步控制（ZMP Biped Running Control）、在线跑步（Online Running）、模式生成（Pattern Generation）、ZMP行走（Zero Moment Point Walk）等。

（4）Kaneko等（2004）在"Proceedings of IEEE International Conference on Robotics & Automation"发表的"Humanoid robot HRP-2"具有0.56的中心性，被引用109次，是类人机器人研究知识图谱中重要关键节点。

该文介绍了一个名为HRP-2类人机器人，包括机器人的外观设计、机械与电气系统、技术规格、特点等内容。HRP-2有30个自由度，包括臀部的两个自由度。悬臂式关节使得 HRP-2 可以在狭窄的空间里行走。由于其电力供给系统结构紧凑，因此它不需要其他类人机器人通常使用的"背包"。HRP-2 是为和人一同工作而设计的。例如，它可以同一个人合抬一块大木板，通过感应另一端由人施加的方向和力来掌握平衡。HRP-2 的步行速度为 2.5 千米/小时，可以在摔倒且无损伤的情况下自行恢复站立。

2003～2012 年共有 109 篇类人机器人领域的相关文献引用了该文。其中，影响较大的有：Fu 和 Chen（2008）发表的"Gait Synthesis and Sensory Control of Stair Climbing for a Humanoid Robot"（已被引用 19 次，其内容已在本节前面部分阐述）、Hauser 等（2008）发表的"Motion Planning for Legged Robots on Varied Terrain"（已被引用 16 次）、Kaneko 等（2007）发表的"Development of Multi-fingered Hand for Life-size Humanoid Robots"（已被引用 16 次）。

"Motion Planning for Legged Robots on Varied Terrain"重点研究了拥有多个自由度的大型有腿机器人的准静态移动问题。针对有腿机器人在不平坦和陡峭的地形上行走的问题，文章提出了一种路径规划器，能够结合图像搜索和概率样本规划，从而计算出有腿机器人在不平坦路面行走的路径。为了提高有腿机器人的运动质量，概率样本规划器利用线下的少量运动基元来产生其采样策略。该文所关注的关键点包括运动规划（Motion Planning）、概率样本规划（Probabilistic Sample-based Planning）、运动基元（Motion Primitives）等。

"Development of Multi-fingered Hand for Life-size Humanoid Robots"介绍了一种模块化的多指机器人手（Multi-Fingered Hand）的开发过程。该机器人手有 4 根手指、17 个关节，包括 13 个活动关节。研究者为每根手指安装了一种微型六维力传感器（6-Axes Force Sensor），以增强其可操纵性，另外还为六维力传感器开发了具有 I/O、电动驱动器、放大器的主节点控制器。这篇文章探讨的关键点包括微型六维力传感器（Miniaturized 6-Axes Force Sensor）、多指机器人手（Multifingered Hand）等。

（5）Vukobratovic 和 Borovac（2004）在"International Journal of Humanoid Robtics"发表的"Zero-moment point — thirty five years of its life"具有 0.34 的中心性，被引用 149 次，是类人机器人研究知识图谱中重要关键节点。

该文主要讨论了机器人研究中一个重要概念"零力矩点"（Zero Moment Point，ZMP）的相关问题。ZMP 由该文作者 Miomir Vukobratović 于 1968 年提出，并在 1984 年由日本早稻田大学的加藤一郎实验室第一次在实践中应用。作者重点讨论了一些由于机械地应用 ZMP 概念而可能产生的困惑。在回顾了 ZMP 起源历史之后，作者对 ZMP 概念作出了详细说明，并着重探讨了当 ZMP 接近支撑多边形的边缘时所产生的"边界情况"（Boundary Cases），以及当 ZMP 处于支撑多边形外部时所产生的"虚拟情况"（Fictious Cases）。另外，作者指出了 ZMP 和压力中心的不同之处，并讨论了一些尚未得到有效解决但可能会带来重大改进的问题。

2003～2012 年共有 149 篇类人机器人领域的相关文献引用了该文。其中，影响较大的有：Hyon 等（2007）发表的"Full-body Compliant Human-Humanoid Interaction：Balancing in the Presence of Unknown External Forces"（已被引用 39 次）；Wisse 等（2007）发表的"Passive-based Walking Robot"（已被引用 24 次）。

"Full-body Compliant Human-Humanoid Interaction：Balancing in the Presence of Unknown

External Forces"讨论的主要内容有：该文提出了一个能有效实现人类-类人机器人交互的框架，关键之处在于提出了一种在外力作用下能保持类人机器人全身平衡的控制技术，并对其有效性进行了实践验证。作者采用集成系统的方式研发了一种类人机器人。这种平衡控制技术能够为类人机器人提供重力补偿，从而进行安全的物理交互。该技术能设置适当的支撑反作用力，并将支撑反作用力转换到机器人全身各处的关节扭矩中去。该技术能处理机器人身上随机数量的力量交互点，不需要测量接触点的力量，也不需要反运动学和反动力学。在该技术的帮助下，机器人能适应不平坦的地面，能同时处理基于力量、速度、位置的控制过程。各种力量以最佳方式被分配给支撑点。关节冗余性通过无源性阻尼注入来处理。作者还进行了各种力量交互实验，验证了该技术的有效性。这篇文章探讨的关键点包括：平衡（Balance）、双足机器人（Biped Robot）、力量控制（Force Control）、全身运动控制（Full-Body Motion Control）、人类-类人机器人交互（Human-humanoid Interaction）、无源（Passivity）、冗余（Redundancy）。

"Passive-based Walking Robot"讨论的主要内容有：该文介绍了一个腿部长度为 0.7 米、行走速度为 0.4 米/秒的无源双足机器人。该机器人只使用了两个腿部接触开关作为传感器，另外使用了简单的开/合气动肌肉。这篇文章探讨的关键点包括：接触开关（Contact Switch）、运动控制（Motion Control）、无源双足机器人（Passive Based Biped Robot）。

9.3.2.2 突现文献分析

知识图谱中还存在一些突现强度高的节点。在 CiteSpace 中，突现（Burst）是指被引文献所得到的引文频次在短期内有很大变化，突现强度则是用于衡量这种变化的指标。这里我们考察突现强度较高的被引文献，它们在近年来的被引频次急速上升，可能代表着正在兴起的研究前沿或领域的转折点。在本节分析的 3528 篇类人机器人研究文献中，CiteSpace 共确定 56 篇突现文献，我们选择突现强度前 5 的文献来研读（表 9-6）。

表 9-6 前 5 名突现文献

被引文献	突现强度	突现区间（2003～2012 年）
Kaneko K, Kanehiro F, Kajita s, et al. 2004. Humanoid robot HRP-2. Proceedings of the 2004 IEEE International Conference on Robotics & Automation. 1083-1090.	9.159	2009～2012 年
Calinon S. 2008. On Learning, Representing, and Generalizing a Task in a Humanoid Robot. IEEE Transactions on Systems, Man, and Cybernetics, Part B: Cybernetics, 37 (2): 286-298.	7.7171	2008～2012 年
Hyon S-H, Hale J G, Cheng G. 2007. Full-body Compliant Human-Humanoid Interaction: Balancing in the Presence of Unknown External Forces. IEEE Transactions on Robotics, 23 (5): 884-898.	7.4864	2009～2012 年
Vukobratović M, Borovac B. 2004. Zero-moment point — thirty five years of its life. International Journal of Humanoid Robotics, 1 (1): 157-173.	7.0042	2009～2012 年

9 类人机器人研究国际发展态势分析

续表

被引文献	突现强度	突现区间（2003～2012 年）
Michel O. 2004. Cyberbotics Ltd. Webots™：professional mobile robot simulation. International Journal of Advanced Robotic Systems，1（1）．	6.2291	2010～2012 年

（1）Kaneko 等（2004）在"Proceedings of the 2004 IEEE International Conference on Robotics & Automation"发表的"Humanoid robot HRP-2"具有 9.159 的突现强度，它在 2009～2012 年的被引频次急速上升。该文同时是人机器人研究知识图谱中重要的关键节点，具有 0.56 的中心性，被引用 109 次，其内容已在"关键文献分析"部分阐述。

（2）Calinon（2008）在"IEEE Transactions on Systems, Man, and Cybernetics, Part B：Cybernetics"发表的"On Learning, Representing, and Generalizing a Task in a Humanoid Robot"具有 7.7171 的突现强度，它在 2008～2012 年间的被引频次急速上升。

该文介绍了一个编程示范框架，以帮助类人机器人抓住指定任务的主要特征，以及帮助类人机器人从不同环境中获取通用知识。作者提出的框架能帮助类人机器人实现两方面的归纳总结：将原始数据导入"潜在空间"（Latent Space），然后用高斯混合模型（GMM）和贝努利混合模型（BMM）对获得的数据进行编码，这样类人机器人就能对关节、机器手的路径、机器手与物品的关系、指挥机器手开闭的信号等变量进行归纳总结；通过提取变量与关联信息，并通过这些信息寻找实现逆运动学（Inverse Kinematics）的方案，类人机器人也能够对不同的情况进行归纳总结。

（3）Hyon 等（2007）在"IEEE Transactions on Robotics"发表的"Full-body Compliant Human-Humanoid Interaction：Balancing in the Presence of Unknown External Forces"具有 7.4864 的突现强度，它在 2009～2012 年的被引频次急速上升。

该文提出了一个能有效实现人类-类人机器人交互的框架，关键之处在于提出了一种在外力作用下能保持类人机器人全身平衡的控制技术，并对其有效性进行了实践验证。作者采用集成系统的方式研发了一种类人机器人。这种平衡控制技术能够为类人机器人提供重力补偿，从而进行安全的物理交互。该技术能设置适当的支撑反作用力，并将支撑反作用力转换到机器人全身各处的关节扭矩中去。该技术能处理机器人身上随机数量的力量交互点，不需要测量接触点的力量，也不需要反运动学和反动力学。在该技术的帮助下，机器人能适应不平坦的地面，能同时处理基于力量、速度、位置的控制过程。各种力量以最佳方式被分配给支撑点。关节冗余性通过无源性阻尼注入来处理。作者还进行了各种力量交互实验，验证了该技术的有效性。

（4）Vukobratović 和 Borovac（2004）在"International Journal of Humanoid Robotics"发表的"Zero-moment point — thirty five years of its life"具有 7.0042 的突现强度，它在 2009～2012 年的被引频次急速上升。

该文主要讨论了机器人研究中一个重要概念"零力矩点"（Zero Moment Point，ZMP）的相关问题。ZMP 由该文作者 Miomir Vukobratović 于 1968 年提出，并在 1984 年由日本早稻田大学的加藤一郎实验室第一次在实践中应用。作者重点讨论了一些由于机械地应用 ZMP 概念而可能产生的困惑。在回顾了 ZMP 起源历史之后,作者对 ZMP 概念做出详细说明,并着重探讨了当 ZMP 接近支撑多边形的边缘时所产生的"边界情况"(Boundary Cases),以及当 ZMP 处于支撑多边形外部时所产生的"虚拟情况"(Fictious Cases)。另外,作者指出了 ZMP 和压力中心的不同之处,并讨论了一些尚未得到有效解决但可能会带来重大改进的问题。

(5) Michel (2004) 在 "International Journal of Advanced Robotic Systems" 发表的 "Cyberbotics Ltd. Webots™: professional mobile robot simulation" 具有 6.2291 的突现强度,它在 2010~2012 年的被引频次急速上升。

该文介绍了瑞士 Cyberbotics 公司开发的 Webots 移动机器人仿真软件,它可以提供快速的原型设计环境,用于移动机器人的建模、编程以及仿真等,并且提供机器人程序库,可以帮助用户将其控制程序移植到商用移动机器人上面。用户利用 Webots 可以定义和修改移动机器人的设置,甚至让不同机器人共享相同环境。用户可以为每个物体定义一系列属性,如形状、颜色、材质、质量、摩擦力等。用户可以在机器人身上安装大量传感器和触发器,可以使用最熟悉的开发环境对机器人进行编程、仿真,并可将最终的程序移植到真实的机器人身上。

9.3.2.3 共被引聚类分析

借助 CiteSpace,我们还能对类人机器人的相关文献进行共被引聚类分析。共被引是指两篇或以上的文献同时被其他文献引用,共被引可以用来测度文献在内容方面的相关度,通常认为共被引文献具有相近或相似的研究主题。有共被引关系的文献又可以分别与其他文献产生共引关系,进而通过一组具有共被引关系的文献就形成了共被引网络,根据网络节点联系的紧密程度形成不同的聚类,联系紧密的节点所形成的共被引子网络代表同一研究主题。CiteSpace 能从大量文献中挖掘出共被引子网络,并能从每个子网络的文献中提取出能代表该子网络研究主题的标注词。CiteSpace 在标注聚类方面采用了词频-逆文档频率(TF * IDF)聚类标识算法。

2003~2012 年的类人机器人研究共被引文献聚类时域图谱如图 9-8 所示。聚集在一起

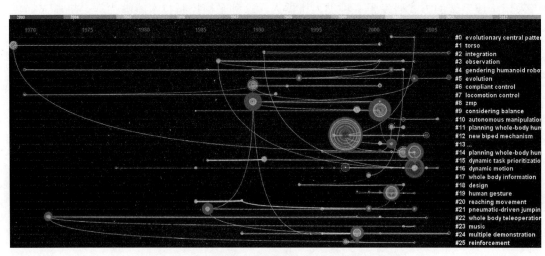

图 9-8 类人机器人研究共被引文献聚类时域图谱

9 类人机器人研究国际发展态势分析

的一簇节点称为一组聚类（同一水平线上的若干节点），代表了一个研究方向。节点连线的颜色表示文献首次达到所设定阈值的年份，即聚类的形成时间，连线的长度和宽度和相应的共引系数成正比。结合表9-7的聚类主题词所展示的信息可以挖掘类人机器人研究主题的动态演进。

表9-7 类人机器人研究共被引文献聚类

聚类序号	基础文献/篇	聚类主题词（TF * IDF）
16	15	dynamic motion, considering balance, static joint torque, human model, evolutionary central pattern generator
4	7	gendering humanoid robot, robo-sexism, japan, psychology, social robot
14	6	planning whole-body humanoid locomotion, automatic footstep placement, online walking pattern generation, online walking motion generation, humanoid locomotion
19	6	human gesture, robot speech, mutual entrainment, biped walking, platform
24	6	multiple demonstration, partial observation, human-humanoid interaction, compliant physical contact, observation
12	5	new biped mechanism, 7-dofs leg, double spherical hip joint, dofs leg, small biped mechanism
22	5	whole body teleoperation, integrating operators intention, robots autonomy, yoyo, considering balance
3	4	observation, robotic, interaction, action
5	4	evolution, learning, trajectory generation, biped robot, generation
9	4	considering balance, static joint torque, human model, torso, active synthetic-wheel biped
21	4	pneumatic-driven jumping robot, anthropomorphic muscular skeleton structure, head, roadmap, cognitive development
6	3	compliant control, synthesis, generation
11	3	planning whole-body humanoid locomotion, humanoid locomotion, manipulation, evolution, motion generation
15	3	dynamic task prioritization, closed loop inverse kinematic, reactive self collision avoidance, yoyo, acceleration control
18	3	design
23	3	music
25	3	reinforcement
0	2	evolutionary central pattern generator, central pattern generator, evolution
1	2	torso, active synthetic-wheel biped
2	2	integration, cpg, stable walking, hybrid cpg-zmp control system, compliant control
7	2	locomotion control, tuning approach, fuzzy stabilization, locomotion, biped robot
8	2	zmp

续表

聚类序号	基础文献/篇	聚类主题词（TF * IDF）
10	2	autonomous manipulation, movable obstacle, motion planning, manipulation
13	2	…
17	2	whole body information, using stereo vision, dynamic walking navigation, online humanoid walking control, vision
20	2	reaching movement, human-like reaching motion, arm-trunk system, human-like reaching movement, controlling redundant robot

最受关注的研究方向是类人机器人的运动问题（如聚类 16、14、12、22 等），包括步态规划、模式生成、机器腿与关节、平衡技术等；人机交互也是一大热点（如聚类 19、24、3 等），涉及类人机器人的观察学习技术、语言能力等；此外类人机器人的社会性问题也是一大研究重点，包括与机器人相关的性别、心理问题。

按照研究聚类的知识基础的丰富程度，类人机器人研究领域中最重要的几个研究聚类包括：

（1）聚类 16：形成于 2007~2010 年，它以"Zero-moment point — Thirty five years of its life""The development of honda humanoid robot""Humanoid robot HRP-2""Forces acting on a biped robot. Center of pressure-zero moment point""Dynamics filter - concept and implementation of online motion Generator for human figures"等 15 篇文献为知识基础，主要研究内容包括动态运动（Dynamic Motion）、平衡考虑（Considering Balance）、静态关节力矩（Static Joint Torque）、人体模型（Human Model）和革命性中枢模式发生器（Evolutionary Central Pattern Generator）等。

（2）聚类 7：形成于 2004~2007 年，它以"Designing Sociable Robots""A survey of socially interactive robots""Emotion and sociable humanoid robots"等 7 篇文献为知识基础，这个聚类关注类人机器人可能引起的社会性问题，主要研究内容包括区分类人机器人性别（Gendering Humanoid Robot）、机器人性别歧视（Robo-sexism）、心理学（Psychology）、社会机器人（Social robot）等，代表着类人机器人的一个交叉学科研究方向。

（3）聚类 14：形成于 2007~2009 年，它以"Humanoid robot HRP-2""Biped walking pattern generation by using preview control of zero-moment point""Design and implementation of software research platform for humanoid robots：H7"等 6 篇文献为知识基础，主要研究内容包括类人机器人整体运动规划（Planning Whole-body Humanoid Locomotion）、自动化足迹安排（Automatic Footstep Placement）、在线步态模式生成（Online Walking Pattern Generation）、在线步态运动生成（Online Walking Motion Generation）和类人机器人运动（Humanoid Locomotion）等。

（4）聚类 19：形成于 2004-2011 年，它以"The intelligent ASIMO：system overview and integration""Robovie：an interactive humanoid robot"等 6 篇文献为知识基础，主要研究内容包括人体姿态（Human Gesture）、机器人语音（Robot Speech）、相互夹带（Mutual Entrainment）、双足步行（Biped Walking）和平台（Platform）等。

(5)聚类24：形成于2004~2010年，它以"Is imitation learning the route to humanoid robots?""A tutorial on hidden Markov models and selected applications in speech recognition"等6篇文献为知识基础，主要研究内容包括多重验证（Multiple Demonstration）、部分观察（partial observation）、人类-类人机器人交互（Human-humanoid Interaction）、柔性物理接触（Compliant Physical Contact）和观察（Observation）等。

结合突现文献可以判断各个研究聚类的发展趋势。在56篇突现文献中，有12篇属于聚类16，有5篇属于聚类12，有4篇属于聚类19。可见聚类16及其所代表的研究内容是近年来类人机器人研究发展最快、最引人关注的方向，聚类12和聚类19也正在发展成重要的研究热点。

9.4 未来研究展望

类人机器人是一种具有人的外形，并能够效仿人体的某些物理功能、感知系统及社交能力并能承袭人类部分经验的机器人。类人机器人的研究目的不是企图制造以假乱真或替代人类的机械，而是要创造一种能在典型的日常环境中和人类交流，在更广泛的环境任务中扩展人类的能力的新型工具。类人机器人不仅具有能走的双腿和双臂，有头、眼、颈、腰等物理特征，还能模仿人类的视觉、触觉、语言甚至情感等功能。

类人机器人从工程角度来模仿人类固有的动态行为，对机器人的机械结构及驱动装置提出了许多特殊要求，这可能导致传统机械的重大变革。类人机器人是工程上少有的高阶非线性、非完整约束的多自由度系统，为机器人的运动学、动力学及控制理论的研究提供了一个非常理想的实验平台，很可能导致力学及控制领域中新理论、新方法的产生。此外，类人机器人的研究还可以推动仿生学、人工智能、计算机图形、通信等相关学科的发展。因此，类人机器人的研制具有十分重大的价值和意义。

类人机器人的终极目标是具备与人类一样的能力，需要在传感器系统、驱动方式、控制系统、计算需求等诸多研究领域实现突破和创新。

9.4.1 传感器

为提高仿人机器人的智能化，类人机器人安装了大量的传感器，如力传感器、陀螺仪、视觉传感器、接近觉传感器、声学传感器等。机器人的控制从某种程度上，可以说是基于传感器的控制。在类人机器人的感知研究过程中，对视觉、听觉和触觉的关注较多，对味觉及嗅觉的关注较少。考虑到类人机器人未来与人类的正常交互，研究人员需要注意不要遗漏感知系统中相关的信息。下文罗列了各类传感器设备研发中面临的挑战。

9.4.1.1 视觉

到目前为止，视觉计算是机器人应用的所有感觉形式中最为复杂的。在类人机器人视觉研究方面，受到生物视觉系统的启发，研究人员已设计出多个对数极坐标（Log-polar）

CCD 和 CMOS 图像传感器以及半球形眼状摄像头。随着计算机和专业图形处理器性能的发展，研究人员可以在使用低成本摄像头的情况下成功处理不同视觉领域的问题并通过软件解决算法问题。

类人机器人在视觉传感器的硬件部分存在几个挑战：首先最重要的是扩大现有摄像头的视觉范围；其次是需要适应光线条件的变化，特别是在一个动态的工作环境当中。此外，RGB-D（红-绿-蓝-景深）摄像头引起了众多研究团队的兴趣，该技术整合了视觉信息和高分辨率景深，也带来了克服 3D 制图和定位、目标确认和识别、追踪、操作等方面所面临挑战的可能性。

9.4.1.2 触觉

尽管触碰传感器正被一些类人平台的特定点位所使用（如手指、脚部和头部的顶端），研究人员仍认为其是从大型表面中获取信息（包括纹理、形状、温度、坚固程度等）的有效途径。因此开发类人皮肤传感器是未来面临的一项挑战。

人类皮肤主要包括表皮层和真皮层。真皮层位于表皮层下，包含了所有与温度和触觉相关的传感单元。这些传感单元在人体承受压力和张力时能起到缓冲的作用。这些动态活动在人类的运动和控制中起到了重要作用。因此，未来类人机器人的皮肤不仅应该包括大量各种类型的传感器，还应包括类似人类身体动态活动的内部机制。此外，随着纳米材料的研发进展，研究人员现在可以将大量传感器集成到柔性的和可伸缩的物体表面，有些材料已经在敏感程度方面超过人类皮肤。

9.4.1.3 语音

人类在声音的探测、定位和识别方面拥有卓越的能力，在机器人平台中，麦克风是标准的从环境中获取声音信息的工具，可以在不同的配置条件下安装并以超过人类能力的方式探测和调节声音。在类人机器人中声源定位主要是通过计算信号到达不同传感器的时间和强度，目前类人机器人平台中也已完成了将视觉传感器信息集成到听觉模式中的尝试。

研究人员认为类人机器人目前在声音硬件方面将不会有太多问题，未来最大的挑战是改进不同传感器模式的集成，以复制或超越人类的能力。

9.4.1.4 嗅觉和味觉

研究人员认为，虽然类人机器人不需要进食任何东西，但它们仍需要识别不同的气味和味道，并将这些信息与视觉、听觉和触觉信息联系起来，否则就将很难与人类保持正常的交流。目前，已有研究人员开发出了人工鼻子和"舌头"，能够探测和分辨数以千计的化学分子。相信在不久的将来，类人机器人能够获取有关气味和味道的信息，同时辨别水平至少可以与人类保持一致。

9.4.2 驱动器

研究人员在类人机器人全身运动方面的关注重点基本集中于步行，而控制步行行为和平衡的最普遍方法是零力矩点,目前世界最先进的类人机器人如 ASIMO、HRP-4 和 HUBO 使用的都是 ZMP。ZMP 的主要缺点是需要将整个足部与一个平整表面接触,同时平整表面也需要有足够的摩擦力。被动动力步行是实现类人机器人运动的另一种方法,该方法运用动态平衡控制来为类人机器人提供应付外部干扰的稳健性和更多与人类相似的全身运动反应。虽然要达到类似人类的水平,仍有大量工作需要做,但目前在少量的类人机器人平台中已经实现了跑步和跳跃方法。

对人类不同类型运动行为的复制只是类人机器人所面临挑战的一个部分。行为决策控制的设计则是另外一个方面,需要实现不同运动行为的转换,需要根据环境的要求来自动地动态完成。类人机器人步态模式可分为静态步行、准动态步行和动态步行。类人机器人步态规划不仅取决于地面条件、下肢结构、控制的难易程度,而且必须满足运动平稳性、速度、机动性和功率等要求。

9.4.3 控制系统

控制系统作为机器人的大脑和神经系统,根据指令和传感信息控制机器人本体完成一定动作和作业任务,在很大程度上决定机器人性能的优劣。

从计算机结构和控制方式来划分,机器人控制系统的发展和实现方式大致有四种:单CPU结构、集中控制方式;二级CPU结构、主从控制方式;多CPU结构、分布控制方式;并行处理结构、分布式控制方式。类人机器人的控制系统从基于插卡式的集中控制,逐渐发展到结合集中式和分布式的优点,采用并行处理结构技术和开放式串行总线的分布式控制。

在类人机器人对物体的操作方面,目前已发展出四指、五指甚至三指的手部操作。通过高速摄像头和驱动器的使用,类人机器人已经能够进行一系列复杂的操作,包括投掷、抓住、击打球类,以及操作不同外形的工具等。

人类手部皮肤和骨骼间的相互作用带来了感觉与行为能力间的动态平衡,在机器人方面,通过将类似人类皮肤的材料融入机器人末端效应器的设计,就有可能重新实现人类手部的最优化功能。皮肤中的柔性材料会为机器人的抓取动作增加弹簧阻尼属性,同时准确的硬件控制也会给材料的物理性质带来好处,从而节约能源、时间和资源。未来类人机械手的性能至少能够与人手保持一致。

9.4.4 集成机器人平台

研究人员在设计类人机器人时,希望它们能精确模拟人类的感知能力,通过人类的观察能力和自然的人机交互进行学习,并适用于多种环境。相关的研究涉及类人机器人组件的设计和规范制定、用于传感数据处理和发动机控制的专用硬件开发、软件框架设计等,这些研发活动需要集成在类人机器人开发中,使它们具备丰富的传感和行动能力。

9.4.5 计算需求

类人机器人的计算需求包括了学习如何在未知环境和可变条件下完成任务以及与人类通过较为复杂的方式进行交流。目前包含两个主要方法：一是传统的符号方法（也被称为认知理论），二是具身方法（也被称为紧急系统）。虽然两种方法有时可以使用同一种技术（如神经网络），但符号方法最初是一种人工智能方法，来源于计算机科学，而具身方法则来源于认知科学。传统的符号方法认为计算与任何特定的硬件无关，而这对于具身方法来讲则是不正确的。

9.4.5.1 传统的符号方法

传统的符号方法中最重要的是概率建模和机器学习技术。目前市场上也已经有大量用于特征、声音、面部识别的可用产品。通过符号方法，分类和回归问题可以很容易得到解决。尽管如此，符号接地问题、框架问题和组合问题等方面仍然存在挑战。而在非受限环境中符号方法的开放程度也仍然达不到人类的水平。

9.4.5.2 具身和认知启发方法

传统的符号方法并不能完全满足类人机器人的计算需求，接下来讨论具身认知方法。

1）具身认知

具身认知与机器人的相关性表现在：当在设计机器人的控制器时，首先要确定更高水平控制器的认知能力需要多少特定的具身和感知属性。因此具身认知的学习与机器人之间的关系是双赢的：一方面机器人为认知科学家的理论及计算模型提供了实验平台；另一方面具身认知的发展也会带来更好的机器人设计。而后者则是类人机器人最为关注的方面。

2）镜像神经元和社交机器人。

类人机器人的一个关键要求是能够自主、合理地与人类进行交流。这种交流可以有多种形式，如模仿人类、与人类合作完成任务、语言交流等。其中首要的需求是类人机器人要能够理解人类的行为及相关的概念。而镜像神经元在模仿学习和感觉运动语言中可以发挥作用。因此镜像神经元在类人机器人研究领域中也是重要的一环。

研究人员在 2006 年就已经对计算镜像神经元模式和分类方法有了综合评述，虽然不是所有内容都与机器人有关，但其中有一些控制器方面的内容却是相关的。从类人机器人角度出发，仍有大量的工作要做。本质上该领域缺少能够具备更高认知能力的机器人。

3）形态计算

与具身化密切相关的概念是形态计算，通过身体本身的形态进行计算，而不再需要通过控制器来控制身体。对类人机器人而言，经过恰当设计的机器人能够通过将计算量的转移来减少在控制器中的计算需求，然而目前存在的不足就是还没有制造出这种机器人样品。虽然形态计算在类人机器人领域很有前景，但仍需克服只关注有限的行为技能的限制。

9.5 总结与建议

9.5.1 总结

美国于 2011 年 6 月启动了"国家机器人计划",计划解决从机器人基础研发到产业制造和部署整个生命周期的所有相关问题。美国政府多个科研部门也分别或联合提出了一些机器人发展计划,其中美国国防部高级研究计划局(DARPA)对类人机器人尤其重视。2012 年 2 月,DARPA 提出将投资 700 万美元,开展"阿凡达"类人机器人项目。"阿凡达"将开发相应的接口和算法,实现士兵与半自主双足机器人的"融合",使得机器人能够利用士兵的经验和优势来完成重要的任务,如放哨和外围控制、房间搜查、徒步作战演习等。预计的服务用户包括陆军、海军陆战队和特种部队。"阿凡达" 2013 年的研究重点包括:研究双足机器人平台的能量、运动、感知和控制;初步进行算法的开发,实现人类用户和远程双足机器人之间的双向主控制器的功能。2012 年 4 月 DARPA 启动了"DARPA 机器人挑战赛",总共将投资 3400 万美元用于研发支持救灾的类人机器人的研发,如能在危险的人造环境中执行复杂任务的地面机器人技术,重点是能利用手工工具、车辆等人造工具的机器人。总体来说,美国类人机器人的研发偏向国防应用。

日本经济产业省在其《技术战略地图》中制定了机器人技术地图,确定推动"新一代产业用机器人""服务型机器人"和"现场作业机器人"这三类机器人的研发,类人机器人技术在这三类中早有发展和应用。本田公司 1986 年便开始研发可双足自律行走的类人机器人,并于 2001 年发布了能像人类一样行走 ASIMO。经过多次改进,ASIMO 已经实现了从"自动机器人"到"自律机器人"的进化。日本产业技术综合研究所(AIST)从 1998 年开始启动了一项名为"Humanoid Robot Program"(HRP)的类人机器人研究项目,先后研制出多个类人机器人,最新成果是 2009 年 3 月推出的会说话、可行走、具有丰富表情、几乎可以以假乱真的"女性"类人机器人 HRP-4C。日本类人机器人研究的主要目标是娱乐与服务。

欧盟将机器人技术作为其第七框架计划(FP7)的重点目标,每年都投入上亿欧元的资助,其中包括若干个以类人机器人技术为重要目标的研发项目,并在 2009 年 7 月发布了《欧洲机器人技术战略研究议程》。意大利理工学院建立的"机器人技术平台"将类人机器人技术纳为重要内容,包括类人机器人的认知研究、硬件和控制技术。

韩国政府于 2010 年 12 月发布了"服务型机器人产业发展战略",决定积极推动清洁机器人和教育用机器人等服务型机器人产业的发展,力图在 2018 年以前使韩国发展成为世界三大机器人强国之一。韩国政府接下来启动了横跨 7 个政府部门的"泛部门机器人示范项目总体规划",以抢占机器人融合产业市场,并启动了若干能发展类人机器人技术的研发项目。此外韩国先进科学与技术研究所(KAIST)开发的类人机器人也已赢得广泛关注。

中国于 20 世纪 80 年代中期才开始类人机器人研发,且主要集中于大学,如哈尔滨工业大学、国防科学技术大学、上海交通大学、北京理工大学、清华大学等，但距先进国家尚有较大差距。目前国务院《"十二五"国家战略性新兴产业发展规划》《国家自然科学基金"十二五"发展规划》和科技部《服务机器人科技发展"十二五"专项规划》都明确为机器人技术研发提供支持，包括若干类人机器人技术。

在研发态势、热点与前沿方面，总的来说，类人机器人研究在 2003 ~2012 年受到了越来越多的关注，日本在研发活动和论文产出方面大幅领先其他国家与地区，并拥有众多优秀的研发机构，在类人机器人研究领域拥有超强的技术研发能力。近 10 年的类人机器人研究广泛涉及了计算机科学、生物工程、材料、电子等诸多学科，表现出极强的跨学科性。在研究方向方面，受到最多关注的是类人机器人的运动问题，包括步态规划、模式生成、机器腿与关节、平衡技术等；人机交互也是一大热点，涉及类人机器人的观察学习技术、语言能力等；此外，类人机器人的社会性问题也是一大研究重点，包括与机器人相关的性别、心理问题。而围绕动态运动（Dynamic Motion）、平衡考虑（Considering Balance）、静态关节力矩（Static Joint Torque）、人体模型（Human Model）和革命性中枢模式发生器（Evolutionary Central Pattern Generator）等内容的研究则是近年来类人机器人研究发展最快、最引人关注的方向。

对于未来发展，类人机器人研究需要在传感器系统、驱动方式、控制系统、集成平台、计算需求等诸多研究领域实现突破和创新。

9.5.2 对我国类人机器人研究的建议

与美国、日本、欧盟、韩国等相比，我国的类人机器人研发仍然处于相对落后的位置，大多属于跟踪研究，缺乏创意理念和原创性成果，关键零部件与可靠性方面与国外相差较大，产学研结合不够紧密，集规划、人才、研发、标准等于一体的创新体系建设尚处于起步阶段。除了需要弥补已有的差距外，还要应对全球类人机器人研发面临的相同挑战，但这为我国创造了机遇。本节通过定性与定量的科技情报分析，认为我国可以从以下几方面做出更多努力。

9.5.2.1 以国家级机器人发展战略部署与协调研发活动

美国、日本、欧盟、韩国等均提出了国家级机器人发展战略，使得类人机器人得到更好的部署与协调。我国以前的类人机器人研究相对来说比较零散、积累不多、未成体系，应按照科技部《服务机器人科技发展"十二五"专项规划》等国家级发展战略进行部署与协调，并在此基础上形成更加明确的类人机器人长远发展目标和策略。

9.5.2.2 瞄准前沿方向，组织重大实验性项目寻求突破

类人机器人代表着多个领域的前沿技术，是国家间尖端科技能力的较量，必须瞄准相关领域的前沿进行研发。为了追赶日本在类人机器人领域的脚步，韩国以 KAIST 和 KIST 为代表的研发团体瞄准前沿技术，通过多年奋斗已经取得较大成果，迅速缩小了与日本的差距。我国很多机构研究类人机器人多年，基础并不差。目前需要在多个部门相关发展规

划的基础上制订长远计划，瞄准世界先进水平，开发出具有国际影响的类人机器人理论和实用模。

由于其前沿性，类人机器人的研发具有高风险性，传统项目的组织管理方法不利于其创新。但它具有很强的技术辐射性与带动性，对促进智能制造装备发展、提高应急处理突发事件能力、发展医疗康复设备、增强军事国防实力等都具有十分重要的现实意义，有必要作为重大实验性进行支持。美国 DARPA 不求短期回报，通过项目竞赛的方式来培育有望实现重大突破的技术，值得我们学习。

9.5.2.3 建立国家机器人创新平台，促进多方合作与技术集成

类人机器人研发是综合多种技术的系统工程，仅靠科研院所的力量无法实现有效创新，需要多方联合。日本 HRP 类人机器人是由政府科研主管部门资助、政府科研机构牵头、大学和企业共同参与的条件下开发的，采用"平台导向"的方式进行，首先开发各种可能应用之"通用基础平台"，其后再引进新技术更新，最后导入应用层面，这样有利于在推进项目开发的同时能持续更新所使用的开发技术。美国国家机器人计划大力鼓励学术界、产业界、非营利组织和其他机构的合作，DARPA、NASA 的类人机器人项目也吸引了产学研各界的机构参与。我国目前的类人机器人研究集中于大学，且无促进多方合作与技术集成的公共平台，亟须改变。

9.5.2.4 发展基础产业

伺服电机、传感器、摄像头等是类人机器人研发和生产的关键零部，目前我国主要依靠进口，供货的规格、价格、到货时间都远远不能令人满意，成为开发的瓶颈。因此，在该领域急需形成本国的基础产业。

9.5.2.5 形成广大的群众基础

日本在这方面的经验值得借鉴。日本拥有庞大的类人机器人爱好者队伍。他们自制类人机器人，参加各种级别的比赛，既学到了知识又增强了动手能力，成为研究高等级类人机器人的强大后备力量。目前，我国在这方面还缺乏足够的基础，需要各方面通力合作，迅速改变局面。

致谢：中国科学院自动化研究所田捷研究员、中国科学院沈阳自动化研究所李洪谊研究员对本报告提出了宝贵的意见与建议，在此谨致谢忱！

参 考 文 献

本田中国. 2012-08a. ASIMO. http：//www. honda. com. cn/technology/asimo/.
本田中国. 2012-08b. ASIMO 本领大. http：//www. honda. com. cn/technology/asimo/b_ function. html.
本田中国. 2012-08c. ASIMO 2011. http：//www. honda. com. cn/technology/asimo/2011. html.
国家自然科学基金委员会. 2012-10. 国家自然科学基金"十二五"发展规划. http：//www. nsfc. gov. cn/

nsfc/cen/bzgh_125/index.html.

国务院. 2012-11. 国务院关于印发"十二五"国家战略性新兴产业发展规划通知. http://www.miit.gov.cn/n11293472/n11293832/n13095885/14731374.html.

韩国知识经济部. 2011-04-13. 韩国知经部选定10个机器人研发项目. http://www.mofcom.gov.cn/aarticle/i/jyjl/j/201104/20110407496136.html.

互动百科. 2012-08. Robonaut-2. http://www.hudong.com/wiki/Robonaut-2.

科技部. 2012-09a. 服务机器人科技发展"十二五"专项规划. http://www.most.gov.cn/tztg/201204/W020120424329165624165.pdf.

科技部. 2012-09b. 《服务机器人科技发展"十二五"专项规划》解读. http://www.most.gov.cn/fggw/zcjd/201205/t20120504_94140.htm.

李允明. 2005. 国外仿人机器人发展概况. 机器人, 27 (6): 561-568.

满翠华, 范迅, 张华, 等. 2006. 类人机器人研究现状和展望. 农业机械学报, 37 (9): 204-210.

人民网. 2012-10. 日本研制新型"女性"机器人 会说话表情丰富. http://finance.people.com.cn/GB/67107/8972780.html.

日本经济产业省. 2012-08. 技術戦略マップ2010 ロボット分野. http://www.meti.go.jp/policy/economy/gijutsu_kakushin/kenkyu_kaihatu/str2010/a3_1.pdf.

王田苗. 2012-10. 中国机器人发展战略思考. http://www.doc88.com/p-14368594649.html.

张炜. 2010. 日本新一代机器人智能化技术开发计划介绍. 机器人技术与应用, (6): 8-10.

钟睿洲, 郭重显. 2012-09. 日本HRP机器人研发计划发展. http://www.robotworld.org.tw/index.htm?pid=10&News_ID=4715.

AIST. 2012-08. 人間に近い外観と動作性能を備えたロボットの開発に成功. http://www.aist.go.jp/aist_j/press_release/pr2009/pr20090316/pr20090316.html.

Breazeal C. 2003. Emotion and sociable humanoid robots. International Journal of Human-Computer Studies, 59 (1-2): 119-155.

Calinon S. 2008. On Learning, Representing, and Generalizing a Task in a Humanoid Robot. IEEE Transactions on Systems, Man, and Cybernetics, Part B: Cybernetics, 37 (2): 286-298.

Cynthia Breazeal. 2002. Designing Sociable Robots. Cambridge, MA: MIT Press.

DARPA. 2012-09. DARPA seeks robot enthusiasts (and you) to face off for $2M prize! http://www.darpa.mil/NewsEvents/Releases/2012/04/10.aspx.

Department of Defense. 2012-08. Department of Defense Fiscal Year (FY) 2013 President's Budget Submission—Defense Advanced Research Projects Agency. http://www.defense.gov/home/features/2012/0212_budget.

European Commission. 2012-08a. Updated Work Programme 2009 and Work Programme 2010 Cooperation Theme 3 ICT—Information and Communications Technologies. ftp://ftp.cordis.europa.eu/pub/fp7/docs/wp/cooperation/ict/c_wp_201001_en.pdf.

European Commission. 2012-09b. Work Programme 2011 Cooperation Theme 3 ICT—Information and Communications Technologies. ftp://ftp.cordis.europa.eu/pub/fp7/docs/wp/cooperation/ict/c-wp-201101_en.pdf.

European Commission. 2012-11c. Work Programme 2013 Cooperation Theme 3 ICT - Information and Communications Technologies. http://ec.europa.eu/research/participants/portal/ShowDoc/Extensions+Repository/General+Documentation/All+work+programmes/2013/Cooperation/c-wp-201301_en.pdf.

FBO. 2012-09. Broad Agency Announcement DARPA Robotics Challenge Tactical Technology Office (TTO) DARPA-BAA-12-39. https://www.fbo.gov/utils/view?id=74d674ab011d5954c7a46b9c21597f30.

Fong T, Nourbakhsh I, Dautenhahn K, et al. 2003. A survey of socially interactive robots. Robotics and Autonomous Systems, 42 (3-4): 143-166.

Fu CL, Chen K. 2008. Gait Synthesis and Sensory Control of Stair Climbing for a Humanoid Robot. IEEE Transactions on Industrial Electronics, 55 (5): 2111-2120.

Harada K, Kajita S, Kaneko K, et al. 2006. An Analytical Method for Real-Time Gait Planning for Humanoid Robots. International Journal of Humanoid Robotics, 3 (1): 1-19.

Hauser K, Bretl T, Latombe J-C, et al. 2008. Motion Planning for Legged Robots on Varied Terrain. The International Journal of Robotics Research, 27 (11-12): 1325-1349.

Hirai K, Hirose M, Haikawa Y, et al. 1998. The Development of Honda Humanoid Robot. Proceedings of 1998 IEEE International Conference on Robotics and Automation. IEEE Conference Publications, 2: 1321-1326.

Hiroshi I, Tetsuo O, Michita I, et al. 2001. Robovie: An interactive humanoid robot. Industrial Robot: An International Journal, 28 (6): 498-504.

Huang Q, Nakamura Y. 2005. Sensory reflex control for humanoid walking. IEEE Transactions on Robotics, 21 (5): 977-984.

Huang Q, Yokoi K, Kajita S, et al. 2001. Planning walking patterns for a biped robot. IEEE Transactions on Robotics and Automation, 17 (3): 280-289.

Hyon S-H, Hale J G, Cheng G. 2007. Full-body Compliant Human-Humanoid Interaction: Balancing in the Presence of Unknown External Forces. IEEE Transactions on Robotics, 23 (5): 884-898.

ITT. 2012-08. IIT Scientific Plan 2009-2011. http://www.iit.it/images/stories/scientific_plan/SCIENTIFIC-PLAN-2009-2011.pdf.

Kagami S, Nishiwaki K, Jr Kuffner J J, Kuniyoshi Y, Inaba M, Inoue H. 2001. Design and implementation of software research platform for humanoid robots: H7. Proceedings of the 2nd IEEE-RAS International Conference on Humanoid Robots. IEEE Conference Publications, 253-258.

Kajita S, Kanehiro F. 2003. Biped walking pattern generation by using preview control of zero-moment point. Proceedings of IEEE International Conference on Robotics and Automation. IEEE Conference Publications, 1620-1626.

Kajita S, Nagasaki T, Kaneko K, et al. 2007. ZMP-based Biped Running Control. IEEE Robotics & Automation Magazine, 14 (2): 63-72.

Kaneko K, Harada K, Kanehiro F. 2007. Development of Multi-fingered Hand for Life-size Humanoid Robots. 2007 IEEE International Conference on Robotics and Automation. 913-920.

Kaneko K, Kanehiro F, Kajita S, et al. 2004. Humanoid robot HRP-2. Proceedings of the 2004 IEEE International Conference on Robotics & Automation. 1083-1090.

Katić D, Vukobratović M. 2003. Survey of Intelligent Control Techniques for Humanoid Robots. Journal of Intelligent and Robotic Systems, 37 (2): 117-141.

KBS World. 2010-12-10. 韩国将发展成为世界三大机器人强国之一. http://rki.kbs.co.kr/chinese/news/news_issue_detail.htm?No=20437.

Michel O. 2004. Cyberbotics Ltd. Webots™: Professional Mobile Robot Simulation. International Journal of Advanced Robtic Systems, 1 (1).

MKE. 2012-08. 泛部门机器人示范项目总体规划. http://www.mke.go.kr/language/chn/news/news_view.jsp?seq=942&tableNm=C_01_01.

NASA. 2012-10. DRAFT Robotics, Tele-Robotics and Autonomous Systems Roadmap. http://www.nasa.gov/pdf/501622main_TA04-Robotics-DRAFT-Nov2010-A.pdf.

National Academies Press. 2012-08. NASA Space Technology Roadmaps and Priorities: Restoring NASA's Technological Edge and Paving the Way for a New Era in Space. http://www.nap.edu/catalog.php? record_id = 13354.

NEDO. 2012-08a. 次世代ロボット知能化技術開発プロジェクト. http://www.nedo.go.jp/activities/EP_00204.html.

NEDO. 2012-08b. 生活支援ロボット実用化プロジェクト. http://www.nedo.go.jp/activities/EP_00270.html.

NEDO. 2012-08c.（ロボット・新機械イノベーションプログラム）「生活支援ロボット実用化プロジェクト」基本計画. http://www.nedo.go.jp/content/100147025.pdf.

NIH. 2012-09. Joint-Agency SBIR Funding Opportunity Announcement. http://grants.nih.gov/grants/guide/pa-files/PAR-10-279.html.

Nishiwaki K, Kagami S, Kuniyoushi Y, et al. 2002. Online generation of humanoid walking motion based on a fast generation method of motion pattern that follows desired ZMP. Proceedings of the 2002 IEEE/RSJ International Conference on Intelligent Robots and Systems. 3: 2684-2689.

NIST 2012-08. Next-Generation Robotics and Automation Program. http://www.nist.gov/el/isd/ps/nextgen-robauto.cfm.

NSF. 2012-08. National Robotics Initiative (NRI). http://www.nsf.gov/pubs/2011/nsf11553/nsf11553.htm? org=NSF.

Physorg. 2012-09. DARPA sets aside \$7 million for 'Avatar' robot pals in battle. http://phys.org/news/2012-02-darpa-million-avatar-robot-pals.html.

Raibert M. 1986. Legged Robots That Balance. Cambridge, MA: MIT Press.

Robonaut Project Home. 2012-08. R2 ISS Update. http://robonaut.jsc.nasa.gov/default.asp.

Robonaut Project Home. 2012-09. Mission to the International Space Station. http://robonaut.jsc.nasa.gov/ISS.

Sakagami Y, Watanabe R, Watanabe R, Aoyama c, Matsunaga S, Higaki N, Fujimura K. The intelligent ASIMO: System overview and integration. Procee ding of 2002 IEEE/RSJ International Conference on Intelligent Robots and Systems. IEEE Conference Publications, 2002. 2478-2483.

Sardain P, Bessonnet G. 2004. Forces acting on a biped robot. Center of pressure-zero moment point. IEEE Transactions on Systems, Man, and Cybernetics, Part A: Systems and Humans, 34: 630-637.

Schaal S. 1999. Is imitation learning the route to humanoid robots? Trends in Cognitive Sciences, 3 (6): 233-242.

Vukobratović M, Borovac B. 2004. Zero-moment point — Thirty five years of its life. International Journal of Humanoid Robotics, 1 (1): 157-173.

Whitehouse. 2012-08. Developing the Next Generation of Robots. http://www.whitehouse.gov/blog/2011/06/24/developing-next-generation-robots.

Whitehouse. 2012-09. RTD2: Research for Robotics. http://www.whitehouse.gov/blog/2010/09/15/rtd2-research-robotics.

Wikipedia. 2010. HUBO. http://en.wikipedia.org/wiki/HUBO.

Wisse M, Feliksdal G, Van Frankkenhuyzen J, et al. 2007. Passive-Based Walking Robot. IEEE Robotics & Automation Magazine, 14 (2): 52-62.

Yamane K, Nakamura Y. 2003. Dynamics Filter - concept and implementation of online motion Generator for human figures. IEEE Transactions on Robotics and Automation, 19 (3): 421-432.

10 小型模块化反应堆技术国际发展态势分析

张 军 陈 伟 李桂菊

(中国科学院国家科学图书馆武汉分馆)

小型模块化反应堆是指功率在 300 兆瓦以下, 采用模块化设计和成品化制造的可移动核反应堆, 是中小型反应堆的一种。自 20 世纪 50 年代以来, 小型核能在国防和民用领域的应用逐渐扩大, 广泛用于船用动力、研究实验、海水淡化、区域供热和其他特殊用途。随着全球电力需求的不断增长, 小型模块化反应堆开始受到重视, 其特点是结构可扩展性强, 可以通过增加模块数量来提高发电能力, 而且可以成品形态出厂, 运输到目的地后就可以直接投入运行, 极大地减少了现场安装工作。小型模块化反应堆设计简单, 建设成本较低, 建设周期短, 可以作为可移动电站利用, 非常适合不需要建设大型发电厂或当地缺乏相应基础设施的地区。大部分小型模块化反应堆的设计均可做到连续运行数十年而无需更换核燃料, 其制造和装料过程均在工厂内完成, 密封后运输到安装地点, 退役后送回工厂卸料, 这可以最大程度减小核材料运输和处理过程中的风险。

由于小型模块化反应堆具有其独特的优点, 美国、日本以及一些发展中国家都提出了研究和发展计划。美国能源部制定了专门研发计划, 旨在加速发展基于轻水反应堆技术的成熟小型模块化反应堆设计, 并进行必要的研究、发展与示范活动, 从而促进对创新型反应堆技术及概念的理解和示范。美国目前正在开发 6 个初级阶段的 SMR。其中, 2 个是轻水反应堆, 1 个是铅铋冷却反应堆, 3 个是来自 STAR 反应堆系列的铅冷反应堆。俄罗斯正在开发 11 个处于不同发展阶段的 SMR, 其中 6 个是轻水冷却反应堆, 2 个是钠冷反应堆, 1 个是铅铋冷却小型反应堆, 1 个是非常规反应堆。日本目前正在开发 10 个处于不同阶段的 SMR, 其中 3 个是轻水冷却反应堆, 3 个是钠冷小型反应堆, 3 个是液态金属冷却小型反应堆, 还有一个熔盐冷却反应堆。此外, 巴西、印度和印度尼西亚等国都提出了自己的研发构想。

我国小型反应堆的发展已经具有一定的基础, 堆型多样, 积累了较强的设计和工程实验经验, 培养了一支训练有素的人才队伍。但真正意义上的小型模块化反应堆设计建造仍处于起步阶段。我国已将小型模块化反应堆的研发提到正式议事日程上, 在 "十二五" 期间作了相应部署。2012 年颁布的《国家能源科技 "十二五" 规划》中提出了模块化小型多用途反应堆技术研究任务与模块化小型堆示范工程。2012 年 7 月 9 日印发的

《"十二五"国家战略性新兴产业发展规划》中提出了研发快中子堆等第四代核反应堆和小型堆技术,适时启动示范工程。2013年1月国务院颁布的《能源发展"十二五"规划》提出在核电建设方面坚持热堆、快堆、聚变堆"三步走"技术路线,以百万千瓦级先进压水堆为主,积极发展高温气冷堆、商业快堆和小型堆等新技术。

先进小型模块化反应堆目前在全球范围内尚未进入实际研发和原型示范,尽管主要反应堆技术都已经得到验证,但真正实现商业化运行可能最快也要到2020年以后。因此,我国小型模块化反应堆的发展建议关注以下三个方面:

(1) 明确战略思路,制定技术路线图。

在我国,发展小型模块化反应堆要放在对未来20～50年能源发展战略以及核能中长期发展规划的视角下,结合区域经济、环境特点,深入考虑其在核能地位和规模中可能占据的位置和份额。只有在定位明确的情况下,才有可能有计划、有步骤地组织力量,开展选型设计和论证,提出面向示范工程的专有技术发展路线图。

(2) 开展小型模块化反应堆设计和安全论证。

先进小型模块化反应堆可选堆型多样,何种堆型更加适合,需要根据技术路线图,采取竞争性方案,最终遴选提出1～2种适应我国需求的反应堆初步设计。对此,应当重视发展小型堆的总体设计技术、软件与仿真、关键模块和组件设计等工作,展开安全系统综合测试台架的设计和论证工作,并配合开发安全分析程序,完成安全系统建模分析与响应,达到反应堆设计和安全双论证同时兼顾的目标。

(3) 积极开展国际合作。

对很多国家而言,小型模块化反应堆可以解决其存在的部分能源短缺问题。因此,在设计论证、安全论证以及试验开发过程中,可以采取多样化国际合作方式。既强调与对小型模块化反应堆有兴趣的新兴发展中国家的交流合作,也借鉴发达国家以及俄罗斯的相关技术和经验,这样一方面可以加快技术学习和研发进程,另一方面可以建立在世界上的地位和影响,履行核不扩散义务,同时探索潜在市场。

10.1 引言

10.1.1 定义

本报告讨论的小型模块化反应堆(Small Modular Reactors,SMR)是指功率在300兆瓦$_e$以下、采用模块化设计和成品化制造的可移动核反应堆。国际原子能机构(IAEA)将小型和中型反应堆(Small and Medium Sized Reactors,SMR)作为一类:小型反应堆是电功率在300兆瓦$_e$以下的反应堆,中型反应堆是电功率为300～700兆瓦$_e$的反应堆。因此,小型模块化反应堆属于中小型反应堆的一个子集,具有模块化扩展、创新性设计等特点,而不是单纯从功率上划分。IAEA专门提出了"非现场换料的小型反应堆"的概念,指

"为防止核燃料非法转移而专门设计的可无需经常更换核燃料容器的反应堆",尤其是 2008 年以来随着美国数种"迷你"反应堆概念的提出(其功率均不大于 125 兆瓦$_e$),小型模块化反应堆引起了广泛关注。本报告主要讨论的是功率不超过 300 兆瓦$_e$ 的模块化反应堆,也涉及其他小功率反应堆。

10.1.2 发展

小型反应堆的主要特点是体积小、重量轻、可长时间提供可观的功率,其结构简单,建造周期短,对环境有很好的适应性,用途较多,除了可用于边远地区发电外,还可用作船用动力、海水淡化、区域供热和其他特殊用途。主要堆型有 4 种:轻水堆、高温气冷堆、液态金属冷快堆和熔盐堆。

自 20 世纪 50 年代核能发电问世以后,核电站的设计取得了相当规模的成就和发展。小型模块化核反应堆由于体积小、重量轻、结构简单且能提供足够的功率,最初主要被用作船体推进动力和军用方面,其首批和平利用的实例有俄罗斯建于 1959 年、功率为 32 MW 的核动力破冰船,20 世纪 60 年代服务于北极地区的 15 兆瓦$_{th}$ATU-15 反应堆供热站,1962~1972 年在南极洲麦克默多湾运行的 PM-3A 型反应堆和美国于 1962 年投入运行的 67 兆瓦$_e$大岩角沸水堆,等等。随着反应堆设计的不断发展,到 80 年代,可移动式小型反应堆动力系统在太空领域、常规潜艇和多功能民用船舶等领域取得了更新的应用:1983 年 3 月美国提出了 SP-100 计划,目标是开发用于 21 世纪星际载人载物探索及领空防卫需要的小型核反应堆动力系统;80 年代日本原子力研究所针对 Mutsu 船用堆存在的重量大、体积大、功率低等方面的问题研究出了新一代船用反应堆 MRX;1987 年加拿大 ESC 集团提出了电功率为 1000 千瓦的小型核动力发电装置方案 AMPS1000,可用在 2000 吨级的常规潜艇上。

核能在民用方面主要是作为大型核电站供电,20 世纪 80~90 年代大型核电站发电已日趋完善和成熟。和火力发电厂一样,其能源利用率不高,为了充分利用核能,提高能源利用率,世界许多国家日益重视利用反应堆实现热电联供。然而建设和使用大型热电联产的核能系统与运行小型的城市供热厂是完全不同的,这种核电站已经庞大到不能建造在地下的程度,并要占用很大的地上面积来容纳反应堆和辅助系统,另外,出于安全性考虑,必须采取大量的安全措施以防破坏。因此,适用于建造在城市附近的小型反应堆满足了人们的需求。20 世纪 80 年代,许多国家开始将注意力放在小型堆的供热上。芬兰和瑞典联合研究设计名为 Secure 的低温供热反应堆,容量为 200 兆瓦$_{th}$,适于 5 万~10 万居民城市的区域供热;法国有 Thermos 反应堆,容量约为 100 兆瓦$_{th}$,可服务约 5 万居民区的供热。

90 年代随着工业化国家的发电容量日渐饱和,电网开始出现容量过剩的问题,电网对大容量机组的并入显得越来越不适应。同时,为避免给经济性带来严重影响,电力公司也不允许一台大型机组长时间地做低功率调峰运行。因此,人们把视线转向了中小型反应堆,希望这些中小型反应堆能更好地适应工业国家的电力负荷需求,同时满足那些电网不能承受大容量机组并入的发展中国家的电力需求。1994 年,美国和俄罗斯联合完成了满足发展中国家和地区能源需求的小型核动力反应堆 MARR-1 的设计研究,该种新型反应堆具有小型、低费用和"耐事故"等优点，能满足那些迅速发展的国家的未来能源短缺。

到21世纪，由于通过蒸汽循环发电的大型核电反应堆的一次性投资成本过高，许多发展中国家难以解决核电站建设的一次性融资问题。同时，中小型反应堆的选址灵活，可以建造在远离主电网的偏远地区，它们在应用上具有灵活度：除了发电外，还可用于许多其他工业用途，如核能制氢、原油提纯、煤炭液化和海水淡化等。中小型模块化反应堆再次受到了人们的关注。国际原子能机构（IAEA）于2004年6月举行的一次学术会议上宣布重新启动中小型反应堆的开发计划，并于7月1日批准国际协作研究项目，启动中小型反应堆的开发计划。另外，第4代国际核能论坛（Generation IV International Forum，GIF）提出的第4代核能系统（Gen-IV）概念中也至少有一半属于中小型反应堆。可以预见的是，未来小型模块化核反应堆将在核能利用上有更大的舞台，无论是在军事领域、工业领域还是商业领域中，它都将发挥重大作用。

10.1.3 特性

对小型模块化反应堆来说，"模块化"是指单一反应堆能与其他模块组合形成核电站。小型模块化反应堆之所以引起人们的重视，主要是由其理念以及设计中贯穿的一些原则或特点决定的。

一是模块化和成品化。小型模块化反应堆的结构可扩展性强，可灵活地选择所需模块。小型机组可以单台建造或作为一个大型电站设施中的一个模块，一座大型电站内最终可以拥有数十个成系列化模块，与大型核电机组不同的是，其规模经济性是通过增加模块数量来实现的。尽管现在的大型核电站在设计时即纳入了工厂制造的组件或模块，但仍需要大量的现场工作将这些组件组装起来。小型模块化反应堆设计意图的核心之一就是尽可能减少现场工作，基本上做到以成品形态出厂，运输到目的地后就可以直接投入运行，类似计算机部件的"即插即用"特性。

二是经济性和灵活性。通过蒸汽循环发电的大型核电站一次性投资成本高，使得许多发展中国家难以解决大型核电站建设的一次性融资问题。相比之下，小型模块化反应堆强调设计简单、增强安全性和经济性，在投资、选址和终端利用等方面具有较强的灵活性。由于资金成本较低，降低了运营方的投资成本。模块化组件和成品化制造可以减少建设成本和建设周期。如果电力需求提高，还可以逐步增加新的模块，逐步增加核电站发电容量，采用滚动发展、资金分阶段逐步投入的方式进行核电建设。

三是适用性强，目标市场明确。小型模块化反应堆可以作为可移动电站利用，非常适合不需要建设大型发电厂或当地缺乏相应基础设施的地区，如由小型电网构成的电力市场、远离主干电网的偏远地区、缺乏水资源的地区或是特有的工业应用。例如核能制氢、原油提纯、煤炭液化、热电联产、工业供热和海水淡化等，使能源终端产品多样化。小型模块化反应堆还可以替代老旧的燃煤电厂，或与现有的工业过程或发电厂形成互补，包括燃煤电厂、天然气电厂以及可再生能源发电站，不仅可以综合平衡各种资源，提高总体发电效率，还可以增强电网的稳定性和安全性。

四是安全性和不扩散特性。大部分小型模块化反应堆的设计均可做到连续运行数十年而无需更换核燃料,其制造和装料过程均在工厂内完成,密封后运输到安装地点,退役后送回工厂卸料,这可以最大程度减小核材料运输和处理过程中的风险。

10.2 主要堆型设计

10.2.1 压水反应堆

目前在运营的常规核电反应堆中大多数是压水反应堆,占全球反应堆的65%。而在建的核电反应堆中,压水反应堆也占多数。截至2012年底,67个在建的核电反应堆中有54个是压水反应堆。

表10-1中总结了当前部分SMR压水堆型设计的基本特征。与目前常规的压水反应堆型相比,SMR遵循的设计方案并不尽相同。一般而言,SMR压水堆型设计可以分为两大类:带压力容器内蒸汽发生器的自动加压压水反应堆和紧凑型模块化压水反应堆。

表10-1 SMR压水堆型设计的基本特征

SMR设计/主要设计者	热功率/电功率	利用率/电站寿命	建设周期	换料模式/换料间隔	部署模式/电站配置
CAREM-300/CNEA①	900兆瓦/300兆瓦 375兆瓦/125兆瓦(可选择方案)	90%/60年	48个月(陆地用)	分批/11个月	分布式或集中式
CAREM-25/CNEA	116兆瓦/27兆瓦	90%/40年	60个月(陆地用)	分批/11个月	分布式或集中式
SMART/KAERI②	330兆瓦/100兆瓦	95%/60年	<36个月(陆地用)	分批/36个月	分布式
IRIS③/美国西屋电气公司	1000兆瓦/335兆瓦	>96%/>60年	36个月(96个月为可选择方案)(陆地用)	分批/48个月(96个月为可选择方案)	分布式或集中式/双机组选择方案
Westinghouse SMR/美国西屋电气公司	800兆瓦/225兆瓦			分批/24个月	
IMR/日本三菱重工	1000兆瓦/350兆瓦	95%~97%/60年	24个月(陆地用)	分批/26个月	分布式和集中式/双机组选择方案
ABV/俄罗斯OKBM Afrikantov公司④	2×38兆瓦/2×8.5兆瓦	80%/50年	48个月(舰船用和陆地用)	工厂装配和添加燃料/12年	分布式

续表

SMR 设计/主要设计者	热功率/电功率	利用率/电站寿命	建设周期	换料模式/换料间隔	部署模式/电站配置
VBER-300/哈萨克斯坦和俄罗斯联合开发	917 兆瓦/325 兆瓦	92%/60 年	48 个月（陆地用和舰船用）	分批/24 个月	分布式/单机组或双机组
mPower/美国 B&W 公司和 Bechtel 公司联合开发	400 兆瓦/125 兆瓦（每模块）	>90%/60 年	36 个月（陆地用）	堆芯整体/54～60 个月	分布式或集中式/多模块核电站
NuScale/美国 NuScale Power 公司	160 兆瓦/48 兆瓦（每模块）	>90%/60 年	36 个月（陆地用）	分批/24 个月	分布式或集中式/多模块核电站
NHR-200/中国清华大学核能与新能源技术研究院	200 兆瓦/无	95%/40 年	40 个月（陆地用）	分批/36 个月	分布式

资料来源：OECD Nuclear Energy Agency，2011

注：①CNEA：阿根廷国家原子能委员会（西班牙语：Comisión Nacional de Energía Atómica。英语：National Atomic Energy Commission）

②KAERI：韩国原子能研究所（Korea Atomic Energy Research Institute）

③2010 年底，美国西屋电气公司停止了 IRIS 项目的发展，并宣称将进行备选的 200 兆瓦级一体化设计压水反应堆项目

④俄罗斯 OKBM Afrikantov 公司全称：OAO I. I. Afrikantov OKB Mechanical Engineering

带压力容器内蒸汽发生器的自动加压压水反应堆。这种反应堆也被称为一体化设计压水反应堆，代表设计为 CAREM-25 和 CAREM-300、SMART、IRIS、IMR[①]、mPower、NuScale 和 NHR-200（图 10-1～图 10-3）。这些设计与常规压水反应堆不同，它们没有外部增压器和蒸汽发生器，反应堆容器外壳下的蒸汽空间充当了反应堆容器内部的增压器和蒸汽发生器。其中的一些设计，如 CAREM、IRIS、IMR、mPower 和 NuScale，也采用了容器内（内部）控制棒驱动装置。CAREM-25、IMR、NuScale 和 NHR-200 利用了正常工作模式下一次冷却剂的自然循环，并且没有配备主循环泵。其他设计采用容器内密封泵。

紧凑型模块化压水反应堆。俄罗斯紧凑型模块化反应堆与常规压水反应堆相似。包括反应堆堆芯和内部组件、蒸汽发生器、增压器和冷却剂泵在内的模块结构紧凑，由带有防泄漏装置的短管连接。这些管道中的大多数都连接至高热分支，并且所有的一次冷却剂系统都在一次压力边界之内，因此一次冷却剂系统有时候也被称为"密封系统"。这种设计

---

① IMR 是唯一允许堆芯上部出现冷却剂沸腾的压水反应堆。在 1000 MW_{th}（350 MW_e）的较高功率水平下，沸腾促进了自然对流，并使正常运行模式下利用一次冷却剂的自然循环成为可能

的反应堆有 VBER-300、KLT-40S 和 ABV 等。ABV 在两组之间处于中间位置，因为它具有内部蒸汽发生器并利用了一次冷却剂的自然对流，不过使用了外部气体增压器。

先进的 SMR 压水堆型设计的一般特征总结如下：

- 表 10-1 中所有先进的 SMR 压水堆都是设计为陆地上建设用（ABV 除外）。ABV 反应堆既可以建在舰船上，也可以在陆地上建设。VBER-300 是陆地应用，但也可以配置在舰船上运行。

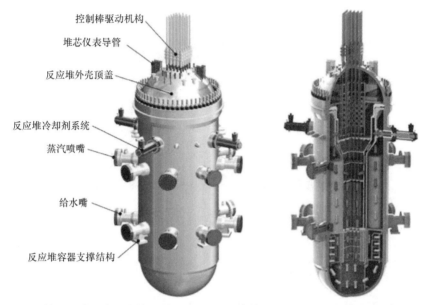

图 10-1　一体化设计压水反应堆：韩国 SMART 反应堆（OECD Nuclear Energy Agency，2011）

(a) 一体化模块反应堆　　　　　　(b) 单模块反应堆在地下安全壳内

图 10-2　mPower 反应堆模块配置

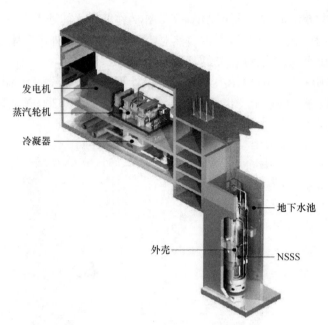

图 10-3 NuScale 反应堆模块配置（OECD Nuclear Energy Agency，2011）

- 电功率范围为 15~350 兆瓦$_e$。NHR-200 是专门用于热能生产的反应堆。目标使用效率一般在 90% 左右或更高。
- 使用寿命与目前常规压水反应堆相当：一般为 60 年，ABV 为 50 年，NHR-200 为 40 年。
- 先进 SMR 压水堆预计建设周期一般为 2~5 年。
- 换料间隔更长，燃耗深度更高，核电站寿命更长。有些先进 SMR 压水堆在容量发展上具有更大的灵活性（例如多模块核电站配置）。
- ABV 是工厂装配和加料的反应堆，设计的连续运行周期为 12 年，mPower 的堆芯在连续运行 4.5~5 年之后换料。其他设计依赖于部分堆芯分批换料。换料间隔大多为 2~4 年。IRIS 的换料间隔设计为 4 年（8 年换料间隔为可选择方案），而 CAREM 为每年换料。
- SMART、ABV 和 NHR-200 为分布式部署，其他设计均为集中式和分布式部署。IRIS、IMR 和 VBER-300 为双机组选择方案。ABV 是安装在舰船上的双机组反应堆。mPower 和 NuScale 是为容量灵活的多模块核电站设计的。
- 多数情况下，一次压力设定在 15~16 兆帕（如常规大型压水反应堆）。不过，CAREM 约为 12 兆帕，mPower 约为 13 兆帕，NuScale 约为 11 兆帕，NHR-200 只有 2.5 兆帕。
- 燃料一般为 UO_2，^{235}U 富集度少于 5%（如大型轻水反应堆）。ABV 是一个例外，同 KLT-40S 类似，ABV 采用金属陶瓷燃料，^{235}U 中的铀富集度略低于 20%。
- 平均预计燃耗为 30~70 兆瓦·天/千克，但是一般约 40 兆瓦·天/千克或稍高水平。

- IRIS、IMR、ABV、NuScale 和 NHR-200 设计具有紧凑的安全壳,最大尺寸小于 15~25 米。对于 ABV 而言,所有的第一层安全壳尺寸都在 7.5 米以内。
- 各个设计的占地面积根据电站配置而不同。ABV(海岸线上 6000 米^2,海湾中 10 000 米^2)和 NHR-200(8900 米^2)占地面积最小。在其他设计中,占地面积范围是约 100 000~300 000 米^2,而双模块或多模块机组占地面积大大减少。

10.2.2 沸水反应堆

沸水反应堆(BWR)在全球的部署数量仅次于压水反应堆,在目前运行的反应堆中约占 15%。不过,截至 2012 年底在建的 67 个核电反应堆中仅有 4 个沸水堆。达到最新技术水平的常规沸水反应堆(如先进沸水反应堆)是自增压型,反应堆压力容器盛装着反应堆堆芯与蒸汽分离器和干燥器,底部安装有外部控制棒驱动装置和外部密封循环泵。目前还没有部署可利用的中小型沸水反应堆。

表 10-2 中显示的两个先进的 SMR 沸水堆型不同于先进沸水反应堆,它们采用的是顶部安装的外部控制棒驱动装置(如压水反应堆),并且在所有运行模式下都是依赖于冷却剂的自然循环(即它们没有循环泵)。利用冷却剂的自然循环方案并不仅限于中小型沸水反应堆。例如,1550~1600 兆瓦$_e$ 的经济简化型沸水反应堆设计中没有采用循环泵。

表 10-2 SMR 沸水堆型设计的基本特征

SMR 设计/主要设计者	热/电功率	利用率/电站寿命	建设周期	换料模式/换料间隔	部署模式/电站配置
VK-300/NIKIET*	750 兆瓦/250 兆瓦	91%/60 年	60 个月(陆地用和舰船用)	分批/18 个月	分布式或集中式
CCR/日本东芝	1268 兆瓦/423 兆瓦	>95%/60 年	25 个月(陆地用)	分批/24 个月	分布式或集中式/单机组或双机组、多模块电站选择方案

资料来源:OECD Nuclear Energy Agency,2011

* NIKIET(N. A. Dollezhal Research and Development Institute of Power Engineering),俄罗斯动力工程和发展研究所

先进的 SMR 沸水堆型设计具有以下特点:

- 400 兆瓦$_e$ 的 CCR 采用紧凑型高压安全壳,最大尺寸(高度)为 24 米,反应堆厂房结构作为第二层安全壳。
- 使用紧凑型高压安全壳的目的是减少 CCR 反应堆厂房和核岛部件的体积和质量,这与常规大型先进沸水反应堆的功率减小成正比。这种方法克服了规模经济的缺点。
- 250 兆瓦$_e$ 的 VK-300 处在一个常规大型压水反应堆型安全壳内(大约 45 米×60 米),其中包含有第一层保护壳(内层安全壳)和一个重力驱动水池。
- 两个设计均为陆上反应堆,但是 VK-300 还可作为舰船用。

- 两个设计电站预计寿命均为60年,目标使用效率都高于90%。
- VK-300的建设周期为5年,而CCR据称只需2年。预计这么短的建设周期是基于先进沸水反应堆的建设经验[1]以及设计紧凑性,反应堆模块的工厂装配达到最大限度。
- 两个设计都采用低富集度UO_2燃料,部分堆芯分批换料。CCR具有双机组和多模块电站选择方案。
- 两个设计的主要技术条件都类似于达到最新技术水平的沸水反应堆的技术条件。值得注意的是,单模块CCR电站占用的土地面积非常小,只有5000 米^2。

10.2.3 先进重水反应堆

在目前所有运行的核电反应堆中,重水反应堆(HWR)约占12%。截至2012年底在建的67个核电反应堆中,有5个是重水反应堆[2]。此类型的反应堆只有两个供应商,即加拿大原子能公司(Atomic Energy of Canada Limited,AECL)和印度核电公司(Nuclear Power Corporation of India Ltd.,NPCIL)。SMR重水堆型设计只有一种,即印度的先进重水反应堆(AHWR),表10-3中给出了相关的基本特征。

表10-3 SMR重水堆型设计的基本特征

SMR设计 主要设计者	热/电功率	利用率 /电站寿命	建设周期	换料模式/ 换料间隔	部署模式/ 电站配置
AHWR 印度巴巴原子能 研究中心	920兆瓦/300兆瓦	90%/100年	首堆:72个月 (陆地用)	在线	分布式或集中式

资料来源:OECD Nuclear Energy Agency,2011

AHWR与目前运行的加拿大重水铀反应堆(CANada Deuterium Uranium,CANDU)、加压重水反应堆(PHWR)的不同在于:
- 它采用沸腾轻水一次冷却剂和直接蒸汽冷凝循环来进行能量转换。
- 它在所有运行模式下都为冷却剂的自然循环,并且采用垂直排管容器和垂直压力管通道来促进自然循环。
- 它只利用机械控制棒来实施运行中的反应性控制。
- 它采用非均匀结构Pu-Th或U-Th燃料棒束。
- 采用含钍混合氧化物燃料的目的是,通过^{233}U的生产和燃烧将钍用于电力生产,不涉及快中子反应堆和钍燃料再处理的复杂过程。
- AHWR只采用被动系统来排热,因而一个300兆瓦[3]的反应堆需要大型安全壳

---

[1] 日本最近的先进沸水反应堆部署均在三年建设周期内完成
[2] 其中,一个在阿根廷,是非典型的、设计过时的压力容器型重水反应堆
[3] 目前正在讨论可将AHWR单位功率增加至500兆瓦的选择方案

（大约 55 米×75 米）。
- 先进重水反应堆利用一部分废热来运行海水淡化。其使用寿命为 100 年（假设在此期间定期更换所有的可替换组件）。
- 这种反应堆所需要的核电站占地面积非常小，为 9000 米^2。

10.2.4　高温气冷反应堆

英国、美国和德国过去都有运行的常规高温气冷反应堆（HTGR），中国和日本目前也各有一个（HTR-10 和 HTTR）。目前世界各地都没有这类商用反应堆运行。

表 10-4 中给出了 SMR 高温气冷堆型设计的基本特征。所有的高温气冷堆都是氦冷反应堆。处在研制阶段的南非 PBMR 似乎很有发展前景，预期部署时间为 2013 年。但供应商南非球床模块堆开发有限公司（PBMR Pty）在 2010 年遭遇了资金困难，政府不再对该项目进行支持。此前他们已经开始研发一个类似于中国 HTR-PM 的间接循环高温气冷反应堆。

表 10-4　SMR 高温气冷反应堆型设计的基本特征

SMR 设计/主要设计者	所处状态	热/电功率	利用率/电站寿命	建设周期	换料模式/换料间隔	部署模式/电站配置
HTR-PM/中国清华大学核能与新能源技术研究院	在建	250 兆瓦/105 兆瓦（每模块）	85%/40 年	48 个月（陆地用）	在线球床运输	集中式/双模块电站、多模块电站选择方案
PBMR（之前的设计）/南非球床模块堆开发有限公司	停滞	400 兆瓦/182 兆瓦（每模块）	≥95%/35 年	首堆：30~34 个月。商用电站：24 个月（陆地用）	在线球床运输	集中式/4 模块和 8 模块电站
GT-MHR/美国通用原子能公司和俄罗斯 OKBM Afrikantov 公司联合开发	设计研发阶段（缓慢）	600 兆瓦/287.5 兆瓦	>85%/60 年	首个模块：36 个月（陆地用）	分批/15 个月	分布式或集中式/单模块或多模块电站
GTHTR300/日本原子力研究开发机构	设计研发阶段	600 兆瓦/274 兆瓦	90%/60 年	未知（陆地用）	分批/24 个月	分布式或集中式/单模块或多模块电站

资料来源：OECD Nuclear Energy Agency, 2011.

表 10-4 的设计大都采用布雷顿直接循环的电站配置，而中国的 HTR-PM 为间接循环高温气冷反应堆，利用蒸汽发生器和再热兰金循环来进行能量转换。由于蒸汽的再加热，HTR-PM 的间接循环效率同样相当高，达到 42%。

对于高温非电力应用，高温气冷反应堆设计中采用一个中间热交换器将热能传递到过程热应用系统。因为高温条件（高达 850~900℃），当涉及复杂的联合发电情况时（例如，氢电联产和利用废热进行海水淡化），高温气冷反应堆似乎是SMR各种堆型中唯一的选择。

SMR高温气冷堆型设计的主要技术特征如下：
- 所有高温气冷反应堆设计的目标可用效率都超过85%。栓块（非移动式）燃料设计的电站寿命一般为60年，球床（可移动式）燃料设计的使用寿命为35~40年。
- 球床设计中采用在线换料（HTR-PM和PBMR（之前的设计）），而栓块设计采用分批部分换料。
- 所有的高温气冷反应堆都是用于集中式部署的多模块电站，"栓块"设计的GTH-TR300和GT-MHR也可采用分布式部署。
- 运行时的氦压力为7~9兆帕，首选是7兆帕。
- 平均燃耗是80~120兆瓦·天/千克，这是"栓块"设计的最大值。
- 所有高温气冷反应堆的反应堆容器的直径和高度分别为6.5~8米和23~31米的范围之内。在所有的设计中，安全壳都是单层或双层墙壁的反应堆厂房。安全壳在过压情况下具有防护作用，确保氦释放途径。
- 电站的占地面积非常小（特别是仅对于PBMR而言），容量为1320兆瓦$_e$的八模块电站占地11 639 米^2。

10.2.5 钠冷快中子反应堆

截至2012年底，世界上运行的钠冷快中子反应堆只有2座，俄罗斯的BN-600和中国的实验快堆工程（CEFR）。还有2座钠冷快堆在建，分别是俄罗斯的BN-800和印度的PFBR。

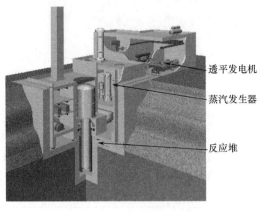

图10-4 10兆瓦$_e$的4S电站

(OECD Nuclear Energy Agency, 2011)

先进的SMR钠冷快中子反应堆型设计有2个——日本10兆瓦$_e$的4S反应堆和美国311兆瓦$_e$（840兆瓦$_{th}$）的PRISM反应堆。表10-5中给出了两个反应堆的基本特征。PRISM反应堆为UPuZr金属燃料设计，利用轻水反应堆乏燃料中的钚和贫铀。4S是一个池式反应堆，具有中间热传输系统和U-Zr金属燃料（图10-4）。

4S反应堆的设计目的是：连续运行30年，无需换料或燃料倒换；在30年的运行周期之后，对整个堆芯换料。尽管4S的堆芯寿命很长，但它的线性热耗率非常小，只有39瓦/厘米，并且在运行周期后期，其平均燃耗仅为34兆瓦·天/千克。与其他钠冷快中子反应堆42%的效率相比，兰金循环的效率只有33%。

10 小型模块化反应堆技术国际发展态势分析

表10-5 SMR钠冷快中子反应堆型设计的基本特征

SMR 设计/ 主要设计者	热功率/电功率	利用率 /电站寿命	建设周期	换料模式/ 换料间隔	部署模式/ 电站配置
4S/ 日本东芝	30兆瓦/10兆瓦 50兆瓦$_e$(可选方案)	95%/30年	现场12个月 (陆地用)	整个堆芯/ 30年	分布式或集中式
PRISM/ 美国通用电气	840兆瓦/ 311兆瓦$_e$		(陆地用)	分批/12~ 24个月	

资料来源:OECD Nuclear Energy Agency, 2011

4S反应堆在运行和停堆时采用非常规反应性控制机构,并且利用连续运行的全被动式衰变热载出系统。反应堆容器为窄长形(3.55米×24米),安全壳具有紧密结构,由保护容器和混凝土筒仓构成,反应堆在顶端的圆形壳内。

4S反应堆的设计为分布式或集中式部署。不同于其他已知的钠冷快中子反应堆,4S具有高温电解制氢(和制氧)的选择方案。

10.2.6 铅铋冷快中子反应堆

世界上没有国家具有商用铅铋冷快中子反应堆的运行经验。只有俄罗斯曾利用铅铋混合物冷却剂技术生产和运营小型舰船用反应堆①,获得了80堆·年的核潜艇运行经验。但是俄罗斯的这些铅铋冷却反应堆并不是快中子堆,而是采用慢化剂(BeO)来软化中子能谱。

铅铋混合物的主要技术问题是:燃料元件包层和结构材料会在冷却液流中受到腐蚀。腐蚀与温度有关,而全球多个研究表明,腐蚀在低温时很容易处理。俄罗斯研发了相关技术,实现了不锈钢结构材料在铅铋混合物中的可靠运行,从而使反应堆堆芯在500℃以下的中等温度范围内可连续运行7~8年②。该技术包括冷却剂的化学控制。

铅铋混合物的另一个问题与125℃的较高熔点有关,需要连续加热铅铋冷却剂来防止因冷却剂在相变过程中膨胀导致反应堆内部件损坏。俄罗斯根据特殊的温度-时间曲线研制并测试了铅铋冷却反应堆堆芯的安全冻结/解冻过程。

铅铋冷却反应堆还有一个问题涉及挥发性^{210}Po(强毒性辐射体)的积累。^{210}Po是^{209}Bi受到辐射所产生的,半衰期大约为138天。俄罗斯已经研发了捕获和除去^{210}Po的技术,促进了铅铋冷却反应堆完全可在工厂装配和加料。

铅铋混合物在空气中和水中都具有化学惰性,有很高的沸点(1670℃)、很高的密度和巨大的比热容量,能进行有效排热。同样地,由于凝固点为125℃,铅铋混合物在周围空气中固化,能够使出现在第一层铅铋冷却剂边界的裂纹自我修复。

---

① 7艘阿尔法级核潜艇(155兆瓦$_{th}$铅铋冷却反应堆BM-40A)的服役时间为1972~1990年。
② 这项技术是为非快谱铅铋冷却反应堆堆芯研发。将该技术用于快谱堆芯的适用性可能需要经过验证。

鉴于上述原因,典型的铅铋冷快中子反应堆设计将是双回路间接循环电站。不同于钠冷反应堆,铅铋冷快中子反应堆不使用中间热传输系统。

表10-6中给出了三种先进的SMR铅铋冷快堆设计的基本特征,其中只有SVBR-100具有成熟的技术水平,目前正在进行详细的设计开发(图10-5)。

表10-6 SMR铅铋冷快中子反应堆型设计的基本特征

SMR设计/ 主要设计者	热/电功率 /兆瓦	利用率 /电站寿命	建设周期	换料模式/ 换料间隔	部署模式/ 电站配置
SVBR-100 / 俄罗斯AKME工程公司	280/101.5	95% / 50年	42个月(陆地用和舰船用)	工厂装配和加料/ 7~8年	分布式或集中式/单模块或多模块电站
PASCAR/ 韩国首尔大学核嬗变能研究中心	100/37	>95% / 60年	未定(陆地用)	工厂装配和加料/ 20年	分布式
新型Hyperion电力模块堆/ 美国Hyperion电力公司	70/ 25(每模块)	未定	现场21个月(陆地用)	工厂装配和加料/ 10年(5~15年)	分布式或集中式/单模块或多模块电站

资料来源:OECD Nuclear Energy Agency, 2011

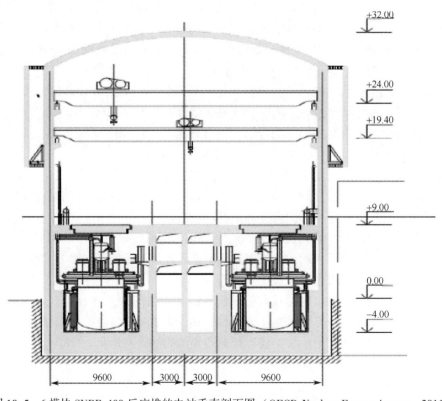

图10-5 6模块SVBR-100反应堆的电站垂直剖面图(OECD Nuclear Energy Agency, 2011)

10 小型模块化反应堆技术国际发展态势分析

SMR 铅铋冷却快堆设计的主要技术特征如下：

- 所有的 SMR 设计都在 25~100 兆瓦$_e$ 的范围之内，都是池式反应堆，采用兰金间接蒸汽循环发电，都在工厂装配和加料，在由重力限定的、非常低的一次压力下运行，连续运行 7~20 年而无需现场换料。三个设计中，俄罗斯 SVBR-100 的燃耗循环时间最短，为 7~8 年，在正常运行下不依赖一次冷却剂的自然对流。
- 这些设计都是陆地式反应堆，不过 SVBR-100 还具有舰船上安装的方案。SVBR-100 和新型 Hyperion 电力模块堆都是多模块电站配置。SVBR-100 具有总容量为 400 兆瓦$_e$ 和 1600 兆瓦$_e$ 的两种设计。
- 预计的电站寿命是 50~60 年，目标容量因子为 95% 或更高。
- 因为反应堆模块全部在工厂装配和加料，因此目标建设周期非常短，SVBR-100 和新型 Hyperion 电力模块堆分别为 3.5 年和 1.75 年。
- 反应堆压力容器的设计非常紧凑，最大尺寸不超过 10 米，SVBR-100 为 7 米。PASCAR 的反应堆容器为外部空气冷却，而其他两种设计都是浸入水池冷却。
- SVBR-100 和新型 Hyperion 电力模块堆具有以富集度略小于 20% 的铀为基础的启动燃料负荷。PASCAR 的核燃料闭路循环中有 U-TRU 燃料负荷。燃耗相当高，为 60~70 兆瓦·天/千克。

表 10-7 显示了各种 SMR 设计的开发时间框架，包括：正在建设中（KLT-40S）；正在办理许可证（HTR-PM、CAREM-25 和 SMART）；已经执行了应用前许可证办理并且确定了正式的许可证应用日期（NuScale、mPower、Westinghouse SMR、AHWR、4S 和新型 Hyperion 电力模块堆①）；之前的设计版本已经获得了许可认证，或者样机已投入运行，受到国家计划的大力支持，开发时间框架明确限定在国家水平（ABV、VBER-300 和 SVBR-100）。

表 10-7 先进 SMR 的设计现状和可能的开发时间框架

SMR 设计	堆型	设计现状	许可证办理状况/完成（应用）日期	目标发展日期
KLT-40S	压水反应堆	详细设计已经完成	获得许可在建中	2013 年
VBER-300	压水反应堆	详细设计接近完成	没有	2020 年后
ABV	压水反应堆	舰船用：详细设计已经完成。陆地用：电站修改的详细设计正在进行中	部分设计获得许可	2014~2015 年
CAREM-25	压水反应堆	详细设计正在确定	正在办理许可证/2011 年	原型：2015 年
SMART	压水反应堆	详细设计进行中	正在办理许可证/2011 年	约 2015 年
NuScale	压水反应堆	详细设计正在确定	应用前许可证办理/应用：2011 年	首堆：2018 年
mPower	压水反应堆	详细设计进行中	应用前许可证办理/应用：2011 年	约 2018 年

---

① 新型 Hyperion 电力模块堆的正式许可证应用还未确定，而应用前许可证办理已经在进行中

续表

SMR 设计	堆型	设计现状	许可证办理状况/完成（应用）日期	目标发展日期
IRIS	压水反应堆	基本设计已经完成，正在接受供应商审查		
HTR-PM	高温气冷反应堆	详细设计已经完成	正在办理许可证/2010年或2011年	首堆：2013年
AHWR	先进重水反应堆	详细设计正在确定	应用前许可证办理/应用：2011年	约2018年
SVBR-100	铅铋冷却快中子反应堆	详细设计进行中	没有原型应用于俄罗斯核潜艇	原型：2017年
新型 Hyperion 电力模块堆	铅铋冷却快中子反应堆	设计状况未知	应用前许可证办理/应用：未知	首堆：2018年前
4S	钠冷却快中子反应堆	详细设计进行中	应用前许可证办理/应用：2012年	首堆：2014年后

资料来源：OECD Nuclear Energy Agency，2011

此外，还有其他 SMR 发展阶段如下：仍然处于概念设计阶段（IMR 和 PASCAR）；还未完成基本设计阶段（CAREM-300 和 CCR）；详细的设计已于十多年前完成但未启动建设项目（NHR-200 和 VK-300）；预计最早在 2020 年进行开发（GTHTR300 和 GT-MHR）；制定了短期发展目标，但原计划遭到严重中断（PBMR（之前的设计））。

由于 SMR 快中子反应堆型设计（SVBR-100、4S 和新型 Hyperion 电力模块堆）有许多新颖之处，因此短期内还无法确定其发展前景。即使到 2020 年完成了部署，在制定商业化决策之前，也需要基于实验性或示范性电站（对于长期的换料间隔目标尤其如此）的多年运行。在 2025 年之前，这些 SMR 的商业化不太可能完成。在 2025 年左右可能完成适于高温、非电力应用的高温气冷反应堆电站的部署。部署条件很可能是氢（或备选的先进能量载体）经济的发展以及 HTR-PM 的运行经验。在未来 10~15 年之内能够部署 SMR 的国家包括阿根廷、中国、印度、哈萨克斯坦、韩国、俄罗斯和美国。

10.3 安全性设计

10.3.1 内部事件设计

SMR 所采用的安全特性设计在大多数情况下与规模无关，较大容量反应堆的安全性设计也可以应用于 SMR。但是，SMR 采用这些特性后可能具有更高效能。更小的反应堆规模可以更有效地实现固有和被动安全设计特性，因为：①表面积体积比更大，更有助于衰变热的排除，尤其是采用单一状态冷却剂时。②堆芯功率密度降低，有助于许多被动安全特性和系统的使用。③燃料储量少，反应堆中的非核能储备少并且总体衰变热率低，所以源项少，引起的潜在危险更低。

此外，所有目前SMR设计的目的都是遵循现有国家规定及国际安全规范，如IAEA安全标准NS-R-1，涉及实施深度防御措施策略以及提供各种各样的主动和被动安全系统。先进SMR的设计者提出的堆芯损坏概率（CDF）为$10^{-5} \sim 10^{-8}$年$^{-1}$，即相当于或低于当前先进的大容量水冷反应堆的堆芯损坏概率。上限（10^{-5}年$^{-1}$）主要是非常规发展带来的风险（如水上核电站）。而大量早期辐射释放概率（Largely Early Release Frequenly，LERF）一般比堆芯损坏概率低一个数量级。

10.3.2 外部事件设计

与内部事件相比，与保护电站不受自然和人为引起的外部事件影响的SMR安全设计特性相关的资料较少，其中一个原因可能是许多先进SMR尚处于早期设计阶段。

SMR的抗震设计符合IAEA安全指南的建议。安全停堆地震等级即使在技术水平相同的设计中也存在很大差别，数值为$0.2 \sim 0.7g$ PGA（日本使用的地震震度为$3.5 \sim 4.4$）。这些数值一般等于或大于目前部署的大型水冷反应堆的设计数值。但在福岛核事故之后，应该对SMR的抗震设计进行重新分析。

所有SMR都具有安全壳，而且在许多情况中是双层安全壳。有些压水反应堆、高温气冷反应堆、钠冷反应堆和铅铋冷却反应堆的设计采取反应堆建筑地下建设或半埋置地下建设，这些措施都可以保护电站不受飞机失事的影响。但是，只有少数设计对于飞机失事进行定量分析，包括俄罗斯的舰船推进反应堆设计。在许多情况中，飞机失事被认为是排除在设计分析之外并且仅以管理措施应对。

除了地震和飞机失事以外，可以获得的关于外部事件的详细信息很少。对于电站建筑的地下建设，没有解释这种方式会使电站在多大程度上受到自然洪水侵袭的影响。

正如IAEA在2006年出版的《应对先进核电站外部事件的设计选择》报告中建议的："……应当在反应堆设计的初期阶段就考虑外部事件。如果在后期阶段中增加外部事件考虑事项，可能会导致重大修改甚至不可接受的安全水平。"只有少数设计中给出了明确说明，当确定堆芯损坏概率和早期辐射大量释放概率时考虑了内部和外部事件（包括俄罗斯舰船推进反应堆、CAREM、IRIS、VK-300和AHWR）。

广泛利用先进SMR的固有和被动安全特性有助于处理内部和外部事件。根据IAEA报告，可保护核电站不受内部和外部事件影响的特性如下：

- 能在正常停堆系统失效的情况下通过固有中子特性限制反应堆功率，并且在电站的安全临界参数将会超过设计限制值时能提供被动停堆系统而无需任何断开信号、动力源或人工操作来影响停堆。
- 在上述情况下，安全壳内有足够大的热阱来无限期地（或长期地）载出堆芯热量。
- 堆芯热转移到热阱有非常实用可靠的被动式热转移装置。

10.3.3 被动式安全系统

被动式安全系统是许多先进SMR设计的首选。对于压水反应堆、先进重水反应堆、高温气冷反应堆、钠冷反应堆和铅铋冷快中子反应堆而言，首选策略是使所有多重和多样化安全系统处于被动安全等级，而使必要的正常运行主动系统处于非安全等级。先进 SMR 中的被动式安全系统与规模无关，较大容量反应堆的被动安全系统也可以应用于 SMR。

从 20 世纪 90 年代中期以来，人们越来越关注先进 SMR 设计中被动式安全系统的可靠性。目前有多种方法可对被动安全系统性能进行量化研究。其中，两个显著代表是欧盟被动安全功能可靠性方法（Reliability, Methods for Passive Safety Functions, RMPS）和印度被动安全系统可靠性评估（Assessment of Passive Systems ReliAbility, APSRA）。此外，IAEA 自 2009 年开始进行了一项合作研究项目，研究一种以分析和试验为基础的普通方式来评估先进反应堆的被动安全系统性能。

目前，所有上述方法都处于初步发展阶段，没有一个进行了核管理评估。但所有这些方法都有效地优化了被动安全系统设计，并且初步结果显示，被动安全系统可以与主动安全系统一样可靠，甚至更加可靠。

10.3.4 安全设计和经济性

基于 SMR 的经济性，其安全设计方案可能包括两点：一方面，更广泛地利用固有和被动安全特性有助于实现设计简单化，因为减少了大量系统和部件，有助于电站运行和维护实现简单化，从而降低成本。另一方面，这些因素如较低的堆芯功率密度和较大的一次冷却剂容量（相应每单位产能较大的反应堆容器体积和质量），导致电站的隔夜资本成本增加。此外，也不能不考虑与经济规模有关的 SMR 固有的经济劣势。

在一些设计方案中（如 CCR、IRIS、NuScale 和俄罗斯的舰船推进反应堆设计），核蒸汽供应系统的安全壳设计显得很紧凑，在某种程度上打破了规模经济的规律。例如 CCR 采用了紧凑型安全壳，相比目前运行的大型先进沸水反应堆，预计可以减少与反应堆功率成正比的反应堆厂房的体积。但是 CCR 仍然处于概念设计阶段，因此任何经济上的结论都是初步的。

此外，许多先进 SMR 设计都减少了厂区外应急计划要求。设计者认为，由于设计具有高安全水平，有助于提高经济利益。

10.4 主要国家发展态势

10.4.1 美国

10.4.1.1 美国 SMR 研发计划

美国能源部（DOE）SMR 计划旨在加速发展基于轻水反应堆技术的成熟 SMR 设计，并进行必要的研究、发展与示范活动，从而促进对创新型反应堆技术及概念的理解和示范。这些计划要素在两个预算中单独列出。其中，一个预算用于支持 SMR 轻水反应堆型工业伙伴计划的发展，另一个则是反应堆概念研发预算。

1) SMR 轻水反应堆型技术支持（2012 财年预算申请：6700 万美元）

尽管部分 SMR 轻水反应堆型的概念是建立在现有反应堆技术基础上的，但是它们还没有相关的设计和许可证，也没有用于商业发展。DOE 认为这些 SMR 轻水反应堆型可以在未来 10 年内用于商业用途。SMR 轻水反应堆型技术支持计划旨在通过与工业伙伴达成合作协议来支持认证和许可活动，从而推动 SMR 的加速发展。该计划的工作范围包括完成设计认证、场地批准、许可证颁发、工程活动，以及通过美国核监管委员会（Nuclear Regulatory Commission，NRC）对根据征集意见提议的 SMR 电站开发项目的审查和批准程序。DOE 希望标准化 SMR 设计的发展还能促使更多的美国企业进入全球能源市场。

2) SMR 先进概念研发（2012 财年预算申请：2870 万美元）

根据先进的创新型概念（如基于快中子谱或高温反应堆的设计）所设计的 SMR 可以提供更好的功能性和经济性。此计划将支持关于独特性能和技术的核研发的实验室、大学和工业项目，并且支持中长期先进 SMR 概念的发展，见表 10-8。

SMR 先进概念研发活动将关注以下四个主要方面：发展先进 SMR 技术和特性的评估方法；发展和测试材料、燃料和制造技术；解决美国核监管委员会和产业提出的重要管理问题；开发先进的仪控系统及人机界面。

此计划要素可能还包括对先进反应堆技术的评估，该评估为分布功率和负荷跟踪应用提供简化操作和维护并提供增值性和安全性。

表 10-8 美国能源部核能办公室 2011 财年和 2012 财年 SMR 计划内容概要

	2011 财年	2012 财年
SMR 轻水反应堆型技术支持	同工业伙伴一同征集、挑选和确定项目，为近期最有发展前途的 SMR 轻水反应堆型概念的认证和许可活动分摊成本	管理与工业伙伴达成的关于分摊成本的设计认证和许可证获取活动的合作协议
SMR 先进概念研发	• 对获得许可证所需的创新技术、结构、系统和组成部分进行研究、开发和测试 • 建立并支持国家实验室和大学研发活动以推动创新技术的发展 • 支持和发展创新设计的许可证获取和商业化所需的新的/修订的工业规章和标准 • 与美国核监管委员会和工业界进行合作，对许可和促使 SMR 在美国发展的核监管委员会的政策、规范或指导方针的改变提出建议	• 进行先进 SMR 技术研发活动，如物理、材料研究和测试；反应堆系统和组成部分的先进生产和制造能力；改进的仪表和控制系统以及人机界面问题的解决；创新型 SMR 安全设计和特性的可能性风险分析。 • 支持核规章和标准的修订和建立，从而与标准开发组织（美国核学会（ANS）、美国机械工程师协会（ASME）、电气电子工程师学会（IEEE）、美国材料试验协会（ASTM）等）共同支持 SMR 设计 • 对先进 SMR 设计进行可行性评估。 • 继续与美国核工业管理委员会一起解决对于 SMR 设计的许可证获取非常重要的管理问题

10.4.1.2 美国研发的 SMR 堆型

美国目前正在开发 6 个初级阶段的 SMR。其中，2 个是轻水反应堆（MASLWR 和 AFPR），1 个是铅铋冷却反应堆（ENHS），3 个是来自安全可运输式自主反应堆（STAR）系列的铅冷反应堆（SSTAR、STAR-LM 和 STAR-H2）。

1）水冷式小型反应堆

多用途小型轻水反应堆（MASLWR）是一个换料间隔为 5 年的 35 兆瓦$_e$小型压水反应堆。MASLWR 采用模块化设计，包括一体化反应堆容器、蒸汽发生器和高压安全壳。整个反应堆模块都在车间预制，可通过大多数铁路或公路运输至场址。该设计采用较大容量的多模块电站结构。在之前的阶段，MASLWR 的设计和测试团队成员来自爱达荷国家实验室（INL）、俄勒冈州立大学（OSU）和美国 Nexant-Bechtel 工程公司。研发活动得到美国能源部核能研究发展计划（NERI）的资助。能在全系统压力和温度下运行的热液压试验设备已经由俄勒冈州立大学建成并成功实现运行。MASLWR 目前处于概念设计阶段，补充试验和设计改进可能包括模拟中子反馈自然循环流动稳定性试验和高压被动式安全壳冷却试验。项目组正在寻求资金来支撑后续试验。

美国西北太平洋国家实验室（PNNL）开发了一种 100 兆瓦$_e$的 TRISO 燃料小型轻水反应堆，其换料间隔为 36 年，暂时被命名为和平原子能反应堆（Atoms For Peace Reactor, AFPR）。这种反应堆堆芯由球床微型燃料元件构成，即包覆了碳化硅/热解碳涂层的 UO_2 微粒，这些颗粒与横向流动的水冷却剂直接接触，使蒸汽通过燃料组件的多孔壁。外涂层由非常坚硬的、有耐性的保护性涂层材料制成，如纳米层氮化物材料 TiN/NbN 或 AlN/CrN。该设计采用容器内储罐储存未使用的燃料和乏燃料，采用阀门系统进行堆芯在线换料，无需打开反应堆容器盖，通过打开卸料阀使微型燃料元件在重力驱使下向下运动。该反应堆目前处于可行性研究阶段。

2）铅铋冷却小型反应堆

密封核热源（ENHS）反应堆是一个换料间隔为 20 年以上的 50~75 兆瓦$_e$模块化铅铋冷却反应堆。该反应堆具有两个池式冷却剂回路：一个是冷却剂在反应堆模块内部循环；一个是冷却剂（中间）在反应堆嵌入的池中循环。反应堆设计具有最佳反应性反馈组合并且裂变材料可以自给自足。

劳伦斯-利弗莫尔国家实验室、阿尔贡国家实验室、洛斯阿拉莫斯国家实验室和加利福尼亚大学伯克利分校正在合作执行小型铅合金冷却式核电池型快中子反应堆的研发工作。密封核热源反应堆的研发工作由加利福尼亚大学伯克利分校和劳伦斯-利弗莫尔国家实验室执行，该项工作是铅合金冷却式核电池型快中子反应堆工作成果的一部分，得到了 DOE 第四代核能系统研发计划的支持。研发工作还得到劳伦斯-利弗莫尔国家实验室和韩国原子能研究所的部分资金支持。目前处于可行性研究或概念设计阶段。

美国阿贡国家实验室与日本电力中央研究所以及日本东芝公司正在合作进行密封核热源反应堆的研发工作。日本方面的工作重点是在密封核热源反应堆概念中所采用的 4S 反应堆设计的重要元素。

3）铅冷式小型反应堆

小型密封可运输式自主反应堆（Small, Sealed, Transportable, Autonomous Reactor, SSTAR）是一个向偏远乡村提供安全电能的 20 兆瓦。铅冷却式反应堆，其目标是对 STAR 概念组合的技术和组织特性进行原型研究。STAR 液态金属冷却反应堆（STAR-LM）是一个 400 兆瓦$_{th}$ 的铅冷却式自然循环反应堆，利用 565℃ 堆芯出口温度驱动超临界的 CO_2 布雷顿循环来发电。STAR-H2 将 Pb 出口温度提高至 800℃ 来驱动热化学裂解水循环制氢，所有 STAR 设计的换料间隔时间都是 15~20 年。

SSTAR 的开发得到 DOE 第四代核能系统计划下的铅冷快中子反应堆计划的支持，由爱达荷国家实验室、劳伦斯-利弗莫尔国家实验室、阿尔贡国家实验室、洛斯阿拉莫斯国家实验室共同提供资金支持。在阿尔贡国家实验室进行的 STAR-LM 和 STAR-H2 的开发和设计之前由美国能源部核能研究发展计划提供支持。与阿尔贡国家实验室共同参与 STAR 组合研究和发展的机构包括俄勒冈州立大学、得克萨斯农工大学和俄亥俄州立大学。所有的反应堆目前都处于可行性研究或早期概念设计阶段。

在 2003 年提议设计和建造作为第四代核能系统计划 SSTAR 工作一部分的铅冷示范试验反应堆，预计在 2015 年投入使用。通过示范试验反应堆的运行来获得许可证的方式非常具有吸引力，示范反应堆的运行对于 2025 年完成 SSTAR 的商业部署的计划有一定的促进作用。

10.4.2 俄罗斯

俄罗斯目前正在开发 11 个处于不同发展阶段的 SMR。其中，6 个是轻水冷却反应堆：UNITHERM、ELENA、VBER-150、ABV、KLT-20 和 VKR-MT。1 个是小型气冷却快中子反应堆：BGR-300。2 个是钠冷反应堆：MBRU-12 和 BN GT-300。1 个是铅铋冷却小型反应堆：SVBR-75/100。1 个是非常规反应堆：MARS。

俄罗斯的几个主要设计机构和国家研究机构正在与其他机构合作执行与小型反应堆有关的活动。这些机构都具有舰船推进反应堆的设计、建造和运行经验，如核动力破冰船或核潜艇。

10.4.2.1 水冷式小型反应堆

UNITHERM 是一个 30 兆瓦$_{th}$ 的可移动式核电站，其设计目的是向城区和偏远区域的工业企业供热，其换料间隔为 16~17 年。该设计自 20 世纪 90 年代以来一直由俄罗斯动力工程和发展研究所、俄罗斯 Kurchatov 研究中心共同开发，以俄罗斯动力工程和发展研究所的船舶核设施经验为基础，目前处于设计阶段。一些私营公司和俄罗斯萨哈共和国政府表达了成为潜在用户的意愿。UNITHERM 不需要重要研发活动来进行技术发展，但是该设计的某些创新系统和部件需要深入研发，如独立排热回路和反应堆设备冷却系统。

ELENA NTEP 是一个 3.3 兆瓦$_{th}$ 和 68 千瓦$_{e}$ 的无人值守自动控制核热电站，换料间隔约 22 年。ELENA NTEP 目前处于设计阶段，其基础是上述设计者的空间核设施和水下核设施设计经验以及示范性核热电站 GAMMA。GAMMA 于 1982 年投入使用，目前仍在运行之中。ELENA NTEP 已经完成了燃料元件的详细设计。

换料间隔为 6 年、容量为 110 兆瓦$_e$的 VBER-150 反应堆是为一个浮动式（舰船上安装的）核电站所设计的。VBER-150 是 VBER-300 的双回路改良型反应堆，它是一个小型的回路式压水反应堆。主要反应堆部件的模块配置是这个反应堆的重要特点，反应堆压力容器、两个直流式蒸汽发生器和两个主循环泵通过冷却剂的短同轴焊接管整合到一个容器系统中。VBER-300 和 VBER-150 都是以俄罗斯舰船推进反应堆几十年的成功运行经验为基础的。俄罗斯 OKBM Afrikantov 公司与俄罗斯 Kurchatov 研究中心和 Lazurit 股份公司共同参与了 VBER-150 的设计和技术开发工作，这些设计者在舰船推进反应堆的设计、建造和运行方面具有独特的经验。VBER-150 反应堆浮动式核电站的设计发展得到相关公司和机构的支持。由于 VBER-150 是 VBER-300 的双回路改良版本，所以在设计上采用了后者的成果。俄罗斯国家原子能集团（Rosatom）在国家计划的框架内支持 VBER-300 的设计开发[①]。VBER-150 浮动式核电站项目正处于设计阶段。

ABV 是一个换料间隔为 8 年左右的 11 兆瓦$_e$压水反应堆，采用一次回路一体化设计，蒸汽发生器设置在反应堆容器内部。ABV 采用了之前的舰船推进反应堆的研发成果以及 VVER 的运行经验。ABV 的设计开发工作由俄罗斯 OKBM Afrikantov 公司、俄罗斯物理和动力工程研究所（IPPE）和 Lazurit 股份公司共同完成。这些机构都具有长期的舰船推进反应堆设计开发经验。目前，ABV 反应堆的研发由与项目有关的公司提供资金支持。俄罗斯远北和远东地区政府向俄罗斯联邦政府提出提供小型可靠能源，以支持开发新矿藏的初期活动和应对居民区电力和热能缺乏问题，ABV 设计正是为了响应这些要求而开发的。项目已经进行了详细设计并且开始为前期项目 ABV-6M 办理许可证，但是 1996 年以后就停止了，新的 ABV 项目尚处于设计阶段。

KLT-20 反应堆是一个为浮动式热电站或发电厂设计的小型核动力源，其换料间隔为 8 年。它是一个 20 兆瓦$_e$的压水反应堆，是 KLT-40S 反应堆的双回路改良版本，在主要设备上进行了几处改进，具有更长的换料间隔，铀富集度按重量计算少于 20%。KLT-20 由俄罗斯 OKBM Afrikantov 和俄罗斯 Kurchatov 研究中心设计，由与项目有关的机构提供资金。一个 KLT-40S 反应堆试验性浮动式热电厂于 2006 年 6 月在俄罗斯开始施工，计划在 2010 年完成部署。一个 KLT-20 反应堆浮动式核电站正处于设计阶段。

VKR-MT 是一个 300 兆瓦$_e$的壳式反应堆，它具有创新型堆芯设计，其基础是直接由沸水冷却的球床微型燃料元件（直径约 2 毫米的 TRISO 型包覆颗粒，外面为碳化硅涂层），换料间隔约为 10 年。VKR-MT 是紧随 VK-300 沸水反应堆之后的设计，VK-300 沸水反应堆由俄罗斯动力工程和发展研究所开发，目的是更新之前用来生产武器级钚的反应堆设施。VKR-MT 还借用了 VVER 型微型燃料元件反应堆设计，该设计由俄罗斯 Kurchatov 研究中心、俄罗斯原子能机械研究所（VNIIAM）、科学和生产协会 Luch 开发，上述机构也是 VKR-MT 项目的主要设计者。VKR-MT 目前处于设计可行性阶段，其设计目标是通过除去严重事故（包括恶意人为事故）中从核燃料中大量释放的裂变产物来确保高水平的核

---

① 俄罗斯和哈萨克斯坦于 2006 年 7 月达成协议创建一个合资企业，目的是完成 VBER-300 反应堆装置的设计开发并将应用这种反应堆的核电站推向国内外市场。另一个提议的联合发展项目是小型反应堆 ABV。

安全性和辐射安全性。VKR-MT 的设计原理来自于两个试验，一个是已经完成的包覆颗粒试样堆外辐照试验，另一个是正在进行的微型燃料元件堆内辐照试验。

10.4.2.2 气冷式小型反应堆

俄罗斯 Kurchatov 研究中心目前正在对一个换料间隔为 12 年的 300 兆瓦$_{th}$气冷却快中子反应堆（BGR-300）进行可行性研究。BGR-300 是一个二次容器充当安全系统的高温小型箱式反应堆，没有中间热传输系统。反应堆堆芯采用准均匀发热块形式的多孔基体燃料和交叉循环冷却剂，熔盐反射层在事故中充当热阱，通过在一次至二次热交换器之前的一回路中设置一个高温热交换器，BGR-300 可提供热化学制氢选择方案。

10.4.2.3 钠冷式小型反应堆

MBRU-12 是一个换料间隔为 30 年、容量为 12 兆瓦$_e$的钠冷却快中子反应堆模块化核电站，每年在密封保护容器盖下进行燃料组件的调换。MBRU-12 采用了快中子钠冷反应堆电站根据运行实践（如 BOR-60、BN-350 和 BN-600）和设计开发（BN-800 反应堆）得出的工程解决方案。MBRU-12 的一次和二次（中间）钠冷系统采用一体化设计，在分析了几种堆芯布置方案后选择了非正钠空隙效应方案。MRBU-12 的主要设计者是俄罗斯 OKBM A frikantov 公司、俄罗斯圣彼得堡原子能设计院（Atomenergoproekt）、俄罗斯物理和动力工程研究所，目前处于概念设计阶段。2004～2005 年，在俄罗斯机械工程实验设计局专家的倡议下进行了 MBRU-12 的设计研究。

BN GT-300 是一个 300 兆瓦$_e$的可移动模块化热电联产核电站，采用快中子钠冷反应堆，利用燃气轮机循环进行能量转换，换料间隔为 4.5～6 年。根据设计，将反应堆的几个模块安装在铁路车辆上并且无需中间热传输系统。这些模块通过铁路运输至现场，然后在屏障保护下进行固定和连接。BN GT-300 的主要设计者是俄罗斯物理和动力工程研究所，研发计划的部分资金由国家工业计划拨款提供，目前处于早期概念设计阶段，预计国际合作项目将从基本设计阶段启动。

10.4.2.4 铅铋冷却式小型反应堆

SVBR-75/100 是一个 75～100 兆瓦$_e$多功能模块化铅铋冷快中子反应堆，换料间隔为 6～9 年。该设计建立在俄罗斯 50 年来设计和运行核潜艇用铅铋冷却反应堆装置的经验之上，特别是已经成功运行 80 堆·年的 SVBR-75/100 舰船推进反应堆原型。

SVBR-75/100 的一次铅铋回路采用一体化设计，所有的回路设备都在一个单库中，完全除去了阀组和铅铋冷却剂管道，主要反应堆容器位于水池中，水池充当被动衰变热冷却系统并能在反应堆容器破裂时防止铅铋释放到周围环境中。该反应堆已经通过运行的反应堆验证了铅铋冷却剂的冷冻/解冻技术以及^{210}Po 处理技术。SVBR-75/100 采用双回路设计和兰金循环，没有中间热传输系统。该设计具有灵活的燃料循环选择方案和应用，能在一次通过式燃料循环和闭路燃料循环模式下运行，并允许多模块的、具有更大容量的电站配置。

俄罗斯联邦单一制国有企业俄罗斯水压试验设计院、俄罗斯物理和动力工程研究所和俄罗斯圣彼得堡原子能设计院正在对 SVBR-75/100 原型进行设计开发，详细设计阶段已经启动。在

2006年6月15日，俄罗斯国家原子能集团的第一科学技术理事会支持继续进行与某个部署地点有关的SVBR-75/100电站的详细设计工作。研究机构已经编写了详细设计阶段的基础研发活动和试验清单。此外，为了提供更加灵活的能源供应，俄罗斯水压试验设计院和俄罗斯物理和动力工程研究所还研制了一个较小的铅铋冷却反应堆，即10兆瓦$_e$的SVBR-10。

10.4.2.5 非常规小型反应堆

俄罗斯Kurchatov研究中心开发了一个高温自主微粒加料熔盐冷却反应堆MARS，其设计容量为16兆瓦$_{th}$，换料间隔为15～60年。该设计具有高温气冷反应堆型球形燃料元件固定床，采用TRISO燃料和熔盐冷却剂，二次回路采用空气涡轮机开式循环。

MARS由俄罗斯Kurchatov研究中心开发，该中心在20世纪70年代进行了一些试验来支持MARS的可行性研究，主要的研究活动包括为获得预期电站特性而执行的堆芯设计优化以及安全分析代码的确定。

10.4.3 日本

日本目前正在开发10个处于不同阶段的SMR，其中3个是轻水冷却反应堆：PSRD、装配式反应堆和PFPWR50；3个是钠冷小型反应堆：东芝公司4S、4S-LMR和RAPID；3个是液态金属冷却小型反应堆：小型铅铋冷却反应堆、LSPR和PBWFR，它们都采用铅铋低共熔混合物作为冷却剂；MSR FUJI反应堆是一个熔盐冷却反应堆。几个大型工业公司、国家研究所和大学引领着这些创新型SMR的发展，并与其他机构合作。

10.4.3.1 水冷式小型反应堆

日本原子力研究开发机构正在开发一个适用于分布式供能系统的被动安全小型反应堆（PSRD）。容量为31兆瓦$_e$的PSRD是一个间接循环、整体设计的（箱式）小型压水反应堆，换料间隔大于5年，蒸汽发生器在反应堆容器内部。PSRD目前处于设计阶段，设计目的是实现系统简单化，从而降低建设、运行和维护成本。电站的经济性评估正在进行，并且已经制定了实验测试来检验安全特性和其他设计特点。

日立公司和三菱公司正在合作开发装配式反应堆。此反应堆是一个25兆瓦$_{th}$（或10～100兆瓦$_{th}$）的轻水反应堆，建立在压水堆、沸水堆和压力管式反应堆技术的基础之上。该设计为独立"密封"盒式中子耦合燃料组件，采用自然对流的沸水冷却剂。蒸汽从各燃料盒直接进入容器内的二次回路发生器中，换料间隔为5～10年。装配式反应堆的初始发展目标之一是将研发和相关测试设备的成本降至最低，从而在几年之内完成反应堆的部署。装配式反应堆的可行性已经在2005年确定，需要根据市场需求和其他因素，决定是否继续进行深入研发计划。

PFPWR50主要由北海道大学开发，目前处于设计可行性阶段。PFPWR50是一个50兆瓦$_{th}$的压水反应堆，采用石墨矩阵涂敷粉粒型燃料，外面为常规锆合金管覆层。PFPWR50的特点是使用TRISO型燃料、换料间隔为7～8年、被动贯入式堆芯事故冷却和安全壳内的大型被动式热阱，可使电站选址在靠近用户的地方（如用于区域供暖）。它的主要设计目标是降低运行和维护成本以及资金。

10.4.3.2 钠冷式小型反应堆

由日本电力中央研究所（CRIEPI）开发的 RAPID 是一个自主全自动运行的 10 兆瓦$_{th}$ 钠冷反应堆，换料间隔为 10 年，没有控制棒，而是采用被动式锂膨胀、锂灌注和锂释放模块来实现无人值守。已经形成了相关的制造技术并且进行了大量的锂模块测试，目前处于概念设计阶段。它的研发经费来源于 CRIEPI。

日本正在开发两种超安全且简单的小型反应堆 4S。一种是 50 兆瓦$_e$ 钠冷反应堆，换料间隔为 30 年，由东芝公司、日本电力中央研究所和其他几个机构共同研制。另一种是 50 兆瓦$_e$ 4S-LMR 反应堆，换料间隔为 10 年以上，将在 U-Zr-TRU 燃料闭路循环中运行，目前正由日本电力中央研究所和东芝公司共同开发。两种概念都具有一次和二次（中间）钠回路的整体设计，通过堆芯外的活动反射层调节随燃耗发生的反应性变化。两种设计的固有安全特性能确保电站在未能紧急停堆的预期瞬变中进行自动控制。4S-LMR 在采用 U-Zr-TRU 燃料运行时具有负空泡反应性效应。

东芝 4S 的发展得到日本文部科学省的支持，目前正在进行堆芯、燃料和反射层技术研发，概念设计和系统设计的主要部分已经完成。

日本电力中央研究所开发的 4S-LMR 处于设计阶段。根据与日本文部科学省签订的合同，与堆芯布置和安全性以及一些主要技术的发展（如反射层的驱动机构）有关的改良型新设计目前正处于发展阶段。

10.4.3.3 铅铋冷却小型反应堆

日本原子力研究开发机构也在开发一个换料间隔为 30 年的 50 兆瓦$_e$ 小型铅铋冷却反应堆。这种小型箱式反应堆目前处于概念设计阶段，没有中间热传输系统设计，蒸汽发生器在反应堆容器内部。已经进行了 10 000 小时的停滞铅铋中不锈钢包层的腐蚀试验，并且已经执行了实验室规模的试验来支持三维隔震反应堆厂房设计。

在日本文部科学省的财政支持下，东京工业大学核反应堆研究实验室正在开发一个换料间隔为 11~12 年的 53 兆瓦$_e$ 铅铋冷却反应堆 LSPR。该反应堆为一体化设计，蒸汽发生器安装在反应堆容器内部。目前正在进行设计可行性研究，之后将执行堆芯设计研发活动，采用 CANDLE 燃耗概念、简化型被动式衰变热去除系统、蒸汽发生器管破裂的应对措施以及容器内装置简化维护技术。

东京工业大学核反应堆研究实验室正在与几个公司合作开发直接接触沸水型铅铋冷却小型反应堆（PBWFR）。PBWFR 是一个换料间隔为 15 年的 150 兆瓦$_e$ 压力容器型反应堆，在它内部，过冷水被注入堆芯上方的热铅铋冷却剂中，形成直接接触沸腾。气泡由于浮力上升，充当了铅铋循环的提升泵，产生的蒸汽通过分离器和干燥器除去铅铋液滴，然后流向涡轮发电机组。PBWFR 的设计和技术开发得到日本文部科学省的支持，已经进行了可行性研究，目前处于设计阶段。在过去几年中执行了大量的热液压试验和其他试验来支持 PBWFR 的研究。

10.4.3.4 熔盐冷却小型反应堆

MSR FUJI 是一个 200 兆瓦$_e$ 的简化式熔盐反应堆，设计目标是在 ^{233}U-Th 燃料闭路循环中运行，运行周期大于 30 年，但是需要定期从内部燃料库中补充大量的裂变燃料。MSR FUJI 设计是以美国橡树岭国家实验室在 1950~1976 年执行的熔盐反应堆计划的设计为基础，该计划的许多研发成果直接关系到 MSR FUJI 的发展。

MSR FUJI 相关的研发活动得到了许多成员国的独立研究组的支持，目前处于早期设计阶段。已经确定了需要研发的相关结构材料和部件。

10.4.4 其他国家

10.4.4.1 巴西

在巴西，巴西南大河州联邦大学（UFRGS）正在开发换料间隔大于 10 年的 40 兆瓦$_e$ 模块化固定床核反应堆（FBNR）。该反应堆是流化床核反应堆的简化版本[①]，利用压水反应堆技术，采用高温气冷反应堆型 TRISO 球形燃料元件。球形燃料元件被冷却水流固定在吊芯中，当冷却水流中断时，球体因重力重新定位到一个亚临界的、易于冷却的燃料室中。

固定床核反应堆由巴西南大河州联邦大学利用自身资源发展形成，目前处于设计可行性阶段。该大学制定了一项研发计划，其中包括设计的完成、全尺寸非核水工设施的建设以及对中子行为、热水工行为和燃料行为的研究。

10.4.4.2 印度

印度正在开发紧凑型高温反应堆（CHTR），其设计换料间隔为 15 年。该反应堆采用液态铅铋易熔合金作为冷却剂、BeO 作为慢化剂以及 TRISO 栓块型 ^{233}U-Th 基础燃料。设计容量约 100 兆瓦$_{th}$。采用热管系统，反应堆能输出高温热能（1000℃）用于过程应用，其中包括氢气生产。该设计具有几种先进的被动式安全特性，同时也适用于偏远地区的自主电力供应。

巴巴原子能研究中心（BARC）正在实施该反应堆的研发计划，并获得了印度政府的财政支持。已经完成反应堆的可行性研究并启动概念设计阶段，该阶段包括实验装置的安装，用于执行与液态金属、燃料元件涂层、被动安全特性和排热系统有关的各种试验，对液态金属冷却剂中燃料元件涂层的引导测试已经启动。

10.4.4.3 印度尼西亚

在印度尼西亚，万隆科技学院（ITB）正在执行两个小型铅铋冷却核反应堆的设计研究，这些反应堆具有快中子谱，可以不用现场换料连续运行 15 年以上，它们是容量为 10~20 兆瓦$_e$ 的 SPINNOR 和容量为 6 兆瓦$_e$ 的 VSPINNOR，两个反应堆都具有最优反应性效应组合，能确保反应堆在未能紧急停堆的预期瞬变中进行自我控制。印度尼西亚与东京工业大学核反应堆研究实验室在 20 世纪 90 年代初期联合开发了一种长寿命堆芯反应堆，SPINNOR 和 VSPINNOR 都是在此基础之上发展形成的。这两个反应堆的研究主要由

---

① 两种反应堆概念的缩写均为 FBNR。

万隆科技学院的反应堆物理实验室与印度尼西亚国家原子能机构合作执行,该项目获得了国家研究拨款的支持。

10.5 研发创新能力与布局计量分析

10.5.1 数据来源与分析方法

本次分析以汤森路透德温特创新索引(DII)专利数据库作为信息来源①,对主要研发机构在核反应堆技术领域相关专利进行了检索,构建重点机构专利分析数据集。利用汤森数据分析器、Aureka 分析平台以及 Excel 等工具进行专利数据挖掘和分析,从不同角度揭示核反应堆技术创新发展态势。

10.5.2 西屋电气

通过对 DII 专利数据库进行检索,共检索到美国西屋电气核反应堆技术相关专利(族)2559 项(数据检索日期为 2012 年 12 月 17 日)。从年度变化趋势来看(图 10-6),

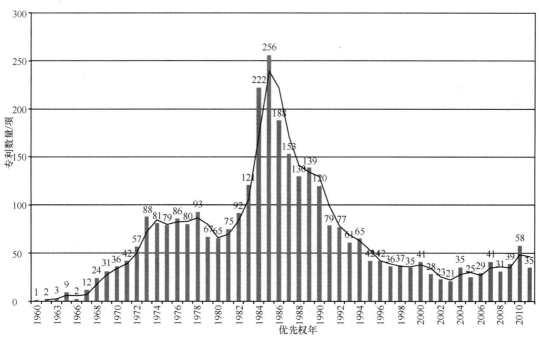

图 10-6　美国西屋电气核反应堆专利年度申请态势

---

① 需要说明的是,DII 专利数据库中专利记录是以专利家族为单位进行组织的,一个专利家族代表了一"项"专利技术,包括了对应不同国家/地区申请的多"件"专利。本节分析中的专利数量均是"项"数,实际专利数量要高于计量数据。

20世纪70年代开始西屋电气核反应堆技术研发开始逐渐活跃,专利申请数量屡创新高,到80年代进入高峰期,年均专利数量超过了100项,这与这一期间是美国核电建设的高潮相吻合;90年代之后随着核电建设的放缓,技术创新有所放慢,专利申请数量下滑;进入21世纪后开始出现复苏势头(由于专利从申请到公开到数据库收录存在一定的滞后期,2009~2011年的专利申请实际值要高于图10-6中数据)。

利用 Thomson Innovation 平台的专利地图功能,对西屋电气核反应堆专利的技术主题分布进行了分析[①]。从图10-7可以看出,热点技术主题包括:①核电站运行监控系统;②蒸汽发生器探测装置;③锆合金燃料包壳制造方法;④压力容器组件;⑤燃料元件组装;⑥定位栅格;⑦控制棒驱动装置;⑧中子吸收材料;⑨放射性材料去污。

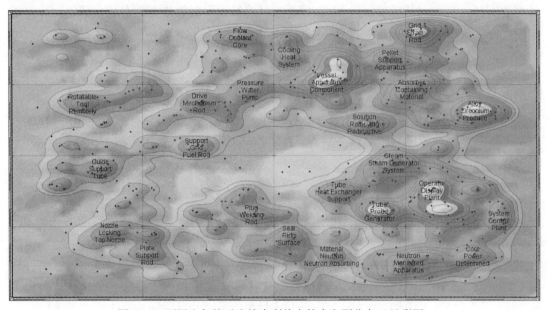

图10-7 西屋电气核反应堆专利热点技术主题分布(见彩图)

对西屋电气核反应堆专利进行基于 IPC 的统计分析(表10-9),可以看出,西屋电气专利主要集中在反应堆监控设备与装置、燃料元件及其组装、紧急保护装置、压力容器、冷却装置等方向。

通过对西屋电气近5年申请专利进行基于国际专利分类号(IPC)的统计分析(表10-10),可以看出,西屋电气专利申请近年来更重视在控制核反应的装置与方法、燃料元件的组装、核反应堆监视与测试等方向布局。

---

① 等高线显示专利文献聚类结果;山峰表示聚类后出现频率高、占有优势的主题词;黑点代表专利文献簇;实体(如山峰、黑点等)间的距离,代表不同技术主题词间的相关性和渗透性,两者距离越近,表示其间关系越密切,渗透越深入。图10-7中文字是基于专利数据集的题名和摘要进行聚类的结果

10 小型模块化反应堆技术国际发展态势分析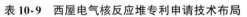

表 10-9 西屋电气核反应堆专利申请技术布局

技术领域	出现频次	时间	近3年受理量占总量比例/%
核反应堆监视，测试	324	1968~2012 年	2
反应堆燃料元件及其组装——并列的细棒、棒、管状燃料元件的捆束	176	1965~2011 年	2
用于反应堆，如在其压力容器中处理、装卸或简化装卸燃料或其他材料的设备	146	1968~2011 年	6
反应堆定位栅格	126	1960 年~2011 年	5
结构上和反应堆相结合的紧急保护装置	124	1966~2011 年	4
专用于制造反应堆或其部件的设备或工序	115	1967~2010 年	2
刚性结构的许多燃料元件的组装	105	1971~2011 年	4
压力容器、密封容器、一般密封	105	1968~2011 年	3
装有堆芯的压力容器中的冷却装置，特殊冷却剂的选择	99	1967~2010 年	3
监视，测试——燃料元件、控制棒、反应堆芯或慢化剂结合与灵敏仪器的结构组合	92	1971~2011 年	8

表 10-10 西屋电气核反应堆专利申请技术布局

优先权年	申请量/项	最受关注的技术领域	新出现的技术领域
2011	35	燃料元件、控制棒、反应堆芯或慢化剂结合与灵敏仪器的结构组合（5） 用于反应堆，如在其压力容器中处理、装卸或简化装卸燃料或其他材料的设备（5） 移动控制元件到所希望位置的装置（4） 核反应堆监视、测试（4）	利用固体控制元件的位移（3） 蒸汽锅炉的洗涤装置（2） 反应堆燃料元件及其组装、用作反应堆燃料元件的材料的选择（2） 移动控制元件到所希望位置的液压或气动驱动装置（2）
2010	58	用于反应堆，如在其压力容器中处理、装卸或简化装卸燃料或其他材料的设备（7） 反应堆定位栅格（5） 利用固体控制元件的位移（5） 移动控制元件到所希望位置的装置（5）	刚性结构的许多燃料元件的组装（4） 在捆束中元件的支承或吊挂；构成捆束部分，用于把它插入堆芯，或从堆芯取出的装置；用于联结相邻捆束的装置（4）
2009	39	反应堆定位栅格（6） 结构上和反应堆相结合的紧急保护装置（6） 核反应堆监视，测试（6） 用于反应堆，如在其压力容器中处理、装卸或简化装卸燃料或其他材料的设备（6）	在核设施中，管道或管子的检测或维护（3） 以其组成部件的形状为特征的慢化剂或堆芯结构（2） 压力容器、密封容器的零部件（2） 利用涡流通过测试磁变量用于测试材料缺陷的存在（2）

续表

优先权年	申请量/项	最受关注的技术领域	新出现的技术领域
2008	31	反应堆定位栅格（5） 使用中子吸收材料控制核反应（5） 用于监视或检测反应堆芯外面的燃料或燃料元件的器件或装置（5） 燃料元件、控制棒、反应堆芯或慢化剂结合与灵敏仪器的结构组合（5） 用于反应堆，如在其压力容器中处理、装卸或简化装卸燃料或其他材料的设备（5）	
2007	41	利用固体控制元件的位移控制核反应（7） 用于反应堆，如在其压力容器中处理、装卸或简化装卸燃料或其他材料的设备（7） 核反应的控制（6）	

注：括号中为专利数量

　　从合作机构情况来看（表10-11），西屋电气技术研发合作最多的是美国能源部，1973~1997年共联合申请了119项专利，合作领域包括紧急保护装置、压力容器、反应堆监视与测试装置以及核废料的处理等。其次，与瑞典ABB公司1991~2001年共联合申请78项专利，合作领域集中在燃料元件的组装、定位栅格等。此外，西屋电气与日本的电力公司联合申请专利较多，这主要是由于西屋电气20世纪80年代与日本公司联合开发先进压水堆（APWR），合作领域包括反应堆控制元件、燃料元件组装、堆芯结构等。

表10-11　西屋电气合作最多的机构

合作机构	合作申请专利数量/项	合作时间	合作最多的技术领域
美国能源部	119	1973~1997年	结构上和反应堆相结合的紧急保护装置（8） 压力容器、密封容器、一般密封（8） 反应堆监视，测试（8） X射线、γ射线、微粒射线或粒子轰击的防护，处理放射性污染材料及其去污染装置（8）
瑞典ABB公司	78	1991~2001年	并列的细棒、棒、管状燃料元件的捆束——影响冷却剂通过或绕过捆束流量的装置（16） 反应堆定位栅格（16） 并列的细棒、棒、管状燃料元件的捆束（11）
日本四国电力	27	1984~1988年	核反应堆控制元件的构造（7） 并列的细棒、棒、管状燃料元件的捆束（5） 移动控制元件到所希望位置的机械驱动装置（4） 压力容器、密封容器、一般密封（4） 传热至冷却剂通道的装置或配置，如通过支撑燃料元件的冷却剂循环（4）

10 小型模块化反应堆技术国际发展态势分析

续表

合作机构	合作申请专利数量/项	合作时间	合作最多的技术领域
日本九州电力	21	1984～1988年	核反应堆控制元件的构造（6） 并列的细棒、棒、管状燃料元件的捆束（5） 移动控制元件到所希望位置的机械驱动装置（5）
日本关西电力	18	1984～1988年	并列的细棒、棒、管状燃料元件的捆束（4） 核反应堆控制元件的构造（6） 慢化剂为高增压的非均匀热反应堆（3） 慢化剂或堆芯结构、用作慢化剂材料的选择（3）
日本原子能发电公司	17	1984～1988年	核反应堆控制元件的构造（5） 慢化剂为高增压的非均匀热反应堆（4） 并列的细棒、棒、管状燃料元件的捆束（4） 整个堆芯结构的支承装置（4）
日本北海道电力	13	1984～1988年	核反应堆控制元件的构造（5） 慢化剂为高增压的非均匀热反应堆（3） 整个堆芯结构的支承装置（3） 移动控制元件到所希望位置的机械驱动装置（3）
美国燃烧工程公司	13	1997～2001年	核反应的控制电路（3） 反应堆监视，测试（3） 燃料元件、控制棒、反应堆芯或慢化剂结合与灵敏仪器的结构组合（2） 构成控制元件一部分的敏感元件（2）
美国电力研究院	5	1985～1986年	加速冷却剂的流动（4） 电动泵（3） 装有堆芯的压力容器中的冷却装置；特殊冷却剂的选择（2） 加速液体金属冷却剂的流动（2） 核发电厂抽送装置（2） 结构上不联合的反应堆和发动机——发动机液体工作介质在热交换器中被反应堆冷却剂加热，蒸发（2） 感应泵（2）

注：括号中为专利数量

10.5.3 通用电气

通过对 DII 专利数据库进行检索，共检索到美国通用电气（GE）核反应堆技术相关专利（族）2124 项（数据检索日期为 2012 年 12 月 17 日）。从年度变化趋势来看（图 10-8），20 世纪 60 年代后期到 70 年代后期 GE 核反应堆技术研发起步，到 80 年代陷入低潮，90 年代中前期进入第一个高峰期，年均专利数量在 100 项左右；2003 年以后随着核电建设的复苏，GE 专利申请数量大幅增加，进入第二个高峰期，到 2010 年专利数量突破了 170 项（由于专利从申请到公开到数据库收录存在一定的滞后期，近 3 年的专利申请实际值要高于图 10-8 中数据）。

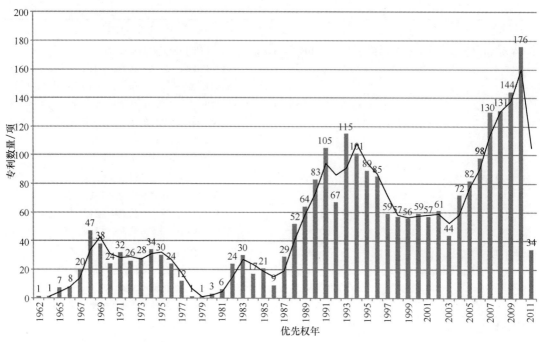

图10-8　GE核反应堆专利年度申请态势

利用Thomson Innovation平台的专利地图功能，对GE核反应堆专利的技术主题分布进行了分析。从图10-9可以看出，热点技术主题包括：①控制棒驱动装置；②燃料定位栅格；③铀燃料加工制造工艺；④蒸汽发生器；⑤金属材料腐蚀监控；⑥反应堆监控系统数据处理方法；⑦堆芯喷淋系统；⑧乏燃料储存冷却设施。

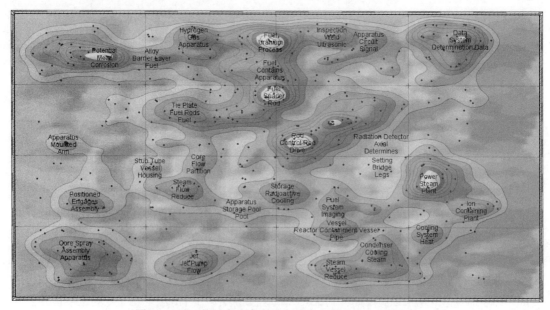

图10-9　GE核反应堆专利热点技术主题分布（见彩图）

对 GE 核反应堆专利进行基于 IPC 的统计分析（表 10-12），可以看出，GE 专利主要集中在反应堆远程监视与检测装置、核发电厂的部件与控制设备、装卸燃料设备、紧急保护装置、压力容器、冷却装置等方向。

表 10-12　GE 核反应堆专利申请技术布局

技术领域	出现频次	时间范围	近 3 年受理量占总量比例/%
核反应堆监视，测试	229	1968~2011 年	8
核发电厂的部件	214	1972~2011 年	15
用于反应堆，如在其压力容器中处理、装卸或简化装卸燃料或其他材料的设备——装卸设备的零部件	180	1982~2011 年	10
装有堆芯的压力容器中的冷却装置、特殊冷却剂的选择	173	1968~2011 年	4
用于反应堆，如在其压力容器中处理、装卸或简化装卸燃料或其他材料的设备	155	1972~2011 年	4
结构上和反应堆相结合的紧急保护装置	145	1967~2011 年	7
核发电厂的控制——设备中任一参数的调节	122	1986~2011 年	13
容器遥控检测，如压力容器	120	1984~2011 年	16
压力容器、密封容器、一般密封	119	1971~2011 年	8
紧急冷却装置、排除停堆余热	106	1967~2011 年	5

对 GE 近 5 年申请专利进行基于 IPC 的统计分析（表 10-13），可以看出，GE 专利申请近年来更重视在装卸燃料设备、核发电厂辅助设备、冷却装置、反应堆监视与测试装置、废料处理、冷却装置、反应堆控制元件等方向布局。

表 10-13　GE 核反应堆专利申请技术布局

优先权年	申请量/项	最受关注的技术领域	新出现的技术领域
2011	34	装卸设备的零部件（5） 结构上和反应堆相结合的紧急保护装置（4） 装有堆芯的压力容器中的冷却装置——包括液体和蒸汽的分离装置（4） 核发电厂的部件（4）	在核设施中，管道或管子的检测或维护（3） 用于从反应堆排放区移出放射性物体或材料的器械，置于存放点；用于在存放地点处理放射性物体或材料或从那里移除的装置（2）
2010	176	核发电厂的部件（28） 使用喷射泵加速液体冷却剂的流动（18） 容器遥控检测，如压力容器（18）	处理放射性气体污染材料及其去污装置（16） 核发电厂辅助设备的安排（9） G21C-015/16（8） 扁平元件构成的控制元件，具有十字形截面的控制元件（7） 喷射泵（6） 反应堆控制元件的构造（5）

续表

优先权年	申请量/项	最受关注的技术领域	新出现的技术领域
2009	144	装有堆芯的压力容器中的冷却装置；特殊冷却剂的选择（21） 核发电厂的部件（20） 使用喷射泵加速液体冷却剂的流动（16） 装卸设备的零部件（16）	
2008	131	核发电厂的部件（28） 装有堆芯的压力容器中的冷却装置、特殊冷却剂的选择（21） 装卸设备的零部件（16）	
2007	130	装卸设备的零部件（27） 核发电厂的部件（23） 核反应堆监视，测试（18）	

注：括号中为专利数量

从合作机构情况来看（表10-14），GE技术研发合作最多的是日立公司，主要是由于双方建立了核能联盟，1989~2012年共联合申请了175项专利，合作领域包括燃料装卸设备、核发电厂的部件与控制等。其次，与多家日本电力公司（如原子能发电公司、东京电力）联合申请专利较多，合作领域包括反应堆燃料的处理与装卸、固体废料处理、核发电厂部件与控制等。

表10-14 GE合作最多的机构

合作机构	合作申请专利数量/项	合作时间	合作最多的技术领域
日立公司	175	1989~2012年	装卸设备的零部件（38） 核发电厂的部件（30） 核发电厂的控制——设备中任一参数的调节（23）
日本原子能发电公司	12	2003~2010年	压力容器、密封容器、一般密封（3） 用于将液态材料引入反应堆芯中的装置 用于从反应堆芯中取出液态材料的装置（2） 特别适用于循环液体材料的连续净化（2） 核发电厂的部件（2） 核发电厂的控制——设备中任一参数的调节（2） 处理固体放射性污染材料的过程（2）
美洲全球核燃料公司	10	1999~2008年	核反应堆监视，测试（7） 刚性结构的许多燃料元件的组装（3） 核发电厂的控制（3）

续表

合作机构	合作申请专利数量/项	合作时间	合作最多的技术领域
东京电力	12	1985~2006 年	超铀元素的化合物（2） 用于反应堆，如在其压力容器中处理、装卸或简化装卸燃料或其他材料的设备（2） 用于支撑或储存燃料原件或控制元件的装置（2） 用于从反应堆排放区移出放射性物体或材料的器械，置于存放点；用于在存放地点处理放射性物体或材料或从那里移除的装置（2） 经辐照的固体燃料的再处理（2） 可运输的或轻便的防护容器（2） 固体废物的封装处置（2）
东芝公司	7	1989~2004 年	并列的细棒、棒、管状燃料元件的捆束（2） 包括不同合成物的燃料元件；除了燃料元件之外，包括其他的细棒形、棒形、管形元件，如控制棒、栅格支承棒、增殖棒、毒物棒或假燃料棒（2） 在捆束栅格中元件的相对配置（2） 慢化剂或堆芯结构、用做慢化剂材料的选择（2） 用于监视冷却剂或慢化剂的器件或装置（2） 测量或监视反应堆冷却的流量（2） 核发电厂的部件（2）
中部电力	5	2004~2010 年	核发电厂的部件（2）
美国能源部	4	1987~1990 年	核反应堆（2）
日本中国电力	3	2004~2008 年	用于监视冷却剂或慢化剂的器件或装置（2）

注：括号中为专利数量

10.5.4 美国 B&W 公司

通过对 DII 专利数据库进行检索，共检索到美国 B&W 公司核反应堆技术相关专利（族）377 项（数据检索日期为 2012 年 12 月 17 日）。从年度变化趋势来看（图 10-10），20 世纪 70 年代后期和 90 年代前期是美国 B&W 公司核反应堆技术研发最活跃时期，随后陷入低谷，但近年来出现了复苏迹象（由于专利从申请到公开再到数据库收录存在一定的时间间隔，图 10-10 中 2009~2011 年的专利申请情况仅供参考）。

利用 Thomson Innovation 平台的专利地图功能，对 B&W 公司核反应堆专利的技术主题分布进行了分析。从图 10-11 可以看出，热点技术主题包括：①燃料元件组装；②蒸汽发生器；③控制棒组件（驱动杆、星形爪等）；④反应堆监控装置；⑤控制棒驱动装置；⑥反应堆供水系统；⑦压力容器构造。

对 B&W 公司核反应堆专利进行基于 IPC 的统计分析（表 10-15），可以看出，东芝专利主要集中在反应堆监视与检测装置、燃料元件组装、冷却装置、蒸汽发生系统与设备、压力容器等方向。

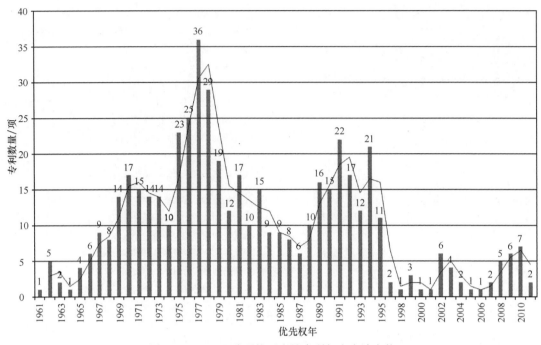

图 10-10　B&W 公司核反应堆专利年度申请态势

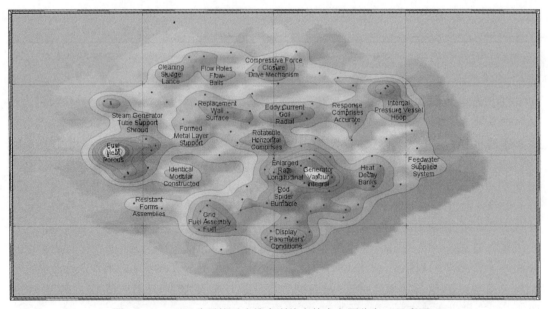

图 10-11　B&W 公司核反应堆专利热点技术主题分布（见彩图）

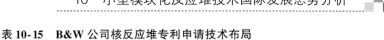

表 10-15 B&W 公司核反应堆专利申请技术布局

技术领域	出现频次	时间范围	近3年受理量占总量比例/%
核反应堆监视，测试	37	1969～1995 年	0
刚性结构的许多燃料元件的组装	24	1968～1994 年	0
反应堆燃料元件及其组装——并列的细棒、棒、管状燃料元件的捆束	23	1962～2010 年	4
装有堆芯的压力容器中的冷却装置、特殊冷却剂的选择	23	1969～2009 年	0
压力容器、密封容器、一般密封	22	1968～2004 年	0
反应堆定位栅格	19	1968～2005 年	0
核发电厂的部件	18	1970～2009 年	0
利用固体控制元件的位移，如控制棒的位移	16	1973～2010 年	6
结构上不联合的反应堆和发动机——发动机液体工作介质在热交换器中被反应堆冷却剂加热所蒸发	13	1966～2009 年	0
以利用热的热载体的热容量为特点的蒸汽发生方法	12	1971～2009 年	0
蒸汽锅炉的组成件或零部件	12	1975～2009 年	0
结构上和反应堆相结合的紧急保护装置	12	1969～2012 年	8
用于监视或检测反应堆芯外面的燃料或燃料元件的器件或装置	12	1973～1995 年	0
用于反应堆，如在其压力容器中处理、装卸或简化装卸燃料或其他材料的设备	12	1976～2004 年	0

对 B&W 公司近 5 年申请专利进行基于 IPC 的统计分析（表 10-16），可以看出，B&W 公司专利申请近年来更重视在反应堆控制元件、冷却装置、蒸汽发生方法及装置等方向布局。

表 10-16 B&W 公司核反应堆专利申请技术布局

优先权年	申请量/项	最受关注的技术领域	新出现的技术领域
2010	7	核反应的控制——使用中子吸收材料（4） 控制元件的构造——控制棒簇束、星形接头结构（3）	核反应的控制——使用中子吸收材料（4） 控制元件的构造——控制棒簇束、星形接头结构（3）
2009	6	装有堆芯的压力容器中的冷却装置、特殊冷却剂的选择（3） 以加热方法的形式为特点的蒸汽发生方法（2） 以加热方法的形式为特点的蒸汽发生方法——利用热液体或热气为热载体的热容量（2） 蒸汽锅炉的组成件或零部件（2） 核反应的控制——使用中子吸收材料（2）	

续表

优先权年	申请量/项	最受关注的技术领域	新出现的技术领域
2008	5	装有堆芯的压力容器中的冷却装置、特殊冷却剂的选择（4） 蒸汽锅炉的组成件或零部件（3） 蒸汽锅炉的组成件或零部件——水管支承装置（3） 元件的辅助支架（3） 管的或管组件的辅助支架（3） 核发电厂的部件（3）	
2007	2	蒸汽锅炉的组成件或零部件（2） 元件的辅助支架（2） 管的或管组件的辅助支架（2）	

注：括号中为专利数量

10.5.5 日立公司

通过对 DII 专利数据库进行检索，共检索到日立公司核反应堆技术相关专利（族）9477 件（数据检索日期为 2012 年 12 月 17 日）。从年度变化趋势来看（图 10-12），20 世纪 80 年代前期是日立核反应堆技术研发最活跃时期，年均专利申请数量超过 500 项，这一期间也是日本核电建设的高峰期；之后随着反应堆建设的放缓，日立专利申请活动也趋于减弱，近几年有所复苏（由于专利从申请到公开再到数据库收录存在一定的时间间隔，图 10-12 中 2009~2011 年的专利申请情况仅供参考）。

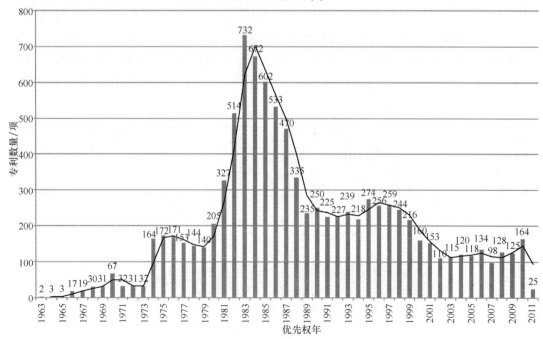

图 10-12 日立核反应堆专利年度申请态势

10 小型模块化反应堆技术国际发展态势分析

利用 Thomson Innovation 平台的专利地图功能，对日立核反应堆专利的技术主题分布进行了分析。从图 10-13 可以看出，热点技术主题包括：①压力容器支撑结构；②核电厂发电部件；③燃料元件组装；④耐腐蚀合金材料制造；⑤控制棒驱动装置；⑥冷却剂循环与净化系统；⑦氢气排放装置；⑧反应堆监控系统。

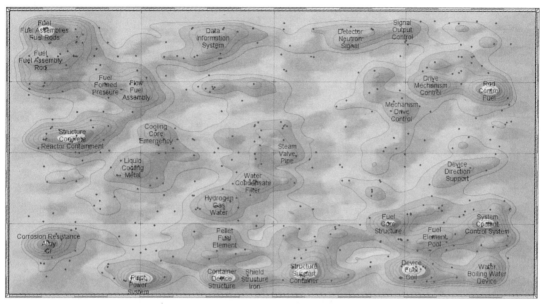

图 10-13　日立核反应堆专利热点技术主题分布（见彩图）

对日立核反应堆专利进行基于 IPC 的统计分析（表 10-17），可以看出，日立专利主要集中在核发电厂的部件与控制设备、压力容器、反应堆远程监视与检测装置、燃料元件组装、冷却装置、紧急保护装置等方向。

表 10-17　日立核反应堆专利申请技术布局

技术领域	出现频次	时间范围	近 3 年受理量占总量比例/%
核发电厂的部件	837	1969～2011 年	3
压力容器、密封容器、一般密封	719	1966～2012 年	2
核反应堆监视，测试	688	1970～2011 年	3
燃料元件壳体带有供加速传热的外部装置，如散热片、导流片、槽纹	473	1974～2011 年	3
装卸设备的零部件	337	1970～2011 年	3
核发电厂的控制	329	1974～2011 年	2
刚性结构的许多燃料元件的组装	316	1969～2010 年	0
紧急冷却装置、排除停堆余热	307	1968～2010 年	1
结构上和反应堆相结合的紧急保护装置	290	1968～2010 年	2
容器遥控检测，如压力容器	275	1967～2010 年	1

对日立近5年申请专利进行基于IPC的统计分析（表10-18），可以看出，日立专利申请近年来更重视在压力容器冷却装置、核发电厂部件、反应堆控制元件、压力容器遥控检测、燃料装卸设备零部件等方向布局。

表10-18　日立核反应堆专利申请技术布局

优先权年	申请量/项	最受关注的技术领域	新出现的技术领域
2011	25	装有堆芯的压力容器中的冷却装置——包括液体和蒸汽的分离装置（3） 装卸设备的零部件（3） 核发电厂的部件（3） 固体废物封装（3）	装有堆芯的压力容器中的冷却装置——包括液体和蒸汽的分离装置（3）
2010	164	核发电厂的部件（25） 核反应堆监视、测试（20） 处理气体放射性污染材料及其去污装置（16）	处理气体放射性污染材料及其去污装置（16） 核发电厂辅助设备的安排（9） 装有堆芯的压力容器中的冷却装置——包括液体和蒸汽的分离装置（8） 扁平元件构成的控制元件；具有十字形截面的控制元件（7） 反应堆控制元件的构造（5）
2009	125	核发电厂的部件（17） 压力容器、密封容器、一般密封（13） 装有堆芯的压力容器中的冷却装置、特殊冷却剂的选择（12） 容器遥控检测，如压力容器（12）	
2008	128	核发电厂的部件（26） 装有堆芯的压力容器中的冷却装置、特殊冷却剂的选择（18） 核反应堆监视、测试（16）	
2007	98	装卸设备的零部件（18） 核发电厂的部件（17） 装有堆芯的压力容器中的冷却装置、特殊冷却剂的选择（13） 容器遥控检测，如压力容器（13）	

注：括号中为专利数量

从合作机构情况来看（表10-19），与日立技术研发合作最多的是东芝公司，1978~2004年共联合申请了82项专利，合作领域包括陶质燃料元件、反应堆定位栅格、冷却剂等。其次与多家日本电力公司（如东京电力、原子能发电公司）联合申请专利较多，合作领域包括燃料元件、燃料装卸设备零部件、冷却剂、反应堆监视与测试等。

表 10-19 日立合作最多的机构

合作机构	合作申请专利数量/项	合作时间	合作最多的技术领域
东芝	82	1978～2004 年	陶质燃料（13） 反应堆定位栅格（10） 燃料元件壳体（9） 加速冷却剂的流动（9）
东京电力	68	1978～2006 年	加速冷却剂的流动（9） 核反应堆监视，测试（9） 装卸设备的零部件（7） 用于将物料送进压力容器的装置、用于在压力容器中处理物料的装置、用于从压力容器中移出物料的装置（7）
日本电力中央研究所	59	1981～2004 年	快裂变反应堆（34） 压力容器、密封容器、一般密封（12） 热屏蔽、热内衬（6）
日本原子能发电公司	64	1980～2003 年	陶质燃料（12） 燃料元件壳体（10） 反应堆定位栅格（9） 加速冷却剂的流动（8）
中部电力	35	1980～2010 年	加速冷却剂的流动（9） 加速液体冷却剂的流动（5） 核反应堆监视，测试（5） 装卸设备的零部件（5）
日本中国电力	34	1975～2008 年	加速冷却剂的流动（8） 用于将物料送进压力容器的装置，用于在压力容器中处理物料的装置，用于从压力容器中移出物料的装置（5） 加速液体冷却剂的流动（4） 装卸设备的零部件（4）
东北电力	31	1980～2004 年	加速冷却剂的流动（9） 加速液体冷却剂的流动（5） 装卸设备的零部件（5） 用于将物料送进压力容器的装置，用于在压力容器中处理物料的装置，用于从压力容器中移出物料的装置（5）
北陆电力	20	1981～2004 年	加速冷却剂的流动（8） 加速液体冷却剂的流动（4） 装卸设备的零部件（4）

注：括号中为专利数量

10.5.6 东芝

通过对 DII 专利数据库进行检索，共检索到东芝公司核反应堆技术相关专利（族）11 860 项（数据检索日期为 2012 年 12 月 17 日）。从年度变化趋势来看（图 10-14），20 世纪 80 年代是东芝核反应堆技术研发最活跃时期，专利申请数量在 1984 年甚至超过了 1000 项，这一期间也是日本核电建设的高峰期；之后随着反应堆建设的放缓，东芝专利申请活动也趋于减弱，但 2006 年以来东芝年均申请核反应堆专利仍有 160 项左右（由于专利从申请到公开再到数据库收录存在一定的时间间隔，图 10-14 中 2009～2011 年的专利申请情况仅供参考）。

利用 Thomson Innovation 平台的专利地图功能，对东芝核反应堆专利的技术主题分布进行了分析。从图 10-15 可以看出，热点技术主题包括：①燃料元件组装；②反应堆供水系统；③快中子增殖堆堆芯结构；④反应堆传感监控系统；⑤控制棒驱动装置；⑥压力容器构造；⑦反应堆旋转屏蔽塞；⑧乏燃料再处理方法。

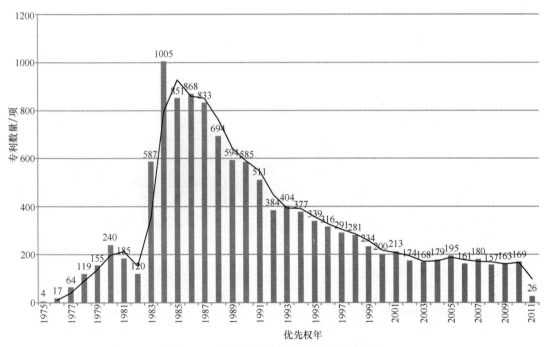

图 10-14　东芝核反应堆专利年度申请态势

对东芝核反应堆专利进行基于 IPC 的统计分析（表 10-20），可以看出，东芝专利主要集中在反应堆监视与检测装置、核发电厂的部件与控制设备、压力容器、燃料元件组装、紧急冷却装置等方向。

10 小型模块化反应堆技术国际发展态势分析

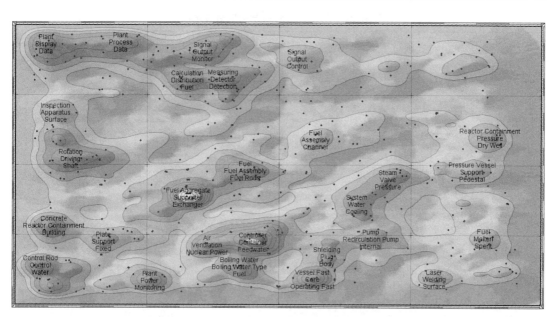

图 10-15 东芝核反应堆专利热点技术主题分布（见彩图）

表 10-20 东芝核反应堆专利申请技术布局

技术领域	出现频次	时间范围	近3年受理量占总量比例/%
核反应堆监视，测试	1263	1976～2011年	2
核发电厂的部件	880	1977～2012年	3
压力容器、密封容器、一般密封	871	1977～2011年	1
装卸设备的零部件	591	1979～2012年	4
核发电厂的控制	475	1977～2011年	1
燃料元件、控制棒、反应堆芯或慢化剂结合与灵敏仪器的结构组合	461	1976～2010年	1
核发电厂的控制——设备中任一参数的调节	439	1977～2011年	2
紧急冷却装置、排除停堆余热	433	1977～2011年	2
容器遥控检测，如压力容器	403	1983～2011年	4
刚性结构的许多燃料元件的组装	364	1977～2010年	1

对东芝近5年申请专利进行基于IPC的统计分析（表10-21），可以看出，东芝专利申请近年来更重视在核发电厂部件与控制装置、燃料装卸设备零部件、反应堆监视与检测、堆芯捕集器等方向布局。

表 10-21 东芝核反应堆专利申请技术布局

优先权年	申请量/项	最受关注的技术领域	新出现的技术领域
2011	26	核发电厂的部件（6） 核发电厂的控制——设备中任一参数的调节（6） 核反应堆监视、测试（4）	
2010	169	核反应堆监视、测试（22） 核发电厂的部件（20） 装卸设备的零部件（19）	堆芯捕集器（13） 压力容器、密封容器、一般密封（8） 将燃料元件送到反应堆进料区的装置（6） 结构上和反应堆相结合的紧急保护装置（5）
2009	163	核发电厂的部件（17） 压力容器、密封容器、一般密封（15） 装卸设备的零部件（15）	核发电厂的部件（6） 在其他液体中用无机缓蚀剂来抑制金属材料的腐蚀（3） 核发电厂的控制——设备中任一参数的调节（3） 装卸设备的零部件（2） 用于将液态材料引入反应堆芯中的装置，用于从反应堆芯中取出液态材料的装置（2）
2008	157	装卸设备的零部件（24） 核发电厂的部件（24） 核反应堆监视，测试（22）	
2007	180	装卸设备的零部件（30） 核反应堆监视、测试（26） 容器遥控检测，如压力容器（25）	

注：括号中为专利数量

从合作机构情况来看（表10-22），东芝技术研发合作最多的是日本原子能发电公司，1976~2009年共联合申请了1352项专利，合作领域包括反应堆监视与检测装置、燃料元件组装、核电厂控制装置等。其次，与日本原子力研究开发机构联合申请了98项专利，合作领域包括快堆、反应堆控制元件等。

表 10-22 东芝合作最多的机构

合作机构	合作申请专利数量/项	合作时间	合作最多的技术领域
日本原子能发电公司	1352	1976~2009年	核反应堆监视，测试（168） 刚性结构的许多燃料元件的组装（104） 核发电厂的控制（99）
日本原子力研究开发机构	98	1978~2010年	快裂变反应堆（15） 移动控制元件到所希望的位置的机械驱动装置（11）

续表

合作机构	合作申请专利数量/项	合作时间	合作最多的技术领域
东京电力	86	1982~2007 年	核反应堆监视、测试（14） 加速冷却剂的流动（9） 核发电厂的部件（8）
日立	76	1981~2004 年	陶质燃料（13） 反应堆定位栅格（10） 燃料元件壳体（9） 加速冷却剂的流动（9）
中部电力	39	1982~2004 年	加速冷却剂的流动（9） 容器遥控检测，如压力容器（6） 加速液体冷却剂的流动（5） 装卸设备的零部件（5）
日本电力中央研究所	36	1983~2005 年	快裂变反应堆（14） 压力容器、密封容器、一般密封（8） 热屏蔽、热内衬（5） 经辐照的固体燃料的再处理（5）
日本中国电力	26	1984~2004 年	加速冷却剂的流动（9） 热屏蔽、热内衬（4） 加速液体冷却剂的流动（4） 装卸设备的零部件（4）
北陆电力	26	1984~2004 年	加速冷却剂的流动（9） 热屏蔽、热内衬（4） 加速液体冷却剂的流动（4） 装卸设备的零部件（4）

注：括号中为专利数量。

10.5.7　三菱重工

通过对 DII 专利数据库进行检索，共检索到三菱重工核反应堆技术相关专利（族）2575 项（数据检索日期为 2012 年 12 月 17 日）。从年度变化趋势来看（图 10-16），20 世纪 80 年代中期是三菱重工核反应堆技术研发第一个高峰时期，这一期间也是日本核电建设的高峰期；但随着 1986 年切尔诺贝利核事故的发生导致反应堆建设的放缓，三菱重工专利申请活动跌入谷底，90 年代后随着日本核反应堆建设的复苏，三菱重工的技术研发活动重新活跃，达到第二个高峰期，2008 年以来专利申请重现增长趋势（由于专利从申请到公开到数据库收录存在一定的滞后期，近 3 年的专利申请实际值要高于图中数据）。

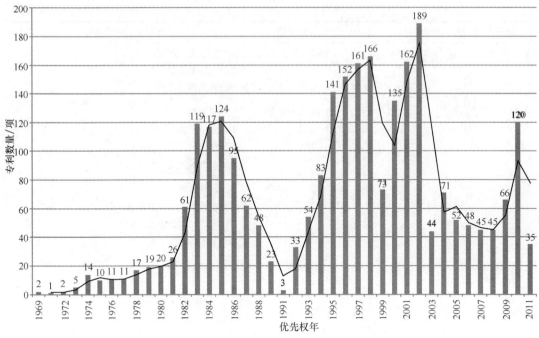

图 10-16　三菱重工核反应堆专利年度申请态势

利用 Thomson Innovation 平台的专利地图功能，对三菱重工核反应堆专利的技术主题分布进行了分析。从图 10-17 可以看出，热点技术主题包括：①核电站自动控制系统；②超声波探伤；③冷却系统、冷却剂；④压力容器构造；⑤燃料元件组装与检测；⑥压力容器构造；⑦蒸汽轮机部件；⑧放射性废料储存。

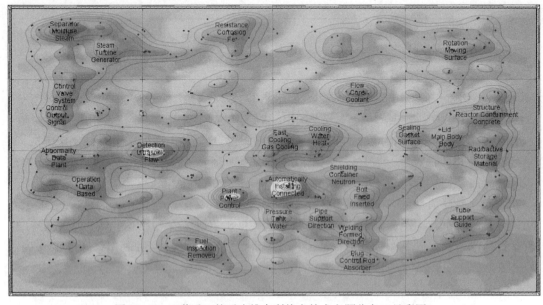

图 10-17　三菱重工核反应堆专利热点技术主题分布（见彩图）

对三菱重工核反应堆专利进行基于 IPC 的统计分析（表 10-23），可以看出，三菱重工专利主要集中在核发电厂的部件与控制设备、放射性固体废料处置、压力容器远程检测、燃料元件存放装置等方向。

表 10-23　三菱重工核反应堆专利申请技术布局

技术领域	出现频次	时间范围	近 3 年受理量占总量比例/%
核发电厂的部件	246	1971～2012 年	14
固体废物封装、打包处置	210	1995～2012 年	5
用于从反应堆排放区移出放射性物体或材料的器械，如置于存放点；用于在存放地点处理放射性物体、材料或从那里移除的装置	208	1982～2012 年	4
核反应堆监视、测试	200	1974～2012 年	10
装卸设备的零部件	177	1981～2011 年	17
容器遥控检测，如压力容器	155	1988～2012 年	11
压力容器、密封容器、一般密封	121	1976～2012 年	7
用于支撑或储存燃料原件或控制元件的装置	119	1978～2010 年	1
用于反应堆，如在其压力容器中处理、装卸或简化装卸燃料或其他材料的设备	97	1982～2011 年	3
可运输的或轻便的防护容器——用于燃料元件的容器	95	1995～2012 年	4

对三菱重工近 5 年申请专利进行基于国际专利分类号（IPC）的统计分析（表 10-24）。可以看出，三菱重工专利申请近年来更重视在核发电厂部件与控制装置（如汽轮机）、反应堆监视与检测、压力容器金属材料的加工、紧急保护装置、紧急冷却装置、放射性固体废物处理等方向布局。

表 10-24　三菱重工核反应堆专利申请技术布局

优先权年	申请量/项	最受关注的技术领域	新出现的技术领域
2011	35	核发电厂的部件（9） 装卸设备的零部件（8） 容器遥控检测，如压力容器（5）	装卸设备的零部件（8） 电弧焊接或电弧切割（4） 压力容器、密封容器、一般密封（4） 焊接的特殊工艺（3） 压力容器的零部件（3）
2010	120	核发电厂的部件（25） 装卸设备的零部件（22） 核反应堆监视、测试（15）	核发电厂的安全装置（9） 电弧焊接或电弧切割（7） 核发电厂的控制（6） 焊接的特殊工艺（5） 汽轮机通过改变流量进行调节或控制——末级执行机构（5）

续表

优先权年	申请量/项	最受关注的技术领域	新出现的技术领域
2009	66	用于从反应堆排放区移出放射性物体或材料的器械，如置于存放点；用于在存放地点处理放射性物体或材料或从那里移除的装置（18） 固体废物封装、打包处置（15） 核发电厂的部件（11）	核发电厂的部件（5） 紧急冷却装置；排除停堆余热（4） 结构上和反应堆相结合的紧急保护装置——压力抑制（3）
2008	45	核发电厂的部件（12） 蒸汽锅炉的组成件或零部件（9） 装卸设备的零部件（7）	
2007	45	核发电厂的部件（7） 焊接的特殊工艺（6） 通过加热方法进行金属热处理（6） 装有堆芯的压力容器中的冷却装置、特殊冷却剂的选择（6） 用于反应堆，如在其压力容器中处理、装卸或简化装卸燃料或其他材料的设备（6） 用于从反应堆排放区移出放射性物体或材料的器械，如置于存放点；用于在存放地点处理放射性物体或材料或从那里移除的装置（6） 可运输的或轻便的防护容器（6） 固体废物封装、打包处置（6）	

注：括号中为专利数量

从合作机构情况来看（表10-25），三菱重工技术研发与日本多家电力公司合作非常密切，这与他们联合建设核电站有关，合作领域包括反应堆监视与检测装置、核电厂控制装置、压力容器部件等。其次，与三菱集团旗下的原子能发电公司和核燃料公司联合申请专利较多，合作领域包括核发电厂部件、燃料元件等。

表10-25　三菱重工合作最多的机构

合作机构	合作申请专利数量/项	合作时间	合作最多的技术领域
日本关西电力	60	1979~2008年	核反应堆监视、测试（10） 移动控制元件的机械驱动装置（7） 利用固体控制元件的位移，如控制棒的位移（6）
日本九州电力	46	1979~2007年	移动控制元件的机械驱动装置（7） 核反应堆监视、测试（7） 慢化剂为高增压的反应堆，如沸水反应堆、总体超热反应堆、加压水反应堆（4） 压力容器、密封容器、一般密封（4）

续表

合作机构	合作申请专利数量/项	合作时间	合作最多的技术领域
日本原子能发电公司	40	1983～2009年	核反应堆监视、测试（5） 压力容器、密封容器、一般密封（4） 容器遥控检测、例如压力容器（3） 装卸设备的零部件（3） 移动控制元件的机械驱动装置（3）
日本北海道电力	37	1983～2007年	核反应堆监视、测试（7） 压力容器、密封容器、一般密封（6） 移动控制元件的机械驱动装置（5）
日本四国电力	34	1979～2007年	移动控制元件的机械驱动装置（4） 慢化剂为高增压的反应堆，如沸水反应堆、总体超热反应堆、加压水反应堆（3） 压力容器、密封容器、一般密封（3） 压力容器密封塞子（3） 核反应堆监视、测试（3）
三菱原子能发电工业公司	33	1977～1994年	核发电厂的部件（4） 燃料元件壳体（3） 定位栅格（3）
三菱核燃料公司	30	1980～2005年	在捆束中元件的支承或吊挂；构成捆束部分，用于把它插入堆芯，或从堆芯取出的装置；用于联结相邻捆束的装置（9） 定位栅格（8） 用于监视或检测反应堆芯外面的燃料或燃料元件的器件或装置（7）
日本原子能开发公司	27	1996～2009年	测量物体放射性含量（5） X射线辐射、γ射线辐射、微粒子辐射或宇宙线辐射的测量（4） 污染的表面面积的探查和定位（4） 核反应堆监视，测试（4）
日本核燃料循环开发机构	20	1981～2005年	核发电厂的部件（6） 快裂变反应堆（4） 传热至冷却剂通道的装置或配置，如通过支撑燃料元件的冷却剂循环（3）
日本原子力研究开发机构	18	1995～2010年	移动控制元件的机械驱动装置（4）

注：括号中为专利数量

10.5.8 总体状况

根据专利分析结果来看，主要研发机构技术创新强度与核电建设活跃程度年度变化趋势基本呈正相关的关系，研发机构的持续技术创新推动核电建设活动的增加，而不断增加的建设和运营活动反过来又要求更多的技术创新来解决出现的实际问题。

各主要研发机构专利申请普遍注重布局的技术方向主要包括：①反应堆监测系统，如压力容器遥控监测、蒸汽发生器探测装置、堆芯外燃料元件监视或检测、金属材料腐蚀监控等；②燃料元件及其组装，如锆合金燃料包壳制造方法、定位栅格、装卸燃料的设备等；③核反应控制方法与设备，如利用控制棒位移控制核反应、控制棒驱动装置、中子吸收材料等；④安全设备，如紧急冷却装置、结构上和反应堆相结合的紧急保护装置、氢气排放装置；⑤压力容器组件、冷却装置、冷却剂。从近5年的专利申请技术方向来看，核反应控制装置与方法、反应堆监视与检测系统、安全增强装置是技术研发的重点。

在机构合作方面，已建立核能联盟的机构（如GE和日立）之间、核反应堆研发机构和电力业主之间的技术研发合作较为普遍，特别是日本的电力公司与美、日多家研发机构开展了广泛的合作，也反映了两国在核能领域的联合研发与建设非常密切。合作的技术领域集中在反应堆控制元件、反应堆监视与检测装置、燃料元件及组装等方向。

10.6 我国小型反应堆现状及研发对策

10.6.1 我国小型反应堆的研发状况

10.6.1.1 高通量工程试验堆

我国20世纪70年代开展了小型反应堆的研究开发。我国第一座大型高通量工程试验堆（HFETR）建于70年代，反应堆设计热功率为125兆瓦$_{th}$。前期准备工作始于1968年5月，1969年国家计委批准列为当时国防军工重点抢修项目，1978年12月在二重厂完成了全套设备的联调和水压试验，并一次成功。1979年12月27日反应堆达到首次临界，1981年通过国家验收，1982年起正式交付使用，至今反应堆尚处于安全运行中，建设周期长达十年。

高通量工程试验堆主要承担核电站燃料组件、堆用材料及部件的辐照考验，以及同位素生产等任务，是我国开展核动力技术研究的大型重要试验堆。该试验堆中子通量为亚洲第一、世界第三，是现役最大的我国自行设计、建造，并拥有完全自主知识产权的多功能综合性试验堆。这座反应堆的建成，为我国核电工业的发展、高活度同位素的生产、活化分析、堆物理实验的发展开辟了广阔的前景，它标志着我国原子能事业的发展进入了一个新阶段。

10.6.1.2 微型中子源反应堆

20世纪70年代末80年代初，在核工业保军转民方针的指导下，为推广核能和核技术在国民经济中的应用，中国原子能科学研究院研究开发了一座小型民用核设施——微型中子源反应堆（Miniature Neutron Source Reactor，MNSR-C），简称微堆。微堆是由高浓缩度

（90%）的铀-235 的燃料元件、金属铍反射层和用作减速和自然对流冷却的轻水构成欠慢化和低临界质量的堆芯。其特点是：具有良好的固有安全性、结构简单、造价低廉、辐射水平低、易于接近、运行方便、经济性好。它是开展中子活化分析应用、核科学技术研究与人员培训的有效工具。

自 1984 年中国原子能科学研究院的原型微堆建成以来，它受到国内外用户的普遍欢迎。在国内先后为深圳大学、山东省地质调查研究院和上海计量测试研究院设计建造了 3 座微堆。其中，地矿部山东省中心实验室的 MNSR-C 为我国地矿系统第一座原子核反应堆，该堆于 1990 年通过国家计量认证。在国外，先后为巴基斯坦核科学技术研究所、伊朗伊斯德罕核技术中心、加纳原子能委员会、叙利亚原子能委员会和尼日利亚能源研究与培训中心等设计建造了 5 座微堆。这些微堆累计已安全运行了 70 多座堆·年，为人才培养和核应用技术做出了重要贡献。

10.6.1.3　低温核供热堆

1981 年，清华大学核能技术研究所（现名核能与新能源技术研究院，简称核研院）开始进行低温核供热堆概念设计，同年向国家建议开展低温核供热研究。同时自己动手改造屏蔽试验反应堆，于 1983 年冬至 1984 年春成功地进行了国内首次反应堆余热供暖运行试验，取得良好效果。1985 年，5 兆瓦$_{th}$低温核供热堆研究被列入国家"七五"重点攻关项目，在王大中院士主持下于 1986 年 3 月开始兴建，1989 年 11 月建成并临界启动一次成功。该堆是世界上第一座投入运行的"一体化自然循环壳式供热堆"，是世界上第一座采用新型水力驱动控制棒的反应堆。它的运行成功使我国在低温核供热堆领域跨入世界先进行列。该堆除完成一系列供暖实验外，还于 1991 年成功地进行了热电联供实验，其后还成功进行了低温制冷和海水淡化等一系列试验。

由核研院承担的 200 兆瓦$_{th}$低温核供热堆工程，经国家计委于 1993 年 6 月正式批准立项。1995 年 8 月，国务院批准兴建 200 兆瓦$_{th}$低温核供热堆工业示范堆，用于区域供热或海水淡化。

10.6.1.4　HTR-10 高温气冷试验堆及高温气冷堆核电站示范工程

10 兆瓦高温气冷试验堆（HTR-10）是清华大学核研院承担的国家"863"计划重点项目，是我国自行设计、自行制造、自行建造、自行营运的第一座高温气冷实验堆，于 1995 年 6 月动工兴建，2000 年 12 月建成并达到临界，2003 年 1 月完成 72 小时满功率运行和并网发电验收试验，之后又完成了相关的安全试验和高功率运行考验，各项参数完全达到设计指标。

10 兆瓦高温气冷实验堆项目计划分两个阶段进行："高温气冷堆蒸汽透平发电系统"（一期工程），"高温气冷堆氦气透平发电系统"（二期工程）。

在 10 兆瓦高温气冷实验堆一期工程蒸汽透平发电系统实验电站设计建造并成功运行的基础上，国家继续对高温气冷堆技术的研究与发展给予支持。核研院适时提出 10 兆瓦高温气冷实验堆后续研究项目（二期工程）：高温气冷堆氦气透平发电系统，被批准作为"十五"期间能源领域重点攻关项目，纳入 863 计划，并于 2003 年与科技部签订 863 计划课题任务合同书。该项目包括两大研究领域：①10 兆瓦高温气冷实验堆运行考验和固有安全实验；②10 兆瓦$_e$高温气冷堆直接氦气循环发电装置。

以 10 兆瓦高温气冷实验堆为基础，2004 年 4 月，中国华能集团公司、中国核工业建设集团公司、清华大学向国家发改委联合上报高温气冷堆核电站示范工程项目建议书。2006 年 2 月，示范工程被列入《国家中长期科学和技术发展规划纲要（2006—2020 年）》国家科技重大专项，承担单位为华能山东石岛湾核电有限公司、清华大学核研院、中核能源科技有限公司。

10.6.1.5 中国实验快堆工程

中国实验快堆工程（CEFR）属于 863 计划国家重点实验性核反应堆工程，是中国原子能科学研究院自主研发的中国第一座快中子反应堆。该实验堆热功率 65 兆瓦$_{th}$，试验发电功率 20 兆瓦$_e$，共分 15 个子项、219 个系统。1995 年底由有关部门批准立项，自 1998 年 10 月开始负挖，2000 年 5 月 30 日浇灌第一罐混凝土，2002 年 8 月核岛主厂房封顶，2005 年 8 月 11 日堆容器首批大型部件吊入反应堆大厅安装。2010 年 7 月 21 日上午 9 时 50 分，CEFR 达到首次临界。2012 年 11 月，中国实验快堆工程通过中国科技部验收。CEFR 的建成标志着中国核能发展"压水堆-快堆-聚变堆"三步走战略中的第二步取得了重大突破，也标志着中国在四代核电技术研发方面进入国际先进行列。中国已成为世界上少数几个拥有快堆技术的国家之一。

10.6.1.6 ACP100 多用途模块式小型压水堆

2010 年 6 月，中核集团自主研发的多用途模块式小型压水堆（以下简称 ACP100）成为中核集团的重点科技项目，计划用 2 年半左右的时间完成设计和关键试验研究。ACP100 具有热电联产、汽电联产和海水淡化等功能，它适用于受地理位置、地质、气象、经济能力和电网容量的限制的国家和地区，是一种高度安全性、良好经济性和适应这一领域的多用途新型核能系统。2012 年 8 月 9 日，中国核动力研究设计院对中核燃料元件有限公司南方分公司（简称中核南方）承制的 ACP100 项目模拟燃料组件及模拟控制棒组件进行了出厂验收。2010 年底，兰州市政府与中核集团已有多次接触，当时中核集团已专门成立了兰州核能供热项目筹建处。而该项目也列入了甘肃省"十二五"规划，由中核集团中国宝原工贸公司负责建设，拟在兰州市安宁区建设 2×310 兆瓦$_{th}$核能供热堆，集中供热面积 1200 万～1400 万米^2，项目总投资 40 亿元。在 2012 年下半年举行的中央企业业务合作暨内部招商会上，中核集团与国电集团签署了《关于小型多用途核能项目的战略合作协议》。根据协议，两集团将在全国范围内积极寻找小型堆项目适宜的厂址，其中明确指出了项目的前期工作、立项及开工建设事宜。

10.6.2 我国小型模块化反应堆发展建议

由于日本福岛核事故的影响，民用核能事业在全球范围内受到严重影响，部分国家甚至提出了"去核化"目标。然而，我国社会经济和资源禀赋决定了核能仍然将是能源结构中不可或缺且仍需安全有序发展的重要组成部分。小型模块化反应堆经济性、安全性等特性使其在我国具有发展的良好前景，尤其适用于东部沿海地区的密集工业应用和大中城市热电联供，可以与大规模海上风电建设配合，逐步降低燃煤发电比例，提高环境效益，同时也适合在西部边远、缺水地区部署，满足当地的供电需求。

可以看到，我国小型反应堆的发展已经具有一定的基础，堆型多样，积累了较强的设计和工程实验经验，培养了一支训练有素的人才队伍。但真正意义上的小型模块化反应堆设计建造仍处于起步阶段。

从政策环境看，我国已将小型模块化反应堆的研发提到正式议事日程上，在"十二五"期间作了相应部署。

2012年颁布的《国家能源科技"十二五"规划》中提出了模块化小型多用途反应堆技术研究任务与模块化小型堆示范工程。2012年7月9日印发的《"十二五"国家战略性新兴产业发展规划》中提出了研发快中子堆等第四代核反应堆和小型堆技术，适时启动示范工程。2013年1月国务院颁布的《能源发展"十二五"规划》提出在核电建设方面坚持热堆、快堆、聚变堆"三步走"技术路线，以百万千瓦级先进压水堆为主，积极发展高温气冷堆、商业快堆和小型堆等新技术。

先进小型模块化反应堆目前在全球范围内尚未进入实际研发和原型示范，尽管主要反应堆技术都已经得到验证，但真正实现商业化运行可能最快也要到2020年以后。因此，我国小型模块化反应堆的发展建议关注以下三个方面：

（1）明确战略思路，制定技术路线图。

在我国，发展小型模块化反应堆要放在对未来20~50年能源发展战略以及核能中长期发展规划的视角下，结合区域经济、环境特点，深入考虑其在核能地位和规模中可能占据的位置和份额。只有在定位明确的情况下，才有可能有计划、有步骤地组织力量，开展选型设计和论证，提出面向示范工程的专有技术发展路线图。

在近期，鉴于技术成熟度及安全性，以三代压水堆技术、四代堆技术为主。因此，我国近期应以压水堆技术、高温气冷堆为主，中长期发展超临界水堆、块堆技术及其他堆型。

（2）开展小型模块化反应堆设计和安全论证。

先进小型模块化反应堆可选堆型多样，何种堆型更加适合，需要根据技术路线图，采取竞争性方案，最终遴选提出1~2种适应我国需求的反应堆初步设计。对此，应当重视发展小型堆的总体设计技术、软件与仿真、关键模块和组件设计等工作，展开安全系统综合测试台架的设计和论证工作，并配合开发安全分析程序，完成安全系统建模分析与响应，达到反应堆设计和安全双论证同时兼顾的目标。

（3）积极开展国际合作。

对很多国家而言，小型模块化反应堆可以解决其存在的部分能源短缺问题。因此，在设计论证、安全论证以及试验开发过程中，可以采取多样化国际合作方式。既强调与对小型模块化反应堆有兴趣的新兴发展中国家的交流合作，也借鉴发达国家以及俄罗斯的相关技术和经验，这样一方面可以加快技术学习和研发进程，另一方面可以建立在世界上的地位和影响，履行核不扩散义务，同时探索潜在市场。

致谢：中国工程物理研究院核物理与化学研究所所长助理、研究员钱达志和副总工程师刘耀光研究员对本报告提出了宝贵的修改意见，特致谢忱！

参 考 文 献

陈炳德.2005.日本小型核动力反应堆及其技术特点.核动力工程，25（3）：22，193-197.
陈培培，周赟.2012.我国发展先进小型轻水反应堆的一些思考.中国核电，5（1）：88-93.
郭志峰.2011.中小型核电反应堆的市场前景.国外核新闻，(5)：18-19.
刘志铭，丁亮波.2005.世界小型核电反应堆现状及发展概况.国际电力，9（6）：27-31.
钱天林，聂娉娉.2011.以战略眼光寻求小堆在国际上的合作.中国核工业，(8)：40-41.
王海丹.2009.小型反应堆的发展现状（一）.国外核新闻，(1)：16-20.
王海丹.2009.小型反应堆的发展现状（二）.国外核新闻，(2)：16-18.
周杰，韩伟实.2007.中、小型核动力应用前瞻.中国科技信息，(1)：244-245，247.
International Atomic Energy Agency. 2012-01-08. Status of Small and Medium Sized Reactor Designs. http：//www. iaea. org/NuclearPower/Downloads/Technology/files/SMR-booklet. pdf.
International Atomic Energy Agency. 2012-08-31. Common Technologies and Issues for Small and Medium Sized Reactors. http：//www. iaea. org/NuclearPower/SMR.
International Atomic Energy Agency. 2012-12-24. Status of Small Reactor Designs without On-site Refuelling. http：//www-pub. iaea. org/MTCD/publications/PDF/te_1536_web. pdf.
OECD Nuclear Energy Agency. 2012-12-23. Current Status, Technical Feasibility and Economics of Small Nuclear Reactors. http：//www. oecd-nea. org/ndd/reports/2011/current-status-small-reactors. pdf.
UK National Nuclear Laboratory. 2012-01-07. Small Modular Reactors - their potential role in the UK. http：//www. nnl. co. uk/media/27857/nnl__1341842723_small_modular_reactors_-_posit. pdf.
University of Chicago. 2012-12-17. Small Modular Reactors - Key to Future Nuclear Power Generation in the U. S. https：//epic. sites. uchicago. edu/sites/epic. uchicago. edu/files/uploads/EPICSMRWhitePaperFinalcopy. pdf.
U. S. Department of Commerce. 2012-12-24. The Commercial Outlook for U. S. Small Modular Nuclear Reactors. http：//trade. gov/publications/pdfs/the-commercial-outlook-for-us-small-modular-nuclear-reactors. pdf.
U. S. Department of Energy. 2011-02-15. Small Modular Reactors Factsheet. http：//www. ne. doe. gov/pdfFiles/factSheets/2012_SMR_Factsheet_final. pdf.
U. S. Department of Energy. 2012-12-21. The SMR Technology Resources Center. https：//smr. inl. gov/Default. aspx.
World Nuclear Association. 2012-12-18. Small Nuclear Power Reactors. http：//www. world-nuclear. org/info/inf33. html.

附录 先进小型模块化反应堆的安全设计特性

先进反应堆型的安全设计特性见表10-26～表10-31。

表10-26 先进SMR压水反应堆型的安全设计特性

	KLT-40S	CAREM-25	SMART	IRIS	IMR
固有安全特性和被动安全特性	• 整个循环中的负反应性系数 • 一回路或整个核设施具有较大冷却剂储量和高热容量 • 自然循环水平足够停运反应堆进行被动式排热 • 二次（低压）冷却剂在蒸汽发生器管内流动				
	• 紧凑的模块化设计，没有长管道 • 密封式反应堆冷却剂系统 • 主管道中有泄漏限制装置 • "软"增压系统① • 没有液态硼反应性控制 • 破裂前泄漏设计 • 直流式蒸汽发生器	• 一回路采用整体设计，蒸汽发生器安装在容器内，具有自增压功能 • 堆芯功率密度较低 • 蒸汽发生器的设计适用于完全初始压力			
		• 容器内液压控制棒驱动机构 • 所有工况下都具有自然循环排热 • 没有液态硼反应性控制 • 堆芯暴露时，燃料元件的线性热耗较低	• 采用密封式容器内冷却剂泵 • 堆芯流量阻力较低 • 模块化直流式蒸汽发生器安装在堆芯上方较高处，增强了自然循环流动 • 设计消除了盆式不稳定性	• 容器内控制棒驱动机构 • 内部全浸入式安全壳，低泄漏压力功能最少化	• 容器内控制棒驱动机构 • 所有工况下都具有一次冷却剂自然循环 • 堆芯上部自然沸腾 • 减少了安全系统的数目（去除了紧急堆芯冷却系统和安全壳喷淋装置）
停堆系统	• 电动机驱动控制棒插入 • 重力驱动控制棒插入 • 弹簧驱动硼酸注入	• 重力驱动控制棒插入 • 重力驱动高压硼水注入	• 去能后重力驱动控制棒插入 • 各种被动安全注入系统（硼水）	• 非安全级别控制棒系统，具有内部控制棒驱动装置 • 在高压条件下从应急罐中注射硼水	• 重力驱动控制棒插入 • 压力驱动硼酸注入系统

续表

	KLT-40S	CAREM-25	SMART	IRIS	IMR
衰变热去除系统和减压系统	• 正常运行主动/被动排热系统 • 各种不同的主动和被动堆芯冷却系统	• 各种自然循环驱动的被动余热去除系统，紧急硼水注入系统，防止堆芯暴露 • 安全减压阀	• 各种不同的主动和被动的堆芯冷却系统 • 反应堆过压保护系统（带安全阀）	• 被动式紧急衰变热去除系统 • 通过冷却安全壳空间接冷却堆芯系统 • 长期重力补偿系统；稳压器蒸汽空间小型自动释放系统； • 安全减压阀	• 主动式余热去除系统 • 主动式蒸汽发生器冷却系统 • 被动式反应堆容器减压系统
反应堆容器和安全壳冷却系统	• 被动式安全壳冷却系统 • 被动式反应堆容器底部冷却系统	• 压力抑制池型安全壳 • 压力抑制池冷却和净化系统 • 向反应堆腔中注水	• 安全壳喷淋系统 • 用于安全壳和反应堆冷却的严重事故缓解系统	• 压力抑制安全壳系统 • 发生失水事故时，被动式反应堆腔注水 • 各种主动式安全壳冷却方式	• 被动式安全壳冷却系统 • 被动式安全壳浸没水系统
抗震设计	• 设备和系统具有 3 g PGA[②] • 10^{-2} 年$^{-1}$ 概率，MSK 地震烈度 7 • 10^{-4} 年$^{-1}$ 概率，MSK 地震烈度 8 度	• 0.4 g PGA • 遵循 IAEA 指导规范	0.3 g PGA（地震安全停堆）	0.5 g PGA	类似于日本目前技术水平的压水反应堆：S_1, 180 伽[③]；S_2, 308 伽×1.8
飞机失事设计	设计中考虑了直升机应急着陆以及飞机从高空坠落的情况	未考虑（合适的地址选择和管理措施）	未说明	未考虑（合适的地址选择和管理措施） • 小型球形安全壳半埋入地下	紧凑型安全壳和反应堆厂房
堆芯损坏概率/大量早期辐射释放概率/年$^{-1}$	10^{-5}（启动运行 10^{-7}）/10^{-6}	$<10^{-6}/5.\ 2\times10^{-8}$	$10^{-7}/10^{-8}$	2×10^{-8}/未说明	$0.\ 6\sim2.\ 9\times10^{-7}$/未说明
紧急计划区半径（已评估）	1 千米，人员从厂区撤退的距离末作要求	简化或废弃的厂区外应急计划要求	未说明	约 2 千米（取决于厂址）	未说明
安全设计中考虑的特殊事件	• 浮动式动力设备沉没 • 浮动式动力设备碰撞 • 浮动式动力设备落在岩质地基上等	此处不适用	此处不适用	此处不适用	此处不适用

续表

	KLT-40S	CAREM-25	SMART	IRIS	IMR
遵循现有规范	正在或已经按照现有国家规定进行设计	正在按照现有国家风险指引规定进行设计	此处无特殊说明	未来的风险指引规定将有助于调整精简的应急计划要求	此处无特殊说明
	VBER-300	ABV	mPower	NuScale	NHR-200
固有安全特性和被动安全特性	• 整个循环的负反应性系数 • 一回路循环具有较大冷却剂储量和高热容量 • 自然循环水平足够停堆运行被动停堆排除 • 堆芯功率密度较低				
	• 连接大部分一回路管道至回路的"高热"部分 并将反应堆容器上的喷嘴设置在堆芯水平之上 • 主要设备之间有安全重喷嘴,没有长直的、大直径的主管道 • 一回路辅助系统中有小直径限流器 • 采用密封式主循环泵	• 一回路采用整体设计,蒸汽发生器安装在容器内(热交换器) • 二次(低压)冷却剂在蒸汽发生器管内流动 • 一回路冷却剂自然循环 • 一次系统连接至反应堆容器顶部 • 密封式反应堆冷却系统 • 燃料成分有高导热率 • 增压系统能排除电热器故障 • 破裂前泄漏设计	• 自动增压; • 小直径高反应堆容器内控制棒驱动设计,防止堆芯暴露 • 每个模块都有自己的安全壳	• 自动增压 • 所有工况下都具有一次冷却剂自然循环 • 每个模块都有自己的高压安全壳,所有的高安全壳在正常运行时为真空状态 • 处于独立安全壳中的模块完全浸入水池中	• 自动增压 • 中间热回路的压力高于一次压力(保持热流受放射性干扰) • 所有工况下都具有一次冷却剂自然循环 • 双重压力容器,所有的贯穿件都在容器顶部 • 控制棒驱动装置位于主要容器和防护容器之间 • 一次冷却剂硼液态低温
停堆系统	• 电动机驱动控制棒插入 • 重力驱动控制棒插入 • 重力驱动硼水注入	• 电动机驱动控制棒插入 • 重力驱动控制棒插入 • 弹簧驱动控制棒插入	机械控制棒	机械控制棒	• 液压驱动机械控制棒 • 重力驱动液态硼的安全注入

续表

	VBER-300	ABV	mPower	NuScale	NHR-200
衰变热去除系统和减压系统	• 正常运行主动/被动排热系统 • 各种不同的被动式紧急排热系统和应急堆芯冷却系统	• 各种不同的主动和被动堆芯冷却系统	• 被动（重力驱动）应急堆芯冷却系统 • 净化阀	• 各模块都有被动式衰变热去除系统和停堆安注箱	• 被动式余热去除系统 • 采用隔离阀减少热交换器破裂造成的冷却系统后果
反应堆容器和安全壳冷却系统	• 被动式安全容器冷却系统 • 应急安全壳冷却系统	• 被动式安全壳冷却系统 • 被动式反应堆容器底部冷却系统	未说明	• 各模块都有被动式安全壳排热系统 • 水池为不锈钢混凝土结构，完全在地面以下，所有的反应堆模块都浸入水池中	被动式安全壳冷却系统
抗震设计	• 设备和系统为3g PGA • MSK 地震烈度 7 度，10^{-2} 年$^{-1}$ 概率 • 0.2 PGA，MSK 地震烈度 8 度，10^{-4} 年$^{-1}$ 概率	• 设备和系统为3g PGA • MSK 地震烈度 7 度，10^{-2} 年$^{-1}$ • MSK 地震烈度 8 度，10^{-4} 年$^{-1}$	未说明	安全停堆地震，0.7g PGA	未说明
飞机失事设计	飞机：20 吨，200 米/秒，10^{-7} 年$^{-1}$（直升机 1.5 × 10^{-7} 年$^{-1}$）	设计中考虑了直升机应急着陆以及飞机从高空坠落的情况	安全壳内的反应堆模块设置在地下，地下反应堆建筑结构作为二级安全壳	地下安全壳，控制室和乏燃料池	未说明
（堆芯损坏概率/大量早期辐射释放概率）/年	$10^{-6}/10^{-7}$	$10^{-6}/10^{-7}$	未说明	10^{-8}/未说明	$10^{-8}/10^{-9}$
紧急计划区半径（已评估）	1 千米	1 千米，人员从厂区撤退的距离简化应用的要求	预计厂址选在靠近用户的地方	正在考虑简化厂区外应急计划要求	未说明

续表

	VBER-300	ABV	mPower	NuScale	NHR-200
安全设计中考虑的特殊事件	对于 VBER-300 浮动式设备： • 浮动式动力设备碰撞船只碰撞 • 浮动式动力设备沉没 • 浮动式动力设备落在岩质地基上等	浮动式动力设备和其他设备： • 浮动式动力设备碰撞船只碰撞 • 浮动式动力设备沉没 • 浮动式动力设备落在岩质地基上等	此处不适用	此处不适用	此处不适用
遵循现有规范	正在或已经按照现有国家规定进行设计				

注：① "软" 增压系统的特征是，一次冷却温度增加时，一次压力变化较小。增压系统中有大量气体，导致一回路的热量全部排出时，压力增加至极限值的周期变长。
② PGA，峰值地面加速度
③ 1 伽 = 1 厘米/秒²；g=980 伽；S_1 = 运行时地震，S_2 = 安全停堆地震

表 10-27 先进 SMR 沸水反应堆型的安全设计特性

	VK-300	CCR
固有安全特性和被动安全特性	• 整个循环的负反应性系数 • 顶部安装的控制棒驱动装置，容器贯穿件在反应堆容器顶部 • 反应堆容器中的冷却剂储量大，确保反应堆芯不会失水事故中暴露 • 所有工况下都能进行冷却剂自然循环 • 容器内隔离装置	• 燃料元件有较低线性热率 • 高压紧凑型压力安全壳，防止在管道破裂事故中从反应容器中损失大量冷却剂 • 堆芯功率密度较低 • 减少了安全系统的数目（除去了高压和低压堆芯浸水系统）
停堆系统	• 两个有机械控制棒的独立系统 • 液态硼停堆系统	• 机械控制棒 • 液态硼注入

续表

	VK-300	CCR
衰变热去除系统和减压系统	• 正常运行主动/被动排热系统 • 重力驱动被动式应急堆芯冷却系统 • 被动式余热去除系统 • 过压保护和减压系统	• 余热去除系统 • 隔离冷凝器 • 重力驱动的溢出物管道，将水送回至反应堆压力容器中 • 安全阀
反应堆容器和安全壳冷却系统	• 隔离冷凝器和压力抑制系统 • 最终热阱系统	•（正常运行时）压力安全壳钢壁的外表面上有强制气流 •（事故中）隔离冷凝器
抗震设计	MSK 地震烈度 7	类似于日本目前技术水平的压水反应堆
飞机失事设计	20 吨飞机，双层安全壳	• 穹形安全壳房 • 全埋置房
(堆芯损坏频率/大规模早期释放频率)/年	未说明 / 2×10^{-8}	$10^{-5} / 10^{-6}$
紧急计划区半径（已评估）	没有必要采取厂区外应急措施	减少或除去厂区外应急计划（容器熔融物堆内滞留能力证明）
遵循现有规范	正在或已经按照现有国家规定进行设计	

表 10-28 先进 SMR 重水反应堆型的安全设计特性

	AHWR
固有安全特性和被动安全特性	• 稍负反应性空穴系数和负温度反应性系数 • 所有工况下部具有自然循环排热 • 堆芯功率密度较低 • 由于燃料类型（Pu-Th 燃料）和在线换料，剩余反应性低 • 主冷却剂系统中有较大冷却剂储量 • 在重力驱动的水池内，安全壳中有较大储水量 • 重水慢化剂是热阱

续表

	AHWR
停堆系统	• 两个独立并且不同的停堆系统：一个采用机械控制棒，另一个采用在低压慢化剂内注入液体毒物。每个系统都具有100%的停堆能力 • 利用蒸汽压力注入液体毒物的附加被动式停堆装置
衰变热去除系统和减压系统	• 被动式注入冷却水（首先从安注箱，然后从高架的重力驱动水池，通过四个独立的平行列车直接注入燃料组件中） • 被动式衰变热去除安全容器隔离系统
反应堆腔*和安全壳冷却系统	• 在发生失水事故时，向反应堆腔中注水 • 被动式安全容器隔离系统 • 被动式安全容器冷却系统 • 重力驱动水池中有蒸汽抑制
抗震设计	为高水平，低概率地震事件设计
飞机失事设计	双重钢筋混凝土安全壳
（堆芯损坏概率/大量早期辐射释放概率）/年	$10^{-6} / <10^{-7}$
紧急计划区半径（已评估）	没有厂区外应急计划
遵循现有规范	正在按照现有国家规范（根据IAEA安全标准制定）进行设计

表10-29 先进SMR高温气冷反应堆型的安全设计特性

	HTR-PM	PBMR 老式设计	GTHTR300	GT-MHR
固有安全特性和被动安全特性	• 温度和功率增加的负反应性反馈 • 采用耐高温的可靠TRISO包覆颗粒燃料 • 采用具有中性中子质慢化性的氦冷却剂 • 堆芯功率密度较低 • 反应堆容器内有大量石墨，因而堆芯的热惯性大，有利于辐射传热和放射性释放 • 氦损失不会导致堆芯损坏和放射性释放 • 反应堆压力容器表面积较大 • 一回路中没有大直径管道 • 密封（一次）冷却剂系统 • 由于在线换料，所以剩余反应性较小		有利于辐射传热和传导导热，确保在没有氦冷却剂的情况下对堆芯排热	此处未说明

续表

	HTR-PM	PBMR 老式设计	GTHTR300	GT-MHR
停堆系统	两个不同的独立的被动式停堆系统，一个为重力驱动式控制棒插入，另一个为吸收芯块靠重力插入	• 机电控制棒插入 • 碳化硼芯块落下	两个不同的独立的被动式停堆系统，一个为重力驱动式控制棒插入，另一个为吸收芯块靠重力插入	两个不同的独立的被动式停堆系统，一个为重力驱动式控制棒插入，另一个为吸收球式运行正常式机电控制棒系统，一个主动式运行正常式机电控制棒系统，能够停堆
衰变热去除系统和减压系统	• 主动式正常运行冷却系统，有氦气鼓风机，或者氦气鼓风机和蒸汽发生器（用于正常停堆） • 通过自然对流过程排除堆芯的余热，最后通过被动式反应堆腔冷却系统从反应堆容器外部排热 • 采用超压保护（氢气释放）系统，在事故初期允许氢气释放	此处未说明		
反应堆容器和安全壳冷却系统	采用二次排水系统，用于蒸汽发生器管道裂的情况	• 利用水管冷却的被动式反应堆腔冷却系统 • 安全壳压力释放系统	• 反应堆腔空气冷却系统 • 强制停堆冷却系统	反应堆腔水冷却系统
	被动式反应堆腔冷却系统，利用安装在混凝土墙壁上的水面板			
抗震设计	未说明	0.4 g 水平 PGA	未说明	0.2 g 水平 PGA，MSK 地震烈度 8
飞机失事设计	双重反应堆厂房	飞机失事，<2.7吨	• 双重反应堆厂房 • 所有的核电站有关建筑都建设在地下	• 反应堆厂房 • 反应堆和与安全有关的建筑都建设在地下
（堆芯损坏概率/大量早期辐射释放概率）/年	未说明	未说明/<10⁻⁶	未说明/<10⁻⁸	<10⁻⁵/<10⁻⁷
紧急计划区外半径（已评估）	简化或已完全废弃的厂区外应急计划	400 米	未说明	任何事故中都不需要厂区外应急措施
遵循现有规范	正在或已经按照现有国家规定进行设计			

10 小型模块化反应堆技术国际发展态势分析

表 10-30 先进 SMR 钠冷快中子反应堆型的安全设计特性

	4S
固有安全特性和被动安全特性	• 低压一次冷却剂系统 • 中间热传输系统 • 大量的快谱堆芯反应和堆芯有效径向膨胀负反馈，全堆芯负空泡价值 • 池式设计，中间热交换器位于主反应堆容器内部 • 金属燃料具有高导热率（每单位功率），因为燃料的线性热耗率较低 • 一次冷却剂（每单位功率），因为燃料的线性热耗率较低 • 反应堆容器被密封在一个保护容器内，防止损失一次冷却剂 • 为二次钠冷却剂采用了双重管道，双层管子和双重容器，包括蒸汽发生器的输热管 • 石墨反射层根据预定程序在一次破损反应堆运行中进行燃耗反应性补偿 • 在燃料元件包壳破损的情况下，将燃料从堆芯运出的有效机构
停堆系统	• 两个独立的停堆系统，每个都能通过下列方式停堆： • 反射层的几个部分下落 • 终板停堆棒在重力驱使下插入 • 被动式停堆能力①
衰变热去除系统和减压系统	多重被动式辅助冷却系统（IRACS 或 PRACS）②，采用空气通风作为最终热阱
反应堆容器和安全壳冷却系统	多重被动式辅助冷却系统（RVACS）③，采用空气通风作为最终热阱
抗震设计	• 反应堆厂房水平隔离 • 小型反应堆具有较高特性概率（防竖震）
飞机失事设计	反应堆在地下混凝土筒仓内
（堆芯损坏概率/大量早期辐射释放概率）/年	10^{-6}/未说明
紧急计划区半径（已评估）	没有厂区外应急计划
遵循现有规范	正在按照美国现有规范进行设计

注：①被动式停堆能力：使反应堆处于安全的低功率状态的能力，产热和被动排热达到平衡，并且防止放射性释放到环境中的屏障没有故障；只依赖固有和被动安全特性，宽限周期不定。
②IRACS，中能反应堆辅助冷却系统；PRACS = 主反应堆辅助冷却系统。
③RVACS，反应堆容器辅助冷却系统。

表10-31 先进SMR铅铋冷却快中子反应堆型的安全设计特性

	SVBR-100	PASCAR	新Hyperion电源模块堆
固有安全特性和被动安全特性	• 低压一次冷却剂系统 • 铅-铋在水和空气中有化学惰性 • 负（最佳）反应性反馈 • 池式反应堆，一回路的热容量大 • 高水平的自然循环，足以排除堆芯中的衰变热 • 设计中不包括失水事故（铅-铋的沸点非常高，反应堆容器和保护容器，等等）	• 所有工况下都有一次冷却剂的自然循环 • 被动式停堆能力	
	• 裂变材料有高转化率，燃料燃耗的反应性裕量很低 • 保护容器位于水池中，确保自我修复裂纹 • 一次冷却剂流径消除了蒸汽泡进入堆芯的可能	• 堆芯功率密度低 • 被动式保护容器空气冷却	• 多层安全壳 • 控制棒吸收球与铅铋冷却剂隔离 • 固态氧控制系统，控制冷却剂中的氧气水平（防止腐蚀）
停堆系统	• 去能时，控制棒靠重力插入堆芯中 • 控制棒在弹簧力驱动下插入堆芯中	• 被动式控制棒插入 • 硼钢球在重力作用下插入堆芯中	• 主动式机械控制系统 • 被动式吸水球水系统，吸水球在重力作用下插入堆芯中央的专门空腔中
衰变热去除系统和减压系统	• 正常运行主动/被动排热系统 • 两个被动式衰变热去除系统 • 通过反应堆容器周围水的对流和沸腾进行的被动式排热 • 蒸汽发生器泄漏稳定系统	• 衰变热被反应堆容器辅助冷却系统被动地排除 • 蒸汽线隔离阀	• 通过反应堆容器周围水的对流和沸腾进行的被动式排热
反应堆容器和安全壳冷却系统	通过反应堆容器周围水的对流和沸腾进行的被动式排热	自然通风式反应堆容器辅助冷却系统	• 通过反应堆容器周围水的对流和沸腾进行的被动式排热 • 多重主动和被动冷却系统，包括用于将密封反应堆模块安全运输回工厂的系统
抗震设计	水箱、反应堆整体作为一个抗震结构	0.3g PGA，3D地震隔离建筑	未说明

续表

	SVBR-100	PASCAR	新 Hyperion 电源模块堆
飞机失事设计	未说明	未说明	反应堆模块设置在地下
(堆芯损坏概率/大量早期辐射释放概率)/年$^{-1}$	未说明	$10^{-7}/10^{-8}$	非常低
紧急计划区半径(已评估)	未说明	未说明	预计建设位置靠近用户
遵循现有规范	正在按照现有国家规定进行设计		

11 计算材料与工程国际发展态势分析

姜 山　王桂芳　冯瑞华　黄 健

(中国科学院国家科学图书馆武汉分馆)

计算材料科学是一门综合了材料科学、物理学、计算机科学、数学、化学以及机械工程等学科的交叉前沿技术。计算材料是相对于材料实验研究的另一种发现新材料和探索材料性能的重要研究方法，其研究范围包括表面、界面、聚合物、复杂液体以及各种晶体缺陷（如位错）等，研究的空间尺度跨越了电子、原子、介观和宏观层面。近年来，包括美国在内的发达国家越来越重视在产品开发和设计中采用计算机设计和模拟技术。

本报告综合梳理了主要国家/组织如美国、欧盟及其成员国、日本、新加坡以及中国等在计算材料领域的相关规划和战略，阐述了各空间尺度上采用的不同计算材料方法、计算材料近年来的研究进展以及计算材料技术在工业设计和生产方面的应用情况，并通过文献计量方法分析了各种计算材料方法的研究材料类型和材料性质。最后对我国计算材料技术的发展提出了建议。

计算材料的主要计算方法包括第一原理计算、分子动力学方法、蒙特卡罗方法、相场动力学方法，以及有限元方法等，这些方法分别适用于不同物质尺度的材料分析。本报告针对这些方法进行了文献计量，分析结果显示出，美国在各种研究方法上均处于领先地位，德国、日本、法国、英国也有较强实力；美国能源部各国家实验室在计算材料领域具有很强的研究实力，德国马普学会、法国国家科学研究中心、俄罗斯科学院和中国科学院在部分研究方法中的表现也较为突出；在研究对象上，碳基材料、半导体材料和磁性材料是计算材料领域研究最多的材料类型，而晶体生长、材料的缺陷、电子结构等分别是各种研究方法最为关心的研究问题。

集成计算材料工程（ICME）作为一种新兴的、集成了计算工具获取的材料信息，以及工程产品性能分析和制造工艺模拟的综合技术，得到了产业界的高度重视，本报告简要阐述了集成计算材料工程技术中的关键要素：实验、数据库和集成工具的发展，以及未来 ICME 技术的发展趋势和技术挑战。

本报告最后对我国计算材料技术的发展提出了一些建议：

（1）重视前瞻布局，做好大型、高性能计算基础设施的部署和规划，如软件、应用程序、材料数据库等；

（2）开发材料集成计算与模拟工具、计算基础设施，助力高级科学发现；

(3) 建立服务国家战略和需求的学科领域项目计划，结合材料计算和模拟技术解决社会重大问题；

(4) 加快集成计算工具和方法的工业应用，降低产品的开发成本，提高生产效率；

(5) 借鉴国外经验，加强国际和国内合作。

11.1 引言

现代材料科学的基本理念是探索和构建材料结构与功能之间的关系。而探究方法主要分为传统实验方法和计算材料两种方法。传统实验方法是以物理、化学等实验为手段，理解材料的本质。而计算模拟则是从已知的物理、化学、生物学等基本规律出发，基于特定的假设，对模型材料进行数值计算和分析，实现对材料制备、加工、结构、性能和服役表现等参量或过程的定量描述，理解材料结构与性能和功能之间的关系，引导材料发现、发明，缩短材料研制周期，降低材料过程成本。计算材料学为材料研究提供了一个全新的手段，弥补了传统实验方法和理论的不足。

计算材料科学源自于 20 世纪 60 年代起迅猛发展的物理化学计算方法。它是一门综合了材料科学、物理学、计算机科学、数学、化学以及机械工程等学科的交叉前沿技术。计算材料科学的迅速发展始于 80 年代末 90 年代初，在这段时期，计算材料研究的重点从分子、原子体系过渡到凝聚态体系研究的对象包括晶体及非晶等块体材料。研究范围包括表面、界面、聚合物、复杂液体以及各种晶体缺陷（如位错）等。20 多年来，计算材料学在时间和空间尺度实现了大规模原子层次计算，为材料科学与工程提供了可靠且较为完备的多尺度计算和模拟工具。

美国、欧盟、日本、新加坡等世界主要国家/地区都非常注重材料计算与模拟的发展，组织实施了一系列相关的研究计划和项目。2011 年 6 月，美国发布"材料基因组计划"，引起了各国对材料计算与模拟的进一步重视。欧盟第七框架计划也认为表征、设计、建模与模拟等技术对于理解和控制材料性质都非常重要，并在多个材料领域提出了材料的设计和建模概念。日本的材料计算模拟研究则与材料开发相结合，日本文部科学省和经济产业省均部署了相关的战略和计划。我国也于 2011 年 12 月召开"材料科学系统工程"香山会议，重点研讨材料计算与模拟的发展。

材料科学家 C. S. Smith（曾任麻省理工学院材料系主任）将材料的结构组织沿空间尺度分为 4 个层次：电子层次、原子层次、微观/介观层次和连续体（宏观）层次。电子层次的材料计算方法主要有基于密度泛函理论的第一原理等，用于求解体系的基态电子结构和性质。原子层次的材料计算方法包括采用原子力学或分子动力学方法，这些方法可对更大的体系进行计算模拟，并为研究静态或动态的原子机制提供了有效的途径。介观层次上，通常采用相场动力学或原胞自动化方法，这些方法使人们能够定量地描述不同过程中的组织变化的动力学规律，探索不同因素对微观组织形成的作用；宏观层次上，计算模拟常常采用有限元和有限差分方法，这些方法已经被广泛用于解决材料工程的实际问题，为实际工艺的设计提供定量化的指导。

11.2 计算材料研究战略与计划

11.2.1 美国

美国在材料计算与模拟领域部署了多个大型项目。美国能源部、国家科学基金会、国家标准和技术研究所、国防部等多个政府机构都开展了相关的研究计划和项目，并有高级计算科学研究中心、能源前沿研究中心等多个研究机构和基础设施。

2011年6月24日，美国总统奥巴马宣布了一项超过5亿美元的"推进制造业伙伴关系"计划，通过政府、高校及企业的合作来强化美国制造业，"材料基因组计划"（Kalil，Wadia，2011）（材料基因组是一种新提法，其本质与材料计算学类似）是上述计划的重要组成部分，投资超过1亿美元。"材料基因组计划"意欲推动材料科学家重视制造环节，并通过搜集众多实验团队以及企业有关新材料的数据、代码、计算工具等，构建专门的数据库实现共享，致力于攻克新材料从实验室到工厂这个放大过程中的问题。"材料基因组计划"已经开始实施，旨在通过高级科学计算和创新设计工具促进材料开发，建立了 Materials Explorer、Phase Diagram App、Lithium Battery Explorer、Reaction Calculator、Crystal Toolkit、Structure Predictor 等基础数据库，并不断地进行软件升级和数据更新。

2012年4月，材料基因组计划在互联网上开设了名为"MGI Forum"的论坛。该论坛由美国矿物、金属和材料学会（TMS）主管，美国陶瓷学会（ACerS）、美国土木工程师学会（ASCE）、美国机械工程师学会（ASME）、材料信息学会（ASM）、材料研究学会（MRS）、美国国家腐蚀工程师协会（NACE）、美国材料与过程工程促进会（SAMPE）等为论坛成员单位。参与该论坛的各个学会将更新各自有关材料基因组计划的活动，包括会议、出版物、培训计划、新闻以及其他公告等。

2012年5月，美国对材料基因组计划做出更多承诺。170多位来自学界、业界、政界的代表参加了在白宫召开的研讨会议，宣布将进一步推动材料基因组计划。会议的部分关键承诺包括：①超过60家机构将建立产业合作关系：超过60家企业和大学承诺将通过商业、研究和教学活动推动材料基因组计划。②建立区域合作关系促进相关工作：阿尔贡国家实验室将与西北大学、芝加哥大学以及地方企业合作，组建新的跨学科团队，以更好地利用阿尔贡国家实验室的先进材料研究与开发能力。③将开放数百万分子数据：与沃尔夫勒姆研究公司展开合作并参与了IBM世界共同体网格计划的哈佛大学，承诺将公开披露700万种新发现的分子的性质。④丰富教学新工具：欧特克软件公司承诺将向教育界提供8000种材料的制造技术和资料库，这将完善他们在先进材料方面教育资源的开放获取。⑤预测纳米材料性质：10所参加了国家纳米技术倡议的联邦机构宣布了一项新的"签名倡议"，以激励纳米材料建模、模拟工具和数据库的开发，这些都将有助于对纳米材料特殊性质的预测（Wadia，2012）。

2012年11月，美国材料信息学会（ASM International）创立了计算材料数据网络（Computational Materials Data Network）。该网络在起步阶段将由管理与技术咨询公司Nexight Group负责数据收集、发布、管理等。该网络正在组织专家团队对加工过程中的材料数据、航空结构材料数据、国家材料研究数据库等的小规模试验项目进行调研（ASM International，2012a）。该网络将组建由材料科学与工程领域专家组成的咨询团队，团队成员主要来自美国国家标准和技术研究所、美国材料信息学会、NASA马歇尔太空飞行中心、Thermo-Calc软件公司、空军研究实验室、普惠公司、Granta Design公司、剑桥大学、普惠发动机公司等。团队将提供技术建议、经验洞悉、推广支持、关键评论等，以保证该网络成为产业界和研究界有价值的资源（ASM International，2012b）。

11.2.1.1 美国能源部

美国能源部主导的"材料和化学计算创新项目"（Computational Materials and Chemistry for Innovation）重点关注以下7个研究方向：极端条件材料，化学反应、薄膜、表面和界面，自组装与软物质，强关联电子系统和复杂材料、超导、铁电、磁材料，电子动力学、激发态，光捕获材料和工艺，分离和流体工艺等（ORNL，2010）。主要参与机构有洛斯阿拉莫斯国家实验室、阿尔贡国家实验室、橡树岭国家实验室、桑迪亚国家实验室、西北太平洋国家实验室、密歇根大学、爱荷华州立大学、加利福尼亚大学伯克利分校、加利福尼亚大学戴维斯分校、范德比尔特大学、赖斯大学等。

始于2001年的美国能源部"高级计算科学发现项目"（Scientific Discovery through Advanced Computing，SciDAC）（SciDAC，2012），是开发新一代科学模拟计算机的综合计划。在新材料设计、未来能源资源开发、全球环境变化研究、改进环境净化方法以及微观物理和宏观物理方面的研究方面发挥了重要作用。

2009年8月，美国能源部提供3.77亿美元在全国各大学、国家实验室、非营利组织、私营企业建立46个能源前沿研究中心。旨在利用纳米技术、高强度光源、中子散射源、超级计算机及其他先进仪器方面的最新发展，解决太阳能、生物燃料、交通运输、能源效率、电力存储和传输、洁净煤和碳捕获与封存，以及核能源方面的关键问题。材料计算模拟在该项目中发挥了重要作用（DOE，2012）。

2012年10月，在美国材料基因组计划的支持下，密歇根大学John Allison教授正主导一个材料计算项目，旨在发现和制造先进材料，并使先进材料的开发速度加倍，缩短开发和产业化周期。该项目获得了美国能源部1100万美元的资助，密歇根大学还将匹配130万美元，项目研究期为5年。该项目将建立一个名为"结构材料预测集成科学中心"（Predictive Integrated Structural Materials Science Center）的软件创新中心。该中心将建立一套集成的、开放源码的计算软件工具，使材料学术界和工业界的研究人员可以用它来模拟材料实际的使役行为。该中心研究团队将展示在汽车、航空航天、电子等行业广泛应用的镁金属的新材料计算方法（Nicole Casal Moore，2012）。

11.2.1.2 美国国家科学基金会

美国国家科学基金会"21世纪科学与工程网络基础设施框架"（Cyberinfrastructure

Framework for 21st Century Science and Engineering)（NSF，2012b）旨在开发和部署综合的、集成的、可持续的、安全的网络基础设施，加快计算和数据密集型科学与工程的研究和教育，解决复杂科学和社会问题。主要的研究方向包括数据驱动的科学、研究网络社区、新的计算基础设施、网络基础设施访问和链接；还包括2个优先发展的关键领域，纳米技术、纳米制造、材料科学、数学和统计科学、化学、工程、软件应用等领域的材料（物质）设计；能源、环境、社会等领域的研究活动。美国国家科学基金会主导的"计算纳米技术网络"（Network for Computation Nanotechnology）重点的研究方向包括纳米生物技术与器件的计算和模拟工具、纳米制造计算和模拟软件、纳米工程电子器件模拟等（NSF，2012a）。

2012年10月，在材料基因组计划的总体框架下，美国国家科学基金会宣布首次为"设计材料以彻底改变和规划我们的未来"（Designing Materials to Revolutionize and Engineer Our Future，DMREF）计划投入资金支持。美国国家科学基金会数学与物理科学部、工程学部总共为14个不同的DMREF项目设立了22笔共计1200万美元的资金，支持以下领域的研发：新型轻质刚性聚合物、飞机引擎和电厂用高耐久度多层材料、基于自旋电子学的新数据存储技术、热电转换复合材料、新型玻璃、生物膜材料、特种硬质涂层技术等。DMREF计划的参与方将与企业合作完成材料基因组计划的主要目标之一：将新材料从实验室走向市场化原本可能长达20年的时间与成本缩减至目前的一半。DMREF资助项目中有3个还得到了美国国家科学基金会"促进学术界与产业网络关系专款"（Grant Opportunities for Academic Liaison with Industry，GOALI）的联合资助，DMREF计划的一个关键要素是促进发现材料设计和实验的有效工具和方法，而这需要研究人员与产业合作伙伴就新发现的重大需求和潜在机会进行沟通（NSF，2012c）。

11.2.1.3 美国国家标准和技术研究所

美国国家标准和技术研究所是美国从事测量科学和标准化领域研究的最大机构，为美国提供了强大的测量能力以及测量工具和设施。该研究院的材料计量实验室、纳米科技中心从事针对纳米材料、生物材料和能源材料等先进材料的标准与科学计量研究，并建有参考材料和标准参考数据库。在2012年的预算中，纳米产品制造相关的科学计量和标准开发投入达到952.6万美元，产业相关新材料的投入达到1424.2万美元。在"材料基因组计划"中，美国国家标准和技术研究所主导的"先进材料设计"（Advanced Materials by Design）项目将针对标准基础设施、参考数据库和卓越中心的发展，使材料的发现和优化计算建模和仿真更可靠。

11.2.1.4 美国国防部

美国国家研究委员会（NRC）早在2003年，针对美国国防部对材料与制造研究的需求进行了研究，并推荐将计算材料设计研究作为投资的主要方向。2010年春季，美国国防部确定了6个基础研究子领域用于服务军队，其中计算材料科学是其中之一。而在"材料基因组计划"中，美国国防部将重点投资计算材料的基础研究和应用研究，提高材料性能，满足广泛的国家安全需求，在材料防御系统保持技术优势。陆军研究实验室、海军研究办公室和空军研究实验室将共同进行该项目研究。美国陆军研究实验室材料科学部设有材料设计计划，旨在对材料行为进行预测和控制，并对其性能和稳定性予以优化。计划的一个重点领域是表面和界面工程，另一个重点领域是适合维度下材料的原地和异地分析方法开发。海军研究办公室下属的材料科学与技术部成立有计算材料科学中心，目前针对计算生物物理、计算方法、能源存储、磁性材料、磁性半导体材料、材料机械性能、量子信息、辐射材料、超导材料、界面和表面展开研究。

2012 年 8 月，美国陆军宣布新增拨款 1.2 亿美元用于未来 10 年与约翰·霍普金斯大学、加利福尼亚理工学院、特拉华州立大学、罗格斯大学、犹他州立大学、波士顿大学、伦斯勒理工学院、宾夕法尼亚州立大学、哈佛大学、布朗大学、加利福尼亚大学戴维斯分校以及意大利都灵理工大学等 12 所高校在材料科学领域进行基础研究合作。这笔资金将资助美国陆军研究实验室与上述 12 所高校组成的两大合作研究联盟。一个联盟的主要负责单位是约翰·霍普金斯大学，主要研究主题是极端动态环境（MEDE）材料，通过建模与仿真研究特定的动态环境（特别是高负荷、高应变速率条件下）材料的使役性能及其加工、合成技术；另一个联盟的主要负责单位是犹他州立大学，研究重点是多尺度跨学科电子材料模型（MSME），开发电化学能源器件、异构变质电子器件以及混合光子器件等先进器件（ARL，2012）。

2012 年 9 月，美国空军选取约翰·霍普金斯大学工程师领导的研究团队设立了一个空天先进结构材料和设计中心，通过开发新型计算和试验方法以支撑下一代军用飞机的研发。这个集成材料建模卓越中心（Center of Excellence on Integrated Material Modeling, CEIMM）将推进计算集成材料科学和工程计划（Computational Integrated Materials Science and Engineering Initiative），关注于数字框架下材料的应用，开发未来飞行器结构和引擎相关的轻质、耐用、高性能器件和组件。除了霍普金斯大学之外，CEIMM 的研究人员还包括来自伊利诺伊大学香槟分校以及加利福尼亚大学圣巴巴拉分校的研究者。CEIMM 将得到美国空军未来 3 年 300 万美元的资助，未来还将继续寻求来自美国空军和其他政府部门以及产业界的资助。新中心将暂时与霍普金斯极端材料研究所（Hopkins Extreme Materials Institute，成立于 2012 年 4 月）共享部分基础设施和研究人员（Johns Hopkins University，2012）。

11.2.1.5 其他机构

美国的其他研究机构和基础设施还包括美国能源部的高级计算科学研究中心、能源前沿研究中心、能源科学网、橡树岭国家实验室的国家计算科学中心及 OLCF 领先计算设施、阿尔贡国家实验室的 ALCF 领先计算设施、劳伦斯伯克利国家实验室的国家能源研究科学计算中心、美国麻省理工学院材料科学与工程院材料科学计算与分析组、北卡罗来纳州立大学、桑迪亚国家实验室、康奈尔大学先进计算中心计算材料研究所等。

11.2.2 欧盟及成员国

欧盟第七框架计划下的"纳米科学、纳米技术、材料与新制造技术"（NMP）主题研究领域，在其最新工作计划"Work Programme 2012"中并没有将材料的计算、模拟等技术单独列出，但是，计划仍然认为，无论纳米科技还是其他材料，表征、设计、建模与模拟等技术对于理解和控制材料性质都非常重要，并在工程纳米粒子的毒性研究、纳米材料的精确合成、多材料复合、自修复材料、高温电厂用先进材料、离岸风涡轮机叶片材料等领域提到了材料的设计和建模概念。

欧洲科学基金会下的"研究网络计划"有关材料模拟的计划有"材料从头计算模拟先进概念计划"和"生物系统与材料科学的分子模拟"计划。前者致力于开发凝聚态材料在原子层级的"从头计算"计算方法，后者关注开发计算工具，用于了解生物系统以及人工纳米材料的介观结构。

欧盟的研究机构包括英国科学与技术设施委员会计算科学工程部、英国爱丁堡大学凝聚态物理研究组、英国苏塞克斯大学理论化学与计算材料研究组、法国国家科学研究中心、德国马普钢铁研究所等。

英国科学与技术设施委员会计算科学工程部主要研究计算生物学、计算化学、计算工程、计算材料等，在材料性能的计算机模拟方面，重点是第一性原理计算模拟方法，与英国工程和自然科学研究委员会开展了表面界面合作计算项目、全球同步加速器研究理论网络开发方法、平面波赝势方法与高性能计算机等。英国爱丁堡大学凝聚态物理研究组下设统计力学与计算材料物理方向，其主要研究领域有材料缺陷和纳米结构、分子物理、非平衡相变等（STFC，2012）。英国苏塞克斯大学理论化学与计算材料研究小组主要进行富勒烯等大分子的密度泛函模拟、金属离子系统、原子与分子碰撞理论等研究。

法国国家科学研究中心提出位错动力学方法用于实际材料的变形，如疲劳、蠕变等，对大量位错的自组织结构的形成机制及其对力学性质的影响进行了细致研究，给出整体位错群的结构演化，可同时处理大量位错的集体行为。该方法已成功应用于研究晶体辐射损伤缺陷对材料强度的影响，塑性形变局域化等的形成机制。通过这类位错动力学模型，人们对位错集体行为获得了更深入的了解。

德国马普学会钢铁研究所在计算材料设计方面的主要研究有：多尺度从头计算，半导体纳米结构电子和光学性能多尺度模拟，金属储氢第一性原理研究，表面和相图中被吸附相的从头计算研究，铁铝合金第一性原理研究，生物钛合金相稳定和机械性能研究，铁结构与磁性的从头计算，铁材料中C-C相互作用的第一性原理研究，形状记忆合金温度效应的从头计算研究（MPIE，2012）。

11.2.3 日本

日本的材料计算模拟研究与材料开发相结合的特色突出，日本文部科学省和经济产业省部署了相关的战略和计划。日本国立物质材料研究机构、产业技术综合研究所、东京大学、东北大学等各研究机构均有专门研究中心和团队。

日本文部科学省2002年启动了"生产技术先进仿真软件"的开发，目的是在纳米生物技术、能源和环境领域开发出世界一流的软件。研究课题包括：①下一代量子化学模拟；②量子分子相互作用分析；③纳米级器件模拟；④下一代流体动力学模拟；⑤下一代结构分析；⑥问题解决环境平台；⑦中间件高性能计算。2009 年文部科学省和经济产业省联合推行"分子技术战略"主要研究课题包括电子状态控制、形态结构控制、集成和合成控制、分子离子传输控制、分子变换技术、分子设计与创造技术等（科学技術振興機構研究開発戦略センター，2010a）。

"间隙控制材料利用技术"于 2009 年 10 月 26 日起实施。"间隙控制材料设计和利用技术"是日本科学技术未来战略研讨会提议的"间隙控制材料利用技术"计划的重要研究课题（科学技術振興機構研究開発戦略センター 2010b）。间隙控制材料设计和利用技术主要有 3 项研究内容：①间隙控制材料设计与合成：优化性能。②间隙技术的实现差距：促进应用。③通用平台技术：观察分析技术、原理。文部科学省"实现能源安全的纳米结构控制材料研究和开发"战略、"柔性、大面积、轻量、薄型器件基础技术研究开发"等项目都涉及材料计算设计和模拟。

日本的主要研究机构包括日本产业技术综合研究所计算科学研究所、日本理化学研究所、日本国立材料科学研究所、东京大学计算材料科学实验室、东北大学材料计算中心等。

日本产业技术综合研究所下设计算科学研究所，主要研究方向有纳米科学与技术的模拟技术、计算机辅助材料设计、能源与环境模拟技术、生物模拟技术、模拟技术基础理论以及集成模拟系统。

日本理化学研究所设有计算科学研究中心、仁科加速器研究中心、下一代计算科学研究开发机构、下一代超级计算机开发实施部等。计算材料科学中心结合高温钛合金、贵金属耐热合金、超级钢、纳米结构与分子开关等实验研究开展了深入、持续的计算材料设计研究（RIKEN，2012）。

日本国立材料科学研究所结合高温钛合金、贵金属耐热合金、超级钢、纳米结构与分子开关等实验研究计划开展了深入、持续的计算材料设计研究。研究所设有计算材料科学中心，主要研究目标是通过计算机模拟分析和预测材料的现象，包括多尺度分析裂纹扩展、纳米材料的仿真技术、材料超导电性和磁性等现象的理论认识、计算机模拟材料的辐射损伤、晶界和界面的分子动力学研究、材料设计虚拟实验平台系统，涉及金属间化合物、材料的表面/界面科学、纳米材料、材料科学的计算机设计与仿真、分子动力学、新材料的超导性理论、纳米器件材料、超高频波装置、发展先进的仿真技术、高温超导体、计算机模拟方法、纳米技术材料、热障涂层材料、材料设计系统的显微结构和性能、计算机模拟的微观组织形成等（NIMS，2013）。

东京大学计算材料科学实验室主要研究领域包括计算材料科学、计算材料工程、计算凝聚态物理、计算化学等。使用的材料计算方法主要有从头计算、分子动力学和紧束缚方法等。东京大学物性研究所的材料设计与表征研究室也主要进行新材料的设计、合成与表征。主要包括两个研究部门，即材料设计部、材料合成与表征部（The University of Tokyo，2012）。

东北大学材料计算中心改进计算精度和新型纳米结构与分子器件设计等方面开展了深入的研究工作。金属材料研究所下设材料设计研究部，有晶体缺陷物理、高纯金属材料、材料计算模拟、核辐射效应及相关材料、核材料科学、核材料工程、电子材料物理、先进电子材料科学等研究组。其中，材料计算模拟研究组由川添（Kawazoe）教授领导，该小组主要进行凝聚态物理、量子化学、材料科学领域软件的开发和应用（东北大学金属材料研究所，2011）。

11.2.4 新加坡

新加坡的材料计算与模拟主要研究机构有高性能计算研究院、南洋理工大学计算材料科学研究等，主要的研究目标和方向如下。

计算材料科学与工程是高性能计算研究院的主要研究领域。主要任务是预测、探索和认识材料的根本性质和结构，通过采用新的计算办法，开展原子建模、分子模拟、材料信息学等基础研究，以开发先进的电子产品、绿色能源和材料。其开发的 APEX（Advanced Process Expert）数据挖掘技术已被用于解决工业问题。研究内容包括：计算化学、多尺度建模、固态电子学和纳米结构等。具体研究方向包括：①固体氧化物燃料电池集流器；②储氢（锂离子氮化）；③生化过程模拟；④微生物燃料电池的过程建模与设计；⑤燃料电池系统与新燃料的模型开发；⑥紫外/蓝光发光二极管；⑦多铁性材料；⑧硅纳米线；⑨自旋电子学；⑩界面研究；⑪铁电聚合物的多尺度建模模拟；⑫$In_xGa_{1-x}N$ 合金的热力学研究；⑬分子电子学研究；⑭光催化剂；⑮固体氧化物燃料电池（IHPC，2012）。

南洋理工大学材料科学与工程学院计算材料科学研究组主要开发和利用模拟软件来预测、解释和探索材料的特性、结构和行为，研究的材料包括自组装体系、半导体、形状记忆合金、金属间化合物等，研究的过程和现象包括薄膜沉积、热处理、扩散、塑性变形、裂纹、孪晶和晶粒生长。具体领域研究领域包括：①功能材料的多尺度建模；②自组装系统的形态预测；③基于蒙特卡罗模拟的晶粒生长计算机建模；④形状记忆合金孪晶的孪生和去孪生过程计算机模拟；⑤半导体内部和表面扩散；⑥硅外延生长分子动力学模拟；⑦半导体和金属中的裂纹扩展；⑧半导体位错的动力学蒙特卡罗模拟；⑨开发新型液晶高分子材料作为工程热塑料的加工助剂（Nanyang Technological University，2012）。

11.2.5 中国

自 20 世纪 90 年代以来，我国对计算材料学的发展给予高度关注，相关研究先后获得国家自然科学基金、国家科委攻关项目、863 计划等的资助，已从早期个别单位的单项研究，发展成为具有一定规模的多专业、跨学科、多层次的联合研究，形成了较稳定的科研群体，在材料计算设计方面形成自己的优势和特色。我国的《国家中长期科学和技术发展规划纲要（2006—2020 年）》将"材料设计与制备的新原理与新方法"列为面向国家重大战略需求的重点发展方向。科技部《国家"十二五"科学和技术发展规划》将"从需求出发的多组元、多层次材料设计与性能模拟"列为重要研究方向之一。

2011 年 12 月，在中国科学院和中国工程院的推动下，以"材料科学系统工程"为主题的香山科学会议在北京召开。主要议题包括计算方法发展及计算模拟软件的自主开发与整合、材料基因组快速测试平台、材料基因组数据库、重点材料的选取与示范性突破研究等。提出了建立几个集理论计算平台、数据库平台和测试平台三位一体的"材料科学系统工程中心",选择几项国家急需的、战略需要的、国内有良好基础的结构材料和功能材料作为示范突破,成立一个包括政府机构、科学家和产业代表在内的指导协调委员会等建议(香山科学会议,2011)。

我国材料计算与模拟方面的主要研究机构有中国科学院金属研究所沈阳材料科学国家(联合)实验室、中国科学院物理研究所凝聚态理论与材料计算研究室、中国科学技术大学材料力学行为和材料设计实验室、科技部新材料模拟设计实验室、华中科技大学计算材料科学与测量模拟中心、厦门大学材料设计与应用工程研究中心、武汉理工大学材料复合新技术国家重点实验室等。

11.3 计算材料方法研究进展

现代计算方法使得人们能够根据基本原理对材料的结构和性质进行预测。预测工具多种多样,从原子水平到连续体,从热力学模型到属性模型。目前的计算材料方法包括专门用于材料领域基础研究的建模方法以及全面用于材料生产加工过程的建模方法。材料科学、力学、物理学和化学领域的研究人员探索材料"加工-结构-性能"之间的关系,这些探索的结果往往被纳入复杂的、集中于整个材料行为某一方面的建模方法,虽然这些孤立的方法不一定能促进计算材料基础设施的发展,但它们预示着开发计算方法的广阔前景。

计算材料的基本技术挑战是材料的响应和行为,涉及大量的物理现象,准确模型的建立需要在长度和时间尺度上横跨多个数量级。材料响应的长度范围从纳米级的原子到厘米甚至米尺度的产品;时间尺度从原子振动的皮秒到产品使用的几十年。根本上,属性是由电子分布及纳米尺度的原子结合产生,但存在于多种尺度(从纳米到厘米)的缺陷问题有可能决定材料的性质。很显然,单一的方法是很难描述多尺度的现象的。目前,已经开发出了很多材料计算方法,但每一种方法都是针对具体的问题,只适合一定范围的长度与时间尺度。

根据 Smith 对材料结构组织的看法,材料沿空间尺度大体可划分为电子层次、原子层次、微观/介观层次和连续体(宏观)层次(YIP,2005)。根据材料计算所选取的尺度不同,通常可以分为电子及原子层次计算(微观层次计算)、微观至介观层次计算及介观至宏观层次计算。模型集成主要采用相关的代码与系统积分及神经网络与主成分分析等工具,具体的方法及对应的软件如表 11-11 所示(National Academy of sciences,2008)。

表 11-1 计算层次和典型的计算模式、方法及相关的参数、软件

计算尺度	计算材料模式/方法分类	输入	输出	可用软件
微观层次计算	电子结构方法(密度泛函理论、量子化学)	原子数、质量、振动电子、晶体结构、晶格间距、Wyckoff 位置、原子排列	电子性能,弹性常数,自由能、结构和其他参数的关系,激活能,反应途径,缺陷能级与相互作用	VASP,Wien2K,CASTEP,GAMES,Gaussian,SIESTA,DACAPO

续表

计算尺度	计算材料模式/方法分类	输入	输出	可用软件
微观层次计算	原子模拟（分子动力学、蒙特卡罗积分与模拟方法）	相互作用模式、势能、方法、基准	热力学、反应途径、结构、点缺陷与错位流动性、晶界能与流动性等	CERIU2、LAMMPS、PARADYN、DL-POLY
	热力学方法	自由能数据、电子结构、量热数据、自由能函数拟合材料数据库	相优势图、相分数、多组分相图、自由能	Pandat、ThermoCalc、Fact Sage
微观至介观层次计算	位错动力学	晶体结构、晶格间距、弹性模量、边界条件、流动性法则	应力-应变行为、硬化行为、大小尺度的影响	PARANOID、ParaDis、Dis-dynamics、Micro-Megas
	微观结构进化方法（相位领域、前跟踪方法、波茨模型）	自由能与动能数据（原子迁移率）、界面与晶界能、（各向异性）界面迁移率、弹性常数	加工及服务演化过程中的凝聚态结构、树突状结构及微观结构	OpenPF、MICRESS、DICTRA、3DGG、Rex3D
	微机械及中尺度性质模型（固体力学、相场动力学、有限元分析）	微观结构特点、相与组分的性能	材料的性质，如弹性模量、强度、韧性、应变导热/电性、透气性、蠕变与疲劳行为	OOF、Voronoi Cell、JMatPro、FRANC-3D、ZenCrack、DARWIN
	微观结构成像	光学显微镜图像、电子显微镜图像、X射线衍射图像	图像的定量与数字表示	Mimics、IDL、3D Doctor、Amira
	中观尺度结构模型（加工模型）	热加工与应变加工历史数据	微观结构特性（如晶粒尺寸、质地、析出相尺寸）	PrecipiCalc、JMat Pro
介观至宏观层次计算	有限元分析、有限差分和其他连续模型	零件的几何形状、制造加工参数、部件载荷、材料性能	温度、压力和变形分布，电流、磁学与光学行为	ProCast、MagmaSoft、CAPCAST、DEFORM、LSDyna、Abaqus
模拟化与模型的集成化	代码与系统积分	模块与逻辑集成结构的输入、输出格式、初始输入	优化设计参数、输入变量或各个模块的敏感性	iSIGHT/FIPER、QMD、Phoenix
	统计工具（神经网络、主要成分分析方法）	组成、加工条件、性能	输入、输出之间的相关性、机械性能	SPLUS、MiniTab、SYSTAT、FIPER、PatternMaster、MATLAB、SAS/STAT

尽管已经有很多种材料计算方法，但应用较为广泛的方法主要包括第一原理从头计算法、分子动力学方法、蒙特卡罗方法、相场动力学模型、有限元分析，以及有限差分法等。

11.3.1 微观层次计算

电子与原子层次的计算都属于微观层次计算。电子层次的计算主要指的是第一原理从头计算，这种方法用于求解体系的基态电子结构和性质；原子层次计算主要包括分子动力学和蒙特卡罗方法等，主要可以用来预测平衡态、瞬变热力学态以及原子动力学特性等。

11.3.1.1 基于密度泛函理论第一原理从头计算法

固体材料分析中所说的"第一性原理"（The First-principle Theory）是以电子和原子核相互作用为基础的量子力学原理。虽然随着量子理论的建立与计算机技术的发展，我们有望借助计算机对量子力学方程进行求解，但其求解的过程仍然是极其复杂的。电子密度泛函理论（Density Functional Theory，DFT）的出现极大地简化了这种复杂求解过程。

电子密度泛函理论是在 Thomas-Fermi 理论基础上发展起来的一种量子理论的表述方式。传统的量子理论将波函数作为体系的基本物理量，而密度泛函理论认为，相互作用的多体系统的粒子密度决定系统基态物理性能的基本能量，作用在多体系统中每个电子上的定域外势与系统的基态电子数密度之间存在一一对应的关系。原子、分子和固体物质的基态物理性质能用电子密度函数来描述，将电子密度分布作为试探函数，将体系总能量 E 表示为电子密度的泛函。粒子密度只是空间坐标的函数，因此泛函理论将波函数问题简化成三维粒子密度问题。密度泛函理论也是一种基于量子力学的从头计算理论，为了区分其他的量子化学从头计算方法，人们通常把基于密度泛函理论的计算叫做第一性原理计算。经过几十年的发展，密度泛函理论及其数值计算方法已经取得了很大的发展，广泛应用于化学、生物、材料等学科中。近年来，基于泛函理论的第一原理计算与动力学相结合，在材料的设计、合成、模拟计算以及评价等方面取得很大的进展，成为计算材料科学的重要理论基础，也是计算材料科学的核心技术。

第一性原理方法是与经验参数相对应的一个概念，它不依赖于经验参数，通常情况下与计算相互联系起来。它与经验参数相对立，计算的时候只需要告诉程序所使用的原子类型和它们所处的位置就可以对材料的各种物理特性进行分析，具有很强的预测性，可在材料合成之前预测其可能的性质，对材料的设计具有很好的指导意义。

主要用于求解体系的基态电子结构和性质的方法，常见的有计算固体材料的周期性体系的能带计算方法和孤立体系如分子簇方法，如金属中合金化效应的预测、金属间化合物中合金原子占据位置的预测、缺陷复合体的电子结构与性质的预测等。但由于其计算中考虑了电子的自由度，其运算量极大，所能研究的体系尺度很小。

11.3.1.2 分子动力学模拟

分子动力学模拟的基本原理是利用原子间相互作用势来模拟原子的运动，对给定的 N

个粒子在 t 时刻的初始构型,根据原子间的相互作用势计算出作用于每个原子的力,然后通过重复求解牛顿运动方程及相关计算,得到 N 个粒子的相轨道,从而可以跟踪体系随时间的演变过程,研究体系的结构及热力学性质。

在原子层次上研究材料行为,这些方法考虑原子间以一定的势函数相互作用,忽略了电子的自由度,可对更大的体系进行计算模拟,并可对静态或动态的原子机制提供有效的途径。分子动力学总是假定原子的运动服从某种确定的描述,也就是说和确定的轨迹联系在一起,只需要知道原子之间的相互作用势就可以进行计算模拟。

分子动力学模拟从 20 世纪 50 年代开始到现在已经取得广泛的应用。最早应用于液体的模拟中,随着新的作用势的出现,到目前为止,已经可用于研究多组元材料的液态结构。分子动力学对于研究晶体材料的缺陷也非常重要,可用于研究点缺陷、空位、线缺陷、面缺陷等。另外,分子动力学还可以研究材料的表面性能、固体之间的相互黏合和摩擦、材料的电子性质等。

11.3.1.3 蒙特卡罗方法

分子动力学在原子模拟领域内具有突出的优势,但时间尺度最多达到 10 微秒。即便如此,很多动态过程,如表面生长或材料老化等,时间跨度均在秒以上,大大超出了分子动力学的应用范围,需要新的方法克服这种局限。动力学蒙特卡罗方法(Kinetic Monte Carlo,KMC)就是这样一种方法。

蒙特卡罗方法将关注点从"原子"升格到"体系",只着眼于体系的组态变化,将"原子运动轨迹"粗化为"体系组态跃迁",那么模拟的时间跨度就将从原子振动的尺度提高到组态跃迁的尺度。此外,因为组态变化的时间间隔很长,体系完成的连续两次演化是独立的、无记忆的,所以这个过程是一种典型的马尔可夫过程(Markov Process),即体系从组态 i 到组态 j,这一过程只与其跃迁速率 k_{ij} 有关。如果精确地知道 k_{ij},便可以构造一个随机过程,使得体系按照正确的轨迹演化。这种通过构造随机过程研究体系演化的方法即为动力学蒙特卡罗方法。动力学蒙特卡罗方法又称为统计模拟方法,是一种以概率统计理论为指导的数值计算方法。

总体来说,蒙特卡罗方法原理简单、适应性强,可以跨越时间因素,在很多情况下都是研究人员的首选。此外,蒙特卡罗方法在复杂体系或复杂过程中的算法发展也非常活跃。

11.3.2 微观至介观层次计算

物质在介观层次上的结构演化是热力学非平衡过程,主要由动力学控制。物质介观尺度的结构演化非平衡特性导致了各种各样的晶格缺陷结构,并使其具有不同的相互作用机制。因此,如何在介观尺度上对材料的微结构进行优化处理是介观尺度材料设计的主要内容。微观至介观层次的模拟方法主要包括位错动力学模型、介观尺度蒙特卡罗-波茨模型、相场动力学模型等。

11.3.2.1 位错动力学

晶体材料的动力学行为主要受位错动力学控制,关于位错动力学的研究很多,主要表现在对晶格内的每一部分位错,考虑内力与外力。能通过时间与空间的离散化来求解牛顿运动方程,找到晶格位错动力学预测。牛顿位错力学通过对晶体的理想化,把晶体看成简谐近似中的正则系统,这样就可以采用应力应变线性关系处理晶体,通过叠加所有位错段对应力贡献而得到每个位错线的应力场。

位错动力学可以通过原子尺度上的分子动力学模拟,也可通过介观尺度的空间离散连续体位错动力学实现。离散连续体位错动力学研究的尺度一般为晶粒尺寸,通过追踪每一个位错片段的位置来研究作为群的行为。位错动力学分为二维模拟和三维模拟两类。三维位错动力学不仅可直接考虑滑移体系、线张力、短程反应等三维演化特征,而且逐渐成为位错动力学研究的热点。

11.3.2.2 介观尺度蒙特卡罗-波茨模型

在蒙特卡罗模型中,最简单的就是1/2磁自旋系统模型化伊辛晶格模型,当把伊辛晶格模型扩展为动力学多态波茨晶格模型后,在微结构模拟中的应用越来越广泛。波茨晶格模型相对于伊辛晶格模型而言更为广义,限制条件较少。

在波茨模型中,如果节点的自旋相同,其相互作用能为"0",如果不同,则相互作用能为"1"。利用波茨模型的这个特点,可以进行界面识别以及界面能的定量计算,能正确描述晶粒粗化现象,但并没有给出这些变化的动力学特征和可测物理量。通过引入动力学多态波茨模型,这一缺点在某种程度上可以得到克服,同时也克服了传统蒙特卡罗方法仅局限于态函数的时间不相关预测的特点,使得蒙特卡罗方法在模拟微结构演化方面非常有效方便,是实现材料微观组织演变过程仿真的一种重要方法。

11.3.2.3 相场动力学模型

相场动力学模型是基于热力学和动力学基本模型建立的,其理论基础为 Ginzburg-Landau 相变理论。Ginzburg-Landau 相变理论强调对称性,认为对称性的破坏对应着相变的发生,而对称性由序参量描述,序参量用于描述偏离对称的性质和程度,如果序参量在空间上是不均匀的,则可以将 Ginzburg-Landau 理论用于描述微结构的演化。在相场动力学模型中,微结构的演化可以通过求解序参量场的时间关联的相场动力学方程而得到。Ginzburg-Landau 相变理论派生出了许多相场模型。其中最为通用的是 Cahn-Hilliard 和 Allen-Cahn 相场动力学模型。

Cahn-Hilliard 和 Allen-Cahn 相场动力学模型是一类具有广泛适用性的唯象连续体场方法,可用于描述相干与不相干系统中的连续或准不连续的相分离现象。相场动力学模型已广泛用于各种相变的微结构演化研究,如析出反应、应力相度、结构缺陷相度等。

11.3.3 介观至宏观层次计算

介观至宏观层次计算主要包括有限元法与有限差分方法。有限元法与有限差分方法对离散概念具有直观的意义，在数学上便于计算机处理，在计算机上容易实现，而且比较容易被工程师们接受。

11.3.3.1 有限元分析

有限元分析（Finite Element Analysis，FEA）用于宏观层次上的计算模拟，已经被广泛用于解决材料工程的实际问题，可为实际工艺的设计提供定量化的指导。

有限元分析是利用数学近似的方法对真实的物理系统进行模拟，利用简单而又相互作用的元素，用有限量的未知量去逼近无限未知量的真实系统。有限单元法是随着电子计算机的发展而迅速发展起来的一种现代计算方法。有限元方法与其他求解边值问题近似方法的根本区别在于它的近似性仅限于相对小的子域中。有限元分析是用较简单的问题代替复杂问题后再求解。它将求解域看成是由许多称为有限元的小的互连子域组成，对每一单元假定一个合适的、较简单的近似解，然后推导求解这个域总的满足条件（如结构的平衡条件），从而得到问题的解。这个解不是准确解，而是近似解，因为实际问题被较简单的问题所代替。

由于大多数实际问题难以得到准确解，而有限元不仅计算精度高，而且能适应各种复杂形状，因而成为行之有效的工程分析手段。有限元分析可广泛应用于各种微分方程描述的场问题的求解。首先在连续体力学领域——飞机结构静、动态特性分析中得到应用，随后很快广泛地应用于求解电磁场、热传导、流体力学等连续性问题。

11.3.3.2 有限差分法

材料领域的许多问题在分析研究之后，往往可以归纳为微分方程的求解。一般来说，处理特定的材料计算问题，不仅要知道数学方程，还要知道问题的定解条件，才能设计出行之有效的计算方法。随着计算机技术应用的逐步深入，在有限差分法中，不考虑微分方程独立变量可以连续取值的特征，而只关注独立变量离散取值之后对应的函数值。有限差分法的基本思想是把连续的定解区域用由有限个离散点构成的网格来代替，通过减小独立变量离散取值之间的间隔就可以得到方程的连续数值解，或者通过离散点上的函数值插值计算近似得到。从理论上来说，有限差分法可以达到任意想要的精度。

有限差分法具有简单、灵活、适用性强等特点，在材料的成型模拟过程中已得到广泛应用。

11.3.4 计算材料研究进展情况

介观层次上对体系的模拟近年来有较快的发展，这些方法使人们能够定量地描述不同过程中的组织变化的动力学规律，探索不同因素对微观组织形成的作用；宏观层次上的方法已经被广泛用于解决材料工程的实际问题，可为实际工艺的设计提供定量化的指导。具体来说，计算材料在实际应用领域方面主要包括：①进行经验验证；②预测新材料结构和性质；③通过计算模拟研究材料在极端环境下的使役行为；④开发新材料制造工艺等。

11.3.4.1 经验验证

Aust 和 Drickamer 等 1963 年在常压下压缩石墨，得到了一种新型碳结构，其具有透明、超高硬度等类似金刚石的特点，但其他特点与金刚石和其他碳同素异形体不相同。2006 年，美国纽约州立大学石溪分校（SBU）的 Oganov 教授等预测了这种新的 "超硬石墨" 结构，并将其命名为 "M-碳"，该研究在当时引发了一系列相关研究，研究者们提出了诸如 F-、O-、P-、R-等一系列以字母开头的碳结构。Oganov 认为，由于形成金刚石所需的能量势垒较高，低温下压缩石墨不足以克服这一能量势垒，但石墨会转变为与较低能量势垒相适应的另一种形式，只要找到石墨转变所需的最低能量势垒，就可建立正确的 "超硬石墨" 结构模型。2012 年，Oganov 教授采用分子动力学方法模拟的方法证实了此前预测的超硬 "M-碳" 结构及其性质，并与实验结果完美吻合，证实了 "超硬石墨" 结构正是早前他提出的 "M-碳" 结构。（Boulfelfel et al.，2012）

2009 年美国赖斯大学的 Michael Deem 教授通过蒙特卡罗方法计算发现沸石的种类可能远远超过目前所认识的 200 多种，可能存在的种类约为 270 万种。将所有可能的结构列出需要花费长时间的计算，借助 Zefsa II 软件，研究人员在 NSF TeraGrid 上花费 3 年完成了计算。（Deem et al.，2009）

11.3.4.2 测试新材料的结构和性质

随着欧洲立法对氮氧化物（NO_x）提出越来越严格的浓度限制，寻找新型、可有效捕获、分解 NO_x 的催化剂就显得相对迫切。2012 年剑桥大学 Stephen Jenkins 率领的研究团队通过电子结构方法 CASTEP，探究了黄铁矿的催化活性。研究人员重点关注了黄铁矿与 NO_x 之间的反应。下一步，研究人员计划将黄铁矿应用于具有战略意义的产业反应过程，如生产肥料用的氨、从可再生生物质中合成碳氢化合物燃料、提取燃料电池电动汽车用的氢等（Sacchi et al.，2012）。

2012 年，德国弗里德里克-亚历山大大学（埃朗根-纽伦堡）的计算机模拟发现了一种被称为 Graphyne 的材料，这种材料属于石墨烯的 "近亲"，二者的不同只在于原子键的类型。石墨烯原子之间为双键连接，Graphyne 则存在三键连接，使得 Graphyne 呈现出不同的几何结构。研究人员经过电子密度泛函理论模拟研究，展示了三种不同类型的 Graphyne 材料，它们都具有与石墨烯类似的狄拉克锥电子结构，这一研究结构表明，许多其他材料都有可能具有此类电子结构。其中一种矩形对称结构的 Graphyne 的狄拉克锥并不是完美的锥形，这可能使材料的电导率由电流方向决定。这种 Graphyne 的另一特征是其中本身就存在导电电子，而无须像普通石墨烯那样需要掺杂非碳原子引入导电电子。这种独特性质使该材料有望在电子器件中得到新的应用（Malko et al, 2012）。

2011 年 2 月，英国布里斯托尔大学（University of Bristol）和澳大利亚国立大学的研究人员利用分子动力学模型模型研究了 C_{60} 形成凝胶可能性和稳定性。研究结果表明 C_{60} 在适当条件下能形成凝胶。这意味着碳可以形成金刚石、石墨、石墨烯以及无数的碳六边形等结构物质，除此之外碳也可以是一种凝胶，这种凝胶有一种特殊结构，叫做旋节凝胶（Spinodal Gel）。研究人员表示这种碳凝胶形成需要 10 纳秒，在室温下稳定，存在时间尺度高达 100 纳秒。研究人员可以模拟,但这类模拟都很难调整。C_{60} 碳凝胶最终会分裂为水晶和气体,也有可能会更倾向于结晶(Royall,Williams,2011)。

2011 年,英国利兹大学和杜伦大学的研究人员开发出一种开发塑料的"配方书",可以帮助专业人士开发出具有特殊功能和性质的"完美塑料"。研究人员在研究过程中使用了配位聚合物动力学数学模型,这些模型由两部分计算机代码构成。第一部分代码根据聚合物条状分子结构计算出聚合物的流动方式,第二部分代码对此类分子可能构成的形状做出预测。研究人员根据实验室制造合成的"完美塑料"来改进这些模型。这一突破意味着人们能够按照自己意愿制造出更有效的、具有特殊功用的塑料,这对工业和环境都有巨大的利益(Read et al.,2011)。

2009 年,日本东北大学材料研究院 Yoshiyuki Kawazoe 教授领导的研究小组通过"第一性原理"电脑模拟证明除金刚石和石墨以外,还存在第三种碳单质结晶:K4,这是 sp2 杂化碳的一种三维晶体结构,可以看作是 sp3 金刚石晶体的孪晶。据称,该结晶具有导电性等金属特性,将来有望只利用碳元素制作集成电路。研究小组利用原子间的距离等实际的碳原子数据来进行计算,得到的预测结果是在特定条件下可以稳定地存在(Itoh et al.,2009)。

11.3.4.3 通过计算材料研究材料在极端环境下的使役行为

为了研究材料在极端环境下的使役行为,除了要兴建价格高昂的实验室,还需要投入大量的时间进行长时间的测试来研究材料的疲劳、老化等问题。计算材料科学可通过计算模拟节省大量的时间与金钱。

目前飞机制造商越来越增加飞机碳纤维复合材料(CFC)的使用量,但 CFC 独特的结构会产生重大缺陷。CFC 中每层碳纤维的取向不同,使复合材料具有高的电和热各向异性。因此,每层的不同部位都可能会出现雷击损坏,使复合材料难以修复。

2010 年,英国南安普敦大学的研究人员研究了雷击对飞机用 CFC 造成的潜在损坏影响,以减少损失和维修费用。该校 Golosnoy 博士研究小组与欧洲(EADS)创新中心(英国)展开为期 3 年的项目,旨在评估雷击对于飞机机身和发动机叶片用 CFC 的影响。研究人员通过模拟雷击在复合材料上形成的电流和热场,针对雷击对复合材料造成的损害建立了详细的信息,并提出维修和保护的建议以及研究 CFC 自身的修复。目前有几种方法来保护复合材料,如在材料表面涂覆一层金属网或薄金属箔层,但却增加了整体重量,意味着涂料和复合材料都会受损,并且会使修复过程更加复杂。该项目研究主要是研究雷击现象的基础物理学性能,Golosnoy 博士计划开发定性数学模型,预测机身遭受雷击时的行为,并且还将研究复合材料接合处热电性能的参数分析(University of Southampton,2010)。

11.3.4.4 开发新材料制造工艺

新材料往往具有特别的物理化学性质,如何对新材料进行加工是摆在工程人员面前的一道难题。计算材料技术能够通过计算机模拟仿真来探索新材料的制造工艺,不但能大幅缩短新材料进入实际应用的周期,还能大幅降低新材料研发所需的成本。

2009 年，德国弗劳恩霍夫应用研究促进协会材料力学研究所（IWM，Fraunhofer）的研究人员采用数值模拟方法发现了一种更快实现预测形状记忆合金特征的方法。借助这些模拟，科学家开发包括用于内窥镜检查的极小镊子等应用。在数值模拟模型的帮助下，研究人员能够事先计算出元件最重要的特征，比如它的强度和夹紧力，进而有效地开发和制造这些弹性元件。避免了大规模制作产品原型，从而降低形状记忆合金的生产成本。此外，研究人员可以通过模拟，估计这些现代材料的耐久性（IWM，2009）。

2012 年，美国威斯康星大学麦迪逊分校通过计算机生成理想模型，通过对不同结构、不同成分的新型金属氧化物材料进行测试，找到了具有独特性能的、正确的材料及其加工工艺。这种通过计算模拟方法找到的新型复合金属氧化物材料只有几个原子厚，具有独特的电、光和磁学性质，有望成为传统的硅基半导体的替代品（University of Wisconsin-Madison，2012）。

11.3.5 计算材料技术应用发展

如前所述，由于计算材料方法能够让科学家更深入地了解材料性质并支撑新材料的研发工作，因此国外很多企业已经将计算材料方法用于军工装备制造上。例如 2001 年美国国防部高级研究规划局（DARPA）的快速插层材料（Accelerated Insertion of Materials，AIM）计划刚启动时，计算材料科学没有进入涡轮发动机设计流中。在随后的一年中，材料行为模组就深入地集成到了设计流中，以实现设计矩阵和响应面生成，第二年材料行为模组就完全集成到了设计流中了。通过这项工作，Pratt & Whitney 公司展示了能够在锻造重量降低 21% 的同时，将轮盘破裂速度提高 19%。通用电气公司展示了能够将轮盘合金的开发速度提高 50%。此后 DARPA AIM 的投资计划，ONR/DARPA "D3D" 数字结构联盟成立了，该联盟旨在实现更高保真度的微结构表征和模拟，以对 AIM 计划予以支持（Wilson Center，2012）。

除了通用电气公司、Pratt & Whitney 等大型企业之外，很多小型企业也在军工装备上对计算材料方法进行了尝试。例如，在美国海军小企业创新研究（SBIR）基金的资助下，美国 QuesTek 新技术有限责任公司采用其材料设计技术，研制成功了世界上第一个结构用不锈钢 Ferrium S53（研究历程见表 11-2）。QuesTek 拥有先进工程工作站和独家计算材料动力学软件平台的建模、设计和研制软件等核心技术优势，计算材料动力学（Computational Materials Dynamics™，CMD）整合了材料的基本物理量和有较高水平的模块式材料数据库，如马氏体/贝氏体变化动力学、强度、凝固、晶间凝聚和韧性建模工具，如果对这些机械和模块化的高水平建模工具进行升级改造，则可以应用于其他材料系统。该材料设计技术是为新材料加速挤进政府和工业部门而提出的技术措施，它为快速和经济的评价材料性能提供了潜在的设计选择，从而使项目经理拥有快速确定潜在费用及设计过程中有关研制和将来向上扩展所冒风险的能力。通过对设计的材料进行预先评价，就有可能提前得知材料研制能否成功。利用得到的预先评价结论，就可将有限的资源更有效地配置到可能成功的设计中（文邦伟等，2007）。

表 11-2 Ferrium S53 钢材料研究历程

技术发展阶段	标志	时间
1	在战略环境研究与发展计划的资助下，提议探索研究确定计算设计结构不锈钢的可行性	1999 年 4 月 20 日完成
	获得金额为 9.9 万美元的合同 DACA72-99-P-0203 设计的合金制成了原型样品并在 12 个月内申请了专利	1999 年 8 月 17 日至 2000 年 8 月 22 日完成
	获得金额为 150 万美元的合同 DACA72-01-C-0030 进行完善设计，开发生产工艺和为验证设计提供试验数据	2001 年 6 月 29 日至 2003 年 12 月 31 日
	在 2003 年先进航空航天材料和工艺应用大会上介绍 Ferrium S53	2003 年 6 月 11 日俄亥俄州代顿会议
	由 Hill 空军基地提交 Ferrium S53 详尽的验证和评价环境安全技术证明建议	2003～2006 年
2	原型合金概念验证	已完成
3	全部主要性能满足标准 技术革新小组由 QuesTek、海军、联合攻击战斗机项目和起落架生产厂组成	2005 年 8 月
4	在模拟环境下性能满足商业标准，完成正式的试验程序	2006 年 10 月
5	起落架部件装配试验，美军标准规范完善	2008 年 10 月
6	飞行测试和资格认证	2009 年 12 月
7	飞行效果验证，远期计划中确定合金，定期维修计划中替代原来部件的工程变更规定	2010 年 8 月

除军工领域外，逐步发展成熟的计算材料方法正在商业领域体现出重要价值。例如，主要用于汽车发动机汽缸缸体和缸盖的铝合金压铸件，对快速开发并制造出高质量的铝合金压铸件提出了较高的要求。传统的制造流程为设计-制造-测试-再设计-制造-再测试，直到产品开发成功。整个过程费力、耗时又昂贵，远不能满足现代制造业的需要。针对此，美国 Ford 汽车公司开发了一套虚拟铝压铸（VAC）设计制造系统，使得样品的设计-制造-测试全流程都可以在电脑上完成，并能进行产品性能的微调优化，使得铝压铸件产品设计周期短、制造效率高、材料特性可控调节、产品耐久性能可预知，并且节约了以往高昂的制造开发成本费用。Ford 汽车公司因采用虚拟铝压铸技术后节省下大量研发经费。

虚拟铝压铸系统主要采用商业压铸模拟软件 MagmaSoft、ProCast、ABAQUS 等搭建起了全制造和测试流程的基础性虚拟框架：压铸模型和热处理（即制造工艺）模型—局部微结构—局部材料性能—材料残余应力分析和产品耐用性预测评估，反馈至制造工艺优化（图 11-1）。另外，结合子程序 OptCast 以优化不同几何形状的压铸和热处理工艺模型，细化丰富制造工艺参数模型，以期建立起制造工艺模型——对应的局部材料微结构模型。微结构包括从分子态的共晶相、沉淀强化相、枝晶粗化到纳米态的相沉淀再到微孔形成和合金相分离及成分确定，微结构模型的解析和建构过程中，也采用了 MicroMod、Pandat、Dictra、NanoPPT 等诸多子程序或现成的相图计算工具，全面反映不同制造工艺尤其是热处理条件对微结构形成的影响，微结构组成和分布对材料的性能特征起着根本决定性的影响，以期更全面地建立起微结构模型-局部材料性能的一一对应的数据关系。

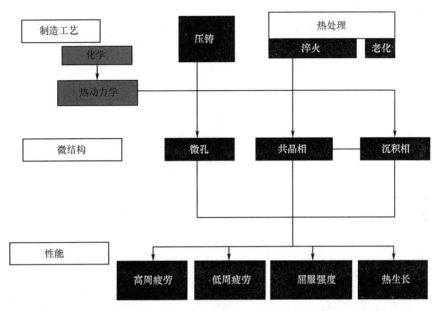

图 11-1 铝合金压铸制造工艺-微结构-性能联系和关键节点示意图

铝压铸材料主要性能指标有屈服强度、后处理热生长和耐疲劳特性，虚拟铝压铸分别采用了子程序 LocalYS、LocalTG 和 LocalFS 来解析推导不同微结构导致的这三个性能特征上的差别。为了准确建立材料性能和耐久性之间的联系，首先开发了 QuenchStress 子程序用于分析不同热处理方式下的残余应力，再通过复杂的热机械循环条件下材料应力-应变关系和疲劳响应关系来精准预测材料耐久性。HotStress 子程序被开发出来，模拟不同热机械条件下的材料黏弹性，另外集成的 Hotlife 子模块用于模拟材料在各种负载条件下的变化情况。诸多这些子程序都被集成在 ABAQUS 后处理，通过输入材料特性和残余应力变量后，就能预测高周或低周循环、热机械疲劳载荷下的材料耐用寿命。一般的耐久性模型只能根据平均化的材料特性和没有制造工艺变动的条件来预知寿命，而虚拟铝压铸技术的独特之处就在于能预测不同材料特性和制造工艺比如压铸和热处理条件变动下的耐用性。当然这些虚拟压铸制造工艺步骤和结果最终也要得到试验验证，这需要许多创新的试验技术和数据，科学地界定试验条件，并将验证结果集成到系统中。经过试验验证的虚拟制造技术更容易使工程开发应用人员信服和使用。图 11-2 和图 11-3 用虚拟铝压铸技术分别计算不同压铸工艺和不同热处理工艺下材料的性能差别（Allison et al., 2006）。

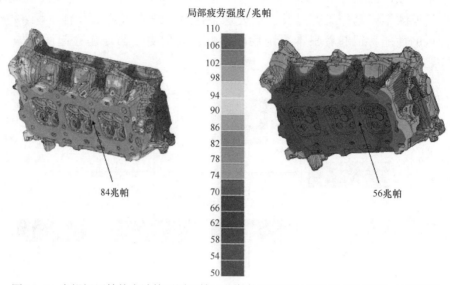

图 11-2　虚拟铝压铸技术计算不同压铸工艺条件下的汽缸盖局部疲劳强度（见彩图）

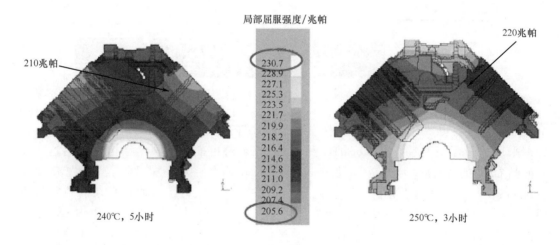

图 11-3　虚拟铝压铸技术计算不同热处理工艺条件下的汽缸体局部屈服强度（见彩图）

此外，还有其他许多企业和研究机构，包括利弗莫尔软件技术公司、ESI 集团、海军水面作战中心、诺尔斯原子能实验室、丰田中央研发实验室、QuesTek 以及波音公司，都采用过将计算材料方法用于整合材料、部件设计以及制造工艺（表 11-3）。

表 11-3　计算材料方法嵌入设计与制造流案例

公司	案例研究	效益
通用电气公司/Pratt & Whitney/波音	快速插入材料（计划）	开发时间减少 50%，测试降时间低至 1/8，改善组件性能

11 计算材料与工程国际发展态势分析

续表

公司	案例研究	效益
诺尔斯原子能实验室（洛克希德马丁公司）/材料设计	核工业高强度合金断裂问题	材料优化
丰田中心研发实验室/材料设计	表面清洁技术/开发紫外线光触媒	降低产品开发时间
quesTek	开发合金材料	降低风险和成本
波音公司	飞机设计和制造	材料认证时间降低 20%～25%（4 年）
福特汽车公司	虚拟铝铸件	产品开发时间减少 15%～25%，大量减少产品开发成本，优化产品（投资回报率 7:1）
伯克利软件技术公司/ESI 集团/福特	在汽车碰撞计算机辅助工程中，利用材料特性计算冲压参数	采用先进的高强度钢体结构，显着节省重量

11.4 计算材料文献计量分析

11.4.1 计算材料论文总体分析

本节采用 SCI-E 和 CPCI-S 数据库，利用关键词对全球科研人员发表的计算材料领域论文进行了检索。数据采集时间为 2012 年 12 月 16 日，共检索到 32452 篇文献。本节主要从计算材料论文的年度分布、国家/地区分布等对上述论文进行了统计分析。这 32452 篇文献的分布时间范围为 1953～2012 年，因较早些时期相关文献数量较少，图 11-4 中仅显

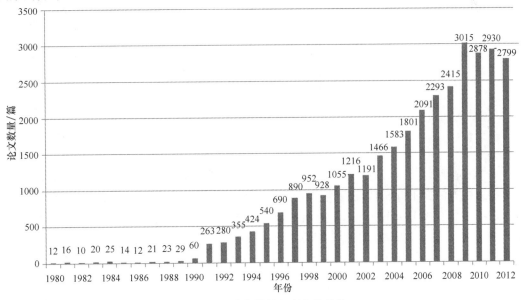

图 11-4 论文数量年度变化趋势

示了 1980～2012 年的文献分布情况。从中可以看出，1980～1989 年，计算材料相关论文数量较低，每年论文发表数量为 10～20 篇。从 20 世纪 90 年代初开始，计算材料相关论文数量开始增长，并且这一趋势在随后的 20 余年中一直持续，至 2012 年，年发表论文数量已经增长到 2799 篇。1991～2012 年，计算材料论文的年均增长幅度达到 12.4%。这可能与 90 年代计算机技术的迅猛发展有关。

图 11-5 表现了计算材料领域世界主要国家论文数量分布。图 11-6 呈现了各国论文数量随时间变化趋势。美国、中国、德国、日本、法国、英国、意大利、加拿大、韩国和澳大利亚是计算材料领域论文数量发表最多的国家。美国在该领域的论文发表数量相当多，几乎是排在第二位的中国的 2 倍。同时，美国也是最早兴起计算材料研究的国家，图 11-6 显示，美国计算材料相关论文的大幅度增长始于 20 世纪 90 年代初期，并且增长幅度相当大。而同一时期，德国、日本、英国在论文数量也出现了小幅度增长。但总体来说，除美国以外，包括中国在内的大多数国家，相关论文数量出现大幅增长是处于 90 年代中期至末期这一段时间。中国近 10 年以来的论文增长幅度相当快，2011 年论文数量超过美国，但 2012 年有所回落。

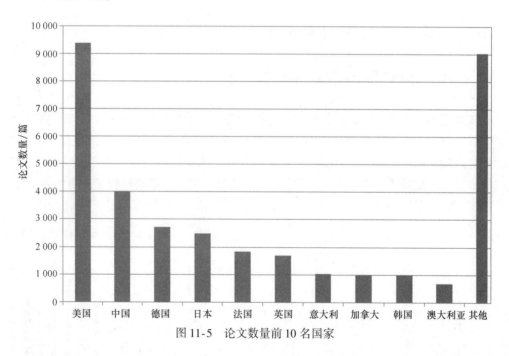

图 11-5 论文数量前 10 名国家

如 11.3 节所述，在计算材料领域，各种计算模拟分析方法适用于不同材料尺度，因此这些分析方法在不同材料应用领域具有较大的区别，将这些不同尺度的材料计算方法区别分析将更具有参考价值。本节选取了计算材料领域常用的 5 种分析方法——第一原理计算方法、分子动力学方法、蒙特卡罗方法、相场模拟方法和有限元法，分别进行了文献计量分析，分析对象包括各种方法的论文数量随时间发展趋势，论文发表的主要研究机构，以及论文作者关键词揭示的基本研究领域等问题。

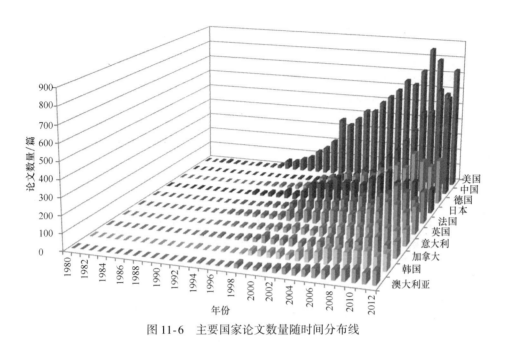

图 11-6 主要国家论文数量随时间分布线

11.4.2 第一原理计算方法论文分析

本节采用 SCI-E 和 CPCI-S 数据库,检索了计算材料领域第一原理计算方法的论文。数据范围为 1980 年 1 月 1 日至 2012 年 12 月 31 日(4.2~4.6 节均采取相同检索策略),共检索到论文 12 531 篇。

图 11-7 显示了使用第一原理计算方法进行材料计算相关论文发表数量最多的 10 所研究机构。其中,中国科学院排在第一位。其次分别是德国马普学会、中国吉林大学、瑞典

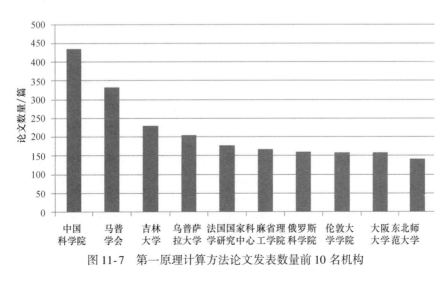

图 11-7 第一原理计算方法论文发表数量前 10 名机构

乌普萨拉大学、法国国家科学研究中心、美国麻省理工学院、俄罗斯科学院、英国伦敦大学学院、日本大阪大学和中国东北师范大学。从论文数量来看，我国在第一原理计算上有一定优势。

图 11-8 显示了第一原理计算论文中出现频次最高的文章作者关键词，其中筛除了"第一原理""模拟""模型"等与材料模拟直接相关的关键词。图 11-8 将与材料性质相关的关键词以黄色标志，与材料类型相关的关键词以蓝色标志（以下各节均采用相同方法处理）。该图显示出，第一原理材料计算方法研究最多的材料特性为电子结构，其次为其吸附能力、磁性能、晶体结构、储氢能力等。而研究最多的材料类型是碳基材料，这一子类中出现频次最高依次为石墨烯、碳纳米管、富勒烯、碳化合物等；半导体材料，子类中出现频次最高依次为宽禁带半导体、III-V 族半导体、II-VI 族半导体和磁性半导体等；磁性材料，子类中出现频次最高依次为铁磁材料、反铁磁材料等；此外还有硅、锂离子电池、铁电材料等也是应用第一原理计算方法较多的材料。

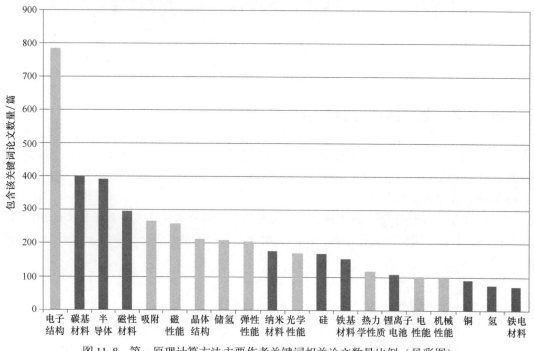

图 11-8　第一原理计算方法主要作者关键词相关论文数量比例（见彩图）
黄色代表关键词与材料性质相关，蓝色代表关键词与材料类型相关

表 11-4 对第一原理计算方法论文发表最多的 3 个国家——美国、中国、德国 2009～2012 年来论文中出现得最多的作者关键词进行了统计，在剔除"第一原理""泛密度函数""模拟""从头计算"等与该领域直接相关的关键词后发现：电子结构、磁性材料、半导体材料都是这三个国家近年来采用第一原理计算进行材料计算最多的方向；美国采用该方法分析石墨烯、储氢较多；中国则采用该方法研究了较多材料的物理特性，如光学、机械、电性质等；德国相比其他两国关注材料基础电子结构性质较多。

表 11-4 第一原理计算论文发表最多的 3 个国家 2009～2012 年出现频次最高的作者关键词

论文发表数量前 3 名国家	论文数量/篇	2009～2012 年出现频率最多作者关键词（按出现频次从多到少排列）
美国	3652	电子结构、半导体、吸收、铁磁材料、铁、反铁磁材料、石墨烯、储氢、铜、铁电材料
中国	2339	电子结构、光学性质、半导体、储氢、晶体结构、吸收、铁磁材料、机械性质、电性质、弹性性质
德国	1427	电子结构、铁、半导体、反铁磁材料、铁磁材料、磁矩、电子交换作用、X 射线衍射、费米能级、硅

11.4.3 分子动力学方法论文分析

本节共检索到分子动力学方法相关论文 8 801 篇。

图 11-9 显示了采用分子动力学方法进行材料计算相关论文发表数量最多的 10 所研究机构。分别是德国马普学会、中国科学院、劳伦斯-利弗莫尔国家实验室、洛斯阿拉莫斯国家实验室、马普学会、俄罗斯科学院、伊利诺伊大学、桑迪亚国家实验室、佐治亚理工学院和宾夕法尼亚州立大学。从论文数量看，美国在这一领域具有很高的研究水平，并且许多论文来自于国家实验室。

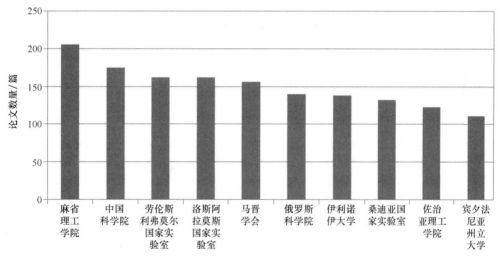

图 11-9 分子动力学计算方法论文发表数量前 10 名机构

图 11-10 显示了分子动力学相关论文中出现频次最高的文章作者关键词。其中，采用分子动力学方法分析最多的是纳米材料，这一子类中其中出现频次最高的依次是纳米粒子、纳米晶、纳米复合材料、纳米线和纳米多孔材料；碳基材料也有较高出现频率，子类中出现频次最高的依次是碳纳米管和石墨烯等；聚合物也是分子动力学方法的研究热点，子类中出现最多的是玻璃态聚合物，聚合物混合物等。分子动力学研究材料性质最多的是晶界、界面、机械性能、位错、断裂等。

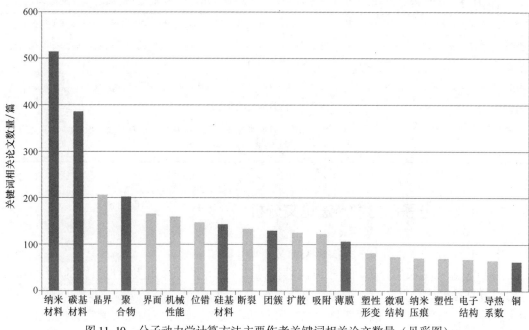

图 11-10　分子动力学计算方法主要作者关键词相关论文数量（见彩图）
黄色代表关键词与材料性质相关，蓝色代表关键词与材料类型相关

表 11-5 对分子动力学方法论文发表最多的 3 个国家——美国、中国、德国 2009～2012 年论文中出现得最多的作者关键词进行了统计，在剔除"分子动力学""模拟""计算"等与该领域直接相关的关键词后发现：纳米材料（如碳纳米管，石墨烯）、晶体界面以及机械性质（如塑性形变、断裂等）是这 3 个国家近年来采用分子动力学方法进行材料计算最多的研究方向，中国、美国的研究方向较为近似，德国则较多地研究了聚合物、金属玻璃等材料。

表 11-5　分子动力学论文发表最多的 3 个国家 2009～2012 年出现频次最高的作者关键词

论文发表数量前 3 名国家	论文数量/篇	2009～2012 年出现频率最多作者关键词
美国	3516	位错、晶界、纳米材料、界面、碳纳米管、机械性质、塑性形变、断裂、导热性、吸附
中国	995	机械性质、纳米材料、位错、界面、碳纳米管、石墨烯、导热性、晶界、吸附、扩散
德国	949	晶界、纳米压痕、纳米晶材料、扩散、纳米材料、聚合物、团簇、溅射、界面、金属玻璃、塑性形变

11.4.4　蒙特卡罗方法论文分析

本节共检索到蒙特卡罗方法相关论文 8762 篇。

图 11-11 显示了采用蒙特卡罗方法进行材料计算相关论文发表数量最多的 10 所研究机构。分别是洛斯阿拉莫斯国家实验室、法国国家科学研究中心、马普学会、法国原子能委员会、橡树岭国家实验室、俄罗斯科学院、北卡罗来纳州立大学、加利福尼亚大学伯克利分校、佐治亚理工学院和麻省理工学院。与分子动力学方法一样，美国在这一领域占有领先地位，多数研究机构为美国大学和实验室。法国、德国和俄罗斯也有机构进入前 10，中国在这一方法论文数量上并没有机构进入前 10。

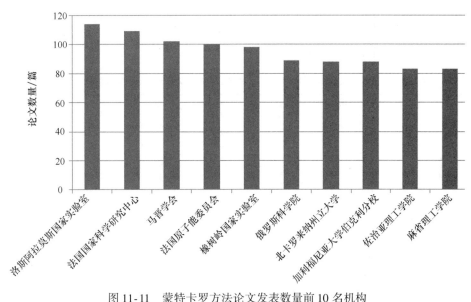

图 11-11　蒙特卡罗方法论文发表数量前 10 名机构

图 11-12 显示了蒙特卡罗方法相关论文中出现频次最高的文章作者关键词，其中该方法分析最多的材料性质是材料对气体的吸附性能、晶粒的生长、中子的散射和衍射、扩

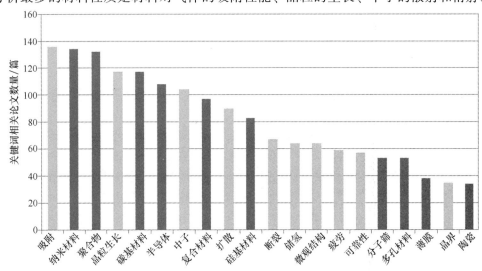

图 11-12　蒙特卡罗方法主要作者关键词相关论文数量（见彩图）
黄色代表关键词与材料性质相关，蓝色代表关键词与材料类型相关

散、断裂、储氢能力等。在材料类型的研究上,蒙特卡罗方法的研究热点是包括纳米粒子、纳米复合材料和纳米多孔材料在内的纳米材料,聚合物材料,以活性炭、碳纳米管材料为主的碳材料等。综合看来,目前蒙特卡罗方法多被用于分析多孔材料,以及相应的结构、吸附性能问题。

表11-6对蒙特卡罗方法论文发表最多的3个国家——美国、德国、法国2009~2012年论文中出现得最多的作者关键词进行了统计,在剔除"蒙特卡罗方法""分子动力学""模拟"等与该领域直接相关的关键词后发现:美国、德国比较侧重使用蒙特卡罗方法结合海森伯模型分析磁性材料;美国和法国比较侧重用该方法进行储氢材料研究;法国采用该方法对多孔材料、核材料的研究较多。

表11-6 蒙特卡罗方法论文发表最多的3个国家2009~2012年出现频次最高的作者关键词

论文发表数量前3名国家	论文数量/篇	2009~2012年出现频率最多作者关键词
美国	2747	吸附、纳米材料、反铁磁材料、聚合物、储氢、可靠性、微结构、光子、硅、不确定性量化
德国	861	反铁磁材料、铁磁材料、奈尔温度、电子交换作用、海森伯模型、磁矩、磁性薄膜、半导体
法国	695	吸附、储氢、微结构、多孔材料、软件错误率、热量计、扩散、Geant4、海森伯模型、纳米材料、中子衍射、核加热、长期平衡、半导体、硅、不确定性、铀、X射线断层摄影技术、沸石

11.4.5 相场模拟方法论文分析

本节检索到相场模拟方法相关论文4901篇。

图11-13显示了采用相场模拟方法进行材料计算相关论文发表数量最多的10所研究机构。分别是宾夕法尼亚州立大学、美国西北理工大学、美国标准与技术研究院、俄亥俄州

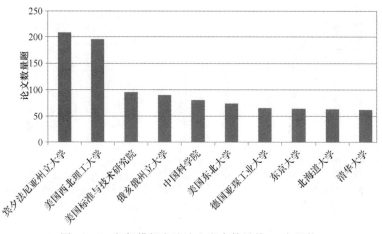

图11-13 相场模拟方法论文发表数量前10名机构

立大学、中国科学院、美国东北大学、德国亚琛工业大学、东京大学、北海道大学和清华大学。在这一领域，除大部分前十机构仍然属于美国之外，中国、德国、日本和俄罗斯也有研究机构进入。

图 11-14 显示了相场模拟方法相关论文中出现频次最高的文章作者关键词。在这些关键词中，较多为对材料的性质进行分析。其中，最多的为晶体生长相关关键词。其次是凝固、微观结构、相变、晶界等。可见相场模拟方法多用于分析晶体材料的生长和结构。材料类型则主要是合金。其中，研究最多的是钛合金。此外，铁、薄膜和纳米材料也是出现频率较多的材料类型关键词。

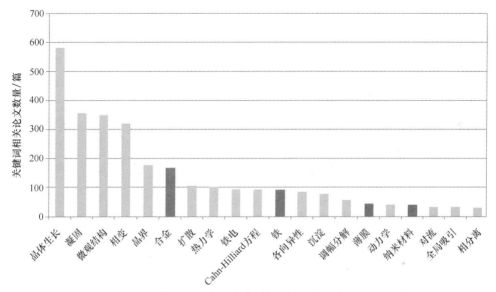

图 11-14 相场模拟方法主要作者关键词相关论文数量（见彩图）
黄色代表关键词与材料性质相关，蓝色代表关键词与材料类型相关

表 11-7 对相场模拟方法论文发表最多的 3 个国家——美国、中国、德国 2009~2012 年论文中出现得最多的作者关键词进行了统计，在剔除"相场""相场方法""相场模型"等与该领域直接相关的关键词后发现：各国的研究方向基本相似，都是利用相场模拟方法对铁电材料、晶体的生长展开研究，并没有非常明显的区别。

表 11-7 相场模拟方法论文发表最多的 3 个国家 2009~2012 年出现频次最高的作者关键词

论文发表数量前 3 名国家	论文数量/篇	2009~2012 年出现频率最多作者关键词
美国	1504	铁电性、微结构、卡恩-希利亚德方程、晶界、热动力学、界面扩散、成核、薄膜、各向异性、粗化
中国	770	微结构、凝固、枝晶生长、铁电性、各向异性、晶粒生长、沉积、强制流、扩散、热动力学
德国	652	凝固、卡恩-希利亚德方程、铁电性、微结构、晶粒生长、扩散、裂痕、成核、晶体生长、枝晶生长、沉积、旋节线分解、钢、热动力学

11.4.6 有限元方法论文分析

本节共检索到有限元法相关论文 13 778 篇。

图 11-15 显示了采用有限元方法进行材料计算相关论文发表数量最多的 10 所研究机构。在这一领域，印度理工学院发表了最多论文，其次是伊利诺伊大学、清华大学、佐治亚理工学院、哈尔滨工业大学、密歇根大学、美国西北工业大学、伦敦帝国理工学院、得克萨斯农工大学和香港理工大学。该领域内没有像其他计算方法领域一样，由美国研究机构占据前排，中国和印度的研究机构在这一领域有较多论文发表。

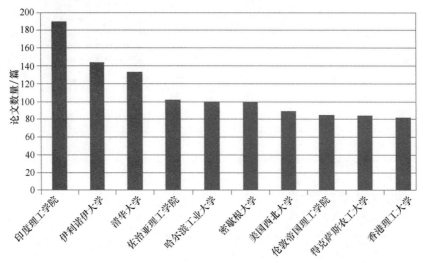

图 11-15　相场模拟方法论文发表数量前 10 名机构

图 11-16 显示了有限元方法相关论文中出现频次最高的文章作者关键词。出现频次最

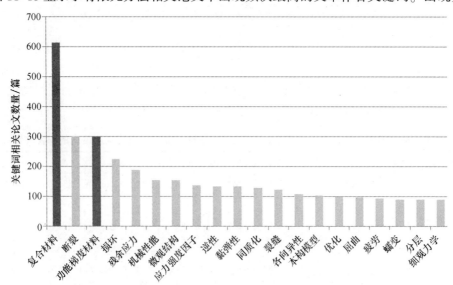

图 11-16　有限元方法主要作者关键词相关论文数量（见彩图）
黄色代表关键词与材料性质相关，蓝色代表关键词与材料类型相关

多的关键词多数是对材料的机械和力学性能进行研究,如断裂、损坏、应力、微观结构、塑性等,而分析的材料类型则主要是复合材料和功能梯度材料。这与有限元方法多用于分析宏观层面的材料问题有关。

表 11-8 对有限元方法论文发表最多的 3 个国家——美国、中国、德国 2009~2012 年论文中出现得最多的作者关键词进行了统计,在剔除"有限元法""模型""数值模拟"等与该领域直接相关的关键词后发现:美国、中国、德国 3 国均大量采用该方法对复合材料展开研究,研究方向也集中在材料的结构以及损伤、裂痕、应力等力学性能方面;美国有关黏弹性的研究较多;中国则对钛合金展开较多研究;德国对板成型和多孔材料研究较多。

表 11-8 相场模拟方法论文发表最多的 3 个国家 2009~2012 年出现频次最高的作者关键词

论文发表数量前 3 名国家	论文数量/篇	2009~2012 年出现频率最多作者关键词
美国	3407	复合材料、裂痕、功能梯度材料、黏弹性、微结构、残余应力、本构模型、均化作用、微观力学、损伤、形变断裂
中国	1759	复合材料、功能梯度材料、机械性质、残余应力、非线性、本构模型、微结构、应力、钛合金、损伤
德国	968	复合材料、残余应力、裂痕、断裂、损伤、均化作用、微结构、板成型、各向异性、多孔材料、机械性质

11.4.7 小结

通过对计算材料领域论文的总体情况以及对各种分析方法分别进行的论文数量和关键词统计,可以发现:

- 材料计算领域的研究兴起于 20 世纪 90 年代初期,并一直保持稳定增长。
- 美国在材料计算领域占据很大领先地位,其发表的论文数量大大超过其他国家;美国、中国、德国在大部分材料计算方法上的论文发表数量都高于其他国家;日本、法国、英国等国家也具有很强的研究实力。
- 中国在大部分材料计算方法的论文发表上都仅次于美国,高于德国,但有关蒙特卡罗方法的论文数量较少。
- 美国的研究机构在第一原理、分子动力学、蒙特卡罗方法和相场模拟方法上,均拥有较强研究实力,在各领域占据论文发表数量前 10 的多数席位,特别是美国能源部所属的国家实验室、宾夕法尼亚州立大学和佐治亚理工学院。此外,在多个领域都有较突出表现的其他国家研究机构还包括德国马普学会、法国国家科学研究中心、俄罗斯科学院以及中国科学院。
- 从各种方法的作者关键词反映出:第一原理计算方法多用于材料的电子结构模拟和计算,以及材料的磁性能计算,研究材料多为碳基材料、半导体材料和磁性材料;分子动力学方法和蒙特卡罗方法的研究范围较广,包括晶体生长、材料吸附、材料力学性能等,研究材料多为纳米材料和碳基材料;相场模拟方法的研究对象则比较集中,多为晶体生长相关的问题，研究材料类型以金属，特别是合金为主；有限元分析方法面向宏观层面，多研究复合材料和功能梯度材料的结构和力学性能。

11.5 集成计算材料工程研究进展

依据美国国家研究委员会最近发布的报告，集成计算材料工程（Integrated Computational Materials Engineering，ICME）是"集成了计算工具获取的材料信息，以及工程产品性能分析和制造工艺模拟的综合技术"。该技术以材料计算模型为核心，能直接用于新产品或制造工艺的工程开发。由于 ICME 技术通过定量分析和捕获制造工艺的细节以及材料变动的细节对材料特性的影响，减少甚至消除了昂贵的"制作、测试、拆解、再设计、再测试"产品工艺过程，对加快新材料的开发和应用有着巨大的影响潜力。

图 11-17 是对一个 ICME 体系范例的描述，它将多种模型、信息数据库和供用户使用的图形界面形式的系统分析工具结合在一起。尽管目前 ICME 技术仍处于发展初期，但它已经展现出一种从量子层面到宏观层面带领和帮助认知材料现象的能力，在一定程度上解决产品设计和制造工艺面临的材料相关的问题。

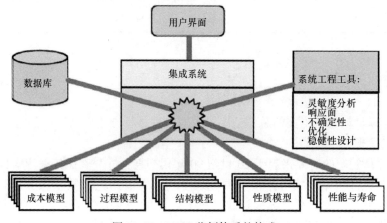

图 11-17　ICME 范例体系的构成

11.5.1　ICME 的技术关键

11.5.1.1　实验

实验结果对于标定和确认计算方式以及填补理论理解的缺口具有重要意义。这是早期 ICME 研发工作中的一个重要经验。也就是说，实验数据和理论建模之间的紧密联系是 ICME 策略成功的关键之一。建立实验数据和理论模型之间的互补关系需要一个整合良好的研究团队的共同工作才能完成，比如产业和政府公共实验室的合作。目前主要有如下 3 种实验工作：

- 经典的实验确认，例如热力学测量和实验，设计目的是提高机械论的理解。这些学科通常没有什么资金支持，因为人们错误地认为这样的成熟方法不是重要的研究领域。
- 新颖的实验技术，例如三维材料成像显微术和微型试样技术。这些都是尖端研究领域，方法还未成熟或还未渗透到材料科学和工程界中。
- 高通量技术，例如组合材料科学。这些技术是新颖的，还未得到验证，但是它们具有快速填充数据库并形成大规模 ICME 的潜力。

其中，三维纤维结构特征研究尤其重要，因为任何材料都包含微型或纳米特征结构，它们对材料特性起着决定性的影响，这种微型特征结构-性能关系模型是 ICME 的核心。与医学界的二维切片堆砌成三维结构的技术类似，传统的连续二维切片技术包括机器人自动连续切片、聚焦离子束切片和三维原子探针，取得积极进展，但是工程材料的三维成像仍比较复杂，还存在新的定量分析方法、自动协议包括表达与体视学分析、显微结构复杂几何细节的网格化、有限元分析桥接宏观特性等较多问题。另外数量巨大的三维成像和分析任务也需要有效协调。新的实验技术只需少量材料就可以加速评估和筛选材料。

11.5.1.2 数据库和 ICME 发展

数据库是 ICME 基础架构中的一个重要赋能器。数据库储存实验结果和计算结果并有效地连接到在不同长度标尺或时标下操作的模型，这些标尺是数据库类型的多样性所需要的，当需要全面认识一种材料时，就可以通过各种数据库结构来匹配不同模型的输入需求来求解。

当数据库被正确地构建和维护时，就可以通过集成产品开发（IPD）流程来有效地使用系统设计中的材料数据。建立这种材料科学和工程数据库的过程受到几个问题的阻碍。通常很难限定要储存的数据的范围或确定它们的性质，因为可能不知道控制给定材料特性的机制。这也需要将承载许多形式（数字、图像和图形）的数据储存在一个紧凑的、低损耗的程序中以便在将来重新取样。访问这些数据库和为数据库作出贡献的群体多种多样，因此数据库必须是透明的和安全的。虽然制造产业从 ICME 中获益最多，各个公司有多种原因拒绝将他们的材料知识库的重要部分移动到公众域。数据库的许多方面（如资金、格式编排、管理、填充和业务支持）都需要改进来更好地服务新的 ICME 基础架构。ICME 目标是建立一个系统，将材料成分和结构与材料特性联系在一起。所以，这样的数据库必须包含较低水平的输入（如晶体结构、热力学数据、动力学数据和物理性质）。而这需要大量的工作和庞大的资金支持。目前，有些材料专业协会促进产业、政府和学术界共同解决数据分类问题，并且创建材料特性数据库，对数据库的发展起到了重要的作用。例如，ASM 国际与英国的私营企业 Granta 合作建立了一个网上材料信息中心。该网站为医疗器械、航空和国防等各种产业提供数据库和软件产品。可以通过该组织的专有软件（GRANTA-MI）来管理材料数据，另一个图形用户界面可允许使用剑桥材料选择器（CMS）来选择材料和程序。这种软件含有多种标准数据库，如美国联邦航空局用于航空应用的 MMPDS 数据（之前为 MIL-HDBK-5）。遗憾的是这些竞争前的数据库——公众领域的数据——与产业制造环境中的集成产品开发团队所真正需要的数据库相比是非常有限的。这需要政府对材料数据库加大投资支持。

11.5.1.3 商用集成工具

商用集成软件工具的设计目的是将各种不同的软件应用连接至一个综合软件包中，用来优化一些底层程序。产生的事实标准可以"包装"模型、运行并行参数模拟、应用灵敏度分析和减少系统的复杂性（顺序）。这些公司销售和应用解决特定工程问题的系统集成工具，组织互通性工具以及教育工具。

模拟数据管理程序（SDM）如 iSIGHT/FIPER 和 CenterLink 都是网上工具，具有以下功能：

- 提供连接应用的标准化集成环境；
- 通过网络连接安全地发送数据；
- 运行计算机资源应用码，本地或远程的，包含不同种类的硬件平台；
- 使用系统资源或作业执行队列管理程序，例如装入程序共享设备（LSF）；
- 在数据库中保存设计参数和结果；
- 具有数据库挖掘能力；
- 三维表面设计可视化；
- 提供实验数据的响应面近似；
- 测量和跟踪给定设计参数的不确定性和贡献。

这些工具和其他集成工具被广泛应用于集成产品开发，但是却几乎没有用于材料工程领域。它们已经被成功地用于试验性 ICME 示范项目。在美国国防部先进研究项目局（DARPA）的快速插层材料（AIM）计划中，采用了 Engineous Software 公司的一个商用模拟数据管理程序 iSIGHT，将计算机辅助设计（CAD）锻造工艺建模、热处理模型、显微结构发展模型、特性预计和机构分析应用连接到一个名为设计师知识库的无缝作业流程中。委员会据此示范项目作出的结论是，达到目前技术发展水平的商用集成工具可以被用于 ICME 并适于广泛的应用，可以确定并解决学科成熟时出现的独特问题。

ICME 的一个重要目标是优化。一旦将应用连接到公用框架中，下一个逻辑步骤就是执行多学科、全系统的设计和优化。可以采用设计折中方案，产生的性能可以被扩展到整个设计工作流程中来获得全局最优解决方案。尽管材料计算目前没有被整合到多学科优化（MDO）系统中，ICME 激发的预期未来状态将可以产生材料和制造过程优化折中方案，也可以扩展到整个设计工作流程中。可以执行所有联合应用模块的一次分析，或者可以进行设计研究来获得折中方案。还可以利用 ICME 激发的多学科优化系统使全系统设计成为全局优化设计，或者可以用它来进行可靠性的简单评估。

11.5.2 ICME 的发展趋势

短期内，ICME 工程设计将渗透参与到产品开发过程后期的特定材料选择中，从而优化最终材料的选择。这种方法使得人们能设计新的材料或者衍生材料，使产品的开发周期从目前的 10～30 年缩短到 1～5 年。ICME 发展潜力巨大。以下所列的为潜在的突破领域。

在设计方面的突破：

- 可能减少有害环境的材料与工艺的使用的可持续性设计；

- 使用 ICME 技术，以方便关键材料的替代，如使用可通过国内或其他多元化供应链得到的材料来替代稀土材料；
- 随着设计组件与可能完全采用以计算为基础的方法的发展，机械设计与材料设计之间的界线将会变得模糊；
- 结合 ICME 与无损评价，将会极大地提高材料寿命的预测能力；
- 设计者可以获得所有的材料、机械和系统数据，获得无与伦比的设计自由度；
- 一旦 ICME 工具可用，材料的发现速度将会极大地加快。

在技术方面的突破：
- 超级计算能力在未来 20 年将不可避免地增加，日益复杂的模型将具有越来越高的精度（如对不确定性的预测能力）；
- 添加打印技术（又称 3D 打印）将会利用 ICME 的优势来优化材料以及工艺。

在供应链方面的突破：
- ICME 进入工业应用，将需要更好地理解各部门之间的关系、需求以及每个供应商所扮演的角色，促进供应链各个环节之间的协调发展。

长期而言，可持续发展的观念的社会化可能引起更多相关概念（如得益于 ICME 工具的替代材料、循环利用）的应用。未来材料设计与制造将可能完全采用以计算为基础的方法。未来 20 年超级计算能力的增强也将有助于 ICME 的发展。再加上材料说明和数据代码的转变与丰富，ICME 将使材料设计开发的自由度大大增强。当然，ICME 是一个庞大复杂系统工程，需要政府、企业、科研机构、商业和相关法规的通力协同配合才能建立和完善起来，使我们受益。

11.6 结语和建议

从国际发展趋势来看，材料设计对先进技术、高端制造以至国民经济的支撑作用将愈来愈强烈，如原子能应用材料、航空与航天用超高强度材料、高温合金、低温材料、电子信息材料、各种特殊功能材料等。因此，许多国家都加大了材料理论与计算设计方面研究的人力和财力的投入，都在争夺该领域某个方面的领先地位和知识产权。计算和模拟对材料研究具有两方面的重要作用：①为高技术新材料研制提供理论基础和优选方案，对新型材料与新技术的发明产生先导性和前瞻性的重大影响；②促进材料科学与工程由定性描述跨入定量预测阶段，提高材料性能和质量，大幅缩短从研究到应用的周期，对经济发展和国防建设做出重要贡献。尽管我国最近在计算材料研究上取得发展，但其发展仍可能受到各种技术、文化与其他方面的阻碍，仍然需要各个领域付出很大的努力来克服这些挑战。国外的材料计算与模拟研究进展对我国的启示和建议如下：

(1) 为材料计算提供资金资助。

材料计算模拟要考虑大型、高性能计算设施，包括软件、应用程序和数据管理工具的开发，以及智能/功能材料、结构材料、电子材料、纳米结构材料、生物材料等数据库的建设。无论对于材料计算的基础研究还是应用研究，都需要充裕的资金作为保障。因此需要各方加强对这一领域的资金资助,除了资助获得基本材料行为和建模的研究外,还需要可持续地资助跨学科的研究,推进计算材料基础设施的发展。

(2) 开发计算材料基础设施。

材料数据库是计算材料领域的核心要素,必须建设大型、可获取的材料数据库,形成基础研究资源。开发材料计算与模拟工具,有效地将庞大实验数据阵列转换成有用科学认识。建立大型的高级计算设备和中心,形成材料计算研究支撑。开发贯穿材料合成、制造、表征、理论、模拟与仿真等全周期的材料数据库、计算与模拟工具以及大型计算设备,将提高新材料中高级科学发现的能力。

(3) 建立统一的材料信息分类与提取技术。

在国家范围内建立统一的、协商形成的分类方法,为数据库之间的成功协调与连接奠定基础。这样的数据库的管理也需要确保信息的完整性,需要开发快速实验和三维表征技术,有效地评估与筛选材料的属性。

(4) 支持跨学科领域大型合作项目。

材料计算是一个综合的交叉学科,并在多个重要战略领域得到应用,需要鼓励利用各种先进试验设备,开展多学科、跨领域的大型合作项目研究,如利用超级计算机资源展开对能源环境、国防安全、人类健康等重大战略和需求领域的研究。

(5) 加快计算材料研究的工业化应用,将科技转化为成本优势。

计算材料学的价值最终体现在工业应用中,可大幅降低产品的研发设计周期和生产成本。通过材料计算等工具的应用,材料的开发到产业化的周期至少将缩短到10年以内。因此,需要鼓励有条件的企业利用材料计算技术,用于对材料以及相关产品的开发和产业化,或与科研院所展开合作,降低生产成本、提高生产效率,提高我国工业产品的国际竞争力。

(6) 强化计算材料教育。

强化教育是提高计算材料研究和产业化应用的基本手段,应在教育方面付出努力,培养熟练教师、培训人员,将整体性、系统性的材料开发方法传授给各学科领域的学生以及工人。

(7) 借鉴国外经验,加强国际和国内合作。

美国在计算材料科学方面一直处于领先水平,在材料基因工程、材料计算创新、计算纳米技术、材料计算在能源领域的应用等都有丰富的工作积累。日本在玻璃、陶瓷、合金钢等材料的数据库、知识库和专家系统方面开展了很多工作。借鉴美国、日本等国家的经验,与美国、日本、欧盟等国家/地区的材料计算与模拟研究机构等建立合作关系,并加强国内研发机构之间的合作,促进我国材料计算和模拟的发展。

致谢:中国科学院宁波工业技术研究院新能源技术研究所研究员黎军、中国科学院上海硅酸盐研究所研究员张文清对本报告提出了宝贵的修改意见,特致谢忱!

参 考 文 献

東北大学金属材料研究所. 2011- 02. 組織一覧. http://www.imr.tohoku.ac.jp/jpn/research/soshiki/index.html.

11 计算材料与工程国际发展态势分析

科学技术振兴機構研究開発戦略センター. 2010-03a. （戦略イニシアティブ）分子技術. http://crds.jst.go.jp/singh/wp-content/uploads/09sp061.pdf.

科学技術振兴機構研究開発戦略センター. 2010-03b. （戦略プログラム）空間隙間制御材料の設計利用技術. http://crds.jst.go.jp/singh/wp-content/uploads/09spo51.pdf

文邦伟, 等. 2007. 航母舰载机用高强、高韧、耐蚀不锈钢. 装备环境工程, 4（6）: 82-85.

香山科学会议. 2011-06-24. 材料科学系统工程——香山科学会议第 S14 次学术讨论会综述. http://www.xssc.ac.cn/ReadBrief.aspx? ItemID=968.

Allison J, Li M, Wolverton C, et al. 2006. Virtual aluminum castings: an industrial application of ICME. JOM, 58（11）: 28-35.

ARL. 2012-08-25. Army invests $120M in basic research to exploit new materials. http://www.arl.army.mil/www/default.cfm? page=1071.

ASM International. 2012-11-05a. ASM International Engages Nexight Group to Launch Computational Materials Data Network. http://www.asminternational.org/portal/site/www/NewsItem/? vgnextoid=37b1b5c5051da310VgnVCM100000621e010aRCRD.

ASM International. 2012-12-13b. Computational Materials Data Network announces advisory group of recognized experts. http://www.asminternational.org/portal/site/www/NewsItem/? vgnextoid=4f478a5e8f59b310VgnVCM10000621e010aRCRD.

Boulfelfel S E, Oganov A R, Leoni S. Understanding the nature of "superhard graphite". Scientific Reports, 2（47）: 1-9.

Deem M W, Pophale R, Cheeseman P A, et al. 2009. Computational Discovery of New Zeolite-Like Materials. J. Phys. Chem. C, 113（51）: 21353-21360.

DOE. 2012-05-17. Energy Frontier Research Centers (EFRCs). http://science.energy.gov/bes/efrc.

Duan W H. 2006. Current Opinion in Solid State&MaterSci, （10）: 1-51.

Erwin S C, Zu L J, Haftel M I, et al. 2005. Doping semiconductor nanocrystals. Nature, （436）: 403.

Itoh M, Kotani M, Naito H, et al. 2009. New Metallic Carbon Crystal. Phys. Rev. Lett., 102（5）.

IWM, Fraunhofer. 2009-06-01. Design tool for materials with a memory. http://www.fraunhofer.de/en/press/research-news/2009/july/design-tools-materials.jsp.

Johns Hopkins University. 2012-09-13. Air Force Launches New Center at Johns Hopkins to Advance Structural Materials and Design for Aerospace Applications. http://releases.jhu.edu/2012/09/13/air-force-launches-center-at-johns-hopkins-to-advance-structural-materials.

Kalil, Wadia. 2011-6-24. Materials Genome Initiative: A Renaissance of American Manufacturing. http://www.whitehouse.gov/blog/2011/06/24/materials-genome-initiative-renaissance-american-manufacturing.

Malko D, Neiss C, Vines F, et al. Competition for Graphene: Graphynes with Direction-Dependent Dirac Cones. Phys. Rev. Lett, 2012, 108（8）.

Monnet G, Devincre B, Kubin L P. 2004. Dislocation study of prismatic slip systems and their interractions in hexagonal close packed metals: Application to zirconium. Acta Mater, （52）: 4317.

Moore N C. 2012-10-03. $12.3M center aims to ramp up design of advanced materials. http://www.ns.umich.edu/new/releases/20818-12-3m-center-aims-to-ramp-up-design-of-advanced-materials.

MPIE. Max-Planck-Institut für Eisenforschung GmbH. 2012-04-13. http://www.mpie.de/598/? type=1.

Nanyang Technological University. 2012-07-10. Research. http://www.mse.ntu.edu.sg/research/? op=compms.html.

National Academy of Sciences. 2008. Integrated Computational Materials Engineering: A Transformational

Discipline for Improved Competitiveness and National Security. www.nap.edu/catalog.php?record_id=12199.

NIMS. 2013-02-26. 理論計算科学ユニット概要. http://www.nims.go.jp/cmsc.

NSF. 2012-05-04a. Network for Computational Nanotechnology. http://www.nsf.gov/pubs/2012/nsf12504/nsf12504.htm.

NSF. 2012-06-07b. Cyberinfrastructure Framework for 21st Century Science and Engineering (CIF21). http://www.nsf.gov/about/budget/fy2012/pdf/40_fy2012.pdf,

NSF. 2012-10-11c. Advancing Materials Research. http://www.nsf.gov/news/news_summ.jsp?cntn_id=125712&org=NSF&from=news.

Olson G B. 1997. Computational design of hierarchically structured materials. Science, 277 (5330): 1237-1242.

ORNL. 2010-07-26. Computational Materials Science and Chemistry for Innovation. http://www.ornl.gov/sci/cmsinn/index.shtml.

Read D J, Auhl D, Das C, et al. 2011. Linking Models of Polymerization and Dynamics to Predict Branched Polymer Structure and Flow. Science, 333 (6051): 1871-1874.

RIKEN. 2012-05-08. 研究室の紹介. http://www.riken.jp/r-world/research/lab/index.html.

Royall C P., Williams S R. 2011-02-15. C60: The first one-component gel? http://arxiv.org/pdf/1102.2959.pdf.

Sacchi M, Galbraith M C E, Jenkins S J. 2012. The interaction of iron pyrite with oxygen, nitrogen and nitrogen oxides: A first-principles study. Phys. Chem. Chem. Phys., 14: 3627-3633.

Saito T, Furuta T, Hwang J-H, et al. 2003. Multifunctional alloys obtained via a dislocation-free plastic deformation mechanism. Science, 300 (5618): 464-467.

SciDAC. 2012-08-03. Scientific Discovery through Advanced Computing. http://www.scidac.gov/aboutSD.html.

STFC. 2012-05-25. Computational Science and Engineering Department. http://www.cse.scitech.ac.uk/index.shtml.

The University of Tokyo. 2012-05-29. Welcome to Computational Materials Science Lab. http://cello.mm.t.u-tokyo.ac.jp/index_e.html.

University of Southampton. 2010-07-26. Southampton academics investigate effects of lightning strikes on aircraft. http://www.ecs.soton.ac.uk/about/news/3329.

University of Wisconsin-Madison. 2012-11-06. With new high-tech materials, UW-Madison researchers aim to catalyze U.S. manufacturing future. http://www.news.wisc.edu/21242.

Vitos L, Korzhavyi P A, Johansson B. 2002. Stainless steel optimization from quantum mechanical calculations. Nature Materials, (2): 25.

Wadia C. 2012-05-14. New Commitments Support Administration's Materials Genome Initiative. http://www.whitehouse.gov/blog/2012/05/14/new-commitments-support-administration-s-materials-genome-initiative.

Wilson Center. 2012-03-20. Emerging Global Trends in Advanced Manufacturing. http://www.wilsoncenter.org/sites/default/files/Emerging_Global_Trends_in_Advanced_Manufacturing.pdf.

Yip S. 2005. Handbook of Materials. New York: Springer.

Yoon B, Hakkinen H, Landman U, et al. 2005. Charging effects on bonding and catalyzed oxidation of CO on Au8 clusters on MgO. Science, 307 (5708): 403-407.

Zhou N, Shen C, Mills M J, et al. 2011. Modeling displacive-diffusional coupled dislocation shearing of γ'precipitates in Ni-base superalloys. Acta Materialia, 59: 3484-3497.

彩　图

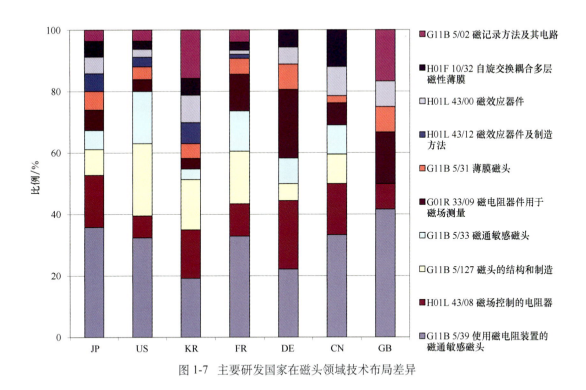

图 1-7 主要研发国家在磁头领域技术布局差异

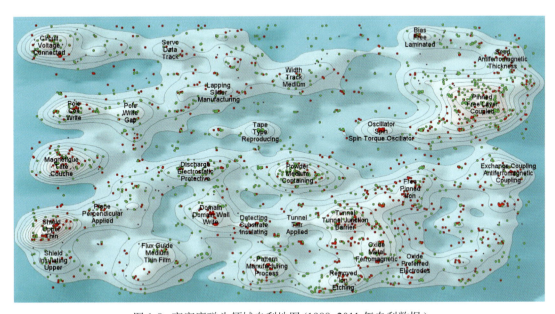

图 1-8 高密度磁头领域专利地图 (1988~2011 年专利数据)
绿色点反映出 2000~2005 年出现的技术热点,红色点反映出 2006~2011 年出现的技术热点

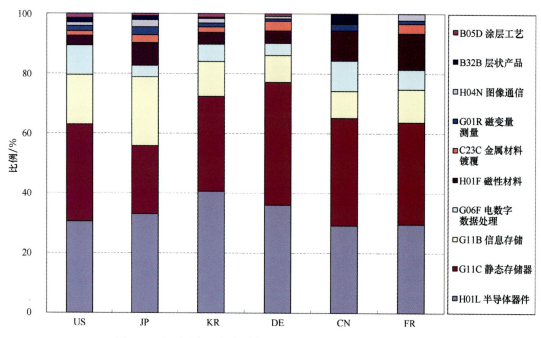

图 1-14 主要研发国家在磁电阻随机存储器领域技术布局差异

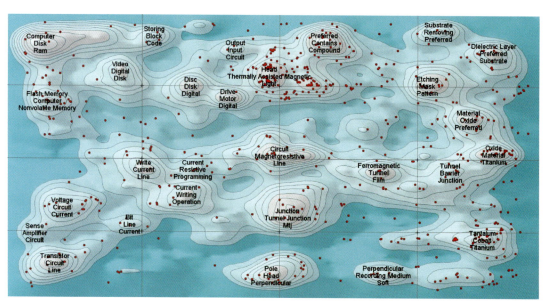

图 1-15 磁电阻随机存储器领域专利地图 (1988~2011 年专利数据)
红色点反映出 2009~2011 年出现的技术热点

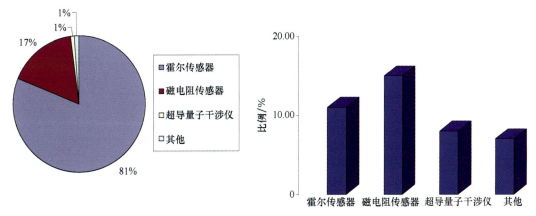

图 1-16 全球磁传感器市场份额和年增长率（不包括磁头市场）

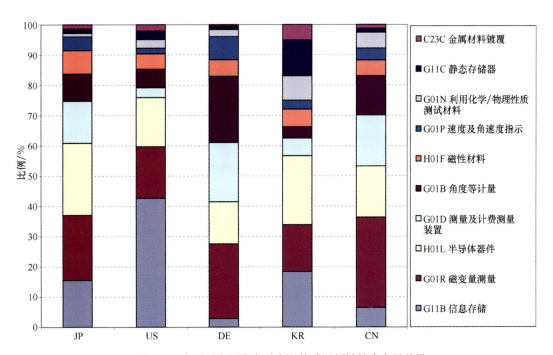

图 1-22 主要研发国家在磁电阻传感器领域技术布局差异

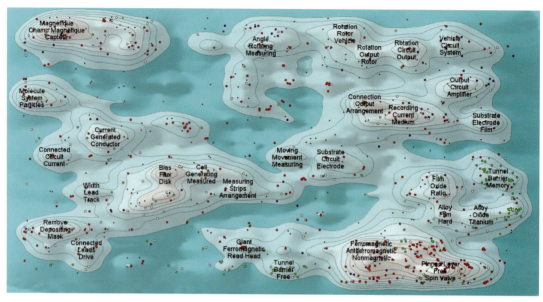

图1-23 磁电阻传感器领域专利地图（1988~2011年专利数据）
红色点、绿色点、黄色点、蓝色点分别代表GMR、TMR、CMR、AMR传感器及应用

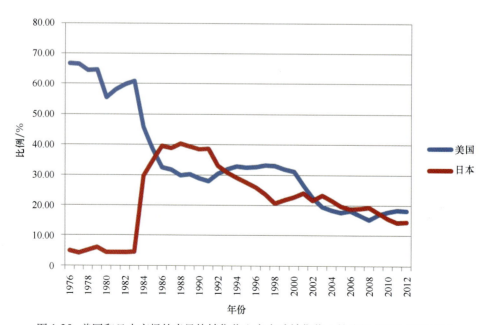

图1-25 美国和日本市场的半导体销售收入占全球销售收入的比例(1976~2012年)

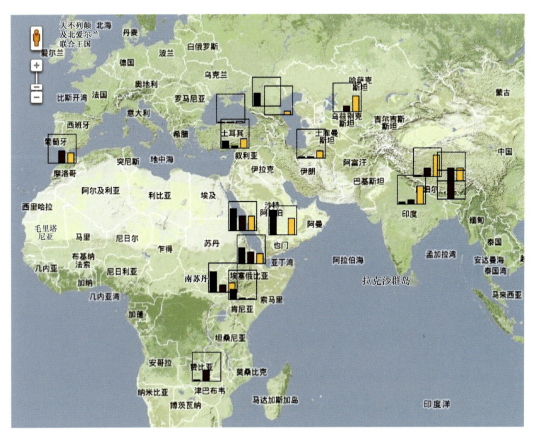

图 3-1 2012 年非洲、中东和中亚、西亚、南亚地区三种锈病的感染频率（图片来源于锈病追踪网）
黑色柱、综色柱和黄色柱分别指代秆锈、叶锈和条锈，柱的高度表示感染频率

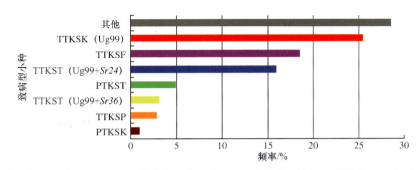

图 3-2 13 个国家 1999 年、2005~2011 年分析的样品中 Ug99 小种菌系的致病型频率 (RustTracker.org,2012c)
图中致病型小种的名称为按北美洲研究人员的命名规则确定的名称，13 个国家包括厄立特里亚、埃塞俄比亚、格鲁吉亚、印度、伊朗、肯尼亚、巴基斯坦、南非、苏丹、坦桑尼亚、乌干达、也门和津巴布韦；非 Ug99 小种菌系的致病型全部归到其他中

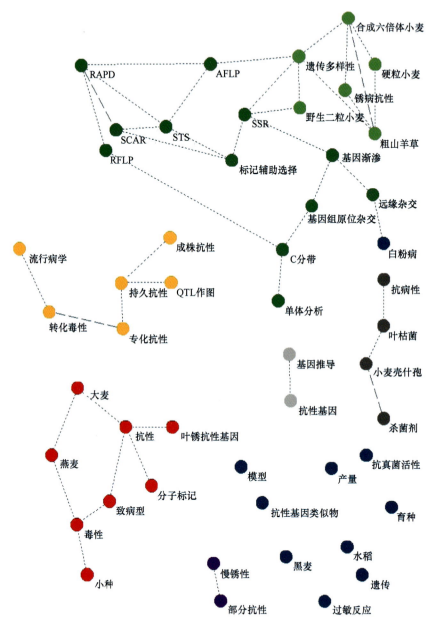

图 3-5 小麦锈病热点研究领域分布

橘黄色、紫色为病原菌流行病学遗传机制，红色为植物-病原菌互作，深灰色为化学防治，蓝色、浅灰色、浅绿色为抗性育种，深绿色为方法与技术的应用

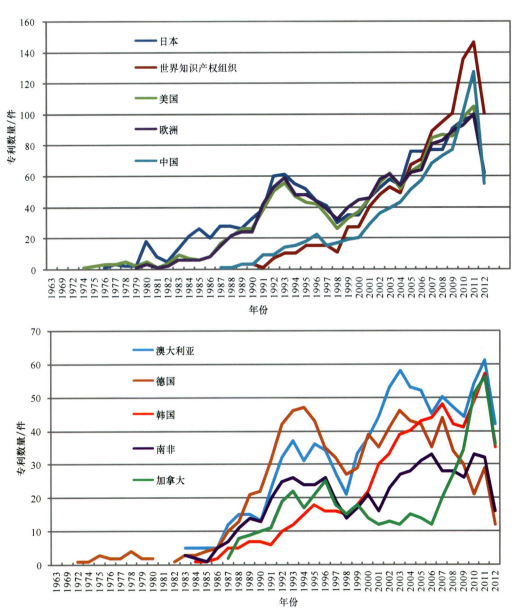

图 3-12 小麦锈病研究专利申请主要受理国家/地区/组织专利受理数量的年度变化趋势

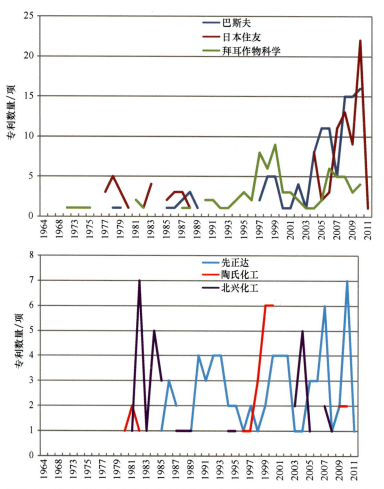

图 3-14 1964~2011 年主要专利申请机构（6 个）的专利申请量年度变化

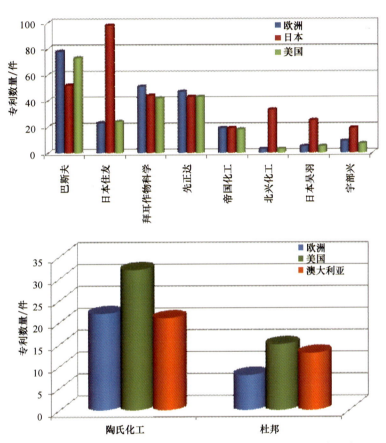

图 3-16 主要专利申请机构提交申请量最多的前 3 个受理国家/地区

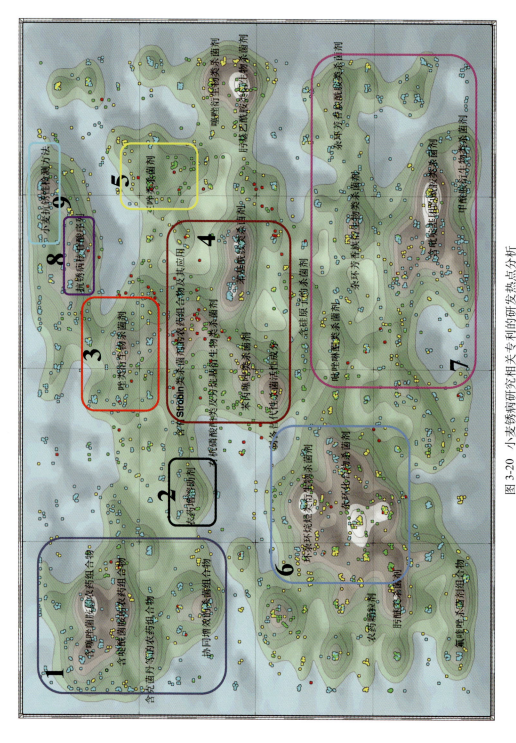

图 3-20 小麦锈病研究相关专利的研发热点分析

不同颜色的散点代表专利申请年份的不同。其中,红色散点表示申请时间在 1980 年 1 月 1 日之前,绿色散点表示申请时间为 1980 年 1 月 2 日~1990 年 1 月 1 日,黄色散点表示申请时间为 1990 年 1 月 2 日至 2000 年 1 月 1 日,蓝色散点表示申请时间从 2000 年 1 月 2 日开始,至检索日期止

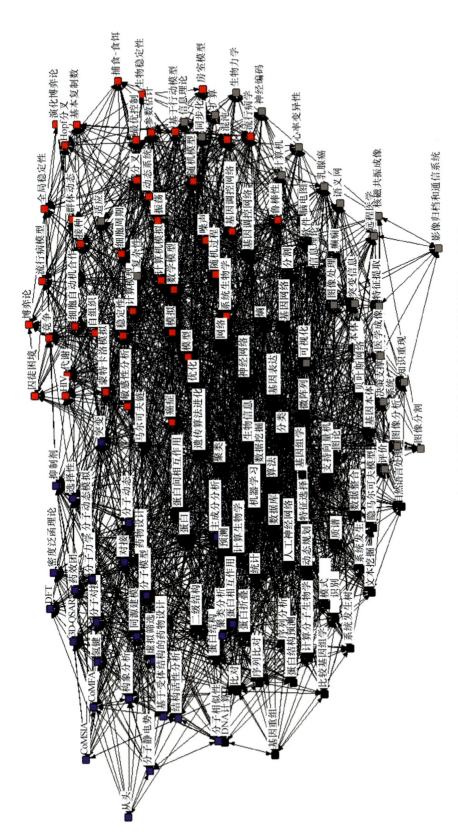

图 4-2 基于主要生物信息技术领域期刊的生物信息技术领域关键词四个聚类

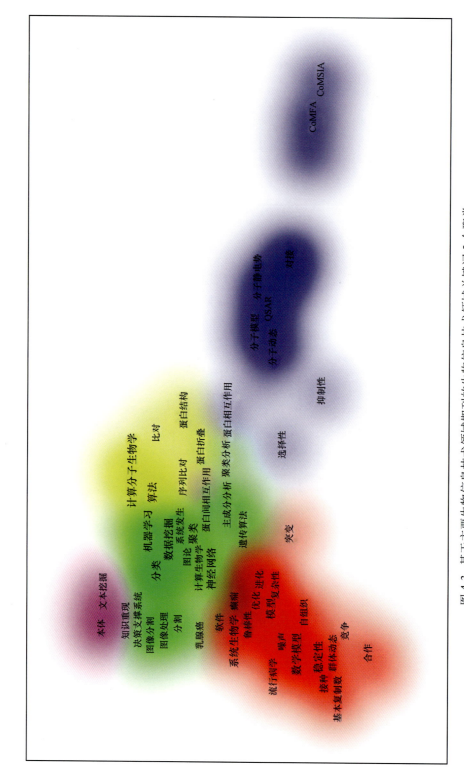

图 4-3 基于主要生物信息技术领域期刊的生物信息技术领域关键词 5 个聚类

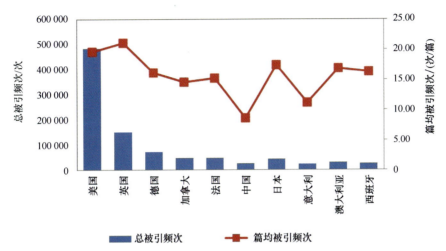

图 4-7 1992~2012 年数学生物学与计算生物学领域文献发表量排名前 10 位
国家的总被引和篇均被引频次

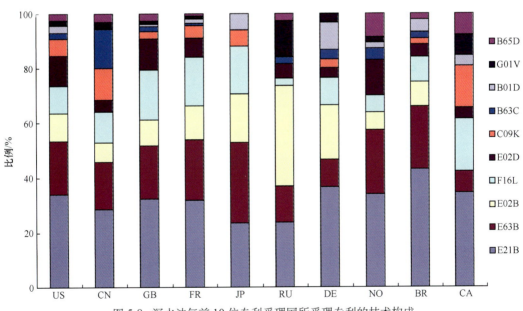

图 5-8 深水油气前 10 位专利受理国所受理专利的技术构成

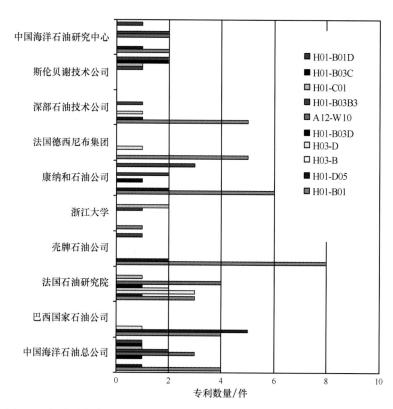

图 5-10 深水油气专利申请量前 10 位申请人的技术领域分布（德温特分类）

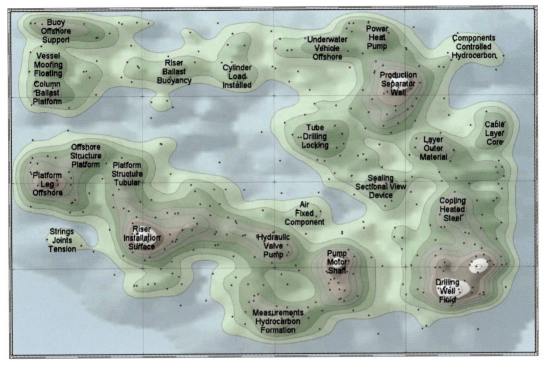

图 5-13 深水油气技术专利地图

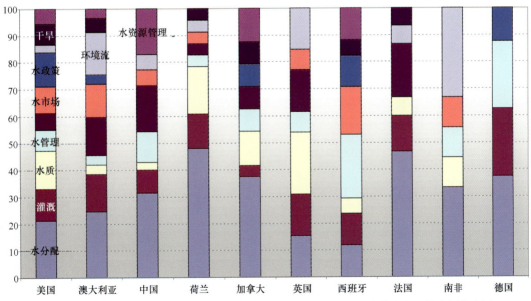

图 6-11 主要国家发表的流域水资源管理研究不同主题内容论文占总体论文量的比例分布图

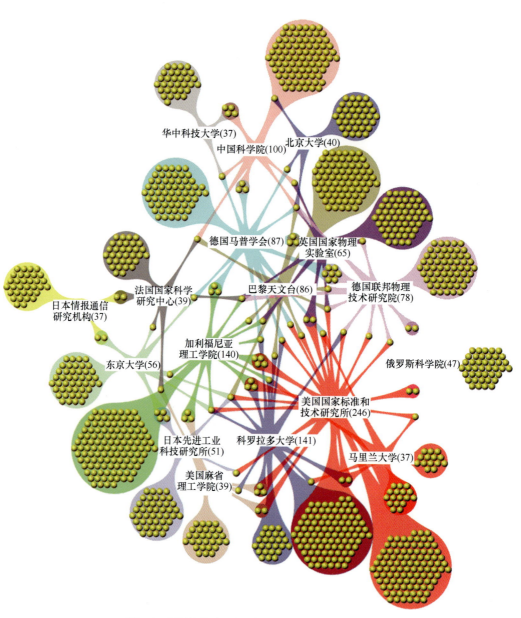

图 7-3 顶级机构在原子钟研究领域的论文合作情况

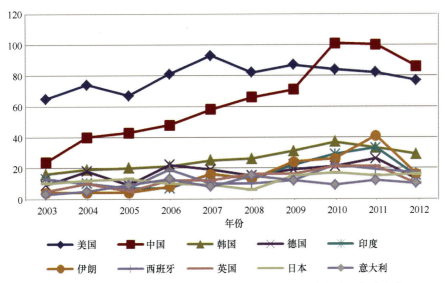

图 8-8 蒿属植物研究文献发表数量最多的前 10 位国家发文量年度变化

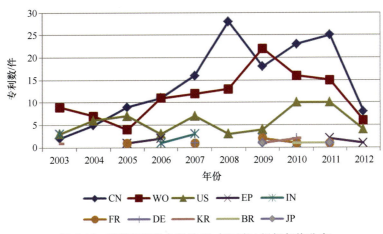

图 8-12 受理青蒿素专利前 10 名国家/组织年均分布

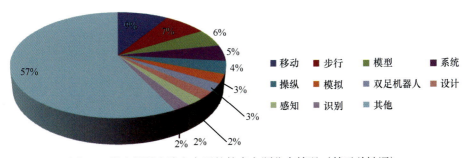

图 9-5 类人机器人论文主要的技术主题分布情况（基于关键词）

图 10-7 西屋电气核反应堆专利热点技术主题分布

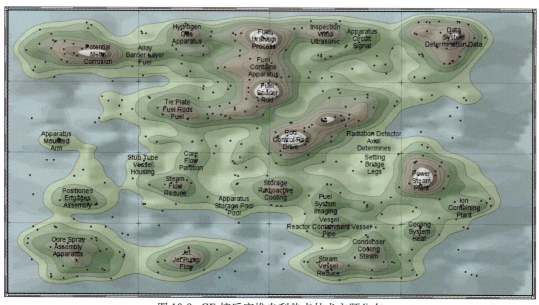

图 10-9 GE 核反应堆专利热点技术主题分布

图 10-11　B&W 公司核反应堆专利热点技术主题分布

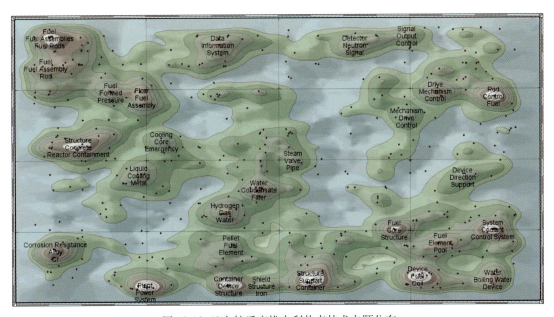

图 10-13　日立核反应堆专利热点技术主题分布

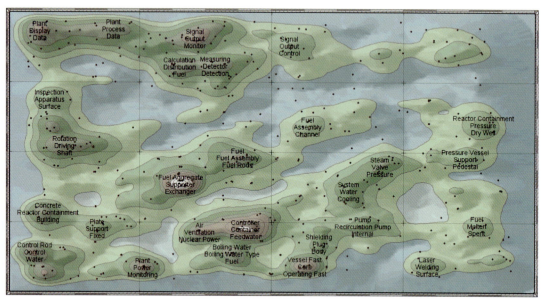

图 10-15　东芝核反应堆专利热点技术主题分布

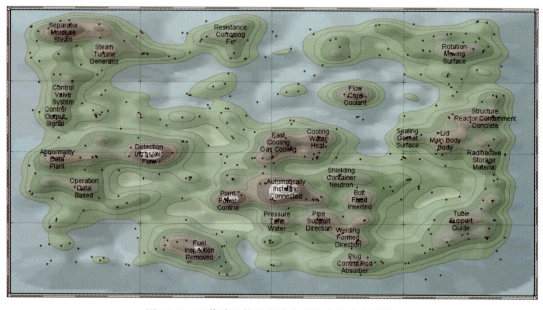

图 10-17　三菱重工核反应堆专利热点技术主题分布

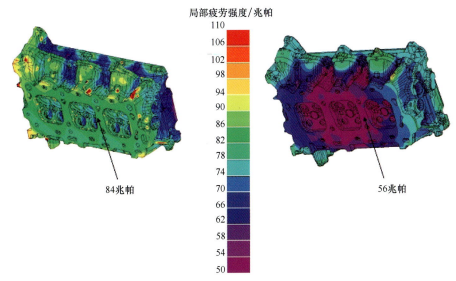

图 11-2　虚拟铝压铸技术计算不同压铸工艺条件下的汽缸盖局部疲劳强度

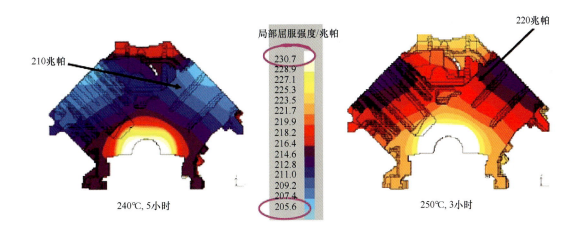

图 11-3　虚拟铝压铸技术计算不同热处理工艺条件下的汽缸体局部屈服强度

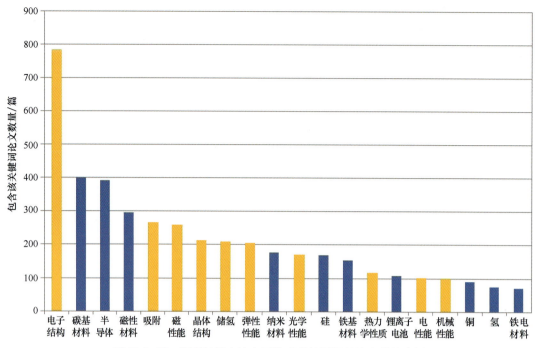

图 11-8 第一原理计算方法主要作者关键词相关论文数量比例
黄色代表关键词与材料性质相关,蓝色代表关键词与材料类型相关

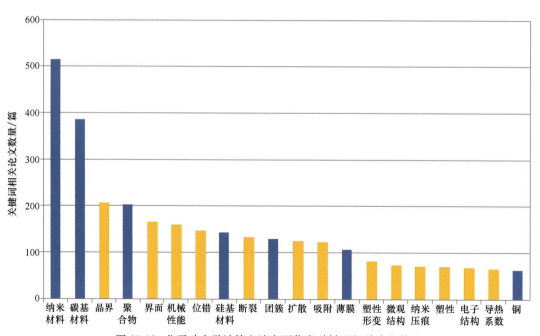

图 11-10 分子动力学计算方法主要作者关键词相关论文数量
黄色代表关键词与材料性质相关,蓝色代表关键词与材料类型相关

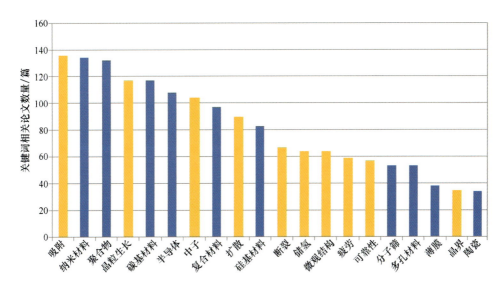

图 11-12 蒙特卡罗方法主要作者关键词相关论文数量
黄色代表关键词与材料性质相关,蓝色代表关键词与材料类型相关

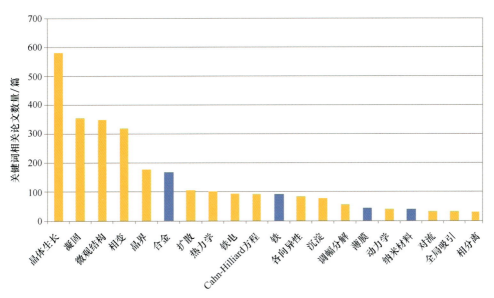

图 11-14 相场模拟方法主要作者关键词相关论文数量
黄色代表关键词与材料性质相关,蓝色代表关键词与材料类型相关

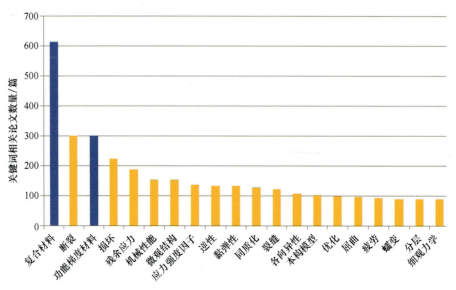

图 11-16 有限元方法主要作者关键词相关论文数量
黄色代表关键词与材料性质相关，蓝色代表关键词与材料类型相关